Holzfrei

Nr. 35 1955
S. 8073—8300 31. August

Chemisches Zentralblatt

Vollständiges Repertorium für alle Zweige der reinen und angewandten Chemie

1830 gegründet. 1897—1945 von der Deutschen Chemischen Gesellschaft fortgeführt.
Im Auftrage der Deutschen Akademie der Wissenschaften zu Berlin, der Chemischen Gesellschaft in der Deutschen Demokratischen Republik, der Akademie der Wissenschaften zu Göttingen und der Gesellschaft Deutscher Chemiker
herausgegeben von Prof. Dr. **Maximilian Pflücke**

126. Jahrgang

1 9 5 5

Chefredakteure: Dr. Eugen Klever und Prof. Dr. Maximilian Pflücke

Akademie-Verlag GmbH., Berlin — Verlag Chemie, GmbH., Weinheim/Bergstr.

Inhalt

Namenregister

Chemisches Zentralblatt

1955 Nr. 35 31. August

Geschichte. Unterricht.

Konrad Meyer, *Prof. Dr. Fr. Berkner zum 80. Geburtstag.* Werdegang des früheren Ordinarius u. Leiters des Instituts für Acker- u. Pflanzenbau der Univ. Breslau (geb. 12/2. 1874) u. Übersicht über die Arbeiten bes. zur Züchtung neuer Nutzpflanzen auf dem Versuchsgut Schwoitsch der Univ. Breslau. — Lichtbild. (Z. Acker- u. Pflanzenbau **97.** 261—66. Febr. 1954.) G. LOCHMANN. 1

A. I. Virtanen, *Hans v. Euler 80 Jahre.* Würdigung der Arbeiten EULERs (1873 bis 1953) in der Chemie u. Biochemie. — Bild. (Suomen Kemistilehti A **26.** 43—48. 1953.) W. KUNTZ. 1

E. W. Schpolski, *Petr Leonidowitsch Kapitza.* (*Zum 60. Geburtstag.*) Würdigung der Verdienste von P. L. KAPITZA, von dessen vielseitigen Arbeiten die Unterss. auf dem Gebiete der extrem tiefen Tempp. bes. hervorgehoben werden. — Bild. (Успехи Физических Наук [Fortschr. physik. Wiss.] **54.** 505—12. Dez. 1954.) E. KLEVER. 1

G. Rienäcker, W. Klemm, R. Schwarz und **Hertha Meiner,** *Prof. Dr. Hans von Wartenberg zum fünfundsiebzigsten Geburtstage.* Glückwunschadresse zum 75. Geburtstag von H. v. WARTENBERG am 24/3. 1955. — Bild. (Z. anorg. allg. Chem. **279.** 1. März 1955.) E. KLEVER. 1

V. Subrahmanyan, *Dr. Gilbert J. Fowler.* (*23. Januar 1868 bis 21. März 1953.*) Nachruf auf den in Bangalore Verstorbenen, der von 1916 ab in Indien wirkte u. bodenständige ind. Forschung auf dem Gebiet der angewandten Chemie wesentlich mitveranlaßte. (Proc. Soc. biol. Chemists, India **12.** I—IV. 1954. Mysore, Central Food Technol. Res. Inst.) G. LOCHMANN. 1

Kuno Meyer, *Josef Anton Häfliger.* (*29. Mai 1873 bis 21. November 1954.*) Nachruf auf den bekannten Schweizer Pharmaziehistoriker u. emeritierten Professor an der Univ. Basel unter Würdigung seiner wissenschaftlichen Arbeit. — Lichtbild. (Schweiz. Apotheker-Ztg. **92.** 948—53. 4/12. 1954.) W. BARZ. 1

—, *Wincenty Kowski — Erforscher des Antimons.* Die Bedeutung des ersten poln. Alchimisten WINCENTY KOWSKI (auch KOFFSKI geschrieben), der unter dem Pseudonym BASILIUS VALENTINUS den „Currus triumphalis antimonii" veröffentlichte, wird unter Angabe seiner Schriften gewürdigt. (Farmacja polska **10.** 156—58. Juni 1954.) H. FREYTAG. 1

K. W. Rosenmund, *Über die Forschertätigkeit Carl Mannichs, insbesondere über die Mannich-Kondensation.* Kurze Würdigung der wissenschaftlichen Arbeit von C. MANNICH mit zahlreichen Beispielen der nach ihm benannten Kondensation. (Pharmaz. Ztg.-Nachr. **88.** 856—60. 15/11. 1952.) W. BARZ. 1

A. Ja. Awerbuch, *Grigori Alexandrowitsch Sabudski* (*1854—1954*). Würdigung der Arbeiten des Technologen G. A. SABUDSKI (gest. 1930) anläßlich der 100. Wiederkehr seines Geburtstages. (Журнал Прикладной Химии [J. angew. Chem.] **27.** 801—03. Aug. 1954.) O. LEBTAG. 1

A. Petersen, *Albrecht Daniel Thaer. Eine kritische Würdigung zu seinem 200. Geburtstage.* Würdigung A. D. THAERs als Begründer der Landwirtschaftswissenschaft in dem Sinne, daß er der Landwirtschaft die rationelle Basis gab. Krit. Besprechung seiner Veröffentlichungen u. Erfolge auf ökonom. u. naturwissenschaftlichem Gebiet. (Dtsch. Akad. Landwirtschaftswiss. Berlin, S.-B. **1.** 1—25. 1952.) W. KUNTZ. 1

Eugen Bamann, *Richard Willstätter. Aus meinem Leben.* Besprechung der Autobiographie des am 3. Aug. 1942 im Exil bei Locarno verstorbenen Chemikers mit Einblicken in sein Leben u. Schaffen. (Arch. Pharmaz. Ber. dtsch. pharmaz. Ges. **284/56.** 1—5. 15/2. 1951.) W. KUNTZ. 1

George Jaffé, *Erinnerungen an drei große Laboratorien.* Persönlichkeiten, Arbeits- u. Lehrweisen von OSTWALD, VAN'T HOFF, ARRHENIUS u. BOLTZMANN in Leipzig, J. J. THOMSON in Cambridge u. PIERRE u. MARIE CURIE in Paris auf dem Hintergrund der wissenschaftlichen Strömungen in den ersten Jahren des 20. Jahrhunderts. (J. chem. Educat. **29.** 230—38. Mai 1952. Baton Rouge, La., Univ.) W. KUNTZ. 2

Herbert Weil, *Die Anfänge der Chromatographie.* 1. Mitt. *Chromatographie vor Michael Tswett.* 2. Mitt. *Michael Tswetts Beitrag zur Chromatographie.* Geschichtlicher Überblick der Papier-, Säulen- u. Verteilungschromatographie. — 70 Literaturangaben. (Chemiker-Ztg. **78.** 419—23. 5/7. 496—99. 5/8. 1954. London.) E. SAJAK. 2

O. Nowotny, *Zur Geschichte der natürlichen und künstlichen Mineralwässer.* Überblick über die Anwendung, Analysen, künstliche Herst. u. Theorien der Heilwrkg. der Mineralwässer seit dem Altertum, mit zahlreichen Quellenangaben. — 16 Literaturangaben. (Österr. Apotheker-Ztg. **7.** 497—502. 15/8. 1953.) W. KUNTZ. 2

Modesto Bargalló, *Terminologie und Definitionen beim Unterricht in der Chemie.* Kritik an Bezeichnungen (statt Tungstenium wird aus histor. Gründen Wolfram, statt Vanadium Erythronium vorgezogen) u. Definitionen des Mol., der Lsg., des Löslichkeitsprod., der Oxydation u. Red., der Verbb. höherer Ordnung, an der Formulierung u. Namengebung der Verbb. mit Vorschlägen zur Auswahl oder Neudefinition (des Mol.) u. Übersicht über Synonyme u. Nomonyme. (Ciencia [Mexico] **13.** 43—52. 109—18. 1953. México, D. F., Inst. Politécn. Nacional.) W. METZENER. 6

Oscar L. Wright, Donald Fuhlhage und **Earl Sheridan,** *Die Friedel-Crafts-Reaktion in elementaren organischen Laboratorien.* Nach allg. Besprechung der Durchführung, Ausbeute usw. von FRIEDEL-CRAFTS-Rkk. beschreiben Vff. zu deren Durchführung eine einfache App., die sie zur Verwendung in Schulen u. Ausbildungslaboratorien vorschlagen. (J. chem. Educat. **29.** 620—21. Dez. 1952. Emporia, Kans., Coll. of Emporia.) H.-G. PLUST. 6

Benjamin Harrow, Casimir Funk, pioneer in vitamins and hormones. New York: Dodd, Mead. 1955. (220 S. m. Abb.) $ 4,—.

Antonina Vallentin, Das Drama Albert Einsteins. Eine Biographie. 1. Aufl. Stuttgart: Günther. 1955. (286 S. m. 5 Taf.). DM 13,80.

A. Allgemeine und physikalische Chemie.

P. H. Beijer, Vierhonderdvijftig scheikunde vraagstukken en honderdzestig kwalitatieve vragen. 21e dr. Amsterdam: D. B. Centen. (70 S.) fl. 1,85.

Bernard Jaffe, New world of chemistry. Rev. ed. New York: Silver Burdett. 1955. (687 S. mit Abb., Diagr.) $ 4,16.

O. E. Lanford, Using chemistry. London: McGraw-Hill. 1955. (722 S.) 34 s.

P. Pascal et **G. Dupont,** Constantes physico-chimiques. Coll. „Techniques de l'ingénieur". Paris: Techniques de l'ingénieur. (1100 S.) fr. 23 600,—.

—, Anleitung zu den chemischen Übungen für Nichtchemiker. Inst. f. anorgan. u. anorgan.-techn. Chemie d. Techn. Hochsch. Dresden. Dresden: Landesdruckerei Sachsen. 1954. (95 S. m. Abb.) DM 2,—.

A_1. Kernphysik und Kernchemie.

Leverett Davis jr., *Bemerkungen zu Fermis Theorie über den Ursprung der Höhenstrahlen.* (Sitzungsbericht.) Theoret. Betrachtungen über Betatronzusammenstöße zur Erklärung des Energiespektr. der Höhenstrahlung u. Vgl. mit der FERMIschen Hypothese. (Physic. Rev. [2] **93.** 947—48. 15/2. 1954. California Inst. of Technol.) H. NELKOWSKI. 85

G. Bertolino und **D. Pescetti,** *Über Höhenstrahlströme.* In ILFORD G5-Platten, die im Sommer 1952 u. 1953 mehrere Std. in 22 km Höhe über Cagliari belichtet wurden, fanden sich 29 Strahlen. Von diesen stammen 20 von einfach geladenen, 7 von neutralen Primärteilchen u. 2 von α-Teilchen. Die untersuchten Strahlen haben wenigstens 5 Schauerspuren u. höchstens 4 graue oder schwarze Spuren. Für hohe (A) bzw. niedrige Multiplizität (B) betragen die Mittelwerte des Unelastizitätskoeff. K $1{,}17 \pm 0{,}33$ bzw. $0{,}28 \pm 0{,}13$. Für die Zahl der erzeugten Mesonen in Abhängigkeit von der Energie folgt $n_{\pm} = (1{,}81 \pm 0{,}62)\gamma'^{1/4}$. Die mittleren Energiewerte der Mesonen betragen (301 ± 100) MeV (A) bzw. (383 ± 180) MeV (B). Ferner folgt in Übereinstimmung mit HEISENBERG u. WATAGHIN $n_{\pm} = 2{,}45\,[K\,(\gamma_c - 1)] + 2{,}53$, γ_c = Primärenergie in Einheiten der Ruhmasse. Die Winkelverteilungen können als isotrop angenommen werden. (Nuovo Cimento [9] **12.** 630—38. 1/11. 1954. Torino, Univ., Ist. di Fis., Ist. Nazion. di Fis. Nucleare, Sezione di Torino.) H. LIEPACK. 85

S. Standil, *Stöße in NaJ(Tl) in der Nähe des Meeresspiegels.* Es wurde die differentielle Verteilung der Stöße in 775 ft Höhe innerhalb von 3000 Std. beobachtet. Oberhalb 100 MeV ist $N(E)\,dE \sim E^{-\gamma}$ mit $\gamma = 3{,}6 \pm 0{,}2$ in Abweichung von BARTONS Ergebnissen aus Emulsionen. Für die sternerzeugende Komponente folgt eine Dämpfungslänge von (200 ± 25) g/cm². (Physic. Rev. [2] **96.** 777. 1/11. 1954. Winnipeg, Can., Univ. of Manitoba, Dep. of Phys.) H. LIEPACK. 85

J. H. Noon, M. F. Kaplon und **J. Crussard,** *Beobachtung eines anomalen Ereignisses in photographischer Emulsion.* Diskussion eines Ereignisses, welches bei einem Ballonaufstieg in einem Stapel von 400 μ dicken ILFORD G 5-Emulsionen ohne Träger registriert wurde. Hierbei erzeugt ein schneller ^{9}Be-Kern einen Stern, aus welchem unter $< 2 \cdot 10^{-3}$ radian 2 relativist. Teilchen der Ladung 2 u. 3 in Vorwärtsrichtung emittiert werden. Das 3fach geladene Teilchen erzeugt einen Stern mit 6, das 2fach geladene einen solchen mit 2 Bahnspuren minimaler Ionisation. (Physic. Rev. [2] **95.** 1103—04. 15/8. 1954. Rochester, N. Y., Univ. of Rochester.) H.-J. EICHHOFF. 85

J. Crussard, M. F. Kaplon, J. Klarmann und **J. H. Noon,** *Schwere instabile Teilchen in Emulsionen ohne Träger.* Bei Ballonaufstiegen in 41 u. 55° geomagnet. Breite wurden in Stapeln von Kernemulsionen (400 u. 600 μ Dicke) eine Reihe von Bahnspuren schwerer, instabiler Teilchen registriert, deren charakterist. Größen angegeben werden. Unter ihnen befindet sich ein weiteres Beispiel für einen $\tau^+ \rightarrow \pi^+ + 2\,\pi^0$-Zerfall. Für ein K μ^+ Teilchen ergab sich eine M. von 980 ± 130 Elektronenmassen. Die Messungen an 7 K-Teilchen lieferten für deren M. einen Mittelwert von 927 ± 66 Elektronenmassen, der Q-Wert für das τ-Meson wurde zu $73{,}85 \pm 1$ MeV bestimmt. (Physic. Rev. [2] **95.** 584. 15/7. 1954.) H.-J. EICHHOFF. 85

R. Arnowitt und **S. Gasiorowicz,** *Kovariantes Approximationsschema für Greensche Funktionen gekoppelter Felder.* Die GREENschen Funktionen der Streuung u. Erzeugung für ein Nucleon u. eine beliebige Anzahl von Mesonen werden auf eine unendliche Reihe gekoppelter linearer Integralgleichungen bezogen. Die ersten N dieser Gleichungen enthalten GREENsche Funktionen, die 0, 1, 2 ··· N äußere Mesonenlinien einschließen. Die Berechnungen führen zu einer geschlossenen Reihe von Gleichungen, die bei Vernachlässigung der Vakuumpolarisation linear sind. Der Formalismus wird auch auf den Zweinucleonenfall u. auf das Dreifelderproblem angewandt, wobei letzteres in einer offenbar eichkovarianten Weise behandelt wird. (Physic. Rev. [2] **95.** 538—45. 15/7. 1954. Berkeley, Calif., Univ. of California, Dep. of Phys., Radiat. Labor.) GERHARD SCHMIDT. 90

S. Bludman und **P. B. Daitch,** *Gültigkeit der Born-Oppenheimer-Approximation.* Vff. behandeln einige sich auf die BORN-OPPENHEIMER- oder adiabat. Approximation gründende Probleme, bei denen ein leichtes Teilchen entweder auf ein sich langsam bewegendes schweres Teilchen oder auf die Mittellage des schweren Teilchens gerichtet ist. (Physic. Rev. [2] **95.** 823—30. 1/8. 1954. New Haven, Conn., Yale Univ.) GERHARD SCHMIDT. 90

Leslie L. Foldy, *Matrixelemente für den Kernphotoeffekt.* Unter der Voraussetzung, daß der Ladungserhaltungssatz gilt, u. unter der Annahme, daß die Ladungs- u. Stromdichteoperatoren durch Terme, die nur Nucleonvariable enthalten, beschrieben werden können, auch wenn virtuelle Mesonen bei der Wechselwrkg. des Kerns mit einem elektromagnet. Feld eine Rolle spielen, gibt Vf. eine phänomenolog. Erklärung dieser Wechselwrkg. u. leitet Ausdrücke für die Matrixelemente des Kernphotoeffektes ab. Die Auswirkungen des Prinzips der Ladungssymmetrie u. Ladungsunabhängigkeit auf Wechselwirkungen zwischen Kernen u. elektromagnet. Feldern werden diskutiert. (Physic. Rev. [2] **92.** 178—88. 1/10. 1953. Cleveland, O., Case Inst. of Technol.) H. NELKOWSKI. 90

J. Goldemberg und **J. Leite Lopes,** *Die harmonische mittlere Energie für Photonenabsorption durch Kerne.* Unter Benutzung eines Ausdrucks für die harmon. mittlere Energie für Photonenabsorption werden Berechnungen unter Verwendung der experimentellen Daten durchgeführt, die sich auf (γ, n)-Querschnitte für *C, Ca, V, Ni, Zn, Br* u. *Rb* u. auf (γ, n) + (γ, 2 n) + (γ, n p)-Querschnitte für *Na, Al, P, S, Co, Cu, As, Mo, Nb, Ag, In, Sb, J, La, Ta, Au, Pb* u. *Bi* erstrecken, Für mittlere u. schwere Kerne kann erwartet werden, daß solche Prozesse den Hauptbeitrag zum Querschnitt für die Photonenabsorption liefern. (Nuovo Cimento [9] **12.** 817—18. 1/11. 1954. São Paulo, Univ., Ciê. et Letr., Fac. de Filos., Dep. de Fis.; Rio de Janeiro, Centro Bras. de Pesqu., Fis. and Fac. Nac. de Filos.) GERHARD SCHMIDT. 90

J. D. Anderson, C. A. McDonald jr. und **R. F. Post,** *Triplettbildung in Wasserstoff bei 300 MeV nach einer Totalabsorptionsmethode.* (Sitzungsbericht.) Die Abnahme von 300 MeV-Photonen in fl. KW-stoffen (Bzl. u. Cyclohexan) würde gemessen u. daraus die Tripletterzeugung (Paarbldg. im Felde eines Elektrons) bestimmt. Der totale Schwächungsquerschnitt wird bestimmt zu $\sigma_H = (1{,}95 \pm 0{,}2) \cdot 10^{-26}$ cm² u. $\sigma_C = (31{,}8 \pm 0{,}3) \cdot 10^{-26}$ cm². Bei 300 MeV herrschen der COMPTON-Effekt, die n. Paarbldg. u. die Triplettbldg. vor. Experimentell findet man für den Querschnitt der Triplettbldg. σ_T (H) $= (8{,}4 \pm 2{,}0) \cdot 10^{-27}$ cm² u. σ_T (C) $= (8{,}0 \pm 0{,}5) \cdot 10^{-27}$ cm² jeweils als Differenz des gemessenen σ-Wertes u. der Beträge für den COMPTON-Effekt u. die n.

Paarbildung, Der theoret. Wert ist $\sigma_T = 7{,}96 \cdot 10^{-27}$ cm^2. (Physic. Rev. [2] **93.** 948. 15/2. 1954. Berkeley, Calif., Univ. of California, Dep. of Phys., Radiat. Labor.) H. NELKOWSKI. 90

William H. McMaster und **Frank L. Hereford,** *Winkelverteilung der durch polarisierte 0,4—0,8 MeV-Photonen erzeugten Photoelektronen.* (Vgl. C. **1955.** 6903.) Vff. untersuchen die Winkelverteilung energiereicher Photoelektronen (0,4—0,8 MeV), die in Pb- u. Au-Folien durch linear polarisierte Photonen (aus ^{60}Co-γ-Strahlen) erzeugt worden sind, mit Hilfe eines NaJ(Tl)-Scintillationszählers u. eines Einkanal-Impulshöhenanalysators. Die bei Photonenenergien von 0,51—0,97 MeV u. Winkeln von 75, 85 u. 90° erhaltenen Ergebnisse bestätigen die theoret. Voraussage der überwiegenden Photoemission senkrecht zum elektr. Vektor des einfallenden Photons für Photoelektronenenergien >0,5 MeV. (Physic. Rev. [2] **95.** 723—26. 1/8. 1954. Charlottesville, Va., Univ. of Virginia, Dep. of Phys.) GERHARD SCHMIDT. 90

E. A. Whalin jr., *Photozertrümmerung von Deuterium durch 165 MeV Röntgenstrahlung.* Flüssiges D_2 wird mit 165 MeV-Betatronbremsstrahlung beschossen, die Photoprotonen werden mit ILFORD G 5-Emulsionen unter verschied. Winkeln registriert. Aus der Energie- u. Winkelverteilung wird der Wirkungsquerschnitt der Rk. zwischen 20 u. 165 MeV bestimmt u. mit dem theoret. berechneten (vgl. MARSHALL u. GUTH, C. **1951.** I. 153) verglichen. Die experimentellen Werte sind zu hoch, u. zwar nimmt die Differenz mit steigender Energie zu. (Physic. Rev. [2] **95.** 1362—63. 1/9. 1954. Champaign, Ill., Univ. of Illinois, Phys. Res. Labor.) G. HERRMANN. 90

H. S. Bridge, H. Courant, H. De Staebler jr. und **B. Rossi,** *Mögliches Beispiel für die Vernichtung eines schweren Teilchens.* Eine Aufnahme mit einer Vielfachnebelkammer zeigt 3 Elektronenschauer, die mit dem Ende der Bahn eines geladenen Teilchens verknüpft sind. Wegen der Schwierigkeiten der Interpretation als spontaner Zerfall oder als Absorptionsprozeß wird es für möglich gehalten, daß es sich um die Vernichtung zweier schwerer Fermionen, z. B. von Proton u. Antiproton, handelt; die Primärbahn wäre dann die eines Antiprotons oder Antihyperons. (Physic. Rev. [2] **95.** 1101—03. 15/8. 1954. Cambridge, Mass., MIT, Labor. for Nucl. Sci.) G. HERRMANN. 90

U. Fano, *Schwächung und Reichweitestreuung energiereicher Strahlungen.* Unter der Annahme, daß die differentiellen Wirkungsquerschnitte aufeinanderfolgender Zusammenstöße nahezu gleich sind, wird das Spektr. ermittelt, das sich bei der Energieminderung ionisierender Strahlungen ergibt, ferner unter derselben Annahme einer kontinuierlichen Verlangsamung die Energieverteilung der Teilchen nach einem bestimmten Weg u. die Weglängenverteilung bei einem bestimmten Energiewert. Für die Streuparameter in der Reichweite–Energie-Beziehung werden Näherungsformeln angegeben. Das Verf. wird auf Mesonen u. schwere geladene Teilchen angewandt. (Physic. Rev. [2] **92.** 328—49. 15/10. 1953. Washington, D. C., Nat. Bur. of Stand.) M. WIEDEMANN. 90

Roger D. Woods und **David S. Saxon,** *Optisches Modell für Nucleonkernstreuung mit diffuser Kernoberfläche.* Der differentielle elast. Streuquerschnitt von 20 MeV-Protonen an mittleren u. schweren Kernen wird theoret. zu berechnen versucht. Beim Ansatz wird vorausgesetzt, daß sich die Kernwechselwrkg. durch ein spinloses, komplexes Potential darstellen läßt. Die COULOMB-Wechselwrkg. wird als diejenige einer homogenen Ladungsverteilung über eine Kugel vom Radius r_1 angesetzt. Dieses Potential erweist sich dann als anwendbar, wenn ein quadrat. Trogpotentialansatz bei der Erklärung früherer Verss. an schweren Kernen versagt hat. Berechnungen für *Al*, *Ni* u. *Pt* werden mitgeteilt. (Physic. Rev. [2] **95.** 577—78. 15/7. 1954. Los Angeles, Calif., Univ. of California, u. Nat. Bur. of Stand.) F. WEIGEL. 90

H. G. de Carvalho, E. Heiberg, J. Marshall und **L. Marshall,** *Polarisation durch Proton–Proton-Zusammenstoß bei 439 MeV.* Vff. bestimmen die Asymmetrie bei der Streuung polarisierter Protonen von 439 MeV Energie an Protonen in fl. H_2. Es wird ein äußeres, zu 50% polarisiertes Cyclotronprotonenbündel verwendet, das durch Streuung von unpolarisierten Protonen an einem Be-Streuer bei 14° Ablenkung entsteht. Die Ergebnisse, die sich auf einen Winkelbereich von ~8 bis ~58° erstrecken, sind graph. dargestellt u. unterscheiden sich nur wenig von früheren Unterss. anderer Autoren. Unsicherheiten, die von Mesonenerzeugung herrühren, werden diskutiert. (Physic. Rev. [2] **94.** 1796—97. 15/6. 1954. Chicago, Ill., Univ. of Chicago, Inst. for Nucl. Stud.) D. GEISSLER. 90

Charles Ruhla, *Beitrag zur Untersuchung der α-Proton-Streuung für α-Teilchen mit Energien zwischen 3,1 und 5,3 MeV.* Bei Streuverss. von Po-α-Teilchen durch ein H-haltiges Target, dessen Dicke die mittlere Reichweite der betreffenden α-Teilchen überstieg, wurden die von TSIEN SAN-TSIANG (Dissertation 1940) beschriebenen 6 Protonenresonanzen nicht aufgefunden. Daher nimmt Vf. an, daß derartige Resonanzen bei der Streuung von α-Teilchen durch H-haltiges Material gar nicht existieren. Dieser Befund schließt die Existenz eines angeregten Niveaus von ^5Li im Energiebereich von 0,62—1,06 MeV aus u. bestätigt das Vorhandensein des Grundzustandes des ^{5}Li-Kerns, entstanden nach ^{4}He + ^{1}H, bei ~1,8 MeV. Die Streuung von α-Teilchen an Protonen läßt sich durch COULOMB-Kräfte allein nicht erklären. (J. Physique Radium **15.** 451—59. Juni 1954, Saint-Cloud, École Norm. Sup., Serv. de Phys. Nucl. du C. E. A.) J. ROESMER. 90

Juanita H. Gammel, *Deuteronenzerfall durch 9,7 MeV-Protonen.* (Sitzungsbericht.) Die Winkelverteilung von Protonen der unelast. p—d-Streuung wurde bei Winkeln von 25—90° (im Laboratoriumssyst.) mit einer Mehrplattenkamera gemessen. 1085 unelast. gestreute Protonen ergaben einen Querschnitt für die Emission von Protonen mit >1 MeV Energie von 104 ± 20 mbarn, Der differentielle σ-Wert (in mbarn) beträgt 73 ± 15 bei 25°, 53 ± 11 bei 30°, 31 ± 6 bei 40°, 19 ± 4 bei 50°, 10 ± 2 bei 60°, 4 ± 1 bei 70°, 1 ± 0,5 bei 80° u. 0 ± 0,5 bei 90°. (Physic. Rev. [2] **92.** 1092. 15/11. 1953. Univ. of California, Los Alamos Sci. Labor.) H. NELKOWSKI. 90

R. M. Frank und **J. L. Gammel,** *Unelastische Streuung von Protonen und Neutronen an Deuteronen.* (Vgl. vorst. Ref.) (Sitzungsbericht.) Unter der Annahme, daß die Reichweite der Kernkräfte klein ist im Vgl. zur Größe des Deuterons u. der Wellenlänge der auftreffenden Teilchen wird ein Zusammenhang zwischen den Querschnitten für elast. u. unelast. p—d- oder n—d-Streuung entwickelt. (Physic. Rev. [2] **92.** 1092. 15/11. 1953.) H. NELKOWSKI. 90

J. L. Gammel, *Elastische Streuung von Protonen und Neutronen an Deuteronen bei hohen Energien.* (Vgl. vorst. Reff.) (Sitzungsbericht.) Die Phasenverschiebungen, die bei der Analyse energiereicher, elast. n—d- oder p—d-Streuungen auftreten, müssen komplexe Zahlen sein, da gleichzeitig unelast. Streuung auftritt. Eine Modifikation der BORNschen Näherung wurde entwickelt, die diesen Einfl. berücksichtigt. (Physic. Rev. [2] **92.** 1092. 15/11. 1953.) H. NELKOWSKI. 90

M. E. Ennis und **A. Hemmendinger,** *Querschnitt für kleine Winkel bei der Streuung von Protonen an Tritonen.* (Sitzungsbericht.) Der differentielle elast. Streuquerschnitt wurde in einer 14 in. (Innendurchmesser) Streukammer mit einem schwenkbaren Proportionalzähler bestimmt. Die Querschnitte wurden im Bereich von 15—60° aus der Ausbeute an gestreuten Protonen u. von 62,8—136,8° aus der Ausbeute an Rückstoßtritonen berechnet. Die Messungen wurden bei 11 Energien, von denen 5 in der Nähe der 1,019 MeV-Schwelle der Rk. T (p, n) ^{3}He lagen, durchgeführt. (Physic. Rev. [2] **92.** 1092. 15/11. 1953. Univ. of California, Los Alamos Sci. Labor.) H. NELKOWSKI. 90

H. L. Reynolds und **A. Zucker,** *Gleichgewichtsladungsverteilung von abgestreiften 26 MeV-Stickstoffionen.* 26 MeV-N^{3+}-Ionen werden durch dünne Al- u. Formvar-Filme geschossen u. ihre Ladung durch magnet. Analyse bestimmt. Das Gleichgewicht der Ladungsverteilung wird mit 25 μg/cm² Foliendicke erreicht. Die relativen Häufigkeiten sind dann N^{7+} 0,38, N^{6+} 0,46, N^{5+} 0,16, N^{4+} <0,01; die mittlere Ladung beträgt 6,2 e. (Physic. Rev. [2] **95.** 1353. 1/9. 1954. Oak Ridge, Tenn., O. R. N. L.) G. HERRMANN. 90

R. H. Dalitz, *Das Sachssche Austauschmoment.* Eine Ableitung des SACHSschen Austauschmomentes zeigt eindeutig, daß dieses Austauschmoment einheitlich durch das Austauschpotential bestimmt wird. (Physic. Rev. [2] **95.** 799—800. 1/8. 1954. Ithaca, N. Y., Cornell Univ., Labor. of Nucl. Stud.) GERHARD SCHMIDT. 95

L. E. H. Trainor, *Phänomenologische Mehrkörperaustauschkräfte.* Phänomenolog. Mehrkörperaustauschpotentiale werden in gruppentheoret. Analogie mit den gewöhnlichen Zweikörperaustauschpotentialen von HEISENBERG, BARTLETT u. MAJORANA definiert. Das gleichförmige WIGNER-Modell wird erweitert, daß es Mehrkörper-WIGNER- u. MAJORANA-Kräfte einschließt. Die Betrachtungen über eine Symmetrieenergie zwischen benachbarten Isobaren von gerade-ungerade-Kernen führen zu einer groben Schätzung der Größe u. des Vorzeichens des Beitrages aus Dreikörperpotentialen. Dieser Beitrag ist im Vgl. zu dem aus Zweikörperpotentialen nicht vernachlässigbar. (Physic. Rev. [2] **95.** 801—10. 1/8. 1954. Kingston, Ontario, Queen's Univ., Dep. of Phys.) GERHARD SCHMIDT. 95

Thomas Fulton und **Robert Karplus,** *Durch gebundene Zustände bedingte Korrekturen in Zweikörpersystemen.* (Vgl. EDEN, C. **1955.** 974.) Die Gleichung, die den gebundenen Zustand zweier entgegengesetzt geladener Fermionen beschreibt, wird durch Berücksichtigung der Bindung in den Zwischenzuständen korrigiert. Danach wird die Hyperfeinstruktur von Positronium berechnet. (Physic. Rev. [2] **93.** 1109—16. 1/3. 1954; Sitzungsbericht: [2] **92.** 1094—95. 15/11. 1953. Cambridge, Mass., Harvard Univ.; Berkeley, Calif., Univ.) G. KIRSCHSTEIN. 95

Thomas Fulton und **Paul C. Martin,** *Zweikörpersystem in der Quantenelektrodynamik. Energieniveaus von Positronium.* Unter Verwendung der SCHWINGERschen Nomenklatur werden Ausdrücke für sämtliche α^3Ry-Beiträge zu den Energieniveaus des Zweifermionensyst. in der Elektrodynamik erhalten. Diese Ausdrücke werden aus einer relativist. Zweikörpergleichung berechnet, welche die Bindung durch den Wechselwirkungsoperator berücksichtigt. Als wichtigstes Ergebnis wird die Best. der n = 2-Niveaus von Positronium betrachtet. (Physic. Rev. [2] **95.** 811—22. 1/8. 1954. Cambridge, Mass., Harvard Univ.) GERHARD SCHMIDT. 95

R. M. Sternheimer, *Wirkung des Atomrumpfes (core) auf die Kernquadrupolkopplung.* (Vgl. C. **1955.** 1433.) Vf. berechnet die Wrkg. des Elektronenrumpfes auf die elektr. Quadrupolkopplung für den Grundzustand u. einige angeregte Zustände von *B* (2 p), *Na* (3 p), *Cl* (3 p^5), *Cu* (3 d^9 4 s^2), *Rb* (4 p u. 5 p), *Cs* (5 p u. 6 p) u. *W* (5 d^4). In allen Fällen wird die durch die n p → p- u. n d → d-Anregungen des Rumpfes hervorgerufene Antiabschirmung berücksichtigt. Für die Grundzustände wird die Abschirmungswrkg. mit den Voraussagen des THOMAS-FERMI-Modells verglichen. (Physic. Rev. [2] **95.** 736—50. 1/8. 1954. Upton, N. Y., Brookhaven Nat. Labor.) GERHARD SCHMIDT. 95

J. A. Miskel und **M. L. Perlman,** *Doppelte Leerstellen in der K-Schale, die mit dem K-Einfang in ^{37}Ar verbunden sind.* Das beim Zerfall von ^{37}Ar mit einem Proportionalzähler gemessene Impulshöhenspektr. wird analysiert, um die Wahrscheinlichkeit pro K-Einfang für die Erzeugung einer doppelten Leerstelle in der K-Schale zu erhalten. Die doppelte Leerstelle wird durch Hebung des zweiten K-Elektrons auf einen gebundenen Zustand oder auf das Kontinuum erhalten. Bei den Unterss. können beide Prozesse beobachtet werden. Die Messungen schließen Ereignisse ein, bei denen die kinet. Energien der gehobenen Elektronen im Bereich von 0—4,0 keV liegen. Die korr. Daten liefern für die Wahrscheinlichkeit der doppelten K-Leerstellenerzeugung pro K-Einfang in dem untersuchten Energiebereich den Wert $3{,}9 \pm 0{,}7 \cdot 10^{-4}$. Dieses Ergebnis stimmt qualitativ mit dem berechneten Wert überein. (Physic. Rev. [2] **94.** 1683—87. 15/6. 1954. Upton, N. Y., Brookhaven Nat. Labor., Chem. Dep.) GERHARD SCHMIDT. 95

C. M. Fowler, H. W. Kruse, V. Keshishian, R. J. Klotz und **G. P. Mellor,** *Energieniveaus in ^{182}W.* In Übereinstimmung mit dem von MULLER u. Mitarbeitern (C. **1954.** 6657) vorgeschlagenen Schema wurden durch Messung von 17 γ-Strahlen mit dem DUMOND-Kristallspektrometer u. Messungen mit einem hochauflösenden β-Spektrometer (K-Konversionselektronen) folgende Energieniveaus (in keV) gefunden (wahrscheinliche Spin- u. Paritätswerte): Grundzustand (0+), 100,1 (2+), 329,4 (4+), 1222,0 (—1), 1258,0, 1289,7 (4+), 1331,7, 1374,4, 1488,1, 1553,8 u. 1710,1. Weitere schwache γ-Strahlung wird nicht identifizierten Energieniveaus zwischen 329,4 u. 1222,0 keV u. oberhalb 1553,8 bzw. 1710,1 keV zugeschrieben. (Physic. Rev. [2] **94.** 1082—83. 15/5. 1954. Manhattan, Kans., Kansas State Coll.) H. NELKOWSKI. 95

M. Trocheris, *Über ein Konfigurationsverbot bei der β-Radioaktivität.* Erweiterung der Konfigurationsbetrachtungen von MAYER u. Mitarbeitern (u. a. C. **1954.** 2753) u. Anwendung des Modells auf eine Näherungsrechnung der β-Matrixelemente. Nach diesem Modell lassen sich die Protonen- u. Neutronenkonfigurationen bei dem Zerfall des 80 Std.-^{87}*Y* u. 4,4 Min.-^{89}*Zr* angeben. Aus den 3 Möglichkeiten für die Konfigurationen beim Übergang ^{14}C → ^{14}N wird versucht, den verbotenen Zerfall von ^{14}*C* zu erklären. (J. Physique Radium **13.** 370—71. Juni 1952. Commiss. à l'Energie atom., Serv. de Phys. math.) GERHARD SCHMIDT. 95

J. Horowitz und **A. M. L. Messiah,** *Über die (d, p)- und (d, n)-Reaktionen.* Bei der Unters. der (d, p)- u. (d, n)-Rkk. oder der äquivalenten (p, d)- u. (n, d)-Rkk. prüfen Vff. die Gültigkeitsbedingungen der BUTLERschen Approximation u. stellen Formeln auf, die die Rk. der verschied. ausgehenden Wellen berücksichtigen. Für einige bestimmte Fälle werden die Formen $l = 0$ u. $l = 1$ numer. berechnet, wobei angenommen wird, daß die elast. gestreute Welle ausgesprochen potentiell ist. Winkelverteilungen u. Querschnitte werden mit der BUTLERschen Theorie verglichen. (J. Physique Radium **14.** 695—706. Dez. 1953. Saclay, Centre d'Etud. nucl., Serv. de Phys. math.) GERHARD SCHMIDT. 103

J. Horowitz und **A. M. L. Messiah,** *Über die Polarisation bei den (d, p)- und (d, n)-Reaktionen.* (Vgl. vorst. Ref.) Bei der Unters. des Abstreifprozesses berücksichtigen Vff. die Wechselwrkg. der Protonen mit den Targetkernen u. schlagen ein Rechenverf. zur Best. des sich aus dieser Wechselwrkg. ergebenden Polarisationseffektes vor. (J. Physique Radium **14.** 731—32. Dez. 1953.) GERHARD SCHMIDT. 103

Stanley Bashkin, *Ausbeutekurve für ^{7}Li(d, p)^{8}Li.* (Vgl. C. **1955.** 3302.) Mit abgeschirmten BF_3-Zählern bestimmt Vf. den absol. Querschnitt für die Rk. ^{7}Li (d, p) ^{8}Li im Energiebereich der mit einem VAN DE GRAAFF-Generator beschleunigten Deuteronen

von 700 keV bis 3,3 MeV. Die bei 800 keV u. 1,04 MeV festgestellten Resonanzen entsprechen Zuständen in ^{9}Be bei 17,30 MeV bzw. 17,49 MeV. Eine früher festgestellte Resonanz bei 1,4 MeV wird nicht bestätigt, woraus geschlossen wird, daß ^{9}Be nicht das 17,8 MeV-Niveau besitzt. Oberhalb 1,8 MeV ist die Ausbeute relativ flach, wodurch vielleicht eher der Einfl. des Abstreifprozesses als die Compoundkernbldg. angezeigt wird. (Physic. Rev. [2] **95.** 1012—15. 15/8. 1954. Iowa City, Io., State Univ. of Iowa.)
Gerhard Schmidt. 103

Carroll C. Trail und **C. H. Johnson,** *Energieniveaus in ^{8}Be aus $^{7}Li(d,n)^{8}Be$.* Die Neutronen der Rk. $^{7}Li(d,n)^{8}Be$ erzeugen in Polyäthylen Rückstoßprotonen, die durch 2 Proportionalzählrohre laufen u. in einem NaJ-Kristall enden. Dreifachkoinzidenzen lösen einen 20 Kanal-Impulsanalysator aus, der das Scintillationsspektr. registriert. Es werden 2 Neutronengruppen gefunden, entsprechend dem Grundzustand u. dem 3 MeV-Niveau von ^{8}Be. (Physic. Rev. [2] **95.** 1363—64. 1/9. 1954. Oak Ridge, Tenn., O. R. N. L.)
G. Herrmann. 103

Kiichi Kimura, Ryutaro Ishiwari, Kazunori Yuasa, Sukeaki Yamashita, Kozo Miyake und **Sadao Kimura,** *Die Kernreaktion von ^{14}N mit Neutronen niedriger Energie.* 2. Mitt. (1. vgl. Rep. Inst. Chem. Res., Kyoto Univ. **19.** [1949.] 19; 3. vgl. C. **1954.** 1402.) Vff. bestrahlen N_2-Gas mit therm. Neutronen u. untersuchen die Energieverteilung der emittierten geladenen Sekundärteilchen im Bereich niedriger Energie. Gefunden werden 2 Maxima bei 0,28 u. 0,42 MeV mit einer Halbwertsbreite von $\sim$0,07 MeV. Das 0,28 MeV-Maximum ist durch einen γ-Untergrund gestört. Die Änderung der Energieverteilungskurve der Sekundärteilchen mit steigendem Neutronenstrom wird untersucht. Ein 1 mm Cd-Absorber um die Zählerwand bleibt ohne nennenswerten Einfl. auf die beobachteten Maxima. Die aufgefundenen Maxima scheinen nicht von therm. Neutronen, sondern von solchen etwas höherer Energie herzurühren. (Bull. Inst. chem. Res., Kyoto, Univ. [Kagaku Kenkyusho Hokoku] **27.** Nr. 12. 49. Dez. 1951. Kyoto, Univ., Labor. K. Kimura. [Orig.: engl.])
F. Weigel. 103

Leonard N. Russell, Warren E. Taylor und **John N. Cooper,** *γ-Strahlung aus Magnesium 26 bei Protonenbeschuß.* Vff. beschießen dünne Targets aus 55 mg angereichertem ^{26}Mg (95,91% ^{26}Mg, 1,56% ^{25}Mg u. 2,53% ^{24}Mg) mit magnet. analysierten Protonen aus einem Van de Graaff-Generator. Mit einem dünnwandigen Geiger-Müller-Zählrohr werden die aus dem Target austretenden γ-Strahlen nachgewiesen. Die Darst. der γ-Ausbeute als Funktion der Protonenenergie liefert 15 scharfe Resonanzspitzen im Protonenenergiebereich von 300 u. 1500 keV. Diese Resonanzen werden der Rk. $^{26}Mg(p,\gamma)\,^{27}Al$ zugeschrieben. Resonanzmaxima treten bei Protonenenergien von 343, 450, 662, 720, 813, 840, 954, 992, 1015, 1056, 1172, 1255, 1295, 1425 u. 1464 keV auf. Die Messung der γ-Energien aus einigen stärkeren Resonanzen zeigt an, daß die Compoundkerne in den meisten Fällen nicht in den Grundzustand durch einen einfachen Übergang zerfallen. (Physic. Rev. [2] **95.** 99—101. 1/7. 1954. Columbus, O., Ohio State Univ.)
Gerhard Schmidt. 103

Joachim Heintze, *Der Elektroneneinfang des ^{40}K.* Die beim K-Einfang von ^{40}K auftretende Ar-K-Strahlung wird mit Hilfe eines Proportionalzähler-Röntgenspektrometers untersucht. Die Herst. der dünnen (0,73 mg K_2CO_3/cm^2) Zählpräpp. wird beschrieben. Unter Verwendung eines sorgfältig gemessenen Wertes für die Fluorescenzstrahlungsausbeute von Ar $f = 0{,}12 \pm 0{,}01$ ergeben sich $1{,}42 \pm 0{,}23$ K-Zerfälle/g K/sec. Diese Prozesse werden als Übergänge zum angeregten Niveau von ^{40}Ar gedeutet, was die Annahme eines L-Einfangs der relativen Häufigkeit $n_L : n_K = 1{,}35 \pm 0{,}23$ erfordert. Der gefundene $n_L : n_K$-Wert wird mit einer Berechnung von Marshak (Physic. Rev. [2] **61.** [1941.] 431) verglichen. Der Verbotsgrad des untersuchten Überganges wird diskutiert. Zerfallskonstante u. log *ft*-Wert sprechen für einen zweifach verbotenen Übergang. (Z. Naturforsch. **9a.** 469—72. Mai 1954. Heidelberg, Univ., II. Physikal. Inst.)
F. Weigel. 103

C. Garrett und **G. N. Whyte,** *Aufbaumessungen an ^{60}Co-γ-Strahlung in Eisen und Blei.* Der Aufbau sek. γ-Strahlung in Fe u. Pb durch ^{60}Co-γ-Strahlung wird durch Durchlässigkeitsmessung der γ-Intensität in Abständen bis zu 15 freien Weglängen von der Quelle u. Vgl. mit der nach den Absorptionskoeffizienten zu erwartenden Intensität bestimmt. In beiden Fällen stimmen die gefundenen Aufbaufaktoren mit den errechneten (Fano, C. **1955.** 5233) überein. (Physic. Rev. [2] **95.** 889—91. 15/8. 1954. Ottawa, Can., Nat. Res. Counc., Div. of Appl. Phys.)
G. Herrmann. 103

J. L. Olsen und **G. D. O'Kelley,** *Der Zerfall von ^{136}Cs.* Die Strahlungen von ^{136}Cs werden mit β-Spektrometern, Scintillationsspektrometern u. einem Proportionalzählerspektrometer untersucht. Gefunden werden β-Gruppen bei 341 u. 657 keV sowie γ-Gruppen von 67,2, 153, 162, 265, 335, 822, 1041, 1245, 1410, 2350 u. 2490 keV. Auf

Grund der γ-Intensitäten u. $\gamma-\gamma$-Koinzidenzen wird ein Zerfallsschema aufgestellt. (Physic. Rev. [2] **95.** 1539—40. 15/9. 1954. Livermore, Calif., California Res. and Developm. Co.) F. WEIGEL. 103

E. Rodríguez Mayquez, *Halbwertszeit von Dysprosium 165.* Zur Beseitigung der Widersprüche über die Halbwertszeit $T_{1/2}$ von ^{165}Dy wird eine genaue Messung nach der Meth. von GRAVES u. WALKER (Physic. Rev. [2] **71.** [1947.] 1) vorgenommen, wobei die Korrektur für die dead time des GEIGER-MÜLLER-Zählers vermieden wird. Aus der Zerfallskonstante $\lambda = 0{,}004847 \pm 0{,}000087$ ergibt sich $T_{1/2} = 143{,}0 \pm 2{,}6$ Min.; die 1,25 Min.-Aktivität ist auf die Messungen ohne Einfluß. (An. Real Soc. españ. Física Quím., Ser. A **50.** 95—98. März/April 1954. Labor. de la Junta de Energ. nucl.) R. K. MÜLLER. 103

Leo Koerts, *Grundzustand von ^{186}Re.* Vf. untersucht das Spektr. der 1063, 926 u. 300 keV-β-Übergänge von ^{186}Re mit einem magnet. Koinzidenzspektrometer. Alle 3 Übergänge sind erlaubt, damit wird die Spinzuordnung (1 —) von ^{186}Re (vgl. METZGER u. HILL, C. **1952.** 2959) bestätigt. (Physic. Rev. [2] **95.** 1358—59. 1/9.1954. New York, N. Y., Columbia Univ.) G. HERRMANN. 103

V. E. Krohn und **S. Raboy,** *Zerfallsschema von ^{204m}Pb.* Mit einem Koinzidenz-γ-Scintillationsspektrometer werden verzögerte Koinzidenzen beim Zerfall des 68 Min.-^{204m}Pb gemessen. Gefunden werden 3 γ-Strahlen in Kaskade mit 905, 374 u. 890 keV Energie, entsprechend Niveaus von 2169, 1264 u. 890 keV in ^{204}Pb. Der 2169 keV-Zustand hat 68 Min., der 1264 keV-Zustand $2{,}6 \pm 0{,}2 \cdot 10^{-7}$ Sek. Halbwertszeit. (Physic. Rev. [2] **95.** 1354—55. 1/9. 1954. Lemont, Ill., Argonne Nat. Labor.) G. HERRMANN. 103

Marie Ader, *Teilchen großer Reichweite aus Poloniumquellen.* (Vgl. C. **1955.** 5237.) Vf. bestrahlt ILFORD C2-Kernphotoplatten von 100 μ Stärke sowohl mit röhrchenförmigen Po-Präpp. als auch mit auf 2—3 μ dicken Au-, Ag-, Pt- u. Polyvinylfolien niedergeschlagenen dünnen Po-Schichten derart, daß einmal zuerst die Photoschicht, das andere Mal zuerst der Träger der Photoschicht durchstrahlt wird. In den Platten auftretende Bahnspuren von 30 bis $>300\ \mu$ Länge werden vermessen. Die Anzahl der Bahnen, deren Länge in der Emulsion 22 μ überschreitet, wurde ungefähr zu 1 auf 300000—500000 Po-α-Teilchen gemessen, die Anzahl der sehr langen Bahnen ($>120\ \mu$) war $\sim$12—15 pro 1000 vorst. Bahnen. (J. Physique Radium **15.** 60. Jan. 1954. Paris, Coll. de France, Labor. de Phys. atom. et mol.) J. ROESMER. 103

Roman A. Schmitt und **Nathan Sugarman,** *Uranphotospaltausbeuten.* (Vgl. C. **1954.** 2327.) Vff. bestimmen die Ausbeute an 26 Kernen bei der Photospaltung von U u. stellen die Spaltausbeutekurven für γ-Energien von 7, 10, 16, 21, 48, 100 u. 300 MeV auf. Die Ausbeutekurven zeigen bei niedrigen γ-Energien die bekannte Gestalt mit 2 Maxima; mit wachsender γ-Energie nimmt die Tiefe der Mulde ab. Folgende Verhältnisse von Maximum:Mulde werden gemessen (in Klammern E_γ in MeV): >300 (7), 200 (10), 38 (16), 23 (21), 11 (48), 8 (100) u. 4 (300). Der mittlere Wirkungsquerschnitt für die symm. Photospaltung durch γ-Strahlen im Bereich von 16—300 MeV beträgt $\sim$7 mbarn. Das für die Betatronbestrahlung von Uranylnitrat benutzte Verf. wird beschrieben. (Physic. Rev. [2] **95.** 1260—67. 1/9. 1954. Chicago, Ill., Univ. of Chicago, Inst. for Nucl. Stud.) F. WEIGEL. 103

J. E. Brolley jr., W. C. Dickinson und **R. L. Henkel,** *Die Winkelverteilung von ^{235}U-Spaltprodukten aus neutroneninduzierter Spaltung als eine Funktion der auftreffenden Neutronenenergie.* (Vgl. C. **1955.** 6449.) (Sitzungsbericht.) (Physic. Rev. [2] **95.** 651. 15/7. 1954. Los Alamos Sci. Labor.) GERHARD SCHMIDT. 103

E. P. Steinberg und **L. E. Glendenin,** *Radiochemische Untersuchung der spontanen Spaltung von ^{242}Cm.* Vff. untersuchen die spontane Spaltung von ^{242}Cm durch radiochem. Bestimmungen der Ausbeuten von 21 Spaltprodukten. Als Strahlenquelle dient $\sim$ je 1 mg Cm (90% ^{242}Cm, 5% ^{243}Cm u. 5% ^{244}Cm) u. Am (75% ^{241}Am, 2% ^{242}Am u. 23% ^{243}Am). Die einzelnen Ausbeutebestimmungen erstrecken sich auf *Sr* (9,7 Std.-^{91}Sr u. 2,7 Std.-^{92}Sr), *Mo* (67 Std.-^{99}Mo), *Ru* (40 Tage-^{103}Ru, 4½ Std.-^{105}Ru u. 1,0 Jahre-^{106}Ru), *Pd* (13,1 Std.-^{109}Pd u. 21 Std.-^{112}Pd), *Cd* (53 Std.-^{115}Cd), *Sb* (93 Std.-^{127}Sb u. 4,2 Std.-^{129}Sb), *Te* (30 Std.-^{131m}Te u. 77 Std.-^{132}Te), J (8,0 Tage-^{131}J, 21 Std.-^{133}J, 52,5 Min.-^{134}J u. 6,7 Std.-^{135}J), *Cs* (13,7 Tage-^{136}Cs), *Ba* (85 Min.-^{139}Ba u. 12,8 Tage-^{140}Ba) u. *Ce.* Die Ausbeutemassekurve zeigt etwas engere Spitzen als die bei der induzierten Spaltung beobachteten u. ein Spitze/Tal-Verhältnis $>700:1$. Bei der Masseverteilung wird eine ausgeprägte Feinstruktur beobachtet. Die Kernladungsverteilung bei der spontanen Spaltung scheint im wesentlichen mit der übereinzustimmen, die bei der durch niedrige Energie induzierten Spaltung erhalten worden ist. (Physic. Rev. [2] **95.** 431—39. 15/7. 1954. Lemont, Ill., Argonne Nat. Labor., Chem. Div.) GERHARD SCHMIDT. 103

B. G. Harvey, H. P. Robinson, S. G. Thompson, A. Ghiorso und **G. R. Choppin,** *Einige Querschnitte von Isotopen des Americiums, Berkeliums, Californiums und des Elements 99 für Reaktorneutronen.* (Vgl. THOMPSON u. Mitarbeiter, C. **1955.** 976.) Nach dem Beschuß mit Reaktorneutronen werden das Targetmaterial u. die erzeugten Prodd. sorgfältig von den Aktivitäten getrennt (chem.), die von Spaltprodd. u. Verunreinigungen herrühren. Als Targetkerne dienen ^{243}Am, ^{249}Bk, ^{249}Cf, ^{252}Cf, ^{254}Cf, ^{253}99 u. ^{254}99. Die erzeugten Kerne ^{244}Am, ^{250}Bk, ^{250}Cf, ^{253}99, ^{255}100, ^{254}100 bzw. ^{255}100 werden nach ihren chem. Kerneigg. identifiziert. Der Spaltquerschnitt von ^{249}Cf, der aus der Differenz zwischen den totalen u. Einfangquerschnitten ermittelt wird, liegt bei $\sim$630 barn. Die Querschnitte von ^{254}Cf u. ^{254}99 lassen sich nur als Grenzwerte angeben, da es nicht bekannt ist, wieviel ^{255}100 durch ^{254}Cf $(n,\gamma)^{255}$Cf $\rightarrow$ ^{255}99 $\rightarrow$ ^{255}100 u. wieviel durch ^{254}99 $(n,\gamma)^{255}$99 $\rightarrow$ ^{255}100 erzeugt worden ist. (Physic. Rev. [2] **95.** 581—82. 15/7. 1954. Berkeley, Calif., Univ. of California, Radiat. Labor. and Dep. of Chem.) GERHARD SCHMIDT. 103

Robert Mellet, Pascaline Daudel und **Roland Muxart,** *Mikrochemische Darstellung des Radioberylliums 7.* Um die verschied. Perioden von ^{7}Be im dampfförmigen, im metall. u. im chem. gebundenen Zustand miteinander vergleichen zu können, beschreiben Vff. die Darst. von reinstem ^{7}Be im mikrochem. Maßstab. Das durch Beschuß von Graphit mit Protonen von 160 MeV nach der Kern-Rk. ^{12}C + ^{1}H $\rightarrow$ 3 ^{1}H) + 3 ^{1}n) + ^{7}Be erhaltene ^{7}Be wird zusammen mit dem Graphit im O_2-Strom oxydiert. Aus dem gebildeten ^{7}BeO gewinnen Vff. nun in einer näher beschriebenen App. in drei Etappen das metall. ^{7}Be. In einem trockenen CO_2-Strom wird ein Gemenge von ^{7}BeO u. Zuckerkohle 30 Min. lang auf 800° erhitzt, dann 2 Std. *Cl_2* bei 900° über das Gemisch geleitet u. schließlich das gebildete ^{7}BeCl$_2$ durch Einw. von *Mg* in Ggw. von *NaCl* u. *KCl* unter *Ar* reduziert. Der Reduktionsrückstand besteht aus *^{7}Be, Mg* im Überschuß, *KCl, NaCl* u. *$MgCl_2$*. Durch mehrmaliges Behandeln mit 10%ig. *NH_4-Acetat*-Lsg. (**I**) bei 50° geht das Mg in Lösung. Nach der Trennung des ^{7}Be von der Mutterlauge durch Zentrifugieren wird das Metall erneut mit **I** behandelt, dann mit W. u. Aceton gewaschen u. bei 80° getrocknet. Die Ausbeute beträgt 70—80%. ^{7}Be ist ein graues Metallpulver, in dem sich spektroskop. nur noch *Si* als Verunreinigung nachweisen läßt. Die colorimetr. Best. mittels des Silicomolybdän-Komplexes ergibt einen Si-Geh. unter 0,5%. (Bull. Soc. chim. France, Mém. [5] **1955.** 560—63. April. Paris, Inst. du Radium, Labor. Curie.)
H. SURAWSKI. 104

Klaus Clusius und **Max Huber,** *Isolierung des Neonisotops ^{20}Ne von 99,95% isotoper Reinheit im Trennrohr.* Mittels einer Thermodiffusionskolonne von 5 gläsernen Einheiten von je 2,85 m effektiver Rohrlänge bei 12 mm Durchmesser mit 0,4 mm dicken Pt–Ir-Drähten als Heizdrähte (Wechselstromheizung) gewannen Vff. aus 6,65 Liter Ne 3,5 Liter ^{20}Ne von 99,95% Reinheit. Die schwere Fraktion enthielt 94% des im Ausgangsgas vorhandenen ^{21}Ne. Das sogenannte „spektralreine" Ne, das sich in handelsüblichen Glaszylindern befand, enthielt 1,9% He u. $\sim$ 0,5% N_2. (Experientia [Basel] **6.** 262—63. 15/7. 1950. Zürich, Univ., Physikal.-chem. Inst.) H. FREIWALD. 104

Masayoshi Ishibashi, Kiichi Kimura, Sakae Shimizu und **Yuzuru Kusaka,** *Chemische Untersuchungen an radioaktiven Indicatoren.* 13. Mitt. *Herstellung von radioaktivem Phosphor (^{32}P) und Brom (^{80}Br; ^{82}Br).* (12. vgl. J. chem. Soc. Japan **63.** [1942.] 883.) Mit 50 mg Ra + Be als Neutronenquelle wurde aus CS_2 durch Neutronenbeschuß trägerfreie $H_3{}^{32}PO_4$ zu ca. 0,4 μC erhalten, ebenso aus C_2H_5Br auf gleichem Wege NH_4Br mit ^{80}Br u. ^{82}Br, das nach dem SZILARD-CHALMERS-Verf. extrahiert wurde. (Bull. Inst. chem. Res., Kyoto Univ. [Kagaku Kenkyusho Hokoku] **26.** 36—43. Sept. 1951. Kyoto, Univ., Ishibashi and Kimura Labors. [Orig.: japan.; Auszug: engl.])
W. METZENER. 104

Philip S. Baker, G. F. Wells und **W. R. Rathkamp,** *Eine Zelle zur Darstellung geringer Mengen Alkalimetall.* Zwecks Darst. verschied. Isotope beschreiben Vff. eine Zelle zur Gewinnung geringer Mengen Alkalimetall durch Schmelzelektrolyse aus je 35—40 g Alkalichlorid. Die Ausbeute an Metall beträgt 40%; 55% können als Salz zurückgewonnen werden. (J. chem. Educat. **31.** 515—18. Okt. 1954. Oak Ridge, Tenn., O.R.N.L., Stable Isotope Div.) H. PLUSKAL. 104

M. Simnad und **P. Shewmon,** *Mechanische Bearbeitung von radioaktivem Material.* Vorschlag zum gefahrlosen Abdreben von radioakt. Metallproben, z. B. bei Diffusionsmessungen. Die zu bearbeitende Oberfläche wird mit Vaseline bedeckt. (Nucleonics **12.** Nr. 7. 69. Juli 1954. Pittsburgh, Pa., Carnegie Inst. of Technol., Metals Res. Labor.)
G. HERRMANN. 112

W. B. Mann, *Anwendung von Callendars „Radiowaage" zur Messung der Energieausstrahlung radioaktiver Quellen.* Vf. verbessert das von CALLENDAR (Proc. physic. Soc. [London] **23.** [1911.] 1) zur Messung von Strahlungsenergie angegebene Calorimeter, bei dem die zu bestimmende Wärmemenge durch eine durch den PELTIER-Effekt bewirkte Abkühlung ausgeglichen wird. Ein Cu-Block enthält zwei Bohrlöcher, die durch ein Thermoelement verbunden sind u. in denen PELTIER-Verbindungsstellen angebracht sind. Befindet sich in einem Loch eine radioakt. Strahlungsquelle, so zeigt das Thermoelement eine Temperaturdifferenz zwischen den beiden Hohlräumen an. Durch die PELTIER-Verbindungsstelle wird soviel Strom geleitet, bis die dadurch bewirkte Abkühlung die von der radioakt. Strahlung erzeugte Erwärmung genau kompensiert. Aus der dafür benötigten Stromstärke läßt sich die entstandene Wärmemenge berechnen. Vf. mißt die von Ra-Präpp. ausgesandte Energie. Die Wärmeausstrahlung von Ra im Gleichgewicht mit seinen Zerfallsprodd. beträgt für ein Absorptionsäquivalent von 0,126 cm Pb 128,9 cal gr^{-1} $Std.^{-1}$. Genauigkeit der Bestimmungsmeth. $\pm 0,7\%$. (J. Res. nat. Bur. Standards **52.** 177—84. April 1954. Washington.) MAX SCHMIDT. 112

D. A. Glaser, *Fortschrittsbericht über die Entwicklung von Blasenkammern.* (Vgl. C. **1954.** 10642.) Die Blasenkammer beruht auf der Bldg. von Blasen in einer überhitzten Fl. durch Ionenanhäufungen. Vf. beschreibt die Theorie, Konstruktion u. Arbeitsweise von Kammern u. die Auslösung der Belichtung von Hand, durch Tonabnehmer, die auf die Erschütterung bei der Blasenbldg. ansprechen, durch Multiplier, die die Lichtstreuung an den Blasen ausnutzen, u. durch Zählrohre. Aufnahmen 5—7 Sek. nach der Expansion u. 3—5 μsec nach der Ionenbldg. ergaben 0,02 mm Blasendurchmesser. Die Blasen wachsen so rasch an, daß die zeitliche Auflösung der Kammer nur wenige μsec beträgt. Sie eignet sich deshalb bes. zur Messung von Zeiten bei Zerfallsprozessen. (Suppl. del Nuovo Cimento Nr. 2. (zu [9] **11.**) 361—68. 1954. Ann Arbor, Mich., Univ. of Michigan, Harrison M. Randall Labor. of Phys.) M. POLLERMANN. 112

A. Lovati und **C. Succi,** *Die Diffusionsnebelkammer.* Der Kammerboden wird mit einer handelsüblichen Kühlmaschine auf —45° gehalten. Die freie Oberfläche der dampfliefernden Fl. ist fast so groß wie der Kammerquerschnitt, was auch bei niedriger Temp. einen starken Dampfstrom ergibt. Die Bldg. neutraler Tröpfchen wird dadurch vermieden. (Suppl. del Nuovo Cimento Nr. 2. (zu [9] **11.**) 357—60. 1954. Milano, Univ., Ist. di Sci. Fis., Ist. Naz. di Fis. Nucl.) M. POLLERMANN. 112

C. R. Emigh, *Eine Schnellkompressionsnebelkammer mit Magnetfeld und einige Hilfssteuerungen.* Um die Wärmeaufnahme des Kammergases nach der Expansion zu vermeiden, wird die Membran der Nebelkammer sofort nach der Aufnahme in die Ausgangsstellung zurückgedrückt. Auf diese Weise läßt sich die Erholungszeit auf ein Drittel reduzieren. Es werden ferner ein Dieselaggregat für den Magnetstrom, ein Beleuchtungssyst. u. eine Temperaturregelung beschrieben. (Rev. sci. Instruments **25.** 221—25. März 1954. Urbana, Ill., Univ. of Illinois, Dep. of Phys.) M. POLLERMANN. 112

A. L. Hodson, A. Loria und **N. V. Ryder,** *Die Steuerung einer Wilsonschen Nebelkammer durch ein inneres Zählrohr.* Eine Nebelkammer wird durch ein Zählrohr gesteuert, dessen Kathode aus 6 Stäben besteht u. dessen empfindliches Vol. vom Kammerraum nicht abgetrennt ist. Die Bremswrkg. des Zählrohrs wird nur durch die Gasfüllung ausgeübt, so daß auch Teilchen kleiner Energie die Kammer auslösen können. Mit der Anordnung lassen sich die Entladungserscheinungen im Zählrohr beobachten u. die auslösenden Teilchen erkennen. Das Zählrohr kann im Proportionalbereich betrieben werden. (Philos. Mag. [7] **41.** 826—37. Aug. 1950. Manchester, Univ.) M. POLLERMANN. 112

E. H. S. Burhop, *Die Verwendung der Hochdrucknebelkammer bei Höhenstrahluntersuchungen.* Eine mit 100 at Ar gefüllte Nebelkammer von 22,5 cm Durchmesser entspricht einer Massenbelegung von 4 g/cm^2. Sie hat eine Expansionsdauer von 0,25 Sek. u. eine große Empfindlichkeitsdauer. Die Bldg. der Bahnen dauert $\sim$0,2 Sekunden. Zur Regenerierung werden $\sim$15 Min. benötigt. Die Bahnen werden durch Vielfachstreuung beeinflußt. Die spezif. Ionisierung kann aus der Bahnbreite, die kinet. Energie der Strahlung aus der Verteilung der δ-Strahlen, u. die M. aus der Vielfachstreuung u. der Krümmung im Magnetfeld bestimmt werden. (Suppl. del Nuovo Cimento Nr. 2. (zu [9] **11.**) 343—56. 1954. London, Univ. Coll.) M. POLLERMANN. 112

K. H. Barker, *Die Ausmessung von Nebelkammerbahnen.* Die Krümmung läßt sich aus den Koordinaten berechnen, mit dem Prismenkompensator von BLACKETT ausmessen oder durch Vgl. mit gezeichneten Bogen bestimmen. Die räumliche Rekonstruktion aus Stereoaufnahmen kann durch Rechnung oder Reprojektion erfolgen. Korrekturen für Bahnen, die gegen die Bildebene geneigt sind, u. Fehler durch Feldinhomogenitäten, Linsenverzerrung, Konvektion u. Streuung werden angegeben. (Suppl. del Nuovo Cimento Nr. 2. (zu [9] **11.**) 309—18. 1954. London, Imperial Coll.) M. POLLERMANN. 112

Heinz Ewald und **Gerhard Sauermann,** *Hilfskondensatoren zur besseren Ausleuchtung des Massenspektrographenspaltes.* Die Ausleuchtung des Eintrittsspaltes im Massenspektrographen wird durch Anordnung zweier gekreuzter Ablenkkondensatoren zwischen Kanal u. Spalt auf ein Maximum gebracht. (Z. angew. Physik **5.** 387—88. Okt. 1953. München, TH, Physikal. Inst.) R. Conrad. 112

Vernon H. Dibeler und **Fidel Cordero,** *Ein Mikromanometer vom Diaphragmentyp zum Gebrauch in einem Massenspektrometer.* Zur Messung von Drucken im Bereich zwischen 1 u. 100 10^{-6} mm Hg mit einer Empfindlichkeit von $0{,}1 \cdot 10^{-6}$ mm Hg im Gasreservoir eines Massenspektrometers haben Vff. ein Mikromanometer konstruiert, dessen druckempfindlicher Teil von einem Messingdiaphragma gebildet wird. Die kleinen Verbiegungen der Diaphragmenscheibe werden durch die Veränderung der gegenseitigen Induktivität in zwei der Scheibe gegenüberstehenden konzentr. Spulen gemessen. Die Meth. wird an der Messung der Sensitivitäten (Ionenstrom der stärksten M. pro Druckeinheit) der isomeren Nonane, Oktane u. Heptane auf zwei Wegen demonstriert. Zunächst wird nach der bisher üblichen Meth. im Hg-Manometer der Druck eines bekannten kleinen Gasvol. gemessen u. dieses dann in einen Vorratsbehälter auf das ca. 1000fache expandiert; sodann wird der Druck des expandierten Gases mit dem Mikromanometer gemessen. (J. Res. nat. Bur. Standards **46.** 1—4. Jan. 1951. Washington.) R. Conrad. 112

J. Kolhörster, *Beiträge zur Bestimmung kleinster α-Aktivitäten mit Hilfe der photographischen Bahnspurdarstellung.* Die quantitative Best. schwacher α-Radioaktivitäten von Gewebeaschen, Gesteinsproben usw. mittels Auszählung der in einem bestimmten Vol. einer Bahnspuremulsion während einer vorgegebenen Expositionszeit erzeugten Bahnspuren ist nur möglich, wenn das effektive At.-Gew. der zu messenden Substanz bekannt ist. Vf. zeigt, daß man dieses bestimmen kann, wenn man der zu bestimmenden akt. Substanz eine gleiche Menge, jedoch in inakt. Zustand, beifügt. Verss. mit verschied. Pulvern (Kohle, CeO_2, PbB u. SiO_2) nach Aktivierung mit Po zeigen, daß die Best. des At.-Gew. mit einer Genauigkeit von $\sim 7\%$ möglich ist. (Strahlentherapie **94.** 602—07. Aug. 1954. Frankfurt/M., Max-Planck-Inst. für Biophys.) W. Reusse. 112

Georg Rieder, *Zur autoradiographischen Methode.* Bei den modernen Kernemulsionen, die jedes abgestrahlte Teilchen, bes. auch jedes β-Teilchen, einzeln registrieren (Ilford G5 u. Kodak NT-4), wird das Problem der Autoradiographie von den speziellen Emulsionseigg. unabhängig u. das Auflösungsvermögen nur noch durch Geometrie u. Teilchenstatistik bestimmt. Bei der großen Vielfalt der vorkommenden Objektstrukturen ist die Definition einer geometr. wie die einer statist. Auflösungsgrenze stets mit einer gewissen Willkür behaftet. Die Spurenradiographie eröffnet durch Registrierung der einzelnen abgestrahlten Teilchen eine Möglichkeit, die statist. Auflösungsgrenze dort zu umgehen, wo das Objekt aus einer Vielzahl gleichartiger Strukturen (z. B. Gewebszellen) besteht. (Naturwissenschaften **41.** 421—22. Sept. 1954. Kirchheim/Teck.) Gerhard Schmidt. 112

P. Savel, *Über einige angewandte Verfahren zum Schutz von Personen, die der Bestrahlung von α- und γ-Strahlen sowie von thermischen und langsamen Neutronen ausgesetzt sind.* Zusammenfassende Übersicht über die radiograph. Meth. mit Filmen zum Schutze der γ-Strahlung ausgesetzten Personen; die Verwendung eines Funkenzählers zum Aufspüren von α-Verseuchung u. zur Dosierung therm. Neutronen liefert Schnellanzeigen zum Schutze der mit radioakt. Substanzen arbeitenden Personen. (J. Physique Radium **15.** 113A—118A. Okt. 1954. Paris, Coll. de France, Labor. de Chem. Nucl.) Gerhard Schmidt. 112

A_2. Optisches Verhalten der Materie.

V. F. Hess, *Die Rolle der Eddy-Diffusion bei der Ionenverteilung in der Atmosphäre in Bodennähe.* Die durch α-Strahlen innerhalb der ersten 10 cm über dem Boden gebildeten Ionen werden durch Eddy-Diffusion aufwärts getragen. Unter Berücksichtigung des Gesetzes linearer Rekombination nach Schweidler wird für verschied. Höhen die mittlere Ionenzahl ermittelt. Über verschied. Gesteinen, festem Material u. Vegetation wird mit einem Scintillationszähler die Zahl der emittierten α-Teilchen bestimmt. Der Beitrag der in Bodennähe erzeugten u. aufwärts beförderten Ionen zu der Gesamtzahl der Ionen im 100 cm-Niveau beträgt ca. 10%. (Nuovo Cimento [10] **1.** 51—62. 1/1. 1955. New York, N. Y., Fordham Univ.) H. Liepack. 113

D. R. Barber, *Bemerkung über die jahreszeitliche Veränderung der Emission der Natrium D-Linie in der Dämmerung.* Vf. nimmt Bezug auf mehrere ältere Arbeiten über die jährliche Variation der atmosphär. Na D-Strahlung des Nachthimmels. Photoelektr. Messungen unter ruhigen solaren u. erdmagnet. Bedingungen von unpolarisierter D-Emission der Zenitdämmerung während der Jahre 1949—1951 lassen vermuten, daß die jährliche Veränderung der in 40—110 km Höhe entspringenden Emission nicht streng ihrem Gegenstück, der Nachthimmelemission in 200—250 km Höhe entspricht. Die Verteilung der Minima (Sommermonate) u. Maxima (Wintermonate) der Intensität wird als wesentlich ident. gefunden mit den in den früheren Arbeiten ermittelten. (J. atmospheric terrestr. Physics **5**. 347—48. Nov. 1954, Sidmouth, Devonsh., Norman Lockyer Observatory of Univ. Coll. of South West.) H. Preuss. 113

S. Miyamoto, *Über die Interpretation der Konturen der starken Fraunhofer-Linien.* Es werden Doppler-Kerne u. Konturen des Flügelinnern von starken Fraunhofer-Linien untersucht. Die Doppler-Weiten von starken Linien sind sehr stark red. durch Fluorescenzemission, welche für die hohe Restintensität dieser Linien verantwortlich ist. Beobachtete Weiten werden dahingehend gedeutet, daß an der oberen Photosphäre, wo die Doppler-Kerne der stärksten Linien gebildet werden, eine Turbulenz von 4 km/sec stattfindet. Es wird gezeigt, wie die inneren Flügelkonturen u. die zentrale Randvariation vom Modell der Photosphäre u. von der Art u. Weise des Streuungsprozesses abhängen (Z. Astrophysik **35**. 145—58. 1954. Kyoto, Japan, Univ. of Kyoto, Inst. of Astrophys.) H. Preuss. 113

R. E. Trees, *Bacher- und Goudsmit-Theorie von komplexen Spektren.* Theoret. Betrachtungen über die Bacher- u. Goudsmit-Theorie u. Prüfung ihrer Genauigkeit an Spektren mit d- u. s-Elektronen. (J. Res. nat. Bur. Standards **47**. 35—48. Juli 1951. Washington.) G. Heinsohn. 114

P. A. Fraser, *Eine Methode zur Bestimmung des elektronischen Übergangsmoments für zweiatomige Moleküle.* In dieser rein theoret. Arbeit beschreibt Vf. eine Meth., welche die Veränderung des elektron. Übergangsmoments, das die Intensitäten in den Bandensystemen zweiatomiger Moll. bestimmt, als eine Funktion des Kernabstandes ergibt. (Canad. J. Physics **32**. 515—21. Aug. 1954. London, Ontario, Can. Univ., Dep. of Phys.) C. Gottfried. 114

Takehiko Ishidzu und **Shin-ya Obi,** *Die Struktur der f^n-Elektronenkonfigurationen. 1. Mitt. Koeffizienten der fraktionierten Ableitung von f^3.* Es wird die Racahsche Theorie der Struktur von äquivalenten Elektronengruppen auf die f^n-Konfigurationen angewendet u. die Koeffizienten der fraktionierten Ableitung der f^3-Terme (Tabelle) bestimmt, sowie die Matrixelemente der elektrostat. Energien erneut im $v\alpha SL$-Schema berechnet. (J. physic. Soc. Japan **5**. 142—44. Mai/Juni 1950. Tokyo, Univ., 1. Fac. of Engng., Dep. of Dynamics, u. Fac. of Sci., Astronomy Dep. [Orig.: engl.]) D. Hahn. 114

Takehiko Ishidzu und **Shin-ya Obi,** *Die Struktur der f^n-Elektronenkonfigurationen. 2. Mitt. Spin–Elektronenbahn-Wechselwirkung der Konfiguration f^3.* (1. vgl. vorst. Ref.) Es werden die Matrizen der Spin–Elektronenbahn-Wechselwrkg. im $v\alpha SL$-Schema berechnet. Die Ergebnisse sind auf die Spektren der Nd-Atome anwendbar. (J. physic. Soc. Japan **5**. 145—48. Mai/Juni 1950. [Orig.: engl.]) D. Hahn. 114

N. D. Sayers und **K. G. Emeléus,** *Versuche zur Erzeugung der Aurorastrahlung.* Mit Hilfe einer mit 4 kV Wechselspannung betriebenen Entladung einer Mischung von O_2 u. *Ne* bzw. *Ar* wurden die verbotenen roten u. grünen Auroralinien u. die UV-Transauroralinie von O I aufgenommen. Aus absol. Intensitätsmessungen wurden die mittleren Konzz. der sich in den 1^1S_0- u. 5^5D-Zuständen befindenden O-Atome bestimmt. Mit Sekundärelektronenvervielfacher, Verstärker u. Oscillograph wurde die Abklingkonstante des grünen Nachleuchtens zu 2—3 sec^{-1} je nach Lampentyp bestimmt. Für das Abklingen werden die Konvektion des leuchtenden Gases, Diffusion zu den angeregten Atomen im ^1S-Zustand u. zu den angeregten ArO-Moll., Emission der Strahlung von den gleichen Atomen u. Moll. u. Desaktivierung der angeregten Atome u. Moll. durch Stöße 2. Art verantwortlich gemacht. (Proc. physic. Soc., Sect. A **65**. 219—26. 1/3. 1952. Belfast, Queen's Univ.) G. Heinsohn. 118

R. H. Garstang, *Linienschärfen durch die Zwischenkopplung.* Es werden die relativen Linienschärfen für die 3s–3p- u. 3p–3d-Übergänge bei *O II* u. *Ne II* u. die 4s–4p-Übergänge bei *S II* u. *Ar II* mit den Methoden der Quantenmechanik unter Benutzung der Zwischenkopplung–Approximation berechnet. Es werden die Landé-g-Werte ermittelt u. mit den experimentellen Werten verglichen. Absol. Stärken sind durch die Coulomb-Approximation berechnet worden. Es werden die Stärken der 3p–ns-Übergänge diskutiert u. Anwendungen auf γ-Pegasi angegeben. (Monthly Notices Roy. astronom. Soc. **114**. 118—33. 1954. London, Univ. of London Observatory.) H. Preuss. 118

Takehiko Ishidzu und **Shin-ya Obi,** *Über die Energieniveaus der Konfigurationen d^4p, d^5p und d^6p.* Es werden die elektrostat. Energiematrizen der Konfigurationen d^4p, d^5p u. d^6p im SL-Schema berechnet. Ein Vgl. der letzten Konfiguration mit den beobachteten Werten von Dobbie für den $3d^64p$-Term von *Fe II* wird durchgeführt. (J. physic.

Soc. Japan **5.** 124—42. Mai/Juni 1950. Tokyo, Univ., 1. Fac. of Engng., Dep. of Dynamics, u. Fac. of Sci. Astronomy Dep. [Orig.: engl.]) D. HAHN. 118

Harold L. Friedman, *Über die ultravioletten Absorptionsspektren von einfach negativen Ionen.* Vf. gibt die UV-Absorptionsspektren von HOCl, OCl^-, ClO_2^- u. NO_2^- in wss. Lsg. sowie ein dazugehöriges Eneigiediagramm an u. tabellar. den Energieinhalt der Anionen Cl^-, Br^-, J^-, OH^-, SH^-, OCl^-, CN^-, ClO_2^-, NO_2^-, ClO_3^- u. NO_3^-. Die Theorie der Elektronenübergangsspektren von Halogenionen in W. wird auf einfach negative polyatomare Ionen ausgedehnt unter Berücksichtigung der größeren Anregungsenergie der polyatomigen Radikale bei der Absorption, verglichen mit der von Atomen aus Halogenidionen. Diese zusätzliche Energie rührt von der Wrkg. des FRANCK-CONDON-Prinzips bei der Best. der internuclearen Abstände im Radikal. Das Trijodidion ist das einzige der einfach negativen Ionen, für welches die geforderten Daten (internuclearer Abstand im Radikal) verfügbar sind u. für welches diese Daten nicht mit der Zuordnung der intensiven UV-Banden zu Übergängen, die mit einer Elektronenübertragung auf das Lösungsm. verbunden sind, in Einklang sind. Ferner wird gefunden, daß die Absorptionsbanden niedriger Intensität von NO_2^- u. ClO_2^- zusammenfallen mit den von MULLIKEN vorhergesagten Banden für dreiatomige Oxydmoll. (AO_2) mit derselben Zahl von Valenzelektronen. (J. chem. Physics **21.** 319—22. Febr. 1953. Los Angeles, Calif., Univ. of South California, Dep. of Chem.) D. HAHN. 118

Hiroshi Tsubomura, *Über die Elektronenabsorptionsspektren und das Dipolmoment der Molekülverbindung zwischen Zinnchlorid und Naphthalin.* Die Existenz einer einfachen Molekülverb. (1:1) zwischen Zinnchlorid u. Naphthalin wird durch Messung der Lichtabsorption der verd. Lsg. nachgewiesen. Deren Dipolmoment wird zu 1—1,2 D bestimmt. Durch Vgl. mit den Absorptionsspektren anderer Molekülverbb. von Zinnchlorid wird die Natur der Bindung diskutiert. Die Bindungsenergie wird zu 2—4 kcal/Mol geschätzt. Der Kp. des Zinnchlorids, dessen Herst. beschrieben wird, beträgt 113°. (Bull. chem. Soc. Japan **27.** 1—4. Febr. 1954. Tokyo, Inst. für Technol. [Orig.: engl.]) K. L. WOLF. 118

I. M. Dykman, *Polarisierende Excitonen in Kristallen vom KCl-Typ.* Als Modell eines polarisierenden Excitons in Alkalihalogenkristallen nimmt Vf. einen aus einer positiven Ladung $+e$ in einem Halogenknoten u. 6 gleichen negativen Ladungen $-e/6$ in den umgebenden Metallknoten bestehenden Multipol an u. bestimmt unter Berücksichtigung der mkr. Kristallstruktur die durch das Excitonenfeld hervorgerufene Verschiebung u. Polarisation der Gitterionen. Am Beispiel des *KCl*-Kristalls wird die Excitonenlichtabsorption betrachtet u. die Halbbreite ($\Delta\lambda = 70{,}2$ Å) des ihr zugeschriebenen Maximums 1620 Å sowie ihre Temperaturabhängigkeit berechnet. (Журнал Экспериментальной и Теоретической Физики [J. exp. theoret. Physik] **26.** 307—16. März 1954. Inst. für Physik der Akad. der Wiss. der UkrSSR.) R. AMBERGER. 119

René de Mallemann, François Suhner und **André Malevergne,** *Rotationsvermögen von gasförmigem und flüssigem Ammoniak.* Die VERDETsche Konstante wurde an fl. NH_3 zwischen dem F. u. dem Kp. sowie an gasförmigem NH_3 bei Raumtemp. gemessen. Die frühere Beobachtung, daß das Verhältnis der spezif. Rotationsvermögen im gasförmigen u. im fl. Zustand nicht gleich dem theoret. zu erwartenden Wert $9n/(n^2 + 2)^2$ ist (n = Brechungsindex), wurde bestätigt. Die Mol.-Refr. bleibt bei der Verdampfung prakt. konstant. (C. R. hebd. Séances Acad. Sci. **234.** 1929—31. 12/5. 1952.) G. KIRSCHSTEIN. 119

J. M. Barnes, *Durch Ultraschallwellen hoher Intensität erzeugte mehrfache Beugungsdiagramme in Glas.* (Sitzungsbericht.) Die durch Ultraschallwellen verschied. Wellenlängen in einem durchsichtigen Medium erzeugte mehrfache Lichtbeugung kann man als eine Überlagerung von Effekten der einzelnen Wellen ansehen, wenn nur Beugungen erster Ordnung erzeugt werden. Für größere Intensitäten u. für den Spezialfall einer starken longitudinalen u. einer schwachen Transversalwelle muß man die Theorie von NATH (vgl. Proc. Cambridge Phil. Soc. **34.** [1938.] 213) anwenden. Im Falle von 6 durch longitudinale Wellen erhaltenen prim. Beugungsordnungen u. einer durch transversale Wellen erhaltenen prim. Beugungsordnung wurden bis zu 15 Beugungsordnungen erhalten. (Physic. Rev. [2] **94.** 1434. 1/6. 1954. Michigan State Coll.) C. GOTTFRIED. 119

A.-M. Vergnoux, *Messung der Intensitäten einiger Absorptionsbanden im Infrarot.* (Sitzungsbericht.) Ausführungen über Praxis u. Theorie der Messung von Absorptionsspektren im Infraroten. Aus der Messung der integralen Absorption der *OH*-Banden von einigen Alkoholen wird das Dipolmoment dieses Oscillators zu 1,2 D bestimmt. (J. Physique Radium **11.** 79 S. Aug./Sept. 1950.) H.-J. EICHHOFF. 120

M. A. Jeljaschewitsch, *Der heutige Stand der Radiospektroskopie.* Zusammenfassender Vortrag. — 52 Literaturangaben. (Успехи Физических Наук [Fortschr. physik. Wiss.] **54.** 513—49. Dez. 1954.) E. KLEVER. 121

Clifford C. Klick, *Untersuchung der Luminescenz von F-Zentren.* Vf. mißt die Quantenausbeute der Luminescenz von F-Zentren in LiF u. KCl bei 4° K. Im Wellenlängenbereich von 3000—20000 Å wird für LiF eine obere Grenze der Quantenausbeute von 3% gefunden. Bei 25000 Å ist die obere Grenze 10%. Ähnliche Resultate werden für die F-Zentren im KCl im Wellenlängenbereich von 6500—25000 Å gefunden. Diese Ergebnisse stehen im Gegensatz zu theoret. Annahmen, nach denen die F-Zentren im Bereich von ca. 10000 Å Luminescenz hoher Ausbeute zeigen sollten. (Physic. Rev. [2] **94.** 1541—45. 15/6. 1954. Washington, Naval Res. Labor., Solid State Div.)
J. SCHLEEDE-GLASSNER. 125

J. R. Cook und **K. A. Mahmoud,** *Lumineszenzeigenschaften einiger scintillierender Kristalle.* An mit *Tl* aktiviertem *NaJ* u. *KJ* sowie an $CaWO_4$, sämtlich Einkristalle, die mit ^{60}Co-γ-Photonen erregt werden, wurden sowohl die Primärimpulse, die während des Durchgangs des erregenden Photons ausgesandt werden, als auch die Nachimpulse mit einer zeitlich hochauflösenden photoelektr. Registrieranordnung vermessen. Ein *Anthracen*-Kristall zeigte nur den Primärimpuls. Dabei wurde die Temp. zwischen —200 u. +15° variiert. Während die Lichtsummen der beiden Impulse in komplizierter u. verschied. Weise von der Temp. abhingen, erwies sich die Abklingzeit der Nachimpulse mit ca. 15 μSek. als fast temperaturunabhängig. Es wird auf einen temperaturabhängigen strahlungslosen Prozeß geschlossen, dem ein leuchtender Übergang in den Grundzustand folgt, dessen Zeitkonstante unabhängig von der Temp. ist. (Proc. physic. Soc., Sect. B **67.** 817—24. 1/11. 1954. London, Middlesex Hosp. Med. School, Dep. of Phys. Appl. to Med.)
P. BRAUER. 125

Russell D. Kirk, *Die Rolle des Schwefels bei der Luminescenz und Verfärbung einiger Aluminiumsilicate.* Es werden Verbb. der Zus. 3 $(Na_2O \cdot Al_2O_3 \cdot 2\,SiO_2) \cdot XNaCl \cdot Y\,Na_2S_x \cdot Z\,Na_2SO_4$ mit $X + 2(Y + Z) = 2$; dargestellt. Bei Anwesenheit von Polysulfid gibt es zwei verschied., durch 3650 Å erregbare, langwellige Luminescenzen: eine fast strukturlose mit Maximum im Ultrarot u. eine gelbrote mit äquidistanten Banden in ca. 200 Å Abstand. Erstere ist ähnlich der von GOBRECHT u. HAHN an reinen Polysulfiden gefundenen (C. **1953.** 6616), letztere wird bei —196° gleichfalls an Na-Polysulfid aus $Na_2S_2O_3$ u. Na_2SO_3 gefunden. Auch in dem Mineral *Sodalith* wird oft S gefunden, so daß geschlossen wird, daß auch dort Na-Polysulfid für die Luminescenz verantwortlich ist. Die Varietät *Hackmannit* verfärbt sich außerdem bei UV-Bestrahlung; das aber erfolgt bei synthet. Präpp. dann, wenn sie außer NaCl noch Na_2S enthalten. (J. electrochem. Soc. **101.** 461—65. Sept. 1954. Washington, D. C., Naval Res. Labor., Solid State Div., Dielectrics Branch.)
P. BRAUER. 125

A₃. Elektrizität. Magnetismus. Elektrochemie.

Johannes Jakob Gruetzmacher, *Über die Bewegung von Elektrizität.* Es wurden Elektronen in freier Luft erzeugt u. deren Mitbewegung in einem von einem Gebläse erzeugten Luftstrom quantitativ durch Nachw. mit einem GEIGER-Spitzenzähler untersucht. (Naturwissenschaften **41.** 368. Aug. 1954. Berlin-Charlottenburg, Techn. Univ., Lehrgebiet Ultraschall.)
H. LIEPACK. 130

Edwin S. Campbell, *Bestimmung eines Einzelquadrupols für eine Ladungsverteilung.* Vf. gibt eine Meth. an, das Glied zweiter Ordnung der TAYLOR-Entw. des Potentials einer Ladungsverteilung durch einen einzelnen Quadrupol darzustellen. (J. chem. Physics **20.** 666—67. April 1952. Berkeley, Calif., Univ. of California, Dep. of Chem. and Chem. Engng.)
W. GANS. 130

R. Jancel und **T. Kahan,** *Nicht-Maxwellsche Theorie des homogenen und anisotropen Plasmas.* Vff. stellen allg. Theorie dar u. bringen Anwendungen auf magnetoion. Leitfähigkeit, dielektr. Tensor, HALL-Effekt, Ablenkung eines Elektronenbündels, Verallgemeinerung der Beweglichkeitsformeln von LANGEVIN u. Ausbreitung ebener elektromagnet. Wellen. (Nuovo Cimento [9] **12.** 573—612. 1/11. 1954. Paris, Sorbonne, Inst. H. Poincaré.)
H. LIEPACK. 131

H. N. Olsen und **W. S. Huxford,** *Zeitliche Veränderung der Ionenkonzentration im Plasma einer Funkenentladung.* Mit Hilfe von Photovervielfachern werden die zeitlichen Änderungen sowohl einzelner Spektrallinien als auch des Strahlungskontinuums in Niederdruckfunkenentladungen in Ar u. Ne beobachtet u. hieraus die Ionenkonzz. u. Strahlungsintensitäten als Funktion der Zeit bestimmt. Es ergibt sich im wesentlichen ein Bremsstrahlungskontinuum; daneben tritt ein sehr kleines Rekombinationskontinuum auf. Der Ionisierungsgrad beträgt ca. 10%, die Elektronentemp. ca. 11000° K, die Plasmaenergie ist etwa ein Drittel von der des Speicherkondensators, der Ladungsvervielfachungsfaktor des Plasmas ungefähr gleich 10. (Physic. Rev. [2] **89.** 336. 1/1. 1953. Northwestern Univ.)
H. PIEPLOW. 131

W. A. Prowse und **P. E. Lane**, *Durch gekreuzte elektrische Felder hervorgerufene Zündung eines Gases.* Vff. untersuchen die Entladungen in *Luft*, H_2 u. *Ne* unter Einw. eines Feldes mit einer Frequenz von 10000 MHz u. eines Hilfsfeldes mit Frequenzen von 1,3 u. 10 MHz. Die Entladung kann durch beide Felder unabhängig voneinander gezündet werden. Diese Erscheinung wird diskutiert. (Nature [London] **172.** 116—17. 18/7. 1953. Durham, Univ., Sci. Labors., Phys. Dep.) H. LIEPACK. 131

Johannes Wilhelm, *Eine Bemerkung zum konstanten Längsfeld in der positiven Säule einer Glimmentladung.* Vf. zeigt, daß bei bestimmten Voraussetzungen, bes. der der Quasineutralität, die Annahme, daß innerhalb eines jeden Querschnitts die gleichen radialen Stromdichtekomponenten nach außen fließen, notwendig u. hinreichend für die Existenz eines konstanten Längsgradienten ist. (Ann. Physik [6] **15.** 148—54. 1955. Greifswald, Inst. für Gasentladungsphys. der Dtsch. Akad. der Wiss.) H. LIEPACK. 131

H. D. Beckey, *Über die Atom- und Ionenkonzentration isotoper Moleküle in der Gleichstrom-Glimmentladung und die Anreicherung von Isotopen in der Gleichstrom-Bogenentladung.* Die aus der positiven Säule einer Entladung seitlich herausgezogenen Ionen werden in einem Massenspektrometer nach NIER analysiert. Bei Entladungen in reinem H_2 ist die relative Konz. der H_3^+-Ionen von der gleichen Größenordnung wie die von H^+, die relative Konz. von H_2^+ beträgt nur einige % der gesamten Ionenkonzentration. Bei einem Druck von 0,74 Torr u. 110 mA wurde gefunden $1{,}31 < [D^+]/[H^+] < 1{,}41$ u. $1{,}16 < [D_3^+]/[H_3^+] < 1{,}75$. In H- u. D-Entladungen wurden mit Hilfe der Spaltmeth. die Atomkonzz. bestimmt. Für Entladungen in reinem D_2 u. reinem H_2 beträgt der relative Atomkonzentrationsunterschied ([D] — [H])/[D] maximal 19%. In einer Entladung mit einer mit ca. 20 A geheizten W-Kathode stieg bei stufenweiser Steigerung des Entladungsstromes von 100—750 mA der Logarithmus des Trennfaktors linear u. von 0,75—1 A stärker als linear mit der Stromstärke an. (Z. Elektrochem., Ber. Bunsenges. physik. Chem. **58.** 611—12. 1954. Bonn, Univ., Inst. für Physikal. Chem.) H. LIEPACK. 131

W. Riezler und **A. Rudloff**, *Ionisation und Energieverlust von α-Teilchen in verschiedenen Gasen.* Es wird eine App. zur Messung des von einem α-Strahler (Po-Präp.) in einem Gas ausgelösten Ionisationsstromes beschrieben. Für verschied. Gase werden die BRAGG-Kurven u. der N-fache Betrag der spezif. Ionisation eines mittleren α-Teilchens dargestellt (N=Zahl der sekundlich in die Kammer einfallenden α-Teilchen). Aus dem Gasäquivalent bzw. dem Äquivalentgewicht einer Glimmerfolie wird das Bremsvermögen relativ zu Luft ermittelt. Ein Vgl. der experimentell ermittelten spezif. Energieverluste mit den theoret. nach SAUTER ermittelten zeigt gute Übereinstimmung bei großen Restreichweiten, während sie bei kleineren u. ebenfalls bei Gasen mit großem Z schlecht wird. Für I (ZI = mittlere Anregungsenergie des bremsenden Atoms nach BLOCH) ergibt sich ein Abfall mit wachsendem Z. Die Gesetzmäßigkeiten des Bremsvermögens sind bei nicht zu kleinen Energien erfüllt. Für die Additivität des Bremsvermögens gilt dies nur bei schweren Gasen, während bei H-Verbb. die Abweichungen außerhalb der Fehlergrenzen liegen. Die Gültigkeit der Energie–Reichweite-Beziehung wird diskutiert. Als mittlerer Energieverlust in eV pro Ionenpaar für α-Teilchen von 5 MeV werden ermittelt: *He* 29,4, *Ne* 27,2, *Ar* 25,4, *Kr* 22,7, *Xe* 20,7, *Luft* 34,7, H_2 34,0, N_2 36,0, O_2 32,3, *NO* 30,9, N_2O 31,2, *CO* 30,6, CO_2 32,2, NH_3 33,0, CH_4 28,3, C_2O_6 27,1, 0,75 C_3H_8 + 0,25 C_4H_{10} 26,0, C_4H_{10} 25,6. (Ann. Physik [6] **15.** 224—45. 1955. Bonn, Inst. für Strahlen- u. Kernphys. u. Inst. für theoret. Phys.) H. LIEPACK. 131

R. E. Fox, **W. M. Hickam** und **T. Kjeldaas jr.**, *Experimentelle Untersuchung der Ionisierungswahrscheinlichkeitskurven nahe der Schwelle.* (Sitzungsbericht.) Massenspektrometr. Unterss. über die Ionisierungswahrscheinlichkeit P_i von Kr, Xe u. Ar bei Elektronenenergien einige Volt oberhalb der Schwelle. Liegen mehrere Niveaus der Ionen im Energiebereich der Elektronen, so zeigen die P_i-Kurven Unterbrechungen. Diese stimmen mit den spektroskop. Werten innerhalb ±0,1 eV überein. Zusätzlich scheinen bei Kr Autoionisierungsprozesse eine Rolle zu spielen. (Physic. Rev. [2] **89.** 336. 1/1. 1953. Westinghouse Res. Labors.) H. PIEPLOW. 131

Robert N. Varney, *Driftgeschwindigkeiten von Ionen in Sauerstoff, Stickstoff und Kohlenmonoxyd.* (Sitzungsbericht.) Während die Driftgeschwindigkeit in O_2 ähnlich der in Edelgasen verläuft u. auf eine Null-Feld-Beweglichkeit von $2{,}25 \pm 0{,}1$ cm²/Vsec extrapoliert werden kann, ergeben sich für N_2 u. CO nach einem Anstieg in der üblichen Art Unregelmäßigkeiten. (Physic. Rev. [2] **89.** 337. 1/1. 1953. Bell Telephone Labors.) H. PIEPLOW. 131

W. W. Dolan und **W. P. Dyke**, *Thermische und Feldelektronenemission von Metallen.* Vff. berechnen die Stromdichte u. die Energieverteilung der von Metallen emittierten Elektronen für verschied. Tempp., Oberflächenfeldstärken u. Elektronenaustrittsarbeiten. Mit der graph. durchgeführten Integration wird auch das Gebiet der

Feldemission bei hohen Tempp. erfaßt. Die graph. wiedergegebenen Ergebnisse stimmen bei Zimmertemp. mit der Gleichung von FOWLER-NORDHEIM u. bei geringen Feldstärken u. hohen Tempp. mit der RICHARDSON-Formel überein. Die Resultate werden mit neueren Experimenten über Feldemission u. die Vakuumbogenentladung verglichen. (Physic. Rev. [2] **95.** 327—32. 15/7. 1954. McMinnville, Ore., Linfield Coll., Phys. Dep.) M. DRECHSLER. 134

Paul N. Russell und **A. S. Eisenstein,** *Thermische Elektronenemission und Elektronenbeugung an dünnen BaO-Filmen.* Es wird eine abgezogene Hochvakuumröhre beschrieben, mit der einerseits Elektronenbeugungsbilder von BaO-Filmen aufgenommen werden, u. andererseits wird die therm. Elektronenemission dieser Filme gemessen. Die Dicke der auf Ni aufgedampften BaO-Filme wird mittels radioakt. Indicatoren gemessen. Die therm. Elektronenemission steigt bei Aufdampfen von 0 bis ca. 20 monomol. Lagen an u. bleibt zwischen 20 u. 50 Lagen konstant. Nach den Elektronenbeugungsaufnahmen ist der BaO-Film bis 450° K amorph, bei 800° K kristallin, bei 1070° K amorph. Bei noch höheren Tempp. verdampft der Film. (J. appl. Physics **25.** 954—61. Aug. 1954. Columbia, Mo., Univ., Dep. of Phys.) M. DRECHSLER. 134

R. Newman, *Photoleitfähigkeit in golddotiertem Silicium.* In Fortführung der Arbeit von TAFT u. HORN (C. **1954.** 10885) berichtet Vf. über lichtelektr. Messungen an p-leitendem Au-dotiertem Si bei Tempp. von 20, 77 u. 195° K. Bei 20 u. 77° K spricht die spektrale Verteilung für einen einfachen lichtelektr. Prozeß mit einer langwelligen Grenze bei ca. 0,33 eV; bei 195° K ergibt sich eine kompliziertere spektrale Verteilung, jedoch mit gleicher langwelliger Grenze, die mit steigender Temp. nur geringfügige Verschiebung zu längeren Wellen hin zeigt. Die Trägheit der Proben beträgt ca. 10 μsec, träge Nachwirkungseffekte treten nicht auf. (Physic. Rev. [2] **94.** 1530—31. 15/6. 1954. Schenectady, N. Y., General Electric Res. Labor.) R. STEIN. 135

E. I. Adirowitsch und **W. G. Kolotilowa,** *Zur Kinetik der Bildung und Relaxation von Nichtgleichgewichtsträgern bei der Bestrahlung eines Halbleiters.* Theoret. Unters. der Entstehungskinetik von Photoelektronen u. -löchern bei Bestrahlung eines Halbleiters u. der Relaxationskinetik nach Beendigung der Bestrahlung unter besonderer Berücksichtigung der Frage nach der Anwendbarkeit der für den eindimensionalen Fall in allg. Form gelösten linearisierten Gleichungen. (Журнал Экспериментальной и Теоретической Физики [J. exp. theoret. Physik] **26.** 281—92. März 1954. Physikal. Lebedew-Inst. der Akad. der Wiss. der UdSSR.) R. AMBERGER. 135

D. L. Dexter, *Tunnelwanderung von Elektronen in Alkalihalogeniden.* (Vgl. C. **1955.** 2598.) (Sitzungsbericht.) Für den Grundzustand u. die angeregten Zustände wurde die Tunnelwanderung von Elektronen von F-Zentren nach Lochzentren in Alkalihalogeniden berechnet u. die sie begleitende Ausbleichung diskutiert. Es wurden Wanderungsentfernungen von 30—40 Å gefunden, entsprechend Sättigungskonzz. von 10^{19} pro cm^3, wenn die F- u. V-Zentrenverteilungen sich gegenseitig durchdringen. Der Einfl. eines elektr. Feldes wurde untersucht u. Folgerungen der Wanderungserscheinungen auf die Röntgenverfärbung von Kristallen diskutiert. (Physic. Rev. [2] **94.** 771. 1/5. 1954. Univ. of Rochester.) C. GOTTFRIED. 135

Ch. Allemand und **J. Rossel,** *Elektronenleitung in den dielektrischen Kristallen (Diamant und Silberhalogenide).* Mittlere Lebensdauer u. Beweglichkeit einschließlich deren Temperaturabhängigkeit sowie die mittlere Ionisationsenergie wurden mit einem genauer beschriebenen Verf. gemessen, sowohl auf Grund von α- als auch β-Teilchenanregung. Bei Diamant wurden früher beobachtete Anomalien bestätigt u. für den Oberflächeneffekt eine Erklärung versucht. Bei den polaren Kristallen wird neben der Lebensdauer die Temperaturabhängigkeit der Beweglichkeit zwischen 200 u. 70° K bestimmt. Diese Temperaturabhängigkeit folgt bei höherer Temp. einem Exponentialgesetz, zeigt jedoch sonst Abweichungen von der Theorie. Die Dichte der ionisierten Streuzentren wird aus der Temperaturabhängigkeit der Beweglichkeit zu 10^{17} bis 10^{18} pro cm^3 bestimmt. (Helv. physica Acta **27.** 519—46. 15/6. 1954. Neuchâtel, Univ., Phys. Inst.) K. L. WOLF. 135

Franz Lappe, *Irreversible Änderungen der Elektronenbeweglichkeit in dünnen CdO-Schichten.* In Fortführung der Arbeit von HELWIG (C. **1954.** 6171) berichtet Vf. über parallel zu Leitfähigkeitsmessung durchgeführte Messungen der HALL-Konstante, die nach Einfrierung der bei verschied. aufeinanderfolgenden Tempp. jeweils erreichten Zustände bei Zimmertemp. erfolgten. Die Messungen ergaben, daß das Minimum der Leitfähigkeit bei 270° nicht, wie erwartet, durch die Elektronenkonz., sondern nur durch die Beweglichkeit verursacht wird, gleichgültig, ob die Schichten in Luft oder in Ar–O_2-Gemischen aufgestäubt wurden. Das Vorzeichen des HALL-Effekts blieb bei allen Messungen gleich u. weist CdO als Überschußleiter aus. Das tiefe Minimum der Beweglichkeitskurve dürfte nach Ansicht des Vf. durch die Bldg. einer großen Zahl von Streuzentren während des Temperns bis ca. 270° zu deuten sein, wahrscheinlich infolge Wechselwrkg. der Schichten mit der umgebenden Atmosphäre. (Z. Physik **137.** 380—82. 1954. Darmstadt, TH, Physikal. Inst.) R. STEIN. 135

Helmut Dunstädter, *Lichtabsorption und elektrische Eigenschaften stark gestörter CdO-Schichten.* Ergänzend zu Messungen elektr. Größen (vgl. vorst. Ref.) berichtet Vf. kurz über opt. Absorptionsmessungen, die an den gleichen, durch Kathodenzerstäubung hergestellten CdO-Schichten durchgeführt wurden. Infolge der bei verschied. Tempp. in Luft durchgeführten Temperungen verschiebt sich der Ausläufer der Eigenabsorption etwa parallel zur ursprünglichen Kurve, u. zwar mit steigender Temp. der Temperung nach kürzeren Wellenlängen hin, jedoch bei den unter verschied. Bedingungen hergestellten Schichten in verschied. Weise. Durch Vgl. mit den Elektronenkonzz. der Schichten ergibt sich, daß mit wachsender Elektronenkonz. die Extinktionskonstante E bei einer festen Wellenlänge stets abnimmt u. umgekehrt. Bei Änderung der Elektronenkonz. von z. B. 0,1 auf $2 \cdot 10^{20}$ cm^{-3} verschiebt sich die Absorptionskante, definiert durch $E = 4 \cdot 10^4$ cm^{-1}, von 540 auf 485 mμ. (Z. Physik **137.** 383—85. 1954. Darmstadt, TH, Physikal. Inst.) R. STEIN. 135

Julius Cohen, *Halbleitende Antimonfilme.* Bei tiefen Tempp. (fl. O_2) hergestellte Filme zeigen negative Temperaturkoeffizienten des Widerstands. Reversible Änderungen des Widerstandes ergeben sich, wenn die Filme abgekühlt, irreversible, wenn sie über die Temp. ihrer Bereitung hinaus erhitzt werden. Dieses Verh. wird auf Gitterfehler zurückgeführt. Die Aktivierungsenergie ergibt sich zu $\sim$ 0,07 eV bei niedrigen, zu $\sim$ 0,13 eV bei hohen Tempp. unabhängig von Aufdampfungsgeschwindigkeit u. Dicke. (J. appl. Physics **25.** 798—99. Juni 1954. Syracuse, N. Y., Syracuse Univ., Dep. of Phys.) K. L. WOLF. 135

A. Slocum und **J. N. Shive,** *Schrotabhängigkeit des Rauschens von p—n-Übergangs-Phototransistoren.* Kurze Mitt. über Messungen der Rauschströme an p—n-Übergangsphototransistoren bei 1000 Hz mit einer Bandbreite von ca. 400 Hz. Bei Elektrodenspannungen unter 20 V u. Gleichströmen unter ca. 300 μA stimmen die Rauschwerte im wesentlichen mit dem theoret. Schrotrauschwert überein, während sie diesen bei höheren Elektrodenspannungen u. Gleichströmen beträchtlich übersteigen können. (J. appl. Physics **25.** 406. März 1954. Murray Hill, N. J., Bell Telephone Labors.) R. STEIN. 135

H. C. Montgomery und **W. Shockley,** *Das mit Schwankungen der Löcherkonzentration zusammenhängende Rauschen von Germanium.* (Sitzungsbericht.) Ge-Einkristalldrähte zeigen bei Gleichstromdurchgang ein elektr. Rauschen, dessen Größe je Hz Bandbreite umgekehrt proportional zur Frequenz ist. Messungen mit Tonfrequenz zeigen, daß die Rauschspannungen verschied. Einkristallgebiete nur dann Beziehung zueinander haben, wenn der Lebensweg der positiven Löcher größer als der Abstand dieser Gebiete ist. Vff. vermuten als Ursache des Rauschens irreguläre Schwankungen der Löcherkonz. u. damit verbundene Leitfähigkeitsänderungen. (Physic. Rev. [2] **78.** 646. 1/6. 1950. Bell Telephone Labors.) F. SPEER. 135

F. S. Goucher, *Die Quantenausbeute von Elektron-Löcherpaaren in Germanium.* (Sitzungsbericht.) Zur Messung der Quantenausbeute der Elektron-Löcherpaare in n-leitendem Ge wird der mittlere Teil eines fadenförmigen Ge-Einkristalls in einem homogenen elektr. Feld durch monochromat. Licht bekannter Energie bestrahlt. Die unbeleuchteten Kristallenden sind im Vgl. zur freien Weglänge der erzeugten Löcher weit voneinander entfernt. Aus dem Photostrom einerseits u. der Wellenlänge, Absorptionsentfernung u. dem Brechungsindex andererseits wird dann die Quantenausbeute berechnet, die innerhalb der Fehlergrenzen bei 1 lag. (Physic. Rev. [2] **78.** **646.** **1/6.** **1950.** Bell Telephone Labors.) F. SPEER. 135

W. T. Read jr., *Theorie der Versetzungen in Germanium.* Der Einfl. der durch plast. Deformation erzeugten Kristallfehler auf die elektr. Eigg. von Ge wird theoret. behandelt. Aus kristallograph., geometr. u. energet. Betrachtungen wird ein Modell entwickelt. Plast. Deformation erfolgt innerhalb der {1 1 1}-Ebene des Diamantgitters in $[0\,\bar{1}\,\bar{1}]$-Richtung. Die dabei entstehenden Atomreihen mit ungewöhnlicher Koordination besitzen ungepaarte Elektronen, deren Energieniveaus zwischen Leitfähigkeits- u. Grundband liegen. Als „gaps" können diese diskreten Niveaus unter Spinkompensation Elektronen aus dem Leitfähigkeitsband aufnehmen u. die n-Leitung vermindern. Aus experimentellem Material ist zu folgern, daß auch diese Kristallversetzungen keine kontinuierlichen Energieniveaus besitzen. Im Gefolge der Kristallversetzungen entstehen Raumladungen, die bei tiefen Tempp. scharf um die Versetzungsreihe begrenzt sind. Mit Hilfe der FERMI-Statistik wird die Besetzung der Niveaus, die Verschiebung der Energiebänder u. die elektrostat. Energie der Elektronen für den absol. Nullpunkt der Temp. für einen Bereich mit Kristallversetzungen berechnet. Wie allg. werden ein mit steigender Temp. abnehmender Besetzungsgrad u. eine mit abnehmendem Besetzungsgrad monoton abnehmende elektrostat. Energie der Elektronen gefunden. (Philos. Mag. [7] **45.** 775—96. Aug. 1954. Bell Telephone Labors.) J. BLOCK. 135

H. Suhl, *Messungen des Magnetowiderstandes von Germanium in sehr starken Magnetfeldern.* (Sitzungsbericht.) Messungen des elektr. Widerstandes von Ge bei 77° K u. Zimmertemp. unter dem Einfl. von Magnetfeldern bis zu 170000 Gauß. Strom- u. Feldrichtungen waren verschied. zur kristallograph. Achse orientiert. In einigen Orientierungen wurde ein Sättigungswert des Widerstandes gegenüber der Magnetfeldstärke erreicht. Die mittels einer Kondensatorbatterie erzielten hohen Feldstärken hatten eine mittlere Dauer von ca. 400 μSekunden. (Physic. Rev. [2] **78.** 646—47. 1/6. 1950.) F. SPEER. 135

G. L. Pearson, *Der magnetische Widerstandseffekt in orientierten Germaniumeinkristallen.* (Sitzungsbericht.) Unters. der Beeinflußbarkeit des elektr. Widerstandes von orientierten Ge-Einkristallen vom n- u. p-Typ durch ein magnet. Feld, seine Richtung u. die Richtung des elektr. Stromes. Der Meßbereich erstreckte sich von 10^3 bis 10^5 Gauß bei 77 u. 300° K. Bei kleinen Feldstärken ist die Widerstandsänderung H^2 proportional. Die 3 Koeffizienten der Winkelabhängigkeit wurden berechnet. Für Elektronen besitzt der longitudinale Effekt, für positive Löcher dagegen der transversale Effekt eine anomale Größe. Bei größeren Feldstärken wird die Widerstandsänderung H direkt proportional. (Physic. Rev. [2] **78.** 646. 1/6. 1950. Bell Telephone Labors.) F. SPEER. 135

J. L. Olsen, *Mit flüssigem Helium gekühlte Spulen zur Erzeugung sehr durchdringender Magnetfelder.* Beschreibung einer Anordnung, in der während der Entladung von Elektrolytkondensatoren Felder bis 150000 Oe aufgebaut werden. Von dem zur Kühlung verwendeten He verdampften dabei 50 cm³ pro Entladung. (Helv. physica Acta **26.** 798—802. 15/12. 1953. Zürich, ETH, Inst. für kalor. App. u. Kältetechnik.) G. KIRSCHSTEIN. 137

C. J. Gorter, *15 Jahre Forschungen über Magnetismus bei sehr tiefen Temperaturen.* Vf. gibt einen Überblick über die Entw. der in den letzten 15 Jahren erzielten Ergebnisse über ferromagnet., antiferromagnet. u. paramagnet. Substanzen bei tiefen Temperaturen. Vf. diskutiert das Verh. dieser Stoffe im Zusammenhang mit ihrer Struktur u. ihren physikal. Eigenschaften. (Proc. int. Congr. Refrigerat., 8th Congr., London **1951.** 220—26. 29/8.—11/9. Leiden, Kamerlingh Onnes Labor.) V. BUTSCHAK. 137

Jean-Claude Simon und **Georges Broussaud,** *Nachweis einer Hertzschen Welle mittels eines Ferrits.* Die nichtlinearen Eigg. von Ferriten erlauben den Nachw. selbst sehr kurzer elektromagnet. Wellen (3—10 cm). Benutzt werden dabei die magnetostriktiven Eigg. dieser Ferrite. (C. R. hebd. Séances Acad. Sci. **238.** 2294—96. 14/6. 1954.) J. v. HARLEM. 137

Richard Feldtkeller und **Günther Sorgen,** *Die Jordan-Nachwirkung in ferromagnetischen Blechen.* Vff. messen an 6 Proben einer 36%ig. *Fe–Ni*-Legierung verschied. Anfangspermeabilität (ohne RICHTER-Nachwrkg.) u. an einer 3%ig. *Fe–Si*-Legierung mit RICHTER-Nachwrkg. die komplexe Permeabilität in Abhängigkeit von Frequenz, magnet. Feldstärke u. Temperatur. Aus diesen Messungen ergibt sich eine Extrapolation der JORDAN-Nachwirkung. Bei den Fe–Ni-Legierungen ist die JORDAN-Nachwrkg. unabhängig von der Größe der Anfangspermeabilität, das heißt strukturempfindlich. Sie ist dort ferner von der Feldstärke unabhängig, andererseits aber bei Stoffen mit RICHTER-Nachwrkg. im Feldstärkebereich dieser Nachwrkg. nicht vorhanden. Die mittlere Frequenz der JORDAN-Nachwrkg. nimmt mit fallender Temp. ab. Der Existenzbereich dieses Nachwirkungstypus ist sowohl nach tiefen als auch nach hohen Frequenzen begrenzt. Die Gesamtheit dieser Ergebnisse kann mit der NÉELschen Theorie sehr gut erklärt werden, wonach die JORDAN-Nachwrkg. die Folge verspäteter BARKHAUSEN-Sprünge ist, die durch therm. Fluktuation der Magnetisierung in den BLOCH-Wänden in deren Umgebung ausgelöst werden. Die JORDAN-Nachwrkg. läßt sich dabei durch ein zeitabhängiges Magnetfeld beschreiben. (Z. angew. Physik **6.** 390—96. Sept. 1954. Stuttgart, TH, Inst. für Nachrichtentechnik.) H. FAHLENBRACH. 137

K. Helmut Reich, *Die Theorie der ferromagnetischen Resonanz und die Ergebnisse ihrer experimentellen Untersuchung.* Vf. diskutiert die im wesentlichen auf KITTEL zurückgehende Theorie der ferromagnet. Resonanz u. beschreibt den Einfl. der geometr. Form des Probekörpers u. seiner Kristallanisotropie. Die bisher vorliegenden experimentellen Ergebnisse bestätigen die KITTELsche Theorie u. bes. auch den Unterschied zwischen dem magneto-mechan. Faktor g' u. dem spektroskop. Aufspaltungsfaktor g. Es wird erläutert, wie man aus den Meßwerten der ferromagnet. Resonanz die Anisotropiekonstante u. die magnet. Sättigung ermitteln kann. (Z. angew. Physik **6.** 326—38. Juli 1954. Nottingham, England, Univ. Park, Dep. of Phys.) H. FAHLENBRACH. 137

Pierre-M. Denis, Georges-J. Béné und **Richard-C. Extermann,** *Stationäre Beobachtung einer Übergangserscheinung bei der Kernresonanz.* Vff. berichten über Veränderung des Signals der Protonen in W., wenn das W. mit konstanter Geschwindigkeit in zirkulare Bewegung versetzt wird u. über die theoret. Deutung dieser Erscheinung. (Arch. des Sci. **5** (**157**). 32—34. 1952.) J. v. HARLEM. 137

Yves Doucet und **Ginette Watelle Marion,** *Über die Ionendissoziation des Kupferacetats nach der optischen Absorptionsmethode.* Zur Best. der Dissoziation führen Vff. Absorptionsmessungen an wss. *$Cu(CH_3 \cdot COO)_2$* (= $CuAc_2$)-Lsgg. durch, die zur Unterdrückung der Hydrolyse 0,140 mol. an $CH_3 \cdot COOH$ sind. Die erhaltene Kurve E = f(m), wo $E = \delta/m \cdot x$ u. δ = opt. Dichte einer Küvette von x cm Breite u. einer Lsg. der Molalität m, besteht aus zwei Teilen, die sehr verschied. Steigungen aufweisen. Vff. nehmen daher an, daß die Dissoziation über zwei Stufen unter Bldg. eines Zwischenions verläuft: $CuAc_2 \rightleftharpoons CuAc^+ + Ac^-$ u. $CuAc^+ \rightleftharpoons Cu^{2+} + Ac^-$. Die mol. Extinktionskoeffizienten werden bei einer mittleren Wellenlänge von 0,67 μ u. bei 20° bestimmt. Aus der Verschiebung der Gleichgewichte läßt sich der Extinktionskoeff. des CuAc-Mol. u. des Cu^{2+}-Ions erhalten. Vff. gelangen zur Schlußfolgerung, daß bei Konzz. höher als 0,1 mol. das $CuAc_2$ als ein mittelstarker Elektrolyt der Form (CuAc)Ac anzusehen ist u. daß in diesen Lsgg. keine freien Cu-Ionen existieren. (C. R. hebd. Séances Acad. Sci. **240.** 1616—18. 13/4. 1955.) H. SURAWSKI. 139

Roger G. Bates und **G. Schwarzenbach,** *Über p_H-Werte nichtwässeriger Lösungen.* Das Problem der Best. von Protonenaktivitäten in wss. u. nichtwss. Lsgg. wird unter Berücksichtigung der Theorien von BRØNSTEDT, DEBYE-HÜCKEL u. HAMMETT diskutiert. Vff. untersuchen an Hand von potentiometr. Messungen die Möglichkeit, durch Best. der HAMMETTschen Aciditätsfunktion $H_\nu = pK^W + \log([B]/[HB])$ mit 2 Indicatoren der Ladungstypen $\nu = 0$ u. $\nu = -1$ zur Protonenaktivität zu gelangen. Dazu wird an 3 Lsgg., nämlich einem *HCl–NaCl*-Gemisch, einem Acetatpuffer u. einem Triäthanolaminpuffer H_0 mit einem substituierten Anilin (m- bzw. o-Nitranilin, N.N-Diäthyl-p-toluidin) u. H_{-1} mit einem substituierten Phenol (4-Chlor-2.6-dinitrophenol, 2.4-Dinitrophenol, Dimedon, p-Nitrophenol) als Indicatoren bestimmt, indem sukzessive das W. als Lösungsm. durch A. ersetzt wird. Die Indicatoren zeigen ein stark individuelles Verh. u. sind daher zur Aciditätsbest. von Lsgg. mit kleiner DK. wenig geeignet. Die Aciditätsfunktion ist keineswegs einfach vom Ladungstyp des Indicators abhängig. In den gleichen Lsgg. wird ferner das Prod. der Protonenaktivität u. der Aktivitätskoeff. von Cl^- bestimmt, sowie der p_H in konventioneller Weise unter Verwendung einer Zelle mit Flüssigkeitsbrücke gemessen. Bei einem Acetatpuffer nimmt die Protonenaktivität stark mit zunehmendem Ersatz des W. durch A. ab, bei dem Triäthanolaminpuffer liegen die Verhältnisse umgekehrt u. bei einer verd. HCl-Lsg. nimmt sie zunächst ab, durchläuft ein Minimum u. steigt bes. bei Entfernung der letzten % W. wieder an. Die alkoh. HCl-Lsg. ist erheblich stärker sauer als die wässerige. Eine App. für die potentiometr. Messungen ist beschrieben. (Helv. chim. Acta **38.** 699—716. 2/5. 1955. Zürich, Univ. Chem. Inst.) H. HOFMANN. 139

I. Oknin, *Kathodische Grenzstromdichte in Lösungen der Salpetersäure und ihre Beziehung zur Viscosität der Lösung und zu den Partialdrucken der Dämpfe der Salpetersäure und des Wassers.* Verss. ergaben, daß zwischen den Werten der bei zunehmender Stromstärke gemessenen kathod. Grenzstromdichte (k. Gr.-D.) u. den Konzz. von *HNO_3* (I)-Lsgg. bei verschied. Tempp. eine gesetzmäßige Beziehung besteht. Bei hoher I-Konz. u. hoher Temp. (12,5 mol. I bei 60 u. 90° sowie 10,2 mol. I bei 90°) werden jedoch starke Abweichungen hiervon beobachtet. In I-Lsgg. geringer Konz. (2,54 u. 5,16 mol.) ist die bei abnehmender Stromstärke gemessene k.Gr.-D. bei jeder Temp. 100—180 mal geringer als bei zunehmender Stromstärke. Das gleiche gilt für I-Lsgg. mittlerer Konz. (7,8 mol. bei 25 u. 60° sowie 10,2 mol. bei 25°). Es besteht eine lineare Beziehung zwischen der bei zunehmender Stromstärke gemessenen k.Gr.-D. u. $P_{HNO_3}/(P_{HNO_3} + P_{H_2O})\eta$ (η Viscosität der Lsg.; P der Partialdruck) bzw. $(1 - \alpha)/\alpha\eta$, wo α = Dissoziationsgrad von I. Eine nahezu lineare Beziehung besteht zwischen der k.Gr.D. u. $P_{HNO_3}/\eta.\varkappa$, wo $\varkappa$ die elektr. Leitfähigkeit bedeutet. Die Ergebnisse werden dahin gedeutet, daß bei nicht sehr hoher Stromdichte die k.Gr.-D. durch die Diffusionsgeschwindigkeit des oxydierenden Depolarisators u. durch die Reaktionsgeschwindigkeit von Kathodenelektronen u. H^+ bestimmt wird (direkte bzw. umgekehrte Proportionalität). Als oxydierendes Reagens treten beim kathod. Hochpotentialprozeß (allmähliche Zunahme der kathod. Stromdichte bei geringer Konz. u. tiefer Temp.) die hydratisierten I-Moll. auf, die in Kathodennähe in wenig oder nicht hydratisierte homöopolare Moll. übergehen. Beim Kathodenprozeß unter allmählicher Abnahme der kathod. Stromdichte oder in stark umgerührten Lsgg. treten vorwiegend die wenig oder nicht hydratisierten homöopolaren Moll. als Oxydans auf.

(Журнал Прикладной Химии [J. angew. Chem.] **27.** 873—81. Aug. 1954. Moskau, Inst. für chem. Maschinenbau.) O. LEBTAG. 142

Paul Delahay, *Die Theorie der irreversiblen Wellen in der oscillographischen Polarographie.* Für den Fall einer linearen Änderung des Elektrodenpotentials wird eine Theorie der oscillograph. Wellen gegeben, welche auf folgenden Voraussetzungen beruht: 1. Die Geschwindigkeit des Elektronenüberganges k_f soll der Depolarisatorkonz. proportional sein. 2. k_f ist nach $k_f = k_0 \exp(\beta t)$ eine Exponentialfunktion des in k_0 enthaltenen Elektrodenpotentials u. der freien Aktivierungsenthalpie der Red. ($\beta = \alpha n_a F/RT$, worin a = Übergangskoeff., n_a = Elektronenaufnahme im potentialbestimmenden Schritt, t = Zeit nach Beginn des Potentialanstieges). Die in diesen Strom–Potential-Kurven auftretende Spitzenstromstärke i_p ist nach $i_p = 2{,}56 \cdot 10^{-5} n (n_a \alpha)^{1/2} m^{2/3} t^{2/3} D^{1/2} \cdot C_0 v^{1/2}$ abhängig von n = Gesamtelektronenaufnahme, m = Hg-Ausfluß, t = Zeit seit Beginn des Tropfens, bei welcher die Spitzenstromstärke erreicht wird, D = Diffusionskoeff., C_0 = Depolarisatorkonz. in $\text{Mol} \cdot \text{cm}^{-3}$, v = Potentialanstieg in $\text{V} \cdot \text{sec}^{-1}$. Das Spitzenpotential ist ebenfalls eine Funktion von v. Die Ableitungen werden bestätigt an kathod.-anod. Strom–Potential-Kurven von $[Zn(NH_4)_4]^{2+}$ bei Anwendung einer dreieckförmigen Wechselspannung in Verbindung mit einem Kathodenstrahloscillographen. (J. Amer. chem. Soc. **75.** 1190—96. 5/3. 1953. Baton Rouge, La., Louisiana State Univ., Coates Chem. Labor.) H. BERG. 142

René Audubert, Les Ions en solution. Interactions et décharges. T. 1.: Equilibres électrochimiques. T. 2: Cinétique électrochimique. Paris: Pr. Univ. (T.1: 170 S., T. 2: 158 S.) fr. 1400 et fr. 1200.

R. A. Robinson and **R. H. Stokes,** Electrolyte solutions: the measurement and interpretation of conductions, chemical potential and diffusion in solutions of simple electrolytes. NewYork: Academic Press. 1955. (526 S. u. Abb.) $ 9,50.

A₄. Thermodynamik. Thermochemie.

J. E. Verschaffelt, *Über die thermische Kraft.* Vf. verteidigt den Gedanken, daß es eine therm. Kraft gibt, gegen die bewegte Materie Arbeit leistet. (Bull. Cl., Sci., Acad. roy. Belgique [5] **40.** 98—102. 1954.) E. WASSERROTH. 146

Richard F. Kayser, *Analogie zwischen Wärme, Masse und Übergangsmoment. Demonstriert durch beschreibende Dimensionsanalyse.* Durch eine größere Einengung der Eigg. von Dimensionen irgendeiner Größe kann eine vollständigere Analyse dieser Größe erhalten werden, u. die physikal. Erscheinungen, die in viele solcher Größen gegliedert sind, können dann bestimmt werden. Vf. zeigt dies an Hand einiger Beispiele: Dem Viscositäts- u. Diffusionskoeff. u. der Wärmeleitfähigkeit ist eine präzise Bedeutung gegeben. Somit wird die Analogie zwischen M., Wärme u. Übergangsmoment eindeutig demonstriert. (Ind. Engng. Chem. **45.** 2634—36. Dez. 1953. Tonawanda, N. Y., Linde Air Products Co.,) V. BUTSCHAK. 146

Anil K. Sircar und **Santi R. Palit,** *Berechnung des partiellen Molvolumens bei unendlicher Verdünnung aus refraktometrischen Messungen.* Vff. schlagen eine Meth. zur Best. des partiellen spezif. Vol. $(\bar{v}_2)_0$ oder des partiellen Molvol. $(\bar{V}_2)_0$ bei unendlicher Verdünnung nur aus refraktometr. Messungen ohne irgendeine Flüssigkeitsdichtemessung vor. Es wird die Gleichung für $(\bar{V}_2)_0$ abgeleitet u. die aus dieser Formel berechneten $(\bar{V}_2)_0$-Werte mit experimentell bestimmten Werten verglichen; die Übereinstimmung ist gut. (Indian J. Physics Proc. Indian Assoc. Cultivat. Sci. **27** (**36**). 610—14. Dez. 1953. Calcutta, Indian Assoc. for the Cultivation of Science.) E. WASSERROTH. 148

H. Glaser, *Beitrag zur Thermodynamik der Luftverflüssigung.* Vf. bringt Vgll. der Wirkungsgrade des gesamten, des Fundamental- u. des Kühlprozesses der LINDE-CLAUDE-, HEYLANDT- u. KAPITZA-Meth. zur Luftverflüssigung. Jede Meth. kann in 2 bis 3 Teilprozesse geteilt werden, ist jedoch auf den gleichen Grundkreisprozeß zurückzuführen. Der Wirkungsgrad des Fundamentalkreisprozesses ist in allen Fällen im Gegensatz zu dem Kühleffekt sehr hoch. Eine überraschende Tatsache ist, daß ein Prozeß, in dem die Temp. durch einen irreversiblen Drosseleffekt (JOULE-THOMSON-Effekt) gesenkt wird, wie bei der LINDE- u. KAPITZA-Meth., einen höheren Kühlwirkungsgrad besitzt als ein Prozeß, der die reversible Expansion einer Kraftmaschine ausnutzt. (Proc. int. Congr. Refrigerat., 8th Congr., London **1951.** 214—19. 29/8.—11/9. Göttingen, Forschungsgruppe für Wärme- u. Kältetechn.) V. BUTSCHAK. 149

L. Ebert, *Über das Schmelzen bei hohen Drucken und die Existenz eines kritischen Punktes Kristall/Schmelze.* Nach einer Besprechung über das Verh. von Fll. bei hohen Drucken, bes. über die Abnahme des Vol. u. der Entropie wird die Existenz eines krit. Punktes im Syst. Kristall/Schmelze diskutiert. Die Kompression ΔV ist im Hochdruckgebiet eine einfache Funktion von log p. Aus dem Verlauf der Schmelzkurven u. der Volumenänderung ΔV wurde die Schmelzentropie ΔS berechnet. Bei Steigerung von p u. T nehmen ΔV u. ΔS in einer Weise ab, die das gleichzeitige Verschwinden dieser Größen wahrscheinlich macht. Damit liegt die Existenz eines krit. Punktes Kristall/Schmelze nahe. Es wird gezeigt, wie man die Lage dieses Punktes abschätzen kann. Das Verh. des Quotienten Schmelzarbeit/Schmelzenthalpie, der sich bei hohen Drucken u. Temp. einem konstanten Wert nähert — analog wie beim Verdampfungsvorgang —, scheint einem allg. Gesetz für heterogene Phasenübergänge zu entsprechen. (Österr. Chemiker-Ztg. **55**. 1—11. Jan. 1954. Wien, Univ.) K.-G. HACKSTEIN. 150

LeRoy A. Bromley, Norman R. LeRoy und **James A. Robbers,** *Wärmeübergang bei erzwungenem Konvektions-Film-Sieden.* Film-Sieden („Film Boiling") ist eine Erscheinung des Siedens, bei der sich ein kontinuierlicher Dampffilm zwischen der kochenden Fl. u. der erhitzten Oberfläche bildet. Es wird allg. durch niedrige Werte der Wärmeübergangskoeffizienten u. hohe Temperaturwerte der erhitzten Oberfläche ausgezeichnet. Vf. entwickelt eine Theorie zur Ermittlung des Wärmeübergangskoeff. bei einem erzwungenen Konvektions-Film-Sieden. Die erhaltenen Ergebnisse werden experimentell an *n-Hexan*, CCl_4, *Bzl.* u. *A.* geprüft. Die apparative Anordnung besteht im Prinzip aus einem Rohr, dessen Oberfläche geheizt wird. Die bis zum Kp. vorgeheizte Fl. strömt an diesem Rohr vorbei u. geht von einem Kernsieden, bei dem sich der Dampf an einzelnen heißen Stellen bildet, in ein Film-Sieden über. Der Wärmeübergang wird mit steigendem Rohrdurchmesser kleiner u. mit steigender Strömungsgeschwindigkeit der Fl. größer. (Ind. Engng. Chem. **45**. 2639—46. Dez. 1953. Berkeley, Calif., Univ. of California, Radiation Labor. and Div. of Chem. Engng.) V. BUTSCHAK. 150

T. J. Webster, *Die Wirkung von indifferenten Gasen auf den Dampfdruck von Kohlendioxyd.* Vf. untersucht nach einer dynam. Meth. den CO_2-Geh. von gasförmiger u. fl. Luft im Gleichgewicht mit festem CO_2 im Temperaturbereich von -110^0 bis -196^0 bis zu einem Druck von 200 at. Die App. besteht im wesentlichen aus einem Sättiger, in dem Luft bei definierter Temp. u. Druck mit CO_2 gesätt. wird. Dann wird die Luft expandiert, erwärmt u. in fl. O_2 geleitet, wo sich das CO_2 in fester Form abscheidet u. abfiltriert werden kann. Das Luftvol. wird in einem Gasometer bestimmt. Als überraschende Tatsache stellt Vf. fest, daß bei Drucken über 25 at die mol. Konz. von CO_2 in der gesätt. Luft in dem Maße steigt, wie der Druck des Syst. ansteigt. Das würde im Gegensatz zu dem n. Verh. bedeuten, daß eine zunehmende Kompression Verdampfung u. keine Kondensation des CO_2 verursachen würde. Bei -130^0 ist der CO_2-Geh. der auf 200 at komprimierten Luft ungefähr gleich dem Sättigungswert bei Atmosphärendruck. Bei niedrigen Tempp. überschreitet die Gleichgewichtskonz. des CO_2 den n. Wert. (Proc. int. Congr. Refrigerat., 8th Congr., London **1951**. 201—06. 29/8.—11/9. Ashford, Middlesex, Brit. Oxygen Co.) V. BUTSCHAK. 150

W. H. Corcoran, H. H. Reamer und **B. H. Sage,** *Volumen- und Phasenverhalten des Salpetersäure–Stickstoffdioxyd-Systems.* Vff. untersuchten das Vol.- u. Phasenverh. von 4 bin. Gemischen aus HNO_3 u. NO_2 zwischen 160 u. 340^0 F u. bei Drucken bis zu 5000 lb./sq. in. sowohl beim physikal. als auch beim chem. Gleichgewicht. Mit zunehmendem Gewichtsanteil NO_2 sank der Gleichgewichtsdruck des Blasenpunktes („equilibrition bubble point pressure"). Für die Mischung mit ca. 0,6 Gewichtsbruchteilen NO_2 waren die Drucke des Blasenpunktes im untersuchten Temperaturbereich geringer als der Dampfdruck des NO_2 bei der gleichen Temperatur. Die Mischungen zeigten starke Abweichungen vom idealen Verhalten. Sie bilden bei niedrigen Tempp. zwei fl. Phasen. Die Ergebnisse stimmen mit früheren Messungen gut überein. (Ind. Engng. Chem. **46**. 2541—46. Dez. 1954. Pasadena, Calif., California Inst. of Technol.) L. FISCHER. 150

H. Hönl und **W. T. E. von Wolff,** *Quantitative Analyse des Verbrennungsvorganges in einem Kohlerohr.* 1. Mitt. Die C-Verbrennung erfolgt in einem Kohlerohr, dabei sind folgende Rkk. möglich: 1. $2\,C + O_2 = 2\,CO$ u. 2. $C + O_2 = CO_2$ (beide an der C-Oberfläche) sowie 3. $2\,CO + O_2 = 2\,CO_2$ (homogen oder heterogen). Dieser Verbrennungsvorgang wird theoret. untersucht u. die Geschwindigkeit der drei Rkk. bestimmt. In dem vorliegenden 1. Teil der Arbeit wird angenommen, daß nur die Rk. 1 stattfindet unter Unterdrückung der beiden anderen Reaktionen. Es gelingt Vff., unter Berücksichtigung aller Faktoren u. ohne jede Vernachlässigung, die Geschwindigkeitskonstante der Rk. 1 aus der Zus. der Abgase sowie den Versuchsbedingungen (Rohrdimension, Strömungsgeschwindigkeit u. Zus. des O_2–N_2-Gemisches [z. B. Luft] für eine experimentell verifizierte Temp. zu bestimmen. (Z. physik. Chem. **201**. 278—301. Dez. 1952. Freiburg/Br., Univ., Inst. für Theoret. Physik; Pretoria, Südafrika, Fuel Research Inst. of South Africa.) M. SCHENK. 157

Guy Pannetier und **François Guedeney,** *Stationäre Zersetzung von Hydrazinhydrat.* Mit Hilfe eines bes. konstruierten Brenners gelingt es Vff., die stationäre Zers. von Hydrazinhydrat unter völligem O_2- bzw. Luftausschluß, einzig bei Anwesenheit der Zersetzungsprodd., sichtbar zu machen. Die Zers. ist von einer schwachen Chemoluminescenz begleitet. Erst die Zerfallsprodd. brennen dann im höhergelegenen Teil des Brenners mit der klass. Diffusionsflamme. Dieses Phänomen ist bisher das einzige Beispiel der Zers. eines Brennstoffs vor der Verbrennung. (C. R. hebd. Séances Acad. Sci. **238.** 898 bis 900. 22/2. 1954.) S. LANZ. 157

A. W. Ioffe und **A. F. Ioffe,** *Einige Gesetzmäßigkeiten bei der Größe der Wärmeleitfähigkeit von Halbleitern.* (Vgl. C. **1955.** 3925.) Die gemessene Wärmeleitfähigkeit $\varkappa$ (bezogen auf 10°) von Kristallen mit Atomgitter (*Diamant, Si, Ge, GaSb, InSb*) wurden in Abhängigkeit vom At.-Gew. u. von Kristallen mit Ionengitter (Na-, K-, Li-, Rb-Halogenidsalze) in Abhängigkeit vom mittleren At.-Gew. der Komponenten der Verb. für $A_1/A_2 < 1{,}5$, $A_1/A_2 > 1{,}5$ u. für Ag- u. Tl-Halogenidsalze graph. dargestellt. $\varkappa$ nimmt mit steigendem At.-Gew. sowie mit zunehmendem A_1/A_2 ab, die Wärmeleitfähigkeit im Atomgitter übertrifft die im Ionengitter um eine Größenordnung. (Доклады Академии Наук СССР [Ber. Akad. Wiss. UdSSR] [N. S.] **97.** 821—22. 11/8. 1954.) J. GEIGER. 158

E. Dörner, W. Beier und **O. Lukas,** *Ultraschalleinwirkung auf destilliertes Wasser.* Dest. W. wurde mit Ultraschall (US) (800 kHz) 15 Min. beschallt, nach Abkühlung auf Zimmertemp. wurden 500 mg KJ u. 5 cm³ Stärkelsg. zu 100 cm³ hinzugefügt. Während sich unbeschalltes W. gegenüber KJ völlig passiv verhält, scheidet beschalltes W. meßbare Mengen J ab u. behält diese Eig. tagelang. Die J-Abscheidung verläuft analog wie bei stark verd. H_2O_2-Lsg. Ferner Angabe der J-Abscheidung durch $K_2Cr_2O_7$ in saurer Lsg. bei Verwendung von beschalltem u. unbeschalltem W. Beschalltes W. wirkt katalyt. u. steigert die J-Ausbeute. Durch Verss. mit alkal. Phenolphthaleinlsg. wurde der Nachw. erbracht, daß durch US das Milieu nach der sauren Seite verschoben wird. (Arch. physik. Therap. **6.** 340—44. Juli/Aug. 1954. Lützen bei Leipzig.) H. DOSSMANN. 159

Ferdinando Danusso, *Über die Messung der Veränderung der inneren Energie mit Hilfe des Ultraschalls. Beitrag zur Kenntnis der Struktur der Flüssigkeiten.* Wie Vf. thermodynam. ableitet, gilt für die Ableitung der inneren Energie nach dem Druck bei konstanter Entropie $(\partial U/\partial p)_s = p \cdot V/\varrho \cdot u^2$ (p Druck; V Vol.; ϱ Dichte u. u Schallgeschwindigkeit). Für ein Mol einer Fl. (Mol.-Gew. M) ist dann der Ausdruck $\Phi = p \cdot M/\varrho^2 \cdot u^2$ eine charakterist. Größe. Vf. berechnet Φ-Werte für eine Anzahl organ. Verbb. aus Literaturdaten. Φ wird demnach beeinflußt durch die Kompaktheit des Mol., durch die Ggw. von Doppelbindungen oder von O bzw. allg. durch Substitution; je nach der Anzahl der als vergleichbar zu definierenden Bedingungen (gleiche Temp., bei konstanter Fraktion des Kp., bei gleichen Mol.-Voll.) traten die Einfll. der Verzweigung mehr oder weniger stark hervor. Für die Temperaturabhängigkeit vom Φ bei n. Druck gilt im übrigen $(1/\Phi)\cdot(d\Phi/dT) = 0{,}008$—$0{,}010$, Ausnahmen sind W. u. starke assoziierte Flüssigkeiten. Die Φ-Werte — als Maß für die absorbierte mechan. Energie durch 1 Mol Substanz bei Änderung des Drucks um eine Einheit — ähneln in ihrer Konstitutionsabhängigkeit der adiabat. Kompressibilität, sind aber strukturempfindlicher als diese. (Atti Accad. naz. Lincei, Rend., Cl. Sci. fisiche, mat. natur. **9.** 351—57. Dez. 1950. Milano, Politecn., Ist. di Chim. Ind.) G. KRESZE. 159

C. E. Mulders, *Messung des Ultraschallwiderhalles in Flüssigkeiten.* 1. Mitt. Mit einer näher beschriebenen App. wurde die durch $J_t = J_0 \exp(-2\delta t)$ (J_t = Schallintensität zur Zeit t) definierte Nachhallzeit $1/\delta = T$ von dest. *W.* für die Ultraschallfrequenz f = 1 MHz bestimmt. Die Größe h/T, wo h = Abstand der Wasseroberfläche vom Boden des Gefäßes = 2—12 cm, steigt mit wachsendem h ca. linear an. Bei Erniedrigung von f werden h/T u. der Anstieg der (h/T, h)-Geraden kleiner. Für den Absorptionskoeff. des W. bei 25° wurden folgende Werte gefunden: 0,045 $m^{-1} \pm 10\%$ für f = 1475 kHz, 0,021 $m^{-1} \pm 20\%$ (f = 1010) u. 0,011 $m^{-1} \pm 30\%$ (f = 735). (Appl. sci. Res. B **1.** 149—67. 1950. Den Haag, Ministerie van Oorlog, Phys. Labor.) O. FUCHS. 159

C. E. Mulders, *Messung des Ultraschallwiderhalles in Flüssigkeiten.* 2. Mitt. (1. vgl. vorst. Ref.) Weitere Messungen an *W.* zeigen, daß unterhalb h = 1 cm die Größe h/T stärker als linear mit h abfällt. Ferner wurden akust. Absorptionsmessungen an wss. 0,04 mol. *$MgSO_4$*-Lsgg. bei 16° für h = 8 cm ausgeführt. Die Überschußabsorption a′ = a der $MgSO_4$-Lsg. — a von W. läßt sich zwischen den Frequenzen f = 650 u. 1500 kHz darstellen durch $1/a' = 1/A(1/f^2 + 1/f_m^2)$ mit f_m = 400 kHz u. A = $250 \cdot 10^{-15}$ sec²/m. Da wss. *$MgCl_2$*- u. *Na_2SO_4*-Lsgg. keinen meßbaren a′-Wert liefern, können die für $MgSO_4$ gefundenen a′-Werte nicht auf eine spezif. Wrkg. der Mg- bzw. SO_4-Ionen zurückgeführt werden; möglicherweise ist die Ursache in einer Störung des Dissoziationsgleichgewichts von $MgSO_4$ zu suchen. (Appl. sci. Res. B **1.** 341—57. 1950.) O. FUCHS. 159

N. A. Hall, Thermodynamics of fluid flow. London: Bailey Bros. & S. 1955. (278 S., Tab., Diagr.) 61 s. 6 d.

A_5. Kolloidchemie. Grenzschichtforschung.

A. A. Appen, *Versuch der Klassifikation der Komponenten nach ihrem Einfluß auf die Oberflächenspannung von Silicatschmelzen.* Auf Grund des Materials aus eigenen Verss. (vgl. C. **1954.** 4791) u. aus der Literatur werden die für die Silicatschmelzen wichtigen Bestandteile in oberflächeninakt., oberflächenakt. u. Zwischenkomponenten eingeteilt. Zu den oberflächeninakt. Komponenten (mit den dazugehörigen $\bar{\sigma}_i$-Werten) gehören: SiO_2 (290), TiO_2 (250), ZrO_2 (350), SnO_2 (350), Al_2O_3 (580), BeO (390), MgO (520), CaO (510), SrO (490), BaO (470), ZnO (450), CdO (430), MnO,$MnO_{1,5}$ (390), FeO,$FeO_{1,5}$ (490), CoO (430), NiO (400), Li_2O (450), Na_2O (295), CaF_2 (420), vermutlich La_2O_3,Pr_2O_3, Nd_2O_3, GeO_2. Zwischencharakter besitzen: K_2O, PbO, B_2O_3, Sb_2O_3, P_2O_5 (die $\bar{\sigma}_i$-Werte sind wechselnd, sehr niedrig u. manchmal negativ). Zu den oberflächenakt. Komponenten gehören: As_2O_3, V_2O_5, WO_3, MoO_3, CrO_3 u. Cr_2O_3, SO_3 (die $\bar{\sigma}_i$-Werte sind wechselnd u. negativ.) (Журнал Физической Химии [J. physik. Chem.] **26.** 1399—1404. Okt. 1952. Leningrad, Inst. für Silicatchem. der Akad. der Wiss. der UdSSR.) O. LEBTAG. 166

L. G. Longsworth, *Elektrochemie in der Biologie* (*1902—1952*). Vf. erörtert die Entw. der Elektrophorese sowie verschied. galvan. Zellen im Hinblick auf ihre Bedeutung für die biol. Forschung. (J. electrochem. Soc. **99.** 355C—58C. Dez. 1952. New York, N. Y., Rockefeller Inst. for Med. Res.) H.-U. WOELK. 168

I. R. Kritschewski, N. Je. Chasanowa und **L. P. Linschitz,** *Diffusion im binären flüssigen System im kritischen Gebiet.* Nach der Capillarmeth. wurde der Einfl. der krit. Erscheinungen auf die Diffusionsgeschwindigkeit im Syst. *Phenol* (I)-*H_2O* mit dem oberen krit. Punkt bei 66,4° u. 34,6 Gew.-% I bei 67° untersucht. Bei prakt. gleichem Konzentrationsgefälle war die Diffusionsgeschwindigkeit bei den Zuss. nahe der krit. viel geringer als im größeren Abstand vom krit. Punkt. Die diffundierte I-Menge (in mg) betrug in 10 Std. 0,97 beim Konzentrationsgefälle 11,5—0,0 (Gew.-% I); 0,61 bei 23,9 bis 10,7; 0,07 bei 35,5—24,5; 0,00 bei 41,8—31,1. In der Nähe des krit. Punktes war also prakt. keine Diffusion vorhanden. Der wahre Diffusionskoeff. errechnete sich zu $0,8 \cdot 10^{-5}$ $cm^2 \cdot Sek.^{-1}$, während in der Literatur der gleiche Wert für 13—25° u. 0,2 mol. I-Lsg. angegeben wird. (Доклады Академии Наук СССР [Ber. Akad. Wiss. UdSSR] [N. S.] **99.** 113—16. 1/11. 1954. Wiss. Forschungs- u. Projektionsinst. der Stickstoff-Ind.) O. LEBTAG. 171

Charles Mack, *Über die Kinetik des anomalen Fließens.* Unter der Annahme, daß das anomale Fließen mit einer wechselseitigen Umwandlung zwischen den Zuständen verschied. Ordnungsgrades des Syst. verknüpft ist, wird eine Theorie der Erscheinung gegeben. Der geordnete Zustand soll durch ein Minimum der potentiellen Energie der Teilchen charakterisiert sein. Für das Verhältnis der anomalen Viscosität η' für Teilchen im ungeordneten Zustand zu der Viscosität η'_0 in der Nähe des Ruhezustandes ergibt sich im Gleichgewichtsfalle (gleiche Geschwindigkeit für die Änderung der Konz. der Teilchen im geordneten u. ungeordneten Zustand) die Beziehung $K = \eta'/\eta'_0 = \exp(\Delta F/kT)$, wo ΔF = Änderung der freien Aktivierungsenergie beim Übergang eines Teilchens vom einen zum anderen Zustand. Verss. (Abhängigkeit der Viscosität η von der Schubspannung τ) wurden ausgeführt für Venezuela-*Asphalt* (I) u. für eine Mischung (II), bestehend aus 25% I u. 75% oxydiertem Asphalt mit einem Erweichungspunkt 77,5° (gegen 40,5° von I). Für I gilt die Beziehung $\tau/\tau_0 = (\dot{\gamma}/\dot{\gamma}_0)^b$ u. für II $\dot{\gamma}/\dot{\gamma}_0 = \exp[(\tau-\tau_0)/b\tau_0]$, wo $\dot{\gamma}$ = Fließgeschwindigkeit. Die Messungen an I wurden zwischen 16 u. 33° ausgeführt, die an II bei 25°. Bei I nimmt der Unordnungsgrad mit wachsendem t zu, bei II führt das Fließen zu einer Orientierung der Teilchen. Die aus den Messungen berechnete wirksame M. der Teilchen (folgt aus dem Zusammenhang zwischen ΔF u. der kinet. Energie) ist bei I u. II wesentlich größer als die eines fließenden Moleküls. Daraus folgt, daß die Scherwrkg. nicht auf die Verschiebung eines Teilchens aus der einen Stellung in eine andere zurückzuführen ist, sondern eher auf einen Gleitvorgang, ähnlich wie in Metallen. (J. Polymer Sci. **13.** 279—94. März 1954. Sarnia, Ontario, Imp. Oil Ltd., Res. Dep.) O. FUCHS. 172

J. H. McGinn, *Ein Doppelbildmikrometer zur Teilchengrößenanalyse.* Beschreibung einer opt. Anordnung zur schnellen Einstufung von Teilchen in Größenklassen. Zwischen Augen- u. Feldlinse eines Mikroskops werden eine Reihe doppelbrechender Calcit-Kristalle bestimmter Dicke verschiebbar angeordnet, welche von jedem Teilchen zwei Bilder entwerfen, deren Ränder sich gerade berühren, wenn sie einen Durchmesser besitzen, der mit dem Bildabstand übereinstimmt, welcher sich aus der Dicke der Kristallplatte u. der Vergrößerung des Mikroskopes berechnen läßt. (Rev. sci. Instruments **25.** 930—31. Sept. 1954. Philadelphia, Univ. of Pennsylvania, Inst. of Cooperative Res.) H.-J. EICHHOFF. 175

Jean-Michel Bloch und **Jacques Charbonnelle,** *Darstellung und Untersuchung von Kupfermontmorilloniten.* Durch Einw. von Cu^{2+}-Ionen auf *Na-Montmorillonit* (M_t) entsteht Cu–$(M_t)_2$ mit einer bestimmten Menge an gebundenem *Cu(OH)*$_2$ (I). Dieses läßt sich entweder durch saure Reagentien oder durch Ammonacetat herauslösen. Wird aber Cu–$(M_t)_2$ mit NH_4OH behandelt, so bildet sich ein Komplex der Zus. $[(NH_4)_2Cu(OH)_2]\cdot(M_t)_2$ (II), der in den Tonschichten adsorbiert bleibt u. das n. Quellen des M_t verhindert. Röntgenograph. Unterss. des bei 105° getrockneten II ergeben nur eine Periodizität 001 bei 12,2 Å; für I dagegen war keine charakterist. Linie festzustellen. Schließlich zeigen Vff., daß das NH_4-Ion von II gegen Na^+-, Mg^{2+}-u. Pyridiniumionen ausgetauscht werden kann. (Bull. Soc. chim. France, Mém. [5] **1955.** 511–13. April. Nancy, Fac. de Pharmacie.)
H. SURAWSKI. 177

R. M. Barrer und **D. W. Riley,** *Der Einfluß des Ionenaustausches auf die interkristalline Sorption.* Die interkristalline Adsorption von *He, Ne, Ar* u. *Kr* an natürlichem sowie an *Li-*, *NH*$_4$- u. *Ba-Chabasit* wird bei verschied. Tempp. u. Drucken gemessen. Es ergibt sich, daß die dem Ionenaustausch unterzogenen Chabasite einheitlicher sind als die natürlichen. Als beherrschender Adsorptionsmechanismus wird die Polarisation der adsorbierten Moll. wahrscheinlich gemacht. (Trans. Faraday Soc. **46.** 853–61. Okt. 1950. Aberdeen, Univ., Marischal Coll., Chem. Dep.; Sheffield, Univ., Chem. Dep.)
GÜNTER LANGE. 177

Shô Asakura, Nobuhisa Imai und **Fumio Oosawa,** *Theorie der mechanochemischen Systeme.* Vff. geben eine elektrolyt. Theorie der beim Quellen u. Entquellen von mechanochem. Systemen (vgl. hierzu z. B. KATCHALSKY, C. **1952.** 6542; HILL, C. **1953.** 6503) stattfindenden Vorgänge. Das zugrunde gelegte Modell besteht aus einer makroskop. zylinderförmigen Faser aus kautschukartigem Material, das zahlreiche dissoziierbare Gruppen enthält. Es wird gezeigt, daß bei konstanter Dichte der ionisierten Gruppen fast alle Gegenionen von der Faser gebunden werden u. daß die Beiträge der elektrostat. Energie u. Entropie zur elektrostat. freien Energie proportional der Oberfläche bzw. dem Vol. sind. Der osmot. Druck der durch das Syst. gebundenen Gegenionen verursacht eine Quellung des Syst. gegen die durch die kautschukartige Elastizität des Syst. gegebene rücktreibende Kraft. Für den freien Quellungsvorgang wird die Beziehung erhalten $\alpha^2 B = N\xi$, wo α = relative Verlängerung des Fadens, N = Zahl der dissoziierbaren Gruppen pro Kette, ξ = Neutralisationsgrad, $B = 1 + 0{,}6\alpha^2/(Z-\alpha^2)$, Z = Zahl der Segmente pro Kette. Die Beziehung steht in guter Übereinstimmung mit dem Experiment (Literaturdaten). (J. Polymer Sci. **13.** 499–510. Mai 1954. Nagoya, Univ., Dep. of Phys.)
O. FUCHS. 178

A₆. Strukturforschung.

Hermann Weyerer, *Äquatormarken für Röntgenfeinstrukturkammern.* Beträgt auf einem gebogenen Film die Abweichung vom wirklichen Äquator bis zu 1°, so kann bei der Linienausmessung ein Fehler bis zu 1% entstehen. Durch Verwendung von Äquatormarken, die bei symm. u. asymm. Aufnahmetechnik in der Kamera befestigt werden, sinkt der Fehler auf weniger als 10^{-4} mm, was gegenüber den anderen Ungenauigkeiten vernachlässigt werden kann. (Z. angew. Physik **6.** 417–18. Sept. 1954. Braunschweig u. Berlin, Phys. Techn. Bundesanst.) H. LINDBERG. 181

Christian Hoffrogge und **Hermann Weyerer,** *Abstandsmessung von Röntgeninterferenzen. Ein neues Längenmeßgerät.* Das einfache Längenmeßgerät besteht aus einem in einem Metallrahmen verschiebbaren Glas-Millimetermaßstab u. einer $^1/_{100}$ mm Meßuhr. Bei der Ausmessung von Röntgeninterferenzen kann eine Unsicherheit kleiner als 0,01 mm erreicht werden. Durch seine Koinzidenzeinstellung scheint dieses Gerät ganz bes. für das Ausmessen von verwaschenen Rückstrahllinien geeignet zu sein. (Z. angew. Physik **6.** 419–20. Sept. 1954. Braunschweig u. Berlin, Phys. Techn. Bundesanst.)
H. LINDBERG. 181

William R. McMillan, *Vereinfachte Formeln zur Berechnung der interplanaren Abstände in dem rhomboedrischen System.* (Acta crystallogr. [Copenhagen] **7.** 782. 10/11. 1954. East Pittsburgh, Pa., Westinghouse Res. Labor.) C. GOTTFRIED. 181

Werner Nowacki, *Über Patterson-Synthesen.* Es werden die grundlegenden Definitionen u. Eigg. der PATTERSON-Synthesen sowie die Beziehung zwischen der Symmetrie des Kristall-, FOURIER- u. PATTERSON-Raumes u. der Übergang vom PATTERSON-Diagramm zur Kristallstruktur behandelt. (Tschermaks mineralog. petrogr. Mitt. [3] **4.** 261–71. 1954. Bern, Univ., Mineralog.-Petrograph. Inst.) J.-E. HILLER. 181

Wolf v. Engelhardt, Hans Füchtbauer und **Hertha Goldschmidt,** *Zur quantitativen Phasenanalyse feinkörniger Gemische mit Röntgenstrahlen.* Es wird die Anwendbarkeit des Röntgenspektrometers von PHILIPS, New York, für die quantitative Mineralanalyse feinkörniger Sedimente untersucht. Verschied. künstliche Mineralgemische, enthaltend Quarz, Illit, Montmorillonit, Kaolinit, Calcit, Siderit, Pyrit, Goethit u. Orthoklas, werden analysiert, wobei die Intensitätsformel von ALEXANDER u. KLUG (C. **1950**. I. 19) zur Anwendung kommt. Die Nachweisbarkeitsgrenze einer Kristallart in Gemischen sowie ein Verf. zur vollständigen Analyse eines Gemisches unbekannter Zus. werden angegeben. Bei der quantitativen Mineralanalyse von Tonen ist zu beachten, daß schwankende Intensitäten auftreten, wenn nicht bewegte Präpp. mit Korngrößen $>5\mu$ verwendet werden. Blättchenförmige Minerale geben leicht Anlaß zu Texturen. Die Linienintensität gleicher Minerale verschied. Herkunft ist unter Umständen nicht gleich. (Naturwissenschaften **39**. 82—83. Febr. 1952. Hannover, Erdölwerke, Gewerkschaft Elwerath, Geolog. Labor.) W. KRÖNERT. 181

R. Gevers, *Röntgenstrahlenbeugung durch dichtgepackte Kristalle mit „Wachstums"- und „Deformations- oder Transformationspackungsfehlern" unter der Annahme eines „n-Schichteneinflusses"*. (Vgl. C. **1955**. 6928.) Mathemat. Untersuchung. (Acta crystallogr. [Copenhagen] **7**. 740—**44**. 10/11. 1954. Gent, Labor voor Kristalkunde.) C. GOTTFRIED. 181

H. Hendus, *Die Brechung der Röntgenstrahlen bei großen Beugungswinkeln.* Theoret. Untersuchung. (Bull. Soc. franç. Minéralog. **73**. 187—92. April/Juni 1950. Saarbrücken, Inst. des Recherches Métallurgiques.) C. GOTTFRIED. 181

P. W. Higgs, *Durch Schwingungen hervorgerufene Veränderungen der Elektronenverteilung in Molekülkristallen.* 1. Mitt. *Die Dichte in einem schwingenden Kohlenstoffatom.* Es ist nicht möglich, die Elektronendichteverteilung, wie sie sich aus Röntgenbeugungsmessungen ergibt, direkt mit Dichten, die auf Grund quantentheoret. Methoden für stationäre Moll. berechnet werden, zu vergleichen. Die beobachtete Dichteverteilung stellt die über alle möglichen gegebenen Anordnungen der Atomkerne, wie sie im therm. Gleichgewicht auftreten, gemittelte Elektronendichte dar. Die Berechnung für ein C-Atom unter Annahme isotroper therm. Bewegung zeigt, daß bereits kleine Schwingungsamplituden genügen, um die Elektronendichte der Maxima, die die Atommittelpunkte markieren, beträchtlich zu verringern. Für viele Molekülkristalle ergibt sich bei gewöhnlichen Tempp. für die Elektronendichteverteilung in den Atomen eine GAUSSsche Kurve. (Acta crystallogr. [Copenhagen] **6**. 232—41. 10/3. 1953. London, King's Coll., Wheatstone Phys. Dep.) W. KRÖNERT. 182

H. Ramberg, *Einige kristallenergetische Beziehungen in Salzen von Sauerstoffsäuren.* Vf. nimmt Bezug auf Unterss. von CARTLEDGE (vgl. C. **1951**. II. 2154), der auf Grund seiner Beobachtungen über die Beziehungen zwischen der Bildungswärme von sauerstoffhaltigen Salzen u. der Acidität u. Basizität der beteiligten Oxyde einfache empir. Gleichungen zwischen der Bildungswärme des Salzes u. den auf den korrigierten einwertigen Radien fußenden Ionenpotentialen der Kationen hergeleitet hatte. Vf. diskutiert in der vorliegenden Arbeit einige der Folgerungen, die man aus diesen Regelmäßigkeiten zwischen den thermochem. Eigg. der Salze u. der Stellung der Kationen im period. Syst. ziehen kann. Auf Grund einer Aufstellung der Bildungswärmen einer größeren Anzahl von Salzen kommt Vf. zunächst zu den folgenden Schlußfolgerungen: Salze des gleichen bas. Oxyds haben eine um so geringere Bildungswärme, je stärker die Acidität des sauren Oxyds ist, u. Salze des gleichen sauren Oxyds haben eine um so geringere Bildungswärme, je stärker die Basizität des Metalloxyds ist, das heißt die Bildungswärme der Salze aus den sie aufbauenden Oxyden ist ein Maß der Stärke der Säuren, wenn Salze desselben Metalls verglichen werden, u. ferner ein Maß für die Stärke der Basen, wenn Salze der gleichen Säure verglichen werden. Ferner wurde festgestellt, daß die exotherme Bildungswärme aus den Oxyden verschied. Salze des gleichen Metalls zunimmt, wenn die Nichtmetalle sich in der Reihenfolge B, C, N u. Si, P, S, Cl ändern. Dies läßt sich durch den zunehmenden kovalenten Charakter oder die zunehmende Polarisation der Bindungen Sauerstoff–Metall durch die gleiche Reihe von Elementen erklären. Die exotherme Bildungswärme von polymerisierten Salzen aus den jeweiligen Oxydkomponenten (Borate, Silicate, Phosphate, Pyrosulfate) ist pro Äquivalent größer als für die entsprechenden einfachen Salze. Dies wieder läßt sich qualitativ dadurch erklären, daß die Bindung Sauerstoff–Nichtmetall weniger polarisiert ist oder mehr Ionencharakter besitzt als in dem nicht polymerisierten Salz mit dem gleichen Zentralatom. Schließlich wurde noch die folgende Regelmäßigkeit gefunden, daß nämlich die Bildungswärme pro Äquivalent numer. zunimmt, wenn sich im Period. Syst. das Metall von Li nach Cs oder von Mg nach Ra ändert. Diese Feststellung steht im Zusammenhang mit der Zunahme der Kristallenergie der entsprechenden Metalloxyde. (J. chem. Physics **20**. 1532—37. Okt. 1952. Chicago, Ill., Univ., Dep. of Geology.) C. GOTTFRIED. 182

J. Leonhardt, *Zum Keimbildungsproblem bei Strahlungskristallisaten und gedrillten Kristallen.* Die Keimbildungsverhältnisse werden unterteilt in: freie Keime, gebundene Keime u. letztere in simultane Keimbldg. u. repetierende Keimbildung. Durch die Kombinierung der einzelnen Möglichkeiten werden die Strahlungskristallisate u. gedrillten Kristalle erläutert. Es wird ein Beispiel für die repetierende Bldg. gebundener Keime gegeben. (Tschermaks mineralog. petrogr. Mitt. [3] **4.** 382—85. 1954. Kiel, Univ., Mineralog.-Petrograph. Inst.) J.-E. HILLER. 190

A. G. Smekal, *Der Mechanismus des Kristallwachstums.* Bei niederen Tempp. wachsen Einkristalle in fester Phase infolge der durch Wanderung von Gitterfehlstellen bedingten Selbstdiffusion tangential zu ihren kristallograph. Flächen, bei höheren Tempp. ist das Wachstum unabhängig von der Gitterorientierung, die Selbstdiffusion ist in diesem Fall nur von der Temp. abhängig. Die Unterss. wurden an NaCl als Modellsubstanz wegen seines metallähnlichen Verh. durchgeführt u. der Selbstdiffusionsmechanismus an Hand der Ionenleitfähigkeit verfolgt. Die Durchsichtigkeit des Materials gestattet, das Kornwachstum von ca. 5 μ Durchmesser an zu beobachten, die Messungen der Wachstumsgeschwindigkeit u. der Induktionsperioden sind genau u. gut reproduzierbar. Die Aktivierungsenergien für n. Induktionsperioden sowie für alle Wachstumsgeschwindigkeiten sind in den jeweiligen Temperaturbereichen beider Selbstdiffusionsmechanismen gleich u. nur abhängig vom vorhandenen Deformationsgrad. Wird das abweichende Verh. von anomalen Induktionsperioden mit berücksichtigt, können für das nichtkristallograph. Wachstum ähnliche Ergebnisse erhalten werden, wie sie von ANDERSON u. MEHL für die Rekristallisation von Al gefunden wurden. Bei der Rekristallisation von gesintertem NaCl-Pulver werden kub. Hohlräume in den Einkristallen beobachtet. Da im Falle mkr. Hohlräume dieser Größe in Einkristallen bei Hitzebehandlung keine Schrumpfungen erwartet werden können, scheint bewiesen, daß die tatsächliche Verdichtung polykristalliner Materialien die Mitwrkg. von Spannungskräften fordert. (Physics Powder Metallurgy **1951.** 27—38. Graz, Univ.) M. CLASING. 190

A. B. Wissteliuss, *Über die Behandlung von Mikrostrukturdiagrammen.* Das Verf. von SCHMIDT zur Auswertung von Mikrostrukturdiagrammen bedarf einiger Ergänzungen, die im einzelnen dargelegt werden. In ein WULFFsches Netz werden die Orientierungspunkte der Körner eingetragen u. die φ- u. ϱ-Achse gezogen, dann werden die Punkte gezählt, die in die dadurch entstandenen Felder entfallen, diese Ergebnisse werden tabellar. ausgewertet u. der durch Summierung ermittelte Punkt auf dem in sphär. oder rechtwinkligen Koordinaten dargestellten Mikrostrukturdiagramm gesucht, in dem dann die Gebiete maximaler Punktkonzz. als schwarze Flächen eingezeichnet werden. In der angegebenen Ausführungsform gibt das Verf. unter Zeitersparnis sicherere u. theoret. besser begründete Ergebnisse als die ursprüngliche Methode. (Записки Всесоюзного Минералогического Общества [Schr. Allunions mineralog. Ges.] [2] **82.** 271—80. 1953.) R. K. MÜLLER. 190

J. M. Cowley, *Intensitätsanomalien in Elektronenbeugungsbildern von CuO.* Das von MURISON (Phil. Mag. **17.** [1934.] 96) beobachtete anomale Elektronenbeugungsbild von CuO, sogenanntes CuO'-Beugungsdiagramm, erwies sich in einer hochauflösenden Beugungsapp. u. im Elektronenmikroskop als zu gewöhnlichem CuO gehörig, lediglich mit anomaler Intensitätsverteilung in den Ringen. Diese kommt dadurch zustande, daß das Oxyd in Form von langen einkristallinen Nadeln mit ca. 1000 Å Durchmesser senkrecht auf der Unterlage aufwächst; Längsrichtung ist die (110)-Zonenachse. Längs der Nadelachse verlaufen eine oder mehrere Schraubenversetzungen. (J. electrochem. Soc. **101.** 277—80. Juni 1954. Melbourne, Commonwealth Sci. and Ind. Res. Organization, Div. of Ind. Chem., Chem. Phys. Sect.) H. C. WOLF. 190

M. Renninger, *Experimentelle Realisierung der dynamischen Reflexionskurven des Idealkristalls für monochromatische Röntgenstrahlen.* Mit Hilfe einer Dreikristallanordnung (vgl. Z. Kristallogr. **99.** [1938.] 181) läßt sich die Einzelreflexionskurve eines Idealkristalls gewinnen. Die experimentelle Prüfung erfolgt mit einem Paar von Kalkspatkristallen, die mit CuK_α-Strahlung in 2. Ordnung der Spaltfläche eine doppelspektrometr. (1, —1) bzw. besser (2, —2)-Kurve von nur 2,3 bis 2,5'' Halbwertsbreite liefern. Da die Totalreflexionsbreite der niedrigsten Interferenzordnung der meisten Kristalle zwischen 5 u. 10'' liegt, reicht ein Strahlbündel der Breite von $2^1/_2$'' aus, um die Form solcher Kurven in ihren Hauptzügen aufzunehmen. Einzelreflexionskurven von Calcit, 1. Ordnung (211) weisen die Hauptmerkmale der von der dynam. Theorie geforderten Kurve auf. Der Einfl. des Polarisationsfaktors ist nur gering. Bes. interessant erscheint, daß kleine opt. Verwerfungen der Calcit-Spaltflächen um Bogenminuten keineswegs Anzeichen für ebensolche Verwerfungen im Kristallgitter sind. Wahrscheinlich besteht kein fester Zusammenhang zwischen Spaltflächen- u. Kristallorientierung. (Naturwissenschaften **40.** 50. Jan. 1953. Marburg, Univ., Kristallograph. Inst.) W. KRÖNERT. 190

Francis J. Turner, *Deformationsverzwillingung auf* $\{10\bar{1}1\}$ u. $\{02\bar{2}1\}$ *von experimentell deformiertem Calcit.* Es wurden Texturunterss. an künstlich deformierten

Calcitzylindern ausgeführt, wobei bei der Deformation Tempp. von 20—300° u. Drucke von 5000—10000 Atm. angewandt wurden. Zwillingslamellen nach {10$\bar{1}$1} wurden ausschließlich an bei 20 u. 150° deformiertem Material beobachtet. Lamellen nach {02$\bar{2}$1} traten an bei 300° u. 5000 Atm. deformiertem Material auf. (Tschermaks mineralog. petrogr. Mitt. [3] **4.** 28—33. 1954. Berkeley, Calif.) J.-E. HILLER. 190

Linus Pauling und **Richard E. Marsh,** *Die Struktur des Chlorhydrats.* Zur Prüfung der hypothet. Struktur des Chlorhydrats der Zus. $Cl_2 \cdot 7^2/_3\ H_2O$ werden Kristalle der Substanz durch Kondensation von Cl_2 u. Zufügen von H_2O dargestellt. Von den gebildeten hellgelben Kristallen werden bei 4° unter Verwendung von NaCl als Eichsubstanz Röntgendiagramme hergestellt, die sich unter Annahme einer kub. Struktur mit $a_0 =$ 11,82 Å indizieren lassen. Aus Symmetriegründen folgen für die O-Atome die Punktlagen: 6 O_I in 6(c), 16 O_{II} in 16(i) mit x = 0,183 u. 24 O_{III} in 24(k) mit y = 0,310 u. z = 0,116. Durch Vgl. von berechneten u. beobachteten Strukturfaktoren wird die Lage der Cl_2-Moll. bestimmt. Die Struktur läßt sich durch Besetzung der Ecken u. des Mittelpunktes eines die Elementarzelle darstellenden Würfels mit Dodekaedern darstellen, wenn sechs weitere Atome hinzugefügt werden, um die vollständige Struktur aufzubauen. Mit O—H··· O-Abständen von 2,75 Å treten Winkel O—O—O zwischen 106° u. 125° auf. Die aus der angegebenen Struktur folgende empir. Formel des Chlorhydrats ist 6 $Cl_2 \cdot 46\ H_2O$ bzw. $Cl_2 \cdot 7^2/_3\ H_2O$. Für etwas kleinere Moll. als Cl_2 müßte sich eine Formel $M \cdot 5^3/_4\ H_2O$ ergeben. (Proc. nat. Acad. Sci. USA **38.** 112—18. Febr. 1952. Pasadena, Calif., California Inst. of Technol., Gates and Crellin Labors. of Chem.) W. KRÖNERT. 195

Louis R. Lavine und **William N. Lipscomb,** *Die Kristall- und Molekülstruktur von B_5H_{11}.* Die Molekularstruktur von B_5H_{11} (F. —129°) wird mit Hilfe von dreidimensionalen FOURIER-Synthesen unter Anwendung der Meth. der kleinsten Quadrate untersucht. Die Gitterkonstanten der monoklinen Elementarzelle werden zu a = 6,76 ± 0,02, b = 8,51 ± 0,03, c = 10,14 ± 0,03 Å, β = 94,3 ± 0,3° bestimmt. Die Raumgruppe ist $C_{2h}^5 - P2_1/n$ u. Z = 4. Die folgenden Atomparameter werden angegeben: B_1 (x = 0,290, y = 0,106, z = 0,318); B_2 (0,133, 0,105, 0,175); B_3 (0,024, 0,047, 0,317); B_4 (0,891, 0,164, 0,208); B_5 (0,880, 0,216, 0,376); H_1 (0,395, 0,019, 0,331); H_2 (0,324, 0,204, 0,383); H_3 (0,161, 0,031, 0,108); H_4 (0,961, 0,932, 0,334); H_5 (0,764, 0,112, 0,152); H_6 (0,986, 0,303, 0,423); H_7 (0,738, 0,173, 0,414); H_8 (0,274, 0,182, 0,218); H_9 (0,015, 0,206, 0,144); H_{10} (0,847, 0,300, 0,262); H_{11} (0,069, 0,107, 0,398). Das einzelne Mol. besitzt die Symmetrie C_s. Es bestehen enge Beziehungen im Aufbau der Strukturen von B_5H_{11} u. B_5H_9, B_4H_{10} sowie $B_{10}H_{14}$. Das B-Grundgerüst in B_5H_{11} stellt ein Fragment der ikosaederartigen Anordnung in $B_{10}H_{14}$ (KASPER, LUCHT, HARKER, C. **1951.** II. 1703) dar u. läßt sich auch aus der tetragonalen Pyramide in B_5H_9 durch Lösen einer B—B-Bindung der Basis herleiten. Das Scheitel-B_I-Atom betätigt Einfachbindungen zu 2 H-Atomen, von denen eines (H_{VI}) außerdem in schwacher Wechselwrkg. mit den beiden äußeren B_{III}-Atomen der Basis steht. Die B_{III}-Atome sind mit je 2 H-Atomen u. die inneren B_{II}-Atome mit je einem H-Atom in Einfachbindung verknüpft. Neben den B—B-Bindungen liegen H-Brücken über $B_{II}—B_{II}$ u. $B_I—B_{III}$ vor. Atomabstände sind $B_I—B_{III}$ = 1,86₅, zwei $B_{II}—B_{III}$ = 1,75, zwei $B_I—B_{II}$ = 1,77, sieben B—H = 1,0₇, sechs B—H (Brücken) = 1,2₄, ein $B_I—H_{VI}$ = 1,0₀ u. zwei $B_{III}—H_{VI}$ = 1,6₇ Å. Der Winkel $B_{III}—B_I—B_{III}$ beträgt 107°. (J. chem. Physics **22.** 614—20. April 1954. Minneapolis, Minn., Univ. of Minnesota, School of Chem.) W. KRÖNERT. 195

Göte Ericsson, *Synthetische Natriumchloridkristalle; Brechungsindex und Gitterkonstante.* Synthet. NaCl-Kristalle werden durch Einbringen von Kristallkeimen in die Salzschmelze u. anschließendes Ziehen dargestellt. Abkühlung auf Raumtemp. erfolgt im Verlauf einer Woche. Experimentelle Einzelheiten werden angegeben. Die Bestimmung der Brechungsindices erfolgt für die C- u. F-Linien des Wasserstoffspektr. (6563 u. 4861 Å) sowie für die d-Linie des He (5876 Å). Zum Vgl. wird eine Parallelbest. an natürlichem Steinsalz durchgeführt. Die Brechungsindices der künstlichen Proben liegen etwas tiefer als die des Steinsalzes. Die Gitterkonstante des synthet. NaCl wird zu 5627,70 X bestimmt. (CuK_{α_1}: 1537,399 X). Abweichungen gegenüber den Bestimmungen anderer Autoren werden diskutiert. (Ark. Fysik **7.** Nr. 34. 415—21. 1954. Uppsala, Univ., Phys. Labor.) W. KRÖNERT. 195

F. Machatschki, *Kristallchemie der Arsen- und Antimonmineralien.* Infolge der verschied. Ionisierungszustände ist die Kristallchemie der Arsen- u. Antimonmineralien mannigfaltiger als die der Silicate. Vf. behandelt folgende Strukturen: *Arsenolith, Realgar, Valentinit, Claudetit,* gediegenes *As* u. *Sb, NiAs, Fahlerz, Arsenikalkies, Ullmannit, Olivenit, Mimetesit, Schafarzikit, Trippkeit, Cervantit, Romeit.* (Tschermaks mineralog. petrogr. Mitt. [3] **4.** 272—76. 1954. Wien, Univ., Mineralog. Inst.) J.-E. HILLER. 195

Allan Zalkin und **D. H. Templeton,** *Die Kristallstruktur von CeB_4, ThB_4 und UB_4.* Ce, Th u. U bilden isostrukturelle Tetraboride. Die Darst. erfolgt durch Zusammenschmelzen der Elemente im Vakuum bei 1500°. Dreh-, Schwenk- u. WEISSENBERG-Aufnahmen werden hergestellt u. ergeben die Raumgruppe D_{4h}^5 — P 4/m b m. Z ist jeweils 2. Die Gitterkonstanten sind CeB_4: a = 7,205, c = 4,090; ThB_4: a = 7,256, c = 4,113; UB_4: a = 7,075, c = 3,979 Å. Die Lage der Th-Atome in ThB_4 wird durch eine PATTERSON-Projektion auf (0 0 1) ermittelt: 4 Th in ± (u, ½ + u, 0; ½-u, u, 0) mit u = 0,313 ± 0,002. Die Lage der B-Atome folgt aus geometr. Betrachtungen: 4 B_I in ± (0, 0, v; ½, ½, v), 4 B_{II} in ± (w, ½ + w, ½; ½-w, w, ½), 8 B_{III} in ± (x, y, ½; ½ + x, ½ − y, ½; $\bar{y}$, x, ½; ½ + y, ½ + x, ½) mit v = 0,212, w = 0,087, x = 0,170 u. y = 0,042. B—B-Abstände liegen zwischen 1,69 u. 1,80 Å. Die Struktur ist eine Kombination zwischen den AlB_2- u. CaB_6-Strukturtypen. Zur Absorptionsberechnung wird eine für prismat. Kristalle mit hohem Absorptionskoeff. anwendbare Meth. beschrieben. (Acta crystallogr. [Copenhagen] **6**. 269—72. 10/3. 1953. Berkeley, Calif., Univ. of California, Dep. of Chem. and Radiat. Labor.) W. KRÖNERT. 195

J. W. Nielsen und **N. C. Baenziger**, *Die Kristallstrukturen von ZrBeSi und $ZrBe_2$.* ZrBeSi krist. hexagonal mit a = 3,71 u. c = 7,19 Å. Die Elementarzelle enthält 2 Mol ZrBeSi, woraus sich $D._{(röntg.)}$ = 4,95 errechnet. Es liegt eine „gefüllte" NiAs-Struktur vor: 2 Zr in 0, 0, 0; 0, 0, $^1/_2$; 2 Be in $^1/_3$, $^2/_3$, $^1/_4$; $^2/_3$, $^1/_3$, $^3/_4$; 2 Si in $^2/_3$, $^1/_3$, $^1/_4$; $^1/_3$, $^2/_3$, $^3/_4$. Für den Si-Be-Abstand ergibt sich ein etwas kleiner Abstand von 2,14 Å; jedoch zeigten Intensitätsbetrachtungen, daß Abweichungen von der Idealstruktur nicht anzunehmen sind. $ZrBe_2$ besitzt die AlB-Struktur. Die Gitterkonstanten sind a = 3,82 u. c = 3,24 Å, Z = 1 u. $D._{(röntg.)}$ = 4,32. Die interatomaren Abstände werden angegeben. (Acta crystallogr. [Copenhagen] **7**. 132—33. Jan. 1954.) W. KRÖNERT. 197

A. I. Paschilow, *Über die anomalen Beugungseffekte beim Zerfall übersättigter fester Lösungen.* Auf Grund der röntgenograph. Unterss. über den beim natürlichen Altern von Legierungen auftretenden anomalen Beugungseffekt, durchgeführt an Al–Cu-, Ag–Cu- (Ag-Grundlage)- u. Cu–Ag (Cu-Grundlage)-Legierungen, wird geschlossen, daß für übersätt. feste Lsgg. mit einphasigem Zerfall asymm. anomale Beugungseffekte charakterist. sind, die dadurch bedingt sind, daß im Kristall Umbaugebiete vorhanden sind. In Legierungen mit ausgeprägtem zweiphasigem Zerfall sind die anomalen Beugungseffekte durch plast. Gitterdeformationen bedingt, hervorgerufen durch starke innere Spannungen bei der Abscheidung der neuen Phase. Bei den Cu–Ag-Legierungen beobachtet man in verschied. Stadien des Zerfalls beide Effekte. (Известия Академии Наук СССР, Серия Физическая [Nachr. Akad. Wiss. UdSSR, physik. Ser.] **17**. 366—72. Mai/Juni 1953. Swerdlowsk, Zweigstelle des Allunions Wiss. Forschungsinst. für Metrol.) O. LEBTAG. 197

Shiro Ogawa und **Denjiro Watanabe**, *Über die Struktur von CuAuII auf Grund von Elektronenbeugungsuntersuchungen.* Vff. berichten über Elektronenbeugungsaufnahmen an gut orientierten Filmen von CuAuII, welches 50 At.-% Au enthält u. von 380° abgeschreckt worden ist. Auf diesem Diagramm erscheinen scharfe, aus 4 Interferenzen bestehende Kreuze, welche an einigen der Punkte auftreten, welche Überstrukturinterferenzen entsprechen; sie sind von Hilfsmaxima begleitet sowie von Satelliten, welche in regelmäßigen Abständen um die Lagen der n. Interferenzen auftreten. Die erstere Beobachtung läßt sich durch die Art des Ordnungszustandes der Legierung u. die rhomb. Struktur von AuCu II deuten, in der 5a-dicke Antiphasenbereiche entlang einer der a-Achsen in dem tetragonalen Gitter angeordnet sind. An jeder Phasengrenze zwischen Antiphasenbereichen ist die Verteilung von Au- u. Cu-Atomen asymmetrisch. Infolgedessen u. infolge der Tetragonalität ist eine abstoßende Kraft zwischen den beiden benachbarten Ebenen tätig, welche eine Verlängerung $\delta \cdot a$ zwischen diesen beiden Ebenen bewirkt. (Acta crystallogr. [Copenhagen] **7**. 377—78. 10/4. 1954. Sendai, Univ., Res. Inst. for Iron, Steel and Other Metals.) C. GOTTFRIED. 197

I. I. Kornilow und **R. Ss. Minz**, *Zur Frage der Verbindung Ni_3Cr.* Verss. auf dem Gebiet der festen Ni-Lsg. des Syst. Ni–Cr weisen auf Entstehung einer Verb. des Typs Ni_3Cr hin. Als Ausgangsmaterialien dienten Elektrolyt-Ni u. Elektrolyt-Cr. Die Struktur aller untersuchten Legierungen zeigte nach der Härtung u. Ätzung der Schliffstellen in Königswasser eine homogene feste Ni-Lsg., in der eine Erhöhung des Cr-Geh. eine höhere Festigkeit u. ein Steigen des elektr. Widerstands nach sich zieht. Bei Vergrößerung des Cr-Geh. wächst der elektr. Widerstand sowohl im gehärteten als auch im geglühten Zustand bis zu 30 At.-% Cr gleichmäßig an. Der spezif. Widerstand einer Legierung mit 35 At.-% Cr fällt im geglühten Zustand (1,06 Ohm·mm²/m) im Gegensatz zum elektr. Widerstand derselben Legierung nach dem Härten (1,16 Ohm·mm²/m). Die ermittelten Werte der Mikrostruktur, des elektr. Widerstandes u. seines Temperaturkoeff. weisen darauf hin, daß bei Zimmertemp. sich ca. 35 At.-% Cr lösen. Im Intervall der Umwandlungstemp. tritt eine Verminderung des elektr. Widerstandes ein. Die Isothermen der

absol. Ausdehnung der Legierungen im geglühten Zustand zeigen ein singuläres Minimum in der Legierung mit 24 At.-% Cr. Die Röntgenaufnahmen von Pulvern zeigen eine Verkleinerung des Kristallgitterparameters bei 24 At.-% Cr nach dem Glühen. (Доклады Академии Наук СССР [Ber. Akad. Wiss. UdSSR] [N. S.] **95**. 543—45. 21/3. 1954.)
E. RUDAT. 197

F. S. Buffington, I. D. Bakalar und **Morris Cohen,** *Selbstdiffusion in Eisen.* Die Selbstdiffusion in Fe wird mit einer Mischung von ^{55}Fe u. ^{59}Fe als Tracern unter Anwendung der „Oberflächenabfallmeth." (Abwanderung des Tracers aus der Oberfläche) untersucht, wobei eine neue Art von Diffusionsproben entwickelt wird, um einen Verlust des radioakt. Fe durch Verdampfen zu verhindern. Für die neue Art der Proben wurde das 2. FICKsche Gesetz geprüft u. seine exakte Erfüllung erreicht. In graph. Darstellungen u. Tabellen wird der ermittelte Diffusionskoeff. für α- u .γ-Fe zwischen 809 u. 905° bzw. 1064 u. 1393° wiedergegeben. (Physics Powder Metallurgy **1951**. 92—108. Massachusetts Inst. of Technol.)
M. CLASING. 197

F. Benesovsky, *Sinter- und Diffusionsvorgänge im System Nickel–Molybdän–Eisen.* Zur Erfassung der Verhältnisse im Syst. Ni–Mo–Fe werden die Systeme Ni–Mo, Fe–Mo u. Fe–Ni an Modellsinterkörpern untersucht u. die Diffusionserscheinungen an Schliffbildern erläutert. Die technolog. Eigg. (D., Längsschwund, VICKERS-Härte), sowie die Gefügeausbldg. einer für die Vakuumtechnik wichtigen Sinterlegierung aus Ni–Mo–Fe im Verhältnis 58/20/22 während des Sinterablaufes werden unter verschied. Bedingungen untersucht u. die Diffusionserscheinungen erläutert. — 25 Literaturzitate. (Proc. int. Symposium Reactivity Solids **1952**. 963—78. Sep.)
M. CLASING. 197

B. G. Davies und **T. Evans,** *Löslichkeit von Wasserstoff in Eisen–Kohlenstoff-Legierungen.* Die Löslichkeit von H in Fe–C-Legierungen mit C-Gehh. bis zu 3,4% im Temperaturgebiet von 600—1000° bei einem Druck von 1 at wird mit Hilfe eines im einzelnen beschriebenen Laboratoriumsgerätes (Abb.) bestimmt. Die Ergebnisse sind in zahlreichen Diagrammen u. Zahlentafeln zusammengestellt. (Foundry Trade J. **97**. 115 bis 122. 29/7. 1954. Cardiff, Univ. Coll., Dep. of Metallurgy.)
W. WESLY. 197

Shizuo Fujiwara, *Absorption von Stickstoff durch Zirkonium und Eisen.* Vf. untersucht die N_2-Aufnahme von Zr, Zr–Fe u. Fe u. findet bei Zr eine N_2-Absorption ab 265 ∼ 290°. Die Absorptionskurve zeigt bei einer Probe (Zr_{Gesamt} 96,7; $Zr_{als\ Karbid}$ 7,3; $Zr_{als\ Oxyd}$ 21,2) zwei Haltepunkte (600 ∼ 750 u. 900 ∼ 950°) u. für eine andere (Zr_{Gesamt} 96,5; $Zr_{als\ Karbid}$ 3,9; $Zr_{als\ Oxyd}$ 29,9) einen Haltepunkt (900 ∼ 950°). Diese Haltepunkte werden einer Zers. zugeschrieben. Bei der Zr–Fe-Legierung (28,1 u. 29,9% Zr_{Gesamt}) u. beim Fe beginnt die N_2-Aufnahme bei 650—750° bzw. 650°. Die Kurven zeigen zwei Haltepunkte bei 630° u. bei 900 ∼ 960 bzw. 940°. Dieses Merkmal wird der Absorption durch α- u. γ-Fe zugeschrieben. (Bull. chem. Soc. Japan **23**. 20—22. Mai 1950. Tokyo, Univ., Fac. of Sci., Chem. Inst.)
H. BRAASCH. 197

L. W. Pateman und **H. S. Peiser,** *Eine Röntgenbeugungsuntersuchung der Umwandlung von restlichem Austenit in Bruchflächen.* Ein im Verlauf der Strukturunters. eines gehärteten 1,5 % Chromstahls festgestellter geringer Geh. an Restaustenit läßt sich in mechan. polierten oder geätzten Oberflächen röntgenograph. nachweisen, fehlt jedoch in künstlich hergestellten oder durch Ermüdungserscheinungen entstandenen Bruchflächen. Jedoch wird Austenit auch in dem Metall unterhalb der Bruchoberfläche nachgewiesen, so daß die Möglichkeit einer Verunreinigung ausscheidet. Es findet also innerhalb der Bruchfläche durch die hohe Scherbeanspruchung eine vollständige Umwandlung des Austenits statt. Dadurch ergibt sich eine mögliche Fehlerquelle bei der röntgenograph. Unters. von kompakten Metallproben, für die mit Vorliebe Bruchflächen verwendet werden. (Nature [London] **171**. 696—97. 18/4. 1953. Sheffield, Hadfields Ltd., Res. Labors.)
W. KRÖNERT. 197

Adolf G. Smekal, *Über Gitterplastizität, Spaltbarkeit und Kristallplastizität.* Vf. gibt eine vorwiegend auf eigenen Arbeiten beruhende Übersicht über die Probleme der Gitterplastizität, Spaltbarkeit u. Kristallplastizität unter Berücksichtigung der Mikrostrukturen, das heißt der mit Störstellen behafteten Kristallgitterbereiche. (Tschermaks mineralog. petrogr. Mitt. [3] **4**. 253—60. 1954. Graz, Univ., Physik. Inst.)
J.-E. HILLER. 200

Walther Kossel, *Zum plastischen Fließen.* Während für die elast. Deformation der klass. Stetigkeitsansatz angemessen ist, beruht das plast. Fließen auf Elementarvorgängen, die in mol. Abmessungen konz. sind. Dieser Hinsicht liegt bereits der Begriff Versetzung zugrunde, der in Zusammenhang mit der Elastizitätstheorie brauchbare Anwendung gefunden hat. Das plast. Fließen ist ferner unter den atomist. Gitterumlagerungen zu betrachten, deren reinster Typ das einfache Kristallwachstum ist. Die angeführten Versetzungsvorstellungen ordnen sich den Erfahrungen zu, die man beim

reinen Kristallwachstum über die fundamentale Rolle der längs Gittergeraden fortschreitenden Abbauvorgänge macht. Es wird daraus der reversible Grenzfall ersichtlich, in dem die Überführung des Bausteines in die neue Lage dank der Halterung durch das elast. Gitter u. die gegenseitige Abstützung der im Übergang einander folgenden Bausteine völlig stetig gelingt. Die Einzelbewegung der jeweiligen Mol.-Bewegung ist sehr verwickelt, so daß mit scharfen lokalisierten Spannungsfeldern im jeweiligen Material zu rechnen ist. Spontanverlagerungen bilden den Kern jedes Reibungsvorganges. (Z. Naturforsch. **8a.** 211—12. Febr./März 1953. Tübingen, Univ., Physikal. Inst.)
K.-H. ANDERS. 200

A_7. Gleichgewichte. Kinetik.

A. W. Trofimow, *Sauerstoffumsatz der Carbonate. Umsatz mit den Gasen O_2 und CO_2.* Der Austausch von *$BaCO_3$* (I), *$CaCO_3$* (II) u. *Na_2CO_3* (III), die mit ^{18}O markiert waren, mit O_2 u. CO_2 wurde bei $t > 400^0$ untersucht. Die Verss. mit trockenen u. bei 20^0 mit W. gesätt. Gasen führten zu den gleichen Ergebnissen. Bei I u. III wurde bei $\approx 500^0$ ein deutlicher Austausch beobachtet. Der Prozeß wurde bei 400^0 aktiviert u. verlief bei I u. III bis 700^0 gleich stark. Bei 920^0 wurde III stark zersetzt. Der Austausch mit O_2 verlief intensiver als mit CO_2. Der Austausch von I u. III hängt demnach weniger mit ihrer therm. Dissoziation in CO_2 u. Oxyd als mit der Lockerung der O-Bindungen im Mol. u. mit der Gasdiffusion in das Carbonatgitter zusammen. II reagierte leichter mit CO_2 als mit O_2. Ein schwacher Austausch wurde bei $\approx 300^0$ beobachtet. Einzelverss. mit *$MgCO_3$* zeigten einen intensiven Austausch mit CO_2 bei 400^0 u. einen Zerfall des Carbonates bei 520^0. Die therm. Beständigkeit u. die Stabilität der O-Bindungen nehmen in der Reihe Ba—Na—Ca—Mg ab. Die Auf Grund der kinet. Isothermen aufgenommenen Isosteren des O_2-Austausches ergaben für einen 10%ig. Austausch von I bei 25^0 ca. 10^{15} Jahre, bei 100^0 10^{10} Jahre. Bei II ergaben sich für den 10%ig. Austausch bei 25^0 10^4 Jahre, für den 20%ig. Austausch mehr als 10^8 Jahre. Im wss. Medium dagegen verläuft der Gasaustausch bei I viel intensiver als bei II. (Доклады Академии Наук СССР [Ber. Akad. Wiss. UdSSR] [N. S.] **96.** 335—38. 11/5. 1954. Vernadsky-Inst. für Geochem. u. analyt. Chem. der Akad. der Wiss. der UdSSR.)
O. LEBTAG. 221

R. S. Bradley, *Bemerkung über die Symmetrie zwischen Elektronen- und Protonenübergang.* Es wird auf eine formale Analogie der Ansätze des Massenwirkungsgesetzes (MWG) für Säure-Base-Systeme (SB) u. Redoxsysteme (RS) hingewiesen u. dies u. a. durch folgende Beispiele demonstriert: A. Die Reaktionsgleichungen $A \rightleftharpoons B + H^+$ im SB u. $R \rightleftharpoons O + e^-$ im RS führen zu den MWG-Ansätzen $k_A = [H^+][B]/[A]$ u. $k_e = [O][e]/[R]$, die völlig analog gebaut sind. B. Dies gilt auch für Wechselwrkg. 1. zweier SB oder 2. zweier RS, aber auch 3. eines SB u. eines RS: 1. $K_A = k_a/k_{a'} = [B][A']/[A][B]$, 2. $K_e = k_e/k_{e'} = [O][R']/[R][O']$, 3. $K_e = ([O][H_2]^{1/2}/[R][OH_3^+])[H_2O]$, (3. durch Kombination von $H_2O + \frac{1}{2} H_2 \rightleftharpoons OH_3 + e$ u. $R \rightleftharpoons O + e^-$). C. Die MWG-Gleichungen für einen p_H- u. einen Redoxindicator haben die Gestalt: $K_A = [B](I_A]/[A][I_B]$ bzw. $K_e = [O][I_R]/[R][I_0]$. Im Original weitere Beispiele. (J. chem. Educat. **27.** 208—09. April 1950. Leeds, Univ.)
F. WEIGEL. 221

Earle S. Scott und **L. F. Audrieth,** *Anorganische Polymerisationsreaktionen.* Zusammenfassender Bericht über Arbeiten aus den Jahren 1927—1952. (J. chem. Educat. **31.** 168—75. April 1954. Berkeley, Calif., Univ.; Urbana, Ill., Univ.)
M. SCHENK. 223

Charles Tanford, David C. Kirk jr. und **Miran K. Chantooni jr.,** *Eine kinetische Untersuchung der Bildung des Kobalt–Glycylglycin–Sauerstoff-Komplexes.* Aus Co^{2+}, *Glycylglycin* (GG) u. O_2 entsteht ein beständiger roter Komplex (λ_{max} 520 mμ, $\varepsilon = 768$) (I) der stöchiometr. Zus. $2\,Co^{2+} \cdot 4\,GG \cdot O_2$ u. der möglichen Struktur IA bzw. IB. Die Kinetik seiner Bldg. wurde im p_H-Intervall 7,0—12,5 spektrometr. untersucht u. mögliche Reaktionsmechanismen ausführlich diskutiert.

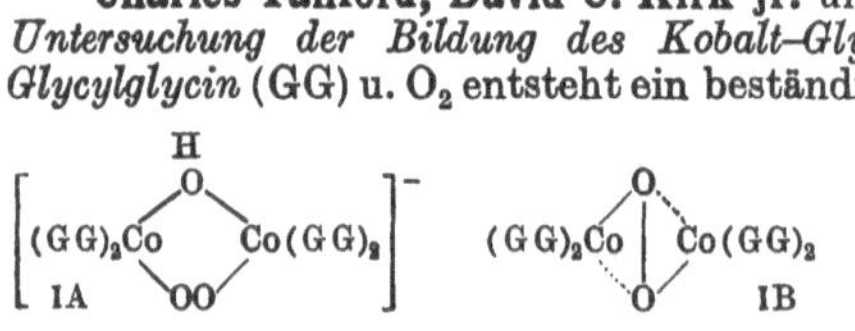

Die p_H-Messungen wurden bei $25{,}0^0$, die O_2-Absorptionen bei $30{,}0^0$ in einer WARBURG-App. durchgeführt, die Ionenstärke meistens mit KNO_3 auf $\mu = 1$ gebracht. Die Mehrzahl der Verss. beschränkte sich auf die Best. der Anfangsgeschwindigkeiten. In Abwesenheit von O_2 bei $p_H < 7{,}5$, $\mu = 1$, $t = 25^0$ bilden sich Komplexe mit dem maximalen Verhältnis $GG^- : Co^{2+} = 2:1$. Die Dissoziationskonstante der Rk. $GGH^\pm \rightleftharpoons GG^- + H^+$ beträgt $pK_H = 8{,}24$, die Assoziationskonstanten für $Co^{2+} + GG^- \rightleftharpoons CoGG^+$ u. $CoGG^+ + GG^- \rightleftharpoons Co(GG)_2$ $\log K_1 = 2{,}73$ bzw. $\log K_2 = 2{,}29$. Es lassen sich obere Grenzen für die Konzz. von Hydroxoformen wie $Co(GG)_2OH^-$ (II) u. $Co(GG)_2(OH)_2^{2-}$ (III) in Abhängigkeit von $[OH^-]$ abschätzen. — Bei p_H 7—8 ist die O_2-Aufnahme langsam u. die Bldg.

von I verläuft simultan dazu. Die Geschwindigkeit ist bei konstantem p_H proportional dem O_2-Druck u. etwa $[Co^{2+}]^{3/2}$. Wegen der gebrochenen Ordnung für Co^{2+} muß die Rk. die reversible Bldg. eines Zwischenprod. einschließen. Die Ordnung hinsichtlich $[OH^-]$ ist ca. 2,5. Mit steigender Ionenstärke der Lsg. nimmt die Geschwindigkeit zu. Wahrscheinlich ist $Co(GG)_2$ zur direkten O_2-Aufnahme nicht befähigt, u. die reaktiven Formen sind **II** oder **III**, womit sich als einzige log. Struktur das Zwischenprod. **IV** ergibt. Dieses ist in dem angegebenen p_H-Intervall außerordentlich instabil u. zerfällt sofort irreversibel in **I**. Im p_H-Bereich > 8 beobachtet man das Auftreten eines braunen Zwischenprod. (**V**), dessen Konz. bei $\lambda = 350$ mμ gemessen wurde.

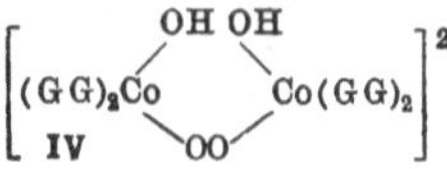

IV

Hinweise für die Existenz weiterer absorbierender Verbb. bestehen nicht. Die Geschwindigkeit der Bldg. von **V** nimmt mit steigendem p_H zu, die seiner Umwandlung in **I** ab. Bei $p_H > 9,7$ ($\mu = 1$) wird alles Co^{2+} augenblicklich in **V** übergeführt. Dessen Zerfall ist von 1. Ordnung, $-dc/dt = (1,65 \cdot 10^{-2} + 1,5 \cdot 10^9 [H^+])c$ Mol·Liter^{-1}·min^{-1} (für p_H 12, $\mu = 0,32$, $k_1 = 7,2 \cdot 10^{-3}$ min^{-1}), u. zeigt starke Abhängigkeit von der Ionenstärke. Die Identität von **V** mit dem bei der Rk. im p_H-Intervall 7—8 kinet. nachgewiesenen Zwischenprod. konnte gesichert werden. Die Bldg. von **I** ist irreversibel, die von **V** kann durch Zusatz von Säure umgekehrt werden. Bringt man den bei hohem p_H entstandenen Komplex **V** auf ein p_H 7—8, so erfolgt daraus die Bldg. des stabilen **I** zu 20% auf direktem Weg, zu 80% über einen Zerfall in die Ausgangsprodd. u. deren nachfolgende Oxydation mit der dem p_H entsprechenden Geschwindigkeit. Die Bldg. von **V** beim Leiten von O_2 durch eine vorher aus Co^{2+} u. GG unter O_2-Ausschluß bei p_H 10—11 bereiteten Lsg. ist mit einem starken Absinken des p_H verbunden, während bei seiner Umwandlung in **I** das p_H ansteigt. Diese Beobachtungen sind in Einklang mit dem angenommenen Mechanismus. — Das Spektr. von **V** entspricht qualitativ dem eines Ladungs-Übertragungs-Komplexes. (J. Amer. chem. Soc. **76**. 5325—32. 5/11. 1954. Iowa City, Io., State Univ., Dep. of Chem.) G. LOHAUS. 223

H. van der Straaten und **A. H. W. Aten jr.**, *Der Austausch von Chrom zwischen Chrom(II)- und Chrom(III)-Ionen.* Vff. untersuchen den Austausch von Cr zwischen Chrom(II)- u. Chrom(III)-chlorid durch Vermischen von Lsgg. radioakt. Chrom(III)-chlorids mit solchen von inakt. Chrom(II)-chlorid. Nach Beendigung des Austauschvers. (0—5 bzw. ~ 15 Min.) werden die Cr(II)-Ionen mit Natriumacetat gefällt u. ihre Aktivität sowie die der in Lsg. verbliebenen Cr(III)-Ionen in Form von $PbCrO_4$ gemessen. Es wird sehr schneller Austausch von ^{51}Cr zwischen Cr^{2+}·aq. u. Cr^{3+} gefunden. Die eigenen Ergebnisse werden in Hinblick auf die Resultate der Unterss. von HAISSINSKY (C. **1955**. 6920) u. PLANE u. TAUBE (C. **1952**. 5861) besprochen. (Recueil Trav. chim. Pays-Bas **73**. 89—94. Febr. 1954. Amsterdam, Inst. voor Kernphys. Onderzoek.) H. GEDSCHOLD. 225

Horstmar Hecht und **Gerhardt Müller**, *Über die Phototropie des Kupfer(I)-chlorids und des Kupfer(I)-bromids.* Für das Auftreten der Phototropie ist notwendig, daß sich CuCl u. ähnlich CuBr unter H_2O bzw. wss. Lsg. befindet oder mindestens mit H_2O benetzt ist. CuCl in Ggw. von Eis oder H_2O-Dampf ruft prakt. keine Schwärzung hervor. Die Ggw. von H_2O ist auch nicht durch organ. Flüssigkeiten ersetzbar. Auf Grund von Remissionsmessungen werden quantitative Aussagen über das Ausmaß der durch Licht hervorgerufenen Schwärzung gegeben. Die Messungen wurden an juvenilen Präpp. durchgeführt, da wiederholt belichtete Präpp. eine geringere Lichtempfindlichkeit aufwiesen. Am Verlauf der Schwärzungs- u. Entschwärzungskurven wird der Einfl. der Variation einiger Versuchsbedingungen aufgezeigt. Bei Variation der Belichtungszeit wurde beobachtet, daß die durch längere Bestrahlung hervorgerufene tiefere Schwärzung relativ viel langsamer abklingt, als die durch kurze Belichtungsdauer erzeugte geringe Schwärzung. Es wird erwogen, ob mit zunehmender Bestrahlungsdauer eine Aggregation prim. Farbzentren zu stabileren Komplexen erfolgt, mit denen eine verlangsamte Rück-Rk. eintritt. Vorbelichtete Präpp. ließen sich unter den gegebenen Versuchsbedingungen durch mehrfach wiederholte Schwärzungen u. Entschwärzungen nicht bis zur Lichtunempfindlichkeit bringen. Die Nachwrkg. an diesen Präpp. klingt mit der Zeit ab. Die Rückläufigkeit der Farbintensität ist temperaturabhängig. Es wird angenommen, daß die therm. Energie bereits bei Raumtemp. ausreicht, um die durch den Bestrahlungsvorgang wahrscheinlich in Form von Farbzentren vorliegenden Elektronen in den energet. begünstigteren Ausgangszustand zurückzubefördern. Bei tieferer Temp. ist jedoch auch eine Fixierung der Elektronen in instabilen Zuständen möglich. Weiterhin erwies sich, daß in wss. Medium die Anwesenheit bes. von Cl^-, aber auch von anderen Halogenionen, außer F^-, stark erhöhend auf die Rückläufigkeit der Schwärzung wirkt, wobei außerdem eine Abhängigkeit von der Konz. der Zusätze, sowie vom Mischungsverhältnis CuCl : Lsg. u. von der Korngröße des CuCl-Präp. festgestellt wurde. Ein Einfl. der verschied. Kat-

ionen war nicht sichtbar. Der Vers., das vermutlich die Schwarzfärbung des feuchten CuCl bei Belichtung verursachende elementare Cu röntgenograph. zu fixieren, blieb erfolglos. Daraus schließen Vff. bei der Photolyse auf einen nur sehr geringen Stoffumsatz, so daß die Reaktionsprodd. röntgenograph. nicht mehr erfaßbar sind, bzw. auf einen so feinen Verteilungsgrad, daß spezif. Röntgeninterferenzen nicht auftreten. Vff. untersuchten weiterhin das photochem. Verh. von CuCl u. CuBr in Abhängigkeit von der Wellenlänge durch Spektralaufnahmen. Es wurde eine Schwärzungskante gefunden, die gegenüber den Ag-Halogeniden zu kürzeren Wellenlängen verschoben ist. Die starke Schwärzung des CuCl geht symbat mit der Eigenabsorption. Röntgenstrahlen verursachen ebenfalls eine photochem. Einwirkung. — Abschließend wird eine Deutung des Reaktionsmechanismus gegeben. (Z. physik. Chem. **202.** 403—23. Jan. 1954. Berlin, Dtsch. Akad. der Wiss., Inst. für Anorg. Chem.; Greifswald, Univ., Inst. für Anorg. Chem.)
E. L. GÜNTHER-JAHN. 226

Karl Hauffe, Reinhard Glang und **Hans-Jürgen Engell,** *Der Einfluß der Elektronenfehlordnung oxydischer Katalysatoren auf die Zerfallsgeschwindigkeit des Stickoxyduls.* Der Zerfall von N_2O wurde in einem Strömungssyst. (14% N_2O, 86% Luft, Strömungsgeschwindigkeit 1200 cm³/Std.) an Oxydkatalysatoren mit bekannter Fehlordnung (*ZnO, CuO,* Cr_2O_3 u. *NiO,* rein u. mit Zusätzen von Fremdoxyden) untersucht. Der Zerfall des N_2O am Katalysator erfolgt in 2 Phasen: Chemisorption des O (begünstigt durch quasifreie Elektronen) u. Desorption des O (begünstigt durch „Elektronenlöcher" im Katalysator). Geschwindigkeitsbestimmend ist die Desorption des O. Durch Zusätze von Li_2O (optimale Menge 0,1 Mol-%) wird die Wirksamkeit des Katalysators infolge Vermehrung von Defektstellen erhöht. Größere Zusätze sind nachteilig, da durch allzu große Zahl von Defektstellen die Chemisorption des O verlangsamt u. damit geschwindigkeitsbestimmend wird. Für eine Reihe von Katalysatoren wurden die ungefähre Reaktionsordnung sowie die Reaktionsenthalpie bestimmt. Ein Vers., auf Grund dieser Erkenntnisse hochakt. Katalysatoren für den Zerfall von N_2O durch Kombination von p- u. n-leitenden Mischoxyden zu entwickeln, ist vorläufig gescheitert. (Z. physik. Chem. **201.** 223—45. Dez. 1952. Berlin, Humboldt-Univ., Inst. für Physikal. Chem.)
M. GÜNTHER-SCHENK. 227

E. Molloy, Ed., Catalysts, special compounds and chemical resistent materials. London: Newnes. 1955. (232 S. m. Abb.) 21 s.

B. Anorganische Chemie.

F. Seel, J. Nógrádi und **H. Breit,** *Die Chemie des Nitrosylions.* 6. Mitt. *Zur Konstitution und Reaktionsweise des Distickstofftetroxyds.* (5. vgl. C. **1951.** II. 3423; 7. vgl. C. **1954.** 6188.) Das chem. Verh. des N_2O_4 kann gedeutet werden, wenn man folgende Dissoziationsmöglichkeiten berücksichtigt: (1) $N_2O_4 \rightarrow NO_2 + NO_2$; (2) $N_2O_4 \rightarrow NO_2^- + NO_2^+$ u. (3) $N_2O_4 \rightarrow NO_3^- + NO^+$. Um das NO^+ bzw. NO_3^- nachzuweisen, wurde die früher beschriebene Jodid- bzw. Azid-Rk. herangezogen. Flüssiges SO_2 war hierbei als Lösungsm. nicht geeignet, da es mit dem N_2O_4 in Rk. trat. In Nitromethan oder ohne Lösungsm. konnte die Rk. $N_2O_4 + J^- \rightarrow NO_3^- + NO + \frac{1}{2} J_2$ sichergestellt werden. Unter bestimmten Bedingungen tritt auch nach $N_2O_4 + 2 J^- \rightarrow 2 NO_2^- + J_2$ Nitrit auf, u. zwar verläuft die Rk. nach der ersten Gleichung quantitativ, wenn auf 1 Mol N_2O_4 weniger als 1 Mol J^- vorliegt. Mit wss. KJ-Lsgg. mit N_2O_4 bei 0° wird nach der zweiten Gleichung Nitrit gebildet, wenn auf 1 Mol N_2O_4 wesentlich mehr als 1 Mol J^- vorliegt. Unter verschied. Bedingungen verläuft die Rk. mit N_3^- nach $N_2O_4 + N_3^- \rightarrow NO_3^- + N_2 + N_2O$. Aus diesen Befunden wird für N_2O_4 im fl., gelösten u. gasförmigen Zustand folgendes Gleichgewicht vorgeschlagen: ${}^{O}_{O}N\cdot N^{O}_{O} \rightleftharpoons ONO + ONO \rightleftharpoons ON\cdot O\cdot N^{O}_{O}$. (Z. anorg. allg. Chem. **269.** 102—16. Aug. 1952. München, TH, Anorg. chem. Inst.) H. HECHT. 243

J. W. Borland, A. J. MacKenzie und **W. L. Hill,** *Charakterisierung von nicht in der Orthophosphatform vorliegendem* ^{32}P *in mit Neutronen bestrahltem Kaliumdihydrogenphosphat.* Vff. untersuchen unter Verwendung von ^{32}P die Wirksamkeit der Trennung von *Orthophosphat* (**I**), *Pyrophosphat* (**II**), *Metaphosphat* (**III**) u. *Phosphit* (**IV**) von einander durch Fällung mittels Molybdat-, Magnesium- u. Mangan(II)-Ionen. Bei der Phosphormolybdatfällung verbleiben **II** u. **III** vollständig in der Lösung. Vorhandenes **IV** findet sich in verschieden großen Mengen im Phosphormolybdat-Nd. vor, vermutlich weil es durch die Salpetersäure des Fällungsmittels (die Lsg. ist bzgl. HNO_3 1,25 n.) zum Teil zu **I** oxydiert wird; dieses scheidet sich ab. Durch die Magnesiumammoniumphosphatfällung können **II** u. **III** nicht von **IV** getrennt werden. Bei der Mangan(II)-pyrophosphatfällung verbleibt das gesamte **I** u. **IV** in der Lösung. **III** wird anscheinend hydratisiert u. fällt als **II** aus. Die Ergebnisse dieser Unterss. werden zur Identifizierung des nicht in der Orthophosphatform vorliegenden ^{32}P in mit Neutronen bestrahltem KH_2PO_4 verwendet

u. es wird gefunden, daß es sich dabei um ein entwässertes Phosphat (II u./oder III) handelt. Durch 24std. Erhitzen von Proben des mit Neutronen bestrahlten KH_2PO_4 in einem Ofen auf 175° wird gezeigt, daß dieser nicht in der Orthophosphatform vorliegende Anteil fast vollständig in die Orthophosphatform übergeführt werden kann, ohne daß Zers. des KH_2PO_4 oder Verluste durch Verflüchtigung eintreten. (Ind. Engng. Chem. **44.** 2726—28. Nov. 1952. Beltsville, Md., U. S. Dep. of Agric., Bur. of Plant Ind., Soils, and Agric. Engng.) H. Gedschold. 264

A. Klemenc und **E. Svetlik**, *Zur Kenntnis der Orthosalze von Sauerstoffsäuren. 3. Mitt. Das System* $Na\text{–}H_2\text{–}NaOH\text{–}Na_2O$. (2. vgl. C. **1952.** 2140.) Es wird über Gleichgewichtsunterss. am Syst. $Na\text{–}H_2\text{–}NaOH\text{–}Na_2O$ bei den Tempp. 444, 377 u. 351° berichtet, das sich für die Herst. von Na_2O als brauchbar erwies. Es wird gezeigt, daß Na_2O u. NaOH bei den erwähnten Tempp. im Gleichgewichtssyst. nie als reine Phasen auftreten, dagegen aber Na_{fl} u. Na_{fest}. Durch Messung des H_2-Druckes wird auf das Ausmaß der nach den Gleichungen $Na_{fl} + NaOH_{fl} \rightleftharpoons Na_2O_{gelöst} + \frac{1}{2} H_2$; $Na_2O_{fest} + \frac{1}{2} H_2 \rightleftharpoons NaOH_{fl} + Na_{fest}$; $Na_{fest} + \frac{1}{2} H_2 \rightleftharpoons NaH_{fest}$; $Na_2O_{fest} + H_2 \rightleftharpoons NaOH_{fest} + NaH_{fest}$; $Na_2O_{fest} + NaOH_{fl} = Na_2O_{gelöst}$ in $NaOH_{fl}$; $NaH_{fest} + NaOH_{fl} = NaH_{gelöst}$ in $NaOH_{fl}$ vor sich gehenden Rkk. geschlossen. NaH wird nach einer bes. angegebenen Meth. bestimmt. Auf die Red. von Na_2O mit H_2 bei bereits 110° wird hingewiesen. (Z. anorg. allg. Chem. **269.** 153—64. Aug. 1952. Wien, TH, Inst. für Allg. Chem.) H. Hecht. 274

A. Lejeune, *Was ist Hafnium? Dokumentationsarbeit.* Übersicht mit 29 Literaturzitaten über die wichtigsten Eigg. des Hf gegeben, seine qualitative u. quantitative Best., Darst., Legierungsbldg. u. Verwendung. (Ing. Chimiste [Bruxelles] **36.** 155—67. Sept. 1954. Bruxelles, Inst. Meurice Chim.) S. Lanz. 323

John R. Ferraro, Leonard I. Katzin und **George Gibson,** *Die Reaktion von Thoriumnitrat–Tetrahydrat mit Stickstoffoxyden. Wasserfreies Thoriumnitrat.* $Th(NO_3)_4 \cdot 4\,H_2O$ (I) wurde mit N_2O_5 in wasserfreier HNO_3 umgesetzt. Bei einem großen Überschuß von N_2O_5 wurde ein Körper der Zus. $Th(NO_3)_4 \cdot 2\,N_2O_5$ (II), bei geringerem Zusatz von N_2O_5 wurden $Th(NO_3)_4$-Verbb. mit NO_2 u. W. erhalten. II ist ein weißer, körniger Körper, der sich in W. mit großer Wärmeentw. löst. Der NO_2 enthaltende Körper löst sich in W. unter Freiwerden von NO_2. Beide Körper sind diamagnetisch. Das läßt bei dem NO_2-Körper auf die Ggw. von N_2O_4 schließen. Die therm. Zers. von II ergibt Körper, deren Zus. dem wasserfreien $Th(NO_3)_4$ nahe kommen. Der letzte Rest N_2O_5 ist sehr schwer zu entfernen. Bei dem N_2O_4-Körper findet bei Ggw. von W. beim Erhitzen keine therm., sondern hydrolyt. Zers. statt. In einer wasserfreien Ae.-Lsg. sind die Absorptionsspektren von I u. dem wasserfreien Salz verschieden. (J. Amer. chem. Soc. **77.** 327—29. 20/1. 1955. Lemont, Ill., Argonne Nat. Labor.; Chicago, Ill., Illinois Inst. of Technol.) E. Sajak. 324

Lousis C. W. Baker, George Foster, Willy Tan, Frank Scholnick und **Thomas P. McCutcheon,** *Einige 6-Molybdatoheteropolyanionen, ihre Formeln, Stärke der freien Säuren und Strukturbetrachtungen.* Vff. untersuchen an Hand von potentiometr. Titrationen, Entwässerungsverss. u. magnet. Messungen die Strukturen von 6-Molybdatoheteropolyanionen mit Al^{3+}, Cr^{3+}, Fe^{3+} u. Co^{3+} als Zentralatome. Die Ergebnisse werden mit denen anderer Autoren verglichen u. krit. diskutiert. An Stelle der bisherigen Formulierung als $[X^{3+}(MoO_4)_6]^{9-}$ wird $[(XO_6Mo_6O_{15})_n]^{3n-}$ vorgeschlagen, wobei XO_6 eine oktaedr. Gruppe mit dem Zentralatom X (Al, Cr usw.) u. n eine wahrscheinlich kleine ganze Zahl $\neq 1$ ist. Strukturelle Überlegungen weisen auf einen bimol. Zustand hin. Es wird gezeigt, daß die 6-Heteropolyanionen als Verbindungsklasse weder durch eine allg. Formel noch durch ein einziges Strukturmodell wiedergegeben werden können. Methoden zur Darst. von rein weißem $(NH_4)_{3n}[(FeO_6Mo_6O_{15})_n] \cdot 10\,H_2O$ u. der freien Säure aus $(NH_4)_{3n}[(AlO_6Mo_6O_{15})_n] \cdot 10\,H_2O$ sind beschrieben. Einige analoge Verbb. werden nach bekannten Verff. dargestellt. (J. Amer. chem. Soc. **77.** 2136—42. 20/4. 1955. Philadelphia, Pa., Univ. of Pennsylvania, Dep. of Chem.) H. Hofmann. 336

A. G. Bergman, A. I. Kisslowa und **W. I. Possypaiko,** *Austauschzersetzung in Abwesenheit eines Lösungsmittels.* 1. Mitt. *Quaternäres reziprokes System aus den Chloriden, Sulfaten und Wolframaten des Lithiums und Kaliums.* (Vgl. C. **1954.** 3413.) Durch Unters. der Schnitte P_3–P_4, P_5–P_6 u. P_7–P_8 des reziproken Syst. Li, K || Cl, SO_4, WO_4 wurden die Voll. der Komplexe $Li_2SO_4 \cdot K_2SO_4$ (I) u. $Li_2WO_4 \cdot K_2WO_4$ (II) ermittelt. Die Unters. von 6 Schnitten durch die obere u. untere Basis des Prismas ergab, daß sie aus 2 Zweigen mit folgenden Schnittpunkten bestehen: P_3–Li_2Cl_2 (III) mit monovariantem Punkt bei 460° u. 52,5% P_3; P_4–K_2Cl_2 (IV) 620° u. 50% IV; P_5–III 475° u. 46,5% P_5; P_6–IV 600° u. 45% IV; P_7–III 450° u. 56,5% P_7; P_8–IV 646° u. 46,5% P_8. Es bedeuten: P_3 50% Li_2WO_4 (V) u. 50% Li_2SO_4 (VI); P_4 50% K_2WO_4 (VII) u. 50% K_2SO_4 (VIII); P_5 80% V

u. 20% **VI**; P_6 80% **VII** u. 20% **VIII**; P_7 30% **V** u. 70% **VI**; P_8 30% **VII** u. 70% **VIII**. Die Unters. der Liquidusdiagramme der Schnitte P_3–P_4–**III**–**IV**, P_5–P_6–**IV**–**III** u. P_7–P_8–**IV**–**III** ergab, daß im Prisma 8 Kristallisationsgebiete vorkommen: **I**, **II**, **III** (α u. β), **IV**, **VI** (α u. β), **VII** u. **VIII**. Das Gebiet von **I** ist viel größer als das von **II**. (Журнал Общей Химии [J. allg. Chem.] **24** (86). 1304—14. Aug. 1954. Landw. Kuban-Inst.) O. LEBTAG. 337

A. G. Bergman, A. I. Kisslowa und **W. I. Possypaiko,** *Austauschzersetzung in Abwesenheit eines Lösungsmittels.* 2. Mitt. *Reziprokes Vierstoffsystem aus den Chloriden, Sulfaten und Wolframaten des Lithiums und Kaliums.* (1. vgl. vorst. Ref.) Durch visuell-polytherm. Unters. von 5 inneren Dreiecksschnitten des Syst. Li, K ‖ Cl, SO_4, WO_4 wurde festgestellt, daß der Schnitt K_2Cl_2 (I)-Li_2WO_4 (II)-Li_2SO_4 (III) bedingt stabil ist u. den eutekt. Tripelpunkt 436° aufweist, entsprechend 25% **I**, 15% **II** u. 60% **III**. **I**–D_1–D_2 ist stabil mit dem eutekt. Punkt 480°, entsprechend 13% **I**, 55% D_1 u. 32% D_2. Das Syst. **I**–**II**–D_2 ist bedingt stabil mit dem Übergangspunkt 520°. **I**-K_2SO_4 (**IV**)-D_1 ist bedingt stabil mit einem eutekt. Punkt bei 490° u. 12% **I**, 20% **IV**, 68% $Li_2WO_4 \cdot K_2WO_4$ (**V**). **I**–D_1–L ist instabil, bildet keine Tetraeder u. ist am Kristallisationsast nicht beteiligt. Es bedeuten: D_1 50% **II** u. 50% K_2WO_4; D_2 50% **III** u. 50% **IV**; L 76,5% **III** u. 23,5% **IV**. Durch 4 Schnittflächen wird das Syst. in 5 Tetraeder geteilt. Die Zus. der eutekt. Punkte der Tetraeder wird angeführt. Das Syst. **I**–D_1–D_2 bestätigt die Bldg. der ohne Zers. schmelzbaren Komplexe $Li_2SO_4 \cdot K_2SO_4$ (**VI**) u. **V**, deren Gebiete festgestellt werden. Die Projektionen des Kristallisationsastes auf die Basis des Prismas K ‖ Cl, SO_4, WO_4 u. auf die Seitenfläche Li, K ‖ Cl, WO_4 werden behandelt. Aus der Unters. der 8 Kristallisationsgebiete der 6 Komponenten u. der 2 Komplexe wird geschlossen, daß **V** u. **VI** im vorliegenden quaternären Syst. stabil sind u. daß das Syst. Li, K ‖ SO_4, WO_4 ein adiagonales Gürtelsyst. ist. (Журнал Общей Химии [J. allg. Chem.] **24** (86). 1722—30. Okt. 1954.) O. LEBTAG. 337

Carlos J. Sambucetti und **Ariel H. Guerrero,** *Das Bleinitratcyanoferrat (III).* Gegenüber widersprechenden Angaben über das Pb-Hexacyanoferrat(III) wird festgestellt, daß dieses offenbar in W. sehr leicht lösl. ist u. noch nicht dargestellt werden konnte, bes. auch nicht aus $K_3Fe(CN)_6$ (I) u. Pb-Acetat, da $CH_3 \cdot COO^-$ die Löslichkeit noch erhöht. Dagegen gelang die Darst. des Pb-Nitrathexacyanoferrats(III) von MÜLLER u. DIEFENTHALER (1910) in folgender Weise: 50%ig. wss.-aceton. Lsgg., gesätt. mit $PbNO_3$ u. **I**, gibt man zusammen, indem man die 2. zur 1. gießt, bis keine Fällung mehr erfolgt, filtriert über Filterplatte, wäscht mit wenig W. u. trocknet an der Luft; Ausbeute 60%. Durch gravimetr. Best. des Pb als Sulfat, durch jodometr. des $Fe(CN)_6^{3-}$ (Rücktitration mit $Na_2S_2O_3$ in Ggw. von $ZnSO_4$) u. nach Red. des NO_3^- mit DEVARDA-Legierung durch Titration des NH_3 ergibt sich die Zus. des Prod. zu $Pb_2NO_3 \cdot Fe(CN)_6 \cdot 5\,H_2O$, breite, prismat. Kristalle (aus W. bei 10°). Durch Verdunsten bei 25° der bei 50—60° gesätt. wss. Lsg. entsteht das Hexahydrat, kleine, quadrat., vielfach übereinandergewachsene Kristalle. Infolge seines hohen Mol.-Gew. eignet sich das Salz als Alkaloidreagens, bes. zur Identifizierung von Morphin u. Kodein. (An. Asoc. quím. argent. **42**. 90—94. Juni 1954. Buenos Ayres, Estudio quimico APA.) W. METZENER. 356

Hans B. Jonassen, Thomas F. Fagley, C. C. Rolland und **P. C. Yates,** *Silber-Äthylamin-Komplexe in alkoholischen Lösungen.* Die von Vff. angestellte Unters. wurde zur Aufklärung derjenigen Faktoren unternommen, die die Bldg. von Ag(I)-Komplexen mit einer Koordinationszahl (KZ) größer als 2 beeinflussen. Elektrostat. Betrachtungen ergaben, daß in Lösungsmitteln niederer DK. die Stabilität der Ag(I)-Komplexe mit höherer KZ begünstigt werden muß. Am Beispiel des $[Ag(C_2H_5NH_2)_2]^+$-Komplexes, dessen Stabilität mit kleiner werdender DK. des Lösungsm. ansteigt, wurde dies nachgewiesen. In der Reihenfolge W., A., Isopropanol (DK. 76,7, 24,2, 19,2) steigt pK_i (K_i = Dissoziationskonstante des Komplexes) von 7,14, 8,22 auf 8,50 an, wobei für KZ = 3 pK_i = 8,42 zu erwarten wäre. (J. physic. Chem. **58**. 286—87. März 1954. New Orleans, La., Tulane Univ., Richardson Chem. Labor.) H.-G. PLUST. 359

Karl A. Hofmann, Anorganische Chemie. 15. Aufl. Völlig neu bearb. u. erw. v. **U. R. Hofmann** u. **W. Rüdorff.** Braunschweig: Vieweg & Sohn. 1955. (XI + 870 S. m. 116 Abb. u. 5 Spektraltaf.) DM 25,—.

Gerhart Jander und **Wilhelm Klemm,** Hrsg. Anorganische u. allgemeine Chemie in Einzeldarstellungen. Berlin, Göttingen, Heidelberg: Springer. Bd. 2. **Karl Hauffe**: Reaktionen in und an festen Stoffen. 1955.

C. Mineralogische und geologische Chemie.

Franz Raaz, *Bemerkungen zur Kristallklassensystematik.* Vf. gibt eine krit. Übersicht über die Verss. zur Aufstellung einer Kristallklassensystematik einschließlich neuerer Arbeiten. Er gibt dabei dem TSCHERMAKSschen Syst. vor dem GROTHschen den Vorzug. (Tschermaks mineralog. petrogr. Mitt. [3] **4.** 240—52. 1954. Wien, Univ., Mineralog.-petrograph. Inst.) J.-E. Hiller. 372

Otto Mellis, *Einiges zur Geometrie der Lagekugelbesetzung.* Vf. gibt eine mathemat. Ableitung der gegenseitigen räumlichen Beziehungen zwischen starr miteinander verbundenen Vektoren eines Gefügekornes im Gefügediagramm. (Tschermaks mineralog. petrogr. Mitt. [3] **4.** 138—44. 1954. Stockholm, Univ., Mineralog. Inst.) J.-E. Hiller. 372

Ernst Cloos, *Texturuntersuchung an einem Granodioritschieferkontakt, Bear Island, Maryland.* Auf Bear Island durchsetzt ein Granodiorit kristalline Schiefer u. Vf. untersucht das Gefüge der Gesteine auf beiden Seiten des Kontakts. Es ergeben sich zwei gut definierte Gefügebilder. Der Schiefer ist ein B-Tektonit mit monoklinem Rotationsgefüge, während der Granodiorit ein S-Tektonit ist, der durch laminares Fließen parallel zum Kontakt entstanden ist. (Tschermaks mineralog. petrogr. Mitt. [3] **4.** 81—89. 1954. Baltimore, Md., Johns Hopkins Univ.) J.-E. Hiller. 372

Hans J. Koark, *Über einen diagonalgeschichteten Chromitdunit.* Vf. untersucht das Gefüge eines losen Handstückes von Chromitdunit aus dem Serpentingebiet von Cöreler, südlich Istanbul. Zur Erklärung findet er 2 Möglichkeiten: Die strömende tangentiale Bewegung durch starre planparallele Wände verursacht die Ausrichtung der heterometr. Kristalle mit (0 1 0) parallel zur Wand. Hierbei muß die Schmelze sehr leicht beweglich sein. Daneben wäre das Gefüge aber auch als agglomerat. Anlagerungsgefüge von Frühausscheidungen mit Regelung nach der Korngestalt aufzufassen. Unabhängig von der Korngestalt könnte es auch zu Agglomeration von Kristallkeimen gekommen sein, deren Richtungsauslese durch gitterenerget. Faktoren bewirkt wird. (Tschermaks mineralog. petrogr. Mitt. [3] **4.** 216—24. 1954. Uppsala, Univ., Mineralog.-geolog. Inst.) J.-E. Hiller. 372

Earl Ingerson und **Joseph L. Ramisch,** *Untersuchungen von unverfestigten Sedimenten.* 1. Mitt. *Quarzgefüge bei Strömungs- und Windrippelmarken.* Es wird die Imprägnierung loser Sedimente mit Kunststoffen zur Herst. orientierter Dünnschliffe beschrieben. Die Orientierung des Quarzgefüges von durch Wind- u. Wasserwrkg. gebildeten Rippelmarken wurde untersucht. Die letzteren zeigen einen höheren Grad u. etwas anderen Gesamtcharakter der Regelung. Außerdem treten Unterschiede in der Größenverteilung der Quarzkörner auf. (Tschermaks mineralog. petrogr. Mitt. [3] **4.** 117—24. 1954. Washington, D. C., U. S. Geol. Surv.) J.-E. Hiller. 372

Albert Maucher, *Zur „alpinen Metallogenese" in den bayerischen Kalkalpen zwischen Loisach und Salzach.* Die Ergebnisse lagerstättenkundlicher Arbeiten in den nördlichen Kalkalpen zwischen Loisach u. Salzach werden referiert. Es ergibt sich, daß die Pb–Zn-Lagerstätten dieses Bereiches exogen gebildet sind u. nicht der alpinen Metallogenese angehören. Sie sind an die oberladin. Schichten gebunden. Wahrscheinlich liegen auch bei den Kärntner Lagerstätten ähnliche Verhältnisse vor. Zu der genet. Lagerstättengliederung von Schneiderhöhn wird Stellung genommen. (Tschermaks mineralog. petrogr. Mitt. [3] **4.** 454—63. 1954. München, Univ., Inst. für allg. u. angew. Mineralog. u. Geolog.) J.-E. Hiller. 378

Adrian E. Scheidegger, *Physikalische Aspekte der Kontraktionshypothese bei der Orogenese.* Eine dünne Oberflächenschicht eines Körpers faltet sich in geringerem Maße als eine dickere Schicht, wenn sich der Inhalt in gleichem Maße kontrahiert. Die Abkühlungsgeschwindigkeit nimmt ab, wenn radioakt. Stoffe oder andere Wärme erzeugende Stoffe sich von der Oberfläche nach dem Mittelpunkt oder umgekehrt bewegen. Die Temperaturtiefenkurve ist eine Gerade bei einem nicht unter Druck stehenden, sich abkühlenden Körper. (Canad. J. Physics **30.** 14—25. Jan. 1952. Toronto, Ont.) F. Ensslin. 378

Charles Alexanian, *Über das Vorkommen von Montmorillonit in dem verwitterten Feldspat einiger Granite des zentralen Frankreichs.* Vf. untersuchte zuerst einen verwitterten Feldspat aus der Gegend von Clermont-Ferraud. Aus den Diskontinuitäten der Entwässerungskurve muß man auf das Auftreten von 2 neuen Hydraten schließen, die in dem gesunden Feldspat nicht vorkommen. Eine Diskontinuität bei 450—550° ist Kaolinit zuzuschreiben, der ca. 35% der Gesamtmasse beträgt; eine weitere Diskontinuität bei 670—730° ist dem Montmorillonit zuzuschreiben, dessen Menge ca. 45% beträgt. Der Rest besteht aus Quarz u. Glimmer. Diese Feststellungen konnten durch Röntgenaufnahmen bestätigt werden. Das Material quillt im W., ist chem. akt. u. zeigt entfärbende u. adsorbierende Eigenschaften. Als zweites Gestein wurde ein leicht rosa gefärbter Mikrogranit aus der Gegend von Mayet-de-Montagne untersucht, der auch grünlich u. olivgelb auftritt. Der äußerlich gesund aussehende Granit beginnt in feuchter Luft nach 10—12 Monaten zu quellen u. sich zu zersetzen. Eine Röntgenaufnahme des gesunden Granits ließ tonige Substanzen nicht erkennen. Eine gelbe Gesteinsprobe ergab eine phyllit. Interferenz mit 15 Å. Eine braune Probe zeigte außer dieser Interferenz noch eine weitere mit d = 7,28 Å. Es handelt sich danach um Montmorillonit u. Halloysit/Kaolinit. Aus Entwässerungsverss. u. auf Grund röntgenograph. Aufnahmen an einem zers. Granit aus der Gegend von Gelles wurde geschlossen, daß er zu 50% aus einem Phyllit mit d = 7,3 Å u. zu 10% aus einem solchen mit d = 15 Å besteht. (C. R. hebd. Séances Acad. Sci. **233**. 1203—04. 12/11. 1951.) C. GOTTFRIED. 380

Pierre Routhier, *Über die Peridotite von Neukaledonien.* Geolog. Untersuchung. (C. R. hebd. Séances Acad. Sci. **233**. 1204—06. 12/11. 1951.) C. GOTTFRIED. 380

Simo Kaitaro, *Über die Terminologie der Migmatite.* Kurze Erörterung der beschreibenden Terminologie der Migmatite nach NIGGLI [1948]. (Geologi [Helsinki] 6. 28—29. 14/4. 1954.) S. BECKMANN. 382

Haymo Heritsch und **Peter Paulitsch,** *Über einen Schriftgranit von Radegund bei Graz.* In einem Schriftgranit von Radegund bei Graz wurden sowohl einheitliche *Quarz*-Körper (Einkorn) als auch uneinheitliche Quarzkörper (Vielkorn) beobachtet. Erstere zeigen nur opt. Linksdrehung u. neben der Parallelstellung der Z-Achsen auch die der X-Achsen. 9% waren Dauphinéer-Zwillinge. Die Stellung des Quarzes zum *Mikroklin* entspricht dem FERSMAN-Gesetz. Die Undulationszonen verlaufen parallel der Rhomboederzone mit Zonenachse [m : r] u. die Rhomboederzonen halbierend mit Zonenachse [a : s]. Aus der Quarz–Mikroklin-Verwachsung nach dem FERSMAN-Gesetz entsteht durch Beanspruchung: die Undulation der Einkornquarze, Bldg. von Vielkörnern u. Undulation, Feingrus u. Rekristallisation in kleinen Bereichen des Mikroklins. (Tschermaks mineralog. petrogr. Mitt. [3] **4**. 18—27. 1954. Graz, Univ., Mineralog.-Petrograph. Inst.) J.-E. HILLER. 385

Sunil Kumar Chatterjee, *Über Ersatzbreccien und Ersatzquarzite aus einem Gebiet in der Nähe von Barabhum im Distrikt Manbhum.* Die in dem obigen Gebiet anstehenden phyllit. Gesteine sind von einer Unzahl feinster Quarzäderchen durchzogen, deren maximale Dicke ca. 0,2 mm beträgt. Zum Teil umschließen regellos verlaufende Quarzadern Linsen des phyllit. Gesteins, das dann das Aussehen eines Konglomerates oder einer Breccie, ähnlich den Ersatzbreccien von GOODSPEED (vgl. Amer. J. Sci. **1953**. Nr. 5. 1251), annimmt. In anderen Teilen des Gesteins hat der Quarz zuweilen die ganze M. des phyllit. Gesteins ersetzt, so daß der Eindruck eines Quarzits entsteht. (Sci. and Cult. **19**. 206—07. Okt. 1953. Calcutta, Asutosh Coll.) C. GOTTFRIED. 385

Willi Dansgaard, *Die Häufigkeit von Sauerstoff-18 in frischem Wasser.* Massenspektrometr. Bestimmungen der Häufigkeit a_f von ^{18}O in 109 Frischwasserproben aus verschied. Teilen der Welt zeigten Abweichungen zwischen +32 u. $-17 \cdot 10^{-4}$ At.-% von einer Standardprobe in dem Sinn, daß a_f um so kleiner ist, je kühler das Klima im Herkunftsland der Probe ist. Der Effekt wird durch eine Art fraktionierter Kondensation bei Zirkulationsprozessen während der Wanderung des Ozeanwasserdampfs nach kälteren Bereichen gedeutet. Messungen des ^{18}O-Geh. a_p an Ndd. aus Warmfronten bestätigten diese Deutung. Sie sind mit dem Ausdruck $\Delta\,(\log a_p) = \Delta\,[c_1 + \log \cdot (c_2 + c_3\,T) + c_4 \log T + (c_5\,T - c_6/T) \cdot 0{,}43429]$ verträglich, wo T die Temp. des kondensierten Dampfes u. die c_i Konstanten bedeuten, die von dem ^{18}O-Geh. bei Kondensationsbeginn, der Verdampfungstemp. u. den Dampfdrucken von $H_2{}^{18}O$ u. $H_2{}^{16}O$ abhängen. Der ^{18}O-Geh. eines Nd. wird durch die Art des Zirkulationsprozesses in der Atmosphäre, durch die Verdampfung während des Niederregnens von der Wolke zum Erdboden u. durch den Ursprung des Dampfes bestimmt. (Nature [London] **174**. 234—35. 31/7. 1954. Copenhagen, Univ. of Copenhagen, Biophys. Labor.) R. CONRAD. 393

Herbert Reh, *Die Mineralquellen des Bades Liebenstein in Thüringen.* Durch eine in Bad Liebenstein 1951 erfolgreich durchgeführte CO_2-reiche Mineralwasserbohrung u. in der Umgebung erschlossene CO_2-arme Mineralwässer ergaben sich weitere Erkenntnisse über den geolog. Bau der südwestlichen (Liebensteiner) Randstörung des Thüringer Waldes. Die Liebensteiner Mineralquellen sind das Ergebnis des tert. basalt. Vulkanismus der Rhön (juvenile CO_2) u. der besonderen tekton. Verhältnisse im Randbruch u. Buntsandsteinvorland. Viele Faktoren sind für Schüttung, Druck u. Konz. ausschlaggebend; da sie größtenteils unbekannt sind, ist die Erschließung neuer Quellen mit großem Wagnis belastet u. kann die alten Quellen ungünstig beeinflussen. Die Bestandteile außer CO_2 sind im vadosen Kreislauf den durchwanderten Nebengesteinen entnommen u. zeigen mit zunehmender Tiefe der Erschließung eine auffallende Zunahme an Na-, Cl- u. SO_4-Ionen, andererseits eine Abnahme des HCO_3-Gehalts. Spurenmetalle Cu, Co, Ni u. Cd u. wahrscheinlich Zn entstammen dem Kupferschiefer u. Zechsteinkonglomerat, Fe dem Oberrotliegenden, auch den kristallinen Gesteinen werden zahlreiche Ionen entnommen. (Geologie **3**. 891—916. Sept. 1954. Jena.) H. MÜHLMEISTER. 393

D. Organische Chemie.

D_1. Allgemeine und theoretische organische Chemie.

H. H. Jaffé, *Über die Trennung von induktiven und mesomeren Effekten durch die Molekülzustandstheorie.* (*Theoretische Betrachtungen über die Hammett-Gleichung.* 7. Mitt.) (6. vgl. C. **1955.** 3592.) Vf. wendet zur Darst. der von der engl. Schule zur qualitativen Erklärung der Reaktionsfähigkeit konjugierter organ. Moll. eingeführten Effekte die von COULSON u. LONGUETT-HIGGINS (Proc. Roy. Soc. [London], Ser. A **191.** [1947.] 39; **192.** [1947.] 16) entwickelte Störungstheorie innerhalb der LCAO–MO-Theorie auf viele mono- u. disubstituierte Benzolderivv. an. Innerhalb dieser Berechnungsart werden 2 verschied. Methoden verwendet, die stat. Elektronendichteberechnung u. die Lokalisationsmethode. Die stat. Meth. wird in 4 einzelne Schritte unterteilt. Der 1. Schritt besteht aus der Berechnung (unter Vernachlässigung der Überlappungsintegrale) der O.-Energien, Elektronendichten u. Bindungsordnungen einer ungestörten Bezugsverbindung. Dies ist die Ausgangsverb., in die ein idealisierter Substituent eingeführt wird. Die dadurch bedingte Änderung der Elektronenverteilung bezeichnet Vf. als reinen konjugativen Effekt M_π. M_π verschwindet, wenn Ausgangs- u. Bezugsverb. alternierende KW-stoffe sind. Der 2. Schritt schließt die Zuweisung von realen Resonanzintegralen an alle die Bindungen ein, die sich abschätzbar von der n. C—C-Bindung unterscheiden. Die hierdurch bedingte Änderung der Elektronendichten wird als M_β bezeichnet. Auch diese Größe verschwindet im Fall von alternierenden KW-stoffen. Der 3. Schritt bringt die Zuordnung von realen COULOMB-Integralen zu allen Heteroatomen. Der auftretende Effekt ist ein induktiver Effekt des Heteroatoms auf das π-Syst. u. wird vom Vf. als π-COULOMB-Effekt I_π bezeichnet. Der 4. Schritt behandelt die Störungen, die durch die Wrkg. der Heteroatome auf die COULOMB-Integrale der C-Atome entstehen. Hierdurch wird die Elektronenverteilung der σ-Bindungen beeinflußt. Dieser in der MO-Theorie schwierig zu fassende Effekt wird vom Vf. als σ-induktiver Effekt I_σ bezeichnet. Vf. zeigt weiter, daß in grober Näherung der induktomere Effekt dem induktiven proportional ist. Der elektromere (E) Effekt ist im Rahmen dieser Betrachtung durch die Differenz der Polarisierbarkeit der substituierten u. unsubstituierten Verb. gegeben. Bei der Behandlung nach der Lokalisationsmeth. sind diese Effekte durch die Differenz der Lokalisationsenergien der substituierten u. unsubstituierten Verb. gegeben. Vf. zeigt, daß der INGOLDsche mesomere (M) Effekt im Rahmen dieser Betrachtung gegeben ist durch $M = M_\pi + M_\beta + I_\pi$. Dieser M-Effekt ist nicht ident. für o- u. p-Substitution. Der induktive (I) Effekt ist dann als I_σ-Effekt anzusehen. Vf. zeigt ferner, daß die Tatsache, daß die stat. I_π-Werte von den COULOMB-Integralen aller Substituentenatome abhängen, während dies bei den nach der Lokalisationsmeth. berechneten Werten nicht der Fall ist, andeutet, daß die Übereinstimmung der beiden Methoden um so schlechter ist, je weniger die Verbb. einem alternierenden KW-stoff ähneln. (J. Amer. chem. Soc. **77.** 274—80. 20/1. 1955. Chapel Hill, N. C., Univ. of North Carolina, U. S. Public Health Serv., School of Public Health, Veneral Disease Exp. Labor.) H. GOETZ. D 10

George S. Hammond und **Frank J. Modic,** *Aromatische Nitrierung.* 1. Mitt. *Die Ultraviolettspektren von aromatischen Nitroverbindungen in Schwefelsäure.* Vff. untersuchen die UV-Spektren aromat. Nitroverbb. in H_2SO_4. Die Absorptionsspektren der Mono- u. Dinitroverbb. verschied. 1.4-Dihalogenbenzole zeigen im nahen UV-Bereich (2200—3500 Å) drei Maxima. Zwei von diesen scheinen im wesentlichen mit Übergängen der Nitrogruppen zusammenzuhängen. Die Nitrogruppe bewirkt sehr große bathochrome Veränderungen mit der zunehmenden Fähigkeit des Lösungsm. zur Bldg. von H-Bindungen. Der Übergang bei 2500 Å von Nitrobenzol (I, $Kp._{745}$ 208,2°) wird ähnlich beeinflußt. Im Hinblick auf diese Verschiebungen wird gefunden, daß der Umfang der H-Bindung mit I durch die Entfernung der letzten 10% W. aus der H_2SO_4-Lsg. nicht wesentlich zunimmt. Die Folgerungen aus diesen Ergebnissen werden im Hinblick auf die verschied. Nitrierungsprozesse diskutiert. Die UV-Maxima in 95% A., W. u. konz. H_2SO_4 sind angegeben von: *2-Nitro-1.4-dibrom-* [F. 82—82,5° (Skellysolve B), aus p-Dibrombenzol (**II**) u. rauchender HNO_3 bei n. Temp.], *-4-bromchlor-* [gelbe Kristalle, F. 69—70° (A.), durch Zugabe von 2-Nitrochlorbenzol zu Ag_2SO_4 u. Br_2 in konz. H_2SO_4, 10 Std. bei 100°] u. *-4-chlorbrom-* [F. 68—68,5° (A.), aus 2-Nitro-4-chloranilin nach SANDMEYER], *2.6-* [**IV**, F. 104,5—105° (Skellysolve B u. CCl_4), aus p-Dichlorbenzol, konz. HNO_3 u. konz. H_2SO_4, 2 Std. bei 100°], *2.5-* [F. 117,5—118,5° (Dioxan u. A.), neben **IV**] u. *2.3-Dinitro-1.4-dichlor-* [F. 101—102° (Eisessig), neben **IV**], *2.3-* (**III**, F. 157°, aus **II** u. konz. HNO_3 in 95% H_2SO_4 bei 95°) u. *2.5-Dinitro-1.4-dibrombenzol* [F. 128—129° (Dioxan), neben **III**] sowie von I in W. u. 69,6—98,4% H_2SO_4. — *2.5-Dichlornitrobenzol,* F. 54°. (J. Amer. chem. Soc. **75.** 1385—88. 20/3. 1953. Ames, Io., Iowa State Coll., Chem. Labor.) K.-H. KLASSKE. D 118

Eugene Sawicki und **F. E. Ray,** *Absorptionsspektren von einigen Polyphenylreihen.* Vff. geben die Absorptionskurven folgender Verbb. an: a) *Bzl.*; *Biphenyl*; *p-Terphenyl* (**IV**); b) *Anilin*; *4-Aminobiphenyl*; *4-Amino-p-terphenyl* (F. 200°); c) *p-Phenylendiamin*; *Benzidin*; *4.4''-Diamino-p-terphenyl* [**V**; F. 248—249°, durch Red. von 4.4''-Dinitro-p-terphenyl (**II**) mit $SnCl_2$ in Salzsäure]; d) *2-Nitro-1-carbäthoxyaminobenzol* (F. 56—57°); *3-Nitro-4-acetylaminobiphenyl* (F. 132°); *3-Nitro-4-carbäthoxyamino-p-terphenyl* (**I**, $C_{21}H_{18}O_4N_2$, aus Methanol, F. 171—172°, durch Rk. von Chlorkohlensäureäthylester mit 4-Amino-p-terphenyl in Pyridin u. anschließende Nitrierung mit rauchender Salpetersäure); e) *2-Nitranilin*; *3-Nitro-4-aminobiphenyl* (F. 167—168°); *3-Nitro-4-amino-p-terphenyl* (**VI**, $C_{18}H_{14}O_2N_2$, aus Xylol, F. 271—272°, durch Hydrolyse von **I** in alkal. 2-Methylcellosolve); f) *Piaselenol* (F. 75—76°); *5-Phenylpiaselenol* [$C_{12}H_8N_2Se$, aus Hexan, F. 102°, durch Kochen von SeO_2 mit 3.4-Diaminobiphenyl in A.; 88% (Ausbeute); Verb. gibt mit H_2SO_4 dunkelviolette Färbung]; *5-Xenylpiaselenol* [$C_{18}H_{12}N_2Se$, F. 197—198° (A.), aus 3.4-Diamino-p-terphenyl (**III**) u. Selendioxyd in A.; 85—90%]. Innerhalb der Reihen a) bis f) tritt regelmäßige Rotverschiebung der Maxima auf. — **II**, durch Nitrierung von **IV** mit rauchender HNO_3 in Essigsäure. **II** bildet farbige Komplexe mit Benzidin (gelbbraune Nadeln, F. 268—269°), **V** (rote Tafeln, F. 307—309°) u. 2.7-Diaminofluoren (rotbraune Kristalle, F. 276—277°). — **III**, $C_{18}H_{16}N_2$, F. 199—200° (A.), durch Red. von **VI** mit $SnCl_2$, 1—2 Std. am Rückfluß; 50—60%. (J. org. Chemistry **19**. 1903—08. Dez. 1954. Gainesville, Fla., Univ. of Florida, Cancer Res. Labor.) M.-L. KLAAR. D 118

R. Epple und **Th. Förster,** *Untersuchungen über Löschung und Polarisationsgrad der Fluorescenz in Lösung.* Vff. untersuchen an Pyrenderivv. u. einigen Farbstoffen den äußeren Mechanismus der Fluorescenzlöschung durch Zusätze verschied. aromat. Verbindungen. Die durchgeführten Messungen der Fluorescenzpolarisation ergeben für die Mehrzahl der Fälle eine Überlagerung von dynam. Löschung (Löschmoll. treten erst nach der Absorption mit den angeregten Moll. zusammen u. entziehen ihnen die Anregungsenergie) u. stat. Löschung (Löschmoll. bilden mit den noch nicht angeregten Moll. fluorescenzunfähige Komplexe oder Assoziate). Ausnahmen sind: Löschung von *Rhodamin G* durch *Anilin* = rein dynam., von *Eosin* durch *N-Methylchinoliniumperchlorat* = rein stat.; *Resorcin* wirkt als Löschstoff fast ausschließlich statisch. In einigen Fällen sind die entstehenden Komplexe selbst fluorescenzfähig, so daß eine unvollständige Löschung resultiert. Die Ergebnisse der Polarisationsmessungen werden durch Unters. der Absorptions- u. Fluorescenzspektren bestätigt. (Z. Elektrochem., Ber. Bunsenges. physik. Chem. **58**. 783—87. 1954. Stuttgart, TH, Labor. für Physikal. Chem. u. Elektrochem.) G. WINKLER. D 118

R. J. W. Le Fèvre, J. B. Sousa und **R. L. Werner,** *Infrarotspektren einiger Chinondiazide.* Vff. nahmen die Infrarotspektren von *3.5-Dibrom-* u. *4-Nitro-1.2-benzochinon-2-diazid*, *3-Nitro-1.4-benzochinon-1-diazid*, *1.4-Naphthochinon-1-diazid*, *1.2-Naphthochinon-1-* u. *-2-diazid* u. *4-Nitro-1.2-naphthochinon-1-diazid* u. zum Vgl. die von *Benzo-1-thia-2.3-diazol* (**I**) u. *Phenyldiazoniumfluoborat* auf. Das Auftreten einer starken Bande im 4 μ-Bereich im Gegensatz zu **I** unterstützt die Annahme einer offenen Konst. für die Diazide in Übereinstimmung mit der früher (vgl. C. **1950**. II. 278) angenommenen Resonanz $^-O{-}C_6H_4{-}N^+{\equiv}N$ (**A**) $\longleftrightarrow$ $O{=}C_6H_4{=}N^+{=}N^-$. Die Lage der C=O-Frequenzen der obigen Chinondiazide entspricht etwa der von Ketogruppen in einfachen Tropolonen oder in konjugierten Chelaten (vgl. RASMUSSEN u. Mitarbeiter, J. Amer. chem. Soc. **71**. [1949.] 1068), sie absorbieren bei längeren Wellen als die der entsprechenden Chinone, was auf Resonanzwrkg. mit der N_2-Gruppe u. dem Ring u. auf den Beitrag der obigen Grenzstruktur **A** zurückgeführt wird. (J. chem. Soc. [London] **1954**. 4686—87. Dez. Sydney, Univ., N. S. W., Univ. of Technol.) B. GNAUCK. D 120

Jerome A. Berson, *Infrarotspektren einiger tricyclischer und tetracyclischer Lactone. 6. Mitt. über die Struktur und Stereochemie bicyclischer Derivate.* (5. vgl. C. **1955**. 8142.) Vf. untersucht die Infrarotabsorption (Carbonylregion) verschied. tri- u. tetracycl. Lactone, die aus Cyclopentadien u. Maleinsäure (**I**), bzw. aus Furan u. **I** nach DIELS-ALDER dargestellt wurden, um Aussagen machen zu können über die Größe des Lactonringes u.

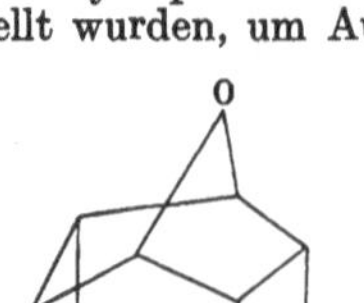

II

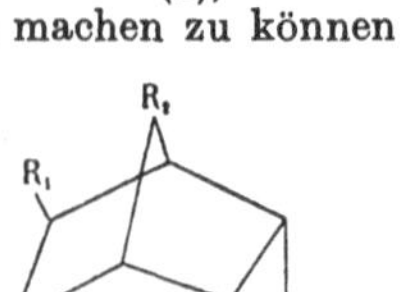

IIIa $R_1 = R_3 = H$; $R_2 = CH_2$
IIIb $R_1 = Br$; $R_2 = CH_2$; $R_3 = H$
IIIc $R_1 = Br$; $R_2 = CH_2$; $R_3 = CH_3$
IIId $R_1 = Br$; $R_2 = O$; $R_3 = H$
IIIe $R_1 = Br$; $R_2 = O$; $R_3 = CH_3$

den Einfl. der Ringspannung auf die Lacton-CO-Valenzfrequenz. Alle untersuchten Verbb. zeigen die n. Absorption der Lactoncarbonylgruppe 5gliedriger Lactone bei 5,65 ± 0,03 μ (Durchschnittswert); die durch das bicycl. Syst. verursachte Spannung macht sich bei der Lacton-CO-Frequenz nicht bemerkbar. Die Ringgröße ist in Übereinstimmung mit der allg. Erfahrung, daß bevorzugt γ-Lactone gegenüber δ-Lactonen gebildet werden. Die Lactoncarbonylbanden der Lactonsäuren liegen bei etwas geringeren Wellenlängen als die der entsprechenden Ester, was einer Wasserstoffbindung zwischen Lacton- u. Carboxylgruppe zugeschrieben wird. — Einzelergebnisse: Infrarotmaxima (Carbonylregion) in μ für: **II**, *Lacton* 5,62; *Ester* oder *Carboxyl* —. **IIIa**, 5,64; 5,82. **IIIb**, $C_9H_9O_4Br$, F. 157°; 5,66; 5,73 u. 5,84; *Hydrat*, $C_9H_{11}O_5Br$, F. 116° [von Vff. l. c. als *Bromhydrin* angenommen]; 5,69; 5,86. **IIIc**, 5,61; 5,75. **IIId**, 5,66; 5,82. **IIIe**, 5,61; 5,77. **IV**, 5,68; 5,78. **Va**, 5,68; 5,73. **Vb**, 5,61; 5,77. (J. Amer. chem. Soc. **76**. 4975—76. 5/10. 1954. Los Angeles, Calif., Univ., Dep. of Chem.) G. WINKLER. D 120

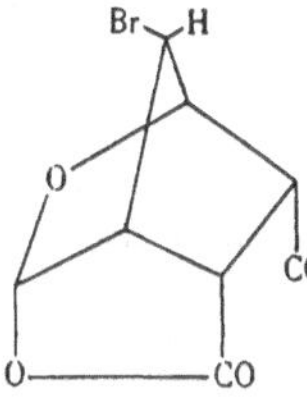

IV

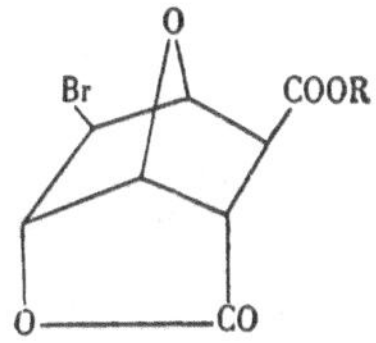

Va R = H
Vb R = CH_3

K. Lunde und **L. Zechmeister**, *Infrarotspektren und cis-trans-Konfigurationen einiger Carotinoidpigmente.* (Vorl. Mitt. vgl. ZECHMEISTER, Experientia [Basel] **10**. [1954.] 1.) Vff. untersuchten infrarotspektroskop. in CCl_4- bzw. Cyclohexanlsg. *all-trans-β-Carotin* (2 bis 15 μ) sowie die stereochem. wichtigen Gebiete zwischen 6,75—7,5, 10—10,5 u. 12,0 bis 14 μ in Lsg. bzw. in Mineralöl von „*central*"-*mono-cis-β-Carotin* (**I**), *Neo-β-carotin U* (**II**), *Neo-β-carotin B* (**III**), *all-trans-Zeaxanthin* (**IV**), *Neozeaxanthin A* (**V**), *Neozeaxanthin B* (**VI**), *all-trans-Lycopin*, *Neolycopin A* (**VII**), *Prolycopin* (**VIII**), *all-trans-α-Carotin* (**IX**), *Neo-α-carotin U* (**X**), *Neo-α-carotin B* (**XI**), *all-trans-γ-Carotin*, *Neo-γ-carotin P* (**XII**), *Pro-γ-carotin* (**XIII**), *all-trans-Crocetindimethylester* (**XIV**), „*central*"-*cis-Crocetindimethylester* (**XV**), *all-trans-Methylbixin*, „*natürliches*" *Methylbixin* (**XVI**), *Neomethylbixin A* (**XVII**) u. *Neomethylbixin C* (**XVIII**). Das bei 10,35 u. 10,47 μ beobachtete Dublett bei **I** wird der Ggw. eines trans-cis-Diensyst. zugeschrieben. Die 7,25 μ-Bande bei **II** u. **III**, die in den all-trans-Carotinoiden fehlt, wird der Deformations (δ)-Schwingung von CH_3-Gruppen zugeschrieben, die in offenkettigen konjugierten Systemen an einer cis-Doppelbindung sitzen. Von den β-Carotinoiden zeigt nur **I** eine starke Bande bei 12,84 μ, die einer CH-Schwingung aus der Ebene (γ) der cis-C—CH=CH—C-Gruppe zugeordnet wird; **II** enthält also diese Gruppierung nicht u. dürfte 9-mono-cis-Struktur haben. **III** ist dann wahrscheinlich 9,13'-di-cis-β-Carotin. Trotz der Unterschiede im 12—14 μ-Bereich zwischen **V**—**VI** u. **IV** wird wegen der gleichen Intensitäten der 10,35 μ-„trans"-Bande angenommen, daß in **V** u. **VI** keine unmethylierte cis-C=C-Doppelbindung vorhanden ist. Mit den früheren Ergebnissen (vgl. ZECHMEISTER u. LEMMON, J. Amer. chem. Soc. **66**. [1944.] 317) von UV-Unterss. wird für **V** 13-mono-cis-, für **VI** 9-mono-cis-Struktur vorgeschlagen. **VII** (Bande bei 7,25 μ) ist vermutlich 13-mono-cis-Lycopin. Die im Spektr. von **VIII** vorhandene Bande bei 13,15 μ wird der Ggw. wenigstens einer gehinderten, nichtmethylierten cis-Doppelbindung zugeschrieben. Die frühere Strukturannahme (vgl. LEROSEN u. ZECHMEISTER, J. Amer. chem. Soc. **64**. [1942.] 1075. 1078) für **VIII** als eine polycis-Verb. wird durch das Infrarotspektr. bestätigt. Im Gegensatz zu anderen all-trans-Carotinoiden zeigt **IX** eine schwache, aber deutliche Bande bei 7,25 μ, die der δ-Schwingung der CH_3-Gruppe an der isolierten Ringdoppelbindung zugeschrieben wird. Die Intensität dieser Bande nimmt in der Folge **IX** < **XI** zu u. zeigt die Ggw. von 0, 1 bzw. 2 aliphat. C—(CH_3)C=CH—C-Gruppen an. **X** zeigt keine γ-Schwingungen, die im Spektr. von **XI** auftretenden werden begleitenden Stereoisomeren zugeschrieben. Die Abwesenheit nichtmethylierter cis-Doppelbindungen in **X** u. **XI** wird durch die bei beiden gleiche Intensität der „trans"-Bande bestätigt. Für **X** gilt also die früher (vgl. ZECHMEISTER u. POLGÁR, J. Amer. chem. Soc. **66**. [1944.] 137) festgelegte 9'-mono-cis-Struktur, obwohl 9-mono-cis-Konfiguration nicht ausgeschlossen werden kann. Für **XI** kommt nun nur 13.9'- oder 9,13'-di-cis-Bau in Betracht. Obgleich **XII** u. **XIII** chromatograph. u. UV-spektroskop. unterscheidbar sind, zeigen sie fast ident. Infrarotspektren, sie haben also offenbar eine gleiche Zahl an cis-Doppelbindungen. Die früheren Annahmen über ihren Bau (vgl. ZECHMEISTER u. PINCKARD, C. **1948**. I. 912) müssen revidiert werden. Obwohl schwer mit den UV-Ergebnissen vereinbar, wird **XII** nun als di-cis-Verb. angesehen. **XV** zeigt eine starke Bande bei 12,84 μ, **XIV** eine Aufspaltung der „trans"-Schwingung im 10,5 μ-Bereich in 3 Komponenten. Für **XIV** wird cis-Konfiguration einer der endständigen C=C-Doppelbindungen angenommen (keine Bande bei 7,25 μ; starke Bande bei 8,80 μ, vermutlich C—O-Valenzschwingung, verändert durch eine der Estergruppe benachbarte Doppelbindung). Die Abwesenheit einer γ-Schwingung in **XVI** wird durch den Einfl. der konjugierten C=O-Gruppe erklärt. **XVII** zeigt als cis-Verb. nicht die zu erwartenden Banden bei 7,25 μ bzw. zwischen 12 u. 14 μ, was nicht erklärt werden kann, um so mehr, als **XVIII** bei 7,25 μ u. bei 8,80 μ absorbiert. Vff. nehmen an, daß 2 der cis-Doppelbindungen in **XVIII** ident. mit denen in **XVI** sind. (J. Amer. chem. Soc. **77**. 1647—53. 20/3. 1955. Pasadena, Calif., California Inst. of Technol., Gates and Crellin Labors. of Chem.) B. Gnauck. D 120

A. R. H. Cole, *Infrarotspektroskopie in der medizinischen Chemie.* Kurzer Überblick über die Auswertung der Infrarotabsorptionsspektren medizin. wichtiger chem. Verbindungen. Als Beispiel wird das Spektr. von *Isoandrosteron* behandelt. (Australas. J. Pharmacy [N. S.] **35**. 693—95. 30/7. 1954. Univ. of Western Australia, Dep. of Chem.) C. Gottfried. D 120

George R. Bird, *Sättigung in dem Mikrowellenspektrum von Methylchlorid.* Es wurde die Sättigung des Mikrowellenübergangs $J = 0 \rightarrow 1$ von $CH_3{}^{35}Cl$ gemessen. Für jede der 3 Quadrupolfeinstrukturlinien des Übergangs wurde die Linienbreitenkonstante gemessen; sie ergab sich zu 21 ± 1 MHz pro mm Hg bei 300° K, wobei dieses Ergebnis weitgehend unabhängig von den Fehlerquellen ist, die bei den Sättigungsmessungen auftreten. Die Intensität der stärksten Linie ($J \doteq 0 \rightarrow 1$, $F = {}^3/_2 \rightarrow {}^5/_2$) liegt bei $7{,}9 \cdot 10^{-6}$ cm^{-1}. Wenn man die Linienbreitenwechselwirkungen als Zusammenstöße fester Kugeln idealisiert, dann errechnet sich ein Stoßdurchmesser von 16,1 Å gegenüber einem Wert von 5,6 Å, den man aus Viscositätsmessungen u. auf Grund der kinet. Gastheorie erhält. Dieser große Mikrowellenstoßdurchmesser besagt, daß Dipol-Dipol-Wechselwirkungen der hauptsächlichste Mechanismus für die Linienverbreiterung u. die Rotationsenergieübertragung sind. (Physic. Rev. [2] **95**. 1686. 15/9. 1954. Cambridge, Mass., Harvard Univ., Mallinckrodt Chem. Labor.) C. Gottfried. D 121

Je. N. Gurjanowa, L. A. Janowskaja und **A. P. Terentjew,** *Dipolmomente von Pyrrolderivaten.* Es wurden Dipolmomente folgender Pyrrolderivv. gemessen: *2.5-Dimethylpyrrol* (2,03 D), *1.2.5-Trimethylpyrrol* (2,08 D), *1-Phenyl-2.5-dimethylpyrrol* (1,99 D), *1-p-Nitrophenyl-2.5-dimethylpyrrol* (2,50 D), *2.4-Dimethylpyrrol* (1,75 D), *1-Phenylpyrrol* (1,61 D), *1-Acetylpyrrol* (2,58 D), *2-Methylpyrrol* (1,89 D), *1-Phenyl-2-methylpyrrol* (1,94 D). Die Messung erfolgte in Bzl. bei 25°. Auf Grund der erhaltenen Werte wird gezeigt, daß im Pyrrolring das Dipolmoment die Richtung (N → Ring) besitzt, entgegengesetzt der Richtung des Momentes der gewöhnlichen C—N-Bindungen in Aminen. (Журнал Физической Химии [J. physik. Chem.] **25**. 897—902. Aug. 1951. Moskau, Staatl. Univ., Physikal.-chem. Inst.) A. Trofimow. D 132

J. Eggers, R. Posse und **G. Scheibe,** *Untersuchungen über die Oxydation von Aminooxybenzolen.* 1. Mitt. *Bestimmung der Dissoziationskonstanten und der Reihenfolge der Protonenabspaltung von Aminooxybenzolen aus ihren Absorptionsspektren.* Vff. bestimmen im Hinblick auf die Aufklärung des Mechanismus der Oxydation durch Elektronenabgabe die pK-Werte verschied. Aminophenole u. -resorcine aus den Änderungen der Lichtabsorption der Verbb. in Abhängigkeit vom p_H-Wert; die Reihenfolge der Protonenabspaltung wird durch ein Vergleichs- u. Ausschlußverf. aus den Spektren der einzelnen Ionenformen abgeleitet. Es wird eine App. beschrieben, die unter völligem Ausschluß von Luft-O_2 von den vorst. leicht oxydablen Verbb. eine relativ schnelle Herst. der Meßlsgg. u. Abfüllung derselben in Küvetten gestattet. — Einzelergebnisse: pK-Werte der Ionenformen nachst. Verbb., geordnet nach abnehmenden positiven Ionenladungen [für die Stellung der Protonenabspaltung an den NH_3^+-Gruppen gilt in Zweifelsfällen: 1. Abspaltung in 2-, 2. Abspaltung in 6-Stellung; beim *4.6-Diaminoresorcin* (**I**) 1. Abspaltung in 4-Stellung u. beim *2.4.6-Triaminoresorcin* (**II**) 1. Abspaltung in 2-, 2. Abspaltung in 4-Stellung. Für die Aminoresorcine gilt, daß die Protonendissoziation an den Oxygruppen zunächst in 1- u. erst im stärker alkal. Gebiet in 3-Stellung erfolgt]. — *Phenol*, pK 9,9; substituierte Phenole: *2-Amino-*, pK_1 4,7, pK_2 9,7; *4-Amino-*, pK_1 5,5, pK_2 10,3; *2.4-Diamino-*, pK_1 3,1, pK_2 5,7, pK_3 10,5; *2.6-Diamino-*, pK_1 2,7, pK_2 5,5, pK_3 10,5; *2.4.6-Triamino-*, pK_1 1,0, pK_2 3,1, pK_3 6,0, pK_4 10,5. — *Resorcin*, pK_1 9,4, pK_2 11,4; substituierte Resorcine: *2-Amino-*, pK_1 5,1, pK_2 9,3, pK_3 11,6; *4-Amino-*, pK_1 5,7, pK_2 9,3, pK_3 11,3; *2.4-Diamino-*, pK_1 2,9, pK_2 5,6, pK_3 9,3, pK_4 11,5; **I**, pK_1 3,8, pK_2 6,0, pK_3 9,8, pK_4 12,0; **II**, pK_1 1,2, pK_2 3,6, pK_3 5,8, pK_4 10,1, pK_5 11,9. (Z. Elektrochem., Ber. Bunsenges. physik. Chem. **58**. 731—43. 1954. München, TH, Physikal.-chem. Inst.; Leverkusen, Agfa, Wissenschaftl. photograph. Labor.) G. Winkler. D 139

Kenneth A. Kobe und **R. Emerson Lynn jr.** *Die kritischen Eigenschaften von Elementen und Verbindungen.* Überblick über die Bestimmungsmethoden der krit. Temp., des krit. Druckes u. Vol., ihre Beziehungen zueinander u. die krit. Daten von Elementen u. organ.

Verbb. in 22 Tabellen. — 352 Literaturhinweise. (Chem. Reviews **52.** 117—236. Febr. 1953. Austin, Tex., Univ. of Texas, Dep. of Chem. Engng.) M. QUAST. D 149

M. D. Tilitschejew, *Berechnung des Druckes von gesättigten Dämpfen individueller Kohlenwasserstoffe durch Extrapolation experimenteller Daten.* Durch Extrapolation genauer experimenteller Daten mit Hilfe der Gleichung vom Typ $\log P = A - B/(c + t)$ ist es möglich, aus dem Dampfdruck individueller KW-stoffe bis $T/T_{Kr} = 0{,}65$ Dampfdruckwerte bis $T/T_{Kr} = 0{,}85$ mit einer Genauigkeit von 0,5% zu berechnen; bei Einführung von zusätzlichen Korrekturen sogar bis zur krit. Temperatur. Die so erhaltenen Druckwerte von gesätt. Dampf von *n-Decan* sind genauer als die experimentell gefundenen Zahlen. Mit Hilfe derselben Gleichung ist auch eine Berechnung des Dampfdruckes von individuellen KW-stoffen durch Extrapolation genauer experimenteller Zahlen in Richtung tiefer Tempp. in Grenzen von $T/T_{Kr} = 0{,}6$—$0{,}4$ mit einer Genauigkeit von 1% möglich. (Журнал Физической Химии [J. physik. Chem.] **25.** 942—49. Aug. 1951. Moskau.) A. TROFIMOW. D 150

M. L. McGlashan, J. E. Prue und **I. E. J. Sainsbury,** *Gleichgewichtseigenschaften von Tetrachlorkohlenstoff-Chloroform-Gemischen.* Es wurde eine Gleichgewichtsdestillationsapp. entwickelt u. damit am Syst. *Tetrachlorkohlenstoff* (**I**, $D.^{25}$ 1,58441 g/cm³; p (25°) 113,96 mm) u. *Chlf.* (**II**, $D.^{25}$ 1,47940 g/cm³; p (25°) 196,82 mm) der Dampfdruck u. die Zus. von fl. u. gasförmiger Phase bei 25, 40 u. 55° gemessen. Zur Best. der Zus. wurden Dichtemessungen ($D._M$ = D. der Mischung) herangezogen, wobei für den Molenbruch von **II** bei 24,9° galt: $x_{II} = \xi + 0{,}0720\,\xi\,(1 - \xi)$, dabei war $\xi = (D._I - D._M)/(D._I - D._{II})$. Auf Grund der berechneten Daten für die Überschuß-GIBBS-Funktion der Mischung zusammen mit Literaturangaben über Mischungswärmen folgte, daß die **I**–**II**-Gemische trotz der Polarität des **II**-Mol. den Gesetzen regelmäßiger Lsgg. gehorchen. (Trans. Faraday Soc. **50.** 1284—92. Dez. 1954. Reading, Univ., Dep. of Chem.) L. FISCHER. D 150

Joaquín Ocón García, *Rektifizierung binärer Gemische.* 4. Mitt. *Eine neue Methode zur Bestimmung und Vergleichung von Gleichgewichtsdaten.* (3. vgl. C. **1954.** 6198.) Die Genauigkeit der Dampf–Fl.-Gleichgewichtsdaten CCl_4–C_6H_6 (vgl. 1. Mitt., C. **1953.** 1532) für Unterss. über Rektifizierung ist bes. im Bereich höherer Konzz. der flüchtigen Komponente sowie bei sehr niedrigen Konzz. ungenügend. Vf. entwickelt rechner. eine neue Meth. mit hoher Genauigkeit sowohl für konstanten Druck u. Temp. als auch für verschied. Bedingungen von Druck u. Temperatur. (An. Real Soc. españ. Física Quím., Ser. B **49.** 295—300. April 1953. Santiago, Inst. „A. de G. Rocasolano".) J. ALTPETER. D 150

Joaquín Ocón García und **Gabriel Tojo Barreiro,** *Rektifizierung binärer Gemische.* 5. Mitt. *Messung der Wirksamkeit der Füllkörper unabhängig von der Konzentration des Gemisches.* (4. vgl. vorst. Ref.) Bei der Rektifizierung von $CCl_4 + C_6H_6$ in einer Kolonne mit Füllung wurden die Dampf–Fl.-Gleichgewichtsdaten nach der l. c. angegebenen Meth. bestimmt, wobei die Verdampfungsgeschwindigkeit am Kopf der Kolonne nach der Kondensatmenge konstant gehalten u. geregelt wurde. (An. Real Soc. españ. Física Quím., Ser. B **49.** 301—04. April 1953.) J. ALTPETER. D 150

Robert Baumann, *Verdünnungswärmen wässeriger Bernsteinsäurelösungen in großer Verdünnung.* Vf. untersucht mittels eines Differentialcalorimeters die Verdünnungswärme des zwischen den beiden Grenzfällen starker Elektrolyt–Nichtelektrolyt liegenden schwachen Elektrolyten *Bernsteinsäure* in großen Verdünnungen (0,4—0,0003 mol.) bei 12,5 u. 25° (integrale Verdünnungswärme starker Elektrolyte bei großen Verdünnungen $\sim\sqrt{c}$, von Nichtelektrolyten $\sim c$). Aus dem Vgl. der berechneten u. beobachteten intermediären Verdünnungswärmen ergibt sich ein deutlicher Zusammenhang mit den Dissoziationswärmen in Form negativer Wärmeffekte. (Z. Elektrochem., Ber. Bunsenges. physik. Chem. **58.** 801—04. 1954. Erlangen, Univ., Inst. für physikal. Chem.) G. WINKLER. D 156

Jen-Yuan Chien und **Chen-Eu Li (Jen-yuan Ts'ien** und **Tsch'eng-ou Li),** *Viscositätsmessungen an der binären Lösung n-Butylalkohol–N-Äthylanilin.* Bei 15° wurde die Viscosität von *n-Butylalkohol* (**I**)–*N-Äthylanilin*-Lsgg. in einem UBBELOHDE-Viscosimeter gemessen. Für die reinen Substanzen betragen die Fluiditäten 29,61 bzw. 39,05 rhes. Bei allen Mischungen ergeben sich positive Abweichungen von der Additivität u. für die Lsg. mit 30 Mol-% **I** ein Maximum von 41,10 rhes. Diese Mehrwerte werden durch Aufhebung der Assoziation zwischen den OH-Gruppen des **I** zu erklären versucht. Die Ergebnisse lassen sich ebenso gut durch die Gleichung von EYRING wie durch jene von VAN DER WYK darstellen. (Acta chim. sinica **19.** 176—83. Dez. 1953. Chekiang Univ., Dep. of Chem. [Orig.: chines.; Auszug: engl.]) W. METZENER. D 172

F. A. Long und **R. J. Kokes**, *Diffusion von Benzol- und Methylenchloriddämpfen in Polystyrol.* Aufnahme der Sorptions- u. Desorptionskurven von *Polystyrol* (**I**) in Dämpfen von *Bzl.* (**II**) u. *Methylenchlorid* (**III**) bei verschied. Dampfdrucken u. Temperaturen. Im Bereich niederer Dampfdrucke gehorcht die Diffusion nicht dem FICKschen Gesetz, sondern verläuft anomal. Erst oberhalb einer krit. **II**- oder **III**-Konz. tritt der n. FICKsche Diffusionsverlauf ein. Da diese krit. Konzz. ziemlich gut mit den von FOX (C. **1953.** 5043) gefundenen Werten für die Umwandlungsvorgänge zweiter Art bei I–Lösungsm.-Gemischen übereinstimmen, ist zu schließen, daß im Bereich der anomalen Diffusion, d. h. unterhalb des Umwandlungspunktes zweiter Art, die Diffusion von **II** oder **III** eine makromol. Orientierung in der Diffusionsrichtung verursacht, die wiederum die Sorptionsgeschwindigkeit u. damit die Diffusion beeinflußt. (J. Amer. chem. Soc. **75.** 2232—37. 5/5. 1953. Ithaca, N. Y., Cornell Univ., Dep. of Chem.) WALTER SCHULZE. D 176

G.-M. Schwab, E. O. Fischer und **J. Voitländer**, *Parawasserstoffumwandlung durch Metallverbindungen des Cyclopentadiens und Indens.* Bei $Mg(C_5H_5)_2$, $Ti(C_5H_5)_2Br_2$, $V(C_5H_5)_2$, $Cr(C_5H_5)_2$, $Fe(C_5H_5)_2$, $Co(C_5H_5)_2ClO_4$ wurden mit der p-H_2-Meth. die gleiche Anzahl ungepaarter Elektronen gefunden wie mit der magnet. Waage. Stärkerer Paramagnetismus gegenüber der p-H_2-Umwandlung als gegenüber der magnet. Waage wurde am $Co(C_5H_5)_2$, $Ni(C_5H_5)_2$ u. $(C_5H_5)V(CO)_4$ gemessen. Mit den Bindungsvorstellungen von DUNITZ u. ORGEL (C. **1954.** 1914) konnte der Paramagnetismus des $Co(C_5H_5)_2$ u. $Ni(C_5H_5)_2$ erklärt werden. Bei den Metall-bis-indenylen $Fe(C_9H_7)_2$, $Co(C_9H_7)_2$, $[Co(C_9H_7)_2]\cdot ClO_4$, $Ni(C_9H_7)_2$ decken sich die Ergebnisse der p-H_2-Meth. völlig mit denen der magnet. Waage. Theoret. Überlegungen sprechen für eine antiprismat. Struktur. Analoge Fluorenylverbb. sind theoret. denkbar. $C_5H_5Cr(CO)_5CrC_5H_5$ scheint die Struktur einer Zylinderwalze zu besitzen, wobei sich ein geschlossener CO-Fünfring zwischen den beiden Cr-Atomen befindet. (Naturwissenschaften **41.** 228. Mai 1954. München, Univ., Physikal.-Chem. Inst., u. TH, Anorgan.-chem. Labor.) G. HARTMANN. D 182

A. Bellemans und **C. Colin-Naar**, *Anwendung des Zellenmodells auf die statistische Thermodynamik von r-meren Lösungen.* 2. Mitt. (1. vgl. PRIGOGINE, TRAPPENIERS u. MATHOT, C. **1953.** 8815.) Das l. c. für r-mere Fll. u. Lsgg. entwickelte Zellenmodell wird auf *Diphenyl* (**I**), *Diphenylmethan* (**II**), *Dibenzyl* (**III**) u. *Diphenylacetylen* (**IV**) u. auf die Lsgg. von **I**—**IV** in Bzl. angewendet. Die l. c. abgeleiteten grundlegenden Funktionen für die überschüssige freie Energie, das Überschußvol. u. die Entropie werden nun in expliziter Form angegeben u. für die genannten Systeme ausgewertet. Das Auftreten einer negativen Überschußwärme im Syst. **II** + Bzl. kann nach dem Zellenmodell verstanden werden. Die D. (bezogen auf 4°) von **I** wurde zu 0,9939 (70°) bzw. 0,9862 (80°) u. die von **III** zu 0,9584 (60°) bzw. $0{,}9512_5$ (70°) bestimmt (je ±0,0001). (J. Polymer Sci. **15.** 121—32. Jan. 1955. Brüssel, Univ., Fac. of Sci.) O. FUCHS. D 186

Morton L. E. Chwalow, *Elektronenmikroskopische Untersuchungen einiger aliphatischer Natriumseifen.* (Vgl. C. **1953.** 8553.) Mit Hilfe von elektronenmkr. Aufnahmen untersucht Vf. den Einfl. von Mol.-Gew. u. Struktur auf die morpholog. Gestalt der aliphat. Na-Seifen von C_4—C_{18} u. erklärt die gefundenen Strukturen u. ihre Veränderungen auf Grund von Diffraktionsunterss. u. einer Theorie über VAN DER WAALSsche u. Ionenkräfte zwischen den Molekülen. Die Seifen bestehen aus bandähnlichen Fasern, die bei den höhermol. Ringe bilden, womit die charakterist. Seifenfaserstruktur verschwindet. Der maximale Abstand dieser Fasern wird mit steigendem Mol.-Gew. kleiner. Auf Grund der aus Diffraktionsunterss. gefundenen bimol. Lamellenstruktur der Seifenmoll. u. einer Anwendung ihrer Blättchengitternatur wird ein Modell aufgestellt, bei dem die langen Achsen der KW-stoffketten senkrecht zur Ebene der bandähnlichen Fasern stehen. (J. physic. Chem. **57.** 354—58. März 1953. Philadelphia, Pa., Temple Univ.)
E. JÄGER. D 190

O. A. Tesche, *Die Kristallstruktur der Ximeninsäure.* Ximeninsäure, $C_{18}H_{30}O_2$, $COOH\cdot(CH_2)_7C{\equiv}C\cdot CH{=}CH\cdot(CH_2)_5\cdot CH_3$, krist. triklin in Form sehr dünner Plättchen. Mittels Schwenk- u. WEISSENBERG-Aufnahmen wurde die folgende Zelle gefunden: a = 4,634 Å; b = 5,572 Å; c = 43,03 Å; α = 135° 29′; β = 89° 39′; γ = 84° 51′. Als Raumgruppe wurde $P\bar{1}$ angenommen; Z = 2. Eine vorläufige Struktur wurde aus einer Elektronendichteprojektion parallel der a-Achse erhalten. Wie in anderen einfachen Fettsäuren zeigt auch die vorliegende Säure die Tendenz, eine gerade C-Kette zu bilden, die jedoch wegen der Dreifach- u. Doppelbindung etwas verzerrt ist. Die auf Grund von Unterss. des Infrarotabsorptionsspektr. des Methylesters (vgl. AHLERS u. LIGTHELM, J. chem. Soc. [London] **1952.** 5039) angenommene trans-Konfiguration der Doppelbindung konnte bestätigt werden. (Acta crystallogr. [Copenhagen] **7.** 737—39. 10/11. 1954. Cape Toon, Univ., Dep. of Phys.) C. GOTTFRIED. D 195

S. C. Nyburg, *Sterische Hinderung im Dibiphenylenäthylenmolekül.* Vf. nimmt Bezug auf die Strukturbest. von *Dibiphenylenäthylen* [*Bifluoren*] von FENIMORE (vgl. C. **1949.** II. 1175), in der ein ebenes Mol. gefunden worden war. Da in einem solchen ebenen Mol. sowohl einige C—C-Abstände als auch C—H-Abstände zu klein sind, führte Vf. eine dreidimensionale FOURIER-Analyse mit Hilfe der Strukturfaktoren von FENIMORE (vgl. l. c.) durch. Hieraus ergab sich, daß ster. Abstoßung an den H-Atomen 2 Abweichungen von der Planarität verursacht, u. zwar zunächst eine Drehung der Phenylenkerne um eine Achse parallel den $C_{(7)}$—$C_{(8)}$-Bindungen u. zweitens eine Biegung der Benzolringe nach oben u. unten um die $C_{(2)}$—$C_{(7)}$- u. $C_{(8)}$—$C_{(13)}$-Bindungen. Das Ausmaß der Biegung beträgt in beiden Fällen ca. 10°. Da das Mol. eine Symmetrieebene besitzt, ist es nicht enantiomorph. (Acta crystallogr. [Copenhagen] **7.** 779—80. 10/11. 1954. Keele, Univ. Coll. of North Staffordshire, Dep. of Chem.) C. GOTTFRIED. D 195

N. A. Pušin und **L. Marić,** *Schmelzpunktsdiagramme der binären Systeme Phenylhydrazin und Azobenzol mit Phenolen.* Es wurden nach dem Verf. der therm. Analyse 11 bin. Systeme untersucht: 5 von *Phenylhydrazin* (**I**) u. 6 von *Azobenzol* (**II**). Mit Phenolen: **I** + *Phenol*: Mol.-Verb. (MV) 1 : 1, F. 41° (42°), wie bei reinem Phenol; eutekt. Punkte (EP) bei 3,5 u. 16° (15 u. 80 Mol-% Phenol). **I** + *β-Naphthol*: MV 1 : 1, F. 61°; EP 12 u. 60,5° (8 u. 53 Mol-% Naphthol). **I** + *Brenzcatechin*: MV 2 : 1, F. 60°; EP 44° bei 54 Mol-% Brenzcatechin. **I** + *Resorcin*: MV 2 : 1, F. 77°; EP 52° bei 55 Mol-% Resorcin. **I** + *Hydrochinon*: MV 2 : 1, F. 72,5°; EP 72° bei 37 Mol-% Hydrochinon. — Bin. Systeme mit **II** ergaben keine Mol.-Verbb., nur eutekt. Punkte: **II** + Brenzcatechin: EP 62° bei 20 Mol-% Brenzcatechin. **II** + Resorcin: EP 66° bei 5 Mol-% Resorcin. **II** + Hydrochinon: kein EP. **II** + *Thymol*: EP 32° bei 8 Mol-% Thymol. **II** + *Benzoesäure*: EP 60° bei 25 Mol-% Benzoesäure. **II** + *Urethan*: EP 45: bei 90 Mol-% Urethan. Abweichungen bes. bei **II** + Resorcin, vgl. KREMANN u. Mitarbeiter (Mon. **45.** [1924.] 306; **46.** [1925.] 172). (Гласник Хемиског Друштва Београд [Ber. chem. Ges. Belgrad] **16.** 5—12. 1951. Belgrad, Univ., Techn. Fak., Inst. für physikal. u. Elektrochem.) A. v. WILPERT. D 221

N. A. Pušin, *Schmelzpunktsdiagramme verschiedener organischer binärer Systeme.* Unters. von 16 bin. Systemen nach dem therm.-analyt. Verfahren. Ergebnisse: 1. *1.2.4-Toluylendiamin* + *Benzoesäure*: Mol.-Verb. (MV) 1 : 1, F. 67°; eutekt. Punkte (EP) 60 u. 63° bei 40 u. 57 Mol-% Benzoesäure. 2. *Tribromessigsäure* + *Phenol*: MV 1 : 2, F. 50° (leicht zersetzlich); EP 29° bei 82 Mol-% Phenol. 3. *p-Toluidin* + *Phenol*: MV 1 : 2 u. 1 : 1, F. 69 u. 67°; EP 66, 58 u. 37° bei 43, 12 u. 97 Mol-% Toluidin. 4. *Antipyrin* + *Salicylsäure*: MV 1 : 1 (Salipyrin), F. 90°; EP 74 u. 73° bei 37 u. 61 Mol-% Salicylsäure. 5. *Tetranitropentaerythrit* + *Diphenylamin*: weder MV noch EP. 6. *Mannit* + *Resorcin*: EP 100° bei 83 Mol-% Resorcin. 7. *Mannit* + *Phenol* u. 8. *Mannit* + *Äthylurethan*: beide Systeme keine festen Lsgg., weder MV noch EP. 9. *Acetanilid* + *p-Methoxybenzoesäure* (*Anissäure*): EP 102° bei 16 Mol-% Anissäure. 10. *Acetanilid* + *p-Aminoazobenzol*: EP 87° bei 40 Mol-% p-Aminoazobenzol. 11. *Monobromessigsäure* + *Diphenylamin*: EP 28° bei 30 Mol-% Diphenylamin. 12. *Trichlorphenol* + *Naphthalin*: EP 44° bei 45 Mol-% Naphthalin. 13. *Hydrochinon* + *Resorcin*: EP 93° bei 83 Mol-% Resorcin (abweichend von HRYNAKOWSKI). 14. *α-Naphthylamin-o-kresolat* + *α-Naphthylamin-p-kresolat*: EP 10° bei 50 Mol-%. 15. *m-Nitranilin* + *Benzoesäure*: EP 92° bei 50 Mol-%. 16. *Dibenzyl* + *Trinitrotoluol*: EP 41° bei 24 Mol-% Trinitrotoluol. (Гласник Хемиског Друштва Београд [Ber. chem. Ges. Belgrad] **18.** 7—17. 1953. Belgrad, Univ., Techn. Fak., Inst. für physikal. u. Elektrochem.) A. v. WILPERT. D 221

Lawrence J. Andrews, *Aromatische Molekülkomplexe vom Elektronendonoracceptortyp.* Es wird eine Übersicht über die Entw. von Beobachtung u. Theorie der aromat. Komplexverbb. seit dem Erscheinen von PFEIFFERs Buch über Molekülverbb. gegeben. Die physikal. Methoden werden ausführlich, wenn auch nicht erschöpfend, besprochen. Die verschied. Typen von Elektronenacceptoren, welche mit aromat. Stoffen Verbb. eingehen, werden in einer Tabelle (14 Seiten) zusammengestellt. Verbb., die dem Donoracceptortyp nicht entsprechen, werden nicht behandelt. Von experimentellen Methoden werden vor allem die Löslichkeits-, Verteilungs-, Dampfdruck-, F.- u. spektroskop. Messungen angeführt. Stabilität u. Bindungstheorien werden behandelt. (Chem. Reviews **54.** 713—76. Okt. 1954. Cambridge, Mass., Harvard Univ.; Massachusetts Inst. of Technol., Dep. of Chem., u. Davis, Calif., Univ.) K. L. WOLF. D 223

Akitsugu Nakahara und **Ryutaro Tsuchida,** *Die Darstellung von Tris-[dimethylglyoxim]-kobalt(III).* Vff. gelang erstmalig die Synth. des *Tris-[dimethylglyoxim]-kobalt(III)* (**I**). Die an **I** nachgewiesene opt. Aktivität berechtigt zu der Annahme, daß die 3 Moll. Dimethylglyoxim (**II**) als Chelatliganden gebunden sind, also 6 Koordinationsstellen einnehmen. 6 g **II** in 60 ml heißem W., das 6 g KOH enthält, lösen nach Abkühlen auf 40—50° 5 g $Co(NO_3)_2 \cdot 6\,H_2O$ u. nach heftigem Schütteln 12 ml 50%ig.

Essigsäure zufügen, 3 Std. Luft durchsaugen. Umkristallisation aus W. mit etwas Essigsäure. Ausbeute 4 g, unter 180° beständige orangefarbene braungelbe Kristalle, unlösl. in Bzl. u. Aceton, lösl. in W., A., Chlf. u. Dioxan. (J. Amer. chem. Soc. **76.** 3103. 5/6. 1954. Nakanoshima, Osaka, Japan, Osaka Univ., Fac. of Sci., Dep. of Chem.)
H.-G. Plust. D 223

Randall E. Hamm, Charles M. Shull jr. und **David M. Grant,** *Citratkomplexe des Eisen(II) und Eisen(III).* Polarograph. u. mittels p_H-Titrationen untersuchen Vff. die Bldg. der Komplexe des 2- u. 3-wertigen Fe mit Citronensäure (**III**) bei konstanter Ionenstärke (1,0). Die verwendeten Fe-Salze waren Fe(II)- u. Fe(III)-Perchlorat (**I** bzw. **II**). In **I**–**III**-Lsg. (Mol-Verhältnis 1 : 1) liegen die Komplexe $[Fe(C_6H_6O_7)]$, $[Fe\cdot(C_6H_5O_7)]^-$ u. $[(FeOH)(C_6H_5O_7)]^{2-}$ vor, deren Bldg. nach $Fe^{2+} + (C_6H_6O_7)^{2-} \rightleftharpoons [Fe\cdot(C_6H_6O_7)]$, $Fe^{2+} + (C_6H_5O_7)^{3-} \rightleftharpoons [Fe(C_6H_5O_7)]^-$ u. $Fe^{2+} + (C_6H_5O_7)^{3-} + H_2O \rightleftharpoons [(FeOH)\cdot(C_6H_5O_7)]^{2-} + H^+$ erfolgt. In sauren **II**–**III**-Lsgg. (1 : 1) existiert der Fe(III)-Komplex $[Fe(C_6H_6O_7)]^+$, während bei Steigerung des p_H der Lsg. die Kombinationen $[Fe(C_6H_5O_7)]$, $[(FeOH)(C_6H_5O_7)]^-$ u. $[Fe(OH)_2(C_6H_5O_7)]^{2-}$ gebildet werden. Die Bldg. dieser Komplexe erfolgt nach $Fe^{3+} + (C_6H_6O_7)^{2-} \rightleftharpoons [Fe(C_6H_6O_7)]^+$, $Fe^{3+} + (C_6H_5O_7)^{3-} \rightleftharpoons [Fe(C_6H_5O_7)]$, $Fe^{3+} + (C_6H_5O_7)^{3-} + H_2O \rightleftharpoons [(FeOH)(C_6H_5O_7)]^- + H^+$ u. $Fe^{3+} + (C_6H_5O_7)^{3-} + 2\,H_2O \rightleftharpoons [Fe(OH)_2(C_6H_5O_7)]^{2-} + 2\,H^+$. In **I**–**II**-Lsgg. mit **III**-Überschuß stellten Vff. den Ablauf zweier verschied. Reduktions-Rkk. bei verschied. p_H fest. In mehr saurem Gebiet wird diese wiedergegeben durch $[Fe(OH)(C_6H_5O_7)]^- + H^+ + e^- \rightarrow [Fe(C_6H_5O_7)]^- + H_2O$ u. in mehr alkal. Medium durch $[Fe(OH)_2(C_6H_5O_7)]^{2-} + 2\,H^+ + e^- \rightarrow [Fe(C_6H_5O_7)]^- + 2\,H_2O$. Für obige Gleichgewichte wurden die Konstanten titrimetr., zum Teil polarograph. ermittelt. (J. Amer. chem. Soc. **76.** 2111—14. 20/4. 1954. Salt Lake City, Ut., Univ. of Utah, Dep. of Chem.)
H.-G. Plust. D 223

Norman N. Lichtin, Ralph E. Weston jr. und **June D. White,** *Der Zustand von Anthracen, symm.-Trinitrobenzol und ihrem 1 : 1-Komplex in flüssiger Schwefeldioxydlösung.* Vff. überprüfen durch Unterss. der elektr. mol. Leitfähigkeit (Λ) u. der UV-Spektren (zwischen 350 u. 500 mμ) von *1.3.5-Trinitrobenzol* (**II**, F. 123,2—123,3°), *Anthracen*) **I**, F. 215,4°) u. ihrem *1 : 1-Komplex* (orangegelbe Nadeln, F. 163,8—164,0°) in Lsgg. von fl. SO_2 bei verschied. Konzz. die Vermutung von Weiss (vgl. J. chem. Soc. [London] **1942.** 245), wonach ein Komplex zwischen Polynitroaromaten u. ungesätt. KW-stoffen durch vollständigen Übergang eines Elektrons unter Ionenbldg. entstünde. Tatsächlich aber ergeben die Λ-Daten keine Stütze für die Ionennatur des Komplexes. Λ von **I** ist bei allen Konzz. geringer als die von **II**, die des Komplexes entspricht etwa der Summe der Λ der Komponenten. Das Spektr. des Komplexes ist gleichfalls etwa ident. mit der Überlagerung der Spektren von **I** u. **II**. Dem **I**-Spektr. in SO_2 fehlte die in CCl_4 beobachtete Feinstruktur, womit eine starke spezif. Wechselwrkg. zwischen SO_2 u. **I** angezeigt wird, analog etwa der Bldg. von Bzl.–SO_2-Verbb.; **II** zeigt mit SO_2 keine Reaktion. Ein spektroskop. Beweis für die Existenz des Komplexes entfällt ebenfalls, SO_2-Moll. verdrängen **II** aus dessen Verb. mit dem KW-stoff, u. zwar beansprucht das SO_2 auf Grund der Spektralwerte in Beachtung des Beerschen Gesetzes mindestens 36% des **I**. (J. Amer. chem. Soc. **74.** 4715—16. 20/9. 1952. Boston, Mass., Boston Univ., Chem. Dep., u. Cambridge, Mass., Harvard Univ., Converse Mem. Labor.)
G. Bankwitz. D 223

L'. Krasnec und **L. Kňažko,** *Beitrag zur Abhängigkeit der Hydrotropie von der chemischen Konstitution.* Zur Bestätigung der aufgestellten Theorie (Chem. Zvesti **4.** [1950.] 132 u. früher) der Beziehung zwischen chem. Konst. u. Hydrotropie wird eine Reihe wss. Lsgg. von Na-Salzen organ. substituierter u. nichtsubstituierter Carbon- u. Sulfonsäuren sowie von Hydrochloriden von Aminosäuren (4 Tabellen) auf ihre Lösefähigkeit für das schwer lösl. Coffein untersucht. Die Ergebnisse stimmen mit der angeführten Theorie überein u. ergänzen sie. Es werden neue hochhydrotrope Stoffe gefunden, wie das *Na-Salz* von *Fluorencarbonsäure-(9), 1-Oxynaphthalincarbonsäure-(2), Phenanthrencarbonsäure-(9), 2-Oxynaphthalinsulfonsäure-(1), Naphthalinsulfonsäure-(2)* u. *Anthrachinonsulfonsäure-(2).* — Die Wichtigkeit der COOH- u. OH-Gruppe für die Lösefähigkeit wird durch die Ergebnisse an den Be-Komplexsalzen des Na- u. K-Salicylats bestätigt. Untersucht wurden ferner die *Na-Salze* von *m-* u. *p-Aminobenzoesäure, o-Kresotinsäure, Gallus-* u. *Dibromgallussäure, α-Naphthylessigsäure, 9-Oxyfluorencarbonsäure-(9), 2-Oxychinolincarbonsäure, β-Umbelliferonessigsäure, saures* u. *n. Salz* der *Sulfosalicylsäure, Sulfanilsäure, Phenolsulfonsäure* (80% p- u. 20% o-) u. die *Hydrochloride* der *Anthranilsäure* u. *m-* u. *p-Aminobenzoesäure.* (Chem. Zvesti **8.** 178—87. April 1954. Preßburg [Bratislava], Slov. univ., Farm. fakulta, Chem. ústav.)
E. Rotter. D 224

J. Walker und **W. A. Waters,** *Organische Chemie. Einführung.* (Annu. Rep. Progr. Chem. **49.** 110. 1952; ausg. 1953.)
E. Herr. D 225

W. A. Waters, *Organische Chemie. Theoretische Organische Chemie.* Fortschritte auf folgenden Gebieten: 1. Bromoniumkationen; 2. Ozonisation. Die Einw. von Reagentien auf Doppelbindungen; 3. freie Radikale u. ihre Rkk.: a) Triphenylmethyl u. ähnliche Verbb.; b) Zerss. aliphat. Azoverbb.; c) Zerss. aromat. Diazoverbb.; d) homolyt. aromat. Substitutionen; e) Rkk. von Peroxyden; f) Umlagerungen freier Radikale; g) Additions-Rkk.; h) Bldg. von Radikalen durch Oxydationen u. Redd.; i) Schwefelradikale. — 243 Literaturhinweise. (Annu. Rep. Progr. Chem. **49**. 110—37. 1952; ausg. 1953.) R. GOMPPER. D 225

M. Levy und **M. Szwarc**, *Die Reaktionsfähigkeit aromatischer Kohlenwasserstoffe gegenüber Methylradikalen.* Vff. bestimmen die relativen Geschwindigkeiten der Addition von Methylradikalen an eine Reihe von aromat. Verbb. (experimentelle Meth. vgl. J. Amer. chem. Soc. **76**. [1954.] 5981). Die Meth. beruht auf folgendem: Die therm. Zers. von Acetylperoxyd, die Methylradikale liefert, führt bei sehr hoher Verdünnung in Isooctan (I) zu CO_2, CH_4 u. C_2H_6 in bestimmtem stöchiometr. Verhältnis; durch Zusatz einer aromat. Verb. verringert sich nun die gebildete Methanmenge, da ein Teil der CH_3-Radikale nicht mit I zu CH_4, sondern mit der aromat. Verb. reagiert. Das Verhältnis der Geschwindigkeitskonstanten der beiden letztgenannten Rkk. k_{II}/k_I wird berechnet, u. zwar für folgende Verbb.: *Bzl.*, *Naphthalin, Phenanthren, Chrysen, Pyren, Stilben, Benzanthracen, Anthracen, Naphthacen, Pyridin, Chinolin, Isochinolin, Acridin, Diphenyläther* u. *Benzophenon.* Die in I wenig lösl. Verbb. werden in Toluol untersucht. Ein Maß für die relativen Additionsgeschwindigkeiten, d. h. eine Skala der Methylaffinitäten, wird nun dadurch aufgestellt, daß die Werte k_{II}/k_I, die für jede der untersuchten Verbb. bei 85° erhalten wurden, dividiert werden durch den Wert k_{II}/k_I für Benzol. Dabei zeigt sich, daß die Reaktionsfähigkeit der aromat. Verbb. schnell anwächst mit zunehmender Konjugation der Moleküle. Ein Vgl. der Reaktionsfähigkeit unterschiedlicher Radikale ergibt, daß eine lineare Beziehung zwischen dem log der Methylaffinität u. dem log der relativen Additionsgeschwindigkeit von CCl_3-Radikalen bei einer Reihe von aromat. KW-stoffen besteht. Vff. betrachten den Anstieg dieser Geraden als ein Maß für die wirkliche Reaktivität der Methyl- u. Trichlormethylradikale, es existiert eine lineare Beziehung zwischen dem log der Methylaffinitäten u. den Triplett–Singulett-Energieübergängen der aromat. Verbb., die in Form des POLANYI-Modells für eine chem. Rk. diskutiert wird. (J. Amer. chem. Soc. **77**. 1949—55. 5/4. 1955. New York, N. Y., State Univ., Coll. of Forestry.) J. KNAUL. D 225

W. W. Wojewodski, G. K. Lawrowskaja und **R. Je. Mardaleischwili**, *Mechanismus des Austausches von Kohlenwasserstoffradikalen mit molekularem Deuterium.* Bei den in der Literatur vorliegenden Verss. über D-Austausch wird im allg. mit D-Atomen gerechnet, die aber neben D_2-Moll. nur in geringer Menge vorliegen. Bei Berücksichtigung der D_2-Moll. ergibt sich als einfachste Rk. mit Radikalen $R^\bullet$ der Prozeß $R^\bullet + D_2 \rightarrow RD + D^\bullet$ mit anschließender Regeneration nach $D^\bullet + RD \rightarrow R_D^\bullet + HD$ ($R_D^\bullet$ = deuteriertes Radikal). Die Geschwindigkeit dieser Stufen ist aber gering, während in Wirklichkeit der Austausch oft schneller verläuft als die chem. Grund-Rk.; bei der Bldg. von Methan durch Zers. von Aceton, Dimethyläther u. C_4H_{10} mit Einw. von D-Atomen wird auch ein hoher Deuterierungsgrad erzielt. CH_4 tauscht infolge der hohen Aktivierungsenergie der Rk. $D^\bullet + CH_4 \rightarrow HD + {}^\bullet CH_3$ (> 13—15 kcal/Mol) bei Zimmertemp. nicht mit D aus, das bei der Zers. dieser Verbb. gebildete CH_3D wird also nicht weiter deuteriert. Wahrscheinlicher ist ein Mechanismus $R{-}CH_2^\bullet + D_2 \rightarrow R{-}CHD^\bullet + HD$, der rascher abläuft, als nach der Herabsetzung der Aktivierungsenergie durch Bldg. eines Zwischenkomplexes u. der Erhöhung des Entropiefaktors zu erwarten ist. Vff. untersuchen die Austausch-Rk. zwischen C_2H_5-Radikalen (I) u. D_2 in Abwesenheit von D-Atomen. Die I werden durch Umsetzung von H-Atomen mit C_2H_4 erhalten. Die Prodd. (auf C_2H_4 bezogen bis 15% nC_4H_{10}, 7 C_3H_8, 5 C_2H_6, 40 CH_4) lassen auf die Bldg. von I u. CH_3-Radikalen (II) schließen. Wegen der hohen Geschwindigkeit der Rk. $C_2H_4 + H \rightarrow C_2^\bullet H_5$ (I) ist der Austausch $H + D_2 \rightarrow HD + D$ zu vernachlässigen. Wenn der D-Geh. des entstandenen C_4H_{10} als Funktion von $\alpha = D_2/H_2$ (Variation von α durch Änderung von D_2/C_2H_4 oder Teilersatz von H_2 durch Ar) aufgetragen wird, liegen die Werte nahe einer theoret. Kurve mit folgenden Annahmen: a) Bldg. von C_4H_{10} durch Rekombination von I; b) im I ($CH_3{-}CH_2^\bullet$) nur die an $C^\bullet$ gebundenen H austauschbar; c) Austausch schneller als Rekombination, wobei die Geschwindigkeitskonstanten von $R^\bullet + D_2 \rightarrow R_D^\bullet + HD$ u. $R_D^\bullet + H_2 \rightarrow R^\bullet + HD$ im Verhältnis $\sqrt{m_{H_2}/m_{D_2}} \cong 0{,}71$ stehen. Da C_3H_8 nur unter Beteiligung von II (mit 3 austauschbaren H) entstehen kann, müßte der Deuterierungsgrad von C_3H_8 höher sein als der von C_4H_{10}; bei $\alpha = 1$ ergibt sich der D-Geh. zu 32 bzw. 19%. Der D-Geh. von C_3H_8 kann theoret. ebenso berechnet werden wie bei C_4H_{10}. Wenn in dem zur Darst. von H-Atomen verwendeten Entladungsrohr zum Teil

D_2 statt H_2 durchgeleitet wird, entsteht C_4H_{10} durch Rekombination von $CH_2D{-}CH_2^{\cdot}$ mit teilweisem Austausch in der CH_2-Gruppe, sein D-Geh. läßt sich aus der Zus. des Gemisches berechnen, wobei sich gute Übereinstimmung mit dem Vers. ergibt (z. B. berechnet 28,8, gefunden $28 \pm 0{,}5\%$); dagegen ist die Ggw. von D-Atomen ohne Einfl. auf den D-Geh. des C_3H_8. Der Austausch von Radikalen mit D-Atomen spielt somit im Gesamtaustausch keine Rolle. (Доклады Академии Наук СССР [Ber. Akad. Wiss. UdSSR] [N. S.] **81.** 215—18. 11/11. 1951. Inst. für chem. Physik der Akad. der Wiss. der UdSSR.) R. K. MÜLLER. D 225

John W. Baker und **D. M. Easty**, *Der hydrolytische Zerfall von Salpetersäureestern.* 1. Mitt. *Allgemeine Versuchstechnik. Alkalische Hydrolyse und neutrale Solvolyse von Methyl-, Äthyl-, Isopropyl- und tert.-Butylnitrat in wässerigem Alkohol.* Die Hydrolyse von prim. u. sek. Alkylnitraten erfolgt mit annähernd $^1/_{40}$ der Geschwindigkeit der entsprechenden Alkylbromide, so daß die Verwendung von Reaktionsgefäßen aus Glas wegen des Alkaliangriffs ungeeignet ist. Die Rkk. wurden daher in (eingehend beschriebenen) Polythen- u. Fluongefäßen durchgeführt. Beim Zerfall der organ. Nitrate sind 3 Simultan-Rkk. möglich: 1. nucleophile Substitution (S_N) zu Alkohol + Nitrat, 2. β-H-Eliminierung (E) zu Olefin + Nitrat, 3. α-H-Eliminierung (E_{CO}) zu Carbonylverb. + Nitrit. Die Ermittlung getrennter Geschwindigkeitskonstanten für die 3 Simultan-Rkk. ist möglich durch unabhängige Best. der verschied. Reaktionsprodd., nämlich a) Säure–Alkali-Titration (liefert die Gesamtgeschwindigkeit der 3 Rkk.), b) Best. des Nitrations (liefert Geschwindigkeit von 1. + 2.), c) Olefinbest. (liefert Verhältnis der Geschwindigkeitskoeffizienten von 1. u. 2.), d) Nitritionbest. (Geschwindigkeit von 3.) u. Kontrolle durch e) Carbonylbestimmung. Rk. 2 ist bei *Methylnitrat* (I) strukturell unmöglich u. entsprechend Rk. 3 bei *tert.-Butylnitrat* (**IV**). Dieser Umstand liefert die Möglichkeit, bei den übrigen Nitraten die Bldg. von Carbonylverbb. u. Nitrit durch sek. Oxydations-Rkk. auszuschließen. Die Rkk. werden bei verschied. Tempp. zwischen 0 u. 96° in 60—90%ig. A. untersucht. In 90%ig. A. erfolgt die alkal. Hydrolyse von I prakt. nur durch Substitution (S_N2), Nitritbldg. ist daneben gerade analyt. nachweisbar. Bei *Äthylnitrat* (II) betragen die Anteile der Rkk. E 2 u. E_{CO} 2 je ca. 2% u. werden bei *Isopropylnitrat* (III) noch stärker (je ca. 10%). Für **I, II** u. **III** sind die Gesamt-Rkk. $S_N 2 + E\,2 + E_{CO}\,2$ von 1. Ordnung in bezug auf $[OH^-]$ u. $[RNO_3]$; die Geschwindigkeiten verhalten sich in der obigen Reihenfolge etwa wie 70 : 7 : 1, die Aktivierungsenergien liegen bei 18,8 bzw. 23,6 bzw. 26,3 kcal/Mol. Die Hydrolyse von **IV** ist sehr viel rascher; sie ist von 1. Ordnung u. wird durch OH^--Ionen nicht merklich beschleunigt; dies gilt bes. in dem stärker ionisierenden Lösungsm. (60%ig. A.). Es werden mehr Olefine gebildet als bei den übrigen Nitraten; das Verhältnis E $1/(S_N 1 + E\,1)$ steigt leicht mit der Reaktionstemp. an. — Bei der neutralen Solvolyse zeigen **I, II** u. **III** keine Olefin- oder Carbonylbldg.; die Reaktionsgeschwindigkeiten liegen in der Reihenfolge **I** $\sim$ **III** $>$ **II**. Bei **IV** tritt beträchtliche Olefinbldg. nach 1. Ordnung ein, wobei das Verhältnis E $1/(S_N 1 + E\,1)$ in alkal. Medium größer ist als bei neutraler Solvolyse, u. ebenso in 90%ig. A. größer als in 60%igem. — Die Geschwindigkeiten der alkal. Hydrolyse von **I** u. **II** sind in 60%ig. A. kleiner als in 90%ig., während die von **III** in dem stärker ionisierenden Lösungsm. größer u. die von **IV** sogar sehr viel größer ist. Die neutrale Solvolyse verläuft dagegen in allen Fällen in 60%ig. A. rascher, wobei wiederum der Unterschied zwischen den Geschwindigkeiten in 60- u. 90%ig. A. bei **IV** am größten ist. (J. chem. Soc. [London] **1952.** 1193—1207. April. Leeds, Univ.) O. REITZ. D 225

John W. Baker und **D. M. Easty**, *Der hydrolytische Zerfall von Salpetersäureestern.* 2. Mitt. *Der Einfluß von Struktur- und Lösungsmitteländerungen auf die Substitutions- und Eliminierungsreaktionen, die bei der Hydrolyse von primären, sekundären und tertiären Alkylnitraten auftreten.* (1. vgl. vorst. Ref.) Die vorst. erhaltenen Ergebnisse werden diskutiert. Die Geschwindigkeitsfolge Methyl > Äthyl > Isopropyl ≪ tert.-Butyl bei der nucleophilen Substitution in Ggw. von 90%ig. A. weist auf einen bimol. Mechanismus für die prim. u. sek. Nitrate u. einen unimol. Mechanismus für die tert. Verb. hin, wofür auch der Einfl. der Änderung der Zus. des Lösungsm. eine Bestätigung liefert. Bei der neutralen Solvolyse zeigen die relativen Geschwindigkeiten Methyl > Äthyl < Isopropyl ≪ tert.-Butyl eine Überlagerung eines unimol. Mechanismus über einen vorherrschenden bimol. Mechanismus im Falle der Isopropylverb., wenn entweder das Ionisierungsvermögen des Lösungsm. erhöht oder die nucleophile Wirksamkeit des angreifenden Reagens verringert wird. Die Olefineliminierung bestätigt diese mechanist. Schlüsse; sie wird durch elektromere Effekte von α- u. β-Substituenten bestimmt. Der Anteil der Olefinbldg. ist bei den Nitraten geringer als bei den entsprechenden Bromiden. Der Mechanismus der Carbonyleliminierung ist ziemlich sicher bimol.:

$HO^- \; H{-}\underset{\beta}{C}{-}\underset{\alpha}{O}{-}NO_2 \rightarrow HOH + {>}CO + NO_2^-$, wobei das β-Atom des Syst., von dem das Proton entfernt wird, das α—C-Atom des Nitrats ist. Der Anteil der Carbonyleliminierung, Methyl ≪ Äthyl < Isopropyl, an der Hydrolyse wird ebenfalls durch elektromere Effekte der Alkylsubstituenten bestimmt, während die Geschwindigkeiten selbst in der Reihenfolge Methyl ≪ Äthyl > Isopropyl liegen, da bei der Isopropylverb. im Falle der Carbonyleliminierung der verzögernde induktive [+J]-Effekt durch die Anhäufung von 2 Methylgruppen direkt auf das β-Atom wirkt, während bei der Olefineliminierung nur ein +J-Effekt 2. Ordnung eines Methylsubstituenten von dem α-Atom auf die β-Stellung übertragen wird. Die von BAKER u. HOPKINS (J. chem. Soc. [London] **1949**. 1089) erhaltenen Ergebnisse für die (reversible) Rk. H—O—C—CN → CO + HCN ermöglichen einen vorläufigen Vgl. eines 1.2-Eliminierungssyst. H—O—C—X mit dem komplementären Syst. der vorliegenden Unters. X—O—C—H. (J. chem. Soc. [London] **1952**. 1208—16. April.) O. REITZ. D 225

George S. Hammond, Frank J. Modic und **Richard M. Hedges**, *Aromatische Nitrierung*. 2. Mitt. *Der Einfluß des Lösungsmittels auf die anomale Orientierung der Nitrogruppe*. (1. vgl. C. **1955**. 8109.) Vff. untersuchen den Einfl. des Lösungsm. auf die anomale Orientierung der Nitrogruppe bei der aromat. Nitrierung. Die bei der Nitrierung von *2.5-Dibrom-* (I) u. von *2.5-Dichlornitrobenzol* (II) bei 100 u. 120° bzw. 100 u. 140° mit H_2SO_4 verschied. Konzz. erhaltenen Gemische von Dinitroverbb. werden infrarotspektroskop. bzgl. ihrer Zus. an o-, p- u. m-Dinitroderivv. analysiert. Die Resultate werden mit der Annahme einer Wechselwrkg. zwischen dem angreifenden Nitroniumion u. der Nitrogruppe des Ausgangsmol. gedeutet. In solchen Medien, in denen das agierende Ion wenigstens stark solvatisiert ist, wird die o-Substitution merklich begünstigt. Die Infrarotspektren zwischen 2 u. 16 μ sind angegeben in Nujol bzw. in CS_2 für 2.3-, 2.5- (III) u. 2.6-Dinitro-1.4-dibrom-, 2-Nitro-1.4-dibrom-, 2.5-, 2.6-Dinitro-, 2-Nitro-1.4-dichlor-, 2.6-Dinitrobrom- u. 2.3-Dinitro-1.4-dichlorbenzol; die Zus. der Nitrierungsprodd. von I u. II hinsichtlich o-, p- u. m-Derivv. u. deren o-/p- u. o-/m-Verhältnis werden tabellar. gegeben. Diskussion über die anomale Dirigierung in o-Stellung von nicht linearen ungesätt. Substituenten.

V e r s u c h e: *2.6-Dinitro-4-bromanilin*, F. 157—158° (A.), aus 2 g 2.6-Dinitroanilin (IV) mit 3 g Br_2 u. 1,6 g Ag_2SO_4 in 50 cm³ konz. H_2SO_4, 12 Std. bei 120°; orangefarbene Kristalle, 2,1 g. — *2.6-Dinitro-1.4-dibrombenzol*, F. 119—119,5° (Cyclohexan u. Skellysolve B), nach SANDMEYER aus 1,8 g vorst. Verb. in 20 cm³ konz. H_2SO_4 durch Diazotierung bei 0°, Zugabe der kalten Diazolsg. zu einer kalten Lsg. von CuBr in 48% ig. HBr; 1,1 g. — *2.6-Dinitrobrombenzol*, F. 103—103,5° (Skellysolve B), analog aus 2 g IV, 50% (Ausbeute). — Erhitzen von 2 g III mit 200 cm³ konz. H_2SO_4 u. 50 g KNO_3 über Nacht auf 140° führt zu 0,5 g weißen Prodd. vom F. 206—211°. Rekristallisation aus Bzl. u. Skellysolve B ergibt *Verb.* $C_6O_4N_2Br_4$ (2.3.5.6-Tetrabrom-1.4-dinitrobenzol ?), dicke Prismen, F. 315°. (J. Amer. chem. Soc. **75**. 1388—92. 20/3. 1953. Ames, Io., Iowa State Coll., Dep. of Chem., u. Inst. for Atomic Res.) K. H. KLASSKE. D 225

D. N. Andrejew, *Über den Kettenmechanismus der Kondensation von Siliciumtetrachlorid mit Cyclohexan und Benzol bei der stillen Entladung*. Durch einen Vorvers. wurde festgestellt, daß gasförmiges $SiCl_4$ bei der stillen Entladung unter den Bedingungen der nachst. durchgeführten Rkk. (24—28 kW, H_2-Atmosphäre, gewöhnlicher Druck, gläsernes Reaktionsgefäß) nicht verändert wird. Ist aber Cyclohexan zugegen ($SiCl_4$:C_6H_{12} = 1:0,2 Mol), so entstehen 10—11% (auf C_6H_{12} bezogen) *Cyclohexyltrichlorsilan* (I) vom Kp. 197—201°, 13% *Hexachlordisilan* (II) vom Kp. 145—147°, ein Gemisch von stellungsisomeren *[Cyclohexyldichlorsilyl]-[trichlorsilyl]-cyclohexanen*, $C_{12}H_{21}Cl_5Si_2$, Kp.$_6$ 145—155°, andere fl., nicht untersuchte Verbb. u. höhere, feste Kondensationsprodd. (Si-Geh. ca. 22%; Kp.$_6$ >200°), wahrscheinlich Derivv. von *Oktachlortrisilan* oder *Dekachlortetrasilan*, in denen Cl (1, maximal 2) durch die C_6H_{11}-Gruppe substituiert ist. Die Ketten-Rk. verläuft vermutlich nach dem Schema C_6H_{12} → ·C_6H_{11} + H· (Initiierungs-Rk.); ·C_6H_{11} + $SiCl_4$ → $C_6H_{11}SiCl_3$ + Cl·; Cl· + H_2 → HCl + H·; $C_6H_{11}SiCl_3$ + H· → $C_6H_{11}Cl_2Si$· + HCl; $C_6H_{11}Cl_2Si$· + ·C_6H_{11} → C_6H_{11}·$Cl_2SiC_6H_{11}$; $SiCl_4$ + H· → HCl + Cl_3Si·; 2 Cl_3Si· → Cl_3Si—$SiCl_3$; $C_6H_{11}Cl_2Si$·C_6H_{11} + Cl_3Si· → $C_6H_{11}Cl_2SiC_6H_{10}SiCl_3$ + H· usw.; da hiernach I u. II im mol. Verhältnis 1:1 gebildet werden müssen u. im Vers. ein Verhältnis von fast 1:1 festgestellt wurde, kann das Schema als richtig angenommen werden. Im Vers. mit einem Gemisch von Si·Cl_4 + Bzl. (1:0,3 Mol) wurde 10% (auf Bzl. bezogen) *Phenyltrichlorsilan* vom Kp. 199 bis 202° erhalten; die übrigen fl. Fraktionen u. ein fester Rückstand enthalten Si u. hydrolysierbares Cl. (Доклады Академии Наук СССР [Ber. Akad. Wiss. UdSSR] [N. S.] **100**. 263—65. 11/1. 1955. Inst. für Silicatchem. der Akad. der Wiss. der UdSSR.) R. KNOBLOCH. D 225

L. M. Litwinenko und **A. P. Grekow,** *Räumlicher Bau und Reaktionsfähigkeit.* 1. Mitt. *Acylierung der Aminoderivate des Diphenyls. 4'-Amino-4'-nitrodiphenyl* (I) u. *4-Amino-4'-nitro-2.2'-dimethyldiphenyl* (II) wurden mit p-Nitrobenzoylchlorid (III) in die *Mono-p-nitrobenzoylderivv.* übergeführt, um die Acylierungsgeschwindigkeit der NH_2-Gruppe in beiden Fällen miteinander zu vergleichen. Angewendet wurden 0,005 mol. Lsgg. der Amine u. eine 0,0025 mol. Lsg. von III in Bzl.; Temp. 30 u. 60°. Die Geschwindigkeitskonstanten (k) (Liter · Mol^{-1} · sec^{-1}) ergaben sich bei I zu $k_{30} = 0{,}074 \pm 0{,}003$ u. $k_{60} = 0{,}141 \pm 0{,}005$; Aktivierungsenergie (E) 4300 cal; die Werte bei II waren $k_{30} = 0{,}183 \pm 0{,}005$; $k_{60} = 0{,}49 \pm 0{,}01$; E = 6600 cal. Zum Vgl. wurde auch Anilin (IV) der Acylierung mit III unterworfen: $k_{30} = 0{,}71 \pm 0{,}03$. Die ca. 10fach kleinere Geschwindigkeit bei I im Vgl. mit IV ist fast ganz auf den starken Einfl. der NO_2-Gruppe zurückzuführen. Demgegenüber ist der Einfl. des 2., die NO_2-Gruppe enthaltenden Benzolrings gering, wie eine Berechnung für p-Aminodiphenyl nach der HAMMETTschen Gleichung ergibt. Von WILLIAMS u. HINSHELWOOD (J. chem. Soc. [London] **1934.** 1079) wurde die Acylierungsgeschwindigkeit von p-Nitroanilin mit III bei 25° bestimmt; wird diese zum Vgl. mit derjenigen von I unter Berücksichtigung der hier angewendeten Meßmeth. auf 30° umgerechnet, so folgt $k_{30} = 0{,}00013$. Danach ist der reaktionshindernde Einfl. der NO_2- auf die NH_2-Gruppe ca. 600mal kleiner, wenn ihr Abstand voneinander um einen Benzolring vergrößert wird. Bei II im Vgl. mit I ist der Einfl. der NO_2-Gruppe geringer geworden. Zur Deutung des verschieden starken Einfl. der NO_2-Gruppe bei I u. II wird die verschied. Lage der beiden Benzolringe im Mol. herangezogen: Je mehr die Ringe gegeneinander aus der komplanaren Lage herausgedreht sind, um so stärker ist die Unterbrechung der Konjugationskette zwischen den Ringen, um so schwächer die Aktivität der NO_2-Gruppe. Mittels der von SSYRKIN u. DJATKINA entwickelten Formel $u \approx (k \cdot T/h) \cdot (e^{-v/kT})$, worin u die Geschwindigkeit der (in beiden Fällen anharmon.) Rotationsschwingung um die Gleichgewichtslage, v die zu überwindende Energiebarriere ist, wird u für I u. II berechnet; danach geht das I-Mol. weit häufiger als II durch die komplanare, für die Herst. der Konjugationskette günstigsten Lage, so daß die NO_2-Gruppe in I öfter als in II ihren bremsenden Einfl. auf die Acylierung ausübt. Alle diese Erwägungen u. weitere, die E betreffen, haben vorläufigen Charakter u. müssen weiter experimentell geprüft werden. — *p-Nitrobenzoylchlorid* (III), F. 72,8° (CCl_4); aus p-Nitrobenzoesäure u. $SOCl_2$. — *4-Amino-4'-nitrodiphenyl* (I), F. 204° (Methanol); aus 4.4'-Dinitrodiphenyl in Pyridin u. tropfenweise zugesetzter Na-Polysulfidlsg. auf sd. Wasserbad; 75% (Ausbeute). — *4-Amino-4'-nitro-2.2'-dimethyldiphenyl* (II), $C_{14}H_{14}O_2N_2$, F. 71—72° (wss. Methanol); der von SHERWOOD u. CALVIN (J. Amer. chem. Soc. **64.** [1942.] 1350) angegebene F. 80—81° wird angezweifelt; aus 4.4'-Dinitro-2.2'-dimethyldiphenyl u. Na-Polysulfidlsg. in Methanol + Pyridin; 73%. (Украинский Химический Журнал [Ukrain. chem. J.] **20.** 194—203. 1954. Charkow, Gorki-Univ., Lehrstuhl für organ. Chem.) R. KNOBLOCH. D 225

Luigi Canonica, Cesare Cardani und **Roberto Trave,** *Über die Knoevenagel-Kondensation. Die wasserabspaltende Wirkung der Salze einiger organischer Basen.* Beim Kochen in Ggw. geringer Mengen von Salzen organ. Basen lieferte *Diacetonalkohol* (I) 80—85% *Mesityloxyd* (II) u. 2—5% *Aceton*; 10—15% I blieben unverändert. Wirksam erwiesen sich hierbei Salze des *Piperidins* (III) mit HCl, HBr, HJ, H_2SO_4 u. $HClO_4$, ferner die Hydrochloride des Mono-, Di- u. Trimethylamins, des Dimethylanilins u. Pyridins sowie NH_4Cl, während reine quaternäre Ammoniumsalze inakt. blieben. Das im Syst. nahezu unlösl. NH_4Cl wirkt entsprechend langsamer. Bei der Rk. stellt sich ein Gleichgewichtszustand ein, der sich auch vom II aus erreichen läßt: $R \cdot CO \cdot R' + R'' \cdot CH_2X \rightleftharpoons RR'C \cdot (OH)CR'' \cdot H \cdot X \rightleftharpoons RR'C{=}CR'' \cdot X + H_2O$; R, R', R'' = H bzw. Alkyl; X = CHO, COR, NO_2 usw. Die Wasserabspaltung von I mit III-Hydrochlorid bzw. beim Kochen des II mit W. u. freiem III geht vermutlich auf geringe Mengen freier (hydrolysierter oder ionisierter) Basen zurück. Ganz analog wird auch *Acetaldol* in Ggw. geringer Mengen III-, CH_3NH_2- oder $(CH_3)_3N$-HCl rasch zu *Crotonaldehyd* dehydratisiert, wobei die Ausbeuten wegen der gleichzeitigen Polymerisation herabgesetzt sind. (Atti Accad. naz. Lincei, Rend., Cl. Sci. fisiche, mat. natur. [8] **14.** 814—19. Juni 1953. Milano, Univ., Ist. di Chimica Ind., Politecnico, Ist. di Chimica Generale.) A. SANDER. D 225

De Los F. DeTar und **Douglas I. Relyea,** *Intramolekulare Reaktionen.* 2. Mitt. *Der Mechanismus des Ringschlusses von diazotierten 2-Aminobenzophenonen.* (1. vgl. C. **1951.** I. 1130.) Die therm. Zers. saurer Lsgg. von 2-Benzoylbenzoldiazoniumfluoborat (I) führt zur Bldg. von 64% *Fluorenon* u. 36% *2-Oxybenzophenon.* 2-[4'-Methylbenzoyl]-benzoldiazoniumfluoborat (II) liefert *3-Methylfluorenon* u. *4'-Methyl-2-oxybenzophenon* in etwa gleicher Ausbeute; 2-[3'-Nitrobenzoyl]-benzoldiazoniumfluoborat (III) gibt 33% *2-* u. *4-Nitrofluorenon* u. 67% *2-Oxy-3'-nitrobenzophenon*. Die therm. Zers. verläuft genau nach dem Gesetz 1. Ordnung. **II** reagiert schneller, **III** langsamer als **I**. Die Abspaltung des Diazonium-N ist ein S_N1-Prozeß. In höheren p_H-Bereichen in Ggw. verschied. Puffer verläuft die Rk. hauptsächlich, aber nicht ausschließlich über freie Radikale. k-Werte in 0,05mol. wss. H_2SO_4 wurden auch für 2-[4'-Methoxybenzoyl]-benzoldiazoniumfluoborat bestimmt ($1{,}58 \cdot 10^{-4}$ sec^{-1} bei 45°). Es errechnen sich folgende Werte: Für **II**: $E = 28058 \pm 170$, $\ln A = 35{,}4740 \pm 0{,}28$, $\Delta S^{\neq}$ $9{,}91 \pm 0{,}56$, $\Delta H^{\neq}$ 27435 ± 170; **I**: $E = 28250 \pm 155$; $\ln A = 35{,}4784 \pm 0{,}25$, $\Delta S^{\neq}$ $9{,}91 \pm 0{,}50$; $\Delta H^{\neq}$ 27624 ± 155; **III**: $E = 28368 \pm 39$; $\ln A = 34{,}6816 \pm 0{,}06$; $\Delta S^{\neq}$ $8{,}17 \pm 0{,}12$; $\Delta H^{\neq}$ 27723 ± 39. Ferner wurde der Einfl. von Cu-Pulver (höhere Fluorenonausbeute) u. $CuSO_4$ (keine Wrkg.) auf die Rk. untersucht.

Versuche (FF. korr.): *2-Aminobenzophenon*, F. 105—106°, *2-Methyl-4'-methylbenzophenon*, F. 94—95°, *2-Amino-4'-methoxybenzophenon*, $C_{14}H_{13}O_2N$, F. 76,2—76,8°, alle nach SCHEIFELE JR. u. DETAR, C. **1953.** 8578). *2-[3'-Nitrobenzoyl]-benzoesäure*, $C_{14}H_9O_5N$, schwachgelbe Kristalle, F. 186,2—187,5° (Essigsäure), aus o-Benzoylbenzoesäure in konz. H_2SO_4 durch Zugabe von HNO_3 in H_2SO_4 bei 40—50°, ½ std. Stehen; 61% (Ausbeute); *Säurechlorid*, durch 40 Min. Kochen mit $SOCl_2$; 88%; *Azid*, $C_{14}H_8O_4N_4$, F. 106° (Zers.), aus vorst. Säurechlorid u. Aceton u. NaN_3 in W.; 92%. — *2-Amino-3'-nitrobenzophenon*, $C_{13}H_{10}O_3N_2$, F. 93,5—94,5° (A.), durch ½ std. Sieden vorst. Verb. mit absol. Toluol, Abkühlen auf 35°, Extrahieren mit 50 Vol.-%ig. H_2SO_4 u. Zusatz der H_2SO_4-Schicht zu kaltem NH_4OH; 67%. — *2-Benzoylbenzoldiazoniumfluoborat*, $C_{13}H_9 \cdot ON_2F_4B$, aus 2-Aminobenzophenon durch Diazotieren u. Zusatz von HBF_4; 60%. — Analog: *2-[4'-Methylbenzoyl]-benzoldiazoniumfluoborat*, $C_{14}H_{11}ON_2F_4B$, 56%; *2-[4'-Methoxybenzoyl]-benzoldiazoniumfluoborat*, $C_{14}H_{11}O_2N_2F_4B$; 70%; *2-[3'-Nitrobenzoyl]-benzoldiazoniumfluoborat*, $C_{13}H_8O_3N_3F_4B$; 90%. — *2-Oxybenzophenon*, F. 38,5—39°, nach FRIEDEL-CRAFTS mit 2-Methoxybenzoylchlorid (Demethylierung erfolgt während der Rk.), Reinigung durch Chromatographie an Al_2O_3; 30%; analog *2-Oxy-4'-methylbenzophenon*, F. 61,0—62,0°; 47%. — *2-Oxy-3'-nitrobenzophenon*, $C_{13}H_9O_4N$, F. 96—97°, aus dem entsprechenden Diazoniumfluoborat, chromatograph. isoliert. — *2-Chlor-4'-methoxybenzophenon*, F. 98,5—99,5°, nach FRIEDEL-CRAFTS. — *3-Methylfluorenon*, F. 66,0—66,5° (Bzl.-Pentan), aus dem Diazoniumsalz, chromatograph. gereinigt. — *2-Nitrofluorenon*, F. 222—224° (Äthylacetat), durch Nitrieren von Fluoren u. anschließendes Oxydieren mit Na-Dichromat u. Eisessig. (J. Amer. chem. Soc. **76.** 1680—85. 20/3. 1954. Ithaka, N. Y., Cornell Univ., Baker Labor. of Chem.; Columbia, S. C., Univ., Dep. of Chem.) J. MATTNER. D 225

A. G. Davies, Mansel Davies und **M. Stoll**, *Untersuchung der Kinetik einer einfachen Cyclisierungsreaktion.* Die Kinetik der Cyclisierung der K-Salze der *ω-Bromundecan-* (F. 49,0°) u. *ω-Brompentadecansäure* (F. 66,1 ± 0,1°) bei 60—100° in Methyläthylketon, dem 0,5—7,5 Vol.% W. zugesetzt wurden (um das entstehende KBr in Lsg. zu halten), wurde durch Leitfähigkeitsmessungen (bei $1-102 \cdot 10^{-4}$n Lsgg.) bzw. durch Titration des Br^- mit $AgNO_3$ (bei 0,125—0,50n Lsgg.) verfolgt. Bei dieser Rk. entstanden bis zu 80% der Monolactone, daneben Polyestersalze. Um eine Hydrolyse der Salze zu vermeiden, wurde ein Überschuß von 10% der freien Säuren zugesetzt; diese reagieren nicht unter diesen Bedingungen u. haben keinen Einfl. auf die k-Werte der Reaktion. Neben einer Rk. 1. Ordnung findet bei der Cyclisierung auch eine Rk. 2. Ordnung statt; die k_1- u. k_2-Werte, sowie die Aktivierungsenergien u. die Häufigkeitsfaktoren wurden berechnet. Die Ionisierung des Br bestimmt die Geschwindigkeit der Reaktion. Die für die beiden untersuchten Salze erhaltenen Ergebnisse unterscheiden sich nur wenig. Der Mechanismus der Rk. wird diskutiert. Für die Verb. mit 14 CH_2-Gruppen sind die Möglichkeiten, einen spannungsfreien Ring zu bilden, größer, u. der Ring ist biegsamer als bei der mit 10 CH_2-Gruppen. (Helv. chim. Acta **37.** 1351—60. 15/6. 1954. Aberystwyth, Univ., Coll. of Wales, Edward Davies Chem. Labors., u. Genève, Maison Firmenich & Cie.) G. CLEVE. D 225

Stanley J. Cristol, Arthur Begoon, William P. Norris und **Patricia S. Ramey**, *Mechanismen von Eliminierungsreaktionen.* 12. Mitt. *Die Reaktion von cis- und trans-p-Nitro-β-bromstyrol mit äthanolischem Alkali.* (11. vgl. C. **1955.** 2642.) Bei der Rk. mit alkoh. NaOH entsteht aus cis-p-Nitro-β-bromstyrol (cis-**I**) *p-Nitrophenylacetylen* (**II**), aus *trans*-**I** *1.1-Diäthoxy-2-p-nitrophenyläthan* (**III**). Die Aktivierungsenergien betragen für *cis*-**I** 23,9, für *trans*-**I** 23,8 $kcal \cdot Mol^{-1}$, die Aktivierungsentropien bei 30° +12 bzw. −4 $cal \cdot Grad^{-1} \cdot Mol^{-1}$. Verschied. Reaktionswege für die Entstehung von **III** werden diskutiert; es gelang nicht, das Auftreten von **II** als Zwischenprod. eindeutig nachzuweisen (mit HgO oder Thiophenol). Die Ergebnisse werden mit den in Isopropanol erhaltenen (l. c.) verglichen; die l. c. gezogenen Schlüsse werden bestätigt.

Versuche: *cis-p-Nitro-β-bromstyrol* (cis-I), F. 48—49°. — *trans-p-Nitro-β-bromstyrol* (trans-I), F. 156—157°. — *p-Nitrophenylacetylen* (II), F. 148—149°, aus cis-I u. NaOH in 95%ig. A. (25 Min. bei n. Temp.); 100% (Ausbeute). — *1.1-Diäthoxy-2-p-nitrophenyläthan* (III), $C_{12}H_{17}O_4N$, F. 15—16° (Ae.), aus trans-I entsprechend (20 Tage bei 43°); Reinigung chromatograph. (Al_2O_3); 88%. — *p-Nitrophenylacetaldoxim*, F. 154 bis 155°, aus III u. wss.-alkoh. Hydroxylamin. — *p-Nitrophenylacetaldehyd-2.4-dinitrophenylhydrazon*, $C_{14}H_{11}O_6N_5$, F. 190—193°, goldfarbene Nadeln (Essigester), aus III. — Rk. von II mit wss.-alkoh. NaOH (21 Std. bei 43°) → 79% (roh) III. — Rk. von II mit HgO u. wss.-alkoh. NaOH (10 Min. schütteln) → *Bis-[p-nitrophenyläthinyl]-quecksilber* (IV), $C_{16}H_8O_4N_2Hg$, F. 272—274°, gelb; 75%. — Ebenso, aber 6 Std. kochen → 43% IV. — Rk. von trans-I mit alkoh. NaOH in Ggw. von HgO (6 Tage bei 43°) → 17% IV, daneben viel III (?). — Rk. von II mit Thiophenol u. alkoh. NaOH (3 Tage bei 43°) → *Phenyl-p-nitrophenylvinylthioäther*, $C_{14}H_{11}O_2NS$, F. 73—73,5° (95%ig. A. oder PAe.); 41%. — Ggw. von Na-Thiophenolat beschleunigte die Rk. von trans-I mit alkoh. NaOH derart, daß nach 10 Std. bei 43° das gesamte Brom als Br^- vorlag. (J. Amer. chem. Soc. **76**. 4558—61. 20/9. 1954. Boulder, Colo., Univ., Dep. of Chem.) J. ROTHE. D 225

Joseph F. Nyc, Harry B. Friedgood, Josephine B. Garst und **Dorothy M. Maron**, *Photooxydation kristallisierter Östrogene in Gegenwart von Flavinen.* *Östron* (I), *Östradiol* u. *Östriol* werden in 95%ig. A. bei Bestrahlung mit sichtbarem Licht in Ggw. von *Riboflavin* (II) oder *Lumichrom* rasch oxydativ zersetzt. Das UV-Absorptionsspektr. (von 240—380 mμ für I angegeben) zeigt im Laufe von 90 Std. eine bes. im Bereich von 250 mμ sehr deutliche Zunahme der Absorption. Der Zusatz von 10^{-2} Mol $MnCl_2$ pro Liter hemmt diese Photooxydation fast vollständig, die Photozers. des II selbst wird durch $MnCl_2$ jedoch nicht beeinflußt. Parallel mit den spektralen Änderungen geht eine starke Verminderung der biol. Aktivität (bestimmt mit dem DOISY-Test) auf 25% in 135 Stunden. Eine II-freie Probe zeigt unter sonst gleichen Bedingungen nur eine Aktivitätsminderung auf 75%. Bei der Aufarbeitung einer in Ggw. von II bestrahlten I-Lsg. werden mehrere Reaktionsprodd. erhalten, die alle eine positive ZIMMERMANN-Rk. geben. Die 17-Ketogruppe bleibt demnach bei der Photooxydation erhalten. Eine chromatograph. Trennung der Reaktionsprodd. in methanol. Lsg. an gepulvertem Gummi (vgl. NYC u. Mitarbeiter, Proc. Soc. exp. Biol. Med. **77**. [1951.] 466) u. Elution mit 20%ig., 40%ig. u. schließlich 60%ig. Methanol läßt mindestens drei instabile Oxydationsprodd. erkennen. Die beschriebene Photooxydation wird bei der Analyse von Harn- u. Blutöstrogenen zu beachten sein. (J. Amer. chem. Soc. **75**. 907—10. 20/2. 1953. Los Angeles, Calif., Univ., School of Med., Dep. of Phys. Chem., u. Dep. of Med.)
K. PRCHAL. D 226

I. L. Knunjanz und **A. W. Fokin**, *Anlagerung von Schwefelwasserstoff und Mercaptanen an Olefine.* Übersicht über die Anlagerungs-Rkk. von H_2S u. Mercaptanen an Olefine. Die Anlagerung von Mercaptanen an ungesätt. KW-stoffe verläuft leicht in Ggw. von H_2SO_4 oder Essigsäure als Katalysator bei n. oder erhöhter Temperatur. H_2S u. Mercaptane lagern sich in Abwesenheit von Katalysatoren an asymm. Olefine, beginnend von Isobutylen u. Trimethyläthylen, bei erhöhtem Druck u. erhöhter Temp. unter Bldg. von Mercaptan u. Sulfid an. Die Anlagerung wird auch durch elementaren S katalysiert. Die Ausbeute der Anlagerungsprodd. steigt mit zunehmender Kettenlänge der Olefine an. Die Anlagerung von Thiolen an Olefine verläuft um so schneller, je saurer die Mercaptogruppe der Verb. ist, u. wird noch beschleunigt durch UV-Strahlen der Wellenlänge ≥2800 Å. Bei Verwendung von Photosensibilisatoren, wie Tetraäthylblei, kann die Rk. mit Licht der Wellenlänge 3200 Å induziert werden. Die Anlagerung von Mercaptanen an α-, β-ungesätt. Ketone, α-Nitroolefine, Thiovinyläther, Vinylacetylen, Alkylensulfone u. andere analoge Systeme verläuft ähnlich wie in Systemen mit beweglichem H-Atom. Die Anlagerung an solche Verbb. wird durch Alkalien katalysiert. Die Anlagerung von Thiolen an ungesätt. Verbb. wird durch HF, BF_3 oder $AlCl_3$ katalysiert; in gasförmiger Phase wirken Sulfide u. Oxyde der Metalle der III. u. IV. Gruppe, bes. Al_2O_3, als Katalysatoren. — 135 Literaturangaben. (Успехи Химии [Fortschr. Chem.] **19**. 545—64. Sept./Okt. 1950. Moskau.) A. TROFIMOW. D 227

Walter Theilacker und **Heinz-Günter Drössler**, *Die katalytische Hydrierung von Acetophenon mit Platin und Palladium. Ein Beitrag zur Selektivität der Edelmetallkatalysatoren.* Die Hydrierung des *Acetophenons* bei Zimmertemp. ohne Überdruck mit Pt bzw. Pd (aus den Oxyden) liefert je nach Lösungsm. u. Vorbehandlung des Katalysators verschied. Prodd.; so gibt Pt in Dioxan (I) 100% *α-Phenyläthanol* (II), I + 0,3% Eisessig 53% II, 29,6% *Äthylbenzol* (III), 7% *Äthylcyclohexan* (IV) u. 10,4% *α-Cyclohexyläthanol* (V), in reinem Eisessig 89,4% IV u. 10,6% V. Nach Auswaschen des Eisessigs aus vorst. Suspension mit I entstehen 67,7% III, 20,8% IV u. 11,5% V, nach Einw. von n/10 NaOH in I 86,5% II u. 13,5% V. Wird die letzte Suspension mit Eisessig behandelt, so bilden sich in I 58,2% II, 29,3% III u. 12,5% V. Das Pt scheint noch Alkali in Form von Plateaten zu enthalten, die nach Einw. von Säuren akt. Zentren für die Bldg. kernhydrierter Prodd. liefern, wobei die Selektivität für IV durch Alkali wieder gehemmt werden kann, für V aber irreversibel ist. Damit stimmt überein, daß nach DÖBEREINER aus Na-Plateat hergestellter Katalysator in Essigsäure 54% V u. 46% IV, nach Einw. von Alkali 70% II u. 30% V liefert. Dies deutet auf zwei verschied. Reaktionsmechanismen hin. Da II mit Pt in Eisessig IV liefert, V aber unverändert bleibt, muß der Kern vor der Ketogruppe oder durch 1.4- bzw. 1.6-Addition gleichzeitig mit ihr hydriert werden u. V auf anderem Wege entstehen. Pd bildet dagegen in I u. in Eisessig nur III, u. nach kurzer Alkalibehandlung (2 Min.) in I 64,3% II u. 21,4% III, längere Einw. hemmt die Hydrierung völlig. Vff. schließen hieraus auf das Verh. der α.β-ungesätt. Ketone, die gesätt. Ketone bzw. — über tert. ungesätt. Alkohole u. ungesätt. KW-stoffe — gesätt. KW-stoffe liefern. Die Bldg. der letzten Prodd. wird durch Alkali stark gehemmt. *Cyclohexyläthanol*, $Kp._{11}$ 78°, aus Cyclohexyl-MgCl u. Acetaldehyd; 57%. (Chem. Ber. **87**. 1676—84. 30/11. 1954. Hannover, TH, Inst. für organ. Chem.) K. BECKER. D 227

D_2. Präparative organische Chemie. Naturstoffe.

Richard Baltzly und **Otto Kauder**, *Darstellung von sekundären Aminen durch die Wallach-Reaktion.* Vff. untersuchten die Darst. von *sek. Aminen* durch Red. von SCHIFFschen Basen oder Carbonylverb. + Amin mit 98%ig. HCOOH oder mit HCOO·Na + CH_3COOH. Die Meth. bietet im allg. gegenüber der Alkylierung von prim. Aminen mit Alkylhalogeniden keine Vorteile, ist aber dann von Nutzen, wenn die Alkylhalogenide reaktionsträge sind (z. B. Cyclohexylhalogenide) oder in unerwünschter Weise reagieren (z. B. Methoxybenzylhalogenide).

Versuche: *N-Cyclohexylidenbenzylamin*, $Kp._1$ 125—128°, durch 4std. Kochen von Cyclohexanon (I) u. Benzylamin in Bzl. unter Abscheidung des gebildeten W.; n_D^{25} 1,5452; 63% (Ausbeute). — Analog aus I bzw. Veratrumaldehyd (II) u. den entsprechenden Basen: *N-Cyclohexyliden-n-butylamin*, $Kp._2$ 64—65°, n_D^{25} 1,4669; 77%. — *N-[3.4-Dimethoxybenzyliden]-n-butylamin*, $Kp._2$ 135—137°; 69%. — *N-[3.4-Dimethoxybenzyliden]-benzylamin* (III), $Kp._2$ 204—209°; 72%. — *N-[3.4-Dimethoxybenzyliden]-p-toluidin*, $C_{16}H_{17}O_2N$, F. 91—93° (gelbliche Nadeln aus n-Propanol) 31%. — *N-[3.4-Dimethoxybenzyliden]-äthanolamin*, $C_{11}H_{15}O_3N$, F. 105,5—106,5° (Platten aus Äthylacetat); 46%. — Aus I u. Äthanolamin entstand wahrscheinlich *Spirocyclohexan-[1:2']-oxazolidin* (IV), $Kp._2$ 59—61°. Aus 2-Aminopyridin konnte weder mit I noch mit II eine SCHIFFsche Base erhalten werden. — sek. Amine, a) durch 4std. Kochen der SCHIFFschen Basen mit 5 Äquivalenten 98%ig. HCOOH, Zugabe von konz. HCl, Eindampfen u. gegebenenfalls Alkalisieren; b) wie a) mit Carbonylverb. + Amin; c) durch 18std. Kochen von Carbonylverb., Amin u. HCOONa in Eisessig; Gießen in W.: *N-Cyclohexyl-n-butylaminhydrochlorid*, nach a) 37%, nach b) geringer. — *N-Cyclohexylbenzylaminhydrochlorid*, nach a) 27%, nach b) geringer. — *N-[3.4-Dimethoxybenzyl]-n-butylamin*, nach a) oder b). — *N-[3.4-Dimethoxybenzyl]-äthanolamin, Pikrat*, F. 155—156°; *Hydrochlorid*, F. 115,5—116°; nach a) oder b). — *N-[3.4-Dimethoxybenzyl]-p-toluidinhydrochlorid*, F. 198—199°; nach a) 35%, nach b) u. c) geringer. — *N-Cyclohexyl-p-toluidinhydrochlorid*, nach c) 29%. — *N-Cyclohexyl-p-chloranilinhydrochlorid*, F. 205—207°; nach c) 63%. — *2-[Cyclohexylamino]-pyridin*, nach c) 44%. — *2-[3.4-Dimethoxybenzylamino]-pyridin*, F. 102—103°; nach c) 78%. — III u. IV wurden beim Vers. der Red. hydrolysiert. (J. org. Chemistry **16**. 173—77. Febr. 1951. Brooklyn, N. Y., Polytechn. Inst., Dep. of Chem., u. Tuckahoe, N. Y., Wellcome Res. Labors.) H. GOEBEL. 470

H. S. Isbell, J. V. Karabinos, H. L. Frush, N. B. Holt, A. Schwebel und **T. T. Galkowski**, *Synthese von $^{14}C_{(1)}$-D-Glucose und $^{14}C_{(1)}$-D-Mannose.* Zur Beschaffung von $^{14}C_{(1)}$-markierten Zuckern in besserer Ausbeute als bisher möglich wird die Darst. von *$^{14}C_{(1)}$-α-D-Glucose* (I) u. *$^{14}C_{(1)}$-α-D-Mannose* (II) aus D-Arabinose (III) durch Cyanhydrinsynth. als Halbmikrometh. eingehend untersucht. — Die Rk. von III mit NaCN verläuft unter verschied. Bedingungen fast quantitativ u. wird bei Ggw. von $CaCl_2$, NH_4Cl u. verschied. Mengen Soda u. $NaHCO_3$ untersucht. Eine Rückspaltung des Cyanhydrins bei der nachfolgenden Hydrolyse kann als Grund für die bisher angegebene geringe Ausbeute wegen der fast quantitativen NH_3-Entw. ausgeschlossen werden. Die Hydrolyse wird zur Vermeidung von Zers. durch mehrstd. Erwärmen auf 60° in Sodalsg. unter Luftzutritt u. Konz. der Lsg. bewerkstelligt. Das Ausbeuteverhältnis von *D-Gluconsäure* (IV) zu *D-Mannonsäure* (V) läßt sich zwischen 72:28 u. 30:70 variieren; die Trennung von IV u. V wird durch das gute Kristallisationsvermögen des *V-γ-Lactons* (VI) u. des *Ba-Salztrihydrats* (VIII) von IV erleichtert. Die freien Säuren stehen im Gleichgewicht mit ihrem γ- u. δ-*Lacton*, von denen letzteres gut abtrennbar ist u. mit Na-Amalgam den Zucker leichter liefert. **IV**-δ-*Lacton* (**VII**) wird durch langsames Eindunsten einer Methylcellosolvelsg. des Säurelactongemisches bei n. Temp. fast quantitativ gewonnen. **VI** kann durch Animpfen von Lsgg. des epimeren Säuregemisches in organ. Lösungsmitteln erhalten werden. — Zur Aufrechterhaltung eines konstanten, schwachsauren p_H-Wertes bei der Red. der Lactone mit Na-Amalgam wird in Ggw. von überschüssiger schwerlösl. organ. Säure oder deren Salz gearbeitet. **VII** wird am besten mit wenig Na-Amalgam in Ggw. von saurem Na-Oxalat red., **VI** dagegen mit viel Na-Amalgam in Ggw. von Benzoesäure; die Ausbeuten betrugen maximal 85—90% **I** u. 75% **II**. — Die Aufarbeitung der Reduktionsmischung richtet sich nach dem angewandten Puffer. Zur Entfernung von Ionen dienen Ionenaustauscher, u. die Konz. der Lsg. geschieht durch Gefriertrocknung. Der Zucker krist. bei Zusatz von Methanol–Isopropanol u. von Impfkristallen. Auch direkte, fraktionierte Kristallisation aus dem Sirup mit inakt. oder schwach akt. Impfkristallen wurde durchgeführt. — Bei der Cyanhydrinsynth. zur Darst. von **II** wird am besten der $NaHCO_3$–CO_2-Puffer, zur Darst. von **I** dagegen entweder $CaCl_2$ oder Soda verwendet. Mit käuflichem $Na^{14}CN$, welches überschüssiges NaOH enthält, gibt die Sodameth. etwas höhere Ausbeuten an **I** u. **II** als mit $CaCl_2$ u. erfordert keine Entfernung von Cl-Ionen.

Versuche: Zur Best. der Menge umgesetzten Cyanids bei der Rk. von **III** mit stöchiometr. NaCN Mengen wurden u. a. nachst. Reaktionsmischungen bei 20° 48 Std. in zugeschmolzenen Rohren stehengelassen, dann wurde das restliche NaCN nach DÉNIGÈS [1893] mit $AgNO_3$ titriert u. daraus das gebundene Cyanid berechnet: **III**, NaCN, $CaCl_2$ (2:2:1 Millimol); 98%; **III**, NaCN, $NaHCO_3$ (2:2:5); 99,3%. — Da die Cyanhydrinsynth. unter vorst. Bedingungen prakt. quantitativ verläuft u. die Na-Salze von **IV** u. **V** in ihrer opt. Drehung sehr unterschiedlich sind, kann letztere zur Abschätzung des Verhältnisses **IV**:**V** dienen. Folgende Reaktionsmischungen (Millimol in 46 cm^3) wurden nach 40std. Rk. bei 20° mit jeweils den gleichen Mengen an anorgan. Salzen (Millimol) versehen; die Hydrolyse erfolgte durch 4std. Erhitzen auf dem Dampfbad im Luftstrom u. unter Volumenverminderung; nach Filtration wurde auf 25 cm^3 verd. u. die Drehung gemessen: 1. **III**, NaCN (4,0:4,4); $CaCl_2$ (2,2) $+NH_4Cl$ (4,4) + $NaHCO_3$, (4,4) + Na_2CO_3 (6,6); $[\alpha]_D^{20}$ +6,2; 73:27 (Verhältnis **IV**- zu **V**-Salz); 2. **III**, NaCN, $CaCl_2$ (4,0:4,4:2,2); NH_4Cl + $NaHCO_3$ + Na_2CO_3; $[\alpha]_D^{20}$ +6,1; 72:28; 3. **III**, NaCN, $NaHCO_3$ (4,0:4,4:4,4); $CaCl_2$ + NH_4Cl + Na_2CO_3, $[\alpha]_D^{20}$ +2,7; 5,5:45; 4. **III**, NaCN, NH_4Cl (4,0:4,4:4,4); $CaCl_2$ + $NaHCO_3$ + Na_2CO_3; $[\alpha]_D^{20}$ +2,2; 53:47; 5. **III**, NaCN, $NaHCO_3$, CO_2 (4,0:4,4:4,4); $CaCl_2$ + NH_4Cl + Na_2CO_3; $[\alpha]_D^{20}$ −2,2; 30:70. Kontrollverss.: 1. *Na-Gluconat*, $CaCl_2$, NH_4Cl, Na_2CO_3 (4,0:2,2:4,4:9,0); $[\alpha]_D^{20}$ +11,48; 2. *Na-Mannonat*, $CaCl_2$, NH_4Cl, Na_2CO_3 (4,0:2,2:4,4:9,0); $[\alpha]_D^{20}$ −8,15. — Zur Best. der Ausbeute an **VI** unter verschied. Bedingungen wurden vorst. Reaktionsmischungen 1.—4. (doppelter Ansatz) jeweils auf 100 cm^3 verd., 48 Std. stehengelassen, mehrere Std. bei 50° unter vermindertem Druck bei konstant gehaltenem Vol. hydrolysiert u. noch 1 Std. auf dem Dampfbad erhitzt, durch eine Kationenaustauscherharzkolonne geschickt, im Vakuum zum Sirup eingeengt u. mit **VI** angeimpft. Bei Vers. 3 u. 4 fiel **VI** über Nacht aus, bei 1 u. 2 langsamer. Nach mehreren Tagen wurden die Kristallisationsmischungen jeweils in ca. 2 cm^3 heißem Methylcellosolve gelöst, im Reagensglas mit Ae. bis zur beginnenden Trübung versetzt, mit **VI** angeimpft, nach 24—48 Std. von der Mutterlauge befreit, 2mal mit kaltem A.-Ae. (1:1) gewaschen u. bei 60° im Vakuum getrocknet. Folgende Ausbeuten (in %) an **VI** u. **VIII** wurden mit nichtradioakt. Material erhalten: 1. 23,1 (**VI**); 41,3 (**VIII**); 2. 17,6; 50,5; 3. 39,3; 34,9; 4. 40,7; 31,6. Die Mutterlaugen von **VI** wurden auf **VIII** verarbeitet. Sie wurden im Vakuum zur Sirupkonsistenz gebracht, wieder in 10 cm^3 W. gelöst, mit 4 Millimol wss. $Ba(OH)_2$ 1 Std. auf dem Dampfbad behandelt, mit CO_2 gegen Phenolphthalein angesäuert, warm durch ein mit Diatomeenerde u. Kohle bedecktes Filter filtriert, im Vakuum auf 2 cm^3 eingeengt, mit Methanol bis zur Trübung versetzt, mit **VIII** angeimpft, mehrere Tage zur Kristallisation gestellt (Platten), von der Mutterlauge befreit, mit kaltem 25%ig. Methanol 3mal gewaschen u. im Vakuum bei 80° getrocknet. Das Prod. zeigte eine opt. Drehung von +9° gemäß dem **VIII** entsprechenden *Monohydrat*. **IV** kann auch als *Bleisalz* abgetrennt werden, indem die Mutterlauge von **VI** im Vakuum bis zur Sirupform abgedampft, mit 10 cm^3 W. u. 400 mg $PbCO_3$ versetzt, 2 Std. auf dem Dampfbad erwärmt, filtriert, im Vakuum auf 1 cm^3 eingeengt, mit Methanol bis zur Trübung versetzt, mit Bleigluconat angeimpft, mit 25%ig. Methanol gewaschen u. im Vakuum getrocknet wird; 39,4% Ausbeute. — Bei der Verwandlung von **VIII** in **VII** kann H_2SO_4 keine Verwendung finden, da Spuren von Säure die Kristallisation von **VII** hindern u. Neben-Rkk. verursachen. Daher wurde eine 0,002 Mol **VIII** enthaltende Lsg. durch eine Kationenaustauscherharzsäule geschickt, der Gefriertrocknung unterworfen, der Rückstand in Methylcellosolve aufgenommen, das Lösungsm. im Luftstrom u. in Ggw. von Impfkristallen von **VII** verflüchtigt, nach 1 Tag mit Methylcellosolve angefeuchtet u. dann zur Trockne gebracht. Zur Darst. von reinem **VII** wird in 10 Teilen heißem Methylcel'osolve gelöst, mit Kohle filtriert, abgekühlt mit Ae. bis zur beginnenden Trübung versetzt u. mit **VII** angeimpft; 90% Ausbeute innerhalb eines Tages. — Eine App. zur Red. von Lactonen mit Na-Amalgam (im Millimolmaßstab) ist angegeben. 178 mg **VII**, vermischt mit 0,7 g Oxalsäure, 0,8 g Na-Oxalat u. 20 cm^3 Eiswasser werden darin schnell mit 2,3 g 5%ig. Na-Amalgampillen (durch Einrühren von 5%ig. Na-Amalgamschmelze in Mineralöl hergestellt) versetzt, im Eisbad wird heftig bis zum Verbrauch des Amalgams gerührt, vom Hg abgetrennt, mit dem dreifachen Vol. CH_3OH versetzt u. von den ausgeschiedenen Salzen abfiltriert. Das alkoh. Filtrat wird mit wss. NaOH neutralisiert, im Vakuum fast zur Trockne gedampft, mehrmals mit CH_3OH extrahiert (insgesamt 10 cm^3), mit W. verd. u. durch eine mit gleichen Teilen Kationen- u. Anionenaustauscherharzen beschickte Kolonne geschickt, im Vakuum eingeengt u. durch Gefriertrocknung in einen Sirup übergeführt (184 mg). Letzterer wird mit Isopropanol bis zur beginnenden Trübung versetzt, mit **I** angeimpft, mehrere Tage stehengelassen: 144 mg Ausbeute, spezif. Drehung beim Gleichgewicht $+51^0$; F. 147—149°; Geasmtausbeute 85—95% (Cu-Reduktionsmeth.). — Zur Red. von **VI** werden 178 mg im Gemisch mit 20 cm^3 Eiswasser u. 1,5 g Benzoesäure (nur suspendiert) mit 4,6 g Amalgampillen bei 0° unter Rühren versetzt, 1½ Std. wird weitergerührt, vom Hg abgetrennt, erneut mit 1,2 g Benzoesäure u. 4,6 g Amalgam versetzt u. bis zum Verbrauch des letzteren weitergerührt, vom Hg abgetrennt, mit 1,26 Oxalsäuredihydrat versetzt, mit Chlf. extrahiert, die wss. Lsg. mit CH_3OH-A. (je 2 Vol.) gemischt, filtriert, die wss.-alkoh. Lsg. im Vakuum auf 10 cm^3 eingeengt, nochmal wie oben mit CH_3OH-A. gemischt, filtriert, auf 5 cm^3 eingeengt, wie vorst. durch eine Ionenaustauschersäule geschickt u. der Gefriertrocknung unterworfen. Der Rückstand wird mit 4 cm^3 CH_3OH versetzt, dann mit Isopropanol bis zur Trübung u. mit **II** angeimpft; Ausbeute 100 mg **II**; $[\alpha]_D^{20}$ $+15^0$ (im Gleichgewicht); F. 130—132°. — $^{14}C_{(1)}$ -**VI** wird nach der $NaHCO_3$-CO_2-Meth. erhalten, indem 5 cm^3 einer Lsg. von 2 Millimol radioakt. NaCN (20 Microcurie [ηc] u. 2,24 Millimol NaOH im Aceton-Trockeneis-Bad gefroren werden, mit 1 g festem CO_2 u. 20 cm^3. einer Lsg. von 2 Millimol **III** versetzt wird, nach Auftauen im verschlossenen Kolben wie oben zur Rk. gebracht, hydrolysiert, durch Kationenaustauscherkolonne geschickt, hier aber der Gefriertrocknung unterworfen, der Rückstand mit CH_3OH befeuchtet, mit **VI** angeimpft u. 3 Tage zur Kristallisation gestellt, der gesamte Rückstand in 0,5 cm^3 Methylcellosolve gelöst, wie oben mit Ae. getrübt, wieder angeimpft, auskrist., abgetrennt, gewaschen u. getrocknet wird; 192 mg; ^{14}C-Geh. 10,8 μc (54%); $[\alpha]_D^{20}$ $+53^0$; F. 151—152°. Aus der Mutterlauge wurden analog durch Zusatz von 180 mg **VI** als Träger 187 mg **VI**; 2,6 μc (13% radiochem. Geh.), erhalten. Gesamte Ausbeute an Radioaktivität als $^{14}C_{(1)}$-**VI** 13,4 μc (67%). — Die Darst. von $^{14}C_{(1)}$-**VIII** erfolgt analog wie oben; 42 mg; 1,43 μc (7,2%). Aus der Mutterlauge wurden mit 100 mg **VIII** als Träger noch 149 mg $^{14}C_{(1)}$-**VIII**, 2,45 μc (12,2%), gewonnen. Radiochem. Wiedergewinnung als ^{14}C-**VIII** 19,4%; Rückgewinnung aus $Na^{14}CN$ 17,3 μc (86,4%). Bei einer analog mit 3,5 Millimol $Na^{14}CN$ (3,5 μc) ausgeführten Synth. wurden folgende Ausbeuten erhalten: $^{14}C_{(1)}$-**VI** (4 Nachkristallisationen mit je 0,5 g Trägersubstanz) 2,189 μc; 62,5%. $^{14}C_{(1)}$-**VIII** (Verwendung von 1 g Trägersubstanz bei der Hauptkristallisation u. je 0,5 g bei 2 Nachkristallisationen) 780 μc; 22,3%, — Nach der $CaCl_2$-Meth, zur Darst. von $^{14}C_{(1)}$-**VIII** u. $^{14}C_{(1)}$-**VI** werden 3 g **III**, 1 g $Na^{14}CN$ (200 μc) u. 1,47 g $CaCl_2 \cdot 2H_2O$ in 250 cm^3 wss. Lsg. 3 Tage bei n. Temp. gehalten, 4 Std. wird bei 60—70° unter Vakuum u. 1 Std. auf dem Dampfbad erwärmt, durch Kationenaustauschersäule geschickt, der Gefriertrocknung unterworfen, der Rückstand mit 10 Millimol $Ba(OH)_2 \cdot 8H_2O$ + 30 cm^3 W. 1 Std. auf dem Dampfbad behandelt, carbonisiert, mit Kohle filtriert, wieder gefriertrocknet, in 5 cm^3 warmem W. gelöst, mit CH_3OH bis zur Trübung versetzt, mit **VIII** angeimpft, nach einigen Tagen abfiltriert, mit wss. CH_3OH u. dann mit CH_3OH gewaschen u. im Exsiccator getrocknet; 2,98 g $^{14}C_{(1)}$-**VIII** (51%), 102 μc; in 2%ig. wss. Lsg.; $[\alpha]_D^{20}$ $+10^0$. Aus der Mutterlauge werden mit 5 g **VIII** als Träger 5,52 g mit 38 μc erhalten; 140 μc (70%) wurden also insgesamt als $^{14}C_{(1)}$-**VIII** gewonnen. Aus vorst. Mutterlauge wird $^{14}C_{(1)}$-**VI** durch Kationenaustausch, Gefriertrocknung, Trägerkristallisation mit 2 g **VI** in eben gesätt. Lsg. in Methylcellosolve unter Ae.-Zusatz gewonnen; 2,2 g, 31 μc (15%). Gesamte Ausbeute aus $Na^{14}CN$ 171 μc (85%). — Nach der Na_2CO_3-Meth. zur Darst. von ^{14}C-$_{(1)}$-**VIII** u. $^{14}C_{(1)}$-**VI** werden je 2 Millimol $Na^{14}CN$ (4,74 μc) u. NaOH in 10 cm^3 W. mit Hilfe von Trockeneis eingefroren, mit einer Lsg. von 2 Millimol **III** in 10 cm^3 wss. $NaHCO_3$ (0,2 mol. wird versetzt, unter Schütteln aufgetaut, 48 Std. bei n. Temp. stehengelassen, über Nacht im Luftstrom auf 60° erwärmt, in W. aufgenommen, durch Kationenaustauscher geschickt, etwas eingeengt, mit $Ba(OH)_2$-Lsg. bis zur Rosafärbung gegen Phenolphthalein versetzt, carbonisiert, filtriert, auf 1 cm^3 eingeengt, mit CH_3OH getrübt, mit **VIII** angeimpft, nach mehrtägiger Kristallisation abgetrennt u. mit wss. CH_3OH gewaschen; 0,2676 g $^{14}C_{(1)}$-**VIII**, 2,26 μc (44,7%). Nach der Entfernung des Methanols aus der Mutterlauge unter Abdampfen im Luftstrom wurden 0,5 g **VIII** als Träger darin aufgelöst u. wurde erneut mit Methanol versetzt: 0,5491 g, 0,78 μc. Gesamtausbeute an **VIII** 3,04 μc (64%). — Vorst. Mutterlauge wird zur Isolierung von $^{14}C_{(1)}$-**VI** durch eine Kationenaustauschersäule geschickt, fast bis zur Trockne im Vakuum abgedampft, der Sirup nacheinander mit 2 Tropfen CH_3OH u. 0,2 cm^3 Isopropanol versetzt, angeimpft, 1 Woche zur Kristallisation gestellt, abgetrennt u. mit Isopropanolgewaschen: 0,1104 g $^{14}C_{(1)}$-**VI**; 1,33 μc. Die Mutterlauge wird mit 0,2 g **VI** als Träger versetzt. Umkristallisation aus Isopropanol liefert 0,18 g **VI** von 0,11 μc. Gesamtausbeute an $^{14}C_{(1)}$-**VI** 1,44 μc (30%). Totale radiochem. Ausbeute an $^{14}C_{(1)}$-**VI** u. -**VIII** 94%. — Nach vorst. Meth. wurde analog eine Cyanhydrinsynth. mit 0,9 mMol $Na^{14}CN$, 3,5 mc, durchgeführt. Folgende Ausbeuten wurden erhalten: $^{14}C_{(1)}$-**VIII** (4Nachkristallisationen mit 0,79 g u. 3mal 0,5 g Trägersubstanz) 2,507 μc (71,5%); $^{14}C_{(1)}$-**VI** (Hauptkristallisation u. 2 Nachkristallisationen mit je 0,5 g Trägersubstanz) 512 μc (14,6%). — $^{14}C_{(1)}$-**I** wird aus $^{14}C_{(1)}$-**VIII** erhalten, indem letzteres wie bei inakt. Material beschrieben in $^{14}C_{(1)}$-**VII** übergeführt u. dann red. wird, wobei hier $^{14}C_{(1)}$-**I** mit an **I** gesätt. CH_3OH ausgewaschen wird. Trägerkristallisation mit $^{14}C_{(1)}$-**I** niederer Aktivität hebt die Aktivität des Zuckers auf 1 μc pro mg. Ausbeute (auf **VIII** bezogen) 80%. — Die Red. von $^{14}C_{(1)}$-**VI** erfolgt wie mit inakt. Material u. liefert aus 178 mg (10 μc) 99 mg $^{14}C_{(1)}$-**II** von 5,5 μc. Trägerkristallisation mit 0,2 g **II** liefert nach Kristallisation aus CH_3OH–Isopropanol 180 mg $^{14}C_{(1)}$-**II** von 1,96 μC; auf das Lacton bezogene Ausbeute 74,6%, auf $Na^{14}CN$ bezogen 50%. Ähnliche Ausbeuten wurden aus $^{14}C_{(1)}$-**VI** von 1 mc pro mMol erhalten. (J. Res. nat. Bur. Standards **48.** 163—71. März 1952. Washington.)

W. KINDSCHER. 480

Horace S. Isbell und **J. V. Karabinos**, *Darstellung von $^{14}C_{(1)}$-D-Mannit und seine Verwandlung in $^{14}C_{(1)}$- (und $^{14}C_{(6)}$-) D-Fructose durch Acetobacter suboxydans.* $^{14}C_{(1)}$-*D-Mannit* (**I**) wird durch Hydrierung von $^{14}C_{(1)}$-*D-Mannose* (**II**), die aus $^{14}C_{(1)}$-D-Mannonsäure-γ-lacton (**III**) durch Red. mit Na-Amalgam erhalten wird (vgl. vorst. Ref.), in ca. 80%ig. radiochem. Ausbeute dargestellt. Oxydation von $^{14}C_{(1)}$-**I** mit Acetobacter suboxydans gibt $^{14}C_{(1)}$- u. $^{14}C_{(6)}$-*D-Fructose* (**IV**), da die Rk. wahllos am ^{14}C-markierten u. am nichtmarkierten Ende angreift. — Die Frage, ob längere Einw. von Acetobacter suboxydans auch zu einem Angriff am anderen Mol.-Ende unter Bldg. eines Diketoderiv. [*D-threo-5-Oxo-2-ketohexose* (**V**)] führt, wird auf folgende Weise geklärt: Es werden die **IV**-Ausbeute, gemessen aus den Drehwerten bei 2 Tempp. nach der Meth. von BATES (vgl. NBS Circular **440.** [1942.] 217), sowie die gesamte reduzierende Substanz nach der abgeänderten Cu-Reduktionsmeth. von SCALES (vgl. J. Res. nat. Bur. Standards **24.** [1940.] 241) in %, bezogen auf die Reduktionsfähigkeit einer Lsg., die eine dem ursprünglichen **I** äquivalente Menge an **IV** enthält, in Abhängigkeit von der Zeit graph. dargestellt. In 2 Tagen erreicht die **IV**-Ausbeute ein Maximum u. nimmt dann 6 Tage lang ab. Da der Cu-Reduktionswert den **IV**-Wert vom 1. Tage an übertrifft, muß die Lsg. einen Bestandteil von anderer Cu-Reduktionskraft als **IV**, vermutlich **V** oder ein Deriv. davon, enthalten. Daraus ergibt sich die Notwendigkeit einer Zeitkontrolle der Reaktion. Das Oberflächen–Vol.-Verhältnis war hierbei (inakt. Material) 1,28, mit akt. Material 1,59 bei einer radiochem. Ausbeute von 54% in letzterem Falle.

V e r s u c h e: **III** wurde nach der $NaHCO_3$–CO_2-Meth. (vgl. vorst. Ref.) in 67%ig. Ausbeute dargestellt. — Zur Darst. von $^{14}C_{(1)}$-**I** wird 1 mMol **III** (10 μC) in 20 cm^3 W. gelöst, mit 1,5 g Benzoesäure versetzt, im Eisbad unter Rühren gekühlt, mit 4,6 g Na-Amalgampillen (5%ig) unter Rühren versetzt, nach 2 Std. vom Hg befreit, erneut mit 1,2 g Benzoesäure u. 4,6 g Amalgam versetzt, 2 Std. bei 0—5° gerührt, wieder vom Hg befreit u. 1,26 g Oxalsäure zugefügt, mit Chlf. extrahiert (Entfernung der Benzoesäure), das $Na_2C_2O_4$ durch Zusatz von je 2 Voll. CH_3OH u. A. aus der wss. Lsg. ausgefällt, die alkoh. Lsg. im Vakuum auf 5 cm^3 eingeengt, erneut mit CH_3OH–A. (je 2 Voll.) verd., der Nd. abgetrennt, die Lsg. auf ca. 2 cm^3 eingeengt u. mit 3 cm^3 W. in eine Hochdruckhydrierapp. übergeführt, die 0,1 g $CaCO_3$ u. 0,5 g RANEY-Ni enthält. Die Mischung wird 2 Std. bei 125° u. 1,000 lbs./sq.in. hydriert, auf n. Temp. abgekühlt, filtriert, durch eine die gleichen Mengen Amberlit u. Duolit enthaltende Austauschersäule geschickt, der Gefriertrocknung unterworfen, der Rückstand in möglichst wenig CH_3OH heiß gelöst, mit dem gleichen Vol. Isopropanol versetzt, angeimpft u. 3 Tage zur Kristallisation gestellt. 117 mg Ausbeute an $^{14}C_{(1)}$-**I**; 6,4 μc; F. 165°. Durch Trägerkristalle mit 100 mg **I** in der Mutterlauge werden 98 mg $^{14}C_{(1)}$-**I** mit 1,6 cμ erhalten. Gesamte radioakt. Ausbeute 80%. — Als vorbereitendes Studium für die Oxydation von akt.

Material werden in einer Versuchsreihe je 25 cm³ einer Lsg. von 9,1 g **I**, 2,5 g Hefeextrakt u. 1,5 g KH_2PO_4 in 500 cm³ W. 15 Min. bei 15 lbs. Dampfdruck sterilisiert, dann mit 5 Tropfen einer Aufschwemmung von Acetobacter suboxydans (hergestellt bei 30° in 45 Std. auf einer Nährlsg. von 2 g **I** u. 0,2 g Hefeextrakt in 40 cm³ W.) versetzt u. im Brutschrank bei 30° gehalten. In regelmäßigen Abständen werden Proben entnommen, auf 25 cm³ aufgefüllt, mit 0,5 g $(CH_3COO)_2Pb \cdot 3\,H_2O$ versetzt u. zentrifugiert. Zur klaren Lsg. werden 0,25 g Kaliumoxalatmonohydrat gefügt, der Nd. wird abzentrifugiert u. die Lsg. direkt für opt. Drehungsmessungen u. Messung der Cu-Reduktionskraft verwendet. Folgende **IV**-Gehh. in g/100 cm³, gemessen aus den Drehungen bei 2 verschied. Tempp. sowie der Cu-Reduktionswerte (g/100 cm³) wurden erhalten (die Drehung bei der jeweils höheren Temp. wird wegen der Ausdehnung mit dem Koeff. 0,00044 pro Grad korrigiert. Die Differenz zwischen der korr. u. der nichtkorr. Drehung dividiert durch die Temperaturdifferenz u. durch 0,03441 gibt g/100 cm³ **IV**): 1 Tag: **IV** 0,21 (11,7%), Cu 0,09 (5,0%); 2 Tage: 1,17 (65,0%), 1,58 (87,8%); 4 Tage: 0,95 (52,8%), 1,39 (77,2%); 7 Tage: 0,77 (42,8%), 1,39 (77,2%); 15 Tage: 0,71 (39,4%), 1,40 (77,8%); 28 Tage: 0,66 (36,7%), 1,46 (81,1%). — Bei der Darst. von $^{14}C_{(1)}$- (u. $^{14}C_{(6)}$-) **IV** werden 182 mg $^{14}C_{(1)}$-**I** (8,8 μc pro mMol) in 10 cm³ einer wss. Lsg. von 50 mg Hefeextrakt u. 30 mg KH_2PO_4 in einem ERLENMEYER-Kolben (50 cm³, Oberflächen-Vol.-Verhältnis 1,59 cm²/cm³) gelöst, bei 30° mit 3 Tropfen einer Aufschwemmung von Acetobacter suboxydans geimpft u. bis zum Maximum der Drehung u. der Cu-Reduktionskraft aufbewahrt, mit 1 cm³ 20%ig. $ZnSO_4$-Lsg. u. einer äquivalenten Menge eingestellter gesätt. $Ba(OH)_2$-Lsg. versetzt, zentrifugiert, durch eine Amberlit–Duolit-Austauscherkolonne geschickt, der Gefriertrocknung unterworfen (145 mg amorpher Rückstand), in einigen Tropfen CH_3OH gelöst, mit Isopropanol gerade getrübt u. mit **IV** angeimpft. Ausbeute nach mehreren Tagen 56 mg $^{14}C_{(1)}$- (u. $^{14}C_{(6)}$-) **IV**; $[\alpha]_D^{20}$ —82°; 0,0428 μc/mg (also nur 49 mg radioakt. **IV**, 27%). Durch Zufügen einer wss. Lsg. von 200 mg **IV** als Träger zur Mutterlauge, Abdampfen bis fast zur Trockene, Aufnahme mit 1 cm³ CH_3OH + 2 cm³ Isopropanol u. Animpfen werden 210 mg von 0,0114 μc/mg erhalten. Gesamtausbeute 4,79 μc (54,4%). (J. Res. nat. Bur. Standards **48**. 438—40. Juni 1952.)

W. KINDSCHER. 480

George Y. Brokaw, *Glyceride.* Kurze Übersicht über die Darstellungsmethoden, Polymorphieerscheinungen, opt. Aktivität, Umesterungs-Rkk. u. industrielle Anwendungen. — 11 Literaturhinweise. (Org. chem. Bull. **26**. 1—5. 1954. Rochester, N.Y., Distillation Products Industries.) I. FESTL. 580

Silvio Bezzi und **Pietro Lanza**, *Über die Synthese von Alkylpolysulfiden.* Verbesserungen bei der Synth. von *Lauryl-* u. *Cetylmercaptan* sowie den *Dilauryl-* bzw. *Dicetylpolysulfiden,* bei letzteren bes. durch Verwendung der Pb-Mercaptide (**I**, **II**) an Stelle der Mercaptane. Eingehend untersucht wird die Rk. zwischen **I** bzw. **II** u. Polysulfiden. Bei der Herst. von Tri- u. Tetrasulfid durch Einw. von S_2Cl_2 auf **I** bzw. **II** erfolgt, wenn weniger als die theoret. S_2Cl_2-Menge verwendet wird, unter Bldg. von PbS Entschwefelung des zunächst entstehenden *Dialkylpolysulfids* durch **I** bzw. **II**, u. zwar beim Tetra- wesentlich schneller als beim Trisulfid. Als Prod. wird bei Verwendung von ½ der theoret. Menge S_2Cl_2 reines Trisulfid erhalten gemäß 1. $R_2S_4 + Pb(SR)_2 \rightarrow PbS + R_2S_3 + 2\,RS$; 2. $R_2S_4 + 2\,RS = 2\,R_2S_3$; demnach $2\,R_2S_4 + Pb(SR)_2 = PbS + 3\,R_2S_3$. Dabei wird eine Struktur der Polysulfide mit verzweigter S-Kette, z. B. RS (= S)—S (= S)R angenommen. — Es wird versucht, Polysulfide mit mehr als 4 S durch Rk. von Mercaptiden mit überschüssigem S_2Cl_2 herzustellen, zum Teil in Ggw. von H_2S oder metall. Na, um nascierenden S auf das entstehende Tetrasulfid wirken zu lassen; es wird so eine Substanz mit einem dem *Dicetyloktasulfid* entsprechenden S-Geh. erhalten, die beim Umkristallisieren fortgesetzt S verliert bis zur Zus. des Tetrasulfids.

Versuche: *Lauryl-* u. *Cetylbromid,* aus den Alkoholen durch 25—30std. Kochen unter Rückfluß (Ölbad 150°) mit einem Gemisch aus 48% HBr u. 25% H_2SO_4 (durch Red. von Br_2 mit SO_2 erhalten); 85% (Ausbeute). — *Laurylmercaptan,* aus dem Bromid u. KSH. — *Cetylmercaptan,* aus dem Bromid (0,5 Mol) u. Thioharnstoff (0,5 Mol) in 99%ig. A. (5std. Rückflußkochen), danach Abdest. des A., Hydrolyse des *Cetylisothioharnstoffhydrobromids* mit 0,6mol. NaOH in W. (1 Std.) u. Neutralisieren mit verd. H_2SO_4; Öl; ist leicht oxydierbar. *Na-Mercaptid,* aus 20%ig. Lsg. vorst. Verb. in Ae. mit Na in geringem Überschuß; teigige, schwer filtrier- u. auswaschbare Masse. *Pb-Mercaptid* (**I**), F. 106°, aus 0,8 Mol Mercaptan + 0,4 Mol Pb-Acetat in 50%ig. A. bei 60—70°; aus Aceton. — *Dilauryl-* u. *Dicetylsulfid,* F. 40 bzw. 57°, aus den Bromiden u. Na_2S; nach Fällen mit Aceton aus benzol. Lösung. — *Dilauryldisulfid,* F. 30—31°, *Dicetyldisulfid,* F. 50—52°, aus den in CCl_4 suspendierten Na-Salzen oder **I** bzw. **II** u. Br_2 in CCl_4, Fällen mit Aceton, Reinigung durch Umfällen mit Aceton aus CCl_4 oder Bzl. oder

Umkristallisieren aus Ae. oder Benzol. — *Dicetyltrisulfid*, F. 41,2—41,9° (aus Aceton), aus II in trockenem Bzl. u. mol. S_2Cl_2-Lsg. in Bzl.; nach Abfiltrieren vom $PbCl_2$ Fällen mit Aceton. Aus dem Bzl.-Aceton-Gemisch scheidet sich das fl. *Dilauryltetrasulfid*, F. 31,5°, bzw. *Dicetyltetrasulfid*, F. 36°, ab; werden nach Entfernen des Bzl. u. Lösen des Rückstands in Ae. mit Aceton gefällt. — Rk. von II mit einem Unterschuß an S_2Cl_2 (½ der theoret. Menge): die gelbe Suspension wird sofort entfärbt, dann dunkler, schließlich schwarz, nach Filtrieren wird aus der farblosen Fl. mit Aceton das *Trisulfid* gefällt. — Die Rk. von Na-Cetylmercaptid mit überschüssigem S_2Cl_2 in Bzl., dann Dest. bei gewöhnlichem, dann vermindertem Druck gibt eine gelbliche *Substanz vom F. 26—28°*; der F. steigt nach Umkristallisieren aus Bzl. oder CCl_4 jeweils um 2—3° bis zum F. u. der Zus. des *Tetrasulfids*. Beim Stehen oder in Lsg. scheidet sich sehr langsam S ab. Bei entsprechenden Verss. mit II in Ggw. von Na oder H_2S mit großem S_2Cl_2-Überschuß scheiden sich aus dem mit Aceton gefällten fl. *Dicetylpolysulfid*, F. 115° (unter Gelbwerden), monokline Blättchen ab, die beim Stehen das Aussehen von gewöhnlichem S annehmen. (Gazz. chim. ital. **80**. 180—88. März/Mai 1950. Padua, Univ., Ist. di Chim. organ.) G. v. DECHEND. 600

R. Dijkstra und **H. J. Backer**, *Additionsreaktionen von Imenen*. Die Addition von W. oder Methylalkohol (II) an Bis-[methansulfonyl]-N-methylimen (I) erfolgt bei Raumtemp. nur langsam; Erhöhung der Temp. oder Anwesenheit von Spuren Alkali beschleunigt die Rk. stark. Mit W. bildet sich *Bis-[methansulfonyl]-N-methylacetamid* (IV), mit II der entsprechende *Iminoäther*, der durch HCl zu IV hydrolysiert wird u. mit Anilin (III) kein Amidin, sondern *N-Methylanilin* u. IV liefert. Zur Erklärung der Alkylierfähigkeit des Iminoäthers wird die Rk. seiner tautomeren Form $(CH_3SO_2)_2C{=}C(OCH_3)\cdot NHCH_3$ angenommen, die sich wie ein Vinyloges eines Sulfonsäureesters verhält. Mit Aminen bildet I dagegen leicht *Amidine*, mit der schwachen Base p-Nitranilin (V), jedoch erst bei erhöhter Temperatur. Mit H_2S entsteht das *Thioamid* u. mit HCN *β.β-Bis-[methansulfonyl]-α-methyliminopropionitril*, die beide leicht in Alkali lösl. sind. HCl liefert *Bis-[methansulfonyl]-N-methylacetimidchlorid*, das mit W. IV u. mit dem Resorcindimethyläther (VI) nach FRIEDEL-CRAFTS *ω-Bis-[methansulfonyl]-2.4-dimethoxyacetophenonmethylimin* ergibt. Letztere Verb. wird auch aus VI u. I in Abwesenheit von HCl erhalten u. führt beim Kochen mit HCl zum betreffenden Keton. Das durch FRIEDEL-CRAFTS-Rk. mit Resorcin gebildete Imin hydrolysiert so leicht, daß nur das Keton isoliert werden kann. Während das Verh. des Benzolsulfonylmethansulfonyl-N-methylimen (VIII) dem des I vollkommen entspricht, kann mit Methansulfonylcarbäthoxy-N-methylimen (VII) kein HCl-Additionsprod. erhalten werden. Die Rkk. mit W., Alkoholen oder Aminen verlaufen analog. Die Imene mit zwei Methyl- oder Phenylgruppen sind gegen nucleophile Reagentien stabiler als die mit zwei Sulfonylgruppen. Bei nucleophiler Addition wird Angriff am C-Atom der $=C{=}NCH_3$, bei Einw. von Protonen Addition eines solchen am N-Atom vermutet. Für die FRIEDEL-CRAFTS-Rk. wird Bldg. eines Komplexes der Art $>C{=}\overset{\oplus}{C}{-}N(CH_3){-}\overset{\ominus}{Al}Cl_3$ angenommen.

V e r s u c h e: *Bis-[methansulfonyl]-N-methylacetamid* (IV), F. 160°, beim Erhitzen von I mit Wasser. — *Bis-[methansulfonyl]-N-methylthioacetamid*, $C_5H_{11}O_4NS_3$, Zers. bei 150° (W.), durch Rk. von I mit wss. Na_2S u. Ansäuern; 65% (Ausbeute). — *β.β-Bis-[methansulfonyl]-α-methyliminopropionitril*, $C_6H_{10}O_4N_2S_2$, Zers. ab 100° (wss. A.), aus I u. KCN in wss. Lsg.; lösl. in Alkali. — *Bis-[methansulfonyl]-N-methylacetiminomethyläther*, $C_6H_{13}O_5NS_2$, F. 143—144° (Bzl.-PAe.), aus I u. II in Ggw. von etwas CH_3ONa oder beim Erhitzen; 73%. Liefert beim Erhitzen mit verd. HCl auf 120° 69% IV. — *N-Methylanilin*, beim Erhitzen vorst. Verb. mit III auf 120°; daneben 72% IV. *p-Toluolsulfonylderiv.*, F. 92—93° (verd. A.), mit p-Toluolsulfochlorid u. 2nNaOH. — *Bis-[methansulfonyl]-N-methylacetimino-n-propylthioäther*, $C_8H_{17}O_4NS_3$, F. 113—114,5° (Bzl.-PAe.), aus I u. n-Propanthiol in Toluol in Ggw. von etwas CH_3ONa-Lsg. bei 80° (15 Min.); 49%. — *Bis-[methansulfonyl]-N-methylacetamidin*, $C_5H_{12}O_4N_2S_2$, F. 139—141° (Zers.; aus Chlf. durch Zugabe von PAe.), beim Durchleiten von NH_3 durch eine Suspension von I in Chlf.; 92%. — *Bis-[methansulfonyl]-N.N′-dimethylacetamidin*, $C_6H_{14}O_4N_2S_2$, F. ca. 190° (Zers.; durch Zugabe von PAe. zur Lsg. in Chlf.), beim Einleiten von trockenem Methylamin in eine Suspension von I in Chlf.; 91%. — *Bis-[methansulfonyl]-N-methyl-N′-phenylacetamidin*, $C_{11}H_{16}O_4N_2S_2$, F. 178—179,2° (Zers.; Toluol), aus I u. III in Toluol unter Selbsterwärmung; 60%. — *Bis-[methansulfonyl]-N-methyl-N′-[p-nitrophenyl]-acetamidin*, $C_{11}H_{15}O_6N_3S_2$, Zers. bei 193—194° (Toluol), bei 30 Min. Erhitzen von I u. V in Toluol auf 80°; 26%. — *Bis-[methansulfonyl]-N-methylacetimidchlorid*, $C_5H_{10}O_4\cdot NClS_2$, F. 99—100° (durch Zugabe von PAe. zur Lsg. in Chlf.), durch Einleiten von trockenem HCl in eine Suspension von I in Chlf.; 68%. — *ω-Bis-[methansulfonyl]-2.4-dioxyacetophenon*, $C_{10}H_{12}O_7S_2$, Zers. bei 208° (verd. Essigsäure), beim Einleiten von

HCl in eine Mischung von I, Resorcin u. $AlCl_3$ in Nitrobenzol u. Erwärmen auf 40°; 27%. — *ω-Bis-[methansulfonyl]-2.4-dimethoxyacetophenonmethylimin*, $C_{13}H_{19}O_6NS_2$, F. 220—221° (Zers.; verd. Essigsäure), a) aus I, VI u. $AlCl_3$ in Nitrobenzol beim Einleiten von HCl; 17%; b) durch Zugabe von I zur Mischung von VI u. $AlCl_3$ in Nitrobenzol u. 2tägiges Stehen; 39%. — *ω-Bis-[methansulfonyl]-2.4-dimethoxyacetophenon*, $C_{12}H_{16}O_7S_2$, F. 190—191° (verd. A.), beim Kochen vorst. Verb. in starker HCl. — *ω-Bis-[methansulfonyl]-3.4-dimethoxyacetophenonmethylimin*, $C_{13}H_{19}O_6NS_2$, F. 215—216° (Zers.; verd. Essigsäure), beim Einleiten von HCl in eine Mischung aus Veratrol, I, $AlCl_3$ u. Nitrobenzol bei 70—80°; 50%. — *ω-Bis-[methansulfonyl]-4-methoxyacetophenonmethylimin*, $C_{12}H_{17}O_5NS_2$, F. 206—210° (Zers.; verd. Essigsäure), analog vorst. Verb. mit Anisol; schlechte Ausbeute. — *Methansulfonylcarbäthoxy-N-methylacetamid*, $C_7H_{13}O_5NS$, F. 104,5 bis 105,5° (Bzl.), beim Erhitzen von VII mit W.; 73%. — *Methansulfonylcarbäthoxy-N-methylacetiminoäthyläther*, $C_9H_{17}O_5NS$, F. 79—80° (PAe.), durch 10 Min. Kochen von VII in absol. A.; 64%. — *Methansulfonylcarbäthoxy-N-methyl-N'.N'-pentamethylenacetamidin*, $C_{12}H_{22}O_4N_2S$, F. 153,5—154,5° (Zugabe von PAe. zur Lsg. in Bzl.), durch Zugabe von Piperidin zu VII in Bzl.; 72%. — *Methansulfonylcarbäthoxy-N-methyl-N'-phenylacetamidin*, $C_{13}H_{18}O_4N_2S$, F. 121—122° (Bzl.-PAe.), durch Zusatz von III zu VII in Bzl. u. Erhitzen; 60%. — *Methansulfonylcarbäthoxy-N-methyl-N'-[p-methoxyphenyl]-acetamidin*, $C_{14}H_{20}O_5N_2S$, F. 110—110,5° (A.), durch Zugabe von p-Anisidin zu VII in Bzl.; 67%. — *Methansulfonylcarbäthoxy-N-methyl-N'-[p-nitrophenyl]-acetamidin*, F. 172—174° (Zers.; A.), durch Kochen von VII mit V in Bzl.; 36%. — *Benzolsulfonylmethansulfonyl-N-methylacetamid*, $C_{10}H_{13}O_5NS_2$, erweicht ab 178° (W.), durch Kochen von VIII mit Wasser. — *Benzolsulfonylmethansulfonyl-N-methylacetiminoäthyläther*, $C_{12}H_{17}O_5NS_2$, F. 83—84° (W.), durch Kochen von VIII mit A. u. Fällen mit PAe.; 48%. — *Benzolsulfonylmethansulfonyl-N-methyl-N'-benzylacetamidin*, $C_{17}H_{20}O_4 \cdot N_2S_2$, F. 142,5—143,5° (Chlf.-PAe.), aus VIII u. Benzylamin in Chlf.; 95%. — *ω-Benzolsulfonyl-ω-methansulfonyl-2.4-dimethoxyacetophenon*, $C_{17}H_{18}O_7S_2$, F. 167—168° (wss. A.), aus VIII, VI u. $AlCl_3$ bei Raumtemp.; 8%. (Recueil Trav. chim. Pays-Bas **73**. 695—703. Sept./Okt. 1954. Groningen, Univ., Labor. für organ. Chem.) D. KLAMANN. 710

Emanuel Pfeil und **Hans Barth**, *Darstellung von α-Ketoalkoholen und deren Umwandlungsprodukten.* Die Addition von GRIGNARD-Verbb. an die Nitrilgruppe des Glykolnitrils (I) verläuft sehr langsam, so daß nur bei längerem Kochen mit einem Überschuß an metallorgan. Verbb. befriedigende Ausbeuten an *α-Ketoalkoholen* erhalten werden. Als Nebenprodd. entstehen Kondensationsprodd. aus einem Mol Ketol u. einem Mol prim. gebildeten Ketolimins. Bei Anwendung schwer zugänglicher GRIGNARD-Verbb. kann an Stelle von I dessen *Trityläther* (IV) verwendet werden; die Tritylgruppe wird mit HCl in Bzl. wieder abgespalten. Die *Ketoloxime* bilden sich in saurer Lsg. leicht, doch muß zur vollständigen Umsetzung die gebildete Säure neutralisiert werden. Mit 2.4-Dinitrophenylhydrazin werden teilweise *Hydrazone* u. teilweise *Osazone* erhalten. Die Rk. der Ketole mit Harnstoff (III) in Eisessig führt zu *substituierten Imidazolonen* in sehr guten Ausbeuten, deren Reinigung jedoch schwierig ist. Die Red. der Ketole zu *1.2-Glykolen* gelingt mit gärender Hefe u. mit $LiAlH_4$. Die Red. der Ketoloxime mit Na u. A. in fl. NH_3 verläuft nur mit einfachen Verbb. befriedigend; als Nebenprod. entsteht infolge Red. der OH-Gruppe das betreffende prim. Amin. Mit $LiAlH_4$ läßt sich die Red. dagegen sehr gut durchführen.

Versuche: *Butanol-(1)-on-(2)*, $Kp._{15}$ 47—49°, a) durch Zusatz von I in Ae. zu C_2H_5MgBr u. 3tägiges Kochen; 50% (Ausbeute); b) aus IV u. C_2H_5MgBr in Ae.-Bzl. bei 4std. Kochen u. anschließendem Einleiten von HCl; $Kp._{16}$ 51—52°; 40%. *Oxim*, F. 59—61° (Bzl.); 91,5%. — *Pentanol-(1)-on-(2)*, $Kp._{14}$ 59—61°, analog vorst. Verb. nach a) u. b); 46 bzw. 44%. *Oxim* (VIII); 95,7%. — *3-Methylbutanol-(1)-on-(2)*, $Kp._{24}$ 64 bis 66°, aus I u. Isopropyl-MgBr bei 24std. Reaktionszeit; 45%. — *Hexanol-(1)-on-(2)* (V), $Kp._{15}$ 83—85°, aus I u. Butyl-MgBr; F. 6—8°; 55%. *Oxim* (II), F. 47—48° (PAe.); 97%. — *N-[Hexanon-(2)-yl-(1)]-hexanol-(1)-on-(2)-imin (?)*, $C_{12}H_{23}O_2N$, F. 53—54° (Nadeln), neben vorst. Verbindung. — *5-Methylhexanol-(1)-on-(2)* (VII), $Kp._{15}$ 89—90°, aus 1 Mol I u. 3 Mol Isoamyl-MgBr; 50%. — *n-Dodecanol-(1)-on-(2)*, $C_{12}H_{24}O_2$, F. 48° (Essigester), aus I u. Decyl-MgBr in Ae., $Kp._{12}$ 70—166°; 85,4%. *Oxim* (IX), F. 79—80° (Bzl.); 74,5%. — *2-Cyclohexyläthanol-(1)-on-(2)* (VI), $Kp._{12}$ 92—96°, aus I u. Cyclohexyl-MgCl in Ae., 3 Tage Reaktionszeit; 50%. — *3-Phenylpropanol-(1)-on-(2)*, F. 46—47° (A.-PAe.), analog vorst. Verb., $Kp._{12}$ 70—140°; 50%. *Oxim*, F. 117—118°. — *Glykolnitriltrityläther* (IV), $C_{21}H_{17}ON$, F. 140—141° (Blättchen aus Bzl.), aus Triphenylchlormethan u. I in Pyridin, 3—4 Std. bei 100° unter Feuchtigkeitsausschluß; 71%. — *4-Butylimidazolon*, $C_7H_{12}ON_2$, F. 192° (Essigester-A.), bei 5std. Erhitzen von V mit III in Eisessig; 92% (Rohausbeute). — *4-Propylimidazolon*, $C_6H_{10}ON_2$, F. 193°, analog vorst. Verbindung. — *4-Äthylimidazolon*, $C_5H_8ON_2$, F. 190—192°, analog. — *Cyclohexyläthylenglykol*, Kp.$_{1,3}$ 132—137°, durch Red. von VI mit gärender Bäckerhefe bei 30—35° während 3 Tagen; 50%. *Dibenzoat*, $C_{22}H_{24}O_4$, F. 71—72° (Nadeln aus wss. A.). *Bis-phenylurethan*, $C_{22}H_{26}O_4N_2$, F. 122—123° (wss. A.). — *5-Methylhexandiol-(1.2)*, Kp.$_{12}$ 110°, durch Red. von VII mit $LiAlH_4$ in sd. Ae.; 65%. *Bis-phenylurethan*, $C_{21}H_{26}O_4N_2$, F. 108—109° (Amylalkohol). *Bis-nitrophenylurethan*, $C_{21}H_{24}O_8N_4$, F. 165—166° (Butanol). — *Benzylamin*, Kp. 182—185°, durch Zugabe von Benzaldoxim in CH_3OH zu einer Lsg. von Na in fl. NH_3 unter Rühren; 60%. — *α-Phenyläthylamin*, Kp. 184—187°, wie vorst. Verb. aus Acetophenonoxim; 51%. — *1.2-Diphenyl-2-oxyäthylamin*, F. 158—160°, aus Benzoinoxim; 34%. — *2-Aminohexanol-(1)*, Kp.$_{12}$ 98—103°, a) aus II wie vorst.; 25%; b) aus II durch Red. mit $LiAlH_4$ in sd. Tetrahydrofuran; 70%. *Hydrochlorid*, F. 92—93° (im geschlossenen Rohr). — *2-Aminohexan*, Kp. 114—115°, neben vorst. Verb. nach a). *Benzoylderiv.*, F. 80,5—81°. — *2-Aminopentanol-(1)*, Kp.$_{11}$ 88—92°, aus VIII mit $LiAlH_4$ in Tetrahydrofuran; 65%. *Hydrochlorid*, $C_5H_{13}ON \cdot HCl$, F. 91—92° (im geschlossenen Rohr). — *2-Aminododecanol-(1)*, Kp.$_{0,05}$ 132—134°, aus IX mit $LiAlH_4$ wie vorst.; 75%. — *2-Benzoylamino-n-dodecanol-(1)*, $C_{19}H_{31}O_2N$, F. 83° (A. oder Ae.-PAe.), aus vorst. Verb., Benzoylchlorid u. Na_2CO_3 in Benzol. — *2-Benzoylamino-n-dodecansäure*, F. 107—109° (A.), aus vorst. Verb. u. alkal. $KMnO_4$ unterhalb 40° in wss. Suspension; 93%. — *α-Amino-n-dodecansäure*, F. 252—254° (Zers.; A.), durch 10std. Kochen vorst. Verb. mit 18%ig. HCl; 83%. (Liebigs Ann. Chem. **593**. 81—90. 10/5. 1955. Marburg, Univ., Chem. Inst.)

D. KLAMANN. 740

George E. Philbrook, *Synthese der niederen aliphatischen Amide.* Vf. beschreibt die Darst. der niederen aliphat. Amide (3—6 C-Atome) aus den entsprechenden Säurechloriden durch Eintropfen in heißes Bzl. unter Durchleiten von NH_3 (bei direktem Einleiten von NH_3 in die benzol. Lsg. des Säurechlorids werden beträchtliche Mengen an Diamid gebildet). Die Ausbeuten liegen zwischen 65—95%; zur Reinigung empfiehlt Vf. Umkristallisation aus Bzl./PAe.-Gemischen.

Versuche: *Butyramid*, F. 115,0—116,0° (Bzl./PAe.), durch Zutropfen (1 Std.) von Butyrylchlorid in Bzl. zu sd. Bzl. unter Durchleiten von NH_3 (250 ml/Min.); 79% (Ausbeute). — *Propionamid*, F. 80,5—81,5°; 74%. —*Isobutyramid*, F. 129,5—130,0°; 83%. — *Valeramid*, F. 106,0—106,5°; 66%. — *Isovaleramid*, F. 136,0—137,0°; 65%. — *α-Methylbutyramid*, F. 112,0—112,5°; 78%. — *α.α-Dimethylpropionamid*, F. 156,0—157,0°; 71%. — *Capronamid*, F. 101,0—101,5°; 93%. — *Isocapronamid*, F. 120,5—121,0°; 91%. — *α-Äthylbutyramid*, F. 114,0—114,5°; 91%. — *Önanthamid*, F. 97,0—97,5°; 94%. — *Caprylamid*, F. 106,5—107,5°; 95%. — *α-Äthylcapronamid*, F. 103,5—104,0°; 93%. (J. org. Chemistry **19**. 623—25. April 1954. Athens, Ga., Univ., Chem. Dep.)

G. WINKLER. 810

Joseph G. Cannon und **George L. Webster**, *N-Phenylureide einiger Diarylamidine aliphatischer Säuren.* Einige *Amidine* wurden durch Rk. von Amid, Amin u. 10% weniger als der berechneten Menge PCl_5 in Bzl. dargestellt. Umsetzung mit Phenylisocyanat ergab die entsprechenden *Ureide*. Symm. disubstituierte Amidine mit ungleichen Gruppen am N u. N′ lieferten keine krist. Ureide. Es wird angenommen, daß ein Gemisch der Ureide der beiden tautomeren Formen der Amidine vorliegt.

Versuche: Nachst. *Amide* der Formel $R'—CO—NH—C_6H_4—OR''_{(p)}$ wurden nach den Methoden von KUEHN u. Mitarbeitern (J. Amer. chem. Soc. **53**. [1931.] 1173) u. HILL u. Mitarbeitern (J. Amer. chem. Soc. **48**. [1926.] 734) dargestellt, durch Waschen der äther. Lsgg. mit 5%ig. HCl, 5%ig. NaOH u. W. entfärbt u. aus wss.-alkoh. Lsg. umkrist.: *R′ = n-Propyl, R″ = Methyl*, F. 86—89°; 76% (Ausbeute). — *R′ = n-Butyl, R″ = Methyl*, F. 83—85°; 65%. — *R′ = Isopropyl, R″ = Äthyl*, F. 132—134°; 71%. — *R′ = Isopropyl, R″ = Methyl*, F. 108—110°; 68%. — Die *Amidine* der Formel $_{(p)}R''O \cdot C_6H_4 \cdot N{=}C(R')—NH \cdot C_6H_4 \cdot OR'''_{(p)}$ wurden durch Erwärmen von 0,0216 Mol PCl_5 in absol. Bzl. bis zur beginnenden HCl-Entw., Zugabe von 0,025 Mol Amid u. 0,025 Mol Amin in wenig Bzl., 3std. Erwärmen auf dem Wasserbad, Abdest. des Bzl. u. $POCl_3$ im Vakuum auf dem Dampfbad, Aufnehmen in Bzl., erneute Abdest. u. Aufnehmen in 95%ig. A. dargestellt. Die Hydrochloridlsg. wurde mit konz. NH_4OH versetzt u. das Amidin aus wss. A. umkristallisiert. Die *Phenylureide* (*N-Phenylcarbamyl-Derivv. der Amidine*) wurden durch 24std. Stehen der äther. Amidinlsg. mit Phenylisocyanat erhalten u. aus Ae. umkristallisiert. Ihre *Hydrochloride* wurden durch Einleiten von HCl in die äther. Lsg. dargestellt: *R′ = n-Propyl, R″ = R‴ = CH_3*, F. 88—91°; 83%. *Hydrochlorid*, F. 162 bis 164°; 95%. *Phenylureid*, F. 121—124°; 100%. — *R′ = n-Propyl, R″ = CH_3, R‴ = C_2H_5*, F. 78—81°; 64%. *Hydrochlorid*, F. 118—121°; 93,5%. — *R′ = n-Butyl, R″ = CH_3, R‴ = C_2H_5*, F. 72—75°; 61,5%. — *R′ = n-Butyl, R″ = R‴ = CH_3*, F. 68—70°; 62%. *Hydrochlorid*, F. 160—162°; 84%. *Phenylureid*, F. 100—103°; 30%. — *R′ = Isopropyl, R″ = R‴ = CH_3*, F. 66—68°; 74%. *Hydrochlorid*, F. 184—187°; 97,5%. *Phenyl-*

ureid, F. 127—130°; 50%. — *R' = Isopropyl; R'' = R''' = C_2H_5*, F. 76—78°; 70%. *Hydrochlorid*, F. 183—185°; 94%. (J. Amer. pharmac. Assoc., sci. Edit. **42**. 740—43. Dez. 1953. Chicago, Ill., Univ. of Illinois, Coll. of Pharmac., Dep. of Chem.)

HILDEGARD BAGANZ. 810

John H. Wotiz und **Joseph S. Matthews**, *Die Propargylumlagerung*. 6. Mitt. *Ursprung und Struktur der dimeren Carbonsäure, die in den Carbonisierungsprodukten der Grignard-Reagentien aus primären Propargylbromiden gefunden wurde.* (5. vgl. C. **1954**. 7389; vgl. auch 1. Mitt., C. **1950**. II. 2056.) Die „dimere Säure" (**IV**), die im Carbonisierungsprod. der GRIGNARD-Verb. (**I**) des 1-Bromheptins-(2) gefunden wurde (vgl. 1. Mitt., l. c.), entstand durch Rk. von **I** mit dem MgBr-Salz der ebenfalls gebildeten Heptadien-(1.2)-carbonsäure-(3) (**II**) während der Carbonisierung. **IV** wurde identifiziert als *α.γ-Di-n-butyl-α-carboxy-β-methyl-β-oxy-$Δ^{γ,δ}$-hexadiensäure-β-lacton.*

V e r s u c h e : **IV**, $C_{16}H_{24}O_4$, F. 99—100° (PAe.), aus **I** u. Trockeneis in Ae. (App. vgl. l. c.); pK_a 2,5 (50%ig. A.); Infrarotspektr. graph. dargestellt; 42,5% (Ausbeute); daneben 7,2% rohe *Octin-(3)-säure-(1)* (**III**). — **IV**-*Methylester*, $C_{17}H_{26}O_4$, Fl., aus **IV** u. CH_2N_2; n_D^{25} 1,4840. — Rk. von **I** mit **II** in Ae. (Kühlung) u. Carbonisierung der Reaktionsprodd. gab 11,1% **II**, 9,1% **III** u. 10,6% **IV**. — Gießen von äther. **I** auf Trockeneis (2 Verss.) gab 28 bzw. 7,7% **II**, 3% **III**, 0,8 bzw. 1,5% **IV**. Beim Mischen von äther. **I** mit **III** u. Gießen auf Trockeneis erfolgte keine Rk. (93% **III** zurück). Langsames Zufügen von Trockeneis zu äther. **I** gab 11% **III** u. 17% **IV**. — *α.γ-Di-n-butyl-α-carboxy-β-methyl-β-oxyhexansäure-β-lacton* (**V**), $C_{16}H_{28}O_4$, krist. nicht, durch Hydrierung (PtO_2, geringer Überdruck) von **IV** in Eisessig; Infrarospektr. graph. dargestellt; pK_a 3 (in 50%ig. A.). *Methylester*, $C_{17}H_{30}O_4$, mit CH_2N_2. — Decarboxylierung von **IV** in sd. Bzl. bei Ggw. von H_2SO_4 gab ein Gemisch, das teilweise Material ohne COOH-Gruppe u. ohne β-Lactonring enthielt; durch Dest. von **IV** entstand ein Prod. mit dem $Kp._3$ 150 bis 153°; n_D^{25} 1,4855. — Decarboxylierung von **V** in Bzl. verlief ähnlich; Dest. von **V** gab 83% eines Prod. **VI** mit dem $Kp._{1,5}$ 136—137°; n_D^{25} 1,4655; das nach dem Infrarotspektr. hauptsächlich aus *α.γ-Di-n-butyl-β-methyl-β-oxyhexansäure-β-lacton*, $C_{15}H_{28}O_2$, bestand; pK_a 6 (in 50%ig. A.); *Ag-Salz der Oxysäure*, $C_{15}H_{29}O_3Ag$. Daneben enthielt **VI** *α.γ-Di-n-butyl-β-methyl-$Δ^α$-hexensäure.—2.4-Di-n-butyl-3-methylhexandiol-(1.3)*, $C_{15}H_{32}O_2$, durch Red. von 2,2 g **VI** mit $LiAlH_4$ in Ae. u. Hydrolyse mit wss. NaOH; n_D^{25} 1,4657; 2,0 g. — *2.4-Di-n-butyl-3-methylenhexanol-(1)*, $C_{15}H_{30}O$, $Kp._{1,1}$ 109—110°, aus **VI** u. $LiAlH_4$ in Ae., anschließend saure Hydrolyse; n_D^{25} 1,4680; 71%. — Rk. von **VI** mit CH_2N_2 in W.–CH_3OH–Ae. gab 81% eines Gemisches (**VII**) der *Methylester* von *α.γ-Di-n-butyl-β-methyl-$Δ^α$-hexensäure* u. *α.γ-Di-n-butyl-β-methylenhexansäure*, $C_{16}H_{30}O_2$, $Kp._{1,6}$ 122—123°, n_D^{25} 1,4560. — Hydrierung von **VII** gab 80% *α.γ-Di-n-butyl-β-methylhexansäuremethylester*, $C_{16}H_{32}O_2$, $Kp._9$ 127°, n_D^{25} 1,4505. *Freie Säure*, $C_{15}H_{30}O_2$, schwachgelbe Flüssigkeit. — Ozonolyse von **VII** gab *α-Ketohexansäuremethylester* (*2.4-Dinitrophenylhydrazon*, $C_{13}H_{16}O_6N_4$, F. 144,5—146° [verd. A.]) u. *Formaldehyd* (*Dimedon-Deriv.-Anhydrid*, $C_{17}H_{22}O_3$, F. 170—172° [verd. A.]). (J. org. Chemistry **20**. 155—70. Febr. 1955. Pittsburgh, Pa., Univ., Dep. of Chem.)

J. ROTHE. 850

Olivier Riobé und **Henri Cottin**, *Untersuchungen über γ-Äthylenamine: 1-Aminohexen-(4)*. Hexen-(4)-ol-(1) wird über seinen Halogenwasserstoffsäureester nach GABRIEL in 60%ig. Ausbeute in *1-Aminohexen-(4)* übergeführt. — *Hexen-(4)-ol-(1)*, aus cis- u. trans-2-Methyl-3-chlortetrahydropyran. — *1-Chlorhexen-(4)* (**I**), $C_6H_{11}Cl$, $Kp._{760}$ 134°, $D._4^{13}$ 0,901, n_D^{13} 1,4442; 70% (Ausbeute). — *Hexen-(5)-ol-(1)*, $C_6H_{12}O$, $Kp._{20}$ 73°, aus Trioxymethylen u. Penten-(4)-yl-MgCl; $D._4^9$ 0,855, n_D^9 1,4403. — *1-Chlorhexen-(5)*, $C_6H_{11}Cl$, $Kp._{760}$ 131°, aus vorst. Verb.; $D._4^8$ 0,917, $D._4^{13}$ 0,913. n_D^8 14425, n_D^{13} 1,4400. — *1-Chlorhexen-(3)*, $Kp._{760}$ 129°, n_D^{13} 1,4405, $D._4^{13}$ 0,911. — *1-Chlorhexen-(2)*, $Kp._{760}$ 131—133°, n_D^{13} 1,4465, $D._4^{13}$ 0,912. — *1-Chlorhexen-(1)*, $Kp._{760}$ 121°, n_D^{13} 1,4345, $D._4^{13}$ 0,896. — *1-Jodhexen-(4)*, $C_6H_{11}J$, $Kp._{17}$ 70°, durch 1std. Erhitzen von **I** mit NaJ in Aceton; 80%. — *Hexen-(4)-yl-(1)-phthalimid*, $C_{14}H_{15}O_2N$, F. 55°, durch 15std. Erhitzen vorst. Verb. mit Phthalimid-K in hochsd. Bzn. auf 190°. — *1-Aminohexen-(4)*, $C_6H_{13}N$, $Kp._{760}$ 134°, durch Erhitzen vorst. Verb. mit überschüssigem Hydrazinhydrat, Behandeln des Nd. mit Na_2CO_3, Abdekantieren der oberen Schicht u. Dest.; $D._4^{21}$ 0,789, n_D^{21} 1,4380. *Pikrat*, $C_{12}H_{16}O_7N_4$, F. 125°. *Saures Oxalat*, $C_8H_{15}O_4N$, F. 139°. (C. R. hebd. Séances Acad. Sci. **240**. 1783—84. 2/5. 1955.)

R. PASEDAG. 910

Dorothy V. Nightingale und **James M. Shackelford**, *Die Einwirkung von Aluminiumchlorid auf Alkylbenzole*. 4. Mitt. (3. vgl. C. **1954**. 10700.) Vff. stellen bei einer Wiederholung der Unters. über die Einw. von $AlCl_3$ auf die drei isomeren1.3-Dimethyl 4-(n., sek., tert.)-butylbenzole im Gegensatz zu früheren Ergebnissen fest (vgl. NIGHTINGALE u. SMITH, J. Amer. chem. Soc. **61**. [1939.] 101), daß die Butylgruppe ohne Isomerisierung in die 5-Stellung wandert. Die Alkylierung von m-Xylol mit n-Butylchlorid liefert ein Gemisch von *1.3-Dimethyl-5-n-* u. *-5-sek.-butylbenzol* (I) im Verhältnis 1,7:1, mit sek.-Butylchlorid dagegen wird nur I gebildet. Bei der Alkylierung von m-Xylol mit sek.-Butanol u. 85%ig. H_2SO_4 wird ein Gemisch von vermutlich *1.2.3-*, *1.3.5-* u. *1.3.4-Trialkylbenzolen* erhalten.

V e r s u c h e: *3.5-Dimethyl-n-butyrophenon*, $C_{12}H_{16}O$, $Kp._{16}$ 139°, durch 1std. Kochen von 72 g 3.5-Dimethylbenzoylchlorid mit Di-n-propyl-Cd in Ae./Bzl.; n_D^{25} 1,5169; 31 g (Ausbeute). *Semicarbazon*, $C_{13}H_{19}ON_3$, F. 157°. — *1.3-Dimethyl-5-n-butylbenzol*, $Kp._{15}$ 1[illegible] bis 104°, durch katalyt. Hydrierung oben Verb. über einem Cu–Cr-Oxydkatalysator; n_D^{25} 1,4937, oder durch Alkylierung von m-Xylol mit 72 g n-Butylchlorid u. $AlCl_3$ bei 35°; 35 g (daneben 20 g I), oder durch 3½std. Erwärmen von 1.3-Dimethyl-4-n-butylbenzol mit $AlCl_3$ auf dem Wasserbad. *Trinitroderiv.*, $C_{12}H_{15}O_6N_3$, F. 95°. *Tribromderiv.*, $C_{12}H_{15}Br_3$, F. 53°. — *3.5-Dimethylpropiophenon*, $C_{11}H_{14}O$, $Kp._{15}$ 110°, aus 3.5-Dimethylbenzoylchlorid u. Diäthyl-Cd wie oben; n_D^{25} 1,5143; 48%. *Semicarbazon*, $C_{12}H_{17}ON_3$, F. 167°. — *1.3-Dimethyl-5-sek.-butylbenzol* (I), $C_{12}H_{18}$, $Kp._{16}$ 95—96°, aus 45 g vorst. Verb. durch Umsetzung mit CH_3MgJ zu *Methyläthyl-[3.5-dimethylphenyl]-carbinol* ($Kp._{15}$ 109 bis 111°, n_D^{24} 1,5148; 48%) u. Red. über einem Cu-Cr-Oxydkatalysator; n_D^{24} 1,4929; 21 g, oder bei der Alkylierung von m-Xylol mit 110 g sek.-Butylchlorid u. $AlCl_3$; 125 g, oder bei der Umlagerung von 1.3-Dimethyl-4-sek.-butylbenzol mit $AlCl_3$. *Trinitroderiv.*, $C_{12}H_{15}O_6N_3$, F. 91° (A.). — *1.3-Dimethyl-4-isobutylbenzol* (*Trinitroderiv.*, $C_{12}H_{15}O_6N_3$ F. 115—116°), gibt durch Isomerisierung mit $AlCl_3$ *1.3-Dimethyl-5-isobutylbenzol*, $C_{12}H_{18}$. *Trinitroderiv.*, $C_{12}H_{15}O_6N_3$, F. 85—86° (gegebenenfalls eutekt. Gemisch mit Ausgangsprod.). (J. Amer. chem. Soc. **76**. 5767—70. 20/11. 1954. Columbia, Mo., Univ., Dep. of Chem.) G. WINKLER. 1010

F. Drahowzal und **D. Klamann**, *Zur Kenntnis der Sulfosäureester*. 1. Mitt. *Über die Darstellung von p-Toluolsulfosäureestern.* Die Darst. von *p-Toluolsulfonsäureestern* aus p-Toluolsulfochlorid (I) u. Alkoholen in Ggw. 25%ig. u. 40%ig. NaOH wurde untersucht. Während die Ausbeute an *n-Propyl-p-toluolsulfonat* verbessert werden konnte, waren die höheren p-Toluolsulfonate zunächst nicht sulfochloridfrei, konnten jedoch ohne nennenswerten Esterverlust durch Behandeln mit 40%ig. NaOH bei 40° von I befreit werden. Durch Arbeiten mit Alkalien in Ggw. von Aceton als Homogenisierungsmittel wurden bei den einwertigen aliphat. Alkoholen geringere Ausbeuten als mit wss. Lauge erzielt, da bevorzugt Verseifung von I erfolgte. Dagegen erwies sich die Meth. zur Umsetzung von mehrwertigen Alkoholen als gut geeignet. Auch mit Phenolen wurden ausgezeichnete Resultate erzielt. Weiterhin wurden die Umsetzungen in Ggw. von gepulvertem Ätzkali in Ae. u. die Rk. mit Na-Alkoholaten in verschied. Lösungsmitteln untersucht.

V e r s u c h e: *Äthyl-p-toluolsulfonat*, F. 33°, (Meth. **A**) durch Zugabe von 1,1 Mol 25%ig. NaOH zu 1 Mol I u. 2,2 Mol A. bei 15—20°, 4std. Rühren bei 15°, Gießen in W.; 85% (Ausbeute). — *Benzyl-p-toluolsulfonat*, $C_{14}H_{14}O_3S$, durch Rk. von 0,5 Mol I, 1 Mol Benzylalkohol u. 0,62 Mol 25%ig. NaOH bei 2—11°, Zugabe der gleichen Menge I u. dann weiterer NaOH, je 3std. Rühren bei 1—6° u. 8° u. Verdünnen mit W.; 95,6%. — *n-Octyl-p-toluolsulfonat*, $C_{15}H_{24}O_3S$, $Kp._{0,55}$ 167—168°, (Meth. **B**) durch Zugabe von 40%ig. NaOH zu n-Octylalkohol u. I bei 30—40° u. 5½std. Rühren bei 40°; n_D^{20} 1,4946; 82,9%; nach **A** bei 40° 58%, bei 10—15° 42,7%; nach **E** bei —3 bis —5° 73,2%; nach **F** 61,5%. — *Glycerin-tri-p-toluolsulfonat*, $C_{24}H_{26}O_9S_3$, F. 103—104° (A.), (Meth. **C**) durch Zugabe von 25%ig. NaOH zu 0,25 Mol Glycerin u. 0,5 Mol I in Aceton bei 1—3°, 5std. Rühren bei 1—2° u. Zugabe von W.; 63,7%. — *Hydrochinon-di-p-toluolsolfonat*, $C_{20}H_{18}\cdot O_6S_2$, F. 163—164°, durch Zugabe von 25%ig. NaOH zu 0,5 Mol I u. 0,25 Mol Hydrochinon in Aceton unter N_2 bei 30—45°, 1std. Rühren bei 20—30° u. Zugabe von W.; 95,8%. — *n-Butyl-p-toluolsulfonat*, durch Zugabe von Na zu n-Butanol u. Ae., 2std. Rühren mit I bei 0° u. Zugabe von W.; n_D^{20} 1,5046; 71%; nach **A** bei 40° 66%, bei 10—15° 55%; nach **B** bei 30—35° 87,7%; nach C bei 1—8° 47,4%; (Meth. **E**) durch Rk. in Ggw. von KOH in Ae. bei 0—10° 81,6%; (Meth. **F**) ohne salzsäurebindendes Mittel durch 3std. Rk. bei 97° 57,7%, durch 6std. Rk. bei 118° 58,5%. — Weitere p-T o l u o l s u l f o n s ä u r e e s t e r: *Methyl-*, F. 28°, nach **A** bei 15—20°; 97%. — *2-Chloräthyl-*, F. 22,5°, n_D^{20} 1,5296, nach **A** bei 10—15°; 79%; nach **F** in 4 Std. bei 125°; 86,4%. — *Allyl-*, n_D^{20} 1,5209, nach **A** bei 15—20°; 75,4%; nach **E** bei —3 bis —5°; 80%. — *Isopropyl-*, F. 20°, n_D^{20} 1,5065, nach **A** bei 15°; 5%; nach **B** bei 30—35°; 36,5%; bei 20—30°; 38,8%. — *Äthylenglykoldi-*, F. 128°, nach **B** bei 30—35°; 15,1%; nach **C** bei 2—10°; 76,3%; nach **E** bei 3—4°; 76,2%. — *β.β'-Dichlorisopropyl-*, $C_{10}H_{12}O_3Cl_2S$, F. 55—55,5°, nach **A** bei 5—6°; 91,9%. — *Glycerindi-*, $C_{17}H_{20}O_7S_2$, nach **A** bei 10—15°; 14%. — *Phenyl-*, F. 95—96°, nach **A** bei 60—100°; 93%; nach **C** bei 20—50°; 98,7%; (Meth. **D**) durch Rk. in Ggw. von Soda; 75%; nach **F** in 30 Std. bei 130°; 84%. —

o-Kresyl-, F. 51°, nach **A** bei 60—100°; 95%; nach **C** bei 20—50°; 99,2%. — *Äthylphenyl-*, n_D^{20} 1,5594, nach **A** bei 60—100°; 90%. — *o-Nitrophenyl-*, F. 81°, nach **A** bei 20—60°; 50,7%; nach **C** bei 20—40°; 97,2%; nach **D**; 94,3%. — *p-Nitrophenyl-*, F. 97°, nach **A** bei 20—60°; 59,6%; nach **C** bei 20—40°; 97,6%; nach **D** 95,6%. — *n-Propyl-*, n_D^{20} 1,5080, nach **B** bei 30—35°; 92,5%. — *β-Naphthyl-*, $C_{17}H_{14}O_3S$, F. 125—126°, nach **C** bei 20—40°; 98%. — *m-Nitrophenyl-*, $C_{13}H_{11}O_5NS$, F. 114,5°, nach **D** 95,6%. — *Butandiol-(1.3)-di-*, $C_{18}H_{22}O_6S_2$, nach **B** bei 30—40°; 75%. (Mh. Chem. **82**. 452—59; S.-B. österr. Akad. Wiss., math.-naturwiss. Kl., Abt. IIb **160**. 452—59. 1951. Wien, TH, Inst. für organ.-chem. Technol.) HILDEGARD BAGANZ. 1090

F. Drahowzal und **D. Klamann**, *Zur Kenntnis der Sulfosäureester.* 2. Mitt. *Über die Darstellung von p-Toluolsulfosäureestern mit Pyridin.* (1. vgl. vorst. Ref.) Zur Vermeidung unerwünschter Neben-Rkk., wie Ätherbldg., Chlorierung u. Bldg. wasserlösl. quaternärer Pyridiniumsalze, bei der Darst. von *p-Toluolsulfonsäureestern* aus Alkoholen u. p-Toluolsulfochlorid (I) in Pyridin (III) muß völlig wasserfrei u. bei tiefen Tempp. gearbeitet werden. Während unter diesen Bedingungen nur die Ester gebildet wurden, wurden bei höheren Tempp. größere Mengen *Pyridiniumverbb.* u. die entsprechenden *Alkylchloride* erhalten. Es wird angenommen, daß die Chlorierung nach der Veresterung durch das Pyridinhydrochlorid (II) erfolgt. Diese Vermutung konnte durch Rk. von Carbon- u. p-Toluolsulfonsäureestern mit geschmolzenem II unter Bldg. von Alkylchlorid bestätigt werden. Wurde die Veresterung mit III bei 60—80° in Ggw. von Soda durchgeführt, so entstand kein Alkylchlorid. Während die Meth. bes. zur Darst. von Estern höherer Alkohole geeignet ist, gelang es auch, nach Einhaltung einer bestimmten Reaktionsdauer *p-Toluolsulfonsäureäthylester* mit guten Ausbeuten zu isolieren. Auch durch Zusätze von Lösungsmitteln, z. B. Chlf., CCl_4 u. Ae., konnte die Bldg. der Esterpyridiniumsalze zurückgedrängt u. die Ausbeuten an Ester verbessert werden. Die Selbstzers. des Benzyl-p-toluolsulfonats wurde untersucht.

Versuche: *n-Hexyl-p-toluolsulfonat*, $C_{13}H_{20}O_3S$, Kp.$_{0,5}$ 149° (Meth. A), durch Zugabe von 0,24 Mol I zu 0,2 Mol n-Hexylalkohol u. 1 Mol III bei —3 bis —8°, 5std. Rühren bei 0—8°, Zugabe von W. u. dann verd. HCl u. Ausäthern; n_D^{20} 1,4996; 86,4% (Ausbeute). — Analog nachst. p-Toluolsulfonsäureester: *n-Propyl-*, durch Zugabe bei —4 bis —10° u. 5std. Rühren bei —2 bis —10°; 86,1%. — *n-Octyl-* (V), durch Zugabe bei —4 bis —8° u. 5std. Rühren bei 0 bis —7°; 90,5%. — *n-Dodecyl-*, durch Zugabe bei —4 bis —8° u. 5std. Rühren bei —2 bis —6°; 97,9%. — *n-Octadecyl-*, durch Zugabe bei 7—22° u. 3std. Rühren bei 22°; 98%. — *Isopropyl-*, durch Zugabe bei —10 bis 10° u. 3std. Rühren bei 8—9°; 78%. — *Cyclohexyl-*, durch Zugabe bei 7—10° u. 5std. Rühren bei 7—11°; 81%. — *Cyclopentyl-*, $C_{12}H_{16}O_3S$, F. 28°, durch Zugabe von 0,55 Mol I zu 0,5 Mol Cyclopentanol u. 1,25 Mol III bei 1° u. 1std. Rühren; n_D^{20} 1,5245; 84,7%. — *β-Chloräthyl-*, durch Zugabe bei 1—3° u. 1std. Rühren bei 1—2°; 96,6%. — *Carbäthoxymethyl-*, $C_{11}H_{14}O_5S$, F. 47—48°, durch Zugabe bei 0—5°; 60%. — *Äthylenglykoldi-*, durch Zugabe bei —4 bis —10° u. 2std. Rühren bei —4 bis —8°; 87,3%. — *Butandiol-(1.3)-di-*, durch Zugabe bei 1—4° u. 2std. Rühren bei 2—8°; 67,9%. — *Hexandiol-(1.6)-di-*, $C_{20}H_{26}O_6S_2$, F. 71—72° (Bzl.-A.), durch Zugabe von 2,2 Mol I zu 1 Mol Hexandiol-(1.6) u. 5 Mol III bei —5 bis 0° u. 4std. Rühren; 78,5%. — *Glycerindi-*, durch Zugabe bei 2—5° u. 4std. Rühren; 71%. — *Glycerintri-*, durch Zugabe bei —2 bis 5° u. 2std. Rühren bei 0—1°; 93,3%. — *Phenyl-*, durch Zugabe bei 30° u. 2std. Rühren bei 0—10°; 80%. — *o-Nitrophenyl-*, wie vorst.; 81%. — *p-Nitrophenyl-*; 84,4%. — *Methyl-*, F. 28—29°, durch Zugabe von 0,5 Mol III zu 0,25 Mol I u. absol. CH_3OH in Chlf. bei 1—3°, Zugabe von verd. HCl nach ½std. Rühren u. Aufarbeitung der Chloroformschicht; 72,3%; in CCl_4 70,9%; in Ae. 87,4%. — Analog: *Äthyl-*, in Chlf. durch Zugabe bei 3—4° u. 2½std. Rühren; 85%. — *Allyl-*, in Chlf. durch Zugabe bei 1—4° u. 2std. Rühren bei 1—3°; 63,2%. — *Benzyl-*, durch Zutropfen von 0,5 Mol III zu 0,25 Mol Benzylalkohol u. 0,25 Mol Chlf. bei —7 bis —12°, 20 Min. langes Rühren u. Abtrennen der Chloroformschicht nach Zugabe von HCl; 70,5%; bei 1—3° wurde nur *Benzylchlorid* isoliert. — *n-Butyl-* (**VI**), nach A durch Zugabe bei —8 bis —10° u. 2std. Rühren bei —8°; 86,8%; b) durch Zugabe von 0,2 Mol I zu 0,2 Mol n-Butanol, wasserfreier Soda u. 0,5 Mol III bei 60—80°, Zugabe von W. u. verd. HCl; 15,3%; n_D^{20} 1,5045. Zur Befreiung von **VI** von einem Sulfochloridgeh. von 11,3% wurde es mit wasserhaltigem III bei 30—40° geschüttelt, HCl zugesetzt u. nach Waschen mit W. aufgearbeitet. — *Butylchlorid* (**IV**), Kp.$_{760}$ 78°, durch Erhitzen von 0,1 Mol **VI** mit 0,16 Mol **II** auf 170—180° unter Abdest. des Reaktionsprod.; n_D^{20} 1,4021; 86,5%. — Nach 5std. Erhitzen von 0,1 Mol **VI** mit 0,25 Mol III u. 0,14 Mol **II**, Zugabe von verd. HCl u. Ausäthern der wss. Lsg. wurde kein **IV** isoliert. Auch nach Erhitzen der wss. Lsg. mit KOH wurde kein **IV** erhalten. — *n-Octylchlorid*, Kp.$_{16}$ 78—79°, durch 3std. Kochen von 0,1 Mol **V** mit 0,16 Mol

II in Chlf.; n_D^{20} 1,4318; 91%. — Durch 5std. Kochen von n-Octanol mit II in Chlf. wurde kein Umsatz erzielt. — *n-Hexylchlorid*, Kp.$_{759}$ 131—132°, durch Zugabe von 0,4 Mol III zu je 0,2 Mol I u. n-Hexanol bei 50—60°, Zugabe von W. u. verd. HCl u. Aufnehmen der wasserunlösl. Schicht in Ae.; n_D^{20} 1,4199; 35,4%. (Mh. Chem. **82**. 460—69; S.-B. österr. Akad. Wiss., math.-naturwiss. Kl., Abt. IIb **160**. 460—69. 1951.)

Hildegard Baganz. 1090

F. Drahowzal und **D. Klamann,** *Zur Kenntnis der Sulfosäureester.* 3. Mitt. *Über die Alkylierung von Phenolen mit p-Toluolsulfosäureestern.* (2. vgl. vorst. Ref.) Phenole ließen sich mit p-Toluolsulfonsäureestern am günstigsten in wss. NaOH alkylieren. Während Ester prim. ein- u. mehrwertiger Alkohole gute Ausbeuten an Alkylierungsprodd. lieferten, gaben Ester sek. Alkohole u. cycloaliphat. Alkohole schlechtere Ausbeuten. Bei Allylierungen wurde bes. bei höheren Tempp. Polymerisation beobachtet. Zur Darst. von *Benzylphenyläther* wurde p-Toluolsulfonsäurebenzylester am besten mit absol. alkoh. Phenolatlsg. umgesetzt. Substituenten in o- oder p-Stellung, die den sauren Phenolcharakter erhöhen, führten zu Behinderungen der Alkylierung. Aromat. p-Toluolsulfonsäureester reagieren mit Phenolaten sowohl in wss. als auch in alkoh. Lsg. prakt. nicht. Die Darst. der Äther gelang auch durch Rk. von p-Toluolsulfochlorid (I) mit dem entsprechenden Alkohol, Einstellen auf die nötige Alkalikonz. u. Umsatz mit Phenol (II). Mußte der Ester in Pyridin dargestellt werden, so erwies sich diese Alkylierungsmeth. als ungünstig, da die Bldg. von Pyridiniumverbb. mit der Alkylierung konkurrierte.

Versuche: *Phenetol,* durch 1std. Erhitzen von II u. Äthyl-p-toluolsulfonat in 3 n NaOH auf dem Wasserbad, ½std. Erhitzen mit 6 n NaOH u. Aufnehmen der organ. Schicht in Ae.; n_D^{20} 1,5075; 78,7% (Ausbeute). — Analog wurden nachst. Äther dargestellt: *Anisol,* durch Rk. bei 70—90° in 2 n NaOH; 82,7%. — *Guajakol,* durch Rk. bei 70—90° in 3 n NaOH unter N_2; 46%, daneben 26% *Veratrol.* — *Veratrol,* durch Rk. bei 70—90° unter N_2 in 2 n NaOH; 75,4%. — *Nerolin,* durch Rk. bei 70—90° in 2 n NaOH; 96,3%. — *p-Methoxyacetophenon,* durch Rk. bei 70—90° in 3 n NaOH; 85%. — *o-Methoxybenzaldehyd,* wie vorst.; 70%. — *Hydrochinondimethyläther,* durch Rk. bei 70—90° unter N_2 in 2 n NaOH; 77,8%. — *Hydrochinondiäthyläther,* durch Rk. bei 95° in 3 n NaOH unter N_2; 85%. — *n-Hexylphenyläther,* Kp.$_9$ 113—114° (Meth. **A**), durch 1std. Erhitzen von II, n-Hexyl-p-toluolsulfonat u. 6 n NaOH im Ölbad von 150°, Zugabe von W. vor dem Erkalten u. Ausäthern; n_D^{20} 1,4921; 84,2%. — Analog nachst. Phenyläther: *Isoamyl-,* 115° (Reaktionstemp.); 79,1%. — *n-Octyl-,* 115°; 83%. — *n-Dodecyl-,* 115°; 85%. — *n-Octadecyl-,* 115°; 66%. — *Isopropyl-,* 60—80°; 55,5%. — *Cyclohexyl-,* 60 bis 80°; 17%. — *1.2-Diphenoxyäthan,* aus Glykoldi-p-toluolsulfonat bei 105°; 84%. — *1.6-Diphenoxyhexan,* aus Hexandiol-(1.6)-di-p-toluolsulfonat bei 108°; 98%. — *1-Methoxy-2-phenoxyäthan,* aus 2-Methoxyäthyl-p-toluolsulfonat bei 95°; 76,8%. — *2-Chloräthylphenyläther,* 110°; 81%. — *Allylphenyläther,* durch Rühren von Allyl-p-toluolsulfonat, II u. 6 n NaOH bei 45—50° u. Extraktion mit Ae.; 58,6%. — *Benzylphenyläther,* F. 39°, durch Zugabe von Benzyl-p-toluolsulfonat zu absol. alkoh. Na-Phenolat, 2 Std. Erwärmen auf 60—70° u. Zugabe von W.; 98,8%. — Nachst. Äther wurden durch 30 Min. langes Rühren von Phenol u. p-Toluolsulfonat mit 3 n NaOH bei 60—70°, ½std. Erhitzen mit 6 n NaOH auf dem Wasserbad u. Ausschütteln mit Ae. dargestellt: *o-Nitroanisol,* Kp.$_9$ 134°; n_D^{20} 1,5616; 65%. — *m-Nitroanisol,* Kp.$_8$ 121—123°; F. 38°; 94,2%. — *p-Nitroanisol,* F. 52°; 85%. — *Methyl-o-tolyläther,* Kp.$_{9,5}$ 55,5°; n_D^{20} 1,5183; 76%. — *Methyl-m-tolyläther,* Kp.$_9$ 56,5°; n_D^{20} 1,5147; 86%. — *Methyl-p-tolyläther,* Kp.$_9$ 56,2°; n_D^{20} 1,5132; 83%. — *o-Chloranisol,* Kp.$_{10}$ 77—78°; n_D^{20} 1,5451; 63%. — *m-Chloranisol,* Kp.$_9$ 70°; n_D^{20} 1,5365; 86%. — *p-Chloranisol,* Kp.$_9$ 71,5°; n_D^{20} 1,5351; 82,7%. *Nerolin Neu,* F. 36° (Meth. **B**), durch 3std. Rühren von 0,25 Mol I mit 0,45 Mol A. u. 25%ig. NaOH bei 15°, Zugabe von 0,2 Mol β-Naphthol, W. u. 4 n NaOH, ½std. Erhitzen auf dem Wasserbad, ½std. Erhitzen mit 6 n NaOH; 77% (bezogen auf I); nach **A** bei 95° in 3 n NaOH; 90%. — Analog nachst. Äther: *n-Propylphenyl-,* durch Veresterung bei 35° (½std.) u. Alkylierung bei 115°; 74%; nach **A** bei 115°; 79,1%. — *Isobutylkresyl-,* durch ½ std. Veresterung bei 35° u. Alkylierung bei 115°; 75%. — *n-Butylphenyl-,* Kp.$_{9,5}$ 88°, durch 4std. Rühren von 0,25 Mol n-Butanol u. 0,5 Mol Pyridin mit 0,25 Mol I bei —5 bis —2°, 1std. Erhitzen mit II, 6 n NaOH u. Ätznatron auf dem Wasserbad, Zugabe von W. u. HCl u. Ausäthern; n_D^{20} 1,4978; 57,7%; nach **A** bei 115°; 79,2%; nach **B** durch 4std. Veresterung von 15—20° u. Alkylierung bei 115°; 84%. (Mh. Chem. **82**. 588—93; S.-B. österr. Akad. Wiss., math.-naturwiss. Kl., Abt. IIb **160**. 588—93. 1951.)

Hildegard Baganz. 1090

F. Drahowzal und **D. Klamann,** *Zur Kenntnis der Sulfosäureester.* 4. Mitt. *Über die Alkylierung von Alkoholen, Mercaptanen und Thiophenolen mit p-Toluolsulfosäureestern.* (3. vgl. vorst. Ref.) Die Darst. von *Äthern* niederer aliphat. Alkohole gelang entweder durch Umsetzung von p-Toluolsulfonsäureestern mit Ätzalkalien in dem entsprechenden Alkohol oder mit Na-Alkoholaten. Die Ausbeuten betrugen 70—80%. Höhere aliphat. Alkohole wurden als Na-Alkoholate zur Rk. gebracht. Die aus ihnen erhaltenen Reaktionsprodd. enthielten aber stets noch Alkohole, die mit konz. H_2SO_4 ausgeschüttelt werden konnten. Sek. Alkohole ließen sich ebenfalls alkylieren. Mercaptane u. Thiophenole ergaben glatt die entsprechenden *Sulfide*. Bei der Darst. von *n-Dodecylbutylsulfid* aus Dodecyl-p-toluolsulfonat wurden 13% *Di-n-dodecylsulfid* isoliert. Analog den Alkoholen ließ sich eine sek. Sulfhydrylgruppe mit einem prim. Ester leichter alkylieren als eine prim. Sulfhydrylgruppe mit einem sek. Ester.

Versuche: *Äthyl-n-butyläther*, Kp. 90—91°, durch Zugabe von n-Butyl-p-toluolsulfonat zu Na in absol. A., Erwärmen, ½ std. Kochen u. Schütteln mit 10% ig. NaCl; 77,5% (Ausbeute). — *Methyl-n-octadecyläther*; 61%. — *n-Propylisopropyläther*, a) durch Zugabe von 0,2 Mol n-Propyl-p-toluolsulfonat zu 0,2 Mol Na in 0,4 Mol Isopropylalkohol, 2 std. Kochen mit Aceton u. Zugabe von NaCl-Lsg.; 49%; b) aus Propylalkohol u. Isopropyl-p-toluolsulfonat; 39%. — *Äthyl-n-octyläther*, $Kp._9$ 74°, a) durch Kochen von n-Octanol in Bzl. mit Na, Zugabe von Äthyl-p-toluolsulfonat in Bzl. in der Kälte, 2 std. Kochen, Zugabe von W. u. Aufarbeitung der benzol. Lsg.; 40,3%; b) durch 1 std. Kochen von n-Octyl-p-toluolsulfonat mit NaOH in A. u. Zugabe von W.; 72,5%. — Analog wie unter a) angegeben nachst. Äther: *n-Butyl-n-octyl-*, a) aus n-Butanol u. n-Octyl-p-toluolsulfonat; 52%; b) aus n-Octanol u. n-Butyl-p-toluolsulfonat; 59,5%. — *Äthylbenzyl-*, a) über das Na-Benzylat; 62%; b) durch 30 Min. langes Erhitzen von Benzylalkohol, 3n NaOH u. Äthyl-p-toluolsulfonat auf dem Wasserbad, ½ std. Erwärmen mit 6nNaOH u. übliche Aufarbeitung; n_D^{20} 1,4954; 28,5%. — *Methyl-n-octadecyläther*, aus CH_3OH, NaOH u. n-Octadecyl-p-toluolsulfonat; 68%. — *n-Dodecyl-p-tolylsulfid*, $C_{19}H_{32}S$, F. 31—31,5° (A.), durch 45 Min. langes Kochen von p-Thiokresol (I), 6nNaOH u. n-Dodecyl-p-toluolsulfonat u. Zugabe von W. nach dem Erkalten; 83,2%. — *n-Dodecyl-n-butylsulfid*, $C_{16}H_{34}S$, $Kp._9$ 168—171°, durch 45 Min. langes Kochen von n-Butylmercaptan, 6n NaOH u. n-Dodecyl-p-toluolsulfonat; n_D^{20} 1,4648; 81%. — *Didodecylsulfid*, $C_{24}H_{50}S$, F. 40—41° (A.), aus dem Destillationsrückstand vorst. Verb.; 13,3%. — *n-Butylisopropylsulfid*, $C_7H_{16}S$, $Kp._{61}$ 78,5—79°, a) aus Isopropylmercaptan, 6nNaOH u. n-Butyl-p-toluolsulfonat bei 60—80°; n_D^{20} 1,4479; 92,5%; b) aus n-Butylmercaptan; 75%. — Analog nachst. Sulfide: *Äthyl-p-tolyl-*, $Kp._9$ 91—92°, durch ½ std. Rk. aus I bei 97°; n_D^{20} 1,5568; 76%. — *n-Butyl-p-tolyl-*, $Kp._9$ 120—122°, durch ½ std. Rk. aus I bei 112°; n_D^{20} 1,5408; 83,5%. — *Äthylen-bis-p-tolyl-*, F. 80°, durch 3 std. Rk. von I bei 114°; 95%. (Mh. Chem. **82**. 594—99; S.-B. österr. Akad. Wiss., math.-naturwiss. Kl., Abt. II b **160**. 594—99. 1951.) HILDEGARD BAGANZ. 1090

F. Drahowzal und **D. Klamann**, *Zur Kenntnis der Sulfosäureester*. 5. Mitt. *Über die Umsetzung von p-Toluolsulfosäureestern mit anorganischen Salzen*. (4. vgl. vorst. Ref.) Durch Rk. von Alkalihalogeniden mit Toluolsulfonsäureestern wurden in konz. wss. Lsg. die entsprechenden *Alkylhalogenide* erhalten. Die Ausbeuten stiegen bei gleichem Alkylrest in der Reihenfolge Chlorid–Bromid–Jodid u. nahmen mit zunehmender Kettenlänge ab. Mußten die Reaktionsprodd. durch Dest. aus dem Gemisch abgetrennt werden, so traten durch Zers. des überschüssigen Esters größere Verluste auf. Im Gegensatz zu den Angaben von OLDHAM u. Mitarbeiter (J. Amer. chem. Soc. **54**. [1932.] 366) konnten auch die sek. Sulfonoxygruppen des Isopropyl- u. Butandiol-(1.3)-di-p-toluolsulfonats gegen J ausgetauscht werden. Während die Darst. von *Nitroparaffinen* nur sehr schlecht gelang, konnten die *Nitrile* u. *Rhodanide* aus den entsprechenden Alkalisalzen gut dargestellt werden. NaHS lieferte hauptsächlich das gewünschte Thiol. Dagegen gelang nicht die Monoalkylierung von Na_2S, die sofort zum Sulfid führte. Auch *Natriumalkylthiosulfate* ließen sich auf diese Weise darstellen. Sie spalteten sich in saurer Lsg. unter Bldg. von Mercaptan u. Disulfid, das durch Red. mit Zn-Säure in das Thiol übergeführt werden konnte. Bei der Darst. von *Dialkylsulfiden* u. *-disulfiden* mit Na_2S bzw. Na_2S_2 wurde beobachtet, daß die Ausbeute mit zunehmendem Mol.-Gew. u. abnehmender Flüchtigkeit zunahm. Aus Äthylenglykol-bis-p-toluolsulfonat u. Na_2S wurde ein hochpolymerer Körper erhalten.

Versuche: *Äthylbromid*, Kp. 37,6°, durch 2 std. Erhitzen von Äthyl-p-toluolsulfonat (II) mit KBr in wenig W. auf 160—170° u. Verdünnen mit W.; n_D^{20} 1,4238; 75,3% (Ausbeute). — *Methyljodid*, Kp. 40—42°, durch Erhitzen von Methyl-p-toluolsulfonat (I) u. KJ in W. im Ölbad von 110—170° unter Abdest. des Reaktionsprod.; 94,4%. — Analog wurden nachst. Halogenide dargestellt, wobei die höhermol. zunächst in Ae. aufgenommen u. dann dest. wurden: *n-Butylchlorid*, a) durch 1 std. Rk. von NaCl bei 112°; 10%; b) durch 10 std. Rk. von KCl bei 106°; 13,5%; c) durch 6 std. Rk. von HCl bei 117—96°; 59%. — *n-Dodecylchlorid*, durch 6 std. Rk. von HCl bei 115—110°;

23%. — *n-Butylbromid*, durch 6std. Rk. von KBr bei 106°; 15%. — *Äthyljodid*, aus KJ bei 110°; 82,1%. — *n-Butyljodid*, durch 5std. Rk. von KJ bei 106°; 78,5%. — *n-Dodecyljodid*, durch 8std. Rk. von KJ bei 106°; 14,2%. — *Isopropyljodid*, durch 2std. Rk. von KJ bei 107°; 71,4%. — *1.3-Dijodbutan*, durch 2std. Rk. von KJ bei 107°; 82,4%. — *Nitromethan*, durch 2std. Erhitzen von $NaNO_2$ u. I in W. im Ölbad von 140—150° u. Wasserdampfdest.; n_D^{20} 1,3822; 12,7%. — Analog: *Nitroäthan*; 10%. — *Nitrooctan*; 17%. — *n-Butylcyanid*, durch 6std. Erhitzen von KCN u. n-Butyl-p-toluolsulfonat (III) in W. im Ölbad von 140—150° u. Ausäthern; n_D^{20} 1,3948; 38,6%. — Analog: *n-Dodecylcyanid*; 47,2%. — *n-Octadecylcyanid*; 54,4%. — *n-Octylrhodanid*, $Kp._{11}$ 122—124°, durch 6std. Erhitzen von KSCN u. n-Octyl-p-toluolsulfonat in W. auf 150—160°; n_D^{20} 1,4649; 83%. — Analog nachst. Rhodanide: *Äthyl-*, durch 4std. Rk. bei 120—105°; 70%. — *n-Butyl-*, a) durch 4std. Rk. bei 120—110°; 86%; b) durch 10std. Rk. bei 85° in alkoh. Lsg.; 68%. — *Isopropyl-*, durch 2std. Rk. bei 110°; 43%. — *Äthylmercaptan*, $Kp._{752}$ 34,4—34,6°, a) durch Sättigung der Lsg. von KOH in A. mit H_2S, Zugabe von II unter Einleiten von H_2S unter Erwärmen auf dem Wasserbad, Zugabe von W. u. dann HCl nach dem Erkalten; 51%; b) durch 8std. Erhitzen von II mit $Na_2S_2O_3$ im sd. Wasserbad, 5 std. Kochen des Kristallbreies mit 50%ig. H_2SO_4 u. Zugabe von W.; 20,2%, daneben 62% *Diäthyldisulfid*. — *n-Butylmercaptan*, $Kp._{749,8}$ 96—98°, a) durch 3std. Erhitzen von III mit wss. NaHS auf 120—150° u. Verdünnen mit W.; n_D^{20} 1,4420; 69%, daneben aus dem Destillationsrückstand 20,5% *Dibutylsulfid*; b) durch Rk. von III mit wss. $Na_2S_2O_3$, Zugabe von H_2SO_4 (1 : 1), 5std. Kochen, 2½std. Kochen mit Zn; n_D^{20} 1,4423; 57%. — *Di-n-dodecylsulfid*, $C_{24}H_{50}S$, F. 41° (A.), durch 5 std. Erhitzen von Na_2S mit n-Dodecyl-p-toluolsulfonat u. W. auf 150°; 96,4%. — *Di-n-butyldisulfid*, $Kp._9$ 102—104°, durch 2std. Kochen von III mit der Lsg. von Na_2S u. S in W.; n_D^{20} 1,4982; 90%. Gibt mit Zn u. H_2SO_4 *Butylmercaptan*, Kp. 97°; n_D^{20} 1,4424; 74%. — Analog nachst. Sulfide: *Diäthyl-*, durch 1std. Rk. bei 110°; 80%. — *Di-n-butyl-*, durch 5std. Rk. bei 113—107°; 86,7%. — *Di-n-octyl-*, durch 6std. Rk. bei 115—109°; 87%. — *Diisopropyl-*, durch 2 std. Rk. bei 111—106°; 65%. — *Polyäthylen-*, durch 5std. Rk. bei 108—107°; 100%. — *Diäthyldi-*, durch 3std. Rk. bei 110—103°; 75,4%. — *Di-n-octadecyldi-*, durch 2std. Rk. bei 115°; 83%. — *Diisopropyldi-*, durch ½std. Rk. bei 110°; 62%. (Mh. Chem. **82**. 970—77. 15/12.; S.-B. österr. Akad. Wiss., math.-naturwiss. Kl., Abt. IIb **160**. 970—77. 1951.) HILDEGARD BAGANZ. 1090

Heinrich Rheinboldt und **Ernesto Giesbrecht**, *Über Selenensäuren*. 1. Mitt. *Darstellung von Selenensäuren durch Reduktion von Seleninsäuren mittels Hydrazins*. 2-Nitro-, 2-Nitro-4-chlor-, 2-Nitro-4-brom-, 2-Nitro-4-methyl-, 2-Nitro-4-methoxy- u. 2.4-Dinitrobenzolseleninsäure-(1) u. Anthrachinonseleninsäure-(1) lassen sich mit Hydrazinsulfat (I) quantitativ zu den *Selenensäuren* reduzieren, wobei N_2 u. W. entwickelt werden. Auch bei großem Überschuß an I in der Wärme tritt keine weitere Red. der Selenensäuren ein. Diese bilden farbige, gut haltbare Kristalle u. lösen sich in alkoh. Alkalilaugen mit tiefroten bis violetten Farben als Alkalisalze, die sich langsam disproportionieren. $N_2H_4 \cdot HCl$ reagiert wie I, wenn der p_H-Wert auf den von I eingestellt wird. Bei Verwendung von $N_2H_4 \cdot H_2O$ bzw. Phenylhydrazin kann sich auch Diselenid bilden. Semicarbazidhydrochlorid u. $NH_2OH \cdot HCl$ liefern unreine Produkte. Benzolseleninsäure (II), p-Nitro-, o-Chlor-, o-Carboxy-, o-Carbomethoxy-, o-Methoxy- u. o-Methansulfonylbenzolseleninsäure werden von I quantitativ zu den *Diseleniden* reduziert. Auch bei Anwendung der zur Bldg. der Selenensäuren erforderlichen Menge I werden jene nicht erhalten, sondern Diselenide neben den Seleninsäuren. Die Diselenidbldg. wird so erklärt, daß die zuerst gebildete Selenensäure zum Selenophenol red. wird u. sich schließlich äquimol. Mengen Selenophenol u. Selenensäure zum Diselenid umsetzen. Bei der Red. von II wurde *Selenophenol* als *Cd-Selenophenolat* nahezu quantitativ abgefangen. Die Nitroselenophenole waren nicht isolierbar, doch Anthrachinonyl-(1)-selenol (III) ließ sich quantitativ mit Anthrachinonselenensäure-(1) (**IV**) zu *Bis-[anthrachinonyl-(1)]-diselenid* (**V**) umsetzen. Daß die Diselenide nicht durch Autoxydation der Selenole entstanden sein können, ergibt sich aus der Menge des bei der Red. entwickelten N_2.

Versuche: *2-Nitrobenzolselenensäure-(1)*, $C_6H_5O_3NSe$, F. ca. 165°, a) durch Eintragen der berechneten Menge 2-Nitrobenzolseleninsäure-(1) in eine Lsg. von I in W. unter Rühren, nach 24 Std. abfiltrieren; ziegelrote Nadeln aus Bzl.; 98,6% (Ausbeute). Gibt beim Erhitzen bis 210° *2.2'-Dinitrodiphenyldiselenid*, F. 212—213°; b) analog mit überschüssigem I bzw. bei 80°; 99,6%; c) mit $N_2H_4 \cdot HCl$; 100% (roh); d) mit $N_2H_4 \cdot H_2O$; 99%; bei 90° entstand ein unreines Produkt. — Folgende Selenensäuren wurden analog a) dargestellt: *4-Chlor-2-nitrobenzol-*, $C_6H_4O_3NClSe$, F. 184,5—185,5°, orangefarbene Nadeln aus Chlf.; 99,2%; Schmelze tiefrot, Lsg. des *K-Salzes* tiefblau. — *4-Brom-2-nitrobenzol-*, $C_6H_4O_3NBrSe$, F. 171—172°, orangefarbene Nadeln aus Chlf.; 99,9%;

Schmelze tiefrot, Lsg. des *K-Salzes* tieflila. — *4-Methyl-2-nitrobenzol-*, $C_7H_7O_3NSe$, F. 178 bis 179° (Zers.), orangerote Nadeln aus Bzl.; 99%; Lsg. des *K-Salzes* tiefviolett. — *4-Methoxy-2-nitrobenzol-*, $C_7H_7O_4NSe$, F. 168,5—169,5° (Zers.), zinnoberrote Nadeln aus Bzl. durch Zugabe von CCl_4; 99,9%; Lsg. des *K-Salzes* tiefblau. — *2.4-Dinitrobenzol-*, $C_6H_4 \cdot O_5N_2Se$, F. 260—262° (Zers.), goldgelbe Nadeln aus Bzl.; 98,5%; gibt bei längerem Erhitzen zum F. *2.2'.4.4'-Tetranitrodiphenyldiselenid* (**IX**), F. 262—263°; Lsg. des *K-Salzes* tiefrot. — *Anthrachinonselenensäure-(1)* (**IV**), $C_{14}H_8O_3Se$, violettrote Nadeln aus Dioxan; 98,7%; Lsg. des *K-Salzes* tiefblaugrün; aus der Schmelze konnte kein Diselenid gewonnen werden. Mit überschüssigem **I** wurde aus Anthrachinonseleninsäure-(1) neben **IV** *Bis-[anthrachinonyl-(1)]-diselenid* (**V**), F. 355—356°, gewonnen, bei Red. bei 80° in größerer Ausbeute als bei Zimmertemperatur. — Die Löslichkeiten dieser Säuren in organ. Lösungsmitteln sind angegeben. Der bei der Red. entwickelte N_2 wurde volumetr. bestimmt. — Die folgenden D i s e l e n i d e wurden durch Red. der Seleninsäuren durch Eintragen in eine für die Red. zu Selenensäuren berechnete Menge **I** in W. bei 0° unter Schütteln u. Abfiltrieren nach 24 Std. neben unverbrauchter Seleninsäure erhalten: *Diphenyl-*, F. 61—62°; 1,1 g aus 1,89 g **II** (mit der berechneten Menge **I** wird eine 100%ig. Ausbeute erzielt). — *p.p'-Dinitrodiphenyl-*, F. 182—183°; 1,43 g aus 2,34 g Seleninsäure. — *o.o'-Dichlordiphenyl-*, F. 72—73°; 1,40 g aus 2,23 g. — *o.o'-Dicarboxydiphenyl-* (**VII**), F. 296—298°; 1,40 g aus 2,33 g. — *o.o'-Dicarbomethoxydiphenyl-* (**VIII**), F. 145—146°; 1,53 g aus 2,47 g. — *o.o'-Dimethoxydiphenyl-*, F. 89—90°; 1,33 g aus 2,19 g. — *o.o'-Bis-[methansulfonyl]-diphenyldiselenid* (**VI**), F. 219—220°; 1,65 g aus 2,67 g. — *Cadmiumselenophenolat*, $C_{12}H_{10}Se_2Cd$, durch Zufügen einer wss. Lsg. von **I** zu **II** + $CdSO_4$ in W.; gelber Nd.; 96,6%. Zers. sich am Licht bzw. bei 60°. Gibt mit Benzoylchlorid *Phenylselenolbenzoat*, F. 38,5—39,5°; 91,3%. — Erhitzen von äquimol. Mengen von **III** u. **IV** in wasserfreiem Bzl. unter H_2 (18 Std.) gab **V**, F. 355—356° (Nitrobenzol), orangegelb; 99%. — *Anthrachinonyl-(1)-selenol* (**III**), $C_{14}H_8O_2Se$, F. 212,5—213,5°, durch Red. von **V** in wss. A. mit Glucose u. NaOH, 20 Min. auf dem sd. Wasserbad u. Filtrieren in HCl in inerter Atmosphäre; orangerote Blättchen aus Eisessig; 73,2%. — *2.4-Dinitrophenylselenocyanat*, F. 165,5—166,5° (Eisessig), aus 2.4-Dinitrochlorbenzol u. KSeCN in sd. Aceton bzw. CH_3OH. — Weitere *Arylselenocyanate* nach BAUER [1913]; 65—75%. — Nach BRAND [1909] wurde *Methyl-[2-nitrophenyl]-sulfid*, F. 64—65°; 91%, erhalten. Hieraus mit 30%ig. H_2O_2 in warmem Eisessig *Methyl-[2-nitrophenyl]-sulfon*, F. 105 bis 106°; 92,5%. Hieraus *2-Methansulfonylanilin*, F. 79—82°, durch Red. mit $SnCl_2 \cdot 2\,H_2O$ + HCl in Eisessig; 86%. Hieraus *2-Methansulfonylphenylselenocyanat* (**X**), $C_8H_7O_2NSSe$, F. 129—130°, gelbe Nadeln aus CH_3OH; 75%. — **IX**, F. 263—264° (Zers.), aus 2.4-Dinitrophenylselenocyanat in alkoh. Lsg. durch Einleiten von NH_3, erst unter Kühlung, dann in der Siedehitze; bräunlichgelbe Blättchen aus Nitrobenzol; 97,6%. — **VI**, $C_{14}H_{14} \cdot O_4S_2Se_2$, F. 219—220°, aus **X**; gelbliches Pulver aus CH_3OH + Chlf.; 89%. — Die anderen Diselenide wurden durch Spaltung der Selenocyanate in alkoh. KOH bei Raumtemp. gewonnen. Bei **VII**, F. 297—298° (Zers.), ist gelindes Erwärmen zur Auflösung des 2-Carboxyphenylselenocyanats nötig; 83%. — *4.4'-Dimethoxy-2.2'-dinitrodiphenyldiselenid*, $C_{14}H_{12}O_6N_2Se_2$, F. 179,5—180,5°, hellgelbe Nadeln aus Dioxan; 87,3%. — **VIII**, F. 145 bis 146° (Dioxan + W.), durch Einleiten von HCl in eine sd. Lsg. von 2-Carboxyphenylselenocyanat (F. 184—185°, Zers.) in CH_3OH; 56%. Durch alkal. Spaltung von 2-Carbomethoxyphenylselenocyanat (F. 114—115°) wurde auch bei 0° in verd. Lsg. nur **VII** erhalten. — **V**, $C_{28}H_{14}O_4Se_2$, F. 355—356°, aus K_2Se_2 u. 1-Chloranthrachinon in sd. A. (3 Std.); 81,5%. — Darst. der B e n z o l s e l e n i n s ä u r e n: A) durch anteilweises Eintragen des Diselenids in HNO_3 (D. 1,40—1,42), Temp. nicht über 40°, am nächsten Tag auf Eis gießen. B) durch Lösen des Diselenids in der gleichen Menge Dioxan bei 60—70°, rasches Kühlen auf 3—5° u. Zugabe von überschüssigem 30%ig. H_2O_2, Temp. 5—10°, nach 30 Min. Eis zugeben. — *2.4-Dinitro-*, $C_6H_4O_6N_2Se$, F. 116,5—117,5° (in der Capillare bei langsamem Erhitzen: 141—142° [Zers.]), aus **IX** u. rauchender HNO_3 (D. 1,52) (**IX** ist beständig gegen konz. HNO_3); orangefarbene Nadeln aus Äthylacetat; 85,5%. Gibt dunkelbraune Lsg. in wss. KOH. — **II**, F. 120,5—121,5° (W.); 84,2% (nach B). — *2-Chlor-*, F. 158—159° (W.); 99,7% (B). — *2-Nitro-*, F. 182,5—183,5° (W.); 96,6% (A). — *4-Nitro-*, F. 213,5—214,5°; 95,6% (A). — *2-Methoxy-*, $C_7H_8O_3Se$, F. 143—144° (Zers.; aus Äthylacetat), mit verd. HNO_3 (D. 1,25) bei 25° erhalten; 79,6%. — *2-Carboxy-*, F. 228—230° (Zers.), Nadeln aus W.; 88% (A). — *2-Carbomethoxy-*, $C_8H_8O_4Se$, F. 154,5 bis 155,5°, Nadeln aus W.; 90,7% (B). — *2-Methansulfonyl-*, $C_7H_8O_4SSe$, F. 204,5 bis 205,5°; Nadeln; 86,7% (A). — *4-Chlor-2-nitro-*, $C_6H_4O_4NClSe$, F. 161—162° (unter Bldg. einer hellgelben Fl., die sich zers.; in der Capillare unter Zers. zu einer rot erstarrenden Schmelze), hellgelbe Blättchen aus W.; 95,5% (A). — *4-Brom-2-nitro-*, $C_6H_4O_4NBrSe$, F. 161,5—162,5° (verhält sich wie vorst. Verb.), gelbliche Blättchen; 90,3% (A). — *4-Methyl-2-nitro-*, $C_7H_7O_4NSe$, F. 174° (bildet auch rote M.), Nadeln; 92% (A). — *4-Meth-*

oxy-2-nitro-, $C_7H_7O_5NSe$, F. 165° (Zers., Gelbfärbung), gelbliche Nadeln; 93,2% (A). — *Anthrachinonseleninsäure-(1)*, $C_{14}H_8O_4Se$, F. 204—205° (Zers.), Nadeln aus Dioxan; 92,8% (A). Geht bei langem Aufbewahren in **IV** über. (Chem. Ber. **88**. 666—78. 9/5. 1955. São Paulo, Univ., Fac. de Filosof., Ciênc. e Letras, Dep. de Quím.) G. CLEVE. 1090

Wen-Kuei Hwang (Wên-k'uei Huang), *Reduktion mit Glucose oder Invertzucker in alkalischer Lösung, ein neues Verfahren zur Herstellung einiger Aminophenole.* Infolge der guten Ausbeute eignet sich die alkal. Red. mittels Glucose oder Invertzuckers zur Darst. der entsprechenden Aminophenole aus *o-* u. *p-Nitrophenol, 2-Methyl-* u. *2.6-Dichlor-4-nitrophenol, p-Nitrosophenol, 4-Nitroso-2-methylphenol, α-Nitroso-β-naphthol, p-Oxyazobenzolsulfonsäure* u. *Orange II. m-Nitrophenol* u. *2.4-Dinitrophenol* werden nicht reduziert. (Acta chim. sinica **19**. 156—60. Dez. 1953. Shanghai, Fuh-Tan Univ., Dep. of Chem. [Orig.: chines.; Auszug: engl.]) W. METZENER. 1300

Frederick G. Mann und **Frederick H. C. Stewart**, *Die Einwirkung von Magnesium und Grignard-Reagentien auf gewisse Benzyläther.* 2. Mitt. *Die Einwirkung von Grignard-Reagentien auf o-, m- und p-Methoxy- und -phenoxymethylaniline.* (1. vgl. C. **1955**. 2183.) *o-Methoxymethylanilin* (**I**) lieferte mit Phenyl-MgBr (**II**) als Hauptprod. *o-Benzylanilin*, mit anderen GRIGNARD-Reagentien die entsprechenden *o-Alkylaniline* neben geringen Mengen polymerer Verbindungen. *o-Phenoxymethylanilin* (**III**) reagierte analog unter Abspaltung des Phenoxyrestes, bildete jedoch mehr polymeres Material. *m-Methoxymethylanilin* wurde unverändert wiedergewonnen, während sich *p-Methoxymethylanilin* (**V**) mit **II** analog **I** u. **III** umsetzte. Zum Unterschied von Benzylalkyläthern, die durch $LiAlH_4$ nicht angegriffen werden, wurde **I** durch dieses Reagens glatt in *o-Toluidin* übergeführt. Zur Erklärung der Rk. wird von den Vff. die Bldg. des o-Chinomonomethanimins **VI** angenommen, das vorwiegend in seiner polaren Form **VIa** vorzuliegen scheint. Ähnlich bildete *p-Methoxymethyl-N.N-dimethylanilin* (**VII**) mit **II** *p-Benzyl-N.N-dimethylanilin* u. etwas *2.6-Bis-[dimethylamino]-9.10-dihydroanthracen*, das auch auf anderem Wege erhalten werden konnte. Als Zwischenstufe der Rk. wird das Kation **VIII** angenommen. Beim entsprechenden o-Methoxymethyl-N.N-dimethylanilin (**IV**) blieb die analoge Rk. infolge ster. Hinderung aus, die sich auch in der schweren Bldg. eines Methojodids ausdrückte.

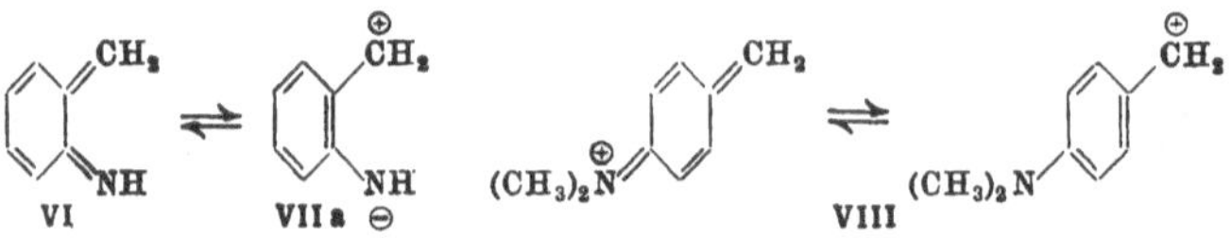

VI VIIa VIII

Versuche: *o-Methoxymethylbenzamid*, $C_9H_{11}O_2N$, F. 101—102° (W.), durch Zugabe von o-Methoxymethylbenzonitril zu einer wss.-alkoh. H_2O_2-Lsg.; 97% (Ausbeute). — *o-Methoxymethylanilin* (**I**), Kp.$_{11}$ 106—108°, durch Zugabe von Br_2 u. vorst. Verb. zu wss. NaOH bei 0°; 76%. *Benzoylderiv.*, $C_{15}H_{15}O_2N$, F. 74,5° (Nadeln aus A.). — *Methyl-p-nitrobenzyläther*, aus p-Nitrobenzylchlorid; 46%, daneben 40% *4.4'-Dinitrostilben*, F. 286—288°. — *p-Methoxymethylanilin* (**V**), Kp.$_{11}$ 131—132°, durch Red. vorst. Verb.; Kp.$_{23}$ 147—148°; 55%. *Benzoylderiv.*, F. 108—109°. — *Methyl-m-nitrobenzyläther*, $C_8H_9O_3N$, Kp.$_{11}$ 138—140°, durch Zugabe von m-Nitrobenzylchlorid zu CH_3ONa in Methanol u. 2std. Kochen; 72%. — *m-Methoxymethylanilin*, $C_8H_{11}ON$, Kp.$_{11}$ 130—131°, durch Red. vorst. Verb.; 82%. *Benzoylderiv.*, $C_{15}H_{15}O_2N$, F. 76—77° (Bzl.-PAe.). — *m-Methoxymethylbenzamid*, $C_9H_{11}O_2N$, F. 50—53° (Bzl.-PAe.), durch Einw. von H_2O_2 auf das entsprechende Nitril; sehr geringe Ausbeute. — *o-Dimethylaminobenzylalkohol*, $C_9H_{13}ON$, Kp.$_{11}$ 123—124°, durch Red. von N.N-Dimethylanthranilsäuremethylester mit $LiAlH_4$ in Ae.; 89%. *Methojodid*, $C_{10}H_{16}ONJ$, F. 131° (Methanol-Ae.), durch 15std. Kochen in CH_3J. *Methopikrat*, $C_{16}H_{18}O_8N_4$, F. 147—148° (gelbe Kristalle aus A.). — *o-Methoxymethyl-N.N-dimethylanilin* (**IV**), $C_{10}H_{15}ON$, Kp.$_{13}$ 106—108°, durch Rk. vorst. Verb. mit $SOCl_2$ in Bzl. u. Zusatz von CH_3ONa in Methanol; 75%. *Pikrat*, $C_{10}H_{15}ON \cdot C_6H_3O_7N_3$, F. 133—134° (gelbe Kristalle aus A.). — *p-Dimethylaminobenzylalkohol*, aus dem Aldehyd mit $LiAlH_4$; schlechte Ausbeute, daneben *4.4'-Bis-[dimethylamino]-diphenylmethan*; ließ sich nicht mit $(CH_3)_2SO_4$ methylieren u. zers. sich beim Destillieren. — *p-Methoxymethyl-N.N-dimethylanilin* (**VII**), $C_{10}H_{15}ON$, Kp.$_{15}$ 133—136°, analog **IV** aus vorst. Verb.; 65%. *Methojodid*, $C_{11}H_{18}ONJ$, F. 184—185° (Methanol-Ae.). *Methopikrat*, $C_{17}H_{20}O_8N_4$, F. 131—132° (gelbe Nadeln aus A.). — *o-Benzylanilin*, F. 54—55° (PAe.), durch Zugabe von 1 Mol **I** zu ca. 4 Mol **II** in Ae., 2std. Kochen u. Zers. mit wss. NH_4Cl-Lsg.; Kp.$_{11}$ 172—176°; 63%. *Hydrochlorid*, F. 176—177° (A.-Ae.). *Acetylderiv.*, F. 125 bis 126° (wss. A.). *Benzoylderiv.*, $C_{20}H_{17}ON$, F. 113—114° (A.). — *o-[n-Butyl]-anilin*, aus **I** u. n-Propyl-MgBr wie vorstehend. *Hydrochlorid*, $C_{10}H_{15}N \cdot HCl$, F. 139—140° (verd. HCl). *Benzoylderiv.*, $C_{17}H_{19}ON$, F. 116—117° (PAe.). — *o-Isobutylanilin*, $C_{10}H_{15}N$, Kp.$_{13}$ 110 bis 111°, a) aus **I** u. Isopropyl-MgBr; 72%; b) aus **III** analog; 43%; *Acetylderiv.*, $C_{12}H_{17}ON$,

F. 98° (wss. A.). *Benzoylderiv.*, $C_{17}H_{19}ON$, F. 126—127° (PAe.). — *o-Jodisobutylbenzol*, $C_{10}H_{13}J$, $Kp._{11}$ 113—115°, aus vorst. Verb. durch Diazotieren u. Eingießen in eine gesätt. KJ-Lsg.; 57%. — *o-Isobutylbenzoesäure*, $C_{11}H_{14}O_2$, F. 64—65° (W.), durch Zugabe der aus vorst. Verb. gewonnenen GRIGNARD-Verb. zu festem CO_2; 30%. — *o-[3-Phenylpropyl]-anilin*, $C_{15}H_{17}N$, $Kp._{0,2}$ 131—135°, aus I u. 2-Phenyläthyl-MgBr; 77%. *Hydrochlorid*, $C_{15}H_{17}N \cdot HCl$, F. 198—200° (Zers.; A.). *Benzoylderiv.*, $C_{22}H_{21}ON$, F. 90—91° (PAe.). — *o-[2-Phenyläthyl]-anilin*, $Kp._{11}$ 186—188°, aus I u. Benzyl-MgBr; $Kp._{19}$ 193—197°; liefert nach Diazotieren u. Zusetzen von unterphosphoriger Säure bei 0° *Dibenzyl* (F. 52 bis 53°). *Hydrochlorid*, F. 178—179°. *Acetylderiv.*, F. 115—116°. *Benzoylderiv.*, $C_{21}H_{19}ON$, F. 159—160°. — *1-[o-Aminobenzyl]-naphthalin*, $C_{17}H_{15}N$, F. 100—101° (wss. A.), aus I u. α-Naphthyl-MgBr; 52%. *Hydrochlorid*, $C_{17}H_{15}N \cdot HCl$, F. 195—196° (Zers.; Nadeln aus W.). — *2-[o-Aminobenzyl]-naphthalin*, $C_{17}H_{15}N$, F. 62—63° (A.), aus I u. β-Naphthyl-MgBr; $Kp._{0,2}$ 204—206°; 33%. *Hydrochlorid*, $C_{17}H_{15}N \cdot HCl$, F. 187—188° (Zers.; A.-Ae.). *Benzoylderiv.*, $C_{24}H_{19}ON$, F. 160—161° (A.). — *2-Benzylnaphthalin*, F. 53,5—54,5° (A.), aus vorst. Verb. durch Desaminierung wie oben. — *o-Aminobenzylmesitylen*, $C_{16}H_{19}N$, F. 89—89,5° (A.), aus I u. Mesityl-MgBr; 84%. *Hydrochlorid*, $C_{16}H_{19}N \cdot HCl$, F. 208° (Zers.; hygroskop. Nadeln aus A.-Ae.). — *2-Amino-2'-bromdibenzyl*, $C_{14}H_{14}NBr$, F. 50 bis 51°, aus I u. o-Brombenzyl-MgBr; 68%. *Hydrochlorid*, $C_{14}H_{14}NBr \cdot HCl$, F. 179—180° (A.-Ae.). *Acetylderiv.*, $C_{16}H_{16}ONBr$, F. 157—158° (A.). *Benzoylderiv.*, $C_{21}H_{18}ONBr$, F. 156—157° (Nadeln aus A.). — *2-Brom-2'-joddibenzyl*, $C_{14}H_{12}BrJ$, F. 84—85° (A.), aus vorst. Verb. durch Diazotieren u. Eingießen in KJ-Lösung. — *N-Benzoyl-o-toluidin*, F. 140—141° (A.), durch Red. von I mit $LiAlH_4$ in A. u. Benzoylierung. — *p-Isobutyl-anilin*, $C_{10}H_{15}N$, $Kp._{15}$ 122—126°, aus V u. Isopropyl-MgBr; 62%. *Acetylderiv.*, $C_{12}H_{17}ON$, F. 130—131° (wss. A.). *Benzoylderiv.*, $C_{17}H_{19}ON$, F. 127—128° (Nadeln aus A.). — *p-Benzylanilin*, Kp. 182—192°, aus V u. II; 44%. *Hydrochlorid*, $C_{13}H_{13}N \cdot HCl$, F. 210° (Zers.; A.-Ae.). *Pikrat*, $C_{13}H_{13}N \cdot C_6H_3O_7N_3$, F. 178—180° (Zers.; A.). *Acetylderiv.*, F. 125—126°. *Benzoylderiv.*, $C_{20}H_{17}ON$, F. 159—160° (Nadeln aus A.). — *p-Benzyl-N.N-dimethylanilin*, $C_{15}H_{17}N$, $Kp._{15}$ 194—198°, aus **VII** u. **II** wie oben; 84%. *Methojodid*, $C_{16}H_{20} \cdot NJ$, F. 196—197° (Methanol-Ae.). *Methopikrat*, $C_{22}H_{22}O_7N_4$, F. 99—100° (gelbe Kristalle). — *2.6-Bis-[dimethylamino]-9.10-dihydroanthracen*, $C_{18}H_{22}N_2$, F. 154—155° (A. u. dann PAe.), a) neben vorst. Verb.; b) durch Red. von 2.6-Bis-[dimethylamino]-anthracen (F. 251°) mit Na in fl. NH_3 unter starkem Rühren, Zugabe von NH_4NO_3, Entfernen des NH_3 u. Extraktion mit A. u. Fällen mit Wasser. (J. chem. Soc. [London] **1954**. 4127—34. Dez. Cambridge, Univ., Chem. Labor.) D. KLAMANN. 1320

W. L. Bressler und **Leon S. Ciereszko**, *Einige p-arsensubstituierte Derivate von Phenylalanin.* Als mögliche Therapeutica werden einige *p-Arsono-*, *p-Arsenoso-* u. *p-Arseno-β-phenylalanine* synthetisiert.

Versuche: Phenylalanine: *N-Acetyl-p-nitro-*, $C_{11}H_{12}O_5N_2$, F. 190—192°, aus p-Nitrophenylalaninhydrochlorid; 84% (Ausbeute). — *N-Benzoyl-p-nitro-*, $C_{16}H_{14} \cdot O_5N_2$, F. 200—202°; 96%. — *α-N-Acetyl-p-amino-*, *Hydrochlorid*, $C_{11}H_{15}O_3N_2Cl$, F. 235 bis 240° (Zers.; A.-Ae.), durch 45 Min. Hydrierung vorvorst. Verb. in verd. NaOH in Ggw. von RANEY-Ni bei 45 pounds u. Ansäuern mit HCl; 79%. — *α-N-Benzoyl-p-amino-*, *Hydrochlorid*, $C_{16}H_{17}O_3N_2Cl$, F. 218° (Aceton-Ae.), aus 26,6 g vorvorst. Verb.; 23,3 g. — *N-Benzoyl-p-arsono-* (I), $C_{16}H_{16}O_6NAs$, F. 258—260° (wss. A.), durch Zugeben von wss. $NaNO_2$ zu vorst. Verb. in verd. HCl bei 0—5° unter Rühren, langsames Zugeben des Diazoniumsalzes zu einer sodaalkal. Lsg. von Na-Arsenit + $CuSO_4 < 15°$, Erhitzen auf 50° u. Zugeben von verd. HCl; 67%. — *p-Arsono-*, *Hydrochlorid*, $C_9H_{13}O_5NClAs$, F. 265° (Zers.; wss. A.), aus I mit 6nHCl; 87%. — *N-Acetyl-p-arsono-*, $C_{11}H_{14}O_6NAs$, F. 242 bis 245° (wss. A.); 52%. — *N-Benzoyl-p-arsenoso-*, $C_{16}H_{14}O_4NAs$, F. 270—272°, durch 2std. Einleiten von SO_2 in I in 2nHCl in Ggw. von KJ unter Rühren; 75%. — *p-Arsenoso-*, *Hydrochlorid*, $C_9H_{11}O_3NClAs$, F. 282—284° (Zers.); 89%. — *N-Acetyl-p-arsenoso-*, $C_{11}H_{12}O_4NAs$, F. 250—252°; 88%. — *N-Benzoyl-p-arseno-*, $C_{32}H_{28}O_6N_2As_2$, F. 294 bis 295° (Aceton-W. u. Eisessig-verd. HCl), durch 2std. Rühren von I in verd. NaOH mit $NaHSO_3 + MgCl_2$ bei 60° u. Zugeben von verd. HCl; 63%. — *p-Arseno-*, *Hydrochlorid*, $C_{18}H_{22}O_4N_2Cl_2As_2$, F. 282—285° (Zers.); 79%. — *N-Acetyl-p-arseno-*, $C_{22}H_{24}O_6N_2As_2$, F. 272—277° (Zers.); 47%. (J. Amer. chem. Soc. **77**. 2330—31. 20/4. 1955. Norman, Okla., Univ., Dep. of Chem., u. Urbana, Ill., Univ., Noyes Chem. Labor.)

R. PASEDAG. 1380

Norman H. Cromwell und **Robert A. Setterquist**, *Epoxyketone.* 3. Mitt. *Stereochemie von cis- und trans-o-Nitrobenzalacetophenonoxyd.* (2. vgl. C. **1954**. 6222.) Vff. untersuchen die Darst. u. Eigg. von α- u. *β-o-Nitrobenzalacetophenonoxyd.* Der niedrigschm. α-Form, erhältlich durch Peroxydoxydation von trans-o-Nitro-chalkon (**III**) u. durch DARZENS-Kondensation von o-Nitrobenzaldehyd (**I**) mit Phenacylbromid (**II**) wird die trans-Konfiguration zugeschrieben. Die höherschm. cis-Form ist aus der trans-Verb. durch eine basenkatalysierte Umlagerung erhältlich. Die Konfigurationszuordnung basiert: a) auf den ster. Erfordernissen bei der DARZENS-Kondensation (vgl. Mechanismus von BALLESTER u. BARTLETT, C. **1955.** 2167), b) auf dem Reaktionsvermögen gegenüber Phenylhydrazin u. c) auf der im Vgl. zur trans-Form etwas geringeren UV-Absorption der cis-Form. — Die Infrarotabsorption beider Isomeren zeigt in keinem Falle eine bemerkbare Wechselwrkg. zwischen der Carbonylgruppe u. dem α.β-Epoxydring im Grundzustand, im Gegensatz zu der beträchtlichen Beeinflussung der Carbonylgruppe durch einen Äthyleniminring (vgl. CROMWELL u. GRAFF, J. org. Chemistry **17.** [1952.] 414). Die katalyt. Hydrierung von cis- u. trans-Form liefert *2-Phenyl-3-oxychinolin*; der Hydrierungsmechanismus wird diskutiert u. auf die allg. Anwendbarkeit der Rk. zur Synth. von 3-Oxychinolinen hingewiesen.

Versuche: *trans-o-Nitrobenzalacetophenonoxyd*, F. 111—113° (A.(, durch Zugabe von methanol. $NaOCH_3$ zu **I** u. **II** in Methanol bei > 12: unter Rühren (3 Std.); 76% (Ausbeute), oder wie vorst. mit NaOH in wasserhaltigem Dioxan, 2 Std. bei Zimmertemp.; 85%, oder aus **III** durch 3std. Behandeln mit alkal. 30%ig. H_2O_2 bei Zimmertemp.; 60%. *cis-Form*, F. 174—175°, aus der trans-Form durch 14std. Behandeln mit methanol. $NaOCH_3$ bei Zimmertemp.; 83% (Umwandlung). — *1.3-Diphenyl-5-o-nitrophenylpyrazol*, $C_{21}H_{15}O_2N_3$, F. 178° (Methanol), aus vorst. beiden Isomeren u. Phenylhydrazin; 86% (bei trans-Form). — *2-Phenyl-3-oxychinolin*, F. 219—221° (A.), aus beiden isomeren Oxyden durch katalyt. Hydrierung über RANEY-Ni in Äthylacetat bei 3 at; 70% (trans-Form). *Hydrochlorid*, $C_{15}H_{11}ON \cdot HCl$, F. 258—259°. (J. Amer. chem. Soc. **76.** 5752—54. 20/11. 1954. Lincoln, Neb., Univ., Avery Labor.) G. WINKLER. 1580

Laurens Anderson und **Aurora M. Landel**, *Synthese des* DL-*Bornesits*. Bei der Methylierung der freien OH-Gruppe in *1.3.4.5.6-Penta-O-acetylmyoinosit* (**I**; vgl. FLETCHER, C. **1952.** 3962) trat, offenbar unter dem Einfl. des Ag_2O-Katalysators, zuvor eine Acylwanderung unter Bldg. des *DL-Bornesit* (DL-**II**)-*Pentaacetats* (**III**) an Stelle des erwarteten 2-Methyläthers ein. DL-**II** u. **III** gleichen hinsichtlich Löslichkeit, Chromatographie u. Infrarotspektr. den natürlichen Prodd., sind also Racemate im Sinne der Formeln **IIa** oder **IIb** u. ihrer Spiegelbilder. Eine Acylwanderung bei der Hydrierung der als Ausgangsmaterial dienenden *Penta-O-acetylmyoinosose-(2)* (**IV**) wurde durch die Rückoxydation von **I** zu **IV** ausgeschlossen.

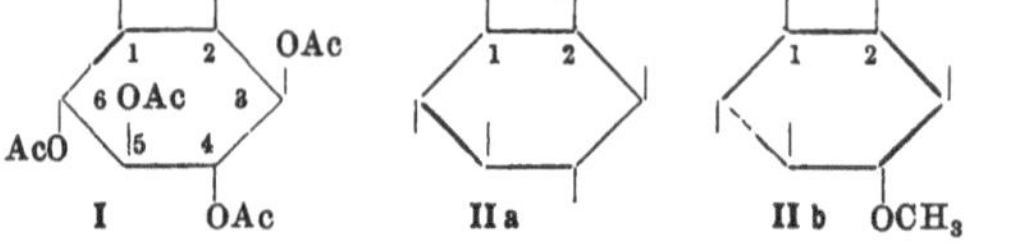

I IIa IIb

Versuche: *Myoinosose-(2)* wurde in das *Pentaacetylderiv.* (**IV**) übergeführt u. in der *niedrigschm. Form* (F. 146—148°) nach MAY (C. **1953.** 5014) hydriert zum *1.3.4.5.6-Penta-O-acetylmyoinosit* (**I**), Kristalle aus A., F. 166—168; wenn zuvor gemahlen, F. 177—179°. — 6std. Oxydation von **I** mit CrO_3 in Eisessig bei 0° gab **IV** zurück; F. u. Misch-F. 146—148°; 58% (Ausbeute). — *Penta-O-acetyl-DL-bornesit* (**III**), $C_{17}H_{24}O_{11}$, F. 154—154,5°, Kristalle aus A.; aus **I** durch 24std. Erwärmen mit CH_3J u. Ag_2O in Dioxan, Eindampfen des Filtrats im Vakuum zum Sirup, dessen Lsg. in heißem A. bei 0° krist.; 48—67%; Infrarotspektrum. — *DL-Bornesit* (**II**), $C_7H_{14}O_6$, F. 200—201°, Prismen aus A.; aus **III** durch Stehenlassen mit zugetropfter NH_3/Methanollsg., 12 Std. bei Raumtemp. u. 12 Std. bei 0°, u. Behandlung wie vorst.; 89%. Natürliches **II** verhält sich analog, auch bei der Chromatographie in wss. Aceton (95 : 5) u. bei der Ionophorese der Boratkomplexe. (J. Amer. chem. Soc. **76.** 6130—32. 5/12. 1954. Madison, Wis., Univ., Dep. of Biochem.) W. SCHULENBURG. 1860

R. H. Jaeger und **Herchel Smith**, *Synthesen mit Monoketalen des Cyclohexandions-(1.2)*. 2. Mitt. *2-Äthinyl-2-oxycyclohexanspiro-[1:2']-dioxolan-(1'.3'), das entsprechende Oxathiolan und Dithiolan und einige Umwandlungsprodukte davon.* (1. vgl. C. **1955.** 6016.) Rk. von Li-Acetylid in fl. NH_3 mit 2-Oxocyclohexanspiro-[1:2']-dioxolan-(1'.3') (**Ia**) bzw. mit dem entsprechenden Oxathiolan (**Ib**) bzw. Dithiolan (**Ic**) führte zu *2-Äthinyl-2-oxycyclohexanspiro-[1:2']-dioxolan-(1'.3')* (**IIa**) bzw. *-oxathiolan-(1'.3')* (**IIb**) bzw. *-dithiolan-(1'.3')* (**IIc**). Die Rkk. von **IIa**, **IIb** u. **IIc** mit HCOOH u. Hg-Acetamid (**III**) verliefen anders als erwartet. **IIb** u. **IIc** wurden mit $POCl_3$ in sd. Kollidin dehydratisiert. Die Rkk. der entstandenen Enine mit CH_3OH in Ggw. eines BF_3–HgO-Trichloressigsäure-Katalysators (**K**; vgl. HAMLET u. Mitarbeiter, C. **1953.** 211) werden beschrieben.

Versuche (fast alle dargestellten Verbb. wurden chromatograph. gereinigt): *2-Äthinyl-2-oxycyclohexanspiro-[1:2']-dioxolan-(1'.3')* (**IIa**), $C_{10}H_{14}O_3$, Kp.$_{0,2}$ 95—100° (Badtemp.), aus 7,16 g **Ia** u. Li-Acetylid in Tetrahydrofuran–fl. NH_3 (20 Std. im Autoklaven); Infrarotspektr.; 2,4 g (Ausbeute), daneben 2,5 g **Ia** zurück. *2.4-Dinitrophenyl-*

hydrazon, F. 212—213° (Tetrahydrofuran). — *2-Äthinyl-2-oxycyclohexanspiro-[1:2']-oxathiolan-(1'.3')* (**IIb**), $C_{10}H_{14}O_2S$, F. 68°, Rhomben (PAe.), aus 6,45 g **Ib** (48 Std., sonst wie **IIa**); Infrarotspektr.; 2,35 g; daneben 0,94 g *Stereoisomeres*, Kp.$_{0,25}$ 110° (Bad), das nach Behandeln mit NEWMAN-Katalysator (C. **1954.** 2369) u. Chromatographie krist.: F. 109 bis 111°, Nadeln (PAe.), besitzt nach dem Infrarotspektr. (größeres λ_{OH}) OH— u. —O— in cis-Stellung. — *2-Äthinyl-2-oxycyclohexanspiro-[1:2']-dithiolan-(1'.3')* (**IIc**), $C_{10}H_{14}OS_2$, F. 79,5°, Rhomben (PAe.), aus 8,2 g **Ic** wie **IIb**; Infrarotspektr.; 4,6 g. — *2-Äthinyl-2-oxycyclohexanon*, $C_8H_{10}O_2$, F. 50—52° (Mikroheiztisch), Nadeln (PAe.), Kp.$_{18}$ 130° (Bad), aus 0,87 g **IIa** u. sd. 90%ig. HCOOH unter N_2 (1 Std.); 0,25 g, daneben ein Öl, das ein ziegelrotes *2.4-Dinitrophenylhydrazon* gab (gefunden C 41,1, H 2,8%, F. 285° [Zers.], λ_{max} 410 mμ). — Erhitzen von **IIb** u. **IIc** mit HCOOH gab Teere. — *2-Acetyl-3-oxycyclohexanspiro-[1:2']-dioxolan-(1'.3')* (?), $C_{10}H_{16}O_4$, F. 82°, Nadeln (PAe.), aus 0,7 g **IIa** u. **III** in sd. 95%ig. A. (6 Std.); Infrarotspektr.; 105 mg. —*2-Acetyl-3-äthoxycyclohexanspiro-[1:2']-oxathiolan-(1'.3')*, $C_{12}H_{20}O_3S$, F. 119,5° (PAe.), aus 0,52 g **IIb** u. **III** in sd. A. (5½ Std.); Infrarotspektr.; 0,19 g. — *2-Acetyl-3-methoxycyclohexanspiro-[1:2']-oxathiolan-(1'.3')* (**IV**), $C_{11}H_{18}O_3S$, F. 138°, aus 0,5 g **IIb** analog in CH_3OH; Infrarotspektr.; 0,255 g. — *2-Äthylidencyclohexen-(3)-spiro-[1:2']-dithiolan-(1'.3')*, $C_{10}H_{14}S_2$, Kp.$_{15}$ 150—160° (Bad), aus 0,5 g **IIc** u. **III** in sd. A. oder CH_3OH (3½ Std.); UV- u. Infrarotspektren; 0,24 g, daneben, chromatograph. getrennt, 0,06 g *3-Acetoxy-2-acetylcyclohexanspiro-[1:2']-dithiolan-(1'.3')* (?), $C_{12}H_{18}O_3S_2$, F. 110°, Nadeln (PAe.). — *2-[1-Oxyäthyl]-3-methoxycyclohexanspiro-[1:2']-oxathiolan-(1'.3')*, $C_{11}H_{20}O_3S$, F. 135° (PAe.), aus 0,44 g **IV** u. $LiAlH_4$; Infrarotspektr.; 130 mg, daneben ein Öl. — *2-[1-Oxyäthyl]-cyclohexen-(2)-on*, Öl, aus vorst. Verb. u. RANEY-Ni in sd. Aceton (3½ Std.); Infrarotspektrum. *2.4-Dinitrophenylhydrazon*, $C_{14}H_{16}O_5N_4$, F. 194—196° (Essigester); UV-Spektrum. — *2-Äthinylcyclohexen-(3)-spiro-[1:2']-oxathiolan-(1'.3')*, $C_{10}H_{12}OS$, F. 59°, Nadeln (PAe.), aus 1,22 g **IIb** u. $POCl_3$ in Kollidin bei 120—130° unter N_2 (1¼ Std.); UV- u. Infrarotspektr.; 0,49 g. — Rk. von 0,39 g vorst. Verb. mit CH_3OH in Ggw. von K (5 Std. kochen, dann über Nacht bei n. Temp.) gab *Stereoisomere 2-Äthinyl-3-methoxycyclohexanspiro-[1:2']-oxathiolane-[1'.3']* (?), $C_{11}H_{16}O_2S$, F. 95° (Nadeln aus PAe.; 85 mg) bzw. F. 118° (Nadeln u. Platten aus PAe.; 77 mg), daneben *stereoisomere* **IV** (53 mg); Infrarotspektren. — *2-Äthinylcyclohexen-(2)-spiro-[1:2']-dithiolan-(1'.3')*, $C_{10}H_{12}S_2$, F. 78° (PAe.), aus 3 g **IIc** u. $POCl_3$ in Kollidin bei 130—140° unter N_2; UV- u. Infrarotspektr.; 1,62 g. — Rk. von 0,3 g vorst. Verb. mit CH_3OH in Ggw. von **K** gab 37 mg *2-Acetyl-3-methoxycyclohexanspiro-[1:2']-dithiolan-(1'.3')*, $C_{11}H_{18}O_2S_2$, F. 52,5°, Nadeln (PAe.); Infrarotspektr.; daneben 0,21 g vorst. Verb. zurück. (J. chem. Soc. [London] **1955.** 646—51. März. Oxford, Dyson Perrins Labor.) J. ROTHE. 1970

Eigai Sebe und **Satoshi Matsumoto**, *Claisen-Umlagerung von 3-Bromtropolon.* Ebenso wie Phenylallyläther lassen sich die isomeren *3-Bromtropolonallyläther* (**IIa** bzw. **b**) der CLAISEN-Umlagerung unterwerfen.

Versuche: *3-Bromtropolon* (**I**)-*Ag-Salz*, durch Zugabe von $AgNO_3$ zu 10 g **I** (F. 104°) in A.; 12—13 g roh (Ausbeute); die Darst. eines reinen Salzes gelang nicht. — Nach 4std. Kochen von **I**-Ag-Salz mit der 1½fachmol. Menge Allylbromid in Ae. u. Eindampfen des Filtrats wurden die isomeren *3-Bromtropolonallyläther* **IIa**, $C_{10}H_9O_2Br$, F. 69,5—70°, Prismen aus CH_3OH, 36,6%, u. **IIb**, Öl, 24,1%, erhalten.

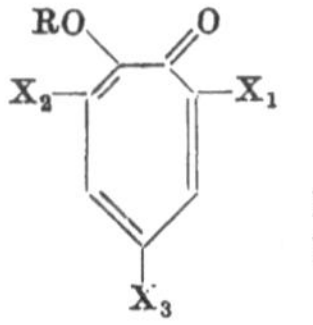

I $R = X_2 = X_3 = H$; $X_1 = Br$
IIa $R = CH_2 : CHCH_2$; $X_1 = Br$; $X_2 = X_3 = H$
IIb $R = CH_2 : CHCH_2$; $X_1 = X_3 = H$; $X_2 = Br$
III $R = X_3 = H$; $X_1 = Br$; $X_2 = CH_2 : CHCH_2$
IV $R = X_3 = H$; $X_1 = Br$; $X_2 = CH_3CH_2CH_2$

— *3-Brom-7-allyltropolon* (**III**), $C_{10}H_9O_2Br$, F. 55—55,5°, a) aus **IIa** durch ¾std. Kochen bei 130—145°/3 mm, Lösen in Bzl., Ausziehen mit 2nNaOH, Kristallisation des Na-Salzes u. Ansäuern; aus CH_3OH rhomb. Prismen; 38%; b) ebenso aus **IIb**; 20%; c) durch Dest. von 5 g **IIa** oder **b** bei 157—162°/6 mm; 2,3 g aus **IIa**, 1,8 g aus **IIb**. *Anilinverb.*, $C_{16}H_{16}O_2NBr$, F. 51—52°, gelbe Nadeln. — 0,5 g **III** nehmen in A. in Ggw. von 10%ig. Pd-Kohle 1,3 Mol H_2 auf; nach Eindampfen, Zugabe von Bzl., $CuSO_4$ u. wss. CH_3COONa entstehen 0,4 g **IV**-*Cu-Salz*, F. 250—251°, grüne Nadeln aus A. + Chlf., das beim Ansäuern *3-Brom-7-propyltropolon* (**IV**), $C_{10}H_{11}O_2Br$, liefert; F. 32°, aus PAe. Prismen. Werden 0,5 g **III** ebenso in Ggw. von 1 Mol CH_3COONa hydriert, werden 2,15 Mol H_2 aufgenommen, u. es entstehen 0,2 g *7-Propyltropolon-Cu-Salz*, $C_{20}H_{22}O_4Cu$, F. 200—200,5°, grüne Nadeln aus CH_3OH + Chlf.; Ansäuern liefert ein bromfreies Öl, das nicht krist. werden konnte. — Nach Ozonisieren der **III**-Cu-Komplexverb. in Bzl., Verdünnen mit W. u. Dampfdest. kann *Formaldehyd* als *Dimedonderiv.* im Destillat nachgewiesen werden; 30%. Oxydation von **III** mit 88%ig. Peressigsäure in Chlf. führte zu keinem Ergebnis. — *5-[p-Tolylazo]-3-brom-7-allyltropolon*, $C_{17}H_{15}O_2N_2Br$, F. 126—127°, durch Zugabe der Diazoniumsalzlsg. aus 0,11 g p-Toluidin zu 0,24 g III-K-Salz in W. bei 0—3°; aus Aceton rötlichorangefarbene Nadeln; 0,2 g. (Proc. Japan Acad. **29.** 207—09. Mai 1953. Kumamoto, Japan, Univ., Fac. of Med., Dep. of Pharmacol. [Orig.: engl.]) H.-J. NITZSCHKE. 1980

Jerome A. Berson, *Pyrolyse von endo-cis-3.6-Endomethylen-exo-cis-4.5-dibromhexahydrophthalsäure.* 5. Mitt. *über die Struktur und Stereochemie bicyclischer Derivate.* (4. vgl. C. **1955.** 2640.) Vf. untersucht die Pyrolyse von endo-cis-3.6-Endomethylen-exo-cis 4.5-dibromhexahydrophthalsäure (I) u. zeigt, daß das entstehende *Dibromanhydrid* (II) meso-Struktur besitzt (der Monomethylester der II entsprechenden dibas. Säure läßt sich in Antipoden aufspalten; die opt.-akt. Verbb. geben mit Diazomethan inakt. Dimethylester, mit Diazoäthan akt. Methyläthylester, bei Pyrolyse unter Methanolabspaltung das inakt. Anhydrid II). Der meso-Charakter von II u. seine Debromierung mit Zn zu dem *exo-Cyclopentadien-Maleinsäureanhydrid-Addukt* lassen für II (u. dessen Derivv.) nur zwei Konfigurationen zu, von denen vom Vf. III als wahrscheinlich angesehen wird. Die von KWART u. KAPLAN (J. Amer. chem. Soc. **75.** [1953.] 3356) angenommene Konfiguration für II wird vom Vf. abgelehnt u. die Gründe dafür dargelegt. — Vf. diskutiert die Ursachen, die zu der Diskrepanz zwischen beobachtetem (3,2 D; l. c.) u. berechnetem Dipolmoment (4,4 D) von III führen können.

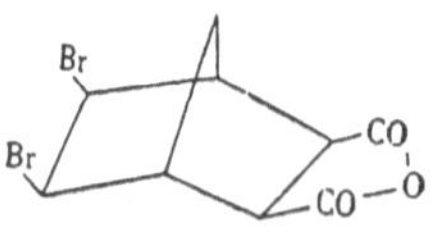

III

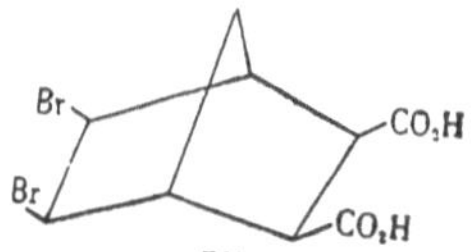

IV

V e r s u c h e (FF. korr.): *Dibromanhydrid* (II; Konfiguration von III), F. 257 bis 258°, durch Einbringen (3 Min.) von I in ein auf 210—220° erhitztes Gefäß u. 15—20 Min. Erhitzen; gibt bei Hydrolyse mit sd. 50%ig. Acetonitril die *Dibromdicarbonsäure* **IV**, F. 257—258°. — *Monomethylester von* **IV**, $C_{10}H_{12}O_4Br_2$, Doppel-F. 170—172° (unter Gasentw.) u. 250—253°, durch 135 Min. Kochen von II mit Methanol. (—)-*Form*, Doppel-F. ca. 150° (Gasentw. bei 165—170°) u. 251—254°; opt. Trennung über das *Chininsalz* in Aceton; $[\alpha]_D$ —6,7° (c = 1,85 in Aceton; l = 4). (+)-*Form* (V), Doppel-F. 145—150° u. 251—253°, $[\alpha]_D$ +3,6° (c = 5,6 in Aceton; l = 4). — Die (—)- u. (+)-*Form* (V) geben bei Veresterung mit Diazomethan *meso-Dimethylester*, $C_{11}H_{14}O_4Br_2$, F. 173,5—174,5° (Äthylacetat); 94%. V gibt mit Diazoäthan (+)-*Methyläthylester*, $C_{12}H_{16}O_4Br_2$, F. 106,5—107,5°. $[\alpha]_D$ +2,1° (c = 2,8 in Aceton; l = 4); 100%. *dl-Form*, F. 100,5—101,5°. **V** gibt bei Pyrolyse (5 Min. bei 185—190°) 94% **II**. (J. Amer. chem. Soc. **76.** 4069—72. 20/8. 1954. Los Angeles, Calif., Univ., Dep. of Chem.) G. WINKLER. 2020

Jerome A. Berson, *Weitere Untersuchungen über die Bromierung bicyclischer Olefine. Die Bromierung von exo-cis-3.6-Endomethylen-Δ⁴-tetrahydrophthalsäureanhydrid.* 7. Mitt. *über die Struktur und Stereochemie bicyclischer Derivate.* (6. vgl. C. **1955.** 8110; 5. vgl. vorst. Ref.) Vf. untersucht die Bromierung von exo-cis-3.6-Endomethylen-Δ^4-tetrahydrophthalsäureanhydrid (I) in Äthylacetat u. schreibt dem entstehenden *Dibromid* nach eingehender Diskussion der 4 möglichen Strukturen die Struktur II zu. Die entsprechende *freie Säure* (III) ist ein Racemat u. läßt sich über das *Chininsalz* opt. trennen. In CCl_4 ist die Bromierung stark lichtempfindlich u. liefert neben II die *cis-Verb.*, deren Hauptanteil nach Vf. in einer Radikal-Rk. gebildet wird. Die Stereochemie der Addition unter letzteren Bedingungen wird diskutiert (vgl. C. **1955.** 2640).

V e r s u c h e: *trans-Dibromid* II, F. 187—188° (Bzl./Ligroin), durch Bromierung von I in Äthylacetat; 92% (Ausbeute). *cis-Dibromid*, F. 254—256° (Acetonitril/Ligroin), durch Bromierung von I in CCl_4 unter N_2 im Licht; daneben II (durch Chromatographie in $CHCl_3$/Bzl. 2:1 getrennt); 95% (Gesamtausbeute). — *Dibas. Säure* III, Doppel-F.

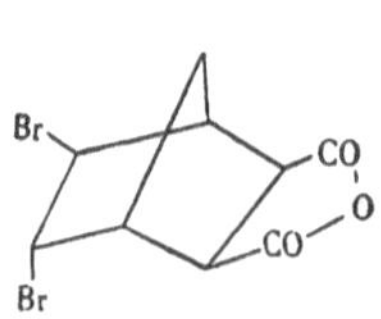

II

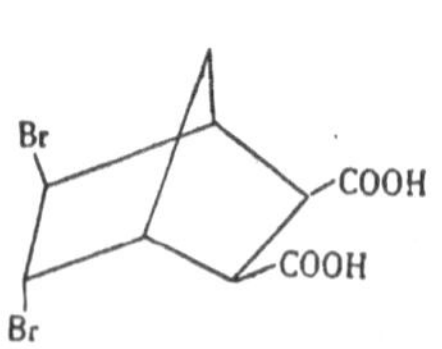

III

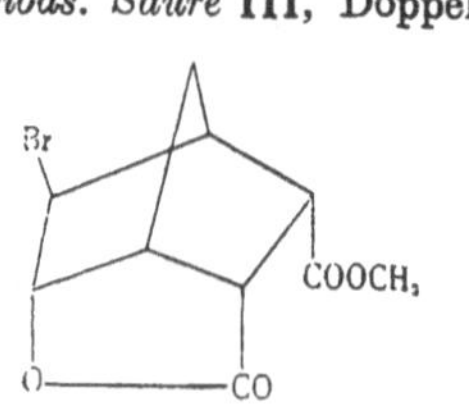

IV

159—160° (Gasentw.), F. 184—185°, durch 2½std. Kochen von II in 50%ig. Acetonitril; 95%. (—)-*Form*, $C_9H_{10}O_4Br_2$, F. 146—147° (Äthylacetat/Ligroin), opt. Trennung über das *Chininsalz* in Methanol; $[\alpha]_D$ —56,6° (c = 0,48 in Aceton; l = 4). (+)-*Form*, F. 185 bis 186°, $[\alpha]_D$ +11,3° (c = 2,13 in Aceton; l = 4). *dl-Dimethylester*, $C_{11}H_{14}O_4Br_2$, F. 57,5 bis 59° (CCl_4/Ligroin), aus 0,38 g **III** u. Diazomethan; 0,39 g, oder aus **II** u. Methanol/H_2SO_4. (+)-*Form*, $[\alpha]_D$ +27,1° (c = 0,67 in Aceton; l = 1). — *endo-cis-3.6-Endomethylen-4.5-exo-cis-dibromhexahydrophthalsäuredimethylester*, $C_{11}H_{14}O_4Br_2$, F. 80,5—81,5° (Bzl./Ligroin), aus der freien Säure u. Methanol/H_2SO_4; 0,7 g geben beim Kochen mit $AgNO_3$ in Methanol den *Bromlactonester* **IV**, F. 71—72° (verd. Methanol). (J. Amer. chem. Soc. **76**. 5748—51. 20/11. 1954.) G. WINKLER. 2020

J. W. Cook, J. D. Loudon und **D. K. V. Steel,** *Tropolone*. 7. Mitt. *Orientierung in Tropolon*. (6. vgl. C. **1955**. 1031.) Nitrierung von Tropolon (**I**) führt zu γ- (**VIII**) neben wenig *α-Nitrotropolon* (**IX**), deren Konst. durch Isomerisierung zu *p*- bzw. *o-Nitrobenzoesäure* sichergestellt ist. Ihre Red. führt zu den entsprechenden *Aminotropolonen*, von denen das *γ-Isomere* (**II**) auch durch Red. von *γ-[p-Tolylazo]-tropolon* entsteht, welches in guter Ausbeute bei der Kupplung von **I** mit diazotiertem p-Toluidin bei p_H 6,9 ausschließlich gebildet wird. Diazotiertes **II** führt in n. Rkk. zu *γ-Brom-*, *γ-Cyan-* (**III**) u. *γ-Oxytropolon*; *α-Aminotropolon* ist wenig zu Diazotierungs-Rkk. geeignet, da es bei Rk. mit HNO_2 hauptsächlich *Salicylsäure* bildet. — Nitrierung von α-Bromtropolon führt zu *α-Brom-γ-nitrotropolon*, in dem die Stellung der Substituenten durch Umlagerung zu *2-Brom-4-nitrobenzoesäure* bewiesen ist. — **III** kann zu *γ-Carboxytropolon* (**X**) hydrolysiert werden, das bei Sublimation oder beim Erhitzen in Pyridin beständig ist, in sd. Anilin jedoch zu **I** decarboxyliert wird. Hydrierung von **III** führt zur *Aminomethylverbindung*. — *α-Carboxytropolon* ist aus dem durch Kondensation von Pimelin- mit Oxalsäureester erhältlichen *1.4-Dicarbäthoxycycloheptandion-(2.3)* (**IV**) durch Dehydrierung mit J_2 in sd. Nitrobenzol (nicht jedoch mit Pd-Kohle in Trichlorbenzol oder mit Chloranil in Xylol) in geringer Ausbeute zugänglich. **IV** gibt bei saurer Hydrolyse *Cycloheptandion-(1.2)* (**XI**) u. bei alkal. unter Umlagerung *2-Oxycyclohexan-1.2.3-tricarbonsäure*, die zu *2-Oxocyclohexan-1.3-dicarbonsäure* u. weiter zu *Cyclohexanon* abgebaut werden kann. Beim Erhitzen mit Br_2 in Essigsäure liefert **IV**, wahrscheinlich über eine Bromierung–Dehydrobromierung des im sauren Medium gebildeten **XI**, *α.α'-Dibromtropolon* (**V**). — *α.α'.γ*-Tribromtropolon gibt mit viel p-Thiokresol (**VI**) in Pyridin *γ-Brom-α.α'-bis-[p-tolylmercapto]-tropolon* (**VII**), dessen Konst. durch die Darst. aus **V** u. **VI** bei nachheriger Bromierung sichergestellt ist; **VII** kann erst bei 150° mit dem Na-Salz von **VI** weiter zur *Tris-[p-tolylmercapto]-verb.* umgesetzt werden. In **VIII** konnte die Nitrogruppe unter verschied. Bedingungen nicht durch die Tolylmercaptogruppe ersetzt werden, was auf die Resonanzstabilisierung im **VIII**-Anion zurückgeführt wird, das in dem bas. Medium vorliegt. Während das **I**-p-Toluolsulfonat mit **VI** u. NaOH *2-[p-Tolylmercapto]-cycloheptatrienon* gibt, wird 2.3.5.7-Tetrachlorcycloheptatrienon unter denselben Bedingungen zu *2.3.5-Trichlorbenzoesäure* umgelagert.

Versuche: Nach Zugabe von HNO_3 (D. 1,42) u. Essigsäure zu 0,6 g **I** in Essigsäure < 27° fällt *γ-Nitrotropolon* (**VIII**), $C_7H_5O_4N$, F. 194°, gelbe Nadeln aus Bzl.; 0,16 g (Ausbeute); Verdünnen der Mutterlauge mit W., kontinuierliche Extraktion mit Bzl. u. fraktionierte Kristallisation aus Bzl. liefert weitere 0,16 g **VIII** u. 0,08 g *α-Nitrotropolon* (**IX**), $C_7H_5O_4N$, F. 153°, aus Bzl. gelbe Prismen. Beide Verbb. geben in A. grüne $FeCl_3$-Rk.; in gleichem Verhältnis, aber geringerer Ausbeute entstehen sie mit KNO_3 + H_2SO_4. Wenig **VIII** entsteht aus **I** durch Erhitzen mit wss. HNO_3 auf 95° u. Ausziehen mit Benzol. Wird N_2O_4 in Leichtbenzin bei 10—15° zu 0,5 g **I** in Leichtbenzin gegeben, können nach 3 Std. 0,3 g **VIII** u. nur Spuren **IX** erhalten werden. — **VIII**-*Methyläther*, F. 224°, aus **VIII** in CH_3OH u. CH_2N_2 in Ae.; gelbe Nadeln aus Bzl.; gibt nach 3std. Kochen mit CH_3ONa in CH_3OH, Zugabe von NaOH, Abdest. des CH_3OH, 1std. Erhitzen auf 100° u. Ansäuern *p-Nitrobenzoesäure*, F. 238—239°. — Ebenso liefert **IX**-*Methyläther*, F. 127°, blaßgelbe Kristalle aus Ae., *o-Nitrobenzoesäure*, F. 136—140°. — *α-Brom-γ-nitrotropolon*, $C_7H_4O_4NBr$, F. 138—139° (Bzl.-Leichtbenzin), durch Nitrierung von α-Bromtropolon bei 15—17° wie bei **VIII** + **IX**. Der *Methyläther*, F. 196° (unrein), führt nach Rk. mit $NaOCH_3$ + sd. CH_3OH u. Hydrolyse zu *2-Brom-4-nitrobenzoesäure*, F. 159—162°. — *γ-[p-Tolylazo]-tropolon*, $C_{14}H_{12}O_2N_2$, F. 201°, durch Kupplung von 0,5 g **I** in 0,25mol. Phosphatpuffer bei p_H ca. 6,9 mit 0,1mol. Toluol-p-diazoniumchlorid in 0,06 HCl; orangefarbene Kristalle aus Aceton; 0,9 g. — *γ-Aminotropolon* (**II**), $C_7H_7O_2N$, F. 173—175°, aus **VIII** in W. oder vorst. Verb. in wss. Aceton durch Zugabe von 10%ig. Na-Dithionitlsg., Neutralisieren mit NH_4OH, Ansäuern mit CH_3COOH u. Ausziehen mit Butanon; aus Xylol blaßgelbe Schuppen. — *α-Aminotropolon*, F. 86° (Leichtbenzin), durch Red. von **IX** wie vorstehend. Die nach Diazotierung in verd. H_2SO_4 erhaltene orangefarbene Lsg. wird nach ½std. Erhitzen auf 100° rot; Ausäthern u. fraktionierte Kristallisation des aus der Lsg. erhaltenen Prod. aus Leichtbenzin gibt eine Verb. mit F. 190° (rotbraune $FeCl_3$-Rk. in A.) u. die weniger lösl. *Salicylsäure*, F. 152—155°. — *γ-Oxytropolon*, $C_7H_6O_3$, F. 244° (Zers.), durch Diazotierung von **II** in 0,36nH_2SO_4, 2std. Kochen, Ausäthern u. Sublimation bei

150°/1 mm; blaßgelbe Kristalle aus CH_3OH-Bzl.; mit $FeCl_3$ in A. tiefblau. — *γ-Bromtropolon*, F. 186—188°, aus diazotiertem II durch Zugabe zu wss. CuBr, 1std. Erhitzen auf 100° u. Sublimation des Cu-Komplexes bei 240—260°/1 mm. — *γ-Cyantropolon* (III), $C_8H_5O_2N$, F. 236°, durch Diazotierung von 0,32 g II in 0,72nH_2SO_4, Einrühren in K-Ni-Cyanid-Soda-Lsg., Ansäuern des Filtrats nach 12 Std. u. Sublimation bis 200°/0,2 mm; gelbe Nadeln aus W.; 0,15 g; mit $FeCl_3$ in A. grünbraun. III gibt in alkal. Lsg. nach Behandlung mit 3%ig. H_2O_2 u. Ansäuern nach 12 Std. als Oxydationsprod. eine *Verb.* $C_5H_6O_5N$, F. 269° (Zers.), gelbe Prismen, die nicht näher untersucht wurden. — *γ-Carboxytropolon* (X), $C_8H_6O_4$, F. 288° (Zers.), durch Erhitzen von III mit 50%ig. KOH (25 Min.) u. Ansäuern oder mit konz. HCl (1 Std.); mit $FeCl_3$ in A. grünbraun. Bei 1std. Erhitzen mit Anilin tritt Decarboxylierung ein; Ansäuern u. Sublimation liefert *Tropolon* (I), F. 48—49°. X-*Methylestermethyläther*, $C_{10}H_{10}O_4$, F. 184°, mit CH_2N_2; aus Bzl.-Leichtbenzin Nadeln. — *γ-Aminomethyltropolon*, durch Hydrierung von III in A. mit 1 Mol HCl in Ggw. von Pd-Kohle; *Pikrat*, $C_{14}H_{12}O_9N_4$, F. 208° (Zers.), braune Nadeln aus H_2O. — *1.4-Dicarbäthoxycycloheptandion-(2.3)* (IV), $C_{13}H_{18}O_6$, F. 70°, durch langsame Zugabe von Oxalsäurediäthylester u. dann Pimelinsäurediäthylester zu C_2H_5ONa in Ae., 1std. Kochen, Abdest. des Ae., 3std. Dest. bei 120—125°, Lösen in W., Ansäuern, Ausäthern, Schütteln mit 8nNaOH, Ansäuern des Salzes u. Ausäthern; aus A. Prismen; gibt mit Phenylhydrazin in sd. A. ein *Dipyrazolon*, $C_{21}H_{18}O_2N_4$, F. 309—310° (Zers.); die Kristalle werden ohne Änderung des F. beim Umkristallisieren aus Essigsäure purpurfarben. Nach 1std. Kochen mol. Mengen von IV u. o-Phenylendiamin in A. u. fraktionierter Fällung durch Zugabe von W. werden 2 *Diazine*, $C_{19}H_{22}O_4N_2$, in Nadeln erhalten; F. 143° (A.) als weniger lösl. Verb., F. 84° (A.) als besser lösl. Verbindung. 2std. Erhitzen von IV mit 25%ig. H_2SO_4 u. Essigsäure (1: 1) u. Zugabe von 2.4-Dinitrophenylhydrazin in A. gibt einen Nd., der durch Chromatographie in Bzl. an Al_2O_3 nicht weiter untersuchte gelbe Nadeln, F. 142—144° (A.) u. *Cycloheptandion-(1.2)* (XI)-*Bis-2.4-dinitrophenylhydrazon*, $C_{19}H_{18}O_8N_8 \cdot C_6H_6$, F. 198—200° (Bzl.), rote Nadeln, gab. — *2-Oxycyclohexan-1.2.3-tricarbonsäure*, $C_9H_{12}O_7$, F. 215—216°, durch $^1/_4$std. Kochen von IV mit 6nNaOH, Ansäuern u. Ausäthern; Nadeln aus Essigester. — *2-Oxocyclohexan-1.3-dicarbonsäure*, $C_8H_{10}O_5$, F. ca. 120—140° (Zers.), durch 12std. Stehen vorst. Verb. in kalter konz. H_2SO_4 u. Gießen auf Eis; aus W. Nadeln. — *α.α'-Dibromtropolon* (V), F. 156° (CH_3OH), durch 5std. Kochen von 1,4 g IV in Essigsäure + Br_2, Eindampfen im Vakuum, Ausäthern, Ausschütteln mit konz. NaOH, Lösen des Nd. in W. u. Ansäuern; Nadeln; 0,4 g. — Durch ½std. Kochen von 1 g IV in Nitrobenzol mit einem Jodkristall, Alkalisieren mit 6n NaOH, Entfernung von $C_6H_5NO_2$ mit Dampf, Ansäuern, Ausziehen der M. mit Ae. u. dann mit Butanon u. Sublimation der aus der äther. Lsg. erhaltenen M. bis 160°/20 mm wird *2-Carboxy-2-oxycyclohexan-1.3-dicarbonsäurediäthylester*, $C_{13}H_{20}O_7$, F. 128—130°, isoliert; Nadeln aus Bzl.-Leichtbenzin; 0,5 g; aus der Butanonlsg. wird *α-Carboxytropolon*, $C_8H_6O_4$, F. 202° (Zers.), nach Sublimation bei 100—120°/2 mm erhalten; 0,01 g. — *γ-Brom-α.α'-bis-[p-tolylmercapto]-tropolon* (VII), $C_{21}H_{17}O_2BrS_2$, F. 216°, a) aus α.α'.γ-Tribromtropolon u. VI durch 1std. Kochen in Pyridin u. Ansäuern; gelbe Prismen aus CH_3COOH; b) aus α.α'-Bis-[p-tolylmercapto]-tropolon durch 1std. Erhitzen mit Br_2 in CH_3COOH. — *α.α'.γ-Tris-[p-tolylmercapto]-tropolon*, $C_{28}H_{24}O_2S_3$, F. 182° (Essigsäure), durch 12std. Erhitzen von VII, VI u. NaOH in A. auf 150° u. Zugabe zu verd. H_2SO_4; mit alkoh. $FeCl_3$ orangebraun. — *2-[p-Tolylmercapto]-cycloheptatrienon*, F. 147—148° (Bzl.-Leichtbenzin), durch 1std. Erhitzen von I-p-Toluolsulfonat, VI u. NaOH in A., Ansäuern u. Gießen in Wasser. — Unter vorst. Bedingungen liefert 2.3.5.7-Tetrachlorcycloheptatrienon *2.3.5-Trichlorbenzoesäure*, F. 166°. (J. chem. Soc. [London] **1954**. 530—35. Febr. Glasgow, Univ.) H.-J. Nitzschke. 2140

G. L. Buchanan, *Tropolone*. 8. Mitt. *Synthese und Eigenschaften von 7-Oxybenzocycloheptatrienon-(3)*. (7. vgl. vorst. Ref.) Verss. zur Darst. von *7-Oxybenzocycloheptatrienon-(3)* (I) durch Dehydrierung von Benzocycloheptendion-(3.7) (II) mit Pd-Kohle in 1.2.4-Trichlorbenzol oder durch Bromierung in Eisessig u. Behandlung mit Alkali schlugen fehl. Rk. von II mit N-Bromsuccinimid (III) gibt eine *Bromverb.*, die sich mit wss. Trimethylamin leicht dehydrobromieren läßt u. eine Verb. bildet, der wahrscheinlich die Konst. IV zukommt. Das aus II mit Isopropenylacetat erhältliche *Bisenolacetat* liefert mit III wahrscheinlich das I-Acetat, denn alkal. Hydrolyse u. Ansäuern führt zu I. I ist eine Säure (pk 6,40) u. läßt sich zu *Benzocycloheptendiol-(3.7)* reduzieren, das auch aus II durch Red. zugänglich ist. I verhält sich im allg. wie α.β-Benzotropolon (V), gibt aber im Gegensatz zu V ein *Dinitrophenylhydrazon*, ist unlösl. in nicht polaren Lösungsmitteln, gibt keinen Cu-Komplex u. wird bei der Schmelze mit KOH bei 220° nicht angegriffen; außerdem ist I stärker sauer. — Die UV-Spektren von I, V u. I-*Methyläther* sind graph. angegeben.

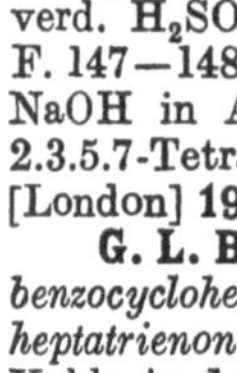

IV

Versuche: Nach $^{1}/_{4}$std. Kochen von II in Chlf.-CCl_4 (1: 1) mit III unter Belichtung, Einengen, Zugabe von viel Trimethylamin zu dem blaßgelben Öl, kurzem Erwärmen, Kristallisation aus verd. CH_3OH u. Chromatographie in Bzl. an Al_2O_3 wird eine Verb. der wahrscheinlichen Konst. IV, $C_{11}H_8O_2$, erhalten; F. 130—131°, Platten aus A.; gibt kein Pikrat u. keine $FeCl_3$-Rk., ist unlösl. in NaOH u. entfärbt $KMnO_4$-Lsg. nur langsam. *Bis-2.4-dinitrophenylhydrazon*, $C_{23}H_{16}O_8N_8$, F. 318° (Zers.), aus Nitrobenzol scharlachfarbene mkr. Nadeln. — *3.7-Diacetoxybenzocycloheptatrien-(1.3.6)*, $C_{15}H_{14}O_4$, F. 125—126°, durch 16std. Kochen von 15 g II u. wenig p-Toluolsulfonsäure in 120 cm³ Isopropenylacetat, Dest. bis zum Auffangen von 80—100 cm³ Destillat, Lösen des Rückstands in Bzl., Einengen u. Digerieren mit Ae.; aus CH_3OH cremefarbene Rhomben; 3,9 g (Ausbeute). — *7-Oxybenzocycloheptatrienon-(3)* (I), $C_{11}H_8O_2$, F. 188°, durch 5std. Erhitzen von 3 g vorst. Verb. in CCl_4 mit III u. einer Spur Dibenzoylperoxyd unter Belichtung, Einengen, ½ std. Erhitzen des blaßgelben Öls mit viel verd. NaOH u. wenig A., Ansäuern des Filtrats u. Sublimation bei 150—180°/10^{-4} mm; 0,65 g; lösl. in $NaHCO_3$-Lsg., entfärbt schnell $KMnO_4$-Lsg., mit alkoh. $FeCl_3$ rötlichbraun. *Pikrat*, $C_{11}H_8O_2 \cdot C_6H_3O_7N_3$, F. 155—158°, gelbe Nadeln aus verd. CH_3OH. *Hydrochlorid*, $C_{11}H_8O_2 \cdot HCl \cdot H_2O$, in Aceton gewonnen, F. 150° (Zers.), aus Aceton–Ae. bräunliche Nadeln; instabil, bildet mit W. I zurück. $HClO_4$ gibt mit I eine braune Lsg., die beim Einengen braune Nadeln abscheidet, welche sich beim Erhitzen heftig zersetzen. Mit Acetanhydrid gibt I ein öliges Produkt. I-*3.5-Dinitrobenzoat*, $C_{18}H_{10}O_7N_2$, F. 186°, mit Dinitrobenzoylchlorid in Bzl.-Pyridin. I-*2.4-Dinitrophenylhydrazon*, $C_{17}H_{12}O_5N_4$, F. 198°. I gibt mit CH_2N_2 ein *Methylätherhydrat*, $C_{10}H_{10}O_2 \cdot ½ H_2O$, Kp. 170—172° Badtemp./1,5 mm, das sich mit verd. Alkali bei 100° leicht wieder zu I hydrolysieren läßt; bei der Reinigung des Äthers wurde etwas IV isoliert. Mit diazotiertem Anilin gibt I in Alkali einen carminfarbenen Farbstoff. — *Benzocycloheptendiol-(3.7)*, $C_{11}H_{14}O_2$, F. 179—180°, a) durch Red. von II in A. mit ADAMS-Katalysator; aus wss. A. Nadeln; b) aus I durch Hydrierung in A. in Ggw. von 2%ig. Pd-$CaCO_3$. (J. chem. Soc. [London] **1954**. 1060—63. März. Glasgow, Univ.) H.-J. NITZSCHKE. 2140

G. D. Broadhead und **P. L. Pauson**, *Ferrocenderivate*. 2. Mitt. *Arylierung*. (1. vgl. C. **1954**. 8799.) Vff. zeigen, daß Arylgruppen mit Diazoniumsalzen oder mit N-Nitrosoacetanilid (II) in Ferrocen (I) eingeführt werden können.

Versuche (Ausbeuten bezogen auf nicht zurückgewonnenes I; alle Rkk. in Eisessig unter N_2 bei n. Temp.; fast immer chromatograph. Reinigung der Prodd.): *Monophenylferrocen* (III; vgl. l. c.), a) aus I u. Benzoldiazoniumsulfat (66%, daneben 9% *Diphenylferrocen* [IV]; 41% I zurück); b) ebenso in Aceton (36%; 37% I zurück); c) aus I u. Benzoldiazoniumchlorid·$ZnCl_2$ in Cyclohexan (Cyc.) bei Ggw. von CH_3COOH u. Na-Acetat (33%; 9% IV; 32% I zurück), d) aus I u. II in Cyc. (anfangs bei 50°, dann bei n. Temp.; 46%; 8% IV; 54% I zurück). — Mit Phenylazotriphenylmethan in sd. Cyc. reagierte I nicht. — *Triphenylferrocen*, $C_{28}H_{22}Fe$, F. 116—118°, orangefarbenes Pulver (PAe.), aus III u. Benzoldiazoniumsulfat in CH_3COOH; 10%, daneben 52% IV; 49% III zurück. — *o-Tolylferrocen*, $C_{17}H_{16}Fe$, F. 51—52°, orangefarbene Blättchen (A.), aus I u. diazotiertem o-Toluidin; 43%; daneben Spuren *Di-o-tolylferrocen*; 31% I zurück. — *m-Chlorphenylferrocen*, $C_{16}H_{13}ClFe$, F. 77—78°, orangefarbene Blättchen (PAe.), aus I u. diazotiertem m-Chloranilin; 34%; 30% I zurück. Daneben 0,4% *1.1'-Bis-[m-chlorphenyl]-ferrocen*, $C_{22}H_{16}Cl_2Fe$, F. 183—184° (Cyclohexan). — *p-Methoxyphenylferrocen*, $C_{17}H_{16}OFe$, F. 112—114°, orangegelbe Blättchen (Cyc.), aus I u. diazotiertem p-Anisidin; 35%; 54% I zurück. Daneben 7% *1.1'-Bis-[p-methoxyphenyl]-ferrocen*, $C_{24}H_{22}O_2Fe$, F. 167—168°, orangefarbene Blättchen (Cyc.), u. 0,7% eines isomeren *Bis-[p-methoxyphenyl]-ferrocens*, F. 112—114°, dunkelorangefarbene Kristalle (Cyc.). — *p-Oxyphenylferrocen*, $C_{16}H_{14}OFe$, F. 163—164°, orangegelbe Blättchen (absol. A.), aus I u. diazotiertem p-Aminophenol; 14%, 20% I zurück. — *o-Carboxyphenylferrocen*, $C_{17}H_{14}O_2Fe$, F. 128 bis 129°, orangefarbene Nadeln (PAe.), aus I u. diazotierter Anthranilsäure; 7%, 66% I zurück. — *Barium-p-ferrocenylbenzolsulfonat*, $C_{32}H_{26}O_6S_2BaFe_2 \cdot 5$ oder 6 H_2O, orangebraunes Pulver (W.), aus I u. diazotierter Sulfanilsäure. — *o-Nitrophenylferrocen*, $C_{16}H_{13}O_2NFe$, F. 112—114°, purpurfarbene Platten (PAe.), aus I u. diazotiertem o-Nitranilin; 5%, 23% I zurück. — *p-Nitrophenylferrocen*, F. 169—170°, purpurfarbene Rhomben (absol. A.), aus I u. diazotiertem p-Nitranilin; 18%, 20% I zurück. — Nach der Rk. von I mit diazotiertem 2.4-Dinitranilin wurden nur wenige Kristalle eines purpurfarbenen Prod. isoliert. (J. chem. Soc. [London] **1955**. 367—70. Febr. Sheffield, Univ.) J. ROTHE. 2180

Jean Matti und **Madeleine Perrier**, *Von 1.2-Diphenylpropen-(2)-on-(1) und seinem Dimeren, 2.5.6-Triphenyl-2-benzoyl-2.3-dihydropyran, abstammende Substanzen.* Aus Benzil (III) hergestelltes *1.2-Diphenylpropanol-(2)-on-(1)* (II) wird durch Vakuumdest.

mit $KHSO_4$ zu *1.2-Diphenylpropen-(2)-on-(1)* (I; *α-Phenylacrylphenon*) dehydratisiert. I lagert im Gegensatz zur Regel von MARKOWNIKOFF HCl unter Bldg. von *1.2-Diphenyl-3-chlorpropanon-(1)* (IV) an, das auch aus $SOCl_2$ u. II — wahrscheinlich über I durch prim. Dehydratation — entsteht u. von GARRY (Ann. chimie [11] **17.** [1942.] 54) als 1.2-Diphenyl-2-chlorpropanon-(1) („Chlormethyldesoxybenzoin") angesehen wurde. IV liefert bei der Umsetzung mit Aminen die gleichen Prodd., die durch direkte Anlagerung der Amine an I entstehen. Zum Konstitutionsbeweis werden nachst. Rkk. angeführt: Aus β-Chlorhydratropasäure erhaltenes *3-Chlor-2-phenylpropionsäurechlorid* (X) gibt bei der FRIEDEL-CRAFTS-Rk. in der Kälte mit Bzl. IV, während in der Wärme in Ggw. von überschüssigem Bzl. *1.2.3-Triphenylpropanon-(1)* entsteht, das sich auch auf gleiche Weise aus IV bildet. In keinem Falle wurde Bldg. von 1.2.2-Triphenylpropanon-(1) beobachtet. Daraus folgt für das Cl-Atom in IV eine gesteigerte Reaktionsfähigkeit durch den Einfl. der 2-Phenylgruppe. Beim Erhitzen in 0,06nNa_2CO_3-Lsg. oder in W. im Rohr bildet sich das *Dimere von I* (V). Bei Abwesenheit von Na_2CO_3 wird wenig *1.2-Diphenylpropanol-(3)-on-(1)* (?) isoliert, das allerdings mit H_2SO_4 nicht in 2-Phenylindanon-(1) übergeführt werden konnte. Letzteres wird nicht durch Polymerisation von I erhalten. Diese führt vielmehr zu *2.5.6-Triphenyl-2-benzoyl-2.3-dihydropyran* (V). V reagiert nicht mit NH_2OH oder Phthalsäureanhydrid, läßt sich bei n. Druck nicht katalyt. hydrieren u. besitzt zufolge seines UV- u. Infrarotspektr. eine konjugierte Carbonylgruppe, dagegen keine OH-Gruppe. Es bildet ein *Phenylhydrazon* u. erleidet mit verd. HCl in A. oder Dioxan Hydratation zu *1.2.5.6-Tetraphenylhexanol-(2)-dion-(1.6)* (VI; vielleicht im Gleichgewicht mit *2.5.6-Triphenyl-2-benzoyl-6-oxytetrahydropyran*). Dieses entsteht auch als Nebenprod. bei der Behandlung von II mit $SOCl_2$ u. gibt bei der Dehydratation mit $KHSO_4$ neben V die beiden geometr. isomeren *1.2.5.6-Tetraphenylhexen-(4)-dione-(1.6)* (?) (F. 132° bzw. 153°), die das gleiche *Bromderiv.* liefern u. von denen das vom F. 132° das stabilere ist. Diese Rkk. schließen eine Formulierung von V als 3.5.6-Triphenyl-3-benzoyl-2.3-dihydropyran bzw. von VI als 1.2.4.5-Tetraphenyl-2-oxymethylpentandien-(1.5) aus. — Die Darst. von II-*Phenylhydrazon* (IX) u. des *Jodmethylats* u. *Phenylhydrazons* von *3-Dimethylamino-1.2-diphenylpropanon-(1)* (XI) wird beschrieben. Im letzteren Fall erfolgt nebenher Bldg. eines *Triphenylpyrazolins vom F. 135°* (VII) u. von *1.4.5-Triphenylpyrazol* (VIII). VII entsteht durch Einw. von Phenylhydrazin (XII) auf I u. IV, VIII aus XII u. I. VII ist nicht ident. mit dem Triphenylpyrazolin vom F. 124°, das durch $KHSO_4$-Dehydratation von IX entsteht.

Versuche: *1.2-Diphenylpropanol-(2)-on-(1)* (II), Kp.$_{40}$ 220°, F. 67° (PAe.), aus III u. CH_3MgJ; Nadeln; 70% (Ausbeute). Daneben *2.3-Dioxy-2.3-diphenylbutan.* — *1.2-Diphenylpropen-(2)-on-(1)* (I), Kp.$_{20}$ 195°, durch Dest. von II mit 15%ig. $KHSO_4$ bei 40 mm u. Ausäthern; gelbes Öl; 96%. — *3-Chlor-2-phenylpropionsäure* (*Chlorhydratropasäure*), a) aus Tropasäure u. PCl_5, b) aus Atrolactinsäurenitril im Rohr bei 130° neben *1-Phenyl-1.2.3.4-tetrahydronaphthalindicarbonsäure-(1.4)*, *Chlorid* (X), mit $SOCl_2$. — *1.2-Diphenyl-3-chlorpropanon-(1)* (IV), $C_{15}H_{13}OCl$, F. 60° (absol. A.), a) durch Sättigen einer Lsg. von I in Ae. mit HCl-Gas, 4std. Stehen bei Raumtemp., Erhitzen auf dem Wasserbad, Eindampfen mit Na_2CO_3 u. Aufnehmen mit PAe.; sternchenförmige Nadeln; 75%; b) durch 1¼std. Erhitzen von II u. $SOCl_2$ auf dem Wasserbad, Abdest. des $SOCl_2$, Ausäthern, Dest., Aufnehmen in PAe., Filtrieren, Einengen u. Aufnehmen in absol. A.; 32%; c) durch langsames Zugeben von Bzl. u. $AlCl_3$ in CS_2 zu X bei Raumtemp., 24std. Stehen u. Behandeln mit verd. HCl; Prismen; 85%; ebenso mit mehr Bzl. statt CS_2. IV gibt mit Piperidin das gleiche Prod., das bei der MANNICH-Rk. aus Desoxybenzoin entsteht. — *1.2.5.6-Tetraphenylhexanol-(5)-dion-(1.6)* (VI), F. 250° (Dioxan), a) durch Eindampfen der alkoh. Mutterlauge bei der Darst. von IV nach b) u. Behandeln des Öls mit Aceton; b) durch Hydrolyse von V. — *1.2.3-Triphenylpropanon-(1)*, $C_{21}H_{18}O$, F. 118° (A. oder Ae.–PAe.), a) durch 3std. Erhitzen von X u. Bzl. in Ggw. von $AlCl_3$ auf 50°, Gießen in verd. HCl u. Ausziehen mit Bzl.; 90%; b) analog aus IV; 94%. — *2.5.6-Triphenyl-2-benzoyl-2.3-dihydropyran* (V), F. 110°, durch 2std. Kochen von IV mit 0,06n Na_2CO_3, Aufnehmen in Ae., Zugeben von Piperidin, Erhitzen auf dem Wasserbad, Aufnehmen des *1.2-Diphenyl-3-piperidinopropanons-(1)* in verd. HCl u. Extrahieren mit Ae.; daneben ein rotes Öl, das nicht in 2-Phenylindanon-(1) übergeführt werden konnte. *Phenylhydrazon*, $C_{36}H_{30}ON_2$, F. 162° (absol. A.); prismat. Kristalle oder rechteckige Plättchen. — *1.2.5.6-Tetraphenylhexanol-(5)-dion-(1.6)* (VI), $C_{30}H_{26}O_3$, F. 250° (Dioxan), a) durch 36std. Erhitzen von IV im Rohr mit W. auf 110° u. Ausäthern zur Entfernung von V (20%); 9%; b) durch 1½—2std. Kochen von V u. 5nHCl in absol. A. bzw. Dioxan u. mehrtägiges Stehen; rechtwinklige Platten; 100% bzw. 75%. *Diphenylhydrazon*, $C_{42}H_{38}ON_4$, F. 208° (Butylalkohol), rechtwinklige Platten; es bildet ein *Acetonat*, das bei 110—120° das Aceton abgibt. — Durch Erhitzen von VI auf 190°, Evakuieren auf

2—3 mm, Abkühlenlassen nach beendeter Rk. (12 Min. bei 205—210°), Zugeben von Ae. + PAe. u. fraktionierte Kristallisation werden 3 Substanzen erhalten: 1. 40% V; 2. *1.2.5.6-Tetraphenylhexen-(4)-dion-(1.6)*, $C_{30}H_{24}O_2$, F. 153° (absol. A.), prismat. Stäbchen; 15%; 3. *Isomeres* vom F. 132°, Prismen; 10%. — *II-Phenylhydrazon* (IX), $C_{21}H_{20}$·ON_2, F. 97° (PAe.), durch mehrstd. Stehen von II u. XII in absol. A. in Ggw. von Essigsäure bei 32: u. Zugeben von wenig PAe.; feine Nadeln; 78%. — *3-Dimethylamino-1.2-diphenylpropanon-(1)* (XI), *Jodmethylat*, $C_{18}H_{22}ONJ$, Zers. bei 190°, durch langsames Zugeben von CH_3J zu dem Amin in absol. Ae.; kleine Nadeln aus absol. A.-PAe.; 90%. *Phenylhydrazon*, $C_{23}H_{25}N_3$, F. 112° (A.), durch 48std. Stehen von XI-Hydrochlorid u. XII in absol. A. in Ggw. von Essigsäure, Konzentrieren, Absaugen vom auskrist. *Triphenylpyrazolin* (VII; $C_{21}H_{18}N_2$, F. 135°), Aufnehmen des öligen Rückstandes in W., Ansäuern auf p_H 1—2, Ausäthern von VII u. *1.4.5-Triphenylpyrazol* (VIII; $C_{21}H_{16}N_2$, F. 210° [A.]; Gesamtausbeute an VII u. VIII 20%), Alkalisieren, Ausäthern, Abdampfen u, Aufnehmen in wenig A.; kleine rechtwinklige Prismen; 30—40%. Bei Anwendung von XI entstehen nur VII u. VIII. *Phenylhydrazonhydrochlorid*, $C_{23}H_{26}N_3Cl$, F. 140° (Methyläthylketon), gibt Kristallwasser bei 80° im Vakuum ab. (Bull. Soc. chim. France, Mém. [5] **1955**. 525—30. April. Paris, Inst. Pasteur, Labor. de Chim. Thérapeut.)

R. PASEDAG. 2360

Germaine Cauquil, Jacques Rouzaud, Robert E. Lyle, Herbert L. Fielding und **Gloria G. Lyle**, *Basische Öffnung des 2.2-Diphenylcycloheptanons-(1)*. Die bas. Öffnung des 2.2-Diphenylcycloheptanons-(1) (II) erfolgt zwischen $C_{(1)}$ u. $C_{(2)}$ u. liefert *7.7-Diphenylheptansäure* (I), nicht aber 2.2-Diphenylheptansäure (III). I u. III haben zwar gleiche FF., aber ein Gemisch zeigt eine deutliche F.-Depression. Die Konst. von I wird durch nachst. Rkk. bewiesen: Die durch BECKMANN-Umlagerung von II-Oxim über *7.7-Diphenylhepten-(6)-säurenitril* durch Hydrolyse gewonnene *7.7-Diphenylhepten-(6)-säure* wird mittels Peroxyessigsäure zu *7.7-Diphenyl-6.7-dioxyheptansäure* (VI) hydroxyliert, die bei Säurekatalyse wahrscheinlich über das Carboniumion $(C_6H_5)_2 \cdot C^+ \cdot CH(OH) \cdot (CH_2)_4 \cdot COOH$ eine Pinakolinumlagerung zu *7.7-Diphenyl-6-ketoheptansäure* erleidet. Letztere wird nach HUANG-MINLON in I übergeführt. Der aus I erhaltene *Alkohol* bzw. das *7.7-Diphenyl-1-bromheptan* liefert nach Überführung in die GRIGNARD-Verb. durch Hydrolyse *1.1-Diphenylheptan*. Ferner wird I über ihren *Äthylester* mit Phenyl-MgBr (V) zu *1.1.7.7-Tetraphenylheptanol-(1)* umgesetzt u. dieses nach Dehydratation mit CrO_3 zu *6 6-Diphenylhexansäure* (IV) oxydiert. Bei der gleichen Reaktionsfolge müßte III in das nicht dehydratisierbare 1.1.2.2-Tetraphenylheptanol-(1) übergehen. IV wurde auf nachst. Wege synthetisiert: Kondensation von Adipinsäuremethylesterchlorid mit Bzl. in Ggw. von $AlCl_3$ gibt *6-Phenyl-6-ketohexansäuremethylester* neben der *freien Säure* (VII). Vorsichtige Umsetzung des Esters mit V gibt neben 35% des Ausgangsprod., VII u. *2-Benzoylcyclopentanon-(1)* 6% *1.1.6.6-Tetraphenylhexandiol-(1.6)* (VIII) u. 40% *6.6-Diphenyl-6-oxyhexansäuremethylester*. Dieser wird zu *6.6-Diphenylhexen-(5)-säuremethylester* dehydratisiert, der katalyt. zu IV-*Methylester* hydriert wird.

Versuche: *7.7-Diphenyl-6-ketoheptansäure*, $C_{19}H_{20}O_3$, F. 67—68° (Cyclohexan), a) durch portionsweises Zugeben von VI zu H_2SO_4 bei —10° bis —15° unter Rühren, 3std. Rühren unter Kühlung u. Ausäthern; ~100%; b) durch 1std. Erhitzen von VI u. BF_3-Ätherat auf dem Wasserbad in Essigsäure, 3std. Stehen bei Raumtemp., Zugeben von W. u. Ausäthern; ~100%. — *7.7-Diphenylheptansäure* (I), $C_{19}H_{22}O_2$, F. 105° (A. oder PAe.-Cyclohexan), a) durch 12 Min. Erhitzen von II (F. 94°) mit Na_2CO_3–K_2CO_3 auf 300°, Aufnehmen in W., Ausäthern der neutralen Prodd. u. Ansäuern; 80%; b) durch $1^1/_2$std. Erhitzen vorst. Verb. mit 85%ig. $N_2H_4 \cdot H_2O$ u. Diäthylenglykol, Abdest. des W. bis 195°, 4std. Erhitzen auf 220°, Verdünnen mit W. u. Ansäuern mit 6nHCl; 63%. *Amid*, $C_{19}H_{23}$·ON, F. 104—105° (Bzl.-PAe.). *Äthylester*, F. 35—35,5°, $Kp._2$ 222°; 83%. — *7.7-Diphenyl-1-bromheptan*, $Kp._4$ 204—209°, durch 18std. Kochen von I mit $LiAlH_4$ in Ae., Zers. des $LiAlH_4$ mit verd. HCl, Ausäthern, Abdampfen, Lösen in Bzl., 15 Min. Erhitzen mit PBr_3 auf dem Wasserbad, $1^1/_2$std. Stehen u. Dest.; 58%. — *1.1-Diphenylheptan*, $Kp._1$ 132 bis 134°, F. 6—9°, durch Darst. der *Mg-Verb.* vorst. Verb. in Ae. in Ggw. von C_2H_5J u. Zers. mit verd. HCl; n_D^{27} 1,5466; 33%. — *1.1.7.7-Tetraphenylhepten-(1)*, $C_{31}H_{30}$, $Kp._{0,6}$ 250 bis 251°, durch Zutropfen von I-Äthylester zu V unter Rühren u. Eiskühlung, 2std. Erhitzen auf dem Wasserbad, Zers. mit 10%ig. HCl u. Eis, Ausäthern, Abdampfen → *1.1.7.7-Tetraphenylheptanol-(1)*, das 4 Std. mit Eisessig erhitzt wird. — *6.6-Diphenylhexansäure* (IV), F. 94—95° (Ae.-PAe.), durch 2std. Stehen vorst. Verb. mit CrO_3/Essigsäure bei 25°, Verdünnen mit verd. HCl, Ausäthern des gebildeten *Benzophenons* ($Kp._2$ 140—145°; *2.4-Dinitrophenylhydrazon*, F. 237°) u. Ansäuern. *Amid*, $C_{18}H_{21}ON$, F. 94° (Ae.-PAe.). — *Adipinsäuremethylesterchlorid*, $Kp._{17}$ 119—123°, durch 1std. Stehen von Adipinsäuremonomethylester u. $SOCl_2$, 3std. Erhitzen auf 40—42°, Stehen über Nacht bei Raumtemp. u. Dest. im Vakuum; 89%. — *6-Phenyl-6-ketohexansäuremethylester*, Kp.$_{20}$ 197°, F. 36,5°, durch portionsweises Zugeben von $AlCl_3$ zu vorst. Säurechlorid in absol. Bzl. bei 5—10° unter Rühren, 3std. Erhitzen auf dem Wasserbad, Stehen über Nacht, Zers. mit Eis–HCl, Ausäthern u. Waschen mit Na_2CO_3; 72%. Daneben aus der alkal. Lsg. durch Ansäuern die *freie Säure* (**VII**; F. 77° [Ae.–PAe.]. *Semicarbazon*, $C_{13}H_{17}O_3N_3$, F. 197° [A.–Aceton]). — *6.6-Diphenyl-6-oxyhexansäuremethylester*, $C_{19}H_{22}O_3$, F. 82—83°, durch Zutropfen von **V** zu vorst. Ester in absol. Ae. unter Rühren u. Kühlung, Stehen über Nacht bei Raumtemp., 2½std. Erhitzen auf dem Wasserbad, Zers. mit Eis–HCl, Ausäthern, Abfiltrieren des abgeschiedenen *1.1.6.6-Tetraphenylhexandiols-(1.6)* (**VIII**; $C_{30}H_{30}O_2$, F. 212°; 6%), Auswaschen der neutralen Prodd. mit 10%ig. Na_2CO_3-Lsg., Abdampfen des Ae. (→ *2-Benzoylcyclopentanon-(1)*, Kp.$_{20}$ 183—190°, F. 40—44°, rote $FeCl_3$-Rk.; *Semicarbazon*, $C_{14}H_{18}O_2N_6$, F. 235° [A.] u. **VII**, F. 77°), Ausäthern der neutralen Prodd., Abtrennung des Methylesters von **VIII** durch fraktionierte Kristallisation, Verseifen der nicht krist. M. durch 3std. Kochen mit 20%ig. alkoh. KOH, Verdünnen mit W., Ausäthern (→ **VIII**), Ansäuern der alkal. Lsg., Ausäthern, Überführen ins Semicarbazon, Abfiltrieren des **VII**-*Semicarbazons*, Konzentrieren der Mutterlaugen → *freie Säure* ($C_{18}H_{20}O_3$, F. 134—135° [Ae.–PAe.]; ebenfalls durch Verseifung des Esters mit alkoh. KOH zu 96%); 40%. *Hydrazid*, $C_{18}H_{22}O_2N_2$, F. 126° (A.—absol. PAe.). — *1.1.6.6-Tetraphenylhexadien-(1.5)*, F. 109°, durch 3std. Kochen von **VIII** mit Eisessig, Verdünnen mit W. u. Neutralisieren mit 10%ig. Na_2CO_3. — *6.6-Diphenylhexen-(5)-säuremethylester*, Kp.$_1$ 180—183°, durch 3std. Kochen vorvorst. Methylesters mit Essigsäure; 90%. *Freie Säure*, $C_{18}H_{18}O_2$, F. 113—113,5° (Ae.–PAe.), als Nebenprod. oder durch Verseifung des Esters mit alkoh. KOH; 85%. *Amid*, $C_{18}H_{19}ON$, F. 100—101° (CH_3OH). 2std. Hydrierung der freien Säure in Ggw. von akt. Ni in absol. A. bei 50 at bei Raumtemp. unter Schütteln, Ausäthern der neutralen Prodd. u. Ansäuern der alkal. Lsg. → **IV**. Analoge Hydrierung des Methylesters → **IV**-*Methylester* (Kp.$_{1,5}$ 198°; 94%), der mit alkoh. KOH zu **IV** (93%) verseift wird. (Bull. Soc. chim. France, Mém. [5] **1955**. 513—18. April. Montpellier, Fac. des Sci., Labor. de Chim. Organ. 2, u. New Hampshire, Univ., Dep. of Chem.)

R. PASEDAG. 2410

Dhirendra Nath Chatterjee, *Spiroverbindungen.* 1. Mitt. *Synthese von 1.2.3.4-Tetrahydronaphthalin-2-spiro-[2'-n-propylcyclopentan] und seine Umlagerung bei katalytischer Dehydrierung.* Ausgehend von 2-n-Propyl-1-carboxycyclopentan-1-essigsäure u. Bzl. wird in 1stufiger Rk. *1.2.3.4-Tetrahydronaphthalin-2-spiro-[2'-n-propylcyclopentan]* dargestellt, welches bei der Dehydrierung mit Pt-Kohle bei 300—330° *1-Methylpyren* ergibt; intermediär wird wahrscheinlich *4-n-Propyl-1.2.3.4.4a.9.10.10a-oktahydrophenanthren* gebildet.

V e r s u c h e: *2-n-Propyl-2-carbäthoxycyclopentanon*, $C_{11}H_{18}O_3$, Kp.$_{10}$ 115—117°, durch Zugabe von 2-Carbäthoxycyclopentanon zu K in absol. Bzl. bei 0°, 12std. Stehen bei 20°, Zusatz von n-Propyljodid, 24std. Erhitzen auf dem Dampfbad, Versetzen mit W. u. Waschen der benzol. Lsg. mit 15%ig. NaOH; n_D^{31} 1,4470; 75% (Ausbeute). *Semicarbazon*, $C_{12}H_{21}O_3N_3$, F. 159—160°, aus wss. A, Nadeln. — *2-n-Propylcyclopentanon*, Kp. 175 bis 177°, durch 12std. Kochen vorst. Verb. in sd. 6nHCl, Sättigen mit $(NH_4)_2SO_4$ u. Ausäthern; n_D^{30} 1,4382; 80%. *Semicarbazon*, $C_9H_{17}ON_3$, F. 205° -Zers.), aus wss. A. Nadeln. — *2-n-Propylcyclopentylidencyanessigsäureäthylester*, $C_{13}H_{19}O_2N$, Kp.$_6$ 142—144°, durch 6std. Erhitzen vorst. Verb. u. Cyanessigsäureäthylester in Ggw. von NH_4-Acetat in Eisessig–Bzl. bei 130—140° (Badtemp.), dann 12 Std. bei 140—150° unter Abscheidung von W. u. Behandeln mit Ae.; n_D^{31} 1,4810; 92%; gibt bei der Oyxdation das Ausgangsprod.; absorbiert Br_2 in $CHCl_3$. — *1-Carboxy-2-n-propylcyclopentan-1-essigsäure*, $C_{11}H_{18}O_4$, F. 124°, durch Zugabe von KCN (in W.) zu vorst. Verb. in A., 1wöchiges Stehen, Einengen, 48std. Kochen in konz. HCl, Aufnehmen in 5%ig. Sodalsg. u. Ansäuern; aus verd. Essigsäure Würfel; roh 70% (bezogen auf vorvorst. Keton); gibt bei 3std. Erhitzen in Acetanhydrid das *Anhydrid*, $C_{11}H_{16}O_3$, Kp.$_{20}$ 168—170°, n_D^{31} 1,4730. Daraus mit Anilin in Bzl. *Monoanilid*, $C_{17}H_{23}O_3N$, F. 164°, aus wss. A. Blättchen. — *1-Phenacyl-2-n-propylcyclopentan-1-carbonsäure*, $C_{17}H_{22}O_3$, F. 110—111°, durch Zugabe von $AlCl_3$ zu vorst. Anhydrid u. absol. Bzl. bei 0—5°, 6std. Rk. bei 0°, dann 12 Std. bei 20° u. 3 Std. bei 50 bis 60°, Zers. mit Eis u. HCl, Einengen, Aufnehmen in Sodalsg., Ansäuern u. Behandeln mit PAe.; aus verd. Essigsäure, dann Hexan Nadeln; 65%; *2,4-Dinitrophenylhydrazon*, $C_{23}H_{26}O_6N_4$, F. 126° (Zers.), aus Essigester gelbe Nadeln. Durch Sättigen einer Lsg. der Säure u. Salicylaldehyd in absol. A. mit HCl-Gas bei 0° u. 3tägiges Stehen bei 0° wird ein carminrotes *Pyryliumsalz* (F. $>$290°) erhalten. — *1-Phenäthyl-2-n-propylcyclopentan-1-carbonsäure*, $C_{17}H_{24}O_2$, F. 114—115°, durch Zugabe vorst. Säure u. Essigsäure zu amalgamiertem Zn in W.–HCl–Toluol, 24std. Kochen unter Zusatz von konz. HCl, verdünnen mit W., Ausäthern, Aufnehmen in Sodalsg. u. Ansäuern; aus PAe. Nadeln;

75%. — *1-Keto-1.2.3.4-tetrahydronaphthalin-2-spiro-[2'-n-propylcyclopentan]*, $C_{17}H_{22}O$, $Kp._6$ 168—170°, durch 1½std. Erhitzen vorst. Verb. in H_2SO_4-W. (3:1), Gießen auf Eis u. Ausäthern; n_D^{30} 1,5464; Öl mit charakterist. angenehmem Geruch; 78%; gibt kein Semicarbazon oder 2.4-Dinitrophenylhydrazon. — *1.2.3.4-Tetrahydronaphthalin-2-spiro-[2'-n-propylcyclopentan]*, $C_{17}H_{24}$, $Kp._{0,6}$ 150—152°, aus 3 g vorst. Verb. mit amalgamierten Zn wie oben in 48std. Rk.; n_D^{30} 1,5358; neben 0,8 g Ausgangsprod. 1,1 g. — *1-Methylpyren*, $C_{17}H_{12}$, F. 147°, durch 12std. Dehydrierung von 1 g vorst. Verb. mit Pt-Kohle bei 290—330° unter CO_2, Aufnehmen in Bzl., Dest., Überführen in das *Pikrat* ($C_{23}H_{15}O_7N_3$, F. 227°, aus absol. A. rote Nadeln), Zers. mit wss. NH_4OH u. Ausäthern; aus Methanol Flocken; 0,1 g; *symm.-Trinitrobenzolat*, $C_{23}H_{15}O_6N_3$, F. 246—247°, aus Methanol-Bzl. orangefarbene Nadeln. (J. Amer. chem. Soc. **77**. 414—16. 20/1. 1955. Krishnagar, West Bengal, India, Krishnagar Coll., Dep. of Chem.) W. HOFFMANN. 2950

Melvin S. Newman, Hugh V. Anderson und **K. H. Takemura**, *Die Synthese vielringiger aromatischer Kohlenwasserstoffe.* 2. Mitt. *Methylbenzo-[c]-phenanthrene.* (1. vgl. C. **1952**. 1988.) Tetralon-(1) (**I**) wird mit p—$CH_3C_6H_4MgBr$, **I** u. 7- (**I a**), 5- (**Ic**), 4- (**Id**) u. 3-Methyltetralon-(1) (**Ie**) werden mit C_6H_5MgBr gekuppelt u. zu den *1-Phenyl-3.4-dihydronaphthalinen* (**II—IIe**) dehydratisiert. Durch Einw. von 2 Mol Maleinsäureanhydrid entstehen die *Addukte* (**III—IIIe**), die durch Erhitzen mit S zu den *Anhydriden* (**IV—IVe**) aromatisiert werden. **IV—IVe** lassen sich mit $Ba(OH)_2$ zu *Benzo-[c]-phenanthren* u. seinen Methylderivv. decarboxylieren.

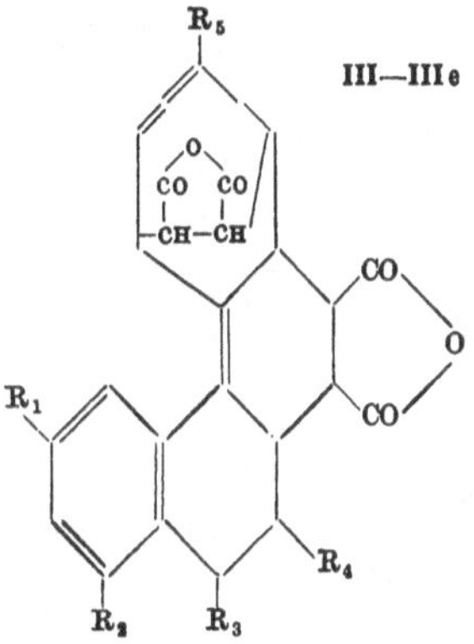

III—IIIe

III $R_1 = R_2 = R_3 = R_4 = R_5 = H$
IIIa $R_1 = CH_3$, $R_2 = R_3 = R_4 = R_5 = H$
IIIb $R_5 = CH_3$, $R_1 = R_2 = R_3 = R_4 = H$
IIIc $R_2 = CH_3$, $R_1 = R_3 = R_4 = R_5 = H$
IIId $R_3 = CH_3$, $R_1 = R_2 = R_4 = R_5 = H$
IIIe $R_4 = CH_3$, $R_1 = R_2 = R_3 = R_5 = H$

IV—IVe

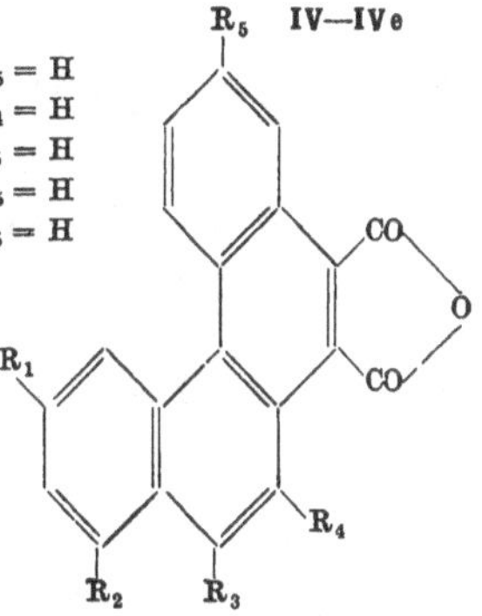

Versuche (FF. <240° korr.): *γ-Formyl-γ-phenylvaleronitril*, $C_{12}H_{13}ON$, $Kp._{0,4}$ 130—133,5°, $Kp._{0,1}$ 124,5°, aus Acrylnitril u. Hydratropaaldehyd in Ggw. von KOH (3 Std. bei 55—58°) u. Ansäuern; n_D^{20} 1,5289; 70,5% (Ausbeute) (roh). *2.4-Dinitrophenylhydrazon*, $C_{18}H_{17}O_4N_5$, F. 175,4—176,4° (absol. A.), gelb. — *γ-Phenylvaleriansäure* (**VI**), $Kp._{0,04}$ 110—117°, durch Decarbonylierung vorst. Verb. mit 30%ig. Pd-Kohle bei 190 bis 240° u. Verseifung des erhaltenen rohen *γ-Phenylvaleronitrils* ($Kp._{0,7}$ 93—113°) mit konz. HCl u. CH_3COOH; n_D^{20} 1,5167; 87,4%. — *β-Methyl-γ-phenylbuttersäure* (**V**), durch Kondensation von Phenylaceton u. $BrCH_2COOC_2H_5$ zu *β-Oxy-β-methyl-γ-phenylbuttersäureäthylester*, Dehydratation durch Erhitzen mit 1 Äquivalent PCl_5 zum *ungesätt. Ester* ($Kp._{13-14}$ 144—148°, n_D^{20} 1,51—1,60°; 58%), Hydrierung über PtO_2 u. Verseifung; fast 100%. — *5-Methyltetralon-(1)* (**Ic**), $Kp._{0,5}$ 97—102°, F. 49,5—51°, durch Überführung von γ-o-Tolylbuttersäure mit PCl_5 in Bzl. in das Säurechlorid, Zugabe von $SnCl_4$ (ohne Entfernung von $POCl_3$) unter Eis–NaCl-Kühlung u. Gießen auf Eis + konz. HCl; 95%. — *Tetralon-(1)* (**I**), analog aus γ-Phenylbuttersäure; 84%. — *4-Methyltetralon-(1)* (**Id**), aus **VI**; 82%. — *3-Methyltetralon-(1)*, (**Ie**), aus **V**; 80,5%. — *7-Methyltetralon-(1)* (**I a**), F. 29 bis 30°. — 3.4-Dihydronaphthaline aus dem entsprechenden I-Deriv. in Ae. u. 1,2 Mol C_6H_5MgBr bzw. p-$CH_3C_6H_4MgBr$ in Ae, bei —30°; bei Erreichen der Raumtemp. mit gesätt. NH_4Cl-Lsg. zers.; rohes Carbinol in sd. Bzl. + konz. HCl dehydratisiert: *1-Phenyl-* (**II**), $Kp._{0,3}$ 130,5—134,5°; 68%. — *1-p-Tolyl-* (**II b**), $Kp._{0,1-0,2}$ 107—135°; 77% (roh). — *1-Phenyl-7-methyl-* (**II a**), $Kp._3$ 157—159°, aus **I a**; 62%. — *1-Phenyl-5-methyl-*, (**IIc**), $Kp._{0,2}$ 135—137,5°, aus **Ic**; 79%. — *1-Phenyl-4-methyl-* (**IId**), $Kp._{1,2}$ 130 bis 143°, aus **Ic**; 73%. — *1-Phenyl-3-methyl-* (**IIe**), $C_{17}H_{16}$, $Kp._{0,1}$ 133—136°, F. 50—51,5°, aus **Ie**; 84%. — Doppelte DIELS-ALDER-*Addukte* (**III—IIIe**), FF. nur angenähert, da on der Erhitzungsart abhängig, alle außer **III a** aus Aceton umkrist.: **IIIc**, $C_{25}H_{20}O_6$, F. 317°, aus 1 Mol **IIc** u. 5 Mol Maleinsäureanhydrid (24 Std. bei 150°), dann mehrtägiges Stehen mit CH_3COOH; 36%. — Analog: **III**, F. 314°; 61%. — **III a**, F. 307° (CH_3COOH

mit 5% Acetanhydrid); 41%. — **IIIb**, F. 330°; 55%. — **IIId**, F. 342°; 79%. — **IIIe**, $C_{25}H_{20}O_6$, F. 328°; 45%. — *Aromat. Anhydride* (**VIa—IVe**), FF. wie bei **III—IIIe**; fast 100%; **IVc**, $C_{21}H_{12}O_3$, F. 234,8—235,8°, durch Erhitzen von **IIIc** u. S von 230° (Entw. von H_2S) in 1 Std. auf 280°, Verreiben mit 4%ig. KOH, Ansäuern des Filtrats u. Sublimation; gelbe Nadeln aus Dimethylformamid. — **IVa**, F. 236—238°. — **IVb**, F. 288 bis 290°. — **IVd**, F. 267—269°. — **IVe**, F. 216—217°. — *4-Methylbenzo-*[c]*-phenanthren*, F. 64,6 bis 65,6°, durch Rühren von rohem **IVc** mit $Ba(OH)_2$, Fe-Feilspänen u. Cu-Bronze im Vakuum unter Erhöhung der Temp. auf 174°, dann 45 Min. bei 350°, Extraktion mit Bzl. u. Isolierung als *Pikrat* [F. 109,5—111° (CH_3OH); 58%]. — Analog: *Benzo-*[c]*-phenanthren*, F. 66,4—67°; 28,5%. — *2-Methyl-*, F. 80,6—81,4°; 36.7%. — *3-Methyl-*, F. 54,4—55,4°; 40%. — *5-Methyl-*, F. 70,6—71,6°; 20%. — *6-Methylbenzo-*[c]*-phenanthren*, F. 76,8 bis 77,6° (polymere Form, F. 65,1—66,1°); 31%. (J. Amer. chem. Soc. **75**. 347—49. 20/1. 1953. Columbus, O., State Univ., Chem. Labor.) K. Lehmstedt. 2950

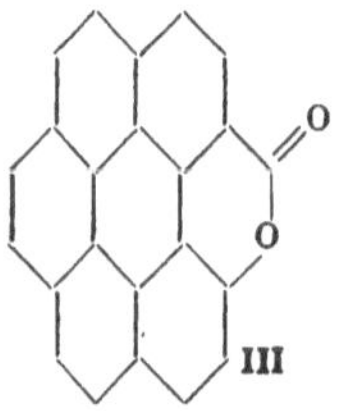
III

R. Ott und **A. Zinke**, *Zur Kenntnis des Coronens.* 3. Mitt. *Über den Abbau zum 1.12-Benzperylen.* (2. vgl. C. **1954**. 4609.) Die Behandlung von o-Coronenchinon (I) mit KOH u. Luft oder H_2O_2 oder Na_2O_2 führte zu *1.12-Benzperylen-6.7-dicarbonsäure* (**II**) neben *Coronen* u. einer sauerstoffhaltigen Verb. der wahrscheinlichen Struktur **III**. Diese bildet sich auch bei der Dest. von **I** mit PbO_2 neben Coronen u. durch Stehenlassen der wss.-alkal. Lsg. von **II**-Anhydrid. **III** ist in stärkerer alkoh. Lauge gut lösl., fällt aber beim Verdünnen oder Ansäuern wieder aus, so daß auf Lactonstruktur geschlossen werden kann.

V e r s u c h e: *1.12-Benzperylen-6.7-dicarbonsäure* (**II**), $C_{24}H_{12}O_4$, a) durch 10std. Kochen von 0,1 g **I** in Dioxan mit 2%ig. KOH (gegebenenfalls unter Einleiten von O_2), Einengen, Verdünnen mit W., Filtrieren u. Ansäuern des Filtrats; gelbe Flocken; 0,6 g (Ausbeute); b) durch Zufügen von 7 cm³ 30%ig. H_2O_2 während 6 Std. zu 0,3 g **I** in sd. Dioxan/4%ig. KOH; 0,15 g; c) durch Zufügen von 0,6 g Na_2O_2 zu einer Schmelze aus 3 g KOH, 1 g W. u. 0,3 g **I** während 1 Std., Lösen in W., Filtrieren u. Ansäuern; 0,17 g. *Na-Salz*, $C_{24}H_{10}O_4Na_2$, glitzernde, quadrat., gelbe Plättchen. *Ba-Salz*, bräunlich-gelbe Kriställchen. *Ag-Salz*, gelbe Kriställchen. — **II**-*Anhydrid*, $C_{24}H_{10}O_3$, F. 47,9°, durch Stehenlassen feiner Lsg. von **II** in Nitrobenzol. — **II**-*Dimethylester*, $C_{26}H_{16}O_4$, F. 305°, citronengelbe Plättchen. — **II**-*Phenylimid*, $C_{30}H_{15}O_2N$, F. 290°, durch 10 Min. Kochen des Anhydrids in Anilin; hellgelbe verfilzte Nädelchen aus Nitrobenzol + C_2H_5OH. — Natronkalkdest. von **II** bzw. ihrem Anhydrid gibt *1.12-Benzperylen*, F. 272—273°, das sich auch bei der Zn-Staubdest. neben *Coronen* bildet. — *Lacton* **III**, $C_{23}H_{10}O_2$, F. 499° (Dunkelfärbung u. Sintern ab 490°), a) durch Kochen des bei der Darst. von **II** nach a) erhaltenen Rückstandes in 20%ig. alkoh. KOH, Einengen, Abfiltrieren von Coronen, Verdünnen mit W., Sublimieren bei 280°/12 mm u. Filtration in Nitrobenzol über Al_2O_3; hellgelbe Nadeln aus Xylol; b) durch Dest. mit PbO_2 aus **I**, daneben Coronen; c) durch Sublimieren von **II** bzw. **II**-Anhydrid im CO_2-Strom bei 260—280°/12 mm; d) durch mehrfaches Umkristallisieren des **II**-Methylesters aus hochsd. Lösungsmitteln. (Mh. Chem. **84**. 1132—39; S.-B. öster. Akad. Wiss., math.-naturwiss. Kl., Abt. II C **162**. 1132—39. 1953. Graz, Univ., Inst. für Organ. u. Pharmazeut. Chemie.) E. Rosdorff. 2950

Gabriel Gever, Charles O'Keefe, Gordon Drake, Frank Ebetino, Julian Michels und **Kenyon Hayes**, *Chemotherapeutische Nitrofurane.* 1. Mitt. *Einige Derivate von 3-Aminooxazolidon-(2).* Bei der Umsetzung einer durch Behandlung einer wss. Lsg. von 1-Hydrazinopropanol-(2) (**IX**)-Hydrochlorid mit KOCN erhaltenen Lsg. von *2-*[*2-Oxypropyl*]*-semicarbazid* (**II**) mit 5-Nitro-2-furaldehyd (I) werden *5-Nitro-2-furaldehyd-2-*[*2-oxypropyl*]*-semicarbazon* u. *N-*[*5-Nitrofurfuryliden-(2)*]*-3-amino-5-methyloxazolidon-(2)* isoliert. Letzteres entsteht auch aus **II** beim Kochen der stark angesäuerten Lsg. nach Zugabe von **I**. *N-*[*5-Nitrofurfuryliden-(2)*]*-3-aminooxazolidon-(2)* (**XV**) wird analog aus 2-[2-Oxyäthyl]-semicarbazid gewonnen. Es ist ident. mit dem Prod., das durch die Nitrierung von Oxazolidon-(2) (**X**), Red. der *Nitroverb.* (**III**) zu *3-Aminooxazolidon-(2)* (**VI**) u. Umsetzung mit **I** entsteht. Analog erfolgt die katalyt. Red. einiger 3-Nitrooxazolidone-(2) bei 1—3 at in saurem Medium in Ggw. von PtO_2. Die besten Resultate wurden in verd. HCl erhalten, während verd. H_2SO_4, Essig- u. Oxalsäure merklich schlechter wirkten. Mit fallender Temp. steigen die Ausbeuten an **VI**. In Ggw. von Raney-Ni in absol. A., Dioxan oder methanol. KOH oder in Ggw. von Pd-Kohle in absol. A., Dioxan, Essigsäure oder verd. HCl entstehen nicht die gewünschten Prodd., im letzten Fall aber beträchtliche Mengen **X**. Die elektrolyt. Red., bei der ebenfalls größere Mengen **X** entstehen, verlief am besten in 14%ig. H_2SO_4 an einer Hg-Kathode u. 0,2 Ampere/cm². Zugabe von Essigsäure, Aceton oder A. zur Erhöhung der Löslichkeit der Ausgangsprodd., sowie Erhöhung der Temp. bewirkten niedrigere Ausbeuten. Durch Erhitzen von β-Hydrazinoalkoholen mit

Diäthylcarbonat (**XII**) in Ggw. von $NaOCH_3$ entstehen ebenfalls in 20—79%ig. Ausbeute *3-Aminooxazolidone-(2)*, die nur im Falle des **VI** u. *3-Amino-5-methyloxazolidens-(2)* (**VII**) krist. erhalten werden konnten u. sonst durch Umsetzung mit **I** charakterisiert wurden. Daß es sich bei dem aus 1-Hydrazino-2.3-dioxypropan gewonnenen *3-Amino-5-oxymethyloxazolidon-(2)* nicht um 3-Amino-5-oxytetrahydro-1.3-oxazinon-(2) handelt, wurde durch Überführung seines **I**-Deriv. mit Pyridin/$SOCl_2$ in *N-[5-Nitrofurfuryliden-(2)]-5-chlormethyl-3-aminooxazolidon-(2)* bewiesen, das auch aus 3-Amino-5-chlormethyloxazolidon-(2) u. **I** entsteht. Da sich bei direkter Behandlung von Chlorkohlensäureäthylester (**XI**) mit 2-Hydrazinoäthanol (**IV**) nur 15% **VI** bilden — wahrscheinlich durch Substitution beider N in **VI** — wird **IV** zuerst mit Benzaldehyd (**V**) kondensiert u. das *Benzaldehyd-2-oxyäthylhydrazon* mit **XI** im optimalen Verhältnis 1:1,4 zu *N-Benzyliden-N'-carbäthoxy-N'-[2-oxyäthyl]-hydrazin* umgesetzt, das mit NaOH zu 85% zu *N-Benzyliden-3-aminooxazolidon-(2)* cyclisiert wird. Auch bei der Rk. von $COCl_2$ mit **IV** erhält man bessere Ausbeuten, wenn **IV** zuerst mit einer Carbonylverb. kondensiert wird. Aceton-2-oxyäthylhydrazon gibt so mit $COCl_2$ in Aceton u. nachfolgender Zugabe von **I XV**. Alle 3-Aminooxazolidone-(2) werden in ihre **I**-Derivv. übergeführt. Einige werden mit 5-Nitrofuryl-(2)-acrolein (**VIII**), Methyl (**XIII**)- bzw. Äthyl-5-nitrofuryl-(2)-keton (**XIV**) kondensiert.

Versuche (FF. korr.): *5-Nitro-2-furaldehyd-2-[2-oxypropyl]-semicarbazon*, $C_9H_{12}O_5N_4$, F. 195—196° (A. u. Dioxan), durch Einstellen einer wss. Lsg. von **IX** auf p_H 7 mit 20%ig. HCl, Zugeben von wss. KOCN, 3tägiges Stehen bei Raumtemp., Ansäuern mit HCl → Lsg. von *2-[2-Oxypropyl]-semicarbazid* (**II**)-*Hydrochlorid*, die entweder nach Verdünnen mit W. oder nach Eindampfen u. Wiederaufnehmen in W. mit **I** in A. versetzt wird. — *N-[5-Nitrofurfuryliden-(2)]-3-amino-5-methyloxazolidon-(2)*, $C_9H_9O_5N_3$, F. 255° (Dioxan u. 50%ig. Essigsäure), a) aus dem in Dioyan unlösl. Rückstand bei der Darst. vorst. Verb.; b) durch 4std. Kochen einer stark angesäuerten Lsg. von **II** u. Zugeben von **I**; c) nach **D** (vgl. unten) über *3-Amino-5-methyloxazolidon-(2)* (**VII**; $C_4H_8O_2N_2$); 70% (Ausbeute); d) durch Kondensation von **VII** u. **I** in wss. saurem Medium; ~100%. — *2-[2-Oxyäthyl]-semicarbazid*, $C_3H_9O_2N_3$, F. 110° (absol. A.), durch 44std. Stehen von **IV** u. KOCN in W. bei Raumtemp., Neutralisieren mit konz. HCl u. Einengen; 31%. *Hydrochlorid*, $C_3H_{10}O_2N_3Cl$, F. 156°. — 3-Aminooxazolidone-(2): *N-[5-Nitrofurfuryliden-(2)]* (**XV**)-, $C_8H_7O_5N_3$, F. 254—256° (Nitromethan), a) durch 15 Min. Kochen von 10 g vorst. Hydrochlorids in W. mit konz. HCl u. Zugeben von **I** in A.; 2,3 g (Meth. **A**); b) durch Hydrieren von 3-Nitrooxazolidon-(2) (**III**) bei 2—3 at unter Schütteln oder bei 0—5° bei n. Druck in Ggw. von PtO_2 in n-HCl, n-H_2SO_4, n-Oxalsäure oder 15%ig. Essigsäure u. Zugeben von **I** in A.; 17, 10, 6,5 bzw. 2% (Meth. **B**); c) durch 1std. elektrolyt. Red. von **III** in 10%ig. H_2SO_4 an einer Hg-Kathode bei 5—10° u. 0,2 Ampère/cm^2 unter Rühren u. Behandeln mit **I** in A.; 43%; Ausäthern des Filtrats zur Entfernung von, **I** Alkalisieren der wss. Phase, Einengen u. Extrahieren mit Chlf. → *Oxazolidon-(2)* (**X**, F. 87—88° [Bzl.]; 50%) (Meth, **C**); d) durch 3std. Kochen von Na, absol. CH_3OH, **IV** u. **XII** → *3-Aminooxazolidon-(2)* (**VI**; $C_3H_6O_2N_2$), das in salzsaurer Lsg. ohne Isolierung langsam unter Rühren mit **I** in A. versetzt wird; 79% (Meth. **D**); e) durch 20 Min. Einleiten von $COCl_2$ in eine gerührte Lsg. von *Aceton-2-oxyäthylhydrazon* ($C_5H_{12}ON_2$, Kp.$_{10}$ 107—108°, aus 50 g Aceton u. **IV** unter Kühlung; 42 g) in Aceton bei 20—25° unter leichtem Druck, 2std. Rühren, Einengen, Lösen in W. u. Zugeben von **I** in Isopropylalkohol; 62%; f) durch Kondensation von **VI** u. **I** in W.; ~100%; g) durch 90 Min. Wasserdampfdest. eines Gemisches von nachst. Verb. mit W., H_2SO_4 u. **I**-Diacetat, Zugeben von Isopropylalkohol u. 2 Min. Erhitzen; 93%. — *N-Benzyliden-*, $C_{10}H_{10}O_2N_2$, F. 143—145° (A.), a) nach **A** mit **V**; b) durch Zugeben von **V** in A. zu **IV** in W. unter Rühren in 30 Min. bei 26—29°, Zugeben von Na-Acetat nach 5 Min., Zugeben von **XI** in 80 Min. bei 20—22°, 15 Min. Rühren, Zugeben von wss. NaOH u. 1std. Rühren bei Raumtemp.; 85%. — *N-[5-Nitrofurfuryliden-( )]-4.4-dimethyl-*, $C_{10}H_{11}O_5N_3$, F. 151 bis 153°, nach **C** aus 4.4-Dimethyl-3-nitrooxazolidon-(2) [$C_5H_8O_4N_2$, F. 124° (A.)]; 67%. — *N-Benzyliden-4-4-dimethyl-*, $C_{12}H_{14}O_2N_2$, F. 77,5—78,5°, a) nach **B**; b) nach **C** mit verlängerter Reaktionszeit; 45%. — *N-[5-Nitrofurfuryliden-(2)]-5-chlormethyl-*, $C_9H_8O_5N_3Cl$, F. 196—197°, aus 5-Chlormethyl-3-nitrooxazolidon-(2) nach **C** mit verlängerter Reaktionszeit; 2:%; b) durch langsames Zugeben von Pyridin u. $SOCl_2$ zu nachst. Verb. in Chlf., 100 Min. Kochen, Stehen über Nacht u. Gießen in W.; 85%. — *N-[5-Nitrofurfuryliden-(2)]-5-oxymethyl-*, $C_9H_9O_6N_3$, F. 242—243°, nach **D**; 34%. — *N-[5-Nitrofurfuryliden-(2)]-4-methyl-*, $C_9H_9O_5N_3$, F. 200°, nach **D**; 36%. — *N-[5-Nitrofurfuryliden-(2)]-4-[n-butyl]-*, $C_{12}H_{15}O_5N_3$, F. 151°, nach **D**; 46%. — *N-[5-Nitrofurfuryliden-(2)]-5-[n-butyl]-*, $C_{12}H_{15}O_5N_3$, F. 194°, nach **D**; 42%. — *N-[5-Nitrofurfuryliden-(2)]-4-äthyl-*, $C_{10}H_{11}O_5N_3$, F. 142—143°, nach **D**; 62%. — *N-[5-Nitrofurfuryliden-(2)]-5-äthyl-*, $C_{10}H_{11}O_5N_3$, F. 215 bis 216° nach **D**; 20%. — *N-[5-Nitrofurfuryliden-(2)]-4.5-dimethyl-*, $C_{10}H_{11}O_5N_3$, F. 143

bis 144°, a) nach D über *3-Amino-4.5-dimethyloxazolidon-(5)* (*neutrales Oxalat*, $C_5H_{10}O_2N_2 \cdot {}^1/_2\, C_2H_2O_4$, F. 125—126° [A.]); 45%; b) aus dem nach a) entstandenen Oxalat mit **I** in wss. Medium; ~100%. — *N-[5-Nitrofuryl-(2)-acrylal]-*, $C_{10}H_9O_5N_3$, F. 268—269°, aus **VI** u. **VIII** in W.; ~100%. — *N-[α-Methyl-5-nitrofurfuryliden-(2)]-*, $C_9H_9O_5N_3$, F. 133°, a) durch Kondensation von **XIII** mit **VI** in sd. 30%ig. Essigsäure; b) durch Erhitzen von **XIII** u. **VI** in absol. A. in Ggw. von Eisessig/J_2. — *N-[α-Äthyl-5-nitrofurfuryliden-(2)]-*, $C_{10}H_{11}O_5N_3$, F. 102°, analog aus **XIV**. — *N-[5-Nitrofuryl-(2)-acrylal]-5-methyl-*, $C_{11}H_{11}O_5N_3$, F. 258 bis 259°, durch Kondensation von **VII** mit **VIII** in sd. 30%ig. Essigsäure. — *N-[α-Methyl-5-nitrofurfuryliden-(2)]-5-methyl-*, $C_{10}H_{11}O_5N_3$, F. 120—122°. — Die UV-Absorptionsmaxima der meisten Verbb. sind angegeben. (J. Amer. chem. Soc. **77**. 2277—81. 20/4. 1955. Norwich, N. Y., Norwich Pharmacal Co., Eaton Labors.) R. PASEDAG. 3061

Kenyon Hayes, Frank Ebetino und **Gabriel Gever,** *Chemotherapeutische Nitrofurane.* 2. Mitt. *Die Bildung und einige Reaktionen von Derivaten von 3-Amino-2-iminooxazolidin.* (1. vgl. vorst. Ref.) Die Einw. von $SOCl_2$ auf 5-Nitro-2-furaldehyd-2-[2-Oxyäthyl]-semicarbazon (**I**) liefert *N-[5-Nitrofurfuryliden-(2)]-3-amino-2-iminooxazolidinhydrochlorid.* Seine Konst. folgt aus der schnellen Umwandlung in *N-[5-Nitrofurfuryliden-(2)]-3-aminooxazolidon-(2)* mit HNO_2, verd. H_2SO_4 oder H_2O. Im Gegensatz zu **I** wird 2-[2-Oxyäthyl]-semicarbazid (**II**)-Hydrochlorid mit $SOCl_2$ unter den gleichen Bedingungen nicht dehydratisiert. Analog **I** werden weitere 2-β-oxyalkylierte Semicarbazone des 5-Nitro-2-formylfurans mit $SOCl_2$ in Bzl. oder ohne Lösungsm. zu den entsprechenden *3-Amino-2-iminooxazolidinhydrochloriden* dehydratisiert u. diese in die *Oxazolidone-(2)* übergeführt.

V e r s u c h e (FF. korr.): *N-[5-Nitrofurfuryliden-(2)]-3-amino-2-iminooxazolidinhydrochlorid,* $C_8H_9O_4N_4Cl$, F. 190° (Zers.), durch Erhitzen von **I** in Bzl., Zugeben von $SOCl_2$ u. 1 std. Erhitzen auf 55—65° nach Beendigung der SO_2- u. HCl-Entw.; hellgelb; 96% (Ausbeute). *Freie Base,* $C_8H_8O_4N_4$, F. 170—171° (A.), gelb. *Saures Sulfat,* $C_8H_{10}O_8 \cdot N_4S$, F. 203° (Zers.). *β-Naphthalinsulfonat,* $C_{18}H_{16}O_7N_4S$, F. 222—224°. — *N-[5-Nitrofurfuryliden-(2)]-3-aminooxazolidon-(2),* F. 253—256° (Eisessig), a) durch Lösen vorst. Hydrochlorids in W. bei 35—40°, Filtrieren, Zugeben von Eisessig + $NaNO_2$ in 30 Min. bei 5—7°; gelb; 60%; b) durch 90 Min. Erhitzen vorst. Hydrochlorids in W. auf 90—100° u. Abzentrifugieren; 49%. Aus der Mutterlauge beim Abkühlen 32% **I**. — *β-[5-Nitrofuryl-(2)]-acrolein-2-[2-oxyäthyl]-semicarbazon* (**III**), $C_{10}H_{12}O_5N_4$, F. 209—210°, durch Kondensation von **II** u. β-[5-Nitrofuryl-(2)]-acrolein. — *N-[β-(5-Nitrofuryl-(2))-acrylal]-3-amino-2-iminooxazolidin* (**IV**), $C_{10}H_{10}O_4N_4$, F. 182° (absol. A.), durch rasches Zugeben von $SOCl_2$ zu vorst. Verb. u. 12 std. Stehen → *Hydrochlorid* (F. 229° [Zers.], gelb), das mit Na_2CO_3-Lsg. behandelt wird; orangefarben; 82,5%. — *N-[β-(5-Nitrofuryl-(2))-acrylal]-3-aminooxazolidon-(2),* F. 270° (Zers.; Nitromethan), durch Kochen vorst. Hydrochlorids mit verd. HCl, Abfiltration u. Behandeln des Gemischs mit $SOCl_2$ zur Überführung von **III** in das wasserlösl. **IV**·HCl, das extrahiert wird; gelb; 72%. — N - [5 - N i t r o f u r f u r y l i d e n - (2)] - 3 - a m i n o - 2 - i m i n o o x a z o l i d i n e: *5-Methyl-,* $C_9H_{10}O_4N_4$, F. 170—173°. — *5-[n-Butyl]-, Hydrochlorid,* $C_{12}H_{17}O_4N_4Cl$, F. 139—140°. — *4-Methyl-, Hydrochlorid,* $C_9H_{11}O_4N_4Cl$, F. 202—203°. — Die Absorptionsmaxima aller Verbb. in W. sind angegeben. (J. Amer. chem. Soc. **77**. 2282—83. 20/4. 1955.) R. PASEDAG. 3061

K. Hayes, *Chemotherapeutische Nitrofurane.* 3. Mitt. *N-[5-Nitrofurfuryliden-(2)]-3-aminotetrahydro-1.3-oxazinon-(2).* (2. vgl. vorst. Ref.) 3-Hydrazinopropanol-(1) (**I**) wird glatt mit Kohlensäurediäthylester (**II**) in Ggw. von $NaOCH_3$ zu *3-Aminotetrahydro-1.3-oxazinon-(2)* kondensiert, das mit 5-Nitro-2-furaldehyd (**III**) in saurem Medium *N-[5-Nitrofurfuryliden-(2)]-3-aminotetrahydro-1.3-oxazinon-(2)* liefert. Die UV-Absorption des letzteren ist ident. mit der von N-[5-Nitrofurfuryliden-(2)]-3-aminooxazolidon-(2).

V e r s u c h e: *N-[5-Nitrofurfuryliden-(2)]-3-aminotetrahydro-1.3-oxazinon-(2)*]-*3-aminotetrahydro-1.3-oxazinon-(2),* $C_9H_9O_5N_3$, F. 267,5° (Nitromethan), sublimiert > 220°, durch 2 std. Erhitzen von **I** u. **II** in CH_3OH in Ggw. von Na unter Abdest. des A., Erhitzen des Rückstandes mit 3%ig. HCl auf 85° u. Zugeben von **III** in A.; 46% (Ausbeute). (J. Amer. chem. Soc. **77**. 2333—34. 20/4. 1955.) R. PASEDAG. 3061

Renato Goncalves und **Ellis v. Brown,** *Darstellung von Thiophanthrenchinonen.* 3. Mitt. *Thenoylnitrobenzoesäureester.* (2. vgl. C. **1953**. 527.) Die beiden isomeren *Halbester* der *3-Nitrophthalsäure* (**I**) wurden dargestellt, u. zwar *2-Carbäthoxy-3-nitrobenzoesäure* [**I a**, F. 110—111° (Bzl.)] durch Sättigen der Lsg. von **I** in A. mit HCl-Gas, 2 std. Erwärmen auf dem Dampfbad, Stehen über Nacht u. Gießen in W., 73% (Ausbeute), u. *6-Carbäthoxy-2-nitrobenzoesäure* [**I b**, F. 157° (Chlf. oder Bzl.)] durch 5 std. Erhitzen von **I**-Anhydrid (**II**) in A. auf dem Dampfbad u. Gießen in W.; 88%. Die mit $SOCl_2$ dargestellten *Säurechloride* von **I a** u. **I b** ergaben bei der FRIEDEL-CRAFTS-Rk. mit Thiophen in Bzl. in Ggw. von $SnCl_4$ denselben *2-[Thenoyl-(2)]-3-nitrobenzoesäureäthylester* [F. 114 bis 115° (PAe.); 45 bzw. 51%] u. daraus durch Verseifung *2-[Thenoyl-(2)]-3-nitrobenzoesäure* [F. 217° (80%ig. CH_3COOH)]. **I a** u. **I b** müssen strukturisomer u. nicht nur dimorphe Modifikationen sein, da durch Impfen einer übersätt. Lsg. der einen mit einem Kristall der anderen Form oder durch Sublimation keine Umwandlung erreicht wurde u. da sie verschied. *p-Bromphenacylderivv.* [$C_{18}H_{14}O_7NBr$, F. 145° (aus **I a**) bzw. F. 176° (aus **I b**)] lieferten. Decarboxylierung mit nachfolgender Hydrolyse von **I a** u. **I b** ergab dieselbe *3-Nitrobenzoesäure* (F. 140—141°; 80 bzw. 89%). Es muß also sowohl bei der FRIEDEL-CRAFTS-Rk. als auch bei der Decarboxylierung eine Umlagerung von **I a** in **I b** stattgefunden haben, u. zwar konnte gezeigt werden, daß sich **I a** nicht bei der Überführung in das Säurechlorid umlagert, da es daraus durch Hydrolyse unverändert zurückgewonnen werden konnte, sondern erst bei der Umsetzung mit $SnCl_4$, da nach dessen Zugabe u. Hydrolyse **I b** erhalten wurde; **I b** wurde bei gleicher Behandlung unverändert zurückerhalten. Zum weiteren Strukturbeweis wurde **I a** in das *Ag-Salz* (F. 214°; 94%) übergeführt u. dieses durch Behandlung mit Br_2 in sd. CCl_4, Hydrolyse mit 80%ig. H_2SO_4 u. CH_3COOH über die *Bromnitrobenzoesäure* ($C_7H_4O_4NBr$, F. 197°) u. Decarboxylierung in Chinolin in Ggw. von Cu-Bronze bei 140° in *m-Bromnitrobenzol* (F. 54—55°, $Kp._{19}$ 142°) verwandelt. Bei Verss. zur Aufklärung des Verlaufs der Veresterung von **II** wurde festgestellt, daß **II** sowohl mit mol. Mengen C_2H_5ONa in überschüssigem A. als auch mit A. durch Sättigen mit HCl oder mit A. in unpolaren Lösungsmitteln (Bzl., Ae.) ausschließlich **I b** lieferte, während aus **II** u. Äthylchlorid in Bzl. in Ggw. von $SnCl_4$ verunreinigtes **I b** entstand. **I a** lagerte sich in Chinolin bei 27 oder 90° nicht um, wohl aber bei 140°, während **I b** hierbei unverändert blieb. Auf Grund der vorst. Ergebnisse wird gezeigt, daß die von LAWRANCE [1920] aus **II** u. Bzl. erhaltene „6-Benzoyl-2-nitrobenzoesäure" tatsächlich *2-Benzoyl-3-nitrobenzoesäure* ist. — Durch Veresterung von 4-Nitrophthalsäure mit A. + HCl-Gas (24 Std. bei Raumtemp.) oder mit A. in Bzl. (4 Std. bei 50°) oder durch partielle Hydrolyse des Diäthylesters wurden *Monoäthylester* mit den FF. 103—112°, 108 bis 117° bzw. 99—109° erhalten. (J. org. Chemistry **19**. 4—10. Jan. 1954. New York, N. Y., Fordham Univ., Chem. Dep.) I. SPAETH. 3071

Prithwi Nath Bhargava, *Synthese von 2-Arylimino-3-aryl-4-ketotetrahydrothiazolen durch Kondensation von Diarylthioharnstoffen mit Monochloressigsäure.* Inhaltlich ident. mit der C. **1952**. 2333 referierten Arbeit. Nachzutragen ist die Kondenstion von symm.-Diphenyl-, -Di-o-tolyl- u. -Di-p-tolylthioharnstoff mit Chloressigsäure zu *2-Phenylimino-3-phenyl-4-ketotetrahydrothiazol* [$C_{15}H_{12}ON_2S$, F. 176° (A.); *Semicarbazon,* $C_{16}H_{15}ON_5S$, F. 194° (A.)], *2-[o-Tolylimino]-3-[o-tolyl]-4-ketotetrahydrothiazol* [$C_{17}H_{16}ON_2S$, F. 154 bis 155° (A.); *Semicarbazon,* $C_{18}H_{19}ON_5S$, F. 182° (A.)] bzw. *2-[p-Tolylimino]-3-[p-tolyl]-4-ketotetrahydrothiazol* [$C_{17}H_{16}ON_2S$, F. 128° (A.); *Semicarbazon,* $C_{18}H_{19}ON_5S$, F. 152° (A.)]. (Bull. chem. Soc. Japan **24**. 51—52. April 1951. Benares, India, Hindu Univ., Chem. Dep.) I. SPAETH. 3142

A. I. Kiprianow, W. Ja. Potschinok und **A. I. Tolmatschew,** *Azacyanine.* 2. Mitt. (1. vgl. Украинский Химический Журнал [Ukrain. chem. J.] **15.** [1949.] 460.) Durch Kupplung von Benzothiazol-2- u. 6-Methylbenzothiazol-2-diazoniumchlorid mit 2-Aminobenzothiazol (**IX**) wurden *Bis-[benzothiazolyl-(2)]-triazen* (**I**), $C_6H_4<^{S}_{N}>C-N=N-NH-C<^{S}_{N}>C_6H_4$, bzw. sein 6-Methylderiv., [*Benzothiazolyl-(2)*]-[*6-methylbenzothiazolyl-(2)*]-*triazen,* erhalten. Im Spektr. von **I** (alkoh. Lsg.) liegt das Absorptionsmaximum (Max.) bei 440 mμ, im Spektr. von I-Hydrochlorid, $\left[C_6H_4<^{-S-}_{N^+H}>C-N=N-N=C<^{S}_{NH}>C_6H_4\right]\cdot Cl^-$ (alkoh. HCl) bei 475 mμ. Da das entsprechende Azacyanin (**II**), $\left[C_6H_4<^{-S-}_{N^+(CH_3)}>C-N=N-N=C<^{-S-}_{N(CH_3)}>C_6H_4\right]J^-$, das früher gewonnen wurde, das Max. bei 485 mμ hat, so verschiebt Ersatz von CH_3 durch H an beiden N-Atomen des Thiazolrings das Max. um 10 mμ nach kürzeren Wellen. Ebenfalls durch Kupplung aus entsprechenden Diazoniumverbb. u. Aminen wurden die *Triazene* $C_6H_4<^{S}_{N}>C-C_6H_4(p)-NH-N=N-C<^{S}_{N}>C_6H_4$ (**III**) u. $C_6H_4<^{S}_{N}>C-C_6H_4(p)-NH-N=N-C_6H_4(p)-C<^{S}_{N}>C_6H_4$ (**IV**) synthetisiert; Max. beider bei 425—430 mμ. Wird **I** mit **III** u. **IV** verglichen, so verschiebt die Einschaltung von Benzolringen in die Konjugationskette das Max. nach kürzeren

Wellen. Die Methylierung von III zum Azacyanin (V) gelang nicht. Doch gab diazotiertes 2-[p-Aminophenyl]-benzothiazol beim Kuppeln mit 3-Methyl-2-iminobenzothiazolin das *Triazen* $C_6H_4\langle{}^{S}_{N}\rangle C-C_6H_4(p)-N=N-N=C\langle{}^{S}_{N(CH_3)}\rangle C_6H_4$ (**VI**), das sich mit CH_3J in **V** überführen ließ; Max. bei 440 mμ (A.). **V** unterscheidet sich von **II** durch einen in die Konjugationskette eingefügten Benzolring; trotz der längeren Kette in **V** ist das Max. um 450 mμ nach kürzeren Wellen verschoben. Wird 2-[p-Aminophenyl]-benzothiazol-chloräthylat (**VII**) diazotiert u. mit Dimethylanilin gekuppelt, so kommt man zu $\left[C_6H_4\langle{}^{S}_{N^+(C_2H_5)}\rangle C-C_6H_4(p)-N=N-C_6H_4N(CH_3P)_2(p)\right]Cl^-$, Max. bei 474 mμ, das mit der früher hergestellten Verb. $\left[C_6H_4\langle{}^{S}_{N^+(CH_3)}\rangle C-N=N-C_6H_4N(CH_3)_2(p)\right]Cl^-$, Max. bei 595 mμ, verglichen wurde; auch hier führt die Einfügung eines Benzolrings zu einer Veschiebung des Max. nach kürzeren Wellen. Bei der Kupplung von diazotiertem mit nichtdiazotiertem **VII** entstand die entsprechende *Diazoaminoverb.*, Max. bei 420 mμ (W.); aus ihrer wss. Lsg. scheidet verd. NH_3 unter Umwandlung eines Benzolrings in einen Chinonring das *Azacyanin* $\left[C_6H_4\langle{}^{S}_{N^+(C_2H_5)}\rangle C-C_6H_4(p)-N=N-N=\langle=\rangle=C\langle{}^{S}_{N(C_2H_5)}\rangle C_6H_4\right]Cl^-$ (**VIII**) ab; Max. bei 510—520 mμ (A.). Beim Vgl. der 3 Azacyanine **II**, **V** u. **VIII** fällt auf, daß das Max. beim Übergang von **II** nach **V** nach kürzeren (485 → 440 mμ), beim Übergang von **V** nach **VIII** dagegen nach längeren Wellen (440 → 510—520 mμ) verlagert wird. Analoge Feststellungen sind schon früher von KIPRIANOW u. Mitarbeitern (Журнал Общей Химии [J. allg. Chem.] **14** (**76**). [1944.] 865) u. BROOKER u. SPRAGUE (J. Amer. chem. Soc. **63**. [1941.] 3203) gemacht worden; das unterschiedliche Verh. wird auf verschieden leichte Verschiebbarkeit der Ionenladungen von einem zum anderen Ende der Konjugationskette zurückgeführt.

Versuche: *2-[p-Nitrophenyl]-benzothiazol*, F. 231°; aus o-Aminothiophenol u. p-Nitrobenzoylchlorid in Bzl.; 92,5% (Ausbeute). — *2-[p-Aminophenyl]-benzothiazol*, F. 165° (A.); durch Red. vorst. Verb. mit Sn in verd. HCl; Nadeln; 75%. — *Bis-[benzothiazolyl-(2)]-triazen* (**I**), $C_{14}H_9N_5S_2$, Zers. bei 247—250°; 2-Aminobenzothiazol (**IX**) wird in Eisessig mit $NaNO_2$ + konz. H_2SO_4 bei 5—10° diazotiert, die Lsg. auf Eis gegossen, filtriert u. zu einer abgekühlten, wss.-alkoh. Lsg. von **IX** in Ggw. von CH_3CO_2Na zugesetzt; man verd. mit W., wäscht den Nd. mit verd. HCl, trocknet, wäscht mit Nitrobenzol (80°) u. krist. aus Eisessig; gelbes Prod.; maximal 50%. *Monohydrochlorid*, $C_{14}H_{10}N_5ClS_2$, Zers. bei 195—200°; rot. — *[Benzothiazolyl-(2)]-[6-methylbenzothiazolyl-(2)]-triazen*, $C_{15}H_{11}N_5S_2$, Zers. bei 237—240°; aus diazotiertem 2-Amino-6-methylbenzothiazol u. **IX**; aus Eisessig Kristalle; Max. bei 480 mμ (alkoh. HCl); maximal 50%. *Monohydrochlorid*, $C_{15}H_{12}N_5ClS_2$, Zers. bei 187—190°. — *Azacyanin* **V**, $C_{22}H_{18}N_5JS_2$, Zers. bei 170°; diazotiertes 2-[p-Aminophenyl]-benzothiazol (3,5 g) gibt beim Behandeln mit 3-Methyl-2-iminobenzothiazolin in HCl das *Triazen* **VI** (1,2 g), das durch Erwärmen mit $(CH_3)_2SO_4$ methyliert wird; man fällt die wss. Lsg. des Reaktionsprod. mit KJ; aus Eisessig rote Kristalle; 62% (auf **VI** bezogen). — *2-[p-Nitrophenyl]-benzothiazolchloräthylat*, aus o-[Äthylamino]-phenylmercaptan u. p-Nitrobenzoylchlorid in Bzl.; 96%. Das entsprechende *Jodäthylat*, $C_{15}H_{13}O_2N_2JS$, F. 238° (A.), bildet orangefarbene Nadeln. — *2-[p-Aminophenyl]-benzothiazolchloräthylat* (**VII**), aus vorst. Chloräthylat durch Red. mit Sn in verd. HCl; Isolierung als *$SnCl_2$-Doppelsalz*, $C_{15}H_{15}N_2ClS\cdot SnCl_2$, F. 167° (A.); orangefarbene Nadeln; 37%. Das entsprechende *Jodäthylat*, $C_{15}H_{15}N_2JS$, F. 220° (A.), krist. in gelben Nadeln. (Украинский Химический Журнал [Ukrain. chem. J.] **20**. 204—10. 1954. Kiew, Schewtschenko-Univ., Lehrst. für organ. Chem.) R. KNOBLOCH. 3142

Munio Kotake und **Gen Nakaminami**, *Die optische Spaltung von Flavanon.* Vff. spalten Flavanon über das Kondensationsprod. mit *5-Methyl-5-[α-methyl-β-phenyläthyl]-semioxamazid* („*Hosemiazid*"; **I**) in die opt. Antipoden.

Versuche: *5-Methyl-5-[α-methyl-β-phenyläthyl]-semioxamazid* (**I**), $C_{12}H_{17}O_2N_3$, F. 85—86°, aus 6 g 1-Phenyl-2-methylaminopropan ($Kp._{10}$ 80,5—81°) u. 6 g Diäthyloxalat bei Zimmertemp. (10 Tage), Dest., Lösen des orangefarbenen Rückstands (60% Ausbeute) in A. u. Zufügen von Hydrazinhydrat in A.; Nadeln oder rhomb. Kristalle aus Ae. oder Bzl.–PAe.; 3 g (Ausbeute). *Benzalverb.*, $C_{19}H_{21}O_2N_3$, F. 126—127° (Ae.), durch 1½std. Kochen mit Benzaldehyd u. wenig Jod in Bzl.; bildet beim Erhitzen mit 20%ig. H_2SO_4 unter CO_2 auf 110—120° den Aldehyd zurück. — *Flavanon-Hosemiazon*, $C_{27}H_{27}O_3N_3$, F. 177—180°, analog aus rac.-Flavanon mit **I** u. wenig Jod in Bzl. durch ½std. Kochen u. fraktionierte Kristallisation aus Methanol: 1. Fraktion, F. 177—180°, $[\alpha]_D^{28}$ +1,4° (Chlf.), aus dem Filtrat nach Einengen 2. Fraktion, F. 177—181°, $[\alpha]_D^{28}$ +15,6°

(Chlf.). — (—)-*Flavanon*, $C_{15}H_{12}O_2$, F. 75—76° (Methanol), aus vorst. 2. Fraktion mit H_2SO_4; $[\alpha]_D^{17}$ —9,35° (Bzl.). — (+)-*Flavanon*, $C_{15}H_{12}O_2$, F. 72—74°, aus vorvorst. 1. Fraktion mit H_2SO_4; $[\alpha]_D^{13,5}$ +12,4° (Bzl.). (Proc. Jap. Acad. **29.** 56—58. Febr. 1953. [Orig.: engl.]) E. HANSCHKE. 3211

Zofia Talikowa, *Die Chemie des Pyridin-N-oxyds.* Übersicht über die Verff. zur Herst. des Pyridin-N-oxyds (I) u. sein chem. Verhalten. Auf die Substitutions-Rkk. von I u. seinen Derivv., bes. die Chlorierung (mit SO_2Cl_2 u. $POCl_3$) u. Nitrierung sowie auf das Verh. der Substitutionsprodd. wird eingegangen. Die Red. der Nitroderivv. von I ohne Zerstörung der N → O-Bindung sowie die zur Entfernung des O führenden Rkk. werden beschrieben. — 35 Literaturangaben. (Wiadomósci chem. **7.** 169—88. April 1953.) K. HOINKIS. 3231

Virginia G. Ramsey, *Untersuchungen über die Darstellung von Chinolin-2-aldehyd.* Bei der Darst. von *Chinolin-2-aldehyd* (I) aus Chinaldin nach KAPLAN (vgl. C. **1942.** II. 659) werden je nach dem Reinheitsgrad des zur Oxydation verwendeten SeO_2 zwischen 26 u. 41% schwankende Rohausbeuten erzielt; am besten eignet sich frisch hergestelltes u. nur einmal sublimiertes SeO_2, mit dem I, F. 67—69° (Skellysolve), nach Eindampfen seiner Lsg. in Dioxan bei $<70°$, Alkalisieren u. Dampfdest. in 22%ig. Ausbeute (roh 30%) erhalten wird. (J. Amer. pharmac. Assoc., sci. Edit. **40.** 564—65. Nov. 1951. Pittsburgh, Pa., Dep. of Res. in Organ. Chem.) W. HOFFMANN. 3231

D. J. Cook, *Einige Schiffsche Basen von N-Methylcarbostyril-4-aldehyd.* Vf. hat als Ausgangsprodd. für *4-substituierte Carbostyrile* einige SCHIFFsche Basen von 1-Methylcarbostyril-4-aldehyd (I) mit p-Aminophenol, p-Diäthylaminoanilin, p-Aminobenzoesäure, p-Aminobenzolsulfonamid u. p-Aminoazobenzol (II) durch 18std. Kochen von I mit den Aminen in A. dargestellt. Das Kondensationsprod. mit II besitzt Indicatoreigg. (sauer rotbraun, alkal. hellgrün).

Versuche: 1-Methylcarbostyril-4-aldehydanile: *p-Oxyanil*, $C_{17}H_{14}O_2N_2$, F. 234—236° (A.); bronzefarbene Kristalle; 98% (Ausbeute). — *p-Diäthylaminoanil*, $C_{21}H_{23}ON_3$, F. 171—172° (A.); orangefarbene Kristalle; 91%. — *p-Carboxyanil*, $C_{18}H_{14}O_3N_2$, F. 263,5—264,5° (A.); feine hellgelbe Kristalle; 76%. — *p-Sulfonamidoanil*, $C_{17}H_{15}O_3N_3S$, F. 261—262°; gelbe Kristalle; 98%. — *p-Phenylazoanil*, $C_{23}H_{18}ON_4$, F. 97—99° (A.; sintert bei 91°); orangefarbene Kristalle; 97%. (Proc. Indiana Acad. Sci. **60.** 138—40. 1950. De Pauw Univ.) H. GOEBEL. 3231

André Étienne und **Alexandre Staehelin,** *Über einige α-Azaanthracene und Benzacridine. 2-Oxy-1-azaanthracen-4-carbonsäure* (I) — tautomer mit *Benzo-[6.7]-chinolon-(2)-carbonsäure-(4)* — wird durch Einw. von verd. Alkali auf N-Acetylbenzoisatin nach CAMPS [1899] dargestellt, zum *2-Oxy-1-azaanthracen* decarboxyliert u. mit CrO_3 zur *2-Oxy-1-azaanthracchinon-(9.10)-carbonsäure-(4)* oxydiert. Rk. von Benzoisatin (II) mit Aceton nach PFITZINGER [1897] führt zu *2-Methyl-1-azaanthracen-4-carbonsäure* (III), wie I decarboxylierbar, während aus Acetophenon die entsprechenden *2-Phenylverb.* (IV) entsteht. In gleicher Weise wird Brenztraubensäure mit II zu *1-Azaanthracen-2.4-dicarbonsäure* (V) kondensiert u. diese zu *1-Azaanthracen-4-carbonsäure* (VI) bei gleichzeitiger Bldg. geringer Mengen *1-Azaanthracen* (XVI) decarboxyliert; durch Oxydation von VI u. V werden *1-Azaanthrachinon-(9.10)-carbonsäure-(4)* bzw. *-dicarbonsäure-(2.4)* erhalten; letztere wird leicht zu *1-Azaanthrachinon-(9.10)* decarboxyliert. Die durch Kondensation von Cyclohexanon mit II dargestellte *1.2.3.4-Tetrahydrobenzo-[b]-acridin-12-carbonsäure* (VII) erfährt Decarboxylierung zum entsprechenden *Acridin* (VIII), das in Ggw. von PbO zum *Benzo-[b]-acridin* (IX) dehydriert wird; IX entsteht auch durch gleichzeitige Decarboxylierung u. Dehydrierung von VII u. wird durch CrO_3 zu *Benzo-[b]-acridindion-(6.11)* (XII) oxydiert. Bei Kondensation von II mit α- bzw. β-Tetralon entstehen *5.6-Dihydrodibenzo-[b.h]-acridin-7-carbonsäure* bzw. *-[a.i]-acridin-14-carbonsäure,* die durch Decarboxylierung u. Dehydrierung in *Dibenzo-[b.h]-acridin* (X) bzw. *-[a.i]-acridin* (XI) u. durch Oxydation der letzteren Verbb. in *Dibenzo-[b.h]-* (XIII) bzw. *Dibenzo-[a.i]-acridindion-(8.13)*(XIV) übergeführt werden. — Bei der Bestrahlung von IX in CS_2 oder Bzl. mit Sonnenlicht bildet sich ein bisher nicht isoliertes *Photooxyd*, das zu XII führt; ebenso liefert XI über ein instabiles *Photoxyd* XIV. Im Gegensatz dazu entsteht bei der Bestrahlung von X unter gleichen Bedingungen ein krist. *Photooxyd* (XV) mit einer 8.13-Peroxydbrücke (Endoperoxyd), das leicht in XIII übergeführt werden kann. Durch Photo-

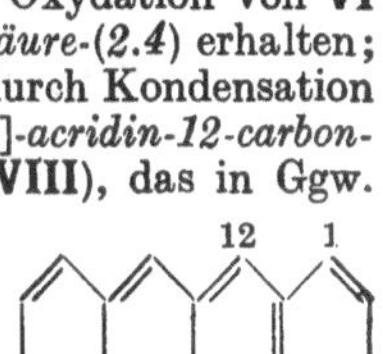

IX

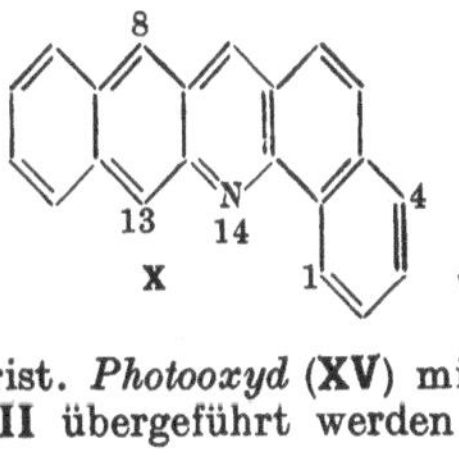

X

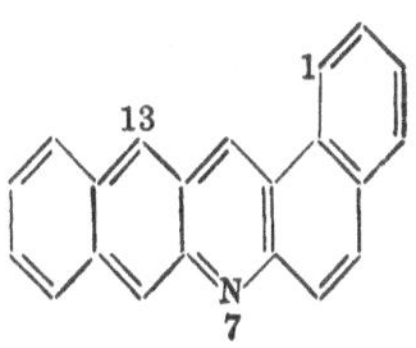

XI

dimerisation von **IX**, **X** u. **XI** in gesätt. Ätherlsg. an der Luft u. im Vakuum werden krist., aus einem Isomerengemisch bestehende *Dimere* erhalten, die durch Erhitzen die entsprechenden Monomeren zurückbilden; **IX** dimerisiert am schnellsten. Bei der Bestrahlung in Ggw. von Luft werden neben den Dimeren geringe Mengen Chinone u. sogar Photooxyde gebildet.

Versuche: *2-Oxy-1-azaanthracen-4-carbonsäure* (*2-Oxybenzo-*[*6.7*]*-cinchoninsäure*; I), $C_{14}H_9O_3N$, F. 341—342°, durch 5 Min. Kochen von N-Acetylbenzoisatin in 2%ig. KOH, u. Ansäuern mit konz. HCl; aus Essigsäure gelbe Prismen; 80% (Ausbeute). *Methylester*, $C_{15}H_{11}O_3N$, F. 284—285°, aus Methanol oder Dioxan gelbe Nadeln; 51%. — *2-Oxy-1-azaanthracen* (*Benzo-*[*6.7*]*-chinolon-*[*2*]), $C_{13}H_9ON$, F. 272—273°, durch scharfes Erhitzen von I, bedeckt mit SiO_2 oder Al_2O_3, auf 370° u. 2std. Sublimieren im Vakuum; aus Essigsäure Nadeln; 43%. — *2-Oxy-1-azaanthrachinon-*(*9.10*)*-carbonsäure-*(*4*), $C_{14}H_7 \cdot O_5N$, F. 349—351°, durch 1/4std. Kochen von I mit CrO_3 in Essigsäure, Eindampfen im Vakuum, Aufnehmen in 5nKOH, Extrahieren mit sd. W. u. Fällen mit konz. HCl; aus Essigsäure blaßgelbe Rhomben; 70%. — *2-Methyl-1-azaanthracen-4-carbonsäure* (*2-Methylbenzo-*[*6.7*]*-cinchoninsäure*; III), $C_{15}H_{11}O_2N$, F. 327—329°, durch Zugabe von Aceton zu II in KOH, 3—4std. Kochen, Verdünnen mit W. u. Ansäuern mit konz. HCl gegen Kongorot; aus Essigsäure gelbe solvatisierte Nadeln; 80%. — *2-Methyl-1-azaanthracen* (*2-Methylbenzo-*[*6.7*]*-chinolin*), $C_{14}H_{11}N$, F. 130—131° (PAe.), durch Erhitzen von III in Ggw. von Cu-Chromit auf 150° u. 2std. Sublimieren; 53%. — *2-Phenyl-1-azaanthracen-4-carbonsäure* (IV), $C_{20}H_{13}O_2N$, F. 282—283°, durch 7—8std. Kochen von in KOH gelöstem II mit Acetophenon; aus Dioxan gelbe Nadeln; 60%. — *2-Phenyl-1-azaanthrachinon-*(*9.10*)*-carbonsäure-*(*4*), $C_{20}H_{11}O_4N$, F. 269—270°, durch 1/2std. Kochen von IV mit CrO_3 in Essigsäure u. Aufarbeiten analog dem Chinon aus I; aus Essigester blaßgelbe Prismen; 82%. — *2-Phenyl-1-azaanthracen* (*2-Phenylbenzo-*[*6.7*]*-chinolin*), $C_{19}H_{13}N$, F. 192°, durch 10 Min. Erhitzen von IV auf 300° u. Sublimieren im Vakuum; blaßgelbe Blättchen; 42%. — *1-Azaanthracen-2.4-dicarbonsäure* (V), $C_{15}H_9O_4N$, F. 316—317°, durch 2std. Kochen von in KOH gelöstem II mit frisch dest. Brenztraubensäure; aus Essigsäure gelbe Nadeln; 73%. — *1-Azaanthracen-4-carbonsäure* (*Benzo-*[*6.7*]*-cinchoninsäure*; VI), $C_{14}H_9O_2N$, F. 321—322°, durch Erhitzen von V im Vakuum auf 270° u. Sublimieren; aus Essigsäure gelbe Nadeln; 65%; daneben wenig **XVI**. — *1-Azaanthrachinon-*(*9.10*)*-dicarbonsäure-*(*2.4*), $C_{15}H_7O_6N$, F. 319—320°, durch 1/4std. Kochen von V mit CrO_3 in Essigsäure u. Aufarbeiten analog den anderen Chinoncarbonsäuren; aus Essigsäure gelbe Nadeln; ca. 50%. — Analog aus VI *1-Azaanthrachinon-*(*9.10*)*-carbonsäure-*(*4*), $C_{14}H_7O_4N$, F. 355—357°, aus Essigsäure blaßgelbe Nadeln; ca. 50%. Durch Erhitzen der vorst. Chinoncarbonsäuren wird *1-Azaanthrachinon-*(*9.10*) erhalten. — *1-Azaanthracen* (*Benzo-*[*6.7*]*-chinolin*; **XVI**), $C_{13}H_9N$, F. 116—117°, durch Erhitzen von VI mit Cu-Chromit auf >150° im Vakuum, Sublimation bei 220° u. Reinigen mit PAe.; blaßgelbe Blättchen; 57%. — *1.2.3.4-Tetrahydrobenzo-*[*b*]*-acridin-12-carbonsäure* (VII), $C_{18}H_{15}O_2N$, F. 364 bis 365°, durch 6—7std. Kochen von II in KOH mit Cyclohexanon, Verdünnen mit W., Ansäuern mit konz. HCl u. Waschen mit A. u. Ae.; aus Essigsäure gelbe Platten; 70%. — *1.2.3.4-Tetrahydrobenzo-*[*b*]*-acridin* (VIII), $C_{17}H_{15}N$, F. 170—171°, durch ca. 5 Min. Erhitzen von VII auf 290° u. Sublimieren im Vakuum bei 200°; blaßgelbe Nadeln; 50%; n schlechter Ausbeute auch durch Erhitzen von VII in Ggw. von Cu-Chromit. — *Benzo-*[*b*]*-acridin* (*5-Azanaphthacen*; **IX**), $C_{17}H_{11}N$, F. 225—226°, durch Erhitzen von VII mit PbO auf 160° im Vakuum u. zur Beendigung der Rk. auf 300°; orangerote Blättchen; 27%; entsteht auch, aber in schlechter Ausbeute, durch Erhitzen von VIII in Ggw. von PbO auf 300°. Durch Bestrahlung von 5‰ig. Lsgg. von **IX** in CS_2 bzw. Bzl. im Sonnenlicht (Frühling) (1 1/2 Std. bzw. 4 Tage) wird nach Eindampfen ein schmutziggelbes, in Chlf. lösl. Harz erhalten, das beim Sublimieren im Vakuum **XII** liefert. Bei einer 2‰ig. Lsg. von **IX** in CS_2, der etwas Soda enthält, dauert die Photooxydation bei düsterem Wetter (September) 6 Std. u. in einer 2‰ig. benzol. Lsg. im vollen Sonnenlicht 5 Std. mit 34%ig. Ausbeute an **XII**. Bei der Photodimerisation einer gesätt. Lsg. von **IX** in Ae. im Vakuum entsteht schon nach 1 Std. das *Dimere* von **IX** (Beendigung der Rk. nach 3 Tagen), F. 369—370°; aus Essigsäure Prismen; 75% (roh); beim Erhitzen wird **IX** zurückgewonnen. In Ggw. von Luft beträgt die Ausbeute nur 40—43%. — *Benzo-*[*b*]*-acridindion-*(*6.11*) [*5-Azanaphthacenchinon-*(*6.11*); **XII**], $C_{17}H_9O_2N$, F. 304—305°, durch 1/4std. Kochen von **IX** mit CrO_3 in Essigsäure, Zugabe von A., Verdünnen mit W. u. Sublimation im Vakuum bei 270°; blaßgelbe Nadeln; 48%. — *5.6-Dihydrodibenzo-*[*b.h*]*-acridin-7-carbonsäure*, $C_{22}H_{15}O_2N$, F. 317—319°, durch 7std. Kochen von α-Tetralon mit in KOH gelöstem II, Verdünnen mit W., Ansäuern mit konz. HCl u. Waschen mit A. u. Ae.; aus Essigsäure gelbe Nadeln; 78%. — Daraus entsteht durch Erhitzen auf 290° (ab 250° im Vakuum) u. 2 1/2std. Sublimieren bei dieser Temp. *Dibenzo-*[*b.h*]*-acridin* (**X**),

$C_{21}H_{13}N$, F. 194—195°, aus Bzl. gelbe Nadeln; 59%. Durch 5std. Sonnenlichteinw. auf eine 2°/$_{00}$ig. Lsg. von **X** in Bzl., Eindampfen im Vakuum u. Extraktion mit Leichtbenzin entsteht das *Photooxyd* (**XV**), F. 195—200° (Zers.); blaßgelbe Nadeln; 50%; wird ebenfalls durch Bestrahlung einer 5°/$_{00}$ig. Lsg. von **X** in CS_2 erhalten. Durch Erhitzen von **XV** im Vakuum auf 170—200° u. Sublimation bei 220—260° entsteht **XIII**. Nach 3std. Photodimerisation einer gesätt. Lsg. von **X** in Ae. werden *Dimere* von **X**, F. 307—309°, 72%, erhalten. In Ggw. von Luft entstehen nur 44—46% Dimere u. ca. 40% **XV**. — *Dibenzo-[b.h]-acridindion-(8.13)* (**XIII**), $C_{21}H_{11}O_2N$, F. 265—267° (aus Essigsäure oder Dioxan Nadeln) u. F. 304—306° (blaßgelbe Prismen), durch 1/4std. Kochen von **X** mit CrO_3 in Essigsäure, Zugabe von A. u. Verdünnen mit W.; 90%. Die Nadeln, die besser lösl. sind als die Prismen, wandeln sich beim Erhitzen auf 280—290° in letztere um. — *5.6-Dihydrodibenzo-[a.i]-acridin-14-carbonsäure*, $C_{22}H_{15}O_2N$, F. 358—360° (Zers.), durch 8std. Kochen von in KOH gelöstem II mit frisch dest. β-Tetralon in A., Verdünnen mit W., Ansäuern mit konz. HCl, Waschen mit A. u. Ae. u. Reinigen mit Essigsäure; aus Essigsäure oder Dioxan gelbe Nadeln; entsteht ebenfalls in großer Reinheit aus dem Bisulfatderiv. des β-Tetralons. — Durch 1/4std. Erhitzen vorst. Verb. auf 250° im Vakuum u. Extraktion mit Bzl. entsteht *Dibenzo-[a.i]-acridin* (**XI**), $C_{21}H_{13}N$, F. 207 bis 208°; aus Bzl. gelbe Nadeln; 61%; wird auch durch Erhitzen vorst. Verb. mit PbO erhalten. Durch 1 1/2std. Einw. von Sonnenlicht auf eine ca. 2°/$_{00}$ig. Lsg. von **XI** in Soda enthaltendem CS_2, Entfernen des Lösungsm. u. Aufnehmen in Chlf. werden 78,9% **XIV**, nach Sublimieren im Vakuum in 2 verschied. Kristallformen erhalten. Verwendung einer 2°/$_{00}$ig. Lsg. führt nach 7—8 Std. zu 45% **XIV**. Bei der Bestrahlung einer gesätt. Lsg. von **XI** in Ae. während 1 1/2 Monaten, Dekantieren u. Waschen mit heißer Essigsäure entstehen 70% *Dimere* von **XI**, F. 342—344° (Zers.); Prismen; nach Erhitzen auf 250° im Vakuum Rückbldg. von **XI**. In Ggw. von Luft werden 30% Dimere u. **XIV** erhalten. — *Dibenzo-[a.i]-acridindion-(8.13)* (**XIV**), $C_{21}H_{11}O_2N$, F. 274—276° (aus Essigsäure lange Nadeln), F. 291—293° (blaßgelbe Prismen), analog **XIII** aus **XI** u. CrO_3; 70%. Die nadelförmigen Kristalle haben nach Schmelzen u. Wiedererstarren F. 291—292°, während die Prismen im Vakuum bei 250° zu beiden Formen sublimieren. (Bull. Soc. chim. France, Mém. [5] **21**. 748—55. Juni 1954. Paris, Coll. de France, Labor. de Chim. organ.)

I. BUCHTA. 3231

Peter A. S. Smith, Bernard Beau Brown, Richard K. Putney und **Ronald F. Reinisch**, *Synthese heterocyclischer Verbindungen aus Arylaziden.* 3. Mitt. *Einige sechsgliedrige Ringe und einige Azidobiaryle.* (2. vgl. C. **1953**. **6676**.) Es werden Verss. zur Ausdehnung der Pyrolyse bzw. Photolyse von o-Azidobiarylen unter Ringschluß auf Verbb., in denen die beiden Arylgruppen durch ein anderes Atom getrennt sind, beschrieben. Der aus o-Aminodiphenyläther (I) durch Diazotierung u. Umsetzung mit NaN_3 erhältliche *o-Azidodiphenyläther* (**II**) spaltete zwar beim Erwärmen in inerten Lösungsmitteln N_2 ab, aus dem Rückstand konnte aber nur ein unreines Pikrat in geringer Ausbeute isoliert werden. o-Azidodiphenylsulfid lieferte dagegen das erwartete *Phenothiazin.* Diazotiertes o-Aminodiphenylamin erlitt spontanen Ringschluß zu *1-Phenylbenzotriazol*, aus o-Azido-N-acetyldiphenylamin konnte kein Phenazin erhalten werden. o-Azidodiphenylsulfon lieferte beim Erhitzen in Dekalin *Phenothiazindioxyd* u. daneben infolge Red. durch das Lösungsm. *o-Aminodiphenylsulfon* (**IV**), dagegen erfolgte bei o-Azidobenzophenon Cyclisierung zwischen der Azido- u. der CO-Gruppe zu *3-Phenylanthranil*, das sich bei höheren Tempp. zu *Acridon* isomerisieren läßt. o-Nitrobenzoldiazoniumchlorid gab mit Furan α(?)-*[o-Nitrophenyl]-furan*, dessen Red. zu einem anscheinend einheitlichen *Amin* führte, welches aber nicht zum erwarteten α-Phenylfuran desaminiert werden konnte u. bei dessen Diazotierung Neben-Rkk. (Nitrosierung des Furankerns?) stattfanden. o.o'-Diazidobiphenyl (**V**) spaltete zwar bei 180° N_2 ab, doch konnte aus dem Rückstand nur eine amorphe, hochschm., braune Substanz isoliert werden; die durch Säuren katalysierte Zers. von **V** fand nur an einer Azidogruppe statt.

V e r s u c h e (FF. korr.): *o-Azidodiphenyläther* (**II**), $C_{12}H_9ON_3$, F. 36—37° (verd. CH_3OH oder Sublimation bei 60°/0,5 mm), durch Diazotierung von I in verd. H_2SO_4 u. Umsetzung mit NaN_3; 84% (Ausbeute). Durch Erhitzen von **II** auf 180° in Tetralin, Kerosin oder 1.2.4-Trichlorbenzol enstand ein gummiartiges Prod., aus dem in geringer Menge ein olivgrünes *Pikrat* ohne charakterist. F. isoliert wurde. — *2-Amino-5-bromdiphenyläther*, F. 186°, durch Zers. von **II** in Eisessig mit HBr bei 60°; 60%. *Acetylderiv.*, F. 140—142°. — *2-Methyl-1-phenylbenzimidazol*, F. 70—72°, durch Hydrierung von o-Nitro-N-acetyldiphenylamin (**III**) in 95%ig. C_2H_5OH. — *o-Amino-N-acetyldiphenylamin*, F. 115—116°, durch Hydrierung von **III** in 50%ig. A. in Ggw. von PtO_2; 76%. — *o-Azido-N-acetyldiphenylamin*, $C_{14}H_{12}ON_4$, F. 99—99,5° (A.), durch Diazotierung vorst. Verb. in verd. HCl u. Umsetzung mit NaN_3; 63%. — *o-Azidodiphenylsulfid*, $C_{12}H_9N_3S$,

F. 30,5° (wss. CH_3OH), aus o-Aminodiphenylsulfid; 64%. — *Phenothiazin*, F. 182—185°, durch Zers. vorst. Verb. in Resorcindimethyläther bei 140—190°; 32%. — *o-Azidodiphenylsulfon*, $C_{12}H_9O_2N_3S$, F. 161,5—163,5° (Zers.; A.), durch Diazotierung von **IV** in 20%ig. HCl u. Umsetzung mit NaN_3; 80%. — *Phenothiazindioxyd*, $C_{12}H_9O_2NS$, F. 254—255,5° (aus A. Prismen), durch portionsweise Zugabe von 1 g vorst. Azids zu nahezu sd. Dekalin, Filtration, Extraktion mit sd. A., Verdünnen mit W., Entfernen der Dekalinschicht bei —10° u. Einengen der verbliebenen Suspension; 16%. Aus dem Dekalinfiltrat wurden 0,04 g **IV** (F. 111—117°) isoliert. — *o-Azidobenzophenon*, $C_{13}H_9ON_3$, F. 36—38° (aus A. blaßgelbe Nadeln), durch Diazotierung von o-Aminobenzophenon u. Umsetzung mit NaN_3; 74% (roh); verpufft bei der Zugabe zu konz. H_2SO_4 bei Raumtemp. u. lieferte beim Vers. der Darst. eines Oxims eine noch zersetzlichere Substanz vom F. 131—140°. — *3-Phenylanthranil*, F. 53—53,5° (A.), aus 0,48 g vorst. Verb. in Dekalin während 30 Min. bei 140°, Eindampfen u. Digerieren mit PAe.; 0,12 g; aus den Mutterlaugen wurden 0,54 g *$HgCl_2$-Verb.* (F. 195—198°) isoliert. — *α(?)-[o-Nitrophenyl]-furan*, $C_{10}H_7O_3N$, Kp.$_{0,8}$ 108—110°, durch Zugabe von Furan zu in 10% ig. HCl diazotiertem o-Nitranilin, Zutropfen von wss. Na-Acetatlsg., 3 std. Rühren bei 0—5° u. 72 Std. bei Raumtemp., Wasserdampfdest. der organ. Schicht u. Ae.-Extraktion des Destillats; krist. beim Abkühlen unterhalb Raumtemp.; 15,5%. — *α(?)-[o-Aminophenyl]-furan, Hydrochlorid*, $C_{10}H_{10}ONCl$, F. 195—210°, durch Red. von 2 g vorst. Verb. in sd. CH_3OH durch Zutropfen von $Na_2S \cdot 9\,H_2O + NaHCO_3$ in W.; 1,1 g; gibt durch Diazotierung u. Kupplung mit β-Naphthol einen scharlachfarbenen Azofarbstoff (F. 132—134°). *Benzolsulfonylderiv.*, $C_{16}H_{13}O_3NS$, F. 95 bis 96° (A.). — *o.o'-Diazidobiphenyl* (**V**), $C_{12}H_8N_6$, F. 72,5—73,5° (A.), durch Hydrierung von o.o'-Dinitrobiphenyl in A. in Ggw. von PtO_2, Ansäuern mit HCl, Eindampfen, Tetrazotierung u. Umsetzung mit NaN_3; 82,5%. — *Verb. $C_{12}H_8N_4Br_2$ (2-Amino-3.5-dibrom-2'-azidobiphenyl?)*, F. 113—115° (Nadeln aus CH_3OH), durch Zers. von 2 g **V** in 15% HBr enthaltendem warmem Eisessig, Eindampfen u. Digerieren mit Ae.; 0,5 g; läßt sich diazotieren u. mit β-Naphthol kuppeln. (J. Amer. chem. Soc. **75**. 6335—37. 20/12. 1953. Ann Arbor, Mich., Univ., Dep. of Chem.) I. SPAETH. 3250

Robert Bruce Moffett, James E. Stafford und **Charlotte Anne Hart**, *Barbitursäuren*. Nachst. 5.5-disubstituierte *Barbitursäuren* wurden durch 6 std. Kochen von 0,1 Mol des entsprechenden Malonesters, 0,22 Mol Na-Äthylat oder -Methylat, 0,13 Mol Harnstoff u. absol. A., Abdest. des A., 2 std. Erhitzen auf 110—120°, Schütteln mit W., Extraktion mit Ae. u. Ansäuern mit CH_3COOH dargestellt u. aus CH_3OH u. wenig W. umkristallisiert: *5-n-Amyl-5-Δ²-cyclopentenyl-*, $C_{14}H_{20}O_3N_2$, F. 120—122° (95%ig. A.); 21% (Ausbeute). — *5-Isoamyl-5-Δ²-cyclopentenyl-*, $C_{14}H_{20}O_3N_2$, F. 128—133° (95%ig. A.); 4,5%. — *5-[2-Methylbutyl]-5-Δ²-cyclopentenyl-*, $C_{14}H_{20}O_3N_2$, F. 125—131° (Bzl.-Hexan); 29,2%. — *5-[2-Äthylbutyl]-5-Δ²-cyclopentenyl-*, $C_{15}H_{22}O_3N_2$, F. 146—149°; 9,2%. — *5-[2-Chlorallyl]-5-Δ²-cyclopentenyl-*, $C_{12}H_{13}O_3N_2Cl$, F. 183—186°; 9,5%. — *5-Benzyl-5-Δ²-cyclopentenyl-*, $C_{16}H_{16}$·O_3N_2, F. 219—221°; 46%. — *5-[2-Cyclohexyläthyl]-5-Δ²-cyclopentenyl-*, $C_{17}H_{24}O_3N_2$, F. 175—180°; 55,8%. — *5-[2-Phenoxyäthyl]-5-Δ²-cyclopentenyl-*, $C_{17}H_{18}O_4N_2$, F. 246 bis 248°; 62,3%. — *5-Δ²-Cyclohexenyl-5-Δ²-cyclopentenyl-*, $C_{15}H_{18}O_3N_2$, F. 183—184°; 24,6%. — *5-Cyclohexylmethyl-5-Δ²-cyclopentenyl-*, $C_{16}H_{22}O_3N_2$, F. 212—214°; 33,7%. — *5-Furfuryl-5-Δ²-cyclopentenyl-*, $C_{14}H_{14}O_4N_2$, F. 171—173,5°; 32%. — *5-Cyclopentyl-5-Δ²-cyclopentenyl-*, $C_{14}H_{18}O_3N_2$, F. 162—165,5° (Bzl.); 44%. — *5-[Thienyl-(2)-methyl]-5-Δ²-cyclopentenyl-*, $C_{14}H_{14}O_3N_2S$, F. 208,5—209,5°; 41,4%. — *5-[2-Diäthylaminoäthyl]-5-Δ²-cyclopentenyl-*, $C_{15}H_{23}O_3N_3$, F. 175—177° (95%ig. A.); 44%. — *5-n-Propyl-5-cylopentyl-*, $C_{12}H_{18}O_3N_2$, F. 177—178°; 68,4%. — *5-n-Butyl-5-cyclopentyl-*, $C_{13}H_{20}O_3N_2$, F. 172—174°; 36%. — *5-Isobutyl-5-cyclopentyl-*, $C_{13}H_{20}O_3N_2$, F. 168—172°; 30%. — *5-n-Amyl-5-cyclopentyl-*, $C_{14}H_{22}O_3N_2$, aus 95%ig. A.; 27%. — *5-Isoamyl-5-cyclopentyl-*, $C_{14}H_{22}O_3N_2$, F. 145—147°; 15%. — *5-[2-Methylbutyl]-5-cyclopentyl-*, $C_{14}H_{22}O_3N_2$, F. 131—135°; 12%. — *5-[2-Äthylbutyl]-5-cyclopentyl-*, $C_{15}H_{24}O_3N_2$, F. 171—173° (95%ig. A.); 5%. — *5-[2-Cyclohexyläthyl]-5-cyclopentyl-*, $C_{17}H_{26}O_3N_2$, F. 164—166,5°; 48,3%. — *5-Benzyl-5-cyclopentyl-*, $C_{16}H_{18}O_3N_2$, F. 245—247°; 54%. — *5-Furfuryl-5-cyclopentyl-*, $C_{14}H_{16}O_4N_2$, F. 190—191,5°; 43,2%. — *5-[Thienyl-(2)-methyl]-5-cyclopentyl-*, $C_{14}H_{16}O_3N_2S$, F. 219—220°; 43,7%. — *5-[2-Diäthylaminoäthyl]-5-cyclopentyl-*, $C_{15}H_{25}O_3N_3$, F. 159 bis 160° (95%ig. A.); 53,7%. — *5-n-Propyl-5-Δ²-cyclohexenyl-*, $C_{13}H_{18}O_3N_2$, F. 146—148°; 37%. — *5-n-Butyl-5-Δ²-cyclohexenyl-*, $C_{14}H_{20}O_3N_2$, F. 160—163°; 39,5%. — *5-[2-Methylbutyl]-5-Δ²-cyclohexenyl-*, $C_{15}H_{22}O_3N_2$, F. 160—162° (95%ig. A.); 14%. — *5-[2-Äthylbutyl]-5-Δ²-cyclohexenyl-*, $C_{16}H_{24}O_3N_2$, F. 178—179°; 19,6%. — *5.5-Di-Δ²-cyclohexenyl-*, $C_{16}H_{20}O_3N_2$, F. 202—213°; 25%. — *5-Cyclohexylmethyl-5-Δ²-cyclohexenyl-*, $C_{17}H_{24}O_3N_2$, F. 229—231°; 35%. — *5-[2-Cyclohexyläthyl]-5-Δ²-cyclohexenyl-*, $C_{18}H_{26}O_3N_2$, F. 189 bis 193°; 51,8%. — *5-Benzyl-Δ²-cyclohexenyl-*, $C_{17}H_{18}O_3N_2$, F. 234—239°; 44,1%. —

5-Furfuryl-5-Δ²-cyclohexenyl-, $C_{15}H_{16}O_4N_2$, F. 219—221°; 52,5%. — *5-Cyclohexyl-5-[2-cyclohexyläthyl]-*, $C_{18}H_{28}O_3N_2$, F. 210—212°; 34,4%. — *5-Cyclohexyl-5-benzyl-*, $C_{17}H_{20}O_3N_2$, F. 267—269°; 36,7%. — *5-[Hydrindenyl-(1)]-5-allyl-*, $C_{16}H_{16}O_3N_2$, F. 168 bis 170°; 63%. — *5-Hydrindenyl-(1)-5-benzyl-*, $C_{20}H_{18}O_3N_2$, F. 196—199°; 31%. — *5-Tetrahydrofurfuryl-5-benzyl-*, $C_{16}H_{18}O_4N_2$, F. 239—241°; 81,6% (Rohausbeute). — *5-Tetrahydrofurfuryl-5-cyclohexylmethyl-*, $C_{16}H_{24}O_4N_2$, F. 192—194°; 63%. (J. Amer. pharmac. Assoc., sci. Edit. **42**. 720—21. Dez. 1953. George A. Breon & Comp., Res. Labors.)
HILDEGARD BAGANZ. 3272

Charles M. Buess und **Ludwig Bauer**, *Die Einwirkung von Arylsulfochloriden auf Phthalhydroxamsäure, Succinhydroxamsäure und „Phthalsäureanhydridoxim"*. (Vgl. C. **1954**. 9268.) Die Einw. von Benzol- (**I**) bzw. p-Toluolsulfochlorid (**II**) auf Phthal- bzw. Succindihydroxamsäure führt unter Umlagerung der einen Hydroxamsäuregruppe zu *3-Arylsulfonoxy-1H-chinazolindionen* (**III**) bzw. *-5.6-dihydrouracilen* (**IV**). Die **III** werden alkal. glatt hydrolysiert, während sich die **IV** unter dem Einfluß von Alkali umlagern, wobei *Äthylendiamin* entsteht. Die Darst. u. Rkk. von Arylsulfonylderivv. des „Phthalsäureanhydridoxims" (**V**; vgl. J. org. Chemistry **19**. [1954.] 1140) werden beschrieben.

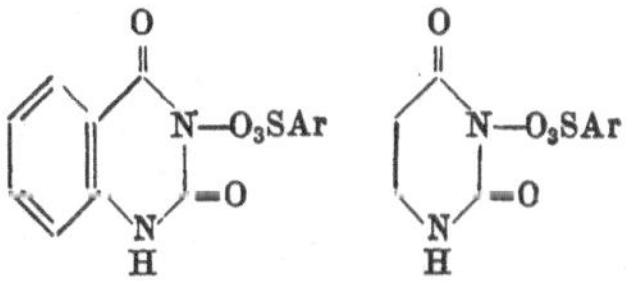

IIIa Ar = C_6H_5 **IVa** Ar = C_6H_5
IIIb Ar = C_7H_7 **IVb** Ar = C_7H_7

V e r s u c h e: *3-Benzolsulfonoxy-1H-chinazolindion* (**IIIa**), $C_{14}H_{10}O_5N_2S$, F. 235—236° (A.–Bzl.), aus Di-Na-phthalhydroxamat u. I in Chlf. bei 25—30°, 29% (Ausbeute), in Ggw. von Triäthylamin 42%. — *3-p-Toluolsulfonoxy-1H-chinazolindion* (**IIIb**), $C_{15}H_{12}O_5N_2S$, F. 280—281° (A.–Bzl. oder Eisessig), entsprechend mit **II**; 17 bzw. (in Ggw. von Pyridin) 38%. — Die Hydrolyse von 0,42 g **IIIa** mit sd. 1%ig. wss. NaOH gab 0,18 g *3-Oxy-1H-chinazolindion*, F. 308—310°, Nadeln (W.); auch in ähnlicher Ausbeute bei der Hydrolyse von **IIIb**. — *3-p-Toluolsulfonoxy-5.6-dihydrouracil* (**IVb**). $C_{11}H_{12}O_5N_2S$, F. 167—168°, Prismen (A.), aus **II** u. 3,6 g Di-Na-succinhydroxamat; 1,22 g. — Das Behandeln von 3-Benzolsulfonoxy-5.6-dihydrouracil (**IVa**; F. 165—166° [Isopropanol–W.]) mit 4%ig. wss. KOH (30 Min. bei 100°), dann 5std. Kochen mit konz. HCl bzw. 4std. Kochen mit konz. KOH u. Benzoylierung gab 80 bzw. 48% *Dibenzoyläthylendiamin*, $C_{16}H_{16}O_2N_2$, F. 245—246°. — *Benzolsulfonylderiv. von* **V**, $C_{14}H_9O_5NS$, F. 189—190°, Stangen (A.), aus 0,20 g der farblosen Form von **V** u. **I** in Chlf. bei Ggw. von Triäthylamin; 0,20 g. Die Behandlung mit sd. wss.-alkoh. KOH gab *o-Carboxycarbanilsäureäthylester*, F. 124—125°, u. *Anthranilsäureäthylester* (*freie Säure*, F. 143—144°). — *p-Toluolsulfonylderiv. von* **V**, $C_{15}H_{11}O_5NS$, F. 162—163°, Prismen; 0,23 g. (J. org. Chemistry **20**. 33—37. Jan. 1955. Athens, Ga., Univ. of Georgia u. Northwestern Univ., Dep. of Chem.) J. ROTHE. 3272

Arthur C. Cope und **Warren N. Baxter**, *Aminoalkohole, die das 8-Oxa-3-azabicyclo-[3.2.1]-octan-Ringsystem enthalten, und ihre Benzoate.* Durch Rk. des Ditosylats (**II**) des cis-2.5-Bis-[oxymethyl]-tetrahydrofurans mit Aminoalkoholen, die eine prim. NH_2-Gruppe enthalten, werden einige *N-Oxyalkylderivv.* des *8-Oxa-3-azabicyclo-[3.2.1]-octans* (**I**) dargestellt. Die pharmakol. Eigg. (Pupillenerweiterung, Lokalanästhesie der Hornhaut) ihrer *Benzoathydrochloride* bzw. des *Tropasäureesterhydrochlorids* der *N-(3-Oxypropyl)-verb.* (**III**) bei intravenöser Verabreichung an Mäuse bzw. Kaninchen wurden untersucht; die LD_{50}-Werte sind angegeben. — Zum Strukturbeweis der Aminoalkohole wird *N-[2-Oxyäthyl]-8-oxa-3-azabicyclo-[3.2.1]-octan* auch aus **I** u. Äthylenoxyd dargestellt, u. **I** wird über das *N-Benzoylderiv.* zu dem bekannten *cis-2.5-Bis-[chlormethyl]-tetrahydrofuran* abgebaut.

V e r s u c h e (FF. korr.): *Tetrahydrofuran-cis-2.5-dicarbonsäure* (**IV**)-*Dimethylester*, $Kp._{0,1}$ 81—83°, durch 20std. Hydrierung von Furan-2.5-dicarbonsäuredimethylester (F. 109,4—110,4°) mit RANEY-Ni bei 90° u. 1100 lbs./sq.in. in Methanol; n_D^{25} 1,4511 bis 1,4529; 71% (Ausbeute), 18% Ausgangsprod. zurück. — *cis-2.5-Bis-[oxymethyl]-tetrahydrofuran*, $Kp._{0,25}$ 105°, $Kp._{0,1}$ 104°, $Kp._{0,04}$ 95°, a) durch 10std. Hydrieren vorst. Esters in Ggw. von Cu-Chromit bei 240° u. 2000 lbs./sq.in., Dest., mehrstd. Rk. in sd. wss. BaOH u. 36std. Extraktion mit CH_2Cl_2; n_D^{25} 1,4750—1,4768; 46%; aus der alkal. Lsg. 12% **IV** (F. 125,7—126,8° [Ae.–PAe.]); b) durch Zugabe von $LiAlH_4$ (in Tetrahydrofuran) während 1 Std. zu vorst. Ester in absol., nach 1 weiteren Std. Zers. mit feuchtem Tetrahydrofuran, kurzes Erhitzen mit 10%ig. NaOH, Einengen u. 48std. Extrahieren mit CH_2Cl_2; 74%; aus dem wss. Anteil durch Ansäuern, Eindampfen u. Aufnehmen in Aceton 15% **IV**; c) durch 20std. Hydrieren von 5-Oxymethylfurfurol mit RANEY-Ni bei 160° u. 2000 lbs./sq.in.; 89%. *Ditosylat* (**II**), F. 128,2—130° (A.), mit p-Toluolsulfonylchlorid in Pyridin bei 0°, dann 3 Std. bei 20° u. Gießen in W.; 83—90%. — 8 - O x a - 3 - a z a - b i c y c l o-[3.2.1]-o c t a n e: *N-[2-Oxyäthyl]-*, $C_8H_{15}O_2N$, $Kp._1$ 94°, a) durch 8std. Erhitzen von **I** u. Äthylenoxyd in W. auf 70° im Autoklaven; 55%; b) durch 30std.

Erhitzen von II mit 2 Mol Äthanolamin auf 135—140° in Tetrahydrofuran im Autoklaven, Zugabe von wss. BaOH, Einengen u. 36std. Extraktion mit CH_2Cl_2; $D.^{25}_4$ 1,0881, n_D^{25} 1,4894; 64%. *Pikrat*, $C_{14}H_{18}O_9N_4$, F. 169,7—170,7° (absol. A.-Ae.). *Methojodid*, $C_9H_{18}O_2NJ$, F. 113,5—115,9° (absol. A.), durch 2—4tägige Rk. mit CH_3J in Methanol oder Bzl.; 29%. *Benzoathydrochlorid*, $C_{15}H_{20}O_3NCl$, F. 193,5—195,3° (CH_2Cl_2-Ae.), durch 4tägige Rk. des Alkohols mit Benzoylchlorid in sd. Chlf., Versetzen mit Cyclohexan u. Einengen; 75%. — Analog aus II u. den entsprechenden Aminoalkoholen: *N-[3-Oxypropyl]*- (III), $C_9H_{17}O_2N$, $Kp._{0,15}$ 96°, $D.^{25}_4$ 1,0669, n_D^{25} 1,4884; 60%. *Pikrat*, $C_{15}H_{20}O_9N_4$, F. 159,2—160,4°. *Methojodid*, $C_{10}H_{20}O_2NJ$, F. 203,7—204,3°; 29%. *Benzoathydrochlorid*, $C_{16}H_{22}O_3NCl$, F. 186,8—188,2° (CH_2Cl_2-Ae.); 77%. — *N-[1-Oxypropyl-(2)]*-, $C_9H_{17}O_2N$, $Kp._{0,08}$ 73°, $D.^{25}_4$ 1,0721, n_D^{25} 1,4856; 50%. *Pikrat*, $C_{15}H_{20}O_9N_4$, F. 139,5—140,6°. *Benzoathydrochlorid*, $C_{16}H_{22}O_3NCl$, F. 132,7—134° (CH_2Cl_2-Ae.); 72%. — *N-[2-Oxy-n-propyl]*-, $C_9H_{17}O_2N$, $Kp._{0,09}$ 65°, $D.^{25}_4$ 1,0489, n_D^{25} 1,4775; 52%. *Pikrat*, $C_{15}H_{20}O_9N_4$, F. 139,4 bis 140,6°. *Benzoathydrochlorid*, $C_{16}H_{22}O_3NCl$, F. 159,6—161° (CH_2Cl_2-Ae.), in 7tägiger Rk.; 56%. — *N-[Oxy-tert.-butyl]*-, $C_{10}H_{19}O_2N$, F. 35,1—36,8° (PAe.), $Kp._{0,08}$ 80—83°; 53%. *Pikrat*, $C_{16}H_{22}O_9N_4$, F. 184,8—186,6°. *Benzoathydrochlorid*, $C_{17}H_{24}O_3NCl$, F. 172,2—173,7° (Methanol-Ae.); 72%. — *N-[1-Oxybutyl-(2)]*-, $C_{10}H_{19}O_2N$, $Kp._{0,11}$ 88°, $D.^{25}_4$ 1,0498, n_D^{25} 1,4855; 33%. *Pikrat*, $C_{16}H_{22}O_9N_4$, F. 185,1—188,1°. — *N-[2-Oxyisobutyl]*-, $C_{10}H_{19}O_2N$, F. 29,3—31,6°, $Kp._{0,04}$ 70°, $D.^{25}_4$ 1,0303, 1,4771; 63%. *Pikrat*, $C_{16}H_{22}O_9N_4$, F. 148,7—150,2°. *Benzoat*, $C_{17}H_{23}O_3N$, F. 91,2—92,1° (PAe.), durch Zugabe von äther. n-Butyl-Li zum Alkohol in Ae. während 30 Min. bei —20°, 1 std. Rk. bei Raumtemp., Zufügen von C_6H_5·COCl (in Ae.) innerhalb 30 Min. bei —20°, 2std. Kochen, Filtrieren, Sättigen mit HCl-Gas, Lösen des *Hydrochlorids* in Eiswasser, Alkalisieren mit 10%ig. NaOH bei 0° u. Ausäthern; 78%. — *N-[3-Chlorpropyl]*-, $C_9H_{16}ONCl$, $Kp._{0,35}$ 81°, durch Sättigen von III mit HCl-Gas in CH_2Cl_2, Zugabe von $SOCl_2$, mehrstd. Kochen, Einengen, Zugabe von Ae., Ausziehen mit W., Alkalisieren u. Ausäthern; $D.^{25}_4$ 1,0629, n_D^{25} 1,4863; 63%. — III-*Tropathydrochlorid*, $C_{18}H_{26}O_4NCl$, F. 164,1—165,5° (CH_2Cl_2-Ae., dann Methanol-Ae.), durch 2tägige Rk. vorst. Verb. mit Na-Tropat in sd. A., Einengen, Versetzen mit 5%ig. $NaHCO_3$ u. Aufnehmen in CH_2Cl_2; 52%. Gibt bei $^1/_4$std. Kochen in 20%ig. wss.-methanol. KOH u. Ansäuern *Tropasäure* (F. 116,5—117,8° [W.]; 62%) u. durch Alkalisieren des Filtrats, Eindampfen, Aufnehmen in Aceton u. Isolieren als *Pikrat* III; 71%. —*N-Benzoyl-8-oxa-3-azabicyclo-[3.2.1]-octan*, $C_{13}H_{15}O_2N$, $Kp._{0,5}$ 154°, durch 20 Min. langes Kochen von I u. C_6H_5COCl in Bzl., Eindampfen, Behandeln mit 10%ig. $NaHCO_3$ u. Ausäthern; $D.^{25}_4$ 1,1821, n_D^{25} 1,5647; 58%. — *cis-2.5-Bis-[chlormethyl]-tetrahydrofuran*, $Kp._1$ 76—77°, a) durch 1std. Erhitzen vorst. Verb. mit PCl_5 bei 160° Badtemp., Dest. ($Kp._{0,35}$ 50—90°), 1std. Behandeln mit W., kurzes Erhitzen u. Ausäthern; n_D^{25} 1,4812—1,4815; 33%; b) aus II mit $SOCl_2$ in Pyridin; 57%. (J. Amer. chem. Soc. **77**. 393—96. 20/1. 1955. Cambridge, Mass., MIT, Dep. of Chem.) W. HOFFMANN. 3282

W. F. Cockburn und **A. F. McKay**, *4-Azabicyclo-[2.2.2]-octan-1-thioniumhalide, ein neues Ringsystem.* Aus 4-[2-Oxyäthyl]-thiamorpholin (I)-Hydrochlorid mit $SOCl_2$ dargestelltes *4-[2-Chloräthyl]-thiamorpholinhydrochlorid* (II) gibt beim Erhitzen mit konz. HCl im Rohr eine isomere Verb., die mit II zwar keine F.-Erniedrigung zeigt, sich jedoch im Pulverdiagramm von II unterscheidet, nur ion. Cl enthält u. daher *4-Azabicyclo-[2.2.2]-octan-1-thioniumchloridhydrochlorid* (III) sein muß; offenbar isomerisiert sich II unterhalb seines F. zu III. Analog wird das entsprechende *Bromid* (IV)-*Hydrobromid* erhalten u. mit 1 Mol Ag_2O zu freiem IV umgesetzt. 4-[2-Bromäthyl]-thiamorpholin (V)-Methobromid läßt sich bes. leicht cyclisieren, wobei IV-*Methobromid* entsteht, welches auch schon aus I-Methobromid zugänglich ist; I-Methojodid ließ sich jedoch nicht cyclisieren.

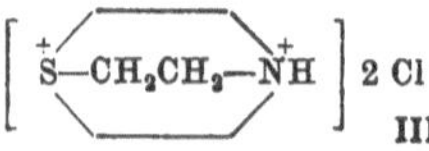
2 Cl⁻

III

Die Beeinflussung des Ringschlusses durch quaternären N wird an Hand einer Theorie von HROMATKA (Ber. dtsch. chem. Ges. **76**. [1943.] 712) diskutiert. Verss., III aus Tris-[2-chloräthylamin] u. K_2S darzustellen, waren erfolglos. — Die Toxizität von IV, IV-*Hydrobromid* u. IV-*Methobromid* wird durch intraperitoneale Verabreichung an Mäuse ermittelt u. mit der von *Bicyclo-[2.2.2]-octanthioniumsalz* verglichen. Die Ergebnisse stehen im Einklang mit der Ansicht von PRELOG u. Mitarbeitern (Liebigs Ann. Chem. **537**. [1939.] 214 bzw. Ber. dtsch. chem. Ges. **72**. [1939.] 672) über Konst. u. biol. Aktivität bicycl. Sulfoniumverbindungen.

Versuche (FF. im vorgeheizten Bad): *4-[2-Oxyäthyl]-thiamorpholin* (I), F. 34,5 bis 35,5° (korr.), aus Bis-[2-bromäthyl]-sulfid u. Äthanolamin; 50% (Ausbeute). *Hydrochlorid*, F. 162—164° (korr.). *Hydrobromid*, $C_6H_{14}ONBrS$, F. 124—126° (korr.; Aceton-A., dann A.), daneben (nicht sicher reproduzierbar) *höherschm. Form*, F. 143—144° (korr.; Aceton). *N-Methojodid*, $C_7H_{16}ONJS$, F. 220—221° (Zers.), durch mehrstd. Rk. von CH_3J mit 1,2 g I bei 20°, dann Zugabe von etwas Methanol u. kurzes Erwärmen; aus A.

lange Nadeln; 2,27 g. Daraus durch Behandeln mit Ag_2O in Methanol, Filtrieren, Ansäuern mit konz. HBr u. Einengen *N-Methobromid*, $C_7H_{16}ONBrS$, F. 255° (Zers.), aus A. Blättchen; 78%. — *4-[2-Chloräthyl]-thiamorpholinhydrochlorid* (II), $C_6H_{13}NCl_2S$, F. 209 bis 212° (Zers.; A.), durch Zugabe von $SOCl_2$ zu I-Hydrochlorid in Chlf., Aufkochen u. Einengen im Vakuum; 85%; 1 g gibt bei 23tägigem Erhitzen mit W. auf 100° im Rohr (Vers. zur Darst. von III) 0,78 g I-Hydrochlorid. *4-[2-Bromäthyl]-thiamorpholin* (V)-*Hydrobromid*, $C_6H_{13}NBr_2S$, Zers. bei 215—225°, analog II mit $SOBr_2$; aus A. lange Nadeln; 24%. *Methobromid*, $C_7H_{15}NBr_2S$, F. 278° (Zers.), durch Erhitzen von I-Methobromid mit $SOBr_2$ in Chlf., 2std. Stehen bei 20°, Einengen im Vakuum u. Aufnehmen in heißem A.; aus A. Nadeln; 65%. — *4-Azabicyclo-[2.2.2]-octan-1-thioniumchloridhydrochlorid* (III), $C_6H_{13}NCl_2S$, F. 208—210°, durch 7tägiges Erhitzen von 0,4 g II mit konz. HCl auf 100° im Rohr, Eindampfen u. Auskochen des Rückstands mit A.; II (170 mg) wird gelöst; rohes III bleibt zurück, aus Methanol Nadeln; >40%. — *4-Azabicyclo-[2.2.2]-octan-1-thioniumbromid* (IV)-*Hydrobromid*, $C_6H_{13}NBr_2S$, F. 241—242°, durch 72std. Erhitzen von 465 mg V-Hydrobromid mit 42%ig. HBr auf 100° im Rohr, Eindampfen u. Entfernen von 68 mg Ausgangsprod. mit eiskaltem A.; aus Methanol mikrokrist. Pulver; 78%; ohne Umkristallisieren wird eine andere Kristallform (kein Ausgangsprod.) mit demselben F., aber unterschiedlichem Pulverdiagramm erhalten. IV, $C_6H_{12}\cdot NBrS$, F. ca. 250° (Zers.), durch 1std. Rk. einer Lsg. des Hydrobromids mit Ag_2O unter Lichtausschluß, Filtrieren u. Eindampfen; aus A. Nadeln; 78%; gibt mit HBr das Hydrobromid zurück. Entsprechendes *Dipikrat*, $C_{18}H_{17}O_{14}N_7S$ F. 210—215° (Zers.), aus Aceton-Methanol kleine Prismen. IV-*Methobromid*, $C_7H_{15}NBr_2S$, F. ca. 270°, a) durch 72std. Erhitzen von V-Methobromid in 42%ig. HBr auf 100° im Rohr, Eindampfen, Behandeln mit sd. A. u. Kristallisation aus wenig W. enthaltendem A. unter Entfernen des W. durch Dest. mit Bzl.; Nadeln; 92%; b) ähnlich, aber in 172tägiger Rk. bei Raumtemp. statt Erhitzen; 96%; c) durch 285std. Rk. von I-Methobromid mit HBr bei 100° im Rohr u. Aufarbeiten wie unter a); 26%. (J. Amer. chem. Soc. **77**. 397—400. 20/1. 1955. Ottawa, Ontario, Can., Defence Res. Chem. Labors.) W. HOFFMANN. 3292

Yoshio Matsushima, *Untersuchungen über Aminohexosen. 1. Mitt. Eine neue Methode zur Darstellung von kristalliner D-Arabinose.* Inhaltlich ident. mit der C. **1953**. 1488 referierten Arbeit. (Bull. chem. Soc. Japan **24**. 17—20. April 1951. Osaka, Univ., Fac. of Sci.) I. SPAETH. 3400

A. K. Mitra und **P. Karrer,** *Weitere Reduktionen von Tosylestern von Kohlenhydraten und verwandten Verbindungen mittels Lithiumaluminiumhydrid.* 5-Tosyl-1.2-monoaceton-L-arabinose (I) u. *3.5-Ditosyl-1.2-monoaceton-L-arabinose* wurden mit $LiAlH_4$ in dieselbe *1.2-Monoaceton-L-arabomethylose* übergeführt. — Durch Rk. mit $LiAlH_4$ entstehen aus 1.3;4.6-Dimethylen-2.5-di-O-tosyl-D-mannit (II) *1.3;4.6-Dimethylenmannit* u. *1.3;4.6-Dimethylen-2.5-anhydro-D-mannit.*

Versuche: *1.2-Monoaceton-L-arabomethylose*, $C_8H_{14}O_4$, F. 82—83° (Ae./PAe.); $[\alpha]_D^{23}$ —13,12°, aus I in trockenem Tetrahydrofuran u. $LiAlH_4$, 12 Std. unter Rühren zum Sieden erhitzen, nach Zers. des $LiAlH_4$-Überschusses wiederholte Extraktion des Rückstands mit Aceton, Einengen u. Dest.; $[\alpha]_D^{23}$ —13,12°. — *1.2-O-Isopropyliden-3.5-O-ditosyl-L-arabinose*, $C_{22}H_{26}O_9S_2$, F. 93°, aus 12 g I in trockenem Pyridin u. Tosylchlorid (2 Tage bei Raumtemp.); 17 g (Ausbeute). — *1.3;4.6-Dimethylen-2.5-anhydro-D-mannit*, $C_8H_{12}O_5$, F. 120° (Tetrahydrofuran), aus II in Tetrahydrofuran u. $LiAlH_4$ (22 Std. am Rückfluß erhitzen); nach dem Abkühlen wenig W. u. 15%ig. NaOH zusetzen, den Nd. abfiltrieren u. 3 Tage mit Tetrahydrofuran extrahieren u. das Filtrat u. den Extrakt des 1. Tages eindampfen; $[\alpha]_D^{20}$ —59,11 ± 6° (Dioxan); 0,6 g. *1.3;4.6-Dimethylen-D-mannit*, F. 204° (A.), aus den restlichen Tetrahydrofuranextrakten durch Einengen; 0,7 g. (Helv. chim. Acta **38**. 1—4. 1/2. 1955. Zürich, Univ., Chem. Inst.) H. ROSSOW. 3400

Margaret Cifonelli, J. A. Cifonelli, R. Montgomery und **F. Smith,** *Die Chemie von 2.5-Anhydro-L-arabinose.* Bei der Behandlung von *Äthyl-* oder *Methyl-5-O-tosyl-α-L-arabofuranosid* mit Alkali entstehen *Äthyl-* oder *Methyl-2.5-anhydro-α-L-arabofuranosid* (I u. III), die schon durch dest. W. zu *2.5-Anhydro-L-arabinose* (II) hydrolysiert werden. II existiert in Aldehydform u. das Furanosid kann nicht wiederhergestellt werden; die Behandlung von II mit methanol. HCl führt zum *Dimethylacetal.* Da II zu *2.5-Anhydro-L-arabit* hydriert wird, dessen enantiomorphe Form aus dem bekannten 3.6-Anhydro-4.5-O-isopropyliden-D-mannit (IV) gewonnen wird, ist seine Struktur bewiesen.

Versuche: *Äthyl-2.5-anhydro-α-L-arabofuranosid* (I), $C_7H_{12}O_4$, Kp. 85—100° (Badtemp.); n_D^{29} 1,4541; $[\alpha]_D^{26}$ —81,7 (c = 1 in 0,1nNaOH), aus 9 g Äthyl-α-L-arabofuranosid über die *5-Tosylverb.* ($C_{14}H_{20}O_7S$, Sirup), die durch 24std. Stehen bei Raumtemp. mit CH_3ONa in CH_3OH behandelt wird; CO_2 einleiten u. im Vakuum eindampfen, den Rückstand mit Aceton u. nochmals mit Ae. extrahieren u. den Rückstand fraktionieren; die 1. Fraktion enthält 25 γ **I**; wird von dest. W. zu *2.5-Anhydro-L-arabinose* (**II**) hydrolysiert; ($[\alpha]_D^{29}$ $-127^0 \rightarrow +10^0$ (96 Std.; c = 1); nach 4monatigem Stehen ist **I** in ein Glas verwandelt, das FEHLINGsche Lsg. nicht red. u. nicht mit SCHIFFscher Base reagiert, aber mit verd. Säure zu **II** hydrolysiert wird. — *Methyl-2.5-anhydro-α-L-arabofuranosid* (**III**), $C_6H_{10}O_4$, Kp.$_{0,135}$ 65—75°; n_D^{23} 1,4570, aus Methyl-α-L-arabofuranosid über die *5-Tosylverb.* ($[\alpha]_D^{26}$ -35^0; c = 2 in CH_3OH) wie vorst.; 26%; wird durch dest. W. bei Raumtemp. zu **II** hydrolysiert. *3-Carbanilat*, $C_{13}H_{15}O_5N$, F. 137° (A.); $[\alpha]_D^{25}$ -141^0 (c = 1,1 in Aceton); aus **III**, Phenylisocyanat u. trockenem Pyridin durch 1std. Erhitzen u. Zugabe von CH_3OH u. PAe.; die Verb. reagiert mit SCHIFFscher Base, wird durch H_2SO_4 enthaltendes wss. Aceton hydrolysiert u. von 0,013n $NaJO_4$ nicht oxydiert. — *Methyl-2.5-anhydro-3-O-methyl-α-L-arabofuranosid*, $C_7H_{12}O_4$, Sirup, n_D^{25} 1,4540; $[\alpha]_D^{22}$ -114^0 (c = 2,0 in W.) $\rightarrow$ -55^0 (24 Std.), durch Methylierung von **III** mit PURDIEs Reagens. — **II**, Sirup, $[\alpha]_D^{24}$ $+12^0$ (c = 0,5 in W.), aus **I** in W. mit 3 Tropfen n H_2SO_4; red. FEHLINGsche Lsg., ergibt positiven SCHIFF-Test u. wird durch warme 0,1n H_2SO_4 in *Furfurol* verwandelt; **II** verbraucht 3 Mol $NaSO_4$/Mol bei 0° im Dunkeln unter Bldg. von 0,7 Mol HCOOH. *Benzylphenylhydrazon*, $C_{18}H_{20}O_3N_2$, F. 129 bis 130°. — *Methyl-2.5-anhydro-L-arabonat*, $C_6H_{10}O_5$, aus **II** durch Oxydation mit Br_2 u. Behandlung der Säure (Sirup) mit Diazomethan. *Hydrazodicarbondiamid*, F. 254 bis 255° (W.). — *2.5-Anhydro-L-arabit*, $C_5H_{10}O_4$, Kp.$_{0,09}$ 115—125°; n_D^{25} 1,4901; $[\alpha]_D^{28}$ $+0,2^0$ (c = 5,9 in W.), durch Hydrieren von **II** in Ggw. von RANEY-Ni. *1.3.4-p-tritosylat*, $C_{26}H_{28}O_{10}S_3$, F. 128° (A.); $[\alpha]_D^{23}$ $-27,4^0$ (c = 5,9 in Chlf.). — *2.5-Anhydro-L-arabinosedimethylacetal*, $C_7H_{14}O_5$, Kp.$_{0,005}$ 115—120° (Badtemp.); n_D^{25} 1,4694; $[\alpha]_D^{26}$ $+30,5^0$ (c = 1,2 in CH_3OH), aus **II** durch 2std. Erhitzen mit 1,4%ig. methanol. HCl; gibt, einer HBr-Atmosphäre ausgesetzt, einen dunklen Sirup, der $[\alpha]_D^{26}$ $+80^0$ (c = 0,4 in CH_3OH) zeigt. — *2.5-Anhydro-3.4-O-isopropyliden-D-arabit* (**V**), $C_8H_{14}O_4$, F. 75—76° (Bzl./Ae./PAe.); $[\alpha]_D^{23}$ $-40,5^0$ (c = 5,4 in W.), aus **IV** (F. 84°) durch 48std. Behandlung mit n $NaJO_4$ bei 5° im Dunkeln (Verbrauch 1 Mol $NaJO_4$/Mol), die Lsg. mit $BaCl_2$ behandeln u. filtrieren, das Filtrat in Ggw. von $SrCO_3$ eindampfen, den Rückstand mit Aceton extrahieren u. eindampfen u. den Sirup in Ggw. von RANEY-Ni hydrieren. *1-p-Tosylat*, $C_{15}H_{20}O_6S$, F. 67—68°; -33^0 (c = 1,6 in A.). — *2.5-Anhydro-D-arabit*, $C_5H_{10}O_4$, , Kp.$_{0,24}$ 125—135°; n_D^{23} 1,4914; $[\alpha]_D^{23}$ $-1,4 \pm 0,5^0$ (c = 0,9 in W.), aus **V** durch 2std. Erhitzen mit n H_2SO_4. *1.3.4-p-Tritosylat*, F. 128—129°; $[\alpha]_D^{23}$ $+27,4^0$ (c = 6,4 in Chlf.). (J. Amer. chem. Soc. 77. 121—25. 5/1. 1955. St. Paul, Minn., Univ. of Minnesota, Dep. of Agricultural Biochem.) H. ROSSOW. 3400

P. Andrews, L. Hough und **J. K. N. Jones**, *Methylenderivate von L-Rhamnose.* Bei der säurekatalysierten Kondensation von L-Rhamnose (**I**) mit HCHO werden in den Chloroformextrakten der Reaktions-Fl. 6 verschied. Methylderivv. gefunden, die als *3.4-O-Dimethylenoxy-* (**II**), *2.3-Dimethylenoxy-* (**III**), *3.5-Mono-O-methylen-* (**IV**), *1.2;3.5-Di-O-methylen-* (**V**), *O-Dimethylenoxymono-O-methylen-* (**VI**) u. *2.3-Mono-O-methylen-L-rhamnose* (**VII**) indentifiziert werden. Außer **VII** sind alle Verbb. kristallisiert. Die Struktur von **II** u. **III** ist gesichert; **II** gibt durch Methylierung u. anschließende Hydrolyse über das *2-O-Methylderiv. 2-O-Methyl-L-rhamnose* (**VIII**), **III** über das *Methyl-4-O-methyl-L-rhamnosid 4-O-Methyl-L-rhamnose.* Bei **IV** ist die 3.5-Stellung nicht sicher bewiesen bzw. die 3.4-Stellung nicht ausgeschlossen. **V** geht durch partielle Hydrolyse in **IV** über, **VI** läßt sich auf keines der bekannten Prodd. zurückführen, u. **VII** ist zu ca. 80% die Komponente einer sirupösen Mono-O-methylen-L-rhamnose, die noch ca. 20% einer *3.4-* oder *3.5-Monomethylenverb.* enthält.

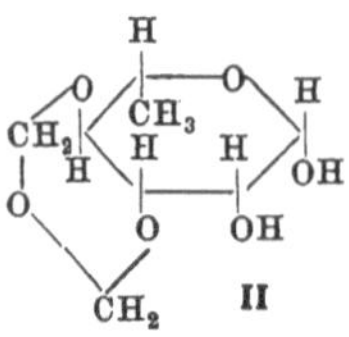

II

Versuche (R_G bezogen auf Tetra-O-methyl-D-glucopyranose; opt. Drehwerte in W.): *Methylenderivv.*, aus 20 g **I**-Hydrat in 10 cm³ H_2O, 30 g Paraformaldehyd u. 5 Tropfen H_2SO_4 durch 2std. Erhitzen (Wasserbad), Neutralisieren mit $BaCO_3$, Extraktion mit Chlf. (leicht lösl. Sirup **A**; 0,5 g Ausbeute) u. weitere Extraktion mit Chlf. (weniger lösl. Sirup **B**; 7,2 g), oder aus 20 g **I**-Hydrat in 40 cm³ 40%ig. Formalin u. 40 cm³ konz. HCl durch ½ std. Erhitzen, Neutralisieren u. Fällen der Metalle mit $PbCO_3$ bzw. H_2S u. Ag_2CO_3 bzw. H_2S, Extraktion mit Chlf., nach Eindampfen Lösen des Sirups in W. u. Schütteln mit Chlf. (chloroformlösl. Sirup **C**; 1,6 g); aus der wss. Phase Sirup **D** (5,3 g). — *1.2;3.5-Di-O-methylen-L-rhamnofuranose* (**V**), $C_8H_{12}O_5$, F. 100° (A.,), aus **A** durch Digerieren mit A.; $[\alpha]_D^{20}$ $+3 \pm 1^0$ (c = 2,3); $[\alpha]_D^{20}$ -27^0 (c = 2,5 in Methanol); 0,2 g. 1 Mol gibt durch Hydrolyse 2 Mol CH_2O, durch partielle Hydrolyse mit n H_2SO_4 bei 100° (1½ Std.) **IV**. — *O-Dimethylenoxy-O-methylen-L-rhamnose* (**VI**), $C_9H_{14}O_6$, F. 144 bis 146°, aus den Mutterlaugen von **A** neben **V** durch Auslese; $[\alpha]_D^{20}$ $+3 \pm 2^0$ (c = 0,6); 0,03 g. Gibt durch Hydrolyse 3 Mol CH_2O/Mol, durch partielle Hydrolyse keines der bekannten Produkte. — *3.4-O-Dimethylenoxy-β-L-rhamnose* (**II**), $C_8H_{14}O_6$, F. 132—133°, aus **B** durch Chromatographie an Hydrocellulose u. Eluieren mit PAe./n-Butanol-Gemischen (70:30 bis 40:60) u. fraktionierte Kristallisation in Chlf./PAe.; $[\alpha]_D^{20}$ +31° (10 Min.; c = 1,6) → +17,5° (4 Std.) → +14° (24 Std.; Gleichgewicht), R_G = 0,89; aus Chlf./PAe. Prismen; 2 g. Durch Hydrolyse Bldg. von 2 Mol CH_2O/Mol, durch Oxydation mit n$NaJO_4$ (17 Std.) u. Extraktion mit Chlf. neben 1 Mol *HCOOH 5-Desoxy-2.3-O-dimethylenoxy-L-arabinose*. Hieraus durch Hydrolyse *5-Desoxy-L-arabinose*, Sirup, $[\alpha]_D^{20}$ —3° (c = 3,4), R_G = 0,68, u. mit Bromwasser *5-Desoxy-L-arabono-γ-lacton*, $C_5H_8O_4$, F. 125°, $[\alpha]_D^{20}$ —39° (c = 0,7) → —34° (7 Tage); aus Chlf. lange Nadeln. — *Methyl-3.4-O-dimethylenoxy-2-O-methyl-L-rhamnosid*, $C_{10}H_{18}O_6$, F. 121°, durch Methylierung von **II** mit CH_3J u. Ag_2O; $[\alpha]_D^{20}$ +88° (c = 1,2); aus Ae. Nadeln, aus PAe. Kuben; gibt durch saure Hydrolyse (3 Std.) *2-O-Methyl-L-rhamnose* [**VIII**, $C_7H_{14}O_5$, $[\alpha]_D^{20}$+24° (c = 3,8); Sirup, R_G = 0,66], identifiziert als *N-Phenyl-L-rhamnosylamin-methyläther* [**IX**, $C_{13}H_{19}O_4N$, F. 152°, $[\alpha]_D^{20}$ +43° (c = 0,9 in Pyridin); aus Ae. Nadeln] u. mit Bromwasser als *2-O-Methyl-L-rhamnono-γ-lacton* [$C_7H_{12}O_5$, F. 116—117°, $[\alpha]_D^{20}$ —62° (c = 1,2, l = 1 dm) → —64° (117 Std.); aus Chlf. dünne Nadeln. *Amid*, $C_7H_{15}O_5N$, F. 117—118° (Aceton/PAe.)]. — *3.4-O-Dimethylenoxy-L-rhamnit*, $C_8H_{16}O_6$, F. 119°, aus 0,50 g **II** durch Red. mit $NaBH_4$ in W. (18 Std.), Neutralisieren mit 0,2n H_2SO_4 u. Extraktion des Rückstandes mit Chlf.; $[\alpha]_D^{20}$ +9,4° (c = 1,2); R_G = 0,67; 0,38 g. Hieraus durch Hydrolyse *L-Rhamnit* [F. 124—125° (Aceton), $[\alpha]_D^{20}$ —11° (c = 0,7)] u. durch 3malige Methylierung mit PURDIE-Reagens *3.4-O-Dimethylenoxy-1.2.5-tri-O-methyl-L-rhamnit*, [$C_{11}H_{22}O_6$, Sirup, der durch 1std. Hydrolyse *1.2.5-Tri-O-methyl-L-rhamnit*, $C_9H_{20}O_5$, R_G = 0,98, $[\alpha]_D^{20}$ +29° (c = 1,5), Sirup, ergibt]. — *2.3-O-Dimethylenoxy-α-L-rhamnose* (**III**), $C_8H_{14}O_6$, F. 143—144° (Rosetten stumpfer Nadeln), neben **II** als 2. krist. Fraktion; $[\alpha]_D^{20}$ +65° (5 Min.; c = 1,1) → +72° (18 Std.), R_G = 0,84; 0,3 g. Gibt mit PURDIE-Reagens *Methyl-2.3-O-dimethylenoxy-β-L-rhamnosid* [$C_9H_{16}O_6$, F. 155°, aus Ae./PAe. dünne Nadeln; $[\alpha]_D^{20}$ +129° (c = 1,2). Hieraus durch Hydrolyse *L-Rhamnose*, durch 2malige Methylierung *Methyl-2.3-O-dimethylenoxy-4-O-methyl-β-L-rhamnosid*, $C_{10}H_{18}O_6$, F. 137°, aus Ae./PAe. Nadeln; $[\alpha]_D^{20}$ +115° (c = 1,0), aus der durch 3std. Hydrolyse *4-O-Methyl-L-rhamnose*, $[\alpha]_D^{20}$ +26° (c = 1,0), R_G = 0,65 (krist. nicht) entsteht, identifiziert als *4-O-Methyl-L-rhamnono-δ-lacton*, F. 80—81° (Chlf./PAe.), $[\alpha]_D^{20}$ —140° (c = 0,5) → —112° (18 Std.)]. — *3.5-O-Methylen-L-rhamnose* (**IV**), $C_7H_{12}O_5$, F. 146°, neben **II** u. **III** als 3. krist. Fraktion; $[\alpha]_D^{20}$ —64° (10 Min.; c = 1,0); R_G = 0,67; 0,4 g. Durch Methylierung mit PURDIE-Reagens in Aceton u. anschließende Hydrolyse entsteht **VIII** (Sirup, R_G = 0,66. Hieraus mit Anilin in A. **IX**). Die Oxydation von **IV** mit gelbem HgO (8 Std.) führt zu einem *Lacton* $C_7H_{10}O_5$ (Mol.-Gew. 172), F. 164—167°, $[\alpha]_D^{20}$ —31° (c = 0,6) → —35° (44 Std.); R_G = 0,68. — Der Rückstand von **B** wurde nach Abtrennung einer geringen Menge **II**, R_G = 0,89, mit PURDIE-Reagens methyliert, 3 Std. hydrolysiert, mit $BaCO_3$ neutralisiert, der kristalline Anteil mit Cyclohexan extrahiert u. daraus 0,5 g *5-O-Methyl-2.3-O-methylen-β-L-rhamnose* (**X**), R_G = 0,98, isoliert; daneben sirupöse **VIII** mit R_G = 0,66. — Der nichtkristallisierende Sirup **C** enthielt nach Animpfen **V**, Misch-F. 100°, u. einen mit **D** ident. Rest. — Aus dem Sirup **D** durch Chromatographie an Hydrocellulose u. Eluierung mit Bzl./A.-Gemischen (halb mit W. gesätt.; anfangs 95:5) 0,5 g **I**, 0,35 g **IV** u. 2,5 g einer sirupösen *Mono-O-methylen-L-rhamnose* [vermutlich *2.3-O-Methylen-L-rhamnose* (**VII**), $C_7H_{12}O_5$, $[\alpha]_D^{20}$ +21° (c = 1,0); R_G = 0,92]. Hieraus durch Methylierung ein *Methyl-O-methyl-O-methylen-L-rhamnosid* ($C_9H_{16}O_5$), das hydrolysiert, in W. gelöst u. mit Ae. extrahiert wurde: Aus der wss. Phase sirupöse **VIII**, $[\alpha]_D^{20}$ +24° (c = 1,0), R_G = 0,66. Aus der äther. Lsg. *5-O-Methyl-2.3-O-methylen-L-rhamnose* (**X**), $C_8H_{14}O_5$, F. 77—79° (Cyclohexan), $[\alpha]_D^{20}$ +6,4° (c = 1,4) → +4,5° (46 Std.). CH_2-Gruppe gegen Hydrolyse (nH_2SO_4, 100°) beständig. Durch Oxydation von **X** mit Bromwasser *5-O-Methyl-L-rhamnono-γ-lacton*, $C_7H_{12}O_5$, F. 164—166°, $[\alpha]_D^{20}$ —36 ± 4° (c = 0,6); aus Chlf. PAe. Nadeln. (J. Amer. chem. Soc. **77**. 125—30. 5/1. 1955. Bristol, Univ., Chem. Dep.) H. ROSSOW. 3400

S. G. Laland, *Die Entfernung einer Isopropylidengruppe aus 1.2;5-6-Diisopropyliden-D-glucofuranose mit einem sulfonsauren Kunstharz.* 1.2;5,6-Diisopropyliden-D-glucofuranose wird in W. gelöst u. mit Amberlite IR 120 (H) bei Raumtemp. 3½ Std. geschüttelt, das Harz abfiltriert u. das Filtrat eingedampft. Es werden 6,7 g eines Prod. erhalten, das aus Äthylacetat 4,6 g reine *1.2-Isopropyliden-D-glucofuranose*, F. 156—158°; $[\alpha]_D^{20}$ —11,3° (c = 1,25 in W.), liefert. (Acta chem. scand. **8**. 866. 1954. Oslo, Univ., Inst. for Ernœringsforsking.) H. ROSSOW. 3400

G. N. Richards, *Die Einwirkung von Grignard-Reagentien auf Anhydrozucker vom Äthylenoxydtyp.* 3. Mitt. *Das Verhalten von Methyl-2.3-anhydro-4.6-[O-benzyliden]-α-D-mannosid gegenüber Methyl-, Äthyl- und Phenylmagnesiumjodid.* (2. vgl. C. **1954**. 3705.) Methyl-2.3-anhydro-4.6-[O-benzyliden]-α-D-mannosid (**I**) gibt mit Methyl- oder Phenyl-MgJ nur

Methyl-4.6-[O-benzyliden]-3-desoxy-3-jod-α-D-altrosid (II). I u. II ließen sich mit RANEY-N zum *Methyl-3-desoxy-α-D-mannosid* (III) reduzieren, doch war das nach BOLLIGER u. PRINS (C. **1946**. I. 489) aus Methyl-4.6-[O-benzyliden]-3-desoxy-α-D-mannosid (IV) erhaltene III amorph u. gab bei der Umsetzung mit Benzaldehyd/$ZnCl_2$ außer IV noch 3 andere Verbb., darunter höchstwahrscheinlich das *Methyl-4.6-[O-benzyliden]-2-desoxy-α-D-glucosid* vom F. 137–138°. — Das stärker reduzierende Äthyl-MgJ (vgl. KHARASCH u. WEINHOUSE, J. org. Chemistry **1**. [1937.] 209) bildet mit I außer II je nach den Versuchsbedingungen mehr oder weniger IV u. eine Verb., die als *Methyl-4.6-[O-benzyliden]-2.3-didehydro-2.3-didesoxy-α-D-glucosid* angesprochen wird u. in sehr kleiner Menge eine Substanz, die höchstwahrscheinlich das *Methyl-4.6-[O-benzyliden]-2-desoxy-2-jod-α-D-glucosid* darstellt.

Versuche: *Methyl-4.6-[O-benzyliden]-3-desoxy-3-jod-α-D-altrosid* (II), F. u. Misch-F. 163–163,5° (A./W.), aus nach BOLLIGER u. PRINS (C. **1946**. I. 481) dargestelltem I in Ae. u. Methyl-MgJ; 14% (Ausbeute) beim Verhältnis Methyl-MgJ: I = 1,1 in 5 Std. bei 35°; 61% bei 5,5 in 1 Std. u. 35°; 44% bei 2,5 in 120 Std. u. 15–20° u. in Tetrahydropyran 51% bei 1,1 in 1 Std. u. 81°; nichtumgesetztes I (an Al_2O_3 abgetrennt) 70 bzw. 31 bzw. 25 bzw. 28%. *2-p-Toluolsulfonat*, $C_{21}H_{23}O_7JS$, F. 127,5–129°, durch Veresterung in Pyridin; $[\alpha]_D^{23}$ +46,4° (c = 1; Chlf.). *2-Acetat*, $C_{16}H_{19}O_6J$, F. 123–124°; $[\alpha]_D^{23}$ +72,4° (c = 2; Chlf.). *2-Benzoat*, $C_{21}H_{21}O_6J$, F. 140,5–141°; $[\alpha]_D^{22}$ –11,7° (c = 2; Chlf.). — *Methyl-3-desoxy-α-D-mannosid* (III), $C_7H_{14}O_5$, F. u. Misch-F. 123,5–124° (Aceton), durch Red. von I oder II mit RANEY-Ni; $[\alpha]_D^{22}$ +129,6° (c = 1; Methanol); die Red. von IV gab amorphes III; $[\alpha]_D^{15}$ +108,9° (c = 2; Methanol). — 2,64 g I in 250 ml Ae. wurden 1½ Std. mit Äthyl-MgJ (aus 15,6 g Äthyljodid u. 2,4 g Mg) in 300 ml Ae. unter Rühren gekocht u. in Ggw. von Eis mit verd. HCl zersetzt. Die äther. Phase gab nach Eindampfen u. Verreiben mit Essigester 0,37 g II. Chromatographie der Mutterlauge an Al_2O_3 gab bei Elution mit Ae./PAe. (1:5) 5 mg einer opt.-inakt. Fl. u. danach 51 mg *Methyl-4.6-[O-benzyliden]-2.3-didehydro-2.3-didesoxy-α-D-glucosid* (?), $C_{14}H_{16}O_4$, F. 119,5–120° (A.); λ_{max} 2120 (überlagert); 2200; 2350; 2450; 2600 Å (ε_{max} 11,6; 17,2; 17,9; 17,3; 18,1; die Verb. gab positive MOLISCH-Rk., absorbierte in CCl_4 langsam Br_2 u. roch bei saurer Hydrolyse nach Benzaldehyd). Ae./PAe. (2:1) eluierte 0,26 g I u. 41 mg II (trennbar aus A./W.). Ae. eluierte 0,42 g eines Sirups (offenbar im Gemisch vorst. Substanzen). — 1,37 g I wurden mit der 2,5fachen mol. Menge Äthyl-MgJ 30 Min. beim Kp. u. 2 Std. bei Zimmertemp. umgesetzt. Die fraktionierte Kristallisation des krist. Prod. lieferte 0,28 g I u. 0,51 g II. Chromatographie der Mutterlaugen gab als 1. Fraktion 68 mg I; bei weiterer Elution mit Ae./PAe. (2:1) wurden 40 mg *Methyl-4.6-[O-benzyliden]-2-desoxy-2-jod-α-D-glucosid* (?), $C_{14}H_{17}O_5J$, F. 154,5–156° (Ae.), erhalten u. später 0,38 g rohes IV {*Methyl-4.6-[O-benzyliden]-3-desoxy-2-[O-p-toluolsulfonyl]-α-D-mannosid*, $C_{21}H_{24}O_7S$, F. u. Misch-F. 120,5–121° (A./W.), durch 2tägige Behandlung mit Tosylchlorid in Pyridin bei Zimmertemp.; $[\alpha]_D^{21}$ +40,9 (c = 0,2; Chlf.)}. — Die 21std. Umsetzung von I mit der 2,5fachen mol. Menge Äthyl-MgJ bei Zimmertemp. lieferte nur sirupöses IV (53%) u. nichtumgesetztes I (16%). — *Methyl-2-[O-benzoyl]-4.6-[O-benzyliden]-3-desoxy-α-D-mannosid* (V), $C_{21}H_{22}O_6$, F. 139–140° (A./W.), aus rohem IV u. Benzoylchlorid/Pyridin in 22 Std. bei Zimmertemp.; $[\alpha]_D^{21}$ –3,0° (c = 4; Chlf.); 91%; bei 20std. Verseifung mit $NaOCH_3$ in Methanol/Chlf. bei Zimmertemp., anschließender Wasserzugabe u. Extraktion mit Chlf. wurde ein im wesentlichen aus IV bestehender Sirup (100,5%) erhalten. *Methyl-4.6-[O-benzyliden]-3-desoxy-α-D-mannosid* (IV), $C_{14}H_{18}O_5$, F. 107,5 bis 108,5° (Bzl. PAe.); $[\alpha]_D^{23}$ +96,5° (c = 2; Chlf.); $[\alpha]_D^{19}$ +88,5° (c = 1; A.); 46%. *2-p-Toluolsulfonat*, F. u. Misch-F. 120–121°. — *Methyl-3-desoxy-α-D-mannosid* (III), F. u. Misch-F. (mit der Substanz aus II) 123–124° (Essigester), durch 3std. Kochen von IV in konz. Oxalsäurelsg.; $[\alpha]_D^{24}$ +132° (c = 0,7; A.). — Durch 1std. Erhitzen von 1,37 g I mit Phenyl-MgJ (aus 2,55 g Jodbenzol u. 0,3 g Mg) in Ae., Ansäuern, Extraktion u. fraktionierte Kristallisation wurden 42% unverändertes I u. 0,69 g II erhalten; Chromatographie der Mutterlaugen gab noch 0,04 g I u. 0,275 g II. (J. chem. Soc. [London] **1954**. 4511–15. Dez. Edgbaston, Birmingham, Univ., Chem. Dep.)

W. WILLENBERG. 3400

F. Galinovsky und **R. Weiser**, *Über die Einwirkung von $LiAlH_4$ auf Lactame.* Während bei der Einw. von überschüssigem $LiAlH_4$ (I) auf Lactame die O-freien Basen entstehen, reagiert 1/4 Mol I mit 1 Mol Lactam wie eine GRIGNARD-Verb. unter Bldg. tert. Alkohole, die zu Aminoaldehyden, den Ausgangsstoffen für zellmögliche Alkaloidsynthesen isomerisiert werden. Aus N-Methyl-α-pyrrolidon (II) entsteht über das *$LiAlH_4$-Addukt* mit W. *N-Methyl-α-pyrrolidol* bzw. *γ-Methylaminobutyraldehyd*, aus N-Methyl-α-piperidon (III) *δ-Methylaminovaleraldehyd*. Der Beweis für die Bldg. dieser Verbb. wird durch Kondensation mit Acetondicarbonsäure (IV) geführt. In einem

Reaktionsgang stellen Vff. aus II bzw. III *Hygrin, Cuskhygrin* u. *Methylisopelletierin* dar; aus α-Piperidon entsteht in analoger Rk. *Isopelletierin*. Aus 2-Oxooktahydroindolizin wird in gleicher Weise eine unbeständige Verb. synthetisiert, die entsprechend ihren Eigg. u. der Kondensationsfähigkeit mit **IV** *3-[α-Piperidyl]-propionaldehyd* (**V**) sein muß. Die Derivv. letzterer Verb. sind zum Teil ebenfalls unbeständig u. entsprechen nicht den in der Literatur beschriebenen des Pelletierins, so daß im Gegensatz zur Annahme von HESS u. EICHEL (C. **1917**. II. 628) **V** nicht diesem Alkaloid zugrunde liegen kann. (Experientia [Basel] **6**. 377—78. 15/10. 1950. Wien, Univ., II. Chem. Labor.)
G. REISNER. 3500

B. Dvořáková und **J. Tomko,** *Ionenaustausch in der Chemie der Opiumalkaloide.* Zur Best. der Adsorptionskapazität von Ionenaustauschern (1 g) für *Morphin* wird gefunden: *Katex F extra* 0,0073 g (aufgenommene wasserfreie Base), H (Cyclus); *Wofatit P* 0,0352 g, H; *Wofatit F* 0,1361 g, H; *Amberlite IRC 50* 0,1584 g NH_4; *Katex FN*, 03698 g, H; *Katex N* 0,6270 g, H. — An *Codein, Papaverin, Thebain* u. *Narcotin* wird nachgewiesen, daß sich Ionenaustauscher des Typs Katex N (Austauscher mit akt. SO_3H-Gruppen am Kern) für Adsorption u. Eluierung am besten eignen, wenn sie feste Struktur besitzen u. beständig in saurem u. alkal. Milieu sowie gegen Lösungsmittel sind. — Die Menge der adsorbierten Alkaloide ist von der Korngröße des Austauschers abhängig; je kleiner die Körnung, um so größer die Adsorptionsfähigkeit. — Die Adsorption läßt sich sowohl im H- wie auch im NH_4-Cyclus gut durchführen; letzteres ist techn. einfacher, weil die Alkaloidgewinnung prakt. in zwei Phasen durchgeführt werden kann. (Chem. Zvesti **8**. 193—200. April 1954. Preßburg [Bratislava], Slov. akad. vied, ústav chem. technol. organ. látok.) E. ROTTER. 3500

I. Ježo und **A. Rybár,** *Synthese einiger Abkömmlinge der Alkaloide.* 3. Mitt. *Tetrahydroberberin* (I) kann auf folgenden beiden Wegen hergestellt werden: 1. Kondensation des Dibenzyläthers der *Homoprotocatechusäure* (II) mit Homopiperonylamin (III) zu *N-[β-(3'.4'-Methylendioxyphenyl)-äthyl]-3.4-dibenzoxyphenylacetamid*, Dehydratisierung zu *1-[3'.4'-Dibenzyloxybenzyl]-6.7-[methylendioxy]-3.4-dihydroisochinolin* (**IV**), katalyt. Hydrierung zu *1-[3'.4'-Dioxybenzyl]-norhydrohydrastinin*, Kondensation mit HCHO u. Methylierung zu I. 2. *N-[β-(3'.4'-Methylendioxyphenyl)-äthyl]-3.4-dioxyphenylacetamid* aus **II** u. **III**, Dehydratisierung zu *1-[3'.4'-Dioxybenzyl]-6.7-[methylendioxy]-3.4-dihydroisochinolin*, Hydrierung zum Tetrahydroderiv., Kondensation u. Methylierung zu I.

Versuche: *Homoprotocatechusäure* (**II**), F. 125—126°, durch 2½ std. Kochen von Homoveratrumsäure mit 48%ig. HBr; 83,5% (Ausbeute). — *3.4-Dibenzyloxyphenylessigsäure*, F. 109° (Äthylacetat–PAe.), durch 5std. Kochen von **II**, Na-Äthylat u. Benzylchlorid unter Rückfluß u. Verseifung mit 10%ig. NaOH-Lsg.; 90%. — *N-[β-(3'.4'-Methylendioxyphenyl)-äthyl]-3.4-dibenzyloxyphenylacetamid*, $C_{31}H_{29}O_5N$, F. 69—70° (Ae.–PAe.), aus **III**-Hydrochlorid u. vorst. Verb. bei 170—180° (2 Std.); 56%. — *1-[3'.4'-Dibenzyloxybenzyl]-6.7-[methylendioxy]-3.4-dihydroisochinolin* (**IV**), durch Zutropfen von $POCl_3$ zu einer Lsg. vorst. Verb. in sd. Bzl.; 88%. — *N-[β-(3'.4'-Methylendioxyphenyl)-äthyl]-3.4-dioxyphenylacetamid*, $C_{17}H_{17}O_5N$, F. 193—194° (Xylol), aus **II** u. **III** in Ae.; 83,5%. — *1-[3'.4'-Dioxybenzyl]-6.7-[methylendioxy]-3.4-dihydroisochinolin*, F. 125—128° (Ae.), aus vorst. Verb. in Bzl. u. P_2O_5 unter Kochen; 79%. — *1-[3'.4'-Dioxybenzyl]-norhydrohydrastinin*, $C_{17}H_{17}O_4N$, F. 282—285° (A.); 1. durch Hydrierung von **IV** in A. in Ggw. von ADAMS-Pt; 90%; 2. durch Hydrierung vorst. Verb. in A.–Eisessig; 77,8%. — *2.3-[Methylendioxy]-9.10-dioxytetrahydroprotoberberin*, $C_{18}H_{17}O_4N$, F. 220—222° (A.), aus dem *Hydrochlorid*, F. über 340° (A.), erhalten durch 3tägiges Stehen vorst. Verb. in A. u. HCHO bei n. Temp., Zugabe von HCl u. 15 Min. Erhitzen auf dem Wasserbad; 18%. — *Tetrahydroberberin* (I), $C_{20}H_{21}O_4N$, F. 165—167° (A.), aus vorst. Verb. in NaOH-Lsg. u. $(CH_3)_2SO_4$ auf dem Wasserbad; 71%. (Chem. Zvesti **8**. 201—06. April 1954. Preßburg [Bratislava], Slov. akad. vied, ústav chem. technol. organ. látok.)
E. ROTTER. 3500

Walter H. Hartung und **S. M. Gadekar,** *Stereoisomere N-Methylgranatoline. Pseudopelletierin* (III) wurde mit Na u. A. oder katalyt. in Ggw. von PtO_2 reduziert. Entsprechend den bei der Red. von *Tropanon* (**IV**) erhaltenen Ergebnissen wird die nach dem ersten Verf. dargestellte Verb. als *Methylgranatolin* (I) angesehen mit der OH-Gruppe in cis-Stellung zur N-Methylgruppe. Die nach der zweiten Meth. dargestellte isomere Verb. wird als *Isomethylgranatolin* (II) bezeichnet u. als trans-Isomeres angesehen. Wie die Tropanole besitzen I u. II verschied. p_K- u. p_H-Werte. Dies wird auf eine Brückenbldg. zwischen der OH-Gruppe u. der Aminogruppe von **II** zurückgeführt u. kann als weiterer Beweis für die angenommene Konfiguration angesehen werden. Dagegen war ein Vgl. der physiol. Eigg. der Mandelsäureester von I u. II mit den Estern der Tropanole zur Konstitutionsaufklärung nicht geeignet. Im Gegensatz zu WERNER (J. Amer. chem. Soc.

40. [1918.] 670) wurde beobachtet, daß beide Methylgranatolinester mydriat. Eigg. besitzen, der von **I** allerdings schwächere als der von **II**.

Versuche: *Methylgranatolin* (I), $Kp._{14}$ 145—148°, F. 96°, durch Red. von **III** mit Na u. Alkohol. *Pikrat*, F. 249°. *Mandelsäureester, Hydrobromid*, durch 72std. Kochen von **I** u. Mandelsäure in 10%ig. HCl, Extraktion mit Ae., Zugabe von Alkali, Extraktion mit Ae. u. Behandlung mit äther. HBr. *Tropasäureester, Hydrobromid*, F. 220°. — *Pseudotropanol*, F. 108°, durch Red. von **IV** mit Na u. Alkohol. *Pikrat*, F. 258—259°. *Tropasäureester*, F. 86—88°. *Hydrobromid*, F. 183° (Zers.). — *Isomethylgranatolin* (II), $Kp._{11-12}$ 139°, F. 69°, durch katalyt. Hydrierung von **III** nach KEAGLE u. HARTUNG (J. Amer. chem. Soc. **68.** [1946.] 1608). *Pikrat*, F. 263—264°. *Mandelsäureester, Hydrobromid*, F. 227° (absol. A.). *Tropasäureester, Hydrobromid*, F. 233°. — *Tropanol*, F. 63°, durch katalyt. Red. von **IV**. *Pikrat*, F 275° *Mandelsäureester*, F. 95,5—98,5° (*Hydrobromid*, F. 217 bis 218°). *Tropasäureester*, F. 118° (*Hydrobromid*, F. 163—164°). (J. Amer. pharmac. Assoc., sci. Edit. **42.** 715—17. Dez. 1953. Baltimore, Md., Univ. of Maryland, School of Pharm.) HILDEGARD BAGANZ. 3500

P. Broadbent, Alexander Robertson und **W. B. Whalley,** *Die Farbstoffe des „Drachenblut"-Harzes. 4. Mitt. Die Oxydation einiger Anhydro-7-oxybenzopyranole.* (3. vgl. C. **1951.** II. 3313.) Zum Vgl. mit dem Decarboxylierungsprod. der Dracosäure (**I**) wurden *3-* u. *5-Äthyl-2.4-dioxybenzophenon* (**III**) nach HOESCH aus 2- (**II**) bzw. 4-Äthylresorcin (**IV**) mit Benzonitril dargestellt. **III** ist verschieden von dem durch hydrolyt. Spaltung von *8-Benzoyl-6-äthyl-7-oxy-4-methylcumarin* (**V**) erhältlichen isomeren *3-Äthyl-2.6-dioxybenzophenon.* **V** entsteht durch FRIESsche Verschiebung aus 7-Benzoyloxy-6-äthyl-4-methylcumarin. Verss., das in dieser Reihe noch fehlende *4-Äthyl-2.6-dioxybenzophenon* aus 5-Äthylresorcin nach HOESCH oder FRIEDEL-CRAFTS darzustellen, schlugen fehl, auch die hydrolyt. Spaltung des entsprechenden Cumarins war nicht möglich, da 7-Benzoyloxy-5-äthyl-4-methylcumarin keine FRIESsche Verschiebung eingeht. — Vff. unterwarfen die Anhydrobasen des 7-Oxy-, 6-Äthyl-7-oxy-, 8-Äthyl-7-oxy- u. 5.7-Dioxy-2.4-diphenylbenzopyranols der Oxydation mit methanol. alkal. H_2O_2. In allen Fällen entstand dabei neben Harzen nur *Benzoesäure* in etwa mol. Verhältnis, ein Ergebnis, das eine weitere Stütze für die von Vff. l. c. angegebene Formel für **I** darstellt u. der von BROCKMANN u. Mitarbeitern (Ber. dtsch. chem. Ges. **77.** [1944.] 279) vorgeschlagenen Formulierung von **I** widerspricht.

Versuche: *3-Äthyl-2.4-dioxybenzophenon*, $C_{15}H_{14}O_3$, F. 195°, aus 4 g **II**, 1 g $ZnCl_2$ u. 3,5 cm³ Benzonitril in Ae. durch Sättigen mit HCl, 6tägiges Stehen, 3std. Kochen des abgetrennten Öles nach Neutralisation mit $NaHCO_3$-Lsg. u. Dest. im Hochvakuum; hellgelbe Platten aus verd. Essigsäure; 3,5 g (Ausbeute). *2.4-Dinitrophenylhydrazon*, $C_{21}H_{18}O_6N_4$, F. 268°, aus A. rote hexagonale Prismen. — *5-Äthyl-2.4-dioxybenzophenon* (**III**), $C_{15}H_{14}O_3$, F. 106°, analog aus 4 g **IV**; hellgelbe Prismen aus PAe.; 3 g. *Oxim*, $C_{15}H_{15}O_3N$, F. 142°, aus PAe./Chlf. hellgelbe Nadeln. *2.4-Dinitrophenylhydrazon*, $C_{21}H_{18}O_6N_4$, F. 242°, aus A. rote Platten. — *8-Benzoyl-6-äthyl-7-oxy-4-methylcumarin* (**V**), $C_{19}H_{16}O_4$, F. 159°, aus A. hellgelbe Prismen. — *3-Äthyl-2.6-dioxybenzophenon*, F. 123°, durch alkal. Hydrolyse von **V**; aus PAe. gelbe Platten. *2.4-Dinitrophenylhydrazon* $C_{21}H_{18}O_6N_4$, F. 221° (Zers.), dunkelt ab 150°, aus A. rote Nadelrosetten. — *5-Äthyl-7-oxy-4-methylcumarin*, $C_{12}H_{12}O_3$, F. 188°, aus 1 g 5-Äthylresorcin mit 1 cm³ Acetessigester in 5 cm³ konz. H_2SO_4 in 24 Std.; Prismen aus A.; 1 g. — *7-Benzoyloxy-5-äthyl-4-methylcumarin*, $C_{19}H_{16}O_4$, F. 167°, durch Benzoylierung vorst. Verb.; Prismen aus A.; gab beim Vers. der FRIESschen Verschiebung eine amorphe Substanz u. daraus bei der Hydrolyse ein Harz. — *6-Äthyl-7-oxy-4-phenylflavyliumchloriddihydrat*, $C_{23}H_{19}O_2Cl \cdot 2\,H_2O$, Zers. bei 255°, aus 1,4 g **IV** u. 2,3 g Dibenzoylmethan in Essigester durch Sättigen mit HCl bei 0°; aus 10%ig. HCl/A. (1:1) orangefarbene Prismen; 3,2 g. *Ferrichlorid*, $C_{23}H_{19}O_2Cl_4Fe$, F. 210° (Zers.), gelbe rhomb. Prismen aus Essigsäure. *Perchlorat*, $C_{23}H_{19} \cdot O_6Cl$, Zers. > 154—156°, gelbe unregelmäßige Prismen. *Anhydrobase*, $C_{23}H_{18}O_2$, F. 219° (Zers.), durch Zers. des Chlorids mit viel W. oder mit wenig Na-Acetatlsg.; aus CH_3OH karmesinrote Prismen, aus Bzl. dunkelrote Platten. — *8-Äthyl-7-oxy-4-phenylflavyliumchlorid*, $C_{23}H_{19}O_2Cl$, F. 120°, aus **II**; orangefarbene hexagonale Platten aus 10%ig. HCl/A. (1 : 1). *Ferrichlorid*, $C_{23}H_{19}O_2Cl_4Fe$, Zers. bei 210—220°, tiefgelbe Prismen aus Essigsäure. *Perchlorat*, $C_{23}H_{19}O_6Cl$, F. 261° (Zers.), gelbe Prismen. *Anhydrobase*, $C_{23}H_{18}O_2$, F. 211°, tiefrote Prismen aus Bzl./PAe. oder Methanol. (J. chem. Soc. [London] **1952.** 4957—59. Dez. Liverpool, Univ.) M. KÜHNEL. 3550

R. Pallaud und **J. Berna,** *Darstellung von Menthofuran.* Vff. modifizierten die von TREIBS (Ber. dtsch. chem. Ges. **70.** [1937.] 85) angegebene Synth. des Menthofurans (**I**).

Versuche: *Pulegon*, durch 3std. Behandeln von Pfefferminzessenz ($D.^{12}_4$ 0,940; n_D^{14} 1,4897; $[\alpha]_D$ 17° 30') mit Na_2SO_3 bei 95—97° u. anschließende Ae.-Extraktion. —

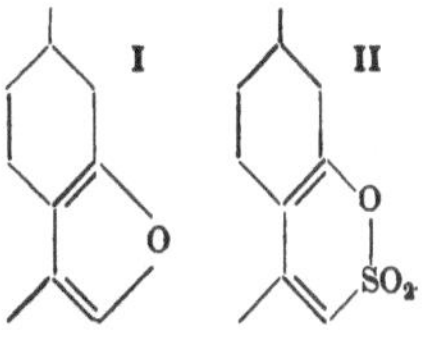

Menthofuran (I), Kp.$_{18}$ 80°; man läßt unterhalb −5° Pulegon (1 Mol) in ein Gemisch von H_2SO_4 (1,5 Mol) u. Acetanhydrid (3 Mol) fließen (3 Std.) u. zers. den erhaltenen cycl. *Sulfonsäureester* (II) des *Isopulegonenols*, $C_{10}H_{14}O_3S$ (75—80% Ausbeute; umkristallisieren aus absol. Methanol) durch Erhitzen mit der gleichen Gewichtsmenge ZnO auf 300° unter N_2 oder CO, wobei SO_2 abgespalten wird; D.^{15} 0,972; n_D^{20} 1,48890; $[\alpha]_D$ +92°; 80%. — I kann auch durch direkte Extraktion aus Pfefferminzessenz (Kp.$_{18}$ 81—84°; D.^{15} 0,965; n_D^{20} 1,4807; $[\alpha]_D$ +81,840°) gewonnen werden. (Ind. Parfumerie 8. 154—55. Mai 1953.) J. ROTHE. 3600

G. Dupont, R. Dulou, P. Naffa und **G. Ourisson,** *Longifolen; Allgemeines, Isolierung und physikalische Eigenschaften; vorläufige chemische Untersuchung.* (Vgl. C. **1955.** 3869.) *Longifolen* (I), ein farbloses, schwach riechendes Öl, Hauptbestandteil des ind. Terpentinöls aus *Pinus longifolia,* dem von Vff. die l. c. angegebene Struktur I zuerkannt wird, wurde durch Derivv., wie *Longifolan, ω-Brom-* u. *ω-Nitrolongifolen,* näher charakterisiert.

V e r s u c h e {[α]-Werte [gelbe Hg-Linie]; Konzz. (c) in g/100 cm³ Lsg.; RAMAN-Spektr. (RS) mit der Hg-Linie 4358 Å; UV-Spektr. in 95%ig. Alkohollsg.}: 5 kg Restanteile von frischem, ind. Terpentinöl (Handelsware) gaben, im Vakuum dest., 25 Fraktionen von ca. 200 g (Konstanten im Diagramm); die Fraktionen 5—24 enthielten einheitliches *Longifolen* (I), $C_{15}H_{24}$, Kp.$_5$ 106—07; Kp.$_{15}$ 126—127°; D.$^{18}{}_4$ 0,9319; n_D^{20} 1,5040; [α] +45,28° (c = 100), +47° (c = 5, A.). RS u. Infrarotspektr. vgl. Diagramm im Original. Ältere, anoxydierte Ware erfordert eine Vorbehandlung mit $KMnO_4$-Lsg. oder durch Chromatographie u. Destillation. — Hydrierung mit RANEY-Ni bei 120—130° u. 125 at in Essigester; unter n. Bedingungen entsteht mit Pt nach ADAMS in Essigester *Longifolan* (II), $C_{15}H_{26}$, Kp.$_5$ 105—106°; D.$^{21}{}_4$ 0,9252; n_D^{21} 1,4938; [α] −25,3° (c = 100); ebenso mit Pt nach VAVON in Essigsäure; gleiches RS, jedoch [α] −37 (c = 100). Dehydrierungsverss. mit I u. S, Se oder Pd-Kohle lieferten I zurück. Erhitzen mit 2%ig. $MgCl_2$-Lsg. bis 370° läßt II prakt. unverändert; bei 400° wurden 7,5% in eine Fraktion (Kp.$_5$ 50—95°; D.$^{21}{}_4$ 0,8916; n_D^{21} 1,4860; mit $C(NO_2)_4$ dunkelrote Färbung) mit p-Cymol-Geruch umgewandelt. — OsO_4-Oxydation von I vgl. l. c. — Das Reaktionsprod. aus I u. Br_2 in Ae. (ca. 15 Std. bei −10°) gibt, 7 Std. mit Dimethylanilin auf 180° erhitzt u. mit verd. HCl gewaschen, bei der Dest. nach einem Verlauf von 15% eines KW-stoffgemisches {[α] +64° (c = 100)} eine Hauptfraktion (70%) von *ω-Bromlongifolen,* $C_{15}H_{23}Br$; Kp.$_{20}$ 174—175°; F. 40—41,5°; Kristalle aus CH_2Cl_2 + CH_3OH; [α] +60° (c = 5,9; Chlf.); [α] +51° (c = 59; A.); sehr resistent gegen HBr abspaltende u. Oxydationsmittel; mit O_3 entsteht, ebenso wie aus I, eine „*Longifolsäure*", F. 152°; mit nitrosen Gasen analog eine *Säure,* F. 165°, regenerierbar mit Na u. A. zu **I.** — Aus dem mit I u. N-Oxyden erhaltenen, dampfdest. Reaktionsprod. entfernt $NaHCO_3$ ca. 30% nichtkrist. Säuren, Na_2CO_3 eine äquivalente Menge krist. Säuren [aus Ameisensäure Kristalle, F. 169—171°, Misch-F. 169—171° mit Longifolsäure (F. 169°)]. Aus der neutralen, chromatographierten Fraktion *ω-Nitrolongifolen,* $C_{15}H_{23}O_2N$, F. 75—77°; durchsichtige gelbe Prismen aus CH_3OH u. A.; [α] +123° (c = 85; A.); λ_{max} 275 mμ (ε = 9050); Infrarotspektr. vgl. Original). — Durch Kochen von I mit CrO_3 in Essigsäure u. Behandeln des Destillats mit 2.4-Dinitrophenylhydrazin in 2nHCl *Acetonhydrazon,* F. 125—126°, Kristalle aus Alkohol. (Bull. Soc. chim. France, Mém. [5] **21.** 1075—79. Sept. 1954. Paris, École Supérieure, Labor. de Chim.) W. SCHULENBURG. 3600

Maximilian Pöhm, *Die Umsetzung von Lysergsäure mit p-Dimethylaminobenzaldehyd.* Die zur colorimetr. Best. von Mutterkornalkaloiden (vgl. L. FUCHS, Scientia pharmac. **18.** [1950.] 93 u. früher) verwendete Blaufärbung von *Lysergsäure* (I) mit *p-Di-*

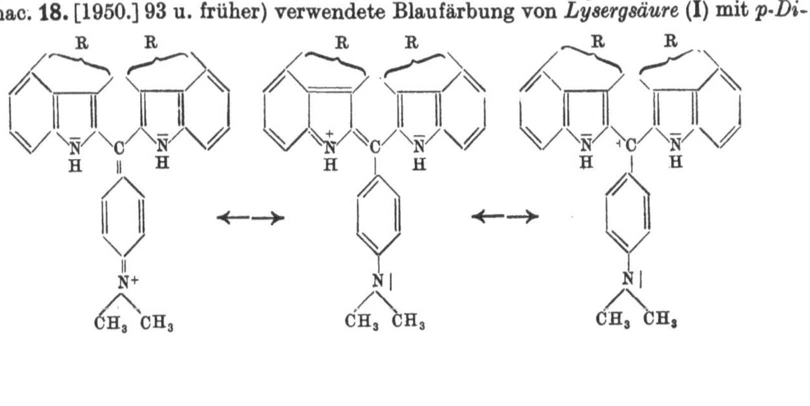

methylaminobenzaldehyd (II) in Ggw. von Oxydationsmitteln (III) wird untersucht. Für die Färbung ist die Ggw. von III unbedingt notwendig, u. zwar tritt diese nur auf, wenn zu I in H_2SO_4 erst II u. dann III zugesetzt wird. Unter der Einw. der H_2SO_4, aber auch mit $ZnCl_2$ in Eisessig, bildet sich wahrscheinlich aus 2 Mol I u. 1 Mol II unter Wasserabspaltung zunächst ein Farbstoffkation der durch vorst. Grenzformeln angegebenen Konst., die in Analogie zur Bldg. von 2.2'-Benzaldiskatol aus β-Methylindol u. Benzaldehyd angenommen wird. Das Dihydroderiv. von I sowie β-substituierte Indolderivv. geben eine analoge Farb-Rk., α.β-disubstituierte Indolderivv. dagegen nicht; α-substituierte Indolderivv. geben unter denselben Bedingungen eine Rotfärbung, die durch eine N-Methylgruppe nicht beeinflußt wird. (Arch. Pharmaz. Ber. dtsch. pharmaz. Ges. **286/58.** 509—11. 1953. Wien, Pharm.-chem. Fabriken A. v. Waldheim u. Cewepharm, wiss. Labor.) H.-J. KOCH/Berlin. 3800

Lee A. Subluskey und **Thomas F. Sanderson,** *Die Struktur des Lactons der „Oxytetrahydroabietinsäure“.* Die Behandlung von „Staybelite Resin“ der HERCULES POWDER COMP. mit starken Mineralsäuren liefert ein Lacton vom Dehydroabietinsäuretyp, dem nicht die früher beschriebene Konst. eines 13α-Oxyabietansäure-(15)-lacton zugeordnet werden kann (vgl. FLECK u. PALKIN, J. Amer. chem. Soc. **61.** [1939.] 3197). Für dieses Lacton wurde jetzt die Konst. eines *12α-Oxy-13β-methyl-12-nor-11β.14α-abietansäure-(15)-lactons* (I) wahrscheinlich gemacht. Für die Konst. sprach die Infrarotabsorption eines γ-Lactons, die Bldg. des Diols II bei der Red. mit $LiAlH_4$ u. die Bldg. der ungesätt.

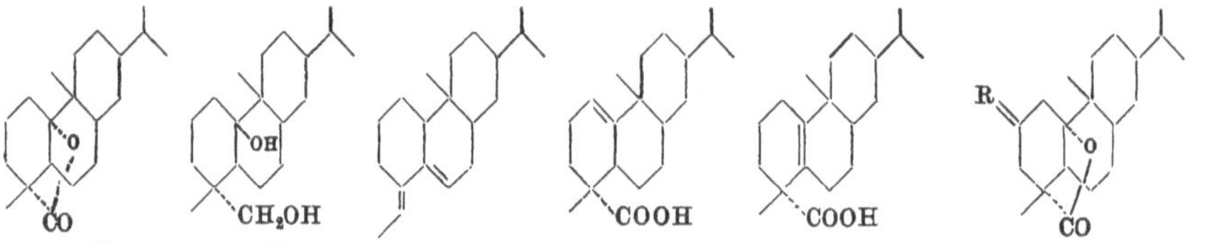

I II VIII III IV VI R=O

VII R = —S=CH₂—CH₂—S—

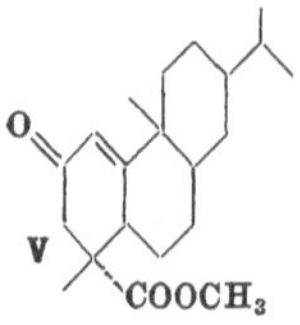

V

Säuren III u. IV, die bei der Umsetzung des Lactons mit Methyl-MgJ entstehen. Bei der Decarboxylierung lagert sich III zunächst in IV um. Der Methylester von III ergab bei der Oxydation mit mol. Sauerstoff in Ggw. von Co-Naphthenat als Katalysator den Ketoester V, der beim Verseifen u. Kristallisieren zu VI lactonisiert. Die Stellung der CO-Gruppe folgte aus der Umsetzung mit Äthyl-MgJ u. der anschließenden Dehydrierung zu 3-Äthylreten. Daß bei dieser Reaktionsfolge eine Umlagerung im C-Skelett nicht erfolgt war, ergab sich aus der Möglichkeit, das VI entsprechende Äthylendithioketal VII mit RANEY-Ni in I überzuführen. — Der Mechanismus der Lactonbldg. wird diskutiert.

Versuche: *13β-Methyl-12-nor-11β.14α-abietandiol-(12α.15)* (II), $C_{20}H_{36}O_2$, F. 137,5—138,5° u. 149—150° (Isooctan), $[\alpha]_D$ 25 +28° (Chlf.), aus I (F. 131°, $[\alpha]_D$ —3°) in viel Bzl. mit äther. $LiAlH_4$ bei Zimmertemp. (12 Std.), Kristalle; 90%. *Monoacetat,* $C_{22}H_{38}O_3$, F. 68—69° (wss. Methanol), $[\alpha]_D^{25}$ +15° (Chlf.) mit Essigsäureanhydrid in Pyridin. *Monobenzoat,* $C_{27}H_{40}O_3$, F. 104—105,5° (wss. Methanol), $[\alpha]_D^{25}$ +7° (Chlf.) mit Benzoylchlorid in Pyridin. — *KW-stoff* VIII, $C_{20}H_{32}$, $Kp._{0,3}$ 140—142°, durch Dehydratisieren von II mit konz. H_2SO_4 bei Zimmertemp., λ_{max} 244 mμ (α = 37); 71%. Liefert bei der Ozonolyse in C_2H_5Cl bei —70° u. Zers. des Ozonids mit Zn u. Essigsäure Acetaldehyd. —*KW-stoff* $C_{19}H_{32}$, $Kp._{0,07}$ 123—124°, durch Decarboxylieren von III (F. 147—148°) oder IV (F. 185—186°) bei 240—250° (4 Std.) unter Entw. von 51% bzw. 96% CO_2. *Dehydroabietinsäure* (F. 171—172°, $[\alpha]_D$ +61°) u. *Dihydrodextropimarsäure* (F. 241 bis 243°, $[\alpha]_D$ +19,2°) bleiben unter diesen Bedingungen unverändert. — *3-Oxo-13β-methyl-12-nor-11β.14α-abietan-(4)-säure-(15)-methylester* (V), $C_{21}H_{32}O_3$, F. 59,5—60,5° (Methanol), $[\alpha]_D^{25}$ +235° (Chlf.) aus III-Methylester (erhalten aus III mit CH_3J u. K_2CO_3 in sd. Aceton; 97%) mit Co-Naphthenat in einer O_2-Atmosphäre bei 90° (25 Std.) u. Reinigen durch Chromatographieren an Al_2O_3. Nach dem Eluieren mit Hexan + Bzl. (1:1) Kristalle; λ_{max} 242 mμ (ε = 15000). $\lambda_{C=O}$ 5,75 u. 5,94 μ. *2.4-Dinitrophenylhydrazon,* $C_{27}H_{36}O_6N_4$, F. 181—182°. — *12α-Oxy-3-oxo-13β-methyl-12-nor-11β.14α-abietansäure-(15)-lacton* (VI), $C_{20}H_{30}O_3$, F. 172—173° (Methanol), $[\alpha]_D^{25}$ —16° (Chlf.) durch Verseifen von V mit KOH in sd. Diäthylenglykol (1½ Std.), Zers. mit W. u. Extrahieren mit Ae.; 73%. $\lambda_{C=O}$ 5.65 u. 5,78 μ (CS_2). *2.4-Dinitrophenylhydrazon,* $C_{26}H_{34}O_6N_4$, F. 182—184°. — *3-Acetylreten,* $C_{20}H_{20}O$, F. 96—97°, aus Reten u. Acetylchlorid nach FRIEDEL-CRAFTS; 57%. *Pikrat,* F. 144,5—145°. *Semicarbazon,* $C_{21}H_{23}ON_3$, F. 246—247,5°. — *3-Äthylreten,*

$C_{20}H_{22}$, F. 51—52°, a) aus vorst. Semicarbazon nach WOLFF-KISHNER bzw. BOGERT u. HASSELSTROM (J. Amer. chem. Soc. **53**. [1931.] 3462), b) aus **VI** mit Äthyl-MgJ in Bzl. bei Zimmertemp. (24 Std.), Dehydrieren des erhaltenen Öls mit 5% ig. Pd-Kohle bei 320 bis 330° im N_2-Strom u. Chromatographieren des Ätherextraktes an Silicagel. *Pikrat*, F. 150,5—151°. *Trinitrobenzolderiv.*, F. 165—166°. — *Lacton*, **VII**, $C_{22}H_{34}O_2S_2$, F. 289 bis 291° (A.), aus **VI** in Eisessig mit BF_3-Ätherat u. Äthandithiol als Nd.; $\lambda_{C=O}$ 5,62 μ. Liefert bei der Entschwefelung mit RANEY-Ni in sd. A. **I**. (J. Amer. chem. Soc. **76**. 3512—15. 5/7. 1954. Wilmington, Del., Hercules Powder Comp., Exper. Station.) H. GOLD. 3950

Ján Polčín, *Untersuchung der Eigenschaften von AS-Lignin.* 1. Mitt. *Chlorierung von AS-Lignin mit Hypochloriten.* Das neue Industrieprod. *AS-Lignin* [*Alkalisulfitlignin*] (**I**) wird bei Einw. von Hypochlorit (**II**) in alkal. u. neutralem Gebiet chloriert u. oxydiert. Durch Erhöhung der Alkalität u. Wärme steigt bei **I**, ähnlich wie bei anderen Ligninarten, die oxydierende Wrkg., die chlorierende sinkt. Durch Erhöhung der Konz. von **II** im alkal. Gebiet wird vor allem die Seitenkette gespalten, während die Methoxylgruppen vorerst unberührt bleiben. Bei weiterer Steigerung der **II**-Menge u. Senkung der Alkalität werden auch diese unter Erhöhung der Löslichkeit in wss. u. schwachsaurem Milieu abgespalten. Präpp., die mit geringen **II**-Mengen (bis 1 Mol/100 g **I**) erhalten wurden, zeigen gleiche Löslichkeit wie das ursprüngliche **I** in Alkalien; im sauren Gebiet werden sie gefällt. (Chem. Zvesti **8**. 227—34. April 1954. Preßburg [Bratislava], Výskumný ústav priemyslu celulózy.) E. ROTTER. 3950

D3. Makromolekulare Chemie.

K. S. Fattachow, W. N. Zwetkow und **O. W. Kallisstow,** *Untersuchung von Lösungen von Kettenpolymeren mittels Lichtstreuung.* 1. Mitt. *Allgemeiner Teil.* Vff. beschreiben eine Meth. zur Best. der Größe u. M. gelöster polymerer Moll. durch Unters. der Asymmetrie des durch die Lsg. gestreuten Lichtes u. seiner Intensität 90° zur ursprünglichen Strahlrichtung. Die gemessene Asymmetrie wird bzgl. des Lösungsmitteleinfl. korrigiert. Das für polydisperse Proben erhaltene Mol.-Gew. entspricht einem Mittelwert, die ermittelte Länge einer mittleren Z-Form. (Журнал Экспериментальной и Теоретической Физики [J. exp. theoret. Physik] **26**. 345—50. März 1954. Inst. für hochpolymere Verbb. der Akad. der Wiss. der UdSSR.) R. AMBERGER. 4000

W. N. Zwetkow, K. S. Fattachow und **O. W. Kallistow,** *Untersuchung von Lösungen von Kettenpolymeren mittels Lichtstreuung.* 2. Mitt. *Molekulargewichte und Molekülgrößen von Polymethylmethacrylat in Aceton.* (1. vgl. vorst. Ref.) Vff. untersuchen experimentell in einem weiten Mol.-Gew.-Bereich die Lichtstreuung von Lsgg. von *Polymethylmethacrylat* (**I**) in Aceton u. bestimmen hierfür die Mol.-Geww. u. Größen. Vff. erhalten eine Formel für den Zusammenhang zwischen der charakterist. Zähigkeit der **I**-Fraktionen in Benzol u. dem Mol.-Gewicht. (Журнал Экспериментальной и Теоретической Физики [J. exp. theoret. Physik] **26**. 351. März 1954.) R. AMBERGER. 4000

C. E. H. Bawn und **T. B. Rhodes,** *Polymethylen von hohem Molekulargewicht.* 1. Mitt. *Die Kinetik der durch Kupfersalz katalysierten Zersetzung von Diazomethan. Diazomethan* (**I**) wurde in Toluol (**II**) gelöst u. bei 20° der Einfl. verschied. Katalysatoren auf die Bldg. von *Polymethylen* (**III**) untersucht. Schwache bis starke **III**-Bldg. wurde erhalten mit $FeCl_3$, $SnCl_2$, $AlCl_3$ in Ae., $BF_3 \cdot O(C_2H_5)_2$ (**IV**), $BF_3 \cdot CH_3COOH$, Trimethylborat, organ. Cu-Salzen [Stearat (**V**), Citrat, Succinat, Benzoat]; mit metall. Cu u. mit den Salzen des Fe u. Co der gleichen organ. Säuren wie bei Cu wurde **III** nur in geringer Menge gebildet; $SnCl_4$, J_2, $Al_2(SO_4)_3$ u. Pb-Acetat gaben kein **III**; in Äthylacetat u. Methyläthylketon war die erhaltene **III**-Menge wesentlich geringer als in **II**. Der F. der unter diesen Bedingungen erhaltenen **III**-Proben liegt zwischen 128 u. 135°. Der zeitliche Verlauf der Zers. von **I** (Best. der entwickelten N_2-Menge u. der entstandenen **III**-Menge) wurde bei 0° unter Verwendung von Cu-Stearat (**V**) bei verschied. Konzz. von **V** in **II** gemessen. Die Bildungsgeschwindigkeit v von **III** ist proportional dem Prod. aus den Konzz. von **I** u. **V**; die gleiche Beziehung gilt bei Verwendung von **IV** als Katalysator. Aus der Temperaturabhängigkeit der Geschwindigkeitskonstante (Messungen mit **V** zwischen 0 u. 12°) ergibt sich die Aktivierungsenergie zu 16,1 $\pm$ 0,2 kcal/Mol. Die durch **V** katalysierte Rk. wird durch geringe Wasser- oder A.-Mengen beschleunigt; Diphenylamin u. β-Naphthol geben nur dann eine Hemmung, wenn ihre Konz. von gleicher Größenordnung wie die von **V** ist. Ultrarotunterss. zeigen kein Anzeichen für das Vorliegen einer Kettenverzweigung. **III** ist oberhalb 85° lösl. in Toluol, Xylol, Äthylbenzol, Cumol u. Tetralin. Aus der Messung der Intrinsicviscosität in Xylol bei 95° ergibt sich bei Verwendung der von HARRIS (vgl. C. **1954**. 2837) angegebenen Gleichung das Mol.-Gew. M (Zahlenmittel) von mit **V** hergestelltem **III** zu 2200. Mit **IV** erhaltenes **III** hat ein M von 14000, entsprechend 17000 bei Verwendung von metall. Cu als Katalysator. Bei der

Polymerisation mit nur sehr geringen Mengen von **IV** bzw. $BF_3 \cdot CH_3COOH$ wurde unlösl. **III** gewonnen (vermutlich wegen des zu hohen M unlöslich). Vff. nehmen an, daß die Polymerisation nach einem Ionenmechanismus verläuft; die abgeleiteten Beziehungen stimmen mit den experimentellen Daten gut überein. (Trans. Faraday Soc. **50.** 934—41. Sept. 1954. Liverpool, Univ., Dep. of Inorg. and Phys. Chem.) O. Fuchs. 4010

W. G. Oakes und **D. W. Robinson**, *Dynamisch-elektrische und -mechanische Eigenschaften von Polyäthylen über einen weiten Temperaturbereich.* Von *Polyäthylen* (I) des osmot. Mol.-Gew. 24000 wurden zwischen —200 u. +80° der mechan. Verlustfaktor $\Delta f/f_0$ u. von anoxydiertem I im gleichen Temperaturbereich der dielektr. Verlustfaktor tgδ gemessen. $\Delta f/f_0$ geht bei 55° (α), —15° (β) u. —120° (γ) je durch ein Maximum, entsprechend tg δ bei 70° (α, kein Maximum, nur scharfer Knickpunkt), 10° (β) u. —80° (γ). Daneben treten in $\Delta f/f_0$ bei ca. 5 u. 35° Anomalien auf. Die Höhe von $\Delta f/f_0$ steigt in der Reihenfolge γ—β—α stark an. Die γ-Stellen werden auf eine teilweise Beweglichkeit der CH_2-Hauptkette zurückgeführt. Aus der Tatsache, daß *Polymethylen* zwischen —60 u. +40° keine Dispersion zeigt, folgt, daß die β-Stellen durch die Anwesenheit von Seitengruppen in I bedingt sind. α schließlich ist durch eine stärkere Beweglichkeit der Polymerkette (Beginn des Schmelzens der krist. Bereiche) verursacht. Die Aktivierungsenergien (in kcal/Mol) berechnen sich zu 60 (α), 55 (β) u. 13 (γ) für $\Delta f/f_0$ u. entsprechend zu 40 bzw. 30 bzw. 6 für tg δ. (J. Polymer Sci. **14.** 505—07. Nov. 1954. Winnington, Northwich, Cheshire, I. C. I. Ltd., Res. Dep. Alkali Div., u. Welwyn Garden City, Herts., I. C. I. Ltd., Res. Rep., Plastics Div.) O. Fuchs. 4010

Lawrence E. Nielsen, *Einfluß der Kristallinität auf die dynamisch-mechanischen Eigenschaften von Polyäthylenen.* Ausführliche Mitt. zu der C. **1955.** 4843 referierten Arbeit. (J. appl. Physics **25.** 1209—12. Okt. 1954. Springfield, Mass., Monsanto Chem. Co., Plastics Div.) O. Fuchs. 4010

Robert S. Marvin, R. Aldrich und **H. S. Sack**, *Die dynamische Gesamtviscosität von Polyisobutylen.* Ausführliche Mitt. zu der C. **1955.** 4843 referierten Arbeit. (J. appl. Physics **25.** 1213—18. Okt. 1954. Washington, D. C., Nat. Bur. Stand.; Ithaca, N. Y., Cornell Univ.) O. Fuchs. 4010

R. H. Ewart und **C. I. Carr**, *Die Verteilung der Teilchengrößen im Polystyrollatex.* Die Emulsionspolymerisation von *Styrol* (I) wurde bei 50° in alkal. Lsg. in Ggw. von $K_2S_2O_8$ u. K-Laurat (II) ausgeführt (je 100%ig. Umsetzung von I). Von den Polymerisaten wurde mit Hilfe des Elektronenmikroskops die Teilchengrößenverteilung im Latex in Abhängigkeit von der Konz. c_1 von I u. c_2 von II bestimmt. Die d-Werte (d = Durchmesser des Latexteilchens) der einzelnen Proben erstrecken sich zum Teil von ca. 3—16 μ. Die aus der d-Verteilung berechnete mittlere Teilchengröße $\bar{d}$ steigt bei konstantem c_2 mit wachsendem c_1 an; ferner steigt $\bar{d}$ bei konstantem c_1 u. fallendem c_2. Die d-Verteilung wird auf die zeitlichen Schwankungen des Eindringens eines freien Radikals in ein I-Tröpfchen zurückgeführt. In Übereinstimmung mit den aus dieser Vorstellung erhaltenen Gleichungen fällt die Größe $\Delta d^3/\overline{d^3}$, wo $\Delta d^2 = \overline{(d - \bar{d})^2}$, mit zunehmendem $\bar{d}$ ab; allerdings ist die Größe des Abfalls nicht so groß wie berechnet. (J. physic. Chem. **58.** 640—44. 18/8. 1954. Passaic, N. J., U. S. Rubber Co., General Labor.) O. Fuchs. 4010

Hubert Daoust und **Marcel Rinfret**, *Mikrocalorimetrische Untersuchungen an Polyvinylacetatlösungen.* Von 3 *Polyvinylacetatfraktionen* der Mol.-Geww. 135000 (**Ia**) bzw. 85000 (**Ib**) bzw. 58000 (**Ic**) wurden für die Lösungsmittel Chlf. (**II**), Äthylenchlorid (**III**), Chlorbenzol (**IV**), Bzl. (**V**), Toluol (**VI**) u. Methanol (**VII**) die Intrinsicviscosität [η] u. die Mischungswärme ΔH (in cal) erhalten: 1,06 u. —0,885 (in **II**), 0,92 u. —0,252 (in **III**), 0,77 u. —0,092 (in **IV**), 0,71 u. 0,046 (in **V**), 0,51 u. 0,119 (in **VI**), 0,45 u. 1,046 (in **VII**). Ferner wurde die Abhängigkeit von ΔH von dem Volumenbruch Φ von I zwischen Φ = 0,001 u. 0,01 für die Lsgg. von **Ib** in **III** u. **VII** u. von **Ic** in symm. Tetrachloräthan (**VIII**) bestimmt. ΔH steigt mit wachsendem Φ an, während die durch $\Delta H = V_m B\Phi(1 - \Phi)$ (V_m = Gesamtvol. der Lsg.) definierte Größe B für **Ib** in **III** u. für **Ic** in **VIII** durch ein Minimum geht (ΔH ist hier <1), für **Ib** in **VII** bei sehr kleinem Φ konstant ist u. bei höherem Φ abfällt (ΔH ist hier >1). Das Auftreten des Minimums wird auf eine Verschlingung der Makromoll. oberhalb eines bestimmten Φ-Wertes zurückgeführt. (Canad. J. Chem. **32.** 492—99. Mai 1954. Montreal, Quebec, Can., Univ., Dep. of Chem.) O. Fuchs. 4010

M. Krishnamurthi und **G. Sivarama Sastry**, *Umwandlungstemperaturen von Polymeren bei Ultraschallfrequenzen.* Von *Polymethylmethacrylat* (I) u. *Polystyrol* (II) wurde im Frequenzbereich f = 1—6 MHz zwischen t = 23 u. 83° die Temperaturabhängigkeit der Ultraschallgeschwindigkeit v gemessen. v von **I** u. **II** fällt mit steigendem t ab. Die (t, v)-Kurven bestehen je aus 2 geradlinigen Stücken mit einem Knickpunkt bei 61° (**I**) bzw. 70° (**II**). Die Lage dieser Umwandlungstempp. ist unabhängig von f. (Nature [London] **174**. 132—33. 17/7. 1954. Hyderabad, Indien, Osmania Univ., Phys. Labor.) O. Fuchs. 4010

Joseph Parker und **J. L. Shereshefsky**, *Monoschichten von einigen synthetischen Polymeren.* Unter Verwendung einer Torsionswaage wurde von den Oberflächenfilmen von *Polystyrol* (**I**), *Celluloseacetat* (**II**) u. *Polymethylmethacrylat* (**III**) (bei **II** u. **III** je 3 Fraktionen) auf 0,01 n. wss. HCl-Lsg. die Abhängigkeit von FA von F (F = Oberflächenspannung, A = Filmfläche) gemessen. Gemäß F (A — b) = nRT ergeben sich daraus das Mol.-Gew. M u. die von den Makromoll. eingenommene Fläche b. Für M von **I** u. **IIIa**—**IIIc** wurden so erhalten: 242000 (**I**), 72500 (**IIIa**), 35700 (**IIIb**) u. 33200 (**IIIc**), gegen die aus Viscositätsmessungen erhaltenen Werte 206000 bzw. 76900 bzw. 32600 bzw. 30500. Für **II** wurden bei kleinen F-Werten zu hohe M-Werte erhalten; die bei mittlerem F gewonnenen Daten sind M = 56300, 53900 u. 86800 gegen 57000 bzw. 45000 bzw. 29000. (J. physic. Chem. **58**. 850—53. Okt. 1954. Washington, D. C., Howard Univ., Chem. Dep.) O. Fuchs. 4010

A. A. Miller, E. J. Lawton und **J. S. Balwit**, *Einfluß der chemischen Struktur von Vinylpolymeren auf die Vernetzung und den Abbau durch ionisierende Strahlung.* Bei der Bestrahlung von Hochpolymeren mit sehr energiereichen Elektronen findet entweder eine Vernetzung oder ein Abbau der Makromoll. statt. Vernetzung wurde gefunden bei *Polyäthylen, Polymethylen, Polypropylen, Polystyrol, Polyacrylsäure, Polymethylacrylat, Polyacrylamid, Polyvinylalkyläthern* u. *Polyvinylmethylketon*, also bei Makromoll. der allg. Struktur $(-CH_2-CHR-)_n$, dagegen Abbau bei *Polyisobutylen, Poly-α-methylstyrol, Polymethacrylsäure, Polymethylmethacrylat* u. *Polymethacrylamid*, also bei Makromoll. der Struktur $(-CH_2-CRCH_3-)_n$. Der Unterschied wird darauf zurückgeführt, daß sich im 1. Falle resonanzstabilisierte Radikale $-CH_2-\underset{\bullet}{C}R-$ bilden sollen, während dies im 2. Falle nicht möglich ist, u. eine Spaltung nach $-\dot{C}H_2\underset{\bullet}{C}RCH_2- \rightarrow -\underset{\bullet}{C}H_2 + CH_2 = \underset{\bullet}{C}R-$ erfolgt. (J. Polymer Sci. **14**. 503—04. Nov. 1954. Schenectady, N. Y., Gen. Electr. Res. Labor.) O. Fuchs. 4010

W. W. Korschak und **T. M. Frunse**, *Über die Beziehung zwischen der Struktur des Kettengliedes und den Eigenschaften von Heterokettenpolyamiden.* Bei Polyamiden mit unverzweigter Kette wird die Beziehung zwischen dem F. u. dem Geh. (x) an NH-Gruppen im Verhältnis zu dem Geh. an CH_2-Gruppen im Kettenglied durch die Gleichung y = 7x + 110 ausgedrückt (y = F. in Celsiusgraden; x in Mol-%). Beispiele hierfür sind die *Polyamide* aus 17-*Aminomargarinsäure*-(*1*), *11-Aminoundecansäure*-(*1*), *7-Aminoönanthsäure*-(*1*), das *Polyamid* aus *Oktamethylendiamin* u. *Sebacinsäure* u. andere. Die NH-Gruppen bilden mit den CO-Gruppen anderer Makromoll. Brückenbindungen, die beim Schmelzen gesprengt werden, wozu mit steigender Anzahl der NH-Gruppen ein größerer Aufwand an Wärmeenergie (Erhöhung des F.) erforderlich ist. Nicht immer sind alle NH-Gruppen zur Bldg. von H-Bindungen befähigt, was im F. zum Ausdruck kommt. Die nicht beteiligten NH-Gruppen üben keinen wesentlichen Einfl. auf die Eigg. der Polyamide aus. Solche mit ungerader Anzahl der CH_2-Gruppen weisen stets einen niedrigeren F. auf, weil ster. Gründe die Brückenbldg. nicht bei allen NH-Gruppen erlauben. Der experimentell gefundene F. gibt die Möglichkeit, mittels vorst. Formel die Anzahl der NH-Brückenbildungen festzustellen. Beispiele hierfür sind das *Polyamid* aus *Pentamethylendiamin* u. *Pimelinsäure*, das *Polyamid* aus *Nonamethylendiamin* u. *Azelainsäure* u. andere; bei dem 1. sind nur 50%, bei dem 2. nur 49% der NH-Gruppen an Brückenbildungen beteiligt. Auch bei Mischpolyamiden ist die Best. möglich. (Доклады Академии Наук СССР [Ber. Akad. Wiss. UdSSR] [N. S.] **97**. 261—64. 11/7. 1954. Inst. für metallorgan. Verbb. der Akad. der Wiss. der UdSSR.) W. Dawydoff. 4010

W. W. Korschak und **T. M. Frunse**, *Über Austauschreaktionen zwischen den Makromolekülen der Polyamide.* 30std. Erhitzen von 15 g *Polyhexamethylendiaminazelainat* (**I**), F. 205°, mit 23,6 g *Polyhexamethylendiaminsebacinat* (**II**), F. 210°, auf 240 bis 250° in N_2-Atmosphäre lieferte ein im Gegensatz zu **I** u. **II** in A. lösl. Mischpolyamid, F. 178—183°. Das gleiche Mischpolyamid, F. 180—183°, entstand beim Erhitzen von **I** u. **II** in Kresol. Ein Mischpolyamid gleicher Zus. wurde auch beim Erhitzen von 0,4 Mol des monomeren *Hexamethylendiaminazelainats* u. 0,6 Mol des monomeren *Hexamethylendiaminsebacinats* erhalten. Auch das beim Erhitzen eines Gemisches von **I**, *Polyhexamethylendiaminadipinat* u. *Polycaprolactam* entstandene Mischpolyamid, F. 148—153°, hatte die gleiche Zus. wie das Mischpolyamid aus den in gleichem Verhältnis (1:1:2) angewendeten Monomeren. Demzufolge findet beim Erhitzen von Polyamidgemischen Umamidierung statt, wodurch das Auftreten von Austausch-Rkk. zwischen den einzelnen Makromoll. nachgewiesen ist. Im Gegensatz zu den Polymerisationsvorgängen spielen diese Austausch-Rkk. bei der Einstellung des Gleichgewichts bei Polykondensationsvorgängen eine maßgebliche Rolle. (Доклады Академии Наук СССР [Ber. Akad. Wiss. UdSSR] [N. S.] **97.** 675—77. 1/8. 1954. Inst. für metallorgan. Verbb. der Akad. der Wiss. der UdSSR.) W. DAWYDOFF. 4010

Paul Goldberg und **Raymond M. Fuoss,** *Nicht-Newtonsches Verhalten der Lösungen von Makromolekülen.* Vff. gehen von der Annahme aus, daß sich die in einem Capillarviscosimeter gemessene Viscosität einer nicht-NEWTONschen Fl. darstellen läßt durch $1/\eta\,(r) = (1/\eta)\,(1 - \alpha\, q + \beta\, q^2)$; dabei bedeuten η (r) = Viscosität der Fl. im Abstand r von der Capillarachse, q = lokaler Geschwindigkeitsgradient dv/dr, η = Viscosität für q = 0. Daraus ergibt sich weiter $1/\eta' = (1/\eta)\,[1 + 4\alpha\, Q/5 + 2\,(\alpha^2 + \beta)\, Q^2/3]$ mit $\eta' = \pi\, g\, R^4\, p\, t/8\, LV$, $Q = Rpg/2\, L\eta$, R bzw. L = Radius bzw. Länge der Capillare, p = treibender Druck, t = Fließzeit für das Vol. V. Zur Prüfung dieser u. weiterer Gleichungen wurden Viscositätsmessungen an den Lsgg. von *Poly-N-n-butyl-4-vinylpyridiniumbromid* (I) in W., das 0,1% Phenol enthielt, ausgeführt; variiert wurden hierbei: R u. L der verwendeten 5 BINGHAM-Viscosimeter, p u. die Konz. C von **I**. Die Verss. zeigen, daß die für verschied. Viscosimeter erhaltenen Werte miteinander übereinstimmen, wenn die Größe Rp/L der Viscosimeter den gleichen Wert besitzt. Das nicht-NEWTONsche Fließen der **I**-Lsg. hat 2 Ursachen: Die Wechselwrkg. zwischen den Makromoll. u. Deformationen bzw. Orientierungen der Makromoll. beim Fließen. Wenn der letztere Einfl. verschwindet, so führen die (η_{spez}/C, C)-Kurven für verschied. Q-Werte zum gleichen Grenzwert (Beispiel *Nitrocellulose* in Butylacetat, Literaturdaten); ferner ändert sich hier die durch $(\eta' - \eta_0)/\eta_0 C = [\eta'] + k'\,[\eta']^2\, C$ definierte Größe k' linear mit Q. Auch für Polyvinylpyridin in Methanol (Literaturdaten) verläuft k' linear mit Q_2, doch sind die für C = 0 erhaltenen Grenzwerte von η_{spez}/C nun abhäbgig von Q. (J. physic. Chem. **58.** 648—53. 18/8. 1954. New Haven, Conn., Yale Univ., Sterling Chem. Labor.) O. FUCHS. 4010

Donald E. Roberts und **Leo Mandelkern,** *Thermodynamik der Kristallisation bei Hochpolymeren: Naturkautschuk.* An ungedehntem Naturkautschuk (einen unfraktionierter, gereinigten Probe mit 98,7% Kautschuk-KW-stoff u. 2 Fraktionen mit dem Zahlenmittel-Mol.-Gew. 119000 bzw. 280000) wurde ein Gleichgewichts-F. T_m von 28 ± 1^0 durch dilatometr. Methoden (vgl. MANDELKERN u. FLORY, C. **1955.** 836) festgestellt. Die früher beobachteten niedrigeren FF. sind eine Folge der angewandten niedrigen Kristallisationstempp. u. der schnellen Erwärmung. Durch F.-Unterss. an Mischungen aus Naturkautschuk u. niedermol. Verdünnungsmitteln (Methyloleat, n-Dodecan u. n-Tetradecan) wurde die Schmelzwärme pro Grundmol. ΔH_u zu $15{,}3 \pm 0{,}5$ cal/g bestimmt. Durch Kombination der ΔH_u- u. T_m-Werte mit Daten anderer Autoren berechneten Vff. aus der CLAPEYRON-Gleichung einen Wert von 0,0465° C/at für die Änderung von F. mit dem angewandten hydrostat. Druck u. nach 3 verschied. Methoden den Kristallisationsgrad bei 0° zu 26—31% u. stellten aus der Temperaturabhängigkeit der Zugfestigkeit–Dehnung fest, daß die Kristallisation die Ursache der großen, bei relativ hohen Dehnungen beobachteten Änderungen der inneren Energie ist. (J. Amer. chem. Soc. **77.** 781—86. 5/2. 1955. Washington, D. C., Nat. Bur. of Stand., Rubber Sect.)
R. SCHÄFF. 4030

Henri Benoit, Alfred M. Holtzer und **Paul Doty,** *Eine experimentelle Untersuchung der Polydispersität durch Lichtzerstreuung.* Zur experimentellen Prüfung der von BENOIT (vgl. C. **1955.** 5087) abgeleiteten Beziehungen über den Zusammenhang zwischen der Lichtzerstreuung u. der Polydispersität von Makromoll. wurde von nichtfraktioniertem *Cellulosenitrat* (**I**), von 2 Fraktionen von **I** (**II** u. **III**) u. von einer Mischung (**IV**) aus 74,2% **II** u. 25,8% **III**, je in Aceton als Lösungsm., bei 25° die Winkelabhängigkeit der Intensität des Streulichtes gemessen. Die Gewichtsmittel M_w der Mol.-Geww. ergeben sich daraus zu 273000 (**I**), 400000 (**II**), 1270000 (**III**) u. 640000 (**IV**, gegen 632000 berechnet); ferner folgen aus den Lichtzerstreuungsdaten für die Zahlenmittel M_n die Werte 94000 (**I**) bzw. 199000 (**II**) bzw. 635000 (**III**) bzw. 211000 (**IV**, gegen 243000 berechnet). Die zugehörigen osmot. M_n-Werte von **I**—**IV** sind 74000 bzw. 234000 bzw. 635000 bzw. 211000. Die Mol.-Abmessungen $\sqrt{\overline{r_n^2}}$ u. b (je in Å) berechnen sich zu 675 u. 38 für **I**, 868 u. 32 für **II**, 1835 u. 39,6 für **III** u. 906 u. 34 für **IV**. Aus diesen Werten ist der Einfl. der Polydispersität deutlich zu erkennen; ferner stehen sie im Einklang mit den theoret. zu erwartenden. (J. physic. Chem. **58.** 635—40. 18/8. 1954. Cambridge, Mass., Harvard Univ., Dep. of Chem., Gibbs Labor.) O. FUCHS. 4030

J. Kruse, *Zum Problem der Ruß-Kautschuk-Mischungen (mit Stereoprojektion).* Zusammenhängende Übersicht über Ergebnisse der Arbeiten des Vf. (vgl. z. B. Kautschuk u. Gummi **6.** [1953.] 202). „Rußwolken" sind das (im Licht- u. Elektronenmikroskop) sichtbare Anzeichen des Vorhandenseins der „Ruß-Kautschuk-Gel"-Netzstruktur. — Diskussionsbemerkungen. (Kolloid-Z. **136.** 152—55. Mai 1954. Hamburg-Harburg, Phönix-Gummiwerke Akt.-Ges.) R. SCHÄFF. 4030

C. F. Snyder, H. S. Isbell, M. R. Dryden und **N. B. Holt**, *Optische Drehung, Brechungsindex und Dichte von Dextranlösungen.* Für die opt. Drehung $[\alpha]^{20^0}_{5893 Å}$ von handelsüblichen klin. Dextranen, die aus verschied. Leuconostoc mesenteroides-Kulturen stammen, wurden Werte von $-194{,}6$ bis $211{,}0^0$ gefunden. Proben aus der gleichen Kultur differierten nicht wesentlich. Mit wenigen Ausnahmen wurde für alle Proben einer B 512-Kultur der NORTHERN UTILIZATION RESEARCH BRANCH OF THE AGRICULTURE RESEARCH SERVICE in Wasserlsg. ein $[\alpha]^{20^0}_{5893 Å} = (199 \pm 2^0)$ u. $[\alpha]^{20^0}_{5461 Å} = (235 \pm 1^0)$, für die Temperaturabhängigkeit $[\alpha]^{20^0}_{5893 Å} = [\alpha]^{t}_{5893 Å} \cdot [1 + 0{,}00033\,(t - 20)]$ gefunden. Im Bereich von 10—3 g/ml ergab sich keine Konzentrationsabhängigkeit. Die Ggw. von 0,9 g/ml Lsg. NaCl oder weniger als 10 g/ml Lsg. CH_3COOH hatte keinen Einfl. auf [α]. 40 g/ml Lsg. CH_3COOH steigerte [α] um ca. 1%. Der Umrechnungsfaktor von Quarzkeilsaccharimeterablesungen auf Winkelgrade u. Na-Licht wurde in Übereinstimmung mit dem sonst für Zuckerlsgg. geltenden Faktor gefunden. Der Brechungsindex u. die scheinbare D. in Luft in Abhängigkeit von der Konz. werden tabellar. u. als Gleichung wiedergegeben. (J. Res. nat. Bur. Standards **53.** 131—37. Sept. 1954.) H. LINDBERG. 4050

P. Andrews, L. Hough und **J. K. N. Jones**, *Das Galaktan von Strychnos nux vomica-Samen. Strychnos nux vomica-Samen*, mit heißem W. u. wss. Alkali fraktioniert extrahiert, ergaben in der Zus. sich stark unterscheidende Polysaccharidfraktionen. Gefunden wurden: *Galaktose, Mannose, Xylose* u. *Arabinose* im Verhältnis 5:2:1:1. Aus dem *Galaktan*(I)-*Mannan-, Xylan-* u. *Araban*-Gemisch ließ sich nur I durch Fällung mit A. u. Extraktion mit kalter FEHLINGscher Lsg. rein gewinnen. Die Methylierung von I gelang nicht vollständig (Methoxylgeh. 41,6%, berechnet 45,6%), das Gemisch enthielt *2.3.4.6-Tetra-O-methyl-, 2.3.6-Tri-O-methyl-, 2.6-Di-O-methyl-* u. *2.4-Di-O-methyl-D-galaktose* im Verhältnis 1:24:3:1. Aus der Analyse der Methylderivv. u. der Deutung der opt. Eigg. von I ergaben sich als Grundeinheit 1.4-verbundene Ketten von *β-D-Galaktopyranose* mit ca. 3% Verzweigungen am $C_{(1)}$, $C_{(3)}$ u. $C_{(6)}$.

Versuche: *Galaktan*, $(C_6H_{10}O_5)_n$. 90 g Samen werden mit W. u. NaOH (5 bzw. 20%ig.) bei 70⁰ fraktioniert extrahiert. Nach Zugabe von FEHLINGscher Lsg. werden nach ANDREWS u. Mitarbeitern (C. **1954.** 8361) 4 Polysaccharidfraktionen erhalten. Die aus W. mit A. gefällte 2. Fraktion wird mit kalter FEHLINGscher Lsg. unter Rühren extrahiert (5 Min.), der Extrakt zentrifugiert, mit Essigsäure neutralisiert, dialysiert, über Amberlite IR-120 u. IR-400 gegeben u. I mit A. gefällt; hygroskop. Pulver, leicht lösl. in W.; $[\alpha]_D^{20}$ $+69 \pm 2^0$ (c = 1,0 in W.); Messung der Hydrolysegeschwindigkeit in nH_2SO_4 bei 100⁰ durch Änderung der opt. Drehung: $[\alpha]_D^{20}$ $+68 \rightarrow 73^0$ (2 Std.) → 78 (4 Std.) → 87⁰ (7 Std.) → 89⁰ (9 Std.; Endwert). Methylierung von I durch Lösen in 2nNaOH, Zugabe von Dimethylsulfat, Neutralisieren mit Essigsäure u. Dialyse; nach 6maliger Wiederholung wurde das methylierte Prod. in sd. PAe. mit verschied. Chlf./PAe.-Gemischen fraktioniert, die größte Fraktion in Ameisensäure gelöst, 3 Std. auf 100⁰ erhitzt, konzentriert, der dünne Sirup in nH_2SO_4 gelöst u. 12 Std. auf 100⁰ erhitzt, dann mit $BaCO_3$ neutralisiert, filtriert, mit Ionenaustauscher behandelt u. eingeengt. — Papierchromatograph. wurden mit p-Anisidin·HCl hauptsächlich *Trimethylgalaktose* ($R_G = 0{,}75$; dunkelroter Fleck), geringe Mengen *Tetramethyl-* ($R_G = 0{,}94$) u. 2 *Dimethylgalaktosen* ($R_G = 0{,}48$, rosabrauner Fleck, u. $R_G = 0{,}43$, dunkelbrauner Fleck) nachgewiesen. Das Methylierungsgemisch wurde mit Bzn./A. (nahezu mit W. gesätt.) über eine Hydrocellulosekolonne fraktioniert u. mit Bzn./A. (5:1, gegen Ende 3:1) eluiert. Aus 4 Fraktionen wurden identifiziert: *2.3.4.6-Tetra-O-methyl-D-galaktose* [*Anilid*, F. u. Misch-F. 190⁰, $[\alpha]_D^{20}$ $+38^0$ (c = 0,4 in Aceton)]; *2.3.6-Tri-O-methyl-D-galaktose* [$C_9H_{18}O_6$, Sirup; $[\alpha]_D^{20}$ $+90^0$ (c = 1,2 in W.); *γ-Lacton*, $C_9H_{16}O_6$, F. u. Misch-F. 97 bis 98⁰; $[\alpha]_D^{20}$ -38^0 (Anfangswert; c = 1,0 in W.). *Amid*, F. u. Misch-F. 129—130⁰]; *2.6-Di-O-methyl-D-galaktose*, $C_8H_{16}O_6$, F. u. Misch-F. 119—120⁰; Flocken; $[\alpha]_D^{20}$ $+84^0$ (c = 0,4 in W.); *2.4-Di-O-methyl-D-galaktose*, F. 98—99⁰, $[\alpha]_D^{20}$ $+120 \pm 20^0$ (113 Std.; c = 0,3 in 2%ig. Methanol/HCl). Das mol. Verhältnis der Methylderivv. wurde mittels der alkal. Hypojodidmeth. nach CHANDA u. Mitarbeitern (J. chem. Soc. [London] **1950.** 1289) bestimmt. (J. chem. Soc. [London] **1954.** 806—10. März. Bristol, Univ.) K. GENEST. 4050

R. Jeanloz, *Struktur des Chitins und der Hyaluronsäure und die Oxydation von Zuckeraminen durch das Perjodation.* Vf. untersuchte die Oxydation von *d-Glucosamin* (I), *N-Acetyl-d-glucosamin* (II), *α-Methyl-d-glucosaminid* (III) u. *α-Methyl-N-acetyl-d-glucosaminid* (IV) bei einem p_H unter 5 u. einer Temp. unter 5°. Bei sehr großem Überschuß an Oxydationsmittel verbraucht I 5,0 Mol Perjodat (PJ) u. bildet 4,0 Mol *HCOOH*. Nach Dest. in Ggw. von MgO wurden 0,6 Mol NH_4OH erhalten. II verbraucht 4,7 Mol PJ unter Freiwerden von 2,4 Mol *HCOOH*, aber ohne Bldg. von NH_4OH. Dies zeigt eine vollständige Spaltung zwischen $C_{(2)}$ u. $C_{(3)}$ u. eine partielle Spaltung zwischen $C_{(1)}$ u. $C_{(2)}$ an. III verbraucht 2,0—2,5 Mol PJ u. bildet 1,4 Mol *HCOOH* u. 0,6 Mol NH_4OH. IV hat einen Verbrauch von 1,0 Mol PJ ohne Freiwerden von HCOOH u. NH_4OH. Die Konst. des *Chitins* (V) wurde durch Abbau u. auf Grund der Röntgenspektren als eine kontinuierliche Kette von II-Einheiten mit β-1.4-Bindungen festgestellt. Das native oder das aus einer Phosphorsäurelsg. gefällte V verbrauchen 0,1 Mol PJ unter Freiwerden von 0,02 Mol *HCOOH* pro Grundmol. Die Entacetylierung von V liefert unter sehr starkem Abbau das *Chitosan*, das 1,3—1,9 Mol PJ unter Freiwerden von 0,1—0,2 Mol *HCOOH* u. 0,6 NH_4OH pro Grundmol. verbraucht. Das bestätigt das Vorliegen von 1.4-Bindungen u. den nichtverzweigten Charakter von V. *Hyaluronsäure* (VI), aus menschlicher Nabelschnur isoliert u. von dem begleitenden Polysaccharidsulfat befreit, verbraucht 0,2 bis 0,3 Mol PJ unter Bldg. von 0,1 Mol *HCOOH* pro Grundmol. (nach 100std. Einw.). Die Alkalibehandlung liefert ein abgebautes Prod., dessen Acetylgruppen zur Hälfte eliminiert sind. Durch PJ-Oxydation verbraucht es 0,8—1,0 Mol pro Grundmol. ohne Auftreten von NH_4OH. Diese Oxydation entspricht etwa einem Polysaccharid von 10 Einheiten. Als Formel für VI ist ein nichtverzweigtes Polymeres anzunehmen, das aus *d-Glucuronsäure* u. II mit β-1.3-Bindung gebildet ist. Diese Struktur ähnelt der von Chondroitinschwefelsäure, die meist gleichzeitig mit VI in den Geweben vorkommt. (Experientia [Basel] **6.** 52—53. 15/2. 1950. Shrewsbury, Mass., Worcester Foundat. for Exp. Biol.) D. AMELUNG. 4050

Herbert Gutfreund und **Julian M. Sturtevant,** *Eine reversible Reaktion von Rinderserumalbumin.* Wird das p_H einer Lsg. von Rinderserumalbumin (I) (Ionenstärke 0,1 mol., Cl^--Konz. 0,05 mol.) von 4,5 auf 3,4 verschoben, so wird eine Rk. eingeleitet, die 3100 cal/Mol I bei 25° aufnimmt. Die Wärmeaufnahme ist eine Rk. 1. Ordnung mit einer Halbzeit von 2,5 Minuten. Die Rk. ist völlig reversibel u. die Rück-Rk. ist ebenfalls 1. Ordnung mit einer Halbzeit von 2,9 Minuten. Diese Wärmeeffekte sind völlig verschieden von der augenblicklichen Wärmeänderung bei Änderung des Ionisationszustandes der Proteine durch p_H-Verschiebung u. nach Ansicht der Vff. möglicherweise auf Quellungen des Mol. oder Entfaltung von Polypeptidketten zurückzuführen. Ähnliche Ergebnisse konnten mit Trypsin erhalten werden, jedoch nicht mit Insulin. (J. Amer. chem. Soc. **75.** 5447—48. 5/11. 1953. Cambridge, Univ., u. New Haven, Conn., Univ.) K. NEHRING. 4070

Nguyen-Van Thoai, Jean Roche und **Paul Pin,** *Untersuchungen über die Phosphoproteine.* 1. Mitt. *Natur der Phosphoresterbindung des Caseins.* Vff. arbeiten mit 2 Enzympräpp., einer spezif. Proteinphosphatase (I) aus Kalbsmilz u. einer sauren Phosphomonoesterase (II) aus Kartoffeln, deren Isolierung u. Reinigung beschrieben wird. I dephosphoryliert sowohl natürliche Phosphoproteine [Gesamtcasein (III), α-III, Phosphovitin aus Hühnerei], wie auch die Phosphopeptone der Pepsineinw. (1%; 48 Std. bei 37° u. p_H 1,8) auf III, jedoch nicht die Phosphopeptide der sukzessiven Pepsin- u. Trypsineinw. auf III oder künstlich phosphorylierte Proteine (phosphoryliertes III u. Ovalbumin). II hydrolysierte die Esterbindungen aller untersuchten natürlichen u. künstlichen Phosphoproteine sowie die Trypsinphosphopeptide von III, jedoch nicht die Pepsinphosphopeptone von III. Aus den Ergebnissen der Enzymspezifität u. den Prodd. der III-Dephosphorylierung schließen Vff. auf 2 verschied. Typen der Phosphoresterbindung. (Bull. Soc. Chim. biol. **36.** 483—89. 1954. Paris, Coll. de France, Biochim. gén. et comparée.) K. NEHRING. 4070

Gertrude E. Perlmann, *Phosphorbindungen in α-Casein.* Zum erstenmal wurde bewiesen, daß in einem Protein Pyrophosphatgruppen vorliegen. Hierzu wurde *α-Casein* (I) stufenweise dephosphoryliert: Phosphodiesterase spaltet aus einer 1%ig. I-Lsg. in einer 0,05n $NaHCO_3$-Lsg. bei 37° keinen P ab, spaltet aber die O—P-Bindungen des Diesters, so daß saure Gruppen auftreten. Die anschließende Behandlung mit Phosphatase in Kakodylatpuffer bei p_H 6,1 setzt 41,5% des P frei. Dementsprechend liegen 40% des P als $-O-PO(OH)_2$ vor. Behandelt man nach der Diesteraseeinw. mit Prostata- u. Darmphosphatase bei p_H 6, so werden 78% vom P freigelegt. Dies bedeutet wegen der spezif. Wrkg. der Darmphosphatase auf $-NH-PO(OH)_2$-Bindungen, daß 40% des eingebauten P in Form von N—P—O-Bindungen vorliegen. Der Rest wird folgendermaßen identifiziert: Aus einer 1%ig. I-Lsg. in Veronal-Carbonat-Puffer (p_H 7,2) setzt Pyrophosphatase keinen P frei. Anschließende Einw. der Prostataphosphatase befreit 60% des P. Daher sind 20% des P in Form von Monoestern einer Pyrophosphatbindung —O—P—O—P—O— eingebaut. Zusammenfassend enthält I 40% seines P als Monoester vom Typ $-O-PO(OH)_2$, 20% als Pyrophosphat —O—P—O—P—O— u. 40% als Diester —N—P—O—. Entfernt man den gesamten P durch Kombination verschied. Enzyme, so zerfällt I in kleinere Einheiten. P verbindet also kleinere Polypeptide, die sich in 1% ig. Trichloressigsäure lösen. (Nature [London] **174.** 273—74. 7/8. 1954. New York, N. Y., Rockefeller Inst., Med. Res.) H. Zahn. 4070

Ward C. Sumpter and **F. M. Miller,** Heterocyclic compounds with indole and carbazole systems. New York: Interscience. 1954. (319 S. m. Abb.) $ 10,—.

P. A. Winsor, Solvent properties of amphiphilic compounds. London: Butterworths Scientific Publns. 1954. (X + 207 S. m. Abb.) 40 s.

E. Biologische Chemie. Physiologie. Medizin.

E_1. Allgemeine Biologie und Biochemie.

G. Hevesy, *Anwendung von radioaktiven Isotopen als Indicatoren in der Radiobiologie.* (Vgl. auch C. **1954.** 704.) Vf. erweitert die bekannte Tatsache der guten Indicatoreigg. von Isotopen in der Biologie (Aktivität von Enzymen, Permeabilität der Capillaren [Boundarie-Phase], Blut, Bldg. von Desoxyribonucleinsäure). (Acta radiol. [Stockholm], Suppl. **116.** 423—30. 1954. Stockholm, Schweden, Inst. für organ. Chem.) G. Weltzien. 4100

Sergio Scrobogna und **Destradi Sirio,** *Veränderungen des Wachstums von Saccharomyces cerevisiae durch einen Fermentinhibitor* (*N-Lost*). Durch *Stickstofflost* kann an Hefekulturen eine Mutation erzeugt werden, die durch vermehrte Bldg. von Kohlensäureanhydrase, höheren Maltoseverbrauch u. beschleunigtes Wachstum gek. ist. Die Mutation ist stabil. (Tumori **40.** 515—27. Sept./Okt. 1954. Trieste, Centro per la Diagnosi e Cura dei Tumori.) P. G. Scheurlen. 4130

A. Eddy, *Gene, Enzyme und Vererbung.* Allg. Ausführungen. (Brewers Digest **30.** Nr. 1. 59—64. Jan. 1955. Nutfield, England, Brewing Ind. Res. Found.) P. Loch. 4130

O. Gabriel, O. F. Schwarz und **O. Hoffmann-Ostenhof,** *Die Konzentration der Pyridinnucleotide in verschiedenen Organen des gesunden Meerschweinchens.* In Anlehnung an die Meth. von Feigelson u. Mitarbeiter (C. **1952.** 1709) wurde ein spektroskop. Verf. zur Best. der Gesamtkonz. der *Pyridinnucleotide* (I) u. des Anteils der red. u. oxydierten Formen in Leber, Hirn, Herz u. Niere n. Meerschweinchen entwickelt: nach dem Töten Organe sofort in Aceton/festes CO_2-Gemisch eintragen, 1 g-Portionen rasch wiegen u. zur Best. von $I_{oxyd.}$ mit 6 cm^3 2% ig. Trichloressigsäure (II) zur Best. der Gesamt-I mit 9 cm^3 II-H_2O_2-Lsg. (2- bzw. 5% ig) homogenisieren, Homogenate nach kurzem Stehen zentrifugieren (10000 U/Min.), Sediment mit 2% ig. II waschen, aus Wasch-Fl. + Überstand I quantitativ an HCl- u. wasserbehandeltem Norit adsorbieren u. mit 10% ig. wss. Pyridin eluieren, I mit frischer Lsg. von 0,2 g $Na_2S_2O_4$ in 10 cm^3 0,5mol. $NaHCO_3$ reduzieren. Die Werte stimmen mit denen anderer Untersucher gut überein. In den Organen Leber, Niere u. Herz diphtherieintoxifizierter Meerschweinchen wurde eine statist. signifikante Erhöhung des Quotienten I/I_{H2} beobachtet. (Mh. Chem. **85.** 840—44. 15/8. 1954. Wien, Univ., I. Chem. Labor.) K. Maier. 4150

E. Allara, *Untersuchungen über sekretorische Prozesse in den endokrinen Drüsen.* 5. Mitt. *Die Nucleinsäuren in den Langerhansschen Inseln.* (4. vgl. Boll. Soc. ital. Biol. sperim. **29.** [1953.] 347.) Während in gewöhnlichen Zellen des Endokriniums die *Ribonucleinsäure* (I) des Cytoplasmas sehr gering ist, fand Vf. mittels Färbung nach Brachet u. Feulgen eine Zunahme der I im Plasma von Zellen des Inselorgans, sofern die Tiere (Ratten) mit Hypophysenvorderlappenextrakt oder mit Glucose oder durch körperliche Anstrengungen umgestimmt waren. Gleichzeitig findet eine Vergrößerung des Kerns u. des Nucleolus statt. Demgegenüber findet sich nach Insulinvorbehandlung nur ein geringer Geh. an I, auch die Zellkerne u. Nucleoli sind kleiner. (Boll. Soc. ital. Biol. sperim. **29.** 1843—45. Sept./Nov. 1953. Firenze, Univ., Ist. anatomico.) P. G. Scheurlen. 4150

J. B. Allison, R. W. Wannemacher jr. und **J. F. Migliarese,** *Nahrung und der Stoffwechsel von 2-Aminofluoren.* Hunde wurden mit *2-Acetylaminofluoren* (I) oder *2-Aminofluoren* (II) gefüttert. Im Urin wurden folgende diazotierbare Amine gefunden a) eine ätherlösl. säurelösl. Amin, spektrophotometr. als I identifiziert; b) ein ätherlösl. gebundenes Amin, spektrophotometr. als II identifiziert; c) ein ätherlösl., alkalilösl. Amin; d) ein in Ae. unlösl., in W. lösl., hitzestabiles Amin u. e) ein in Ae. unlösl., in W. lösl., hitzeempfindliches Amin. Steigende Mengen an Nahrungscasein u. Riboflavin heben die Urinausscheidung von I u. II auf, erniedrigen die Ausscheidung des e). Eine hohe Zufuhr von Pantothenat hebt die Ausscheidung des gebundenen **II** auf u. erniedrigt die von e). Maximale Ausscheidung des freien u. gebundenen **II** u. minimale Ausscheidung von e), bes. bei mit freien Aminen gefütterten Hunden, wurden erzielt, wenn der Proteingeh. des Futters größer war als die Menge, die für die Erhaltung eines durchschnittlich erwachsenen Hundes erforderlich war. Gleiche Wirkungen wurden durch Erhöhung des Geh. an Riboflavin u. Pantothenat erzielt. Es scheint, daß ein derartiges Futter die Oxydation des Carcinogens unterstützt. (J. of Nutrit. **52**. 415—25. 10/3. 1954. New Brunswick, Rutgers Univ., Bur. of Biol. Res. and Dep. of Physiol. and Biochem.) H. PATZSCH. 4160

G. Moruzzi, A. Rabbi, M. Piccioni und **M. A. Dina**, *Die Bildung von Neoplasmen bei Ratten nach Entzug des Animal Protein-Faktors.* Chron. Entzug des wasserlösl. *Animal Protein-Faktors* des *Caseins* ruft bei Ratten, bei Jungen der 1. Generation erst nach 7—8 Monaten, Entw. von Neoplasmen (66%) hervor. 38% waren Fibroadenome der Brustdrüse, 12% Sarkome u. 16% präcanceröse Zustände. (Int. Z. Vitaminforsch. **25**. 384—91. 1955. Bologna, Univ., Ist. di Biochim.) K. MAIER. 4160

E. Kofler und **A. H. Palmrich**, *Der Einfluß des Follikelhormons auf Entstehung und Wachstum des Corpuscarcinoms.* Eine direkte cancerogene Wrkg. des Follikelhormons wird abgelehnt, während eine indirekte, syncancerogene u. wachstumsbeeinflussende Wrkg., bes. bei hereditärer Krebsbelastung, nicht von der Hand gewiesen werden kann. Deswegen wird strengste Indikationsstellung gefordert. (Wiener klin. Wschr. **67** ([N. F.] **10**). 176—77. 11/3. 1955. Wien, Univ., Frauenklinik.) G. WELTZIEN. 4160

Barbara E. Hazlett, H. E. Taylor und **D. M. Whitelaw**, *Plötzliche Lebernekrose bei einem mit Urethan behandelten Patienten mit multiplem Myelom.* Bei einer 62 jährigen, die wegen multiplem Myelom täglich 100 mg *Cortison* u. 3 g *Urethan* erhielt, trat nach 48tägiger Therapie nach vorübergehender Besserung unter plötzlich auftretenden Konvulsionen der Exitus ein. In der Leber wurden mkr. ausgedehnte hämorrhag. Nekrosen festgestellt, die auf *Urethan* zurückgeführt wurden. (Blood **10**. 76—80. Jan. 1955. Vancouver, B. C., Can., General Hosp., Dep. of Pathol. and Med.) F. KRUSEN. 4160

G. L. Turco und **P. Lovisetto**, *Über die therapeutische Wirkung des TEM bei intravenöser Anwendung.* In Übereinstimmung mit anderweitigen Erfahrungen beobachteten Vff. eine gute Wrkg. des *Trisäthylenmelamins* beim malignen Lymphogranulom (HODGKIN) u. bei lymphat. Leukämien, während Lymphosarkome, Reticulosarkome u. Carcinome nicht wesentlich beeinflußt wurden. Anwendungsform intravenös, Dosis zwischen 0,2—0,9 mg/kg in 2—6 Wochen. (Minerva med. [Torino] **46**. I. 402—15. 14/2. 1955. Torino, Univ., Ist. di Clin. Med. Gen.) P. G. SCHEURLEN. 4160

D. A. G. Galton und **M. Till**, *Myleran bei der Behandlung der myeloiden Leukämie. Myleran* (**I**; *1.4-Bis-[methylsulfonoxy]-butan*) wurde bei 31 Patienten geprüft. Die tägliche Dosis betrug 0,06 mg/kg. Bei fortgesetzter Therapie konnten teilweise bis zu 2 Jahren Besserung erzielt werden. **I** kann an die Stelle der Strahlentherapie treten u. wirkt auch noch in solchen Fällen, wo diese versagt. (Lancet **268**. 425—30. 26/2. 1955. London, Chester Beatty Res. Inst., u. Royal Marsden Hosp.) E. CARSTENS. 4160

Johannes Kuhl, Über eine erfolgreiche Arznei- und Ernährungsbehandlung gutartiger und bösartiger Geschwülste. Mit den wichtigsten Rezepten zur Herstellung der geschwulstverhütenden Kost. 6. stark verm. u. verb. Aufl. Bern. Freiburg i. Br., Salzburg: Humata Verlag, H. S. Blume. 1955. (207 S.) fr. 12,80.

E$_2$. Enzymologie. Gärung.

E. A. Zeller, *Beiträge zur Enzymologie der normalen und der Kataraktlinse.* 3. Mitt. *Über die Katalase der Linse.* (Vgl. C. **1952**. 1024.) Vf. fand in den Linsen von drei Tierarten eine sehr geringe Fähigkeit, H_2O_2 abzubauen. Der Wirkstoff ist thermolabil, nicht dialysierbar u. wird von Hydroxylamin u. NaN_3 gehemmt. (Amer. J. Ophthalmol. [3] **36**. Nr. 6. Part 2 Proc. Assoc. Res. Ophthalmol. 51—53. Juni 1953. Chicago, Ill., Northwestern Univ., Med. School.) D. ZEMKE. 4210

M. Orunesu, *Die säurelöslichen Pentosen in der Leber während der Biosynthese der Cozymase.* (Vgl. auch C. **1955**. 8195.) Große Dosen von *Nicotinamid* rufen eine Vermehrung der *Cozymase* in der Leber hervor. Da deren Biosynth. über den Nucleotidstoffwechsel abläuft, untersuchte Vf. den Geh. der Leber an folgenden Verbb. (je in % gegenüber unbehandelten n. Rattenlebern): *d-Ribose* —17, *Pentose-5-phosphat* —20,5, *Pentosenucleotid* +176, *Diphospho-* u. *Triphosphopyridinnucleotid* +292, *Pentosenucleosid* +19. (Boll. Soc. ital. Biol. sperim. **29**. 1706—07. Sept./Nov. 1953. Sassari, Univ., Ist. di Chim. Biol.) P. G. SCHEURLEN. 4210

A. Gib DeBusk und **Robert P. Wagner**, *Die Funktion der p-Oxyphenylbrenztraubensäure in Neurospora crassa.* Die Neurospora crassa-Mutante T 145, die zum Wachstum

Tyrosin (I) benötigt, wird durch kleine Aminosäuremengen bei gleichzeitiger Ggw. von I im Wachstum gehemmt. Als Hemmstoffe wirken die L-Formen von *Alanin*, *α-Aminobuttersäure*, *Asparaginsäure*, *Citrullin*, *Cystein*, *Glycin*, *Glutaminsäure*, *Histidin*, *Isoleucin*, *Leucin*, *Methionin*, *Norleucin*, *Norvalin*, *Phenylalanin*, *Serin*, *Threonin*, *Tryptophan* u. *Valin*. Durch Arginin, Oxyprolin, Lysin, Ornithin u. Prolin tritt keine Hemmung ein. Die Hemmung wird durch *p-Oxyphenylbrenztraubensäure* (II) vollkommen aufgehoben. II erfüllt ebenso wie I die Wachstumsanforderungen der Mutante. Es wird angenommen, daß die hemmenden Aminosäuren die für die Mutante wesentliche Umwandlung von I in II blockieren. (J. Amer. chem. Soc. **75**. 5131. 20/10. 1953. Austin, Tex., Univ., Biochem. Genetics Labors.) F. LINGENS. 4210

Kazuo Yamafuji, *Enzymatische Transoximierung*. (Vgl. C. **1954**. 7673.) Vf. gewann aus Seidenraupen ein Enzymrohpräp., das in der Lage ist, die Oximfunktion von Brenztraubensäureoxim auf Acetaldehyd u. Aceton zu übertragen. Durch 10 Min. Erhitzen auf 60° wird die Aktivität zur Hälfte vernichtet. Das p_H-Optimum liegt bei 5,6, das Temperaturoptimum bei 37°. Vf. schlägt die Bezeichnung „*Transoximase*" vor. (Nature [London] **171**. 745. 25/4. 1953. Fukuoka, Japan, Univ., Agr. Chem. Inst.) W. ZILLIG. 4210

Shlomo Hestrin und **J. Goldblum**, *Laevanpolyase*. Ein Enzym, das Saccharose nicht spaltet, jedoch höhei polymeres Lävan hydrolysiert, wird als *Lävanpolyase* bezeichnet u. konnte aus Azotobacter chroococcum u. Bacillus asterosporus isoliert werden. Lävanpolyase spaltet Lävan zu nicht einheitlichen Prodd., die weder Fructose noch Lävanbiose enthalten. Das Enzym hydrolysiert Inulin sehr langsam, Lävantriose u. ähnliche, niedrigmol. Oligolävane (z. B. Lävantetrose) überhaupt nicht. Es ist nicht ident. mit Fructosidase. Der Stoffwechsel der Saccharose über Lävan in Lävan produzierenden Kulturen wird auf Grund der Untersuchungsergebnisse schemat. formuliert: 1. Saccharose $\xrightarrow{\text{Lävansaccharase}}$ Lävan + Glucose; 2. Lävan + W. $\xrightarrow{\text{Lävanpolyase}}$ Grenzoligolävane; 3. Grenzoligolävane + W. $\xrightarrow[\text{Saccharase}]{\text{Lävanoligase oder}}$ Fructose. (Nature [London] **172**. 1046—47. 5/12. 1953. Jerusalem, Hebrew Univ., Hadassah Med. School, Labor. of Microbiol. Chem., Biochem. Dep.) W. LAMPRECHT. 4210

L. Vantaggi Cozzari und **F. A. Levi**, *Hemmung der alkalischen Phosphatase durch Ultraschall*. Ultraschall von 1000 kHz hemmt, abhängig von der Temp. u. der Schalldauer, die fermentative Wrkg. der *alkal. Phosphatase* gegenüber β-Glycerinphosphat bis zu 50%. (Boll. Soc. ital. Biol. sperim. **29**. 1723—24. Sept./Nov. 1953. Perugia, Univ., Ist. di Chim. biol.) P. G. SCHEURLEN. 4210

F. Cacioppo, **G. Della Pietra** und **M. Coltorti**, *Untersuchungen über die Fermentaktivität bei B_1-Avitaminose der Taube*. 1. Mitt. *Alkalische Phosphatase*. *Vitamin-B_1*-frei ernährte Tauben zeigten eine Abnahme der *alkal. Phosphatase* (I) im Gehirn, bes. im Kleinhirn u. im Lobus opticus. In Leber, Nieren u. Herzmuskel war I erhöht. Im Gesamtdurchschnitt zeigte I gegenüber n. Tieren keinen Unterschied. (Boll. Soc. ital. Biol. sperim. **29**. 1829—31. Sept./Nov. 1953. Napoli, Univ., Ist. di Chim.) P. G. SCHEURLEN. 4210

F. Cacioppo, **M. Coltorti** und **L. Riccio**, *Untersuchungen über die Fermentaktivität bei B_1-Avitaminose der Taube*. 2. Mitt. *Saure Phosphatase*. (1. vgl. vorst. Ref.) Bei *vitamin-B_1*-frei ernährten Tauben fanden Vff. eine Zunahme der *sauren Phosphatase* in der Leber, während der Geh. in Gehirn u. Nieren keine sicheren Unterschiede gegen n. Tiere aufwies. (Boll. Soc. ital. Biol. sperim. **29**. 1831—33. Sept./Nov. 1953. Napoli, Univ., Ist. di Chim.) P. G. SCHEURLEN. 4210

M. Coltorti und **G. Della Pietra**, *Untersuchungen über die Fermentaktivität bei B_1-Avitaminose der Taube*. 3. Mitt. *Freisetzung des anorganischen Phosphats durch ATP*. (2. vgl. vorst. Ref.) Die Freisetzung von *anorgan. Phosphat* durch *ATP* ist bei Muskulatur *B_1-avitaminot*. Tauben etwas geringer als bei n. Tieren. (Boll. Soc. ital. Biol. sperim. **29**. 1833—35. Sept./Nov. 1953. Napoli, Univ., Ist. di Chim.) P. G. SCHEURLEN. 4210

L. Vantaggi Cozzari, *Die Wirkung des 2.4-Dinitrophenols auf die Aktivität der Acetylphosphatase in der Leber*. Unterss. an Rattenleberhomogenaten zeigen, daß *2.4-Dinitrophenol* keinen Einfl. auf den fermentativen Abbau des *Acetylphosphats* hat. (Boll. Soc. ital. Biol. sperim. **29**. 1721—23. Sept./Nov. 1953. Perugia, Univ., Ist. di Chim. biol.) P. G. SCHEURLEN. 4210

L. Vantaggi Cozzari, *Wirkung des 2.5-Dinitrophenols, 2.6-Dinitrophenols, 2.4-Dinitro-1-naphthols und des 1.6-Dinitro-2-naphthols auf die alkalische Phosphatase*. Während *2.4-Dinitrophenol* die fermentative Wrkg. der *alkal. Phosphatase* steigert, haben *2.5-Dinitrophenol*, *2.6-Dinitrophenol*, *2.4-Dinitro-1-naphthol* u. *1.6-Dinitro-2-naphthol* keinen Einfluß. (Boll. Soc. ital. Biol. sperim. **29**. 1724—25. Sept./Nov. 1953. Perugia, Univ., Ist. di Farmacol.) P. G. SCHEURLEN. 4210

C. Ricci, A. Colajacomo und **G. Missale,** *Über den Wirkungsmechanismus des Citrations als Inhibitor der Ribolyse.* Durch Extraktion aus Leberhomogenaten läßt sich ein an *Phosphoribomutase* (I) reiches Präp. gewinnen, das *Adenosin-5-phosphat* abbaut. Diese enzymat. Wrkg. wird durch *Citrationen* (II) gehemmt. Durch Mg^{2+} kann die Hemmwrkg. des II etwas aufgehoben werden, was darauf hinweist, daß Mg^{2+} für die Aktivität der I notwendig ist. (Boll. Soc. ital. Biol. sperim. **29.** 1703—04. Sept./Nov. 1953. Sassari, Univ., Ist. di Chim. biol.) P. G. SCHEURLEN. 4210

M. Orunesu, *p_H und Aktivität der 5-Nucleotidase.* Gemessen am Abbau von Adenosin-5-phosphat hat die aus Leberhomogenaten gewonnene *5-Nucleotidase* (I) ihr Wirkungsoptimum bei p_H 7,2—7,3. Aus Lungengewebe des Hundes gewonnene I hat ein Optimum bei p_H 8,5, aus Rinderhirn gewonnene I bei 7,5—9,0. (Boll. Soc. ital. Biol. sperim. **29.** 1707—09. Sept./Nov. 1953. Sassari, Univ., Ist. di Chim. biol.) P. G. SCHEURLEN. 4210

Nathan O. Kaplan, Abraham Goldin, Stewart R. Humphreys, Margaret M. Ciotti und **John M. Venditti,** *Die Bedeutung enzymatisch katalysierter Austauschreaktionen in der Chemotherapie.* Die durch *Diphosphopyridinnucleotidasen* katalysierte in vitro-Bldg. von *Diphosphopyridinnucleotid* (I)-Analogen durch eine Austausch-Rk. zwischen der *Nicotinamid* (II)-Komponente von I u. II-verwandten Verbb., wie *Isonicotinamid, Isonicotinsäurehydrazid, Marsilid, 3-Acetylpyridin* (III), *Nicotinsäureäthylester,* läßt die Annahme zu, daß II-Antimetabolite pharmakol. möglicherweise durch einen derartigen Mechanismus wirken. III ist für Mäuse sehr tox. (100% Sterblichkeit mit 500 mg/kg, intraperitoneal; vorwiegend Störung des Zentralnervensyst.). Gleichzeitige Verabreichung von I oder II (250—1000 mg/kg) schützt gegen die III-Wirkung. *Nicotinsäure* (IV) u. *Tryptophan* entfalten keine Schutzwrkg. gegenüber III. II hemmt in Mäusehirnhomogenaten die Bldg. des III-Analogen (V) von I aus I u. III. Die Synth. wird durch IV nicht beeinflußt. III-Injektion ruft bei Mäusen eine 4fache Steigerung des Leber-I-Spiegels hervor. Nach der III-Zufuhr ist in der Leber kein III-Analoges von I nachweisbar. Intraperitoneale Injektion von III bei Tumormäusen (L 1210-Leukämie, Bashford-Carcinom, Sarkom 37) bewirkt die höchste V-Bldg. im neoplast. Gewebe, wobei gleichzeitig eine Abnahme der I-Konz. eintritt. V wurde bei Leukämie durch Acetonfällung nach Enteiweißung mit Trichloressigsäure isoliert u. durch das red. Spektr. (λ_{max} 365 mμ) nach Rk. mit Hefe-Alkoholdehydrogenase u. A. identifiziert. Ob die tox. III-Wirkungen auf V selbst oder auf dem erniedrigten I-Spiegel beruhen, ist noch nicht geklärt. V-Injektionen zeigten, daß V weniger tox. als freies III ist. Unter Beteiligung von Coenzymen ablaufende Austausch-Rkk. stellen vielleicht eine Möglichkeit zur schnellen Bldg. von Coenzymanalogen in vivo dar, die dann ihrerseits eine Hemmung oder Änderung des Zellstoffwechsels bewirken können. (Science [Washington] **120.** 437—40. 17/9. 1954. Baltimore, Johns Hopkins Univ., McCollum-Pratt Inst., u. Bethesda, Md., U. S. Publ. Health Serv., Nat. Insts. of Health, Nat. Cancer Inst., Labor. of Chem. Pharmacol.) K. MAIER. 4210

Françoise Gros-Doulcet und **François Gros,** *Selektive Hemmung der Biosynthese eines bakteriellen Enzyms durch Penicillin.* Zusatz von *Penicillin* (I) (0,7 E./cm³) zu einer in der exponentiellen Wachstumsphase befindlichen *Staphylococcus aureus*-Kultur (Stamm *Oxford*) hemmte die Bldg. des *Guanosin* oxydierenden Enzymsyst. (II) (*Guanosinoxydase*), während die Synth. von Proteinen u. Nucleinsäuren hierbei prakt. nicht beeinflußt wurde. Die vorhandene spezif. II-Aktivität blieb konstant. Die Synth. des die Glucoseoxydation bewirkenden Enzymsyst. wurde nicht beeinflußt. Die I-Wrkg. hat ausgeprägt selektiven Charakter. Bei *Escherichia coli* beeinflußten 30 γ I/cm³ die II-Aktivität ebenfalls nur bei Zugabe während einer Phase akt. II-Bildung. Wurde die Neusynth. von II durch Zusatz von *5-Methyltryptophan* (10^{-4} mol.) gehemmt, dann bewirkte I keine Änderung der vorhandenen enzymat. Aktivität. Bei Zusatz von *l-(+)—Tryptophan* ($5 \cdot 10^{-4}$ mol.) setzte die Proteidsynth. sofort wieder ein, u. nach einer gewissen Latenzzeit war erneut eine starke Verminderung des spezif. Oxydationsvermögens der Bakterien zu beobachten. (C. R. hebd. Séances Acad. Sci. **238.** 2267—69. 9/6. 1954.) K. MAIER. 4210

Irvin E. Liener und **Shohachi Wada,** *Leber-Xanthinoxydase-Aktivität in Beziehung zur Ausnutzbarkeit des Methionins aus Sojabohnenprotein.* Vff. stellten an Ratten, die mit Sojabohnenprotein (I) ernährt worden waren, eine Erhöhung der Leber-*Xanthinoxydase*-Aktivität fest, wenn I vorher erhitzt worden war oder ihm *Methionin* (II) zugesetzt wurde. Sie schließen daraus, daß durch das Erhitzen II in I in einen leichter verwertbaren Zustand übergeführt wird. Das schwache Wachstum von mit I ernährten Tieren ist nicht nur auf ungenügende Ausnutzbarkeit von II zurückzuführen. (Proc. Soc. exp. Biol. Med. **82.** 484—86. März 1953. St. Paul, Minn., Univ. of Minnesota, Dep. Agr. Biochem.) W. ZILLIG. 4210

Leo M. Sreebny, Julia Meyer und **Erica Bachem,** *Azocoll als ein Substrat zur Bestimmung der proteolytischen Aktivität. Azocoll* (*Na-2-Naphthol-3.6-disulfonat*) wird abgebaut von *Trypsin, Kollagenase, Papain, Chymotrypsin, Pepsin*; es ist somit kein spezif. Substrat für Kollegenase. Es wird nicht angegriffen von Hyaluronidase, Streptokinase-Streptodornase, β-Amylase. Während 40 Min. erfolgte kein spontaner Abbau bei p_H 1,0—12,2 oder bei einer Temp. von 37—70°. Die maximale Lichtabsorption liegt bei 522 mμ. Die beim Abbau erfolgte Färbung bleibt bei Raumtemp. ca. 4 Std. konstant. Es kann im Lösungsm. zu einer einheitlichen Suspension gelöst werden bis zu einer Konz. von ca. 2 mg/cm², wobei bei der enzymat. Abbaubest. eine maximale Fehlerbreite von 6% auftritt. (Lab. Invest. **4.** 27—32. Jan./Febr. 1955. Chicago, Ill., Univ., Coll. of Dent., Dep. of Appl. Mat. Med. and Therap., Div. of oral Pathol.) G. WELTZIEN. 4210

Morris Ziff, Jerome Simson, Edward Scull, Alfred Smith, Jennie Shatton und **Donald Mainland,** *Aminotripeptidasegehalt der Synovialflüssigkeit bei arthritischen Erkrankungen. Aminotripeptidase* (Substrat: *Glycylglycylglycin*) bietet nach Unterss. an 98 Patienten einen Maßstab für entzündliche Erkrankungen in der Synovial-Fl. u. damit ein diagnost. Mittel bei arthrit. Erkrankungen. (J. clin. Invest. **34.** 27—34. Jan. 1955. New York, N. Y., New York Univ.-Bellevue Med. Center.) A. HESSE. 4210

B. J. Krijgsman und **F. H. Talbot,** *Untersuchungen über die Verdauung der Seeanemonen.* Der Magensaft von Pseudactinia flagellifera enthält bei p_H 6,7—7,8 (Unterschied zum umgebenden W.!) eine *Proteinase* (Gelatine — Optimum p_H 8), eine *Lipase* für Tributyrin (p_H 8) u. eine *Amylase*, dagegen keine Maltase. An Faserextrakten war eine proteolyt. Rk. nachzuweisen, ebenso starke Lipasewrkg. auf niedere Ester, geringe auf Öle u. Milchfett. Beide Versuchsextrakte bringen Milch zum Gerinnen. (Arch. int. Physiol. **61.** 277—91. Juni 1953. Capetown, Univ.) J. PLAMBECK. 4210

Sol Sherry, Antoinette Titchener, Leonard Gottesman, Philip Wasserman und **Walter Troll,** *Die enzymatische Auflösung von experimentellen arteriellen Thrombosen beim Hund durch Trypsin, Chymotrypsin und Plasminogenaktivatoren.* Die Auflsg. von im Oberschenkel von Hunden erzeugten arteriellen Thrombosen (I) wurde mit *Trypsin* (**II**), *Chymotrypsin* (**III**) u. 2 Typen von Plasminogen (**IV**)-Aktivatoren, die alle nicht tox. waren, versucht. **II**—**IV** wurden in Dosen angewendet, in denen sie sichtbaren Anstieg an zirkulierender proteolyt. Aktivität erzeugen u. alles zirkulierende Prothrombin (**V**) u. Fibrinogen (**VI**) zerstören. **II** erhöht nicht die Auflsg. von **I**, während **III** keinen Effekt auf zirkulierendes **V** hat, nur mäßige Zers. von **VI** erzeugt, jedoch 55% der Gerinnsel auflöst u. auf **IV** keinen Einfl. hat. Der Mechanismus ist unbekannt. Geringe Mengen *Streptokinase* (**VII**) (als **IV**-Aktivator) u. teilweise gereinigtes menschliches **IV** ergeben beim Hund in vivo rasche **IV**-Aktivierung. 50% von **I** werden aufgelöst. Die proteolyt. Aktivität steigt sichtbar an. Plasma-**VI** verschwindet rasch u. ist nicht mehr koagulierbar. **VII** allein löst 50% von **I** auf u. verflüssigt rasch n. **I**. Nur mäßige Veränderung im Plasma-**VI** u. **IV**-Spiegel. Unbedeutender Anstieg an zirkulierender proteolyt. Aktivität steigert Fibrinolyseaktivität. (J. clin. Invest. **33.** 1303—13. Okt. 1954. Cincinnati, O., May Inst. for Med. Res., u. Jewish Hosp.) J. MILLER. 4210

K. F. Ssorwatschew, *Umwandlung von β-Alanin im Nierengewebe der Ratten.* Bei Verss. mit Rattennierenbrei bildet *β-Alanin* (I) bei Ggw. eines Phosphatpuffers u. in O_2-Atmosphäre CO_2 u. NH_3 (II). Ihre Bldg. beginnt nach 1std. Incubation u. erreicht nach 4 Std. ein Maximum. Bei einem HCO_3^--Puffer geht die Bldg. von II ca. 20mal schwächer vor sich. Fügt man zum Nierenbrei Phospho-I, so bildet sich II sowohl in Ggw. von O_2 wie von N_2 bereits in den ersten Min. der Incubation. Bldg. von Aminen auf Kosten des zugesetzten I findet nicht statt. Die chromatograph. Analyse zeigt, daß bei I-Zusatz zum Nierenbrei I nach 4 Std. um 10—15% abnimmt, was der Menge der sich inzwischen bildenden CO_2 u. II entspricht. (Биохимия [Biochemie] **18.** 696—700. Nov./Dez. 1953. Moskau, Univ., Lehrstuhl für Biochem. der Tiere.) F. DU MANS. 4210

Waldemar F. Kirchheimer und **Charles Keith Whittaker,** *Mycobakterien-Asparaginase.* Unterss. des Mycobakterienstoffwechsels zeigten, daß gewaschene Zellen der Stämme *H 37 Ra* u. *H 37 Rv* von *Mycobacterium tuberculosis var. hominis*, des *BCG*-Stammes von *M. tuberculosis var. bovis*, des Stammes *607* von *M. sp.* u. von *M. smegmatis* aus *Asparagin* (**I**) ohne O_2-Aufnahme u. unter streng anaeroben Bedingungen NH_3 u. *Asparaginsäure* bilden. Anscheinend findet hierbei eine enzymat. Desamidierung von **I** statt. *M. phlei* bildete unter den gleichen Bedingungen nur einen Bruchteil der NH_3-Menge wie die genannten Stämme u. wuchs auf synthet. Nährmedium mit **I** als alleiniger *N*-Quelle schlecht. Die Extraktion der *Asparaginase* (**II**) aus *M. smegmatis* erfolgte durch Zerreiben der gewaschenen Zellen mit 0,1mol. Phosphatpuffer, 18std. Mahlen mit Glaspulver (Kugelmühle) bei ca. 0°, Zentrifugieren (**II** im Überstand). **II** ist bei p_H 6—9 wirksam u. unterscheidet sich von *Asparaginase I* (II: keine Inaktivierung durch 10 Min. Erwärmen auf 50°) u. *II* (II: keine Aktivierung durch *Pyruvat*-Zusatz). (Amer. Rev. Tubercul. **70.** 920—21. Nov. 1954. Chicago, Ill., Northwestern Univ., Med School, Dep. of Bacteriol.) K. MAIER. 4210

Arthur Karmen, Felix Wróblewski und **John S. La Due,** *Transaminaseaktivität im menschlichen Blut. — Anhang:* **Arthur Karmen,** *Mitteilung über die spektrometrische Bestimmung der Glutaminsäure–Oxalessigsäure-Transaminase in menschlichem Blutserum. Glutaminsäure–Oxalessigsäure-Transaminase* (I) katalysiert die Rk.: Asparaginat + α-Ketoglutarat ⇌ Glutaminat + Oxalacetat. *Glutaminsäure–Brenztraubensäure-Transaminase* (II) katalysiert die Rk.: Alanin + α-Ketoglutarat ⇌ Glutaminat + Pyruvat. — Als Maß für die Wrkg. der I dient die chromatograph. ermittelte Menge an *Glutaminsäure* (III). Hierzu werden die Bebrütungsgemische durch Zusatz von A. von Protein befreit u. die in 0,06 mol. Phosphatpuffer gelösten Eindampfrückstände der über dem Nd. stehenden Fll. der absteigenden Chromatographie unterworfen; die mit Ninhydrin kenntlich gemachten III-Flecken werden ausgeschnitten u. quantitativ mit Ninhydrin entwickelt u. nach TROLL u. CANNAN (C. **1953.** 6946) untersucht. Die chem. Eigg. von I u. II in menschlichem Serum, Blutplasma sowie Hämolysaten aus Gesamtblut, die Abhängigkeit von Enzym- u. Substratkonz. sowie p_H ähneln den sonst für Transaminasen in tier. Geweben gefundenen Werten. Die Aktivität wird nicht durch Gefrieren, Halten bei 0—5° oder Lyophylisiseren, wohl aber durch Kochen zerstört. — I u. II zeigen in menschlichem Serum ungefähr übereinstimmende Werte; in Hämolysaten aus Gesamtblut ist I ca. 2,7 mal aktiver als II, wobei der Geh. an I ca. 10 mal höher als im Serum ist. — Bei verschied. Krankheiten werden Abweichungen vom n. Geh. an I u. II beobachtet. Anhang. Maximale Aktivität der I wird gefunden bei Reaktionsgemischen, die in 3 cm^3 50 Mikromole Asparaginat u. 5 Mikromole α-Ketoglutarat enthalten. Innerhalb eines weiten Gebietes besteht Proportionalität zwischen Reaktionsgeschwindigkeit u. Serummenge. — Verwendet wurde eine spektrometr. Meth., mit welcher die Geschwindigkeit der Rk. Oxalacetat + Diphosphopyridinnucleotid (DPNH) + H^+ → DPN^+ + L-Malat in Ggw. von *Äpfelsäuredehydrase* verfolgt werden kann. (J. clin. Invest. **34.** 126—35. Jan. 1955. New York City, N. Y., Sloan-Kettering Inst., Dep. of Med.) A. HESSE. 4210

H. M. Sinclair, *Pyridoxalphosphat als Coenzym der Histaminase.* Auf Grund verschied. weiterer Befunde wird angenommen, daß *Pyridoxalphosphat* ein Coenzym der *Histaminase* (II) darstellt. Gifte, die mit *Pyridoxal* (III) reagieren, wie Semicarbazid, hemmen II. Während der II-Reinigung bleibt die III-Aktivität beim Enzym. Das gereinigte II-Präp. enthält 0,3 mg III/100 g. Da II durch Elektrophorese ca. 180 fach konz. werden kann, würde dies dann 0,54 γ III/mg entsprechen. Bei *Pyridoxin* (IV)-Mangel der Ratte ist die II-Aktivität in Haut, Darm u. Lunge vermindert. Durch Zusatz von *Pyridoxal-5-phosphat* ist in vitro eine gewisse Wiederherst. der II-Aktivität möglich. Die Haut von Ratten mit IV-Mangel reagiert auf intracutane Histamin (I)-Injektion stärker als die der Kontrolltiere. Orale Antihistaminzufuhr (*Pyribenzamin*) bessert bei IV-Mangeltieren die Hautschädigungen u. den Priapismus, die wahrscheinlich die Folge einer durch anomale I-Konzz. hervorgerufenen Gefäßveränderung sind. (Biochem. J. **51.** X—XI. April 1952. Oxford, Churchill Hosp.) K. MAIER. 4210

A. F. Youssef und **H.-J. Staemmler,** *Die Beziehung zwischen Allergie und Nebennierenrindenfunktion in ihrer Bedeutung für die Ätiologie der Hyperemesis gravidarum.* Die *Histaminase* (I)-Aktivität des Blutes steigt bei Gesunden während der ersten Schwangerschaftshälfte steil an. Dagegen ergab die Unters. des I-Geh. des Serums bei 30 Hyperemesis-Patienten, daß der Fermentindex, verglichen mit dem gesunder Schwangerer des gleichen Termins, sehr niedrig liegt. Bei diesen Patienten ist auch die Funktion des hypophysär-adrenalen Syst. herabgesetzt. Auf die Bedeutung der Wechselbeziehung zwischen Allergie u. der Funktion des hypophysär-adrenalen Syst. für die Hyperemesis grav. wird hingewiesen. (Acta endocrinol. [Copenhagen] **18.** 109—15. Jan. 1955. Kiel, Univ., Frauenklinik.) K. F. MÜLLER. 4210

A. Pederzini, G. B. Lusiani und **M. Colombini,** *Die Serumcholesterinase bei Hypercholesterinämie des Kaninchens.* Vff. erzeugten bei Kaninchen eine Hypercholesterinämie durch Verfütterung, die 15 mal höher als in der Norm war. Gleichzeitig damit wurde eine Vermehrung der *Cholesterinase* gefunden, die der Erhöhung des Cholesterins etwa parallel ging. (Boll. Soc. ital. Biol. sperim. **29.** 1838—39. Sept./Nov. 1953. Modena, Univ., Ist. di Patol. Med.) P. G. SCHEURLEN. 4210

A. Pederzini, G. B. Lusiani, M. Colombini und **R. Lorenzini,** *Verhalten der Serumcholesterinase in der Gravidität.* Sowohl bei graviden Frauen als auch im Experiment bei graviden Kaninchen wurde eine Zunahme der hydrolyt. Wrkg. der *Cholesterinase* im

Serum festgestellt. (Boll. Soc. ital. Biol. sperim. **29.** 1840—41. Sept./Nov. 1953. Modena, Univ., Ist. di Patol. Med.) P. G. SCHEURLEN. 4210

A. Pederzini, G. B. Lusiani und **M. Colombini,** *Einfluß der Schwangerschaft und der Dehydrocholsäure (Na-Salz) auf die Serumcholesterinase bei hypercholesterinämischen Tieren.* Sowohl bei Verfütterung von *Dehydrocholsäure* als auch unter den Bedingungen der Schwangerschaft findet man bei hypercholesterinäm. Kaninchen eine Zunahme der *Cholesterinase,* wobei gegenüber n. Tieren die hydrolyt. Wrkg. überwiegt. (Boll. Soc. ital. Biol. sperim. **29.** 1841—43. Sept./Nov. 1953. Modena, Univ., Ist. di Patol. Med.) P. G. SCHEURLEN. 4210

Leon Swell, T. A. Boiter, Henry Field jr. und **C. R. Treadwell,** *Veresterung von Sojabohnensterinen in vitro und ihr Einfluß auf den Blutcholesterinspiegel. Sojabohnensterine* (I) vermindern den Blut-*Cholesterin* (II)-Spiegel von Ratten, die eine Nahrung erhielten, welche 2% II u. 1% Na-Taurocholat enthielt. Die Hemmung war der aufgenommenen I-Menge proportional. Pankreat. Cholesterinesterase verestert Sojabohnen-I u. II (dieses schneller), wobei Gallensalze u. Fettsäuren zugegen sein müssen. Der Mechanismus der hemmenden Wrkg. der I wird diskutiert. (Proc. Soc. exp. Biol. Med. **86.** 295—98. Juni 1954. Washington, D. C., George Washington Univ., School of Med., u. Martinsburg, W. Va., Veterans Admin. Center.) H. BENISCHKE. 4210

Donald J. Hanahan, *Der enzymatische Abbau von Phosphatidylcholin in Diäthyläther.* Handelspankreatin enthält eine *Phospholipase A* (I), die aus *Phospholipiden* ungesätt. *Fettsäuren* (II) abspaltet u. durch Extraktion mit Glycinpuffer (p_H 6,0) u. Erhitzen auf 70° bei p_H 4,0 teilweise gereinigt werden kann. I bildet mit *Ei-Phosphatidylcholin* einen ätherlösl. Enzyme–Substrat-Komplex (**IV**), aus dessen äther. Lsg. sich nach 2—3 Std. ein gelatinöser Nd. von „*Lyso*“-*Phosphatidylcholin* (III) abzuscheiden beginnt. III besitzt hämolyt. Aktivität. *P* ist als Glycerophosphat enthalten. **IV**-Bldg. u. -Extraktion erfolgt optimal bei p_H 6,5—7,0. Die nach Abtrennung von III verbleibende Ae.-Lsg. enthielt freie, ungesätt. II (durchschnittliche JZ. 113,5, mittleres Mol.-Gew. 300). *Naia naia*-Schlangengift enthält ein I-ähnliches Enzym, das mit 100 γ die gleiche Spaltungsgeschwindigkeit gibt wie eine rohe Pankreatinlsg. mit 7 mg Protein/cm^3. (J. biol. Chemistry **195.** 199—206. März 1952. Seattle, Wash., Univ. of Washington, Dep. of Biochem.) K. MAIER. 4210

P. L. Goldacre, A. W. Galston und **R. L. Weintraub,** *Die Wirkung substituierter Phenole auf die Aktivität der Indolylessigsäureoxydase in Erbsen.* 2.4-Dichlorphenol, das häufig als Verunreinigung in Präpp. von 2.4-Dichlorphenoxyessigsäure vorkommt, stimuliert die Aktivität der *Indolylessigsäureoxydase* in Erbsenepikotylen. Die optimale Konz. liegt bei $2 \cdot 10^{-5}$ Mol, über $5 \cdot 10^{-4}$ Mol konnte eine Hemmung beobachtet werden. Reine 2.4-Dichlorphenoxyessigsäure zeigt keine Wrkg. auf das Enzym. Maßgebend für die Aktivität ist die Struktur des Phenols. Die Aktivität wird durch verschied. Substituenten am Ring erhöht oder erniedrigt. Gesteigert wurde sie durch *Phenol, 2-Chlorphenol, 3-Chlorphenol, 4-Chlorphenol, 2.4-Dichlorphenol, 4-Carboxyphenol, 2.4.6-Trichlorphenol, 2.4.6-Trijodphenol, 4-Bromphenol, 3-Nitrophenol, 4-Phenylphenol,* gehemmt durch *2.4-Dimethylphenol, 2-Methoxyphenol, p-Benzochinon, 1-Naphthol, 2-Naphthol;* keine Veränderungen zeigten *2.4-Dinitrophenol, 2.4-Dichloranisol, 2.4-Dichlor-1-naphthol, 2.3.5-Trijodbenzoesäure, 4-Chlorbenzoesäure* u. *Cyclohexanol.* (Arch. Biochem. Biophysics **43.** 358—73. April 1953. Pasadena, Calif., Kerckhoff Labor. of Biol.) H. KATHEN. 4210

H. Michl, *Elektrophoretische und enzymatische Untersuchungen des Jararacatoxins.* Das Gift der Lanzenschlange *Bothrops jararaca* wurde durch Papierelektrophorese in keilförmigen Streifen u. durch Elektrophorese in dünnen Stärkeplatten, wobei die Aktivitätsausbeuten bis zu 70% betrugen, in Komponenten verschied. Enzymaktivität zerlegt. *L-Aminosäureoxydase,* proteolyt. Aktivität, der hiermit wahrscheinlich zusammenhängende Teil des die Blutgerinnung fördernden Faktors u. des die Hemmung der Eidotterkoagulation bewirkenden Prinzips waren an rasch wandernde Komponenten gebunden. Die langsamen umfaßten *Phosphatase,* die die *Desoxyribonuclease*-Wirksamkeit u. einen Teil der *Adenosintriphosphatase* (I)-Aktivität bedingten u. geringe Toxizität zeigten. Den entscheidenden Anteil zur Giftwrkg. lieferten die mittleren Fraktionen, die *Lecithinase A-* u. I-Aktivitäten sowie den für die Ausbreitung verantwortlichen „*spreading*“-*Faktor* enthielten. Die Toxizität der isolierten Fraktionen war geringer als die entsprechende Menge eines aus den einzelnen Komponenten wieder zusammengesetzten Schlangengiftes (Synergismus). (Naturwissenschaften **41.** 403. 1. Sept.-H. 1954. Wien, Univ., II. Chem. Inst.) K. MAIER. 4210

A. C. Neish, *Notiz über die durch Hefe gebildeten Stereoisomeren des Butandiols-(2.3).* Glucose wurde vergoren, das Butandiol-(2.3) (I) extrahiert, chromatograph. gereinigt u. in das Di-p-nitrobenzoat übergeführt. Das Prod. besaß eine spezif. Drehung von —34,9°.

Durch Umkristallisieren aus Aceton ließen sich daraus reines meso-I-Di-p-nitrobenzoat wie auch reines (—)-Isomeres gewinnen, die Ggw. einer geringen Menge der Racemform ist nicht ausgeschlossen. Danach enthält das Gemisch der durch Hefe erzeugten I mindestens 67% der (—)-Form. Seine spezif. Drehung sollte —8,5 bis —8,7° betragen; das ist ein größerer Wert, als ihn das aus dl-Acetoin durch Red. mit Hefe gebildete I besitzt. (Canad. J. Res., Sect. B **28**. 660—61. Okt. 1950. Saskatoon, Saskatchewan, Nat. Res. Counc. of Canada, Prairie Reg. Labor.) G. Lohaus. 4270

E$_3$. Mikrobiologie. Bakteriologie. Immunologie.

O. Hanč und **E. Riedl-Tůmová**, *Die mikrobielle Umwandlung von Steroiden.* Übersicht mit 98 Literaturangaben. (Pharmazie **9**. 877—90. Nov. 1954. Prag, Forschungsinst. für Pharmazie u. Biochem.) W. Barz. 4320

Yoshiyuki Takata, Ken-ichi Yamamoto und **Yoshihiro Takata**, *Wirksamkeit von Thiazolcarbonsäurehydraziden gegen Mycobacterium tuberculosis.* Keines der hergestellten 6 Thiazolcarbonsäurehydrazide zeigte bis zur Konz. 1 : 20000 im abgeänderten Proskauer-Beck-Medium eine wachstumshemmende Wrkg. auf Mycobacterium tuberculosis H 37 Rv.

V e r s u c h e: *2.4-Dimethylthiazol-5-carbonsäureäthylester* (I), Kp.$_{14}$ 124—126°, aus 16 g Chloracetessigsäureäthylester, 8 g Thioacetamid in 50 cm^3 Bzl., 40 Min. am Rückfluß, Aufarbeitung nach Zugabe von K_2CO_3-Lösung. — *2.4-Dimethylthiazol-5-carbonsäurehydrazid*, F. 140°, aus 3 g I, 4 cm^3 $N_2H_4 \cdot H_2O$ u. 7 cm^3 absol. A., 2 Std. Sieden. — *Thiazol-4-carbonsäurehydrazid*, $C_4H_5ON_3S$, F. 141°, aus 6 g Thiazolcarbonsäuremethylester u. 7 cm^3 60% $N_2H_4 \cdot H_2O$, 30 Min. auf dem Wasserbad. — *4-Methylthiazol-2-carbonsäureäthylester* (II), Kp.$_{16}$ 130—131°, aus 11 g Monochloraceton u. 18 g Thiooxamidsäureäthylester, 40 Min. Wasserbad. Dann Zugabe von K_2CO_3-Lösung. — *4-Methylthiazol-2-carbonsäurehydrazid*, $C_5H_7ON_3$, F. 149°, aus **II**. Geprüft wurden ferner *Thiazol-5-carbonsäurehydrazid*, F. 164°, *4-Methylthiazol-5-carbonsäurehydrazid*, F. 166°, u. *2-Methylthiazolcarbonsäurehydrazid*, F. 160°. (J. pharmac. Soc. Japan [Yakugakuzasshi] **73**. 126—27. Febr. 1953. Sapporo, Hokaido Univ. [Orig.: japan.]) L. Schuler. 4330

Torsten Hasselstrom, G. P. Dateo, H. S. Levinson, W. H. Stahl, E. J. Hewitt und **K. S. Konigsbacher**, *Über die antioxydative Wirksamkeit und den Antagonismus von Piperin, Isonicotinsäurehydrazid und verwandten Verbindungen gegenüber mikrobiellem Wachstum.* Schwarzer Pfeffer, *Pfeffer-Oleoresin* (Gemisch von Pflanzenharzen u. äther. Ölen; I), Piperin, *Apopiperin* (II), *β-Cinnamenylacrylsäurehydrazid* (III) u. *Isonicotinsäurehydrazid* (IV) unterdrücken in Konzz. von 0,1% das mikrobielle Wachstum, hemmen es aber auch in 0,01%ig. Konz. bereits deutlich. **I** u. **II** wirken zugleich bakteriostat., während antioxydative Eigg. bei **I, III** u. **IV** festzustellen sind. **IV** kommt eine gegenüber **I** u. Tocopherolen ca. 10mal stärkere Wrkg. als Antioxydans zu. (Food Res. **19**. 373—76. Juli/Aug. 1954. Philadelphia, Pa., U. S. Army Quartermaster Corps, Pioneering Res. Labors.) R. Woller. 4330

Marjorie Anchel, Annette Hervey und **William J. Robbins**, *Antibiotische Substanzen aus Basidiomyceten.* 10. Mitt. *Fomes juniperinus Schrenk.* 6 weitere *F. juniperinus*-Stämme, die aus Sporophoren auf Juniperus, *J. occidentalis* u. *J. utahensis* isoliert worden waren, erwiesen gegenüber den früheren 3 Isolierungen von Robbins u. Mitarbeiter (vgl. Bull .Forrey Bot. Club **72**. [1945.] 165) als bessere Bildner antibakterieller Substanzen. In 2—2$^1/_2$ Monaten wurden auf Cornsteep-Nährlsg. (1,5 g KH_2PO_4, 0,5 g KCl, 0,5 g $MgSO_4 \cdot 7\,H_2O$, 3 g $NaNO_3$, 40 g Dextrose, 5 g Cornsteep pro Liter) Lsgg. mit 128—256 Verdünnungseinheiten (*Staph. aureus*) erhalten. Zusatz frischer Nährlsg. zu den Pilzdecken lieferte in 3 Wochen Lsgg. mit 256 Einheiten. Aus der Kultur-Fl. (20 Liter) von 8 *F. juniperinus*-Stämmen wurde nach p_H-Einstellung auf 1—2 (konz. HCl), Rühren mit *Norit A* (25 g/Liter), Eluieren des Kohleadsorbats mit 80%ig. Aceton (10, 5,5% des Vol. der Kultur-Fl.), Entfernen des Acetons im Vakuum (50—60°), 10stufige Gegenstromverteilung der verbleibenden wss. Lsg. zwischen W. u. Äthylacetat schließlich eine antibakteriell wirksame krist. Substanz, *Fomecin A* (I) (0,36 g, ca. 10% der ursprünglichen Aktivität), erhalten. I, $C_8H_8O_5$, allmählich Verkohlung $>160°$, hellgelbliche, orangefarbene Kristalle (hexagonale Prismen, dünne triangulare Plättchen, Stäbchen oder scharfe Nadeln) (A.–W., A.–Bzl., Aceton–Bzl., Äthylacetat), schwach saure Verb., wenig in W. (1 mg/cm^3), etwas mehr in A., Aceton, Äthylacetat, weniger in $CHCl_3$ oder Bzl.- lösl., beständig gegenüber kurzem Kochen in neutraler oder saurer wss. Lsg., dagegen $>p_H$ 8 rasche Zerstörung der antibiot. Aktivität, opt.-inakt., λ_{max} 241 mμ (ε = 10760), 305 mμ (ε = 14260). I hat möglicherweise chinoiden Charakter. Antibakterielle Aktivität. (Minimalkonz. in γ/cm^3 für 24std. Wachstumshemmung): *St. aureus* 8—16, *Bacillus mycoides* 250, *B. subtilis* 31—63, *Mycobacterium smegma* 250 bis 500, *E. coli* 125, *Klebsiella pneumoniae* 63, *Pseudomonas aeruginosa*; antifungielle Aktivität: *Trichophyton mentagrophytes* 500, keine Hemmung verschied. anderer Pilze; Antivirusaktivität (getestet 59 Bakteriophagen, 1 Aktinophage): Hemmung eines Streptokokkenphagens (von 4), eines Enterokokkenphagens (von 6), von 3 *E. coli*-Phagen (von 16), von 2 *Salmonella schottmuelleri*-Phagen, eines *Eberthella typhosa*-Phagens, von 7 *Vibrio cholerae*-Phagen (von 11), eines *Streptomyces griseus*-Phagens. 4std. Bebrütung bei 37° zusammen mit 5% menschlichem Gesamtblut in Rindfleischextraktbouillon verminderte die I-Aktivität von 64 auf 2 Einheiten. Intravenös wurde bis zu 1 mg I/Maus (ca. 50 mg/kg) ohne Krankheitserscheinung vertragen. — Die Kultur-Fl. enthält wahrscheinlich eine weitere antibakteriell wirksame Substanz mit größerer Aktivität gegenüber *Myco. smegmatis* als I, der vielleicht eine Absorption von λ_{max} 260 bis 270 mμ zuzuordnen ist. (Proc. nat. Acad. Sci. USA **38**. 655—59. Aug. 1952. New York, N. Y., Botan. Garden, u. Columbia Univ., Dep. of Bot.) K. MAIER. 4340

L. A. Scuro und **L. Ortona**, *Kreuzresistenz von Staphylokokken gegenüber Erythromycin oder Carbomycin nach Exposition mit jedem dieser Antibiotica.* Unterss. an verschied. penicillinempfindlichen u. -resistenten Stämmen zeigten in vitro, daß nach Exposition u. mehrmaligen Passagen mit *Erythromycin* Staphylokokken auch gegenüber *Carbomycin* resistent werden u. umgekehrt. (Boll. Soc. ital. Biol. sperim. **29**. 1739—41. Sept./Nov. 1953. Roma, Univ., Ist. di Clin. Med. gen.) P. G. SCHEURLEN. 4340

S. Čmelik, *Lipoide und Virulenz bei Typhusbakterien.* Zwischen der Virulenz u. dem Geh. an neutralen Lipoiden bestand bei 5 verschied. Salmonellastämmen kein Zusammenhang. Virulente Stämme enthielten aber weniger Phosphatide als avirulente. (Experientia [Basel] **10**. 372—73. 15/9. 1954. Zagreb, Jugoslawien, Univ., Zentr. Hyg. Inst.) E. FISCHOEDER. 4350

W. Mevius jr., **K. M. Patil** und **F. Weygand**, *Biochemische Untersuchungen an Hyphomicrobium vulgare St. et H.* 1. Mitt. *Bausteine der Zellen.* In getrockneten Zellen des Stammes B von *Hyphomicrobium vulgare* STUTZER et HARTLEB wurden nach Hydrolyse mit HCl die Aminosäuren *Alanin, Arginin, Asparaginsäure, Cystin, Glutaminsäure, Glycin, Histidin, Isoleucin, Leucin, Lysin, Methionin, Phenylalanin, Prolin, Serin, Threonin, Tyrosin* u. *Valin* papierchromatograph. nachgewiesen; nach Hydrolyse mit H_2SO_4 wurden *Arabinose, Galaktose, Glucose, Rhamnose, Ribose* u. *Xylose* festgestellt; nach Hydrolyse mit $HClO_4$ konnten *Adenin* u. *Guanin, Cytosin, Thymin* u. *Uracil* sicher nachgewiesen werden. Diese Zus. ähnelt der anderer autotropher Bakterien. (Ber. dtsch. bot. Ges. **67**. 387—90. Jan. 1955. Tübingen, Univ., Chem. Inst.) F. LINGENS. 4350

Guido Finzi, *Allergisches gesättigtes Exotuberkulin.* Zur Klärung der Frage, ob die Fähigkeit der Tuberkelbakterien zur Ausscheidung von *Exotuberkulin* (I) nach Erreichung eines Maximums abnimmt oder die bereits gebildeten wirksamen Substanzen abnehmen oder umgewandelt werden, wurden Kulturen (Typ *humanus* oder *bovinus*) auf SAUTON-Nährlsg. angelegt, die nach 6—8wöchiger Bebrütung bei 38—38,5° gebildeten Bakterienhäutchen durch leichte Bewegung zum Absinken gebracht u. die Kolben erneut mit einer auf Kartoffel vorgezüchteten Kultur beimpft. Es entstand etwa in der 6. Woche auf dem alten Nährboden eine kräftige Bakterienhaut. Die neuen Kulturen bildeten wiederum I, das die bereits vorhandene I-Aktivität vermehrte. Der neue I-Typ wird als *allerg. gesätt.* I bezeichnet u. von der Gesamtheit der von den Tb-Bakterien der beiden aufeinander Beimpfungen gebildeten Ausscheidungsprodd. gebildet. *Gesätt.* I erwies sich bei der Diagnose der Rindertuberkulose dem einfachen I als weit überlegen. (C. R. hebd. Séances Acad. Sci. **232**. 125—26. 3/1. 1951.) K. MAIER. 4370

S. R. Khambata und **J. V. Bhat**, *Der Abbau von Oxalaten durch Streptomycesarten.* Vff. isolierten aus dem Darminhalt von ind. Erdwürmern Streptomyces-Arten auf mit Oxalaten (I) angereicherten Hefeextraktnährböden. Durch Titration mit Permanganat wurde festgestellt, daß die verschied. Pilze I von 7 bis zu 84% verwerten können. (Nature [London] **174**. 696—97. 9/10. 1954.) F. HOPPE. 4380

E. Joan Stokes, Clinical bacteriology. London: F. Arnold. 1955. (VIII + 288 S. m. Abb.) 20 s.

E_4. Pflanzenchemie. Pflanzenphysiologie. Pflanzenpathologie.

G. G. Cillie und **F. J. Joubert**, *Amylopektinvorkommen in den Früchten von Passiflora edulis.* Feststellung von Stärkevork. in der Fruchtpulpe von Passiflora edulis; es handelt sich um ein Amylopektin mit durchschnittlich 17 Glucoseresten in den Seitenketten. (J. Sci. Food Agric. **1**. 355—57. Dez. 1950. Pretoria, Nat. Chem. Res. Labor.) A. LIEBNER. 4420

Remziye Salih Hisar und **Robert E. Wolff**, *Identifizierung der aus der Babink-Wurzel extrahierten blasenziehenden Kristalle.* Das durch Extraktion der BABINK-Wurzeln erhaltene gelborange, krist. Prod. (vgl. REMZIYE SALIH HISAR, Bull. Soc. chim. France, Mém. **1954**. 33), F. 75° (PAe.), ist auf Grund der Analyse, des Infrarotspektr. u. Misch-F. ident. mit *5-Oxy-2-methylnaphthochinon-(1.4)*. (Bull. Soc. chim. France, Mém. [5] **1955**. 507. April. Istambul, Univ. Technique, u. Paris, Inst. de Biol. Physico-Chim.) H. SURAWSKI. 4420

A. R. Gussewa und **M. G. Borichina**, *Der Gehalt an Guttapercha und Carotinoiden in den Blättern der Eucommia im Zusammenhang mit ihrer Herbstfärbung.* In Eucommia-Plantagen beobachtet man im Herbst Bäume von stark verschied. Blattfärbungen. Wie Vff. finden, sind goldgelbe Blätter um ca. 40% reicher an *Guttapercha* (I) als die blaßgelben Blätter. Auch der viel geringere Geh. an *Carotinoiden* (II) ist bei den goldgelben Blättern um ein Mehrfaches höher als bei den hellgelben. Diesen Parallelismus im Geh. von I u. II führen Vff. darauf zurück, daß beide aus einem Stoff von Polyisoprenstruktur entstehen. (Доклады Академии Наук СССР [Ber. Akad. Wiss. UdSSR] [N. S.] **99**. 419—20. 21/11. 1954. Bach-Inst. für Biochem. der Akad. der Wiss. der UdSSR.) M. ULMANN. 4420

Carmen Ll. Intengan, Isabel Concepcion, Rosita D. Salud, Josefina Manalo, Isabel del Rosario, Rosario Gomez, Velona Arzaga und **Leon G. Alejo**, *Die Zusammensetzung philippinischer Nahrungsmittel.* 2. Mitt. (1. vgl. C. **1954**. 9552.) Erweiterung der Unters. auf weitere vegetabil. philippin. Nahrungsmittel. (Philippine J. Sci. **83**. 187—216. Juni 1954. Manila, Inst. of Nutr.) G. TREWENDT. 4420

Sachchidananda Banerjee, Krishnasudha Rohatgi und **Sukhamay Lahiri**, *Pantothensäure, Folsäure, Biotin und Nicotinsäure in gekeimten Hülsenfrüchten.* Vff. bestimmten mikrobiol. *Pantothensäure* (I), *Folsäure* (II), *Biotin* (III) u. *Nicotinsäure* (IV) u. fanden in Lathyrus sativus, Phaseolus mungo, Pisum sativum, Cajunus indicus, Phaseolus radiatus, Cicer radiatus u. Lens esculata in mg%: 1,3—3,5 I, 51—145 II, 7,5—13,2 III u. 1,6—3,3 IV. Bei der Keimung erhöhten sich die Werte von III u. IV, während II stark vermindert wurde u. I sich uneinheitlich verhielt. (Food Res. **19**. 134—37. Jan./Febr. 1954. Calcutta, India, Presidency Coll., Dep. of Physiol.) F. KRUSEN. 4425

H. A. Borthwick, S. B. Hendricks, M. W. Parker, E. H. Toole und **Vivian K. Toole**, *Eine reversible, die Samenkeimung kontrollierende Photoreaktion.* Die Beobachtung von FLINT u. MCALLISTER (Smithsonian Inst. Publ., misc. Collect. **94**. [1935.] Nr. 5) sowie von FLINT (C. R. Assoc. int., Essais Semences [Copenhagen] **8**. [1936.] 1), daß die Keimung von Salatsamen (*Grand Rapids; Lactuca sativa L.*) durch Lichstrahlung von 5250—7000 Å gefördert u. im Bereich von 7000—8200 Å gehemmt wird, wurde von Vff. für $\lambda > 5200$ Å bestätigt. Das Wirkungsspektr. wurde quantitativ bestimmt. Bei der Beeinflussung der Keimung scheinen, zusammen mit anderen Stoffen, 2 Farbstoffe beteiligt zu sein (Gleichung 1 u. 2). Strahlung im Bereich von 4600 Å ($90 \cdot 10^{-3}$ Joule/cm²) gab 60%ig., $< 0{,}75 \cdot 10^{-3}$ Joule/cm² 50%ig. Keimung. (Proc. nat. Acad. Sci. USA **38**. 662—66. Aug. 1952. Beltsville, Md., Bur. of Plant Ind., Soils and Agricult. Engng.) K. MAIER. 4455

1) Farbstoff + RX $\xrightleftharpoons{\text{Rot}}$ Farbstoff X + R
λ_{max} 6500 Ruhe — λ_{max} 7300 Keimung

2) Farbstoff X + R $\xrightleftharpoons[\text{Infrarot, Dunkelheit}]{}$ Farbstoff + RX

Alfons M. Burger, *Wie entstehen in Pflanzen ätherische Öle und Duftstoffe?* Ausgehend von der Photosynth. in der Pflanze durch Chlorophyll u. an Hand von 11 Abbildungen von Öldrüsen u. -zellen, wird ein Überblick über das Vork. der äther. Öle u. ihre vermutliche, aber noch nicht endgültig aufgeklärte Bldg. gegeben, die vielleicht auch durch Mutation der Gene u. dadurch verursache Änderung der Fermentsteuerung zufällig oder durch Umwelteinflüsse bewirkt werden kann. So können Aromatica der einen Pflanze in anderen Arten solche Mutationen hervorrufen. Hinweis auf den nekrobiot. Stoffwechsel unter Bldg. äther. Öle. (Parfümerie u. Kosmet. **35**. 451—52. 455—56. Nov. 1954.) H. MÜHLMEISTER. 4460

Wm. Harold Minshall, *Transportweg und Ort der Wirkung von 3-[4-Chlorphenyl]-1.1-dimethylharnstoff in Bohnen- und Tomatenpflanzen.* An Tomaten- u. Bohnenpflanzen wurde die Wrkg. einer Konzentrationsreihe von *3-[p-Chlorphenyl]-1.1-dimethylharnstoff* (I) untersucht. An intakten Pflanzen ließen sich mit Ausnahme einer zeitlichen Verzögerung die gleichen Symptome beobachten wie an isolierten Sprossen. Auf die Wurzel angewendeter I wurde schnell aufgenommen u. gelangte durch das Xylem in die Blätter, wo nekrot. Flecken entstanden u. bei Erreichen der DL das Gewebe abstarb. Da I sich in den Wurzeln weniger stark ansammelte, starben diese erst einige Tage nach den Blättern ab. (Canad. J. Bot. **32**. 795—98. Nov. 1954. London, Ontario, Can., Univ., Sub Post Off., Canada Dep. of Agric., Sc. Serv. Labor.) R. STAAB. 4495

G. Marras und **G. Dall'Olio,** *Versuche über die Gegengiftwirkung des 2.3-Dimercaptopropanols und des Arsenigsäureanhydrids bei Lupinus albus.* (Vgl. auch C. **1955.** 8205.) Das Wachstum der Hypocotylen bei Lupinus albus wird durch As_2O_3 (I) in einer Konz. von 0,05% um 25% u. bei einer Konz. von 0,1% um 70% gehemmt. *2.3-Dimercaptopropanol* (II; *BAL*) hemmt diese Giftwrkg. nicht, sondern steigert sie auf 60 bzw. 85%, wenn äquimol. Mengen II der Nähr-Fl. beigefügt werden. II allein hemmt ebenfalls das Wachstum der Hypocotylen. Es wird daraus geschlossen, daß die Antidotwrkg. des II gegenüber I deutlich beschränkter ist als die gegenüber *Lewisit.* Offenbar hängt die Giftwrkg. der Kombination von I u. II auch vom Zeitpunkt ihres Zusammentreffens ab, da das Wachstum deutlich weniger gehemmt wird, wenn II erst 1 Std. nach I gegeben wird. (Boll. Soc. ital. Biol. sperim. **29.** 1717—19. Sept./Nov. 1953. Ferrara, Univ., Ist. di Farmacol.) P. G. SCHEURLEN. 4495

Walter G. Rosen, *Wirkungen von Streptomycin auf einige grüne Pflanzen.* Einw. niedriger *Dihydrostreptomycin* (I)-Konzz. (0,12—1,0%, als Sulfat) bewirken bei keimenden Samen u. Pflanzenteilen späterer Entwicklungstadien Ausbleiben der Chlorophyll (II)-Bldg. in normalerweise II-haltigem Gewebe u. tox. Effekte (Hemmung der Blätter, Wurzeln u. Stengel). Untersucht wurden Erbse, Bohne u. Mais. Das Ausbleiben der II-Bldg. ist nicht ohne gleichzeitige tox. Wirkungen erzielbar, wenn diese auch bei Mais weniger ausgeprägt waren. Durch Zuführung von *Saccharose* (Eintauchen der Blattspitzen) kann die Lebensdauer II-freier Pflanzen von Mais u. anderen Arten verlängert werden. (Ohio J. Sci. **54.** 73—78. März 1954. Columbus, O., Ohio State Univ., Dep. of Bot. and Plant Pathol.) ——————— K. MAIER. 4495

Howard Reynolds and others, Flavor and benzene hexachloride content of peanuts grown in rotation with cotton dusted with insecticides containing benzene hexachloride. Washington: Govt. Pr. Off. 1955. (26 S.) $ 0,15.

E_5. Tierchemie. Tierphysiologie. Tierpathologie.

A. Candeli und **G. Scassellati Sforzolini,** *Neuere Untersuchungen über die Fixierung des Fluors.* Verschieden aufgearbeitetes Zahnmaterial besitzt eine Fixationskapazität für *F*, die den Geh. des Ausgangsmaterials um das 10—20fache übersteigt. Es läßt sich errechnen, daß die Mineralsubstanzen des Zahnes je 100 g des ganzen Zahnes 39 g F u. die organ. Substanzen 3,75 g F binden können. (Boll. Soc. ital. Biol. sperim. **29.** 1726—27. Sept./Nov. 1953. Perugia, Univ., Ist. di Igiene.) P. G. SCHEURLEN. 4510

L. Adezati und **G. Costa,** *Zusammensetzung des menschlichen Skelettmuskels. Fraktionierung der Phosphorester.* Vff. bestimmten am menschlichen Musc. rectus abdominis die Phosphorester. In je 100 g Frischgewebe wurden folgende Werte (in μmol) gefunden: Anorgan. P 748, labiler P 304, Phosphorkreatin 572, labile Phosphatester 32, stabile Phosphatester 371, gesamter säurelösl. P 2901. (Boll. Soc. ital. Biol. sperim. **29.** 1699 bis 1700. Sept./Nov. 1953. Genova, Univ., Ist. di Clin. Med.) P. G. SCHEURLEN. 4520

N. R. Jones, *Faktoren, die die Zusammensetzung der freien Aminosäuren bei frischen und eingefrorenen Skelettmuskeln junger Nordsee-Kabeljaus (Gadus callarias) bestimmen.* (Vgl. auch C. **1955.** 129.) Die jahreszeitlich bedingte Zus. der freien Aminosäuren im Kabeljaumuskel ändert sich beim Lagern eingefrorener Fische durch Schmelzwasserextraktion, „drip", der Tätigkeit autolyt. Enzyme u. schädlicher Mikroorganismen. Muskelanserinase steigert *1-Methylhistidin* u. *β-Alanin*-Gehalt. Der Geh. an *Taurin* nimmt laufend ab, der von *Lysin* steigt in Eis. Bakterientätigkeit läßt Geh. der meisten Aminosäuren vorübergehend ansteigen. Bei 0° geringere Verluste, wahrscheinlich durch verhinderte Lösung. Bebrütung von belüftetem vermischtem Muskelfleisch ergibt eine für Seeverderb typ. Mikroflora u. Speicherung von freier *Glutaminsäure, Asparaginsäure, Alanin, β-Alanin, Lysin, Glycin, Valin, Leucin* u. *1-Methylhistidin.* (Biochem. J. **58.** XLVII—XLVIII. Dez. 1954.) J. MILLER. 4520

Albert Szent-Györgyi, *Fluorescierendes Globulin der Linse.* Vf. fand in der Linse ein *Euglobulin, Lentoglobulin,* das unter UV-Bestrahlung blau fluorescierte, dessen Moll. nicht frei beweglich sind (auf polarisierte Einstrahlung erfolgt polarisierte Emission), dessen Absorptionsmaximum bei 2800 Å liegt u. das durch Hitze leicht denaturiert, dann opalescent, wird. (Biochim. biophysica Acta [Amsterdam] **16.** 167. Jan. 1955. Woods Hole, Mass., Marine Biol. Labor., Inst. for Muscle Res.) D. ZEMKE. 4520

C. S. Barnhart und **L. E. Chadwick,** *Ein „Fliegenfaktor" bei Untersuchungen mit Lockstoffen.* Bei Freilandverss. mit Attraktivstoffen für Stubenfliegen (*Musca domestica*) zeigten die mit indifferentem Material beschickten Kontrollfallen einen mit der Länge der Versuchszeit steigenden Anflug von Fliegen. Durch systemat. Unterss. wurde nachgewiesen, daß die Fliegen dem indifferenten Material Substanzen mit anlockender Wrkg. auf andere Fliegen mitteilen. Nach vorläufigen Verss. läßt sich aus den Tieren eine in

95%ig. A. lösl., in Aceton u. Ae. wenig lösl. Substanz mit anlockender Wrkg. extrahieren. Derartige körpereigene Lockstoffe sind bis jetzt prakt. nur bei sozialen Insekten gefunden worden. Vff. weisen auf die Fehlerquellen hin, die sich bei Freilandverss. durch die Wrkg. dieser Attraktivstoffe ergeben können. (Science [Washington] **117.** 104—05. 30/1. 1953. Maryland, Army Chem. Center, Army Chem. Corps, Med. Labor.) A. HEUSNER. 4520

G. Mixhel-Walrand, *Biochemische Betrachtungen über die Veränderung des p_H in gewissen Hautläsionen, und über die Bedeutung eines durch Schmerz verursachten Acidoseschocks.* Bei Hautläsionen beobachtete Alkalisierung braucht nicht auf der Ggw. eines pathogenen Agens zu beruhen, da sie auch bei Abwesenheit jeglicher Infektion in pruriginösen Läsionen auftritt. Vf. spricht von einer Alkalisierung als Ursache des Schmerzes, die auf die Entstehung freier *Amine* (I) zurückgeführt wird. Durch Hemmung der Cofermente der Oxydasen, Vermeidung einer Sättigung der freien I mit den üblichen sauren Behandlungsmethoden u. Überführung der I in Komplexe u. Doppelsalze lassen sich Alkalisierung beheben u. n. p_H-Werte herbeiführen. Damit wird auch die gestörte isoelektr. Schranke der Haut wiederhergestellt, was an der Behebung des Pruritus ohne Lichenifikation sichtbar wird. (Bull. Soc. roy. Sci. Liège **22.** 496—501. Nov. **1953.** Liège, Univ., Inst. de Bot.) H. DOSSMANN. 4550

Angelina Ciarrapico, *Aktuelle Probleme der Beziehungen zwischen Fluor und Zahncaries.* Übersichtsarbeit über die Bedeutung des *F* für die Zahncaries. Es bestehen keine Beziehungen zwischen F-Geh. des W. u. Häufigkeit der Zahncaries. (Minerva med. [Torino] **46 I.** 365—71. 10/2. 1955. Roma, Univ., Clin. Odontoiatrica.) P. G. SCHEURLEN. 4552.

William H. Boyce, Fred K. Garvey und **Charles M. Norfleet jr.,** *Proteine und andere Biokolloide des Urins bei Gesunden und Kranken mit Harnsteinen.* 1. Mitt. *Elektrophoretische Untersuchungen bei p_H 4,5 und 8,6 von solchen Komponenten, die in molarer Kochsalzlösung löslich sind.* Die Gesamtmenge an Proteinen oder anderen koll. Stoffen ist im Urin von Kranken mit Harnsteinen ca. 3—13 mal größer als im Urin gesunder Menschen. Die elektrophoret. Unterss. solcher Komponenten, die in Puffern von p_H 4,5—8,6 lösl. sind, haben verschied. übereinstimmende Veränderungen bes. der α-Proteinfraktionen gegenüber Proteinen von n. Urin gezeigt. Die Proteinmenge bei solchen Kranken änderte sich auch nach operativer Entfernung der Steine nicht. — 6 Figuren, 22 Literaturstellen. (J. clin. Invest. **33.** 1287—97. Okt. 1954. Winston-Salem, N. C., Wake Forest Coll., Bowman Gray School of Med., Dep. of Urol., Div. of Surg.) J. MILLER. 4552

Howard Florey, *Mucin und Körperschutz*-Übersicht über die Bldg., die Bedeutung u. Chemie der *Mucine* des Verdauungstraktes u. des *Heparins.* — 61 Literaturangaben. (Proc. Roy. Soc. [London], Ser. B **143.** 147—58. 27/1. 1955.) G. WELTZIEN. 4555

Jack W. Ralls, Francis J. Saunders, A. L. Raymond und **Byron Riegel,** *Zwei Reduktionsprodukte aus der Nebennierendurchströmung mit Pregnan-3.20-dion.* Nach Durchströmung überlebender Nebennieren mit einer *Pregnan-3.20-dion* (I) (100 mg/Liter) enthaltenden Lsg. (50% Rindercitratblut, 50% Ca-freie TYRODE-Lsg., Glucose, Terramycin; 6fache Passage von 1 Liter in 5 Std.) waren als wichtigste I-Umwandlungsprodd. *3α-Oxypregnan-20-on,* $C_{21}H_{34}O_2$, F. 154—155°, $[\alpha]_D^{26}$ 106 ± 2° (0,5% Chlf.), Ausbeute 7. u. 9%, u. *Pregnan-3α.20β-diol,* $C_{21}H_{36}O_2$, F. 238—240°, $[\alpha]_D^{26}$ 10 ± 2° (0,5%, Chlf.), Ausbeute 3 u. 8%, isolierbar. In den Mutterlaugen konnten papierchromatograph. weder *3β-Oxypregnan-20-on, Pregnan-3β.20β-diol* noch *Pregnan-3β.20α-diol* nachgewiesen werden. Da I kein n. Stoffwechselprod. der Nebenniere ist, erfolgte die Red. durch die auf die *Allopregnan*-Derivv. wirkenden Reduktionssysteme. (J. biol. Chemistry **210.** 709—12. Okt. 1954. Chicago, Ill., G. D. Searle and Co., Res. Labors.) K. MAIER. 4559

L. E. Rowson und **G. E. Lamming,** *Einfluß von Ovarialhormonen auf Uterusinfektion.* Nach Unterss. der Vff. an Kühen treten bei Insemination während der Lutealphase häufig Uterusinfektionen auf, die auch durch *Progesteron* an ovarektomierten Tieren, selbst nach Verabfolgung von Antibioticis u. Bactericiden, hervorgerufen werden können. *Testosteron* hat einen ähnlichen Effekt. *Östron* wirkt hingegen stark bactericid. Die Möglichkeit der Behandlung von Infektionen des Genitaltrakts mit Östrogenen auch bei Stieren u. bei Menschen wird diskutiert. (Nature [London] **171.** 749—50. 25/4. 1953.) W. ZILLIG. 4559

Nuno Alvares Pereira und **Jean Fuchez,** *Klinische und experimentelle Beobachtungen zur Reaktion von Galli Mainini.* Der Graviditätstest nach MAININI am Frosch erweist sich nach Unterss. der Vff. als äußerst zuverlässig; auch an der in Brasilien heim. Art *Leptodactylus ocellatus* werden bei Verwendung einer genügenden Anzahl männlicher Tiere u. Injektion einer genügenden Menge des Schwangerenurins in den ventralen Lymphsack nach durchschnittlich 2 Std. in über 96% der Fälle richtige

Resultate erhalten, wobei die Auswertung durch Auszählen der Spermatozoen im Kloakensekret erfolgt. Da die Rk. offenbar nach dem „Alles oder Nichts"-Gesetz verläuft, kommt sie jedoch für eine quantitative Hormonbest. nicht in Frage. Sie spricht von der 2. Woche der Amenorrhoe bis zum 2. Tag nach der Entbindung an. Da sowohl Hypophysen- wie Corionextrakte die Rk. auszulösen vermögen u. andererseits Schwangerenurin auch am hypophysektomierten Tier die Rk. ergibt, stößt die Erklärung ihres hormonellen Mechanismus auf Schwierigkeiten; Vff. neigen zu der Annahme, daß sie auf der gleichzeitigen Anwesenheit von gonadotropen Corion- u. Hypophysenhormonen beruht. — 21 Literaturangaben. (Rev. brasil. Farmácia **31.** Nr. 6. 213—27. Juni 1950. Seccao de Pesquisas, Lab. Lutécia S. A.) W. KIMPEL. 4559

Walter Koch und **Elmar Heim,** *Der Einfluß der östrogenen Hormone auf die Schafmast und die Qualität des Schaffleisches.* Mit Lämmern, Geltschafen u. Hammeln wurden Mastverss. von verschieden langer Zeitdauer mit dem Dienöstrol *Foragynol* (*Bis-[p-acetoxyphenyl]-hexadien*; STUDIENGESELLSCHAFT FÜR EIWEISSFORSCHUNG, Frankfurt/M.) durchgeführt. Geltschafe u. Hammel blieben am Ende der Mast unter dem Gewicht der Kontrolltiere. Die Lämmer wiesen ein um durchschnittlich 3,4 bzw. 2,1 kg besseres Mastendgewicht als die Kontrollen auf. Bei einzelnen Bocklämmern traten Hodenentzündungen auf. — 14 Literaturangaben. (Züchtungskunde **26.** 343—55. März 1955. München, Univ., Inst. für Tierzucht.) H. PATZSCH. 4559

M. T. Clegg, Reuben Albaugh, Joseph Lucas und **W. C. Weir,** *Ein Vergleich der Wirkung von Stilböstrol auf das Wachstum von Lämmern verschiedenen Alters und Geschlechts.* (Vgl. C. **1954.** 7901.) Eine Zunahme im Gewichtsgewinn wurde bei der Behandlung mit *Stilböstrol* (**I**; 12—15 mg als Pellets am Ohr implantiert) ohne Rücksicht auf Alter, Geschlecht oder Fütterung erzielt. Jüngere Tiere reagierten ebenso wie ältere. Bei Widderlämmern, die mit 12 oder 36 mg **I** behandelt wurden, bestand kein Unterschied in der Gewichtszunahme. (J. Animal Sci. **14.** 178—85. Febr. 1955. Univ. of California.) H. PATZSCH. 4559

C. E. Swift, *Der Diäthylstilböstrolgehalt verschiedener Gewebe von Jungochsen, Schafen und Geflügel nach Vorbehandlung.* Die Durchführung von *Diäthylstilböstrol* (**I**)-Implantationen in der Tierzucht setzt voraus, daß die verschieden eßbaren tier. Gewebe frei von **I** bleiben. Die Unterss. ergeben, daß dies bei Jungochsen u. Schafen zutrifft, während in Leber- u. Hautextrakten von Geflügel geringe Mengen von **I** nachweisbar sind; Muskelextrakte dieser Tiere sind jedoch auch frei von **I**. (Food Res. **19.** 402—09. Juli/Aug. 1954. Beltsville, Md., Agricult. Res. Center, U. S. Dep. of Agricult., Agricult. Res. Service.) R. WOLLER. 4559

H. Leupold, *Über paradoxe Hypophysinwirkung auf den Wasserhaushalt.* Es wird über 9 Fälle berichtet, die im Wasservers. mit 3 V.E. *Hypophysin* (*Uteroman*) keine Diuresehemmung zeigten. Bei 6 Fällen trat sogar überschießende Diurese auf. Es wird angenommen, daß hierfür nicht eine fehlende Rk. des Erfolgsorgans auf ein regelrecht gebildetes Hormon (SEABRIGHT-BANTAM-Syndrom) verantwortlich ist, sondern daß dieses Ergebnis der Ausdruck einer gestörten Wasser-Stoffwechselregulation ist, genau wie die zu starke Hemmung der Diurese. (Acta endocrinol. [Copenhagen] **18.** 99—108. Jan. 1955. Leipzig, Karl-Marx-Univ., Med.-poliklin. Inst.) K. F. MÜLLER. 4560

U. Serafini und **U. di Nardo,** *Untersuchungen über einige Wirkungen von intravenös verabreichtem ACTH beim Menschen.* 1. Mitt. *Die biologisch aktive Minimaldosis bei intravenöser Anwendung des ACTH.* Durch Best. des Eosinophilensturzes untersuchten Vff. bei 13 n. Personen die Wrkg. kleiner, innerhalb von 30 Sek. intravenös gegebener *ACTH*-Mengen. Nach Injektion von 1 mg trat nur bei 1/13 eine positive Eosinophilen-Rk. auf, bei 2 mg ACTH bei 5/13, u. nach Injektion von 4 mg reagierten 11 von 13 Personen. Auffallend war der Befund, daß nach Anwendung höherer Dosen (20 mg) der Eosinophilensturz geringer ist. Intravenöse Gaben sind ca. 6 mal wirksamer als intramuskuläre. (Boll. Soc. ital. Biol. sperim. **29.** 1742—45. Sept./Nov. 1953. Roma, Univ., Ist. di Clin. Med. Gen.) P. G. SCHEURLEN. 4560

U. Serafini und **U. di Nardo,** *Untersuchungen über einige Wirkungen von intravenös verabreichtem ACTH beim Menschen.* 2. Mitt. *Verhalten der Eosinophilie nach intravenöser Infusion konstanter ACTH-Mengen bei verschiedener Dauer.* (1. vgl. vorst. Ref.) Je nach Dauer der Infusion bedingen konstante Mengen von *ACTH* (20 mg) eine verschieden lang anhaltende Abnahme der Bluteosinophilen über 50%. Hält man die Infusion über 2 Std., so dauert die Eosinopenie, wie aus Unterss. an 8 n. u. asthmat. Personen hervorgeht, ca. 12 Std., während bei einer Infusion von 8 Std. Dauer die Eosinopenie (über 50%) zwischen 20 u. 35 Std. anhält. Es geht daraus hervor, daß die Rk. der Nebennieren auf ACTH nicht bereits innerhalb von 8 Std. erschöpft ist. (Boll. Soc. ital. Biol. sperim. **29.** 1745—48. Sept./Nov. 1953.) P. G. SCHEURLEN. 4560

U. Serafini und **U. di Nardo,** *Untersuchungen über einige Wirkungen von intravenös verabreichtem ACTH beim Menschen.* 3. Mitt. *Verhalten der Bluteosinophilie während und nach intravenösen Infusionen konstanter Dauer und verschiedener Konzentration von ACTH.* (1. u. 2 vgl. vorst. Reff.) Unterss. an 10 n. u. asthmat. Personen zeigten, daß Dosen von 5—20 mg *ACTH,* gegeben als intravenöse Infusion von 8 Std. Dauer, eine verschieden lang anhaltende Abnahme der Eosinophilen über 50% bedingen: 5 mg ACTH rufen einen Eosinophilensturz von ca. 18 Std., 20 mg einen solchen von ca. 28 Std. Dauer hervor. Höhere Dosen ACTH (30 mg) vermögen die Dauer der Eosinopenie nicht zu verlängern. Als Optimaldosis zur Stimulierung der Nebennierenrinde werden 0,6 bis 2,5 mg/Std. ACTH angegeben. (Boll. Soc. ital. Biol. sperim. **29.** 1748—49. Sept./Nov. 1953.) P. G. SCHEURLEN. 4560

Louis Tobian jr. und **John Binion,** *Arterien blockierende Elektrolyte in Nieren und DCA-Hypertensionen.* Die Aorten nierenhypertensiver Ratten haben einen höheren Na- u. K-Spiegel, wobei der letzte sich nicht ändert, wenn die Ratte nach Nierenoperation normotensiv wird; die Mg-Konz. ist niedriger. Bei *DCA-(Desoxycortisonacetat)*-hypertensiven Ratten liegen ähnliche Verhältnisse vor. Der Na-Anstieg in der Aorta stammt nur zu einem Drittel von außercellulärem Na-Anstieg. Im Skelettmuskel- u. Hirngewebe bewirkt DCA eine Senkung der Na-Konz., weswegen die Unters. am Muskel keine Schlußfolgerungen auf den Geh. in anderen Geweben zuläßt. (J. clin. Invest. **33.** 1407 bis 1414. Okt. 1954. Dallas, Tex., Univ. of Texas, South-west.Med. School, Dep. of Internal Med., u. Boston, Mass., Harvard Med. School, Dep. Biol. Chem.) J. MILLER. 4561

C. Casella und **L. G. de Caro,** *Die Leitungsgeschwindigkeit im Ischiasnerven bei nebennierenlosen Ratten unter Behandlung mit DOCA, Cortison, Salzlösung oder Nebennierenrindenextrakt.* (Vgl. auch C. **1955.** 8192.) Bei nebennierenlosen Ratten nimmt die Leitungsgeschwindigkeit im Ischiasnerven von ca. 57 auf ca. 49 m/Sek. ab. Dieser Effekt kann durch *Cortison* (6—15 mg in 5—8 Tagen) nicht behoben werden. Eine geringe Wrkg. hat *DOCA* (8—11 mg in 3—5 Tagen), besser wirkt eine Salzlsg. nach GROLLMANN, u. unter Behandlung mit Nebennierenrindenextrakten steigt die Leitungsgeschwindigkeit auf ca. 59 m/Sek. an. In NaCl-armer THYRODE-Lsg. gehaltener Nerv verhält sich gegenüber den Reizungen gleich wie beim n., bzw. beim nebennierenlosen Tier. (Boll. Soc. ital. Biol. sperim. **29.** 1776—79. Sept./Nov. 1953. Pavia, Univ., Ist. die Fis. Umana.) P. G. SCHEURLEN. 4561

C. Pellegrino und **A. Montella,** *Cholesterin und Ascorbinsäure bei Regeneration der Nebennieren.* Vff. gelang es, bei weiblichen Ratten die Nebennieren unter Erhalten der Kapsel zu entkernen u. so zu regenerativen Prozessen anzuregen, in deren Ablauf nach ca. 20—30 Tagen der n. Zonenaufbau der Rinde beobachtet werden konnte. Wie die Unterss. an 132 Tieren zeigten, erreicht das Gewicht der Nebennieren nach 10 Tagen sein Minimum (10 mg/100 g Körpergewicht) mit etwa der Hälfte des n. Gewichts, das auch nach 90 Tagen noch nicht wieder erreicht ist. Der Geh. an *Cholesterin* nimmt vom 5. Tag an (200 mg je 100 g Nebennierengewicht) auf 800 mg nach 90 Tagen kontinuierlich zu. Die *Ascorbinsäure* erreicht in 10—20 Tagen ein bis nach 90 Tagen gleichbleibendes Niveau von ca. 130 mg/100 g Nebennieren. Beide sind auch nach 90 Tagen um $^1/_3$ bzw. ½ geringer als in der Norm. Beziehungen zu der histolog. Färbbarkeit mit Sudanfarbstoffen bestehen nicht. (Boll. Soc. ital. Biol. sperim. **29.** 1692—94. Sept./Nov. 1953. Pisa, Univ., Ist. di Patol. Gen.) P. G. SCHEURLEN. 4561

Rosa M. Campbell, Gillian Sharp, A. W. Boyne und **D. P. Cuthbertson,** *Cortison und das Ansprechen des Stoffwechsels auf Verletzungen.* (Vgl. C. **1954.** 10984.) Bei Ratten entsprach die N-Ausscheidung im Urin bei Implantation von 25 mg *Cortisonacetat* (I) derjenigen nach einer Oberschenkelfraktur; Implantation von 50 mg I ergab entsprechende Kurven wie 25 mg I + Fraktur. Tiere mit exstirpierter Nebenniere reagierten nicht auf die Fraktur; aber bei täglicher Fütterung mit I-Erhaltungsdosis konnte die Rk. auf die Fraktur wieder hervorgerufen werden. Besprechung des Einfl. des von der Fütterung abhängigen Grund-N-Spiegels auf die Rkk. der untersuchten Tiere sowie ihrer Wachstumsgeschwindigkeit nach den verschied. Eingriffen. (Brit. J. exp. Pathol. **35.** 566—76. Dez. 1954. Bucksburn, Aberdeenshire, Rowett Res. Inst.) H. DOSSMANN. 4561

A. Schmid und **A. Gianoli,** *Noradrenalintherapie und Kreislauf beim Schock.* An 2 Patienten wird die günstige Wrkg. von *l-Noradrenalin* (I) beim Schock herausgestellt, die als Folge der Wiederherst. einer adäquaten Verteilungsfunktion des Kreislaufs angesehen wird. Die vasokonstriktor. Leistung von I ist hierfür im wesentlichen verantwortlich; spezif. cardiale Angriffspunkte erscheinen nicht gesichert. Die Dosierung richtet sich nach den Blutdruckverhältnissen, die unter I normalerweise ansteigen.

Meteorismus, Obstipation oder Blasenatonie sind als Nebeneffekte von I zu befürchten. (Schweiz. med. Wschr. **84.** 1283—86. 13/11. 1954. Bern, Univ., Med. Klinik.) H. JORDAN. 4561

A. Kassenaar, A. Moolenaar und **J. Nijland,** *Bestimmung von 17-Oxycorticosteroiden in menschlichem Peripheralblut.* (Vgl. C. **1955.** **2464.**) Zur Extraktion, Reinigung u. colorimetr. Best. der *17-Oxycorticosteroide* (I) des menschlichen Plasmas wird ein geeignetes Verf. beschrieben, durch das 6,8 ± 1,4 γ I/100 ml Plasma bei Männern u. 6,2 ± 1,58 I/100 ml Plasma bei Frauen bestimmt wurden. Die Reinigung des Extraktes erfolgt durch Fl.-Fl-Verteilungen u. nicht durch Adsorptionsmethoden. Die unspezif. Chromogene im endgültigen Extrakt werden berücksichtigt. (Acta endocrinol. [Copenhagen] **18.** 60—66. Jan. 1955. Leiden, Univ., Hospital.) K. F. MÜLLER. 4561

Chuta Takaori, *Über die Wirkung verschiedener steroider Hormone auf die Schilddrüse der Ratte.* Es werden histolog. u. physiol. Unterss. mittels ^{131}J über die Wrkg. verschied. steroider Hormone auf die Schilddrüse n. u. hypophysektomierter Ratten durchgeführt. Bei getrennter 15—37 tägiger Verabreichung von *Testosteronpropionat, Methyltestosteron* (2 u. 2,5 mg intramuskulär täglich) u. *Methylandrostendiol* (1,5 u. 10 mg intramuskulär oder per os täglich) wird in n. Tieren Vermehrung des parenchymatösen Strumas sowie Steigerung des Schilddrüsengewichts, der mitot. Aktivität, des Geh. der Epithelzellen an Ribonucleinsäuren, der ^{131}J-Aufnahme durch die Drüse u. des proteingebundenen (p. b.) ^{131}J-Geh. des Plasmas festgestellt. Hypophysektomierte Ratten zeigen gleichfalls Erhöhung des Drüsengewichts, der Anhäufung von ^{131}J in der Drüse u. des p. b. ^{131}J-Geh. des Plasmas. 5 γ *Hexöstrol,* täglich über 10 Tage, vergrößern prozentual die Ansammlung von ^{131}J in der Schilddrüse n. u. hypophysektomierter Tiere. 10—30 tägige *Östradiol*-Injektion von 15,30, 50 u. 100 γ täglich ergeben einen Zuwachs des Drüsengewichts proportional der Dosierung. ^{131}J in der Drüse u. der p.b.^{131}J-Geh. des Plasmas sind bei 30 tägigen Hormongaben von 30—50 γ täglich vermindert, da das Hormon die Schilddrüse über Hypophyse u. Nebenniere beeinflußt. Hexöstrol (50 γ täglich) u. *α-[Methoxyphenyl]-β.β-diphenylacrylnitril* (1 mg täglich erzeugen in 30 Tagen Vermehrung des Schilddrüsengewebes; die ^{131}J-Verteilung in Plasma u. Drüse ist nicht verändert. Tägliche Dosen von 1 mg *Progesteron* (30 Tage) erhöhen das Drüsengewicht u. die Verteilungswerte von ^{131}J in Plasma u. Drüse; sie fallen bei Injektion von 5 mg täglich (27 Tage). Verabreichung von *Cortisonacetat* (1,25—2,5 mg täglich) u. *ACTH* (4—10 mg täglich) vergrößern innerhalb von 15—30 Tagen das Drüsengewicht; ^{131}J in der Drüse u. der p.b^{131}J-Geh. des Plasmas werden durch Cortisonacetat herabgedrückt. 5 mg *Desoxycorticosteronacetat* täglich rufen in 30 Tagen neben anwachsendem Drüsengewicht eine Abnahme der Ansammlung von ^{131}J durch die Drüse hervor. *Follikelhormone* in höheren Dosen, *Luteumhormone* u. *Desoxycorticosteronacetat* ergeben in hypophysektomierten Tieren keine besonderen Differenzen weder in Gewicht u. histolog. Bild noch in der ^{131}J-Verteilung in Drüse u. Plasma, da die Hormone einen Einfl. auf die Drüse durch die Hypophyse selbst besitzen. (Folia endocrinol. japon. **30.** 543—70. 20/1. 1955. Kyoto, Univ., Dep. of Pathol. [Orig.: japan.; Auszug: engl. 572 bis 573.]) ANTJE SCHMIDT. 4562

Erich Klein, *Verschiedene Zustandsformen der Schilddrüsenhormone im Blut.* Das Blut von 20 gesunden u. 28 hyperthyreoiden Personen wurde mittels Butanol- u. Neutralsalzfällung auf verschied. Hormonjodfraktionen untersucht. Dabei betrug das nach alkal. Elution in Butanol verbleibende organ. J, welches den beiden Schilddrüsenhormonen entspricht, unabhängig vom Funktionszustand der Drüse, durchschnittlich 72% des gesamten mit Eiweiß ausfallenden Blut-J. Es besteht aus 2 physikal. unterschiedlichen Zustandsformen, die ein n. Verhältnis 1:1 aufweisen: 1. durchschnittlich 2—2,5% in unter den Versuchsbedingungen stabiler Bindung an Globuline. 2. Einen bei Gesunden ebenso großen u. bei den weitaus meisten Hyperthyreosen allein vermehrten Anteil in der präparativ isolierten feindispersen Phase der Serumalbumine. Nach Annahme des Vf. handelt es sich bei der 2. Fraktion um eine dissoziierte Form der Schilddrüsenhormone. Bei Hyperthyreosen ist das Hormon-J dieser Zustandsform vermehrt. Nach der diskutierten Theorie bestimmt der von der Schilddrüsenfunktion abhängige Dissoziationsgrad der Schilddrüsenhormone im Blut das Ausmaß der Stoffwechselgröße. Durch antithyreoidale Therapie oder Radiojodtherapie wird die physiol. Größe des Dissoziationsgrades wiederhergestellt. (Acta endocrinol. [Copenhagen] **18.** 22—32. Jan. 1955. Stuttgart-Bad Cannstatt, Krankenhaus, Innere Klinik.) K. F. MÜLLER. 4562

C. Campana und **F. Dotta,** *Über die diabetogene Wirkung einiger organischer Reagentien auf Zink (Diphenylthiocarbazon, 8-Oxychinolin) bei der weißen Ratte.* Von der Tatsache ausgehend, daß die β-Zellen des Pankreas an Zn reich sind, versuchten Vff. bei der weißen Ratte einen Diabetes durch Gaben organ. Zn-Reagentien zu erzeugen.

Mit *8-Oxychinolin* gelang dies bei einmaligen intravenösen Gaben von 10—65 mg/kg nicht, die Tiere gingen zugrunde. Kleinere Dosen veränderten den Blutzucker (I)-Spiegel nicht. Auch *Diphenylthiocarbazon* (II) wirkt in Dosen von 20—80 mg/kg tödlich, allerdings unter Steigerung von I. Dosen von 15 mg/kg II bewirken eine Steigerung des I u. eine Glucosurie von mehreren Tagen. Durch Cystein in höheren Dosen kann die I-steigernde Wrkg. aufgehoben werden. — Histolog. finden sich schwere Veränderungen an den Nebennieren u. Nieren, während das Pankreas nicht eindeutig geschädigt wird. (Boll. Soc. ital. Biol. sperim. **29.** 1737—39. Sept./Nov. 1953. Roma, Univ., Clin. Med.) P. G SCHEURLEN. 4564

Hans Weidmann, *Der Einfluß von Polyphloretinphosphat auf die Insulinabsorption.* Es wird gezeigt, daß *Polyphloretinphosphat*, ein hochakt. Hyaluronidaseinhibitor, die blutzuckersenkende Wrkg. des Insulins bei Kaninchen verzögert. (Acta endocrinol. [Copenhagen] **18.** 81—86. Jan. 1955. Copenhagen, H. Lundbeck and Co., Res. Labor.) K. F. MÜLLER. 4564

A. Capobianco, G. de Franciscis und **V. Martinelli,** *Änderungen der osmotischen Resistenz der Erythrocyten in vitro.* 2. Mitt. *Wirkung von Adrenalin, Acetylcholin und Histamin.* (1. vgl. C. **1955. 8193.**) Bei Anwendung mittlerer Dosen haben *Histamin* u. *Adrenalin* (I) eine Zunahme der osmot. Resistenz der Erythrocyten gegenüber NaCl-Lsgg. zur Folge, während *Acetylcholin* sowie I in höheren Dosen eine Verminderung der osmot. Resistenz bewirken. Diese Beobachtungen stimmen mit der Tatsache überein, daß I auch zu einer Steigerung der Capillarresistenz führt. Bei Zunahme der Temp. auf 37° senken alle 3 Substanzen die Capillarresistenz. (Boll. Soc. ital. Biol. sperim. **29.** 1799—81. Sept./Nov. 1953. Napoli, Univ., Ist. di Fis. Umana.) P. G. SCHEURLEN. 4569

H. Munro Fox, *Die Wirkung von Sauerstoff auf die Hämoglobinkonzentration bei Wirbellosen.* Während bei den Wirbeltieren sich die Konz. von *Hämoglobin* im Blut nach der Konz. des O_2 im umgebenden Medium richtet, ließ sich bei den Wirbellosen kein einheitliches Verh. feststellen. (Proc. Roy. Soc. [London], Ser. B **143.** 203—14. 27/1. 1955. London, Univ., Bedford Coll.) G. WELTZIEN. 4572

H. P. Kaufmann und **J. Budwig,** *Zur Biologie der Fette.* 5. Mitt. *Die Papierchromatographie der Blutlipoide, Geschwulstproblem und Fettforschung.* Beschreibung einer Meth. zur papierchromatograph. Best. der Blutlipoide. Bes. führte die Verwendung eines Methanol–Isopropylchlorid-Gemisches (70 bis 80% + 30 bis 20%) zu relativ guter Isolierung u. Fraktionierung der Blutlipoide. Durch zweidimensionale Entw., z. B. mit A.–Ae., läßt sich das Verf. erweitern u. bes. ein vorhandener, an Eiweiß gebundener Glyceridanteil ermitteln. Die Charakterisierung der entwickelten Lipoidantelle geschieht in bekannter Weise. Bes. wurde Blut von Geschwulsterkrankten, aber auch von anders Erkrankten untersucht. (Fette Seifen einschl. Anstrichmittel **54.** 156—65. März 1952. Münster, Westf., Chem. Landesuntersuchungsamt Nordrhein-Westfalen, u. Deutsches Inst. für Fettforschung.) A. LIEBNER. 4572

Barton Hardin, William N. Valentine, James H. Follette und **John S. Lawrence,** *Untersuchungen über den Sulfhydrylgehalt menschlicher Leukocyten und Erythrocyten.* Mit einer Modifikation der Nitroprussidmeth. wurde der *Glutathion*-Geh. von Leukocyten u. Erythrocyten n. u. kranker Personen bestimmt. Leukocyten besitzen siebenmal mehr Glutathion als Erythrocyten, bezogen auf die Zellzahl. Die Veränderungen bei verschied. hämatolog. Erkrankungen sind nicht sehr deutlich. (Amer. J. med. Sci. **228.** 73—82. Juli 1954. Los Angeles, Calif., School of Med.) H. MATTHIES. 4573

H. Yoshida, *Heinzsche Körperchen und ihre Anwendung.* Vf. beschreibt eine modifizierte GIEMSA-Färbung, mit der HEINZ-Körperchen (**H. K.**) sicher nachgewiesen werden können. Mit dieser Meth. wies er nach, daß sich bei weißen Mäusen, die bei 36° gehalten wurden, **H. K.** bilden. Dieser Temperatureinfl. läßt sich durch Thyreoidpräpp. mildern. Auch in vitro bilden sich **H.K.,** wenn Erythrocyten bei 37° aufbewahrt werden. Nach Gabe von Sulfonamiden u. Blutgiften treten **H.K.** im Blut von Versuchstieren auf. Ihre quantitative Auswertung benutzt Vf. zur Bewertung der Toxizität von Pharmacis. Ein gewisser Schutz gegen die Giftigkeit von *Sulfapyridin* wurde durch red. Glutathion, Vitamin B_1, Insulin, $NaHCO_3$, keiner durch Vitamin A, Nicotinsäure, Vitamin K u. P, Adrenalin, Na-Acetat, Aspirin, Atropin u. MgO erreicht. Die Ergebnisse lassen sich auch durch Verss. in vitro erzielen. Die Auszählung der **H.K.** läßt auch Schlüsse auf die Schwere bestehender Krankheiten zu. Es wurde ferner gefunden, daß *Streptomycin* gegen die giftige Substanz im tuberkulösen Serum eine neutralisierende Wrkg. ausübt, *Tb 1* dagegen nicht. Mit der Rk. läßt sich im Serum von Krebskranken eine giftige Substanz nachweisen, die im Krebsgewebe nicht gefunden wurde. Bei durch Atombomben Geschädigten wurde eine verstärkte **H.K.**-Bldg. bei sonst n. Blutbild noch nach Jahren beobachtet. (Helv. med. Acta **22.** 62—82. Febr. 1955. Kioto, Japan, Akad. Med., Innere Klinik.) G. WELTZIEN. 4573

Henry H. Balch und **Margaret T. Spencer,** *Phagocytose durch menschliche Leukocyten. 1. Mitt. Der Effekt von Fibrin auf die Phagocytose von Staphylokokken und von entkapselten Pneumokokken durch normale menschliche Leukocyten.* Fibrin hemmt die Phagocytose (Ph.) von Staphylokokken (I) u. entkapselten Pneumokokken (**II**), da es die betreffenden Mikroorganismen umhüllt (Oberflächen-Ph., bes. bei **II**). Die Anwendung von Streptokinase führt nicht zur vollständigen Entfernung von Fibrinogen u. nur zu einem geringen Auftreten von spezif. Antikörpern. Bei Koagulase bildenden **I**, die mit Fibrinogen Fibrin bilden, ist die Ph. von neutrophilen polymorphonucelaren Leukocyten vermindert u. noch nicht ganz geklärt. (J. clin. Invest. **33.** 1314—20. Okt. 1954. New York, N. Y., Univ., Coll. of Med., Dep. of Surgery, u. Bellevue Hosp.) J. MILLER. 4573

Henry H. Balch und **Margaret T. Spencer,** *Phagocytose durch menschliche Leukocyten. 2. Mitt. Verhältnis des Ernährungsmangels beim Menschen zur Phagocytose.* (1. vgl. vorst. Ref.) Die Phagocytose (Ph.) von einem koagulase-negativen u. 4 koagulase-positiven Staphylokokkenstämmen bei 17 gut genährten Patienten u. 20 Patienten mit fortgeschrittener Muskelatrophie durch neutrophil polymorphonucleare Leukocyten ergab keine bezeichnenden Unterschiede bei beiden Gruppen. Ph. kann nicht mit dem Serum-Eiweißspiegel, der Gesamtzahl der Erythrocyten u. dem Alter der Patienten in Beziehung gesetzt werden. (J. clin. Invest. **33.** 1321—28. Okt. 1954.) J. MILLER. 4573

Norman Nomof, James Hopper jr., Ellen Brown, Kenneth Scott und **Reidar Wennesland,** *Gleichzeitige Bestimmung des Gesamtvolumens von roten Blutkörperchen mit Kohlenmonoxyd und ^{51}Chrom in gesunden und kranken Menschen.* Das Vol. roter Blutkörperchen wurde mit *CO* u. ^{51}*Cr* markierten Zellen bestimmt. Das Verteilungsvol. von *CO* war übereinstimmend größer als das von injizierten ^{51}Cr-Körperchen. Die Differenz scheint dadurch zustande zu kommen, daß *CO* das Blut verläßt u. stabile Verbb. mit Gruppen, zu denen es eine hohe Affinität besitzt, eingeht. (J. clin. Invest. **33.** 1382—87. Okt. 1954. San Francisco, Calif., Univ. of California, School of Med., Dep. of Med., u. Radioactiv. Center.) J. MILLER. 4573

Sam Katz und **M. Klotz,** *Beziehungen zwischen Calcium und Serumalbumin.* Die *Ca*-Bindung mit *Rinderserumalbumin* ist im Bereich zwischen 0 u. 25° temperaturunabhängig. Unterhalb des isoelektr. Punktes können keine Verbb. zwischen Ca u. dem Protein nachgewiesen werden, vom p_H 5,5 steigt das Ca-Bindungsvermögen rasch an, um bei p_H 8,0 ein Maximum zu erreichen. Bei diesem p_H u. 0° ist $\Delta F_1^0 = -3870$ cal/Mol, $\Delta H_1^0 = 0$. Werden in das Protein drei Salicylatgruppen eingeführt, ändert sich die Affinität für Ca nicht wesentlich. (Arch. Biochem. Biophysics **44.** 351—61. Juni 1953. Evanston, Ill., Northwestern Univ.) H. MATTHIES. 4574

Alexander R. P. Walker und **Ulla B. Arvidsson,** *Fettaufnahme, Serum-Cholesterin-Konzentration und Atherosklerose bei den südafrikanischen Bantu.* **1.** Mitt. *Geringe Fettaufnahme und der Zeitverlauf der Serum-Cholesterin-Konzentration bei den südafrikanischen Bantu.* Südafrikan. Bevölkerungsgruppen sind an eine Nahrung mit niedrigem Fettgeh. gewöhnt, der etwa der Hälfte der USA entspricht. Bei Bantu bis zu einem Alter von 40 Jahren zeigen die Serum-Cholesterin-Werte, Vergleichswerten aus USA gegenüber, nur geringe Unterschiede. Höhere Altersgruppen haben geringere Werte. (J. clin. Invest. **33.** 1358—65. Okt. 1954. Johannesburg, South African Inst. for Med. Res., Human Biochem. Unit. u. South African Council for Sci. and Ind. Res.) J. MILLER. 4574

J. Higginson und **W. J. Pepler,** *Fettaufnahme, Serum-Cholesterin-Konzentration und Atherosklerose bei den südafrikanischen Bantu.* 2. Mitt. *Atherosklerose und Coronarsklerose.* (1. vgl. vorst. Ref.) Atherosklerose u. Coronarsklerose sind bei den Bantu viel weniger verbreitet als in USA oder Dänemark. Als Ursache werden Rasse, geringe Fettaufnahme, hohe Rückstandsnahrung u. als Kennzeichen der geringe Serum-Cholesterin-Spiegel genannt. (J. clin. Invest. **33.** 1366—71. Okt. 1954.) J. MILLER. 4574

Éd. Benhamou, J. Pugliese, P. Amouch und **J.-C. Chiche,** *Phospholipidogramme in der Papiermikroelektrophorese und ihr Wert für Krankheiten mit Hyper-β-globulinämie.* Durch Anwendung der in der Histologie gebräuchlichen Meth. der Differenzierung von Phospholipiden u. Gesamtlipiden durch Behandeln mit $K_2Cr_2O_7/CaCl_2$ (Unlöslichwerden der Phospholipide) auf die Mikropapierelektrophorese bestimmen Vff. das Verhältnis der beiden Serumbestandteile. Es werden die Phospholipidogramme bei verschied. Krankheiten besprochen. (Presse méd. **63.** 441—44. 23/3. 1955. Algier.) G. WELTZIEN. 4574

H. L. Jones, G. F. Combs und **G. L. Romoser,** *Das Vorhandensein eines nicht identifizierten Wachstumsfaktors für Küken in Trockenmolke, die mit einem Minimum an Bakterienfermentationsmasse präpariert wurde.* Trockenmolke mit einem Mindestgeh.

an Bakterienfermentationsmasse enthält einen noch nicht identifizierten Wachstumsfaktor für Küken. Sein Vorhandensein hängt nicht von der bakteriellen Synth. ab. Die verlängerte Fermentation der Molke unter den Versuchsbedingungen scheint irgendeine unerwünschte Wrkg. zu haben, gemessen an der Wachstumswrkg. bei Küken, die sie in größerer Menge erhalten hatten. (Poultry Sci. **33.** 930—32. Sept. **1954.** College Park, Md., Univ. of Maryland, Dep. of Poultry Husbandry.) H. PATZSCH. 4584

G. de Franciscis, *Das Calciumdiphosphat als integrierender Bestandteil der Ernährung beim Tier.* Vf. fütterte Kälber zusätzlich mit 15 g *Calciumdiphosphat* täglich. Gegenüber Tieren des gleichen Stammes u. der gleichen Wachstumsperiode zeigten die mit Ca-reicher Nahrung aufgezogenen Tiere ein etwas stärkeres Wachstum. (Boll. Soc. ital. Biol. sperim. **29.** 1794—96. Sept./Nov. 1953. Napoli, Univ., Ist. di Fis. Veter.) P. G. SCHEURLEN. 4585

Robert J. Price und **C. A. Bottorff,** *Wirkung von 2-Acetamido-5-nitrothiazol und von 2-Amino-5-nitrothiazol auf Eiproduktion, Fruchtbarkeit, Brutfähigkeit und Gewichtszunahme bei Putern. 2-Acetamido-5-nitrothiazol* (I; *Enheptin A*; LEDERLE LABOR. DIV., AMERICAN CYANAMID CO.) u. *2-Amido-5-nitrothiazol* (II; *Enheptin*; LEDERLE LABOR. DIV.) wurden mit Mastfutter an Puter verfüttert. Es wurden keine signifikanten Unterschiede zwischen den behandelten u. Kontrolltieren hinsichtlich Eiproduktion, Brutfähigkeit, Gewichtszunahme u. Futterverzehr beobachtet. Geringer signifikanter Unterschied wurde nur hinsichtlich der Fruchtbarkeit festgestellt, die bei den mit 0,025(%) I gefütterten Tieren um 8,2 u. bei den mit 0,05 II gefütterten Tieren um 13,3 niedriger lag. (Poultry Sci. **33.** 952—57. Sept. 1954. Pearl River, N. Y., American Cyanamid Co., Lederle Labor. Div.) H. PATZSCH. 4585

C. Casella und **L. G. de Caro,** *Die Leitungsgeschwindigkeit des Aktionspotentials im Ischiasnerven der Ratte nach Behandlung mit Neopyrithiamin.* Junge Ratten von ca. 80 g Gewicht erhielten 5—7 Tage lang je 5—6 mg *Neopyrithiamin* (I). Es erfolgte ein Gewichtsverlust von 10—20 g. Die Leitungsgeschwindigkeit am Ischiasnerven nahm von 59 auf ca. 51 m/Sek. ab. Die Befunde stimmen mit der Beobachtung überein, wonach der Geh. des Gehirns an *Vitamin* B_1 durch Gaben von I stärker red. wird als bei B_1-Avitaminose, welche zu keiner Verminderung der Leitungsgeschwindigkeit führt. (Boll. Soc. ital. Biol. sperim. **29.** 1779—81. Sept./Nov. 1953. Pavia, Univ., Ist. di Fis. Umana.) P. G. SCHEURLEN. 4587

A. Fidanza und **A. Bonomolo,** *Das Verhalten des Cholesterins in den Nebennieren der Ratte bei Verfütterung von Antibioticis und pantothensäurefreier Diät.* Nach 6 Wochen dauernder Diät, die keine *Pantothensäure* (I) enthält, sinkt der Geh. der Nebennieren an *Cholesterin* bei Ratten auf etwa die Hälfte, wobei die Esterquote entsprechend dem n. Verh. ebenfalls abnimmt. Füttert man gleichzeitig *Aureomycin* (5 mg täglich), so tritt diese Abnahme nicht ein. Vff. nehmen an, daß die Antibiotica durch eine Änderung der Darmflora den Mangel an I ausgleichen. (Boll. Soc. ital. Biol. sperim. **29.** 1732—33. Sept./Nov. 1953. Roma, Univ., Ist. die Fis. Gen.) P. G. SCHEURLEN. 4587

E. Neuzil, *Die Vitamin-*B_6*-Faktoren* (*Grundlagen u. Fortschritte*). Übersichtsreferat. Entdeckung des *Vitamin* B_6 (I)-Faktors, Konst. des *Adermins*, I-*Komplex*, I-Avitaminose, biochem. Wrkg. der I-Faktoren (*Aminosäurendecarboxylasen, Transaminasen*, Aminosäuren- u. Lipidstoffwechsel), therapeut. Indikationen für I. — 195 Literaturangaben. (J. Méd. Bordeaux Sud-Ouest **131.** 1257—81. Nov. 1954. Bordeaux, Fac. de méd. et de pharm., Labor. de Chim. biol. et méd.) K. MAIER. 4587

H. Tastaldi, *Biotingehalt einiger biologischer Substanzen.* Wegen der schwankenden Ergebnisse anderer Methoden, wie Autolyse, neutraler u. enzymat. Hydrolyse, bevorzugte Vf. zur Freisetzung des gebundenen *Biotins* (I) die saure Hydrolyse, die auf Grund von Vorverss. meist unter 2 std. Rückfluß mit 5n H_2SO_4 durchgeführt wird, bei Vegetabilien mit geringen Proteingehh. auch unter milderen Bedingungen, u. bei Fll. wegfällt; Extraktion u. Best. von I erfolgen nach SNELL bzw. HERTZ. Von den untersuchten Organen zeigen Leber u. Nieren den höcheten, Organ-Fll. den niedrigsten Geh. an I; gelegentlich vom Vf. höher als von anderen Autoren gefundene Werte sprechen für die Zuverlässigkeit des Verfahrens. — 46 Literaturangaben. (Rev. brasil. Farmácia **32.** Nr. 1. 13—20. Jan. 1951.) W. KIMPEL. 4587

G. de Bella und **C. Vacca,** *Über die Möglichkeit, Folsäure in der Diät heranwachsender Ratten durch verschiedene Komponenten der Desoxyribonucleinsäure zu ersetzen.* Mit *Folsäure*-freier Diät aufgezogene Ratten zeigen eine herabgesetzte Wachstumsgeschwindigkeit, die durch Diätzusätze von einem Gemisch von *Thymin, Thymidin, Adenin, Adenosin, Cytosin* u. *Cytidin* nur unvollständig ausgeglichen wird. (Boll. Soc. ital. Biol. sperim. **29.** 1808—10. Sept./Nov. 1953. Napoli, Univ., Ist. di Fis. Umana.) P. G. SCHEURLEN. 4587

M. Lois Murphy, Rose Ruth Ellison, David A. Karnofsky und **Joseph H. Burchenal,** *Klinische Effekte der Dichlor- und Monochlorphenyl-Analoga von Diaminopyrimidin als Antagonisten der Folsäure. 2.4-Diamino-5-[3'.4'-dichlorphenyl)-6-methylpyrimidin* (I) ist trotz seiner strukturellen Verschiedenheit ein Antagonist der *Folsäure*. Es erzeugt im Menschen ähnliche Vergiftungserscheinungen wie das *4-Aminoanaloge der Folinsäure*, z. B. Knochenmarkschwund mit Megaloblastose, Mundgeschwüre, Verdauungsstörungen u. Hautausschlag. I unterscheidet sich von *Aminomethopterin* durch verlängerten tox. Effekt u. weniger häufige Mundwunden, beide haben additive tox. Effekte. Gegen I schützt *Leucovorin* (*Folinsäure-SF*). Das antimalariawirksame *Daraprim* (*2.4-Diamino-5-p-chlorophenyl-6-äthylpyrimidin*) erzeugt in hohen Dosen ähnliche Vergiftungserscheinungen wie I. I scheint als Stoffwechselgift im *Folsäure-Citrovorum-Faktorsyst.*, ähnlich dem *Aminomethopterin*, zu wirken, wahrscheinlich mit verschied. Angriffspunkten. (J. clin. Invest. **33.** 1388—96. Okt. 1954. New York, N. Y., Sloan Kettering Inst., Memorial Center and Div. of Exp. Chemotherapy.)
J. MILLER. 4587

Robert F. Schilling, *Neue Untersuchungen über den Intrinsicfaktor und die Verwertung radioaktiven Vitamins* B_{12}. Übersichtsbericht. Mit „*Intrinsicfaktor*" (I) bezeichnet man im wesentlichen ein Agens des menschlichen n. Magensaftes, das diesen befähigt, die orale hämopoiet. Aktivität des „*Extrinsicfaktors*" (II) verstärken zu können. *Vitamin* B_{12} (III) wirkt als II u. bei perniciöser Anämie als vollständig ausreichendes parenterales hämopoiet. Agens. Mehrere neuere Beobachtungen zeigen eindeutig, daß I die Resorption von oral zugeführtem III erhöht, wobei der Wirkungsmechanismus noch ungeklärt ist. Beim Menschen wird I, ein *Mucoprotein*, nur durch die Magenmucosa sezerniert. I bildet einen einzigartig dastehenden Typ biol. Aktivität, da keine anderen Substanzen bekannt sind, die ausschließlich der Resorptionsvermehrung eines Vitamins der n. Nahrung dienen. — 52 Literaturangaben. (Federat. Proc. **13.** 769—75. Sept. 1954. Madison, Wis., Univ. of Wisconsin, Med. School, Dep. of Med.)
K. MAIER. 4587

C. A. Lassiter, G. M. Ward, C. F. Huffman, C. W. Duncan und **H. D. Webster,** *Bedarf des jungen Milchkalbes an kristallisiertem Vitamin* B_{12}. 23 neugeborene Milchkälber wurden mit einem „Alpha"-Protein enthaltenden synthet. Milchfutter, dem *Vitamin* B_{12} (I) fehlte, gefüttert. Dem Grundfutter wurden 0, 10, 20, 40 u. 80 γ krist. I/kg Trockensubstanz zugesetzt. Die durchschnittliche tägliche Gewichtszunahme der Kälber bei 0, 10, 20 u. 40 γ Geh. betrug 0,10, 0,20 u. 0,65 lb. täglich. Junge Milchkälber bedürfen I, wenn nichttier. Protein die einzige Proteinquelle in einem synthet. Futter ist. Wachstumseinstellung, Appetitmangel, schlechter Allgemeinzustand, Muskelschwäche, Hypoplasie der Nieren waren die ein I-Defizit begleitenden Symptome beim Milchkalb. Krist. I wird vom Milchkalb in Mengen von über 20 γ, aber nicht mehr als 40 γ/kg verzehrter Trockensubstanz benötigt. „Alpha"-Protein genügt nicht in allen Fällen als Proteinquelle für das junge Milchkalb. (J. Dairy Sci. **36.** 997—1005. Sept. 1953. East Lansing, Mich., Michigan Agr. Exp. Stat., Dep. of Dairy, Agr. Chem. and Animal Pathol.)
H. PATZSCH. 4587

D. H. Sherwood und **H. J. Sloan,** *Vitamin* B_{12} *und Cholin in Getreide-Sojabohnenfutter zur Geflügelaufzucht.* Das nur aus vegetabil. Protein bestehende Futter wurde mit *Cholin* (I) oder zum mindesten mit 2 anderen Methyldonatoren, *Methionin* (II) u. *Betain*, ergänzt. Die Zugabe von I oder II regte nicht nur das Wachstum, sondern auch die Futterausnutzung an. *Vitamin* B_{12} (III) spart teilweise I bei I-Mangelfutter ein. II spart III ein; es konnte aber nicht erwiesen werden, ob I auch III einsparen kann. I spielt bei der Verhütung von Magenerosionen bei Putern eine Rolle. Bei einigen Versuchsgruppen war I-Zugabe zur Verhütung exzessiver Mortalität notwendig. (Poultry Sci. **33.** 1015—21. Sept. 1954. St. Paul, Minn., Univ. of Minnesota, Dep. of Poultry Husbandry.)
H. PATZSCH. 4587

A. Capobianco, G. de Franciscis und **P. Polosa,** *Änderungen der osmotischen Resistenz der Erythrocyten in vitro.* 1. Mitt. *Wirkung von Vitamin C und* K_1. Von der Beobachtung ausgehend, daß manche die Capillarresistenz beeinflussende Substanzen auch die osmot. Resistenz der Erythrocyten ändern, untersuchten Vff. die Wrkg. von *Vitamin C* u. K_1. Sie fanden bei Anwendung niedriger Dosen von Vitamin C eine Verlagerung der osmot. Resistenz zu höheren Konzz. NaCl-Lsg., bei mittleren Dosen eine Vergrößerung der Resistenzbreite. Bei der Temp. von 37° ist die Resistenz geringer. Auch durch Vitamin K_1 wird die Resistenz gegenüber NaCl-Lsg. zu höheren Konzz. verlagert. Die Temp. von 37° führt hier zu keiner Änderung der Resistenzbreite. (Boll. Soc. ital. Biol. sperim. **29.** 1796—98. Sept./Nov. 1953. Napoli, Univ., Ist. di Fis. Umana.)
P. G. SCHEURLEN. 4587

A. Capobianco, G. de Franciscis, L. Negro und **M. Rambaldi**, *Änderungen der osmotischen Resistenz der Erythrocyten in vitro.* 3. Mitt. *Wirkung einiger Vitamine des B-Komplexes.* (1. vgl. vorst. Ref.; 2. vgl. C. **1955.** 8190.) Bei mittleren Dosen *Vitamin* B_2 beobachtet man in vitro eine Verlagerung der osmot. Resistenz der Erythrocyten in Richtung höherer Konzz. NaCl-Lsg.; bei Erhöhung der Temp. auf 37° treten keine Änderungen ein. *Vitamin* B_6 u. der *PP-Faktor* führen ebenfalls zu einer Verlagerung der Resistenz zu stärkeren Konzentrationen. *Vitamin* B_{12} zeigt keinen Einfl. auf die osmot. Resistenz der Erythrocyten. (Boll. Soc. ital. Biol. sperim. **29.** 1801—04. Sept./Nov. 1953. Napoli, Univ., Ist. di Fis. Umana.) P. G. Scheurlen. 4587

G. Pesce und **O. Rossi**, *Die Kontraktionsfähigkeit des Ösophagus bei einigen experimentellen Avitaminosen.* Vff. bestimmten die Kontraktilität von isolierten Muskelfasern des Ösophagus avitaminot. Ratten. Die Kontraktionsfähigkeit wird durch Mangel an *Vitamin A*, B_1, B_2, B_6 u. *D* herabgesetzt, bei Mangel an *Vitamin C* u. *E* ist die Kontraktilität eher vermehrt. (Boll. Soc. ital. Biol. sperim. **29.** 1709—11. Sept./Nov. 1953. Genova, Univ., Clin. Otorinolaring.) P. G. Scheurlen. 4587

H. P. Kaufmann, *Zur Biologie der Fette.* 4. Mitt. *Die essentiellen Fettsäuren.* (3. [zugleich 8. von „*Die Papierchromatographie auf dem Fettgebiet*"] vgl. C. **1952.** 4861.) Vf. schildert die biol. Wrkg. essentieller Fettsäuren, die zu den mehrfach-ungesätt. Fettsäuren gehören u. die anfangs als „Vitamin F" bezeichnet wurden, bes. $\Delta^{9,12}$-Linolsäure, Linolensäure, Arachidonsäure u. konjugiert-ungesätt. Säuren. (Fette Seifen einschl. Anstrichmittel **54.** 69—73. Febr. 1952. Münster, Westf., Deutsches Inst. für Fettforschung.) A. Liebner. 4587

J. R. Beaton, J. L. Beare, G. H. Beaton, J. M. White und **E. W. McHenry**, *Die Grundumsatzgeschwindigkeit und die Wirkungen der Thiouracilanwendung und der Thyreoidektomie bei Kontrollratten und Ratten mit Vitamin* B_6*-Mangel.* Die Grundumsatzgeschwindigkeit von Ratten mit *Vitamin* B_6-Mangel unterschied sich von der bei in gleicher Weise gefütterten Kontrolltieren, war jedoch niedriger als bei den Kontrollen, die ad libitum Futter erhielten. Verss., die Grundumsatzgeschwindigkeit entweder durch Anwendung von *Thiouracil* oder durch Thyreoidektomie zu verändern, blieben ohne definitive Änderungen des Syndroms des Vitamin B_6-Mangels. (J. of Nutrit. **51.** 599—608. 10/12. 1953. Toronto, Can., Univ., Dep. of Publ. Health Nutrit.) H. Patzsch. 4595

Helmut Seckfort, *Stoffwechseluntersuchungen mit Inosit.* 1. Mitt. *Inosit und Blutzucker.* Vff. geben n. (a), an Hepatitis epidemica (b) erkrankten Personen (Serumbilirubingeh. 15—18 mg%) eine intravenöse Injektion von 2,0 g *Inosit* (I) u. beobachten bei (a) einen leichten Blutzuckeranstieg, der sein Maximum nach ca. 10 Min. (bei Injektion von 1,0 g I nach ca. 15 Min.) erreicht u. einen darauffolgenden steilen Abfall mit einem ausgeprägten Minimum nach 30 (75) Minuten. Der Anfangswert stellt sich nach 90 (120) Min. wieder ein. Bei (b) werden nach I-Zufuhr ähnliche Schwankungen des Blutzuckerspiegels festgestellt, das Maximum tritt jedoch erst nach 25—30 Min., das Minimum nach 75 Min. ein, u. der Ausgangswert ist nach 2 Std. noch nicht wieder erreicht. Diese Ergebnisse stützen die Hypothese, nach der I-Zufuhr die *Glykogen*-Bldg. im menschlichen Organismus anregt. (Ärztl. Forsch. **8.** II/101—02. 10/7. 1954. Mainz, Johannes-Gutenberg-Univ., Med. Klinik.) P. Fahrnlaender. 4596

Tj. Van Hogen, T. H. J. Huisman und **J. H. P. Jonxis**, *Untersuchungen über die Ausscheidung von Aminosäuren während der Anwendung von p-Aminosalicylsäure.* Im Urin von 3 Kindern wurde die Gesamtausscheidung von Aminosäuren (bes. des Glycins; nach der säulenchromatograph. Meth. von Krol, C. **1953.** 7620) untersucht. Die Kinder litten an einer Pulmonartuberkulose u. wurden mit PAS behandelt. PAS wurde im Urin in freier u. gebundener Form (als *4-Aceto-p-aminosalicylsäure* u. als *p-Aminosalicylsäure-Glycinverb.*) nach der Meth. von Venkataraman u. Mitarbeitern (J. biol. Chemistry **173.** [1948.] 641) bestimmt. Die Aminosäureausscheidung wuchs mit der Behandlungsdauer um das 4—5fache. Der Anstieg war nur teilweise (ca. 20%) auf die Glycinexkretion zurückzuführen. Die Aminoacidurie war beträchtlich, bes. wenn hohe PAS-Dosen angewandt wurden. (Nederl. Tijdschr. Geneeskunde **98.** 2656—58. 18/9. 1954. Groningen, Acad. Ziekenhuis, Kinderclin.) H. Patzsch. 4596

Madelyn Womack, Mary W. Marshall und **Albert B. Parks**, *Einige Faktoren, die auf das Stickstoffgleichgewicht bei der erwachsenen Ratte einwirken.* Die negative N-Bilanz erwachsener, an Protein erschöpfter Ratten, die mit an Aminosäuren [14,4—14,7 mg essentiellen Aminosäuren (I)-N/Tag] niedrigem u. Saccharose als Kohlenhydrat enthaltendem Futter gefüttert wurden, wurde nicht verbessert, wenn die Zufuhr an Gesamt-N durch Zugabe von Diammoniumcitrat erhöht wurde. Sie war jedoch verbessert, wenn die Zufuhr an essentiellem I-N auf 24,7 u. 25,1 mg/Tag angestiegen war. Wurde Getreidedextrin an Stelle von Saccharose gegeben, erreichten die Tiere N-Gleichgewicht. Die nützliche Wrkg. des verfütterten Getreidedextrins scheint durch den Wechsel des Kohlenhydrats bedingt zu sein. Bei Verfütterung von 1% Sulfasuccidin mit Getreidedextrin wurde eine zusätzliche Verbesserung erreicht. Kartoffeldextrin an Stelle von Saccharose bedingte bei geringer I-Zufuhr nur eine geringe Verbesserung der N-Bilanz. (J. of Nutrit. **51.** 117—30. 10/9. 1953. Washington, D. C., U. S. Dep. of Agr., Agr. Res. Admin., Bureau of Human Nutr. and Home Econom.) H. PATZSCH. 4596

Lewis K. Dahl, Bernard G. Stall III und **George C. Cotzias,** *Stoffwechseleffekte von auffallender Natriumbeschränkung bei hypertensiven Patienten: Änderungen im gesamtaustauschbaren Natrium und Kalium.* Nach Aufnahme von maximal 6 m-Äquivalent Na täglich u. bestimmten Mengen ^{24}*Na* u. ^{42}*K* durch Patienten mit wesentlichen Hypertensionen konnte keine Beziehung zwischen Blutdruckänderungen u. totalaustauschbarem *Na* oder *K* festgestellt werden. Die Änderungen beruhen auf Schwankungen in der körpereigenen Menge von *Na* u. *K*, das für den Austausch mit den Isotopen frei gemacht wird u. vermutlich aus den Knochen stammt. (J. clin. Invest. **33.** 1397—1406. Okt. 1954. Upton, N. Y., Brookhaven Nat. Labor., Dep. of Med.) J. MILLER. 4596

Hans Jesserer, *Laboratoriumsbefunde und ihre Wertung bei Störungen des Calcium-Phosphor-Stoffwechsels.* Krit. Betrachtungen über die diagnost. Bedeutung der Ca-Unters. im Harn im Zusammenhang mit dem Ca u. P im Blut u. sonstigen Unterss., über die Kalkstoffwechselstörungen durch Veränderungen der enteralen Resorption, über die Veränderungen des Blutkalkgeh. auf Grund von Proteinverschiebungen im Blut, über die Kalkstoffwechselveränderungen durch Störungen der Nebenschilddrüsenfunktion u. im *Vitamin D*-Haushalt u. über Kalkstoffwechselstörungen bei prim. Nierenveränderungen. (Wiener klin. Wschr. **67** ([N. F.] **10**). 84—88. 4/2. 1955. Wien, Univ., I. Med. Klinik.) J. SCHWAIBOLD. 4596

U. Salera und **D. Tamburino,** *Menge und Veränderungen der Ausscheidung des exogenen Eisens durch den Darm nach Untersuchungen mit radioaktivem Eisen* (^{55}*Fe*). Nach einmaliger intragastraler Verabreichung von ^{55}*Fe* beim Hund u. Meerschweinchen wird $^9/_{10}$ der zugeführten Menge innerhalb einer Woche im Stuhl ausgeschieden. Die stärkste Ausscheidung erfolgt während der ersten zwei Tage. Noch nach Jahren werden Spuren im Stuhl nachgewiesen. Da andere Stoffe, wie z. B. Carmin, bereits innerhalb 4 Tagen eliminiert sind, muß angenommen werden, daß Fe zunächst in der Darmwand absorbiert wird. Eine Aufnahme in den Leberstoffwechsel erscheint unwahrscheinlich, da bei Anlegung einer Gallenfistel Fe hier nicht nachgewiesen wird. (Boll. Soc. ital. Biol. sperim. **29.** 1734—37. Sept./Nov. 1953. Roma, Univ., Ist. di Patol. Med.) P. G. SCHEURLEN. 4596

Donovan A. Weddle und **Joseph C. Muhler,** *Die Wirkungen anorganischer Salze auf die Fluoridspeicherung bei der Ratte.* Bei Zufuhr äquivalenter Mengen *Fluoride* (NaF) in Ggw. verschied. anorgan. Salze (Magenschlauch) wurde festgestellt, daß nicht nur die Form der anorgan. Salze, sondern auch ihre Konz. u. Löslichkeit für die Speicherung von *F* im Rattenskelett von Bedeutung ist. $CaCl_2$ erniedrigt deutlich die F-Speicherung bei einer Ca-Konz. von 0,01%, während Ca-Pyrophosphat keine Veränderung hervorruft. $MgCl_2$ u. $AlCl_3$ erniedrigen die F-Speicherung bei 1%ig. Kationenkonz., wobei Al etwas stärker als Mg wirkt. Wenn F zu einem Trockenfutter gegeben wird, ist der F-Geh. im Rattenskelett niedriger, als wenn gleiche F-Mengen von der Ratte mit dem Tränkwasser aufgenommen werden. Von der gesamten zugeführten F-Menge werden höchstens 50% im ganzen Körper junger Ratten gespeichert, wenn F in wss. Lsg. gegeben wird. (J. Nutrit. **54.** 437—44. 10/11. 1954. Bloomington, Ind., Univ., Dep. of Chem.) H. PATZSCH. 4596

M. Orunesu, *Verteilung der Pentose enthaltenden Verbindungen in den säurelöslichen Fraktionen der Rattenleber.* (Vgl. auch C. **1955.** 8176.) Vf. bestimmte in der Rattenleber folgende, Pentose enthaltende Verbb. (in γ je g Frischgewebe): *d-Ribose* 135, *Ribose-5-phosphat* 32, *Pentosenucleotid* 760, *Diphospho-* u. *Triphosphopyridinnucleotid* 432, *Pentosenucleosid* 248. (Boll. Soc. ital. Biol. sperim. **29.** 1704—06. Sept./Nov. 1953. Sassari, Univ., Ist. di Chim. Biol.) P. G. SCHEURLEN. 4597

M. de Vincentiis, *Weitere Untersuchungen über den Gehalt der intraocularen Flüssigkeiten an Brenztraubensäure und Milchsäure. Neuer Beitrag zum Studium des Stoffwechsels in vivo des Retinagewebes. Brenztraubensäure* (I) ist in vitro im Glaskörper höher konz. als im Plasma, geringer jedoch als in Glaskörpern enucleierter Augen. Erzeugt man mit verschied. Reagentien eine Retinadegeneration, so zeigt sich, daß **I** u. *Milchsäure* (**II**) im Glaskörper geringer als im Kammerwasser enthalten sind, was auf eine herabgesetzte Bldg. von **I** u. **II** in der Retina zurückgeführt wird. In den Augenvenen findet sich mehr **I** als in den arteriellen Gefäßen, was um so auffallender ist, als Proben aus Leber- oder Nierenvenen einen geringeren Geh. an **I** aufweisen als die Arterien. (Boll. Soc. ital. Biol. sperim. **29.** 1810—13. Sept./Nov. 1953. Napoli, Univ., Clin. Oculist.) P. G. SCHEURLEN. 4598

M. de Vincentiis, *Beobachtungen über den Gehalt des Kammerwassers an Brenztraubensäure und Milchsäure nach Keratocentese.* Nach Keratocentese steigt der Geh. des Kammerwassers an *Brenztraubensäure* (I) um ca. 50—60% u. der Geh. an *Milchsäure* (II) um ca. 30—50% an. Es wird angenommen, daß nach der Keratocentese I u. II aus dem Glaskörper nachströmen, da vorgängig in den Glaskörper instilliertes Fluorescein unmittelbar nach dem Eingriff im Kammerwasser erscheint. (Boll. Soc. ital. Biol. sperim. **29.** 1813—15. Sept./Nov. 1953. Napoli, Univ., Clin. Oculist.) P. G. SCHEURLEN. 4598

M. de Vincentiis, *Neuer histochemischer Beitrag über den Stoffwechsel in der Ribonucleinsäure der Retina bei Belichtung und in Dunkelheit.* Histochem. Unterss. an Octopus zeigten, daß *Ribonucleinsäure* (I) hauptsächlich im Cytoplasma u. den Nucleolen der Zellen der Retinagrenzzone gelagert ist, während die Rhabdomen frei von I sind. Entsprechende Anfärbung findet sich auch im Ganglion opticum. *Desoxyribonucleinsäure* (II) wird in den Zellkernen angefärbt. Nach intensiver Belichtung der Augen sieht man eine Zunahme der I in den Nucleolen, während I u. II im Opticusganglion abnehmen u. jetzt auch in den Rhabdomen eine Basophilie auftritt. (Boll. Soc. ital. Biol. sperim. **29.** 1815—18. Sept./Nov. 1953. Napoli, Univ., Clin. Oculist.) P. G. SCHEURLEN. 4598

Giuseppe Colosi, Corso di biologia e zoologia generale. Gli organismi e le basi fisiche e chimiche della vita. I corpi viventi e la loro struttura, la moltiplicazione degli individui. Firenze: Ed. tip. Editrice universitaria. 1954. (384 S. m. Abb.)

J. H. Gaddum, Ed., Polypeptides which stimulate plain muscle. London: E. & S. Livingstone. 1955. (148 S. m. Abb.) 15 s.

A. Giarola, Biochemical and morphological characters of human semen. Milano: De Silvestri. 1953. (98 S. m. Abb.) L. 1250,—.

Leslie J. Harris, Vitamins in theory and practice. 4th edn. London: Cambridge U. Pr. 1955. (XXII + 366 S. m. Abb. u. Tab.) 35 s.

P. W. Kent and **M. W. Whitehouse,** Biochemistry of the aminosugars. New York: Academic Press. 1955. (321 S. m. Abb.) $ 6,80.

E₆. Pharmakologie. Therapie. Toxikologie. Hygiene.

Giorgio Fusi und **Roberto Tilli,** *Das histochemische Verhalten der Ketosteroide und der Ascorbinsäure in der Nebennierenrinde bei Versuchsbestrahlungen.* Auf einem abdominalen Feld von 10 × 15 cm wurden ♂ Kaninchen mit 50, 150, 300, 500, 750, 1000 bzw. 1500 r röntgentotalbestrahlt. Bestrahlungsdaten: 200 kV, 10 mA, Filter: 0,5 mm Cu + 1,0 mm Al, FHA 40 cm. Nach 2 Std. wurden die Tiere getötet u. die Nebennierenrinde nach ASHBEL u. SELIGMAN auf *Ketosteroide* (I) u. nach GIROUD auf *Ascorbinsäure* (II) untersucht. Bei allen angewandten Dosen war der Geh. an I verringert, während II nur unbedeutende Veränderungen zeigte. (Sperimentale **104.** 34—41. 15/2. 1954. Firenze, Univ., Ist. di Radiol.) W. REUSSE. 4601

P. Bonet-Maury, *Schutzwirkung von CO und anderen Gasen für totalbestrahlte Mäuse.* Bei Verss. mit Mäusen, die nach Inhalieren von H_2, CO u. H_2S einer Röntgenbestrahlung ausgesetzt wurden, ergab H_2 keine, H_2S eine geringe u. CO, ebenso wie Leuchtgas, eine ziemlich gute Schutzwrkg. gegen die Bestrahlung. (Acta radiol. [Stockholm], Suppl. **116.** 681—82. 1954.) G. WELTZIEN. 4601

L. Rigat, *Die Behandlung des strahlengeschädigten Organismus mit Hormonen.* Vf. gibt einen umfangreichen Überblick über experimentelle u. klin. Daten betreffend die Rkk. der Inkretdrüsen bei Röntgenbestrahlung, sowie über die hormonelle Beeinflussung der Strahlenfolgen. Als günstigstes Hormon bei Strahlenschäden wird *Desoxycorticosteron* empfohlen. (Radioterap. Radiobiol. Fisica med. [3] **10.** 87—136. 1955. Milano, Univ., Ist. die Radiol.) P. G. SCHEURLEN. 4601

G. Marras, *Einfluß des Thalliumacetats auf die Prothrombinämie und die Recalcifikationszeit beim Kaninchen.* Eine einmalige Gabe von 10 mg/kg *Thalliumacetat* (I) bedingt beim Kaninchen einen Abfall des *Prothrombins* (II) nach 24 Std. um 24%, nach 48 Std. um 12% u. gleicht sich nach 72 Std. wieder aus. Eine Dosis von 40 mg/kg I, die bereits leichte Krankheitserscheinungen hervorruft, bewirkt nach 24 Std. einen Abfall des II um 24%, nach 48 Std. um 12%, nach 72 Std. um 12%. Die letale Dosis I von 70 mg/kg senkt II um 40% nach 24 Std. u. nach 48 Std. um 24%. Entsprechend nimmt die Recalcifikationszeit unter der Behandlung mit I zu. Es wird angenommen, daß diese Gerinnungsstörungen auf einer Leberschädigung beruhen, die entweder über eine Störung des II oder des Vitamin-K-Stoffwechsels sich auswirken. Der Fibrinogenspiegel ändert sich nicht. (Boll. Soc. ital. Biol. sperim. **29.** 1713—15. Sept./Nov. 1953. Ferrara, Univ., Ist. di Farmacol.) P. G. SCHEURLEN. 4607

M. Mariani, *Verhalten DDT-sensibler und DDT-resistenter Fliegen gegenüber Malathon. Malathon* (I; *O.O-Dimethyl-S-[1.2-dicarbäthoxyäthyl]-dithiophosphat*), das bedeutend

weniger tox. als *Parathion* (*O.O-Diäthyl-p-nitrophenylthiophosphat*) ist, hat auch auf *DDT*-resistente Stämme von Stubenfliegen eine insekticide Wirkung. Diese Eig. tritt gegenüber DDT-resistenten Stämmen mehr hervor als gegenüber DDT-sensiblen. Es wird angenommen, daß I u. DDT zwei verschied. Enzymsysteme angreifen. (Boll. Soc. ital. Biol. sperim. **29.** 1774—76. Sept./Nov. 1953. Palermo, Univ., Ist. d'Igiene.)
P. G. SCHEURLEN. 4607

E. F. Stohlman und **M. I. Smith,** *Toxikologische Wirkung und Stoffwechselendprodukt von Chlordan.* Verss. mit Meerschweinchen zeigten, daß die durch *Chlordan* (I) auftretenden Atmungsbeschwerden durch Injektionen mit Na-Salzen von Barbitursäurederivv. behoben werden. Es wurde aus dem Urin der mit I behandelten Versuchstiere ein noch nicht bestimmtes Cl-haltiges Abbauprod. saurer Rk. gefunden, das in alkal. Lsg. (A. oder W.) $^1/_3$ des Gesamt-Cl abspaltete. Der Extraktionsprozeß in den Nieren ist möglicherweise mit einer Entgiftung von I verbunden. (Advances in Chem. Ser. Nr. 1. 228—31. April 1950. Bethesda, Md., Nat. Inst. of Health.) G. LENHARD. 4607

Bruce J. Kessler, John B. Liebler, Gerald J. Bronfin und **Martin Sass,** *Der Blutstrom der Leber und der innere Sauerstoffverbrauch in der Fettleber von Alkoholikern.* Die Fettinfiltration in der Leber von Alkoholikern scheint keine Änderung des Blutstroms der Leber zu bedingen (Bromsulphaleinmeth.). Alkoholiker mit histolog. Fettlebern haben einen etwas geringeren Leberblutstrom als n., nach dem Verschwinden von Fett aus der Leber nur geringe Änderung. Ein Kriterium für Fettleber ist die arteriell-venöse O_2-Differenz des Leberblutes. Alkoholiker haben höheren inneren O_2-Verbrauch u. geringere O_2-Sättigung des venösen Leberblutes. Diese Tatsachen scheinen für die Atrophie der zentrolobulären Leberzellen verantwortlich zu sein. (J. clin. Invest. **33.** 1338—45. Okt. 1954. New York, N. Y., State Univ. of New York, Dep. of Med., u. Brooklyn, N. Y., Veterans Admin. Hosp.) J. MILLER. 4607

A. Goldberg, C. Rimington und **J. C. B. Fenton,** *Experimentelle Porphyrie bei Tieren.* Nachdem SCHMID u. SCHWARTZ (Proc. Soc. exp. Biol. Med. **81.** [1952.] 685) gefunden hatten, daß nach Verabfolgung des Hypnoticums *Sedormid* (I; N-[Allylisopropylacetyl]-harnstoff) Porphyrie auftritt, prüften Vff. die pharmakol. Eigg. von *Allylisopropylacetamid* (II), das die gleiche Gruppierung CH_2:CH·CH_2·CHR·CO·NH· wie I aufweist, jedoch keine hypnot. Wrkg. besitzt. Die genannte Gruppierung wird für das Zustandekommen eines anomalen Porphyrinstoffwechsels verantwortlich gemacht. — Tägliche orale Verabfolgung von I oder II an Kaninchen verursachte sofortiges Ansteigen des *Coproporphyrin* (III)-Geh. im Harn, bis etwa vom 4.—7. Tag an auch *Porphobilinogen* u. *Uroporphyrin* nachweisbar war, die 2—3 Tage später ein Maximum erreichten, während der III-Geh. nunmehr konstant blieb. Ansteigen der Farbstoffe wurde auch in Leber, Galle, Milz, Knochenmark u. Niere festgestellt. Im Harn wurde ferner das anomale Auftreten verschied. Aminosäuren beobachtet. — Außer klin. Beobachtungen werden noch die Versuchsergebnisse, die mit Hühnern u. Ratten erhalten wurden, mitgeteilt. — Die gleiche, wenn auch geringere Wrkg. als I u. II wiesen *Allylisopropylessigsäure, Diallylbarbitursäure,* das *Na-Salz* von *Allyl-[1-methylbutyl]-barbitursäure* u. *Allylisopropylbarbitursäure* auf, während *n-Propylisopropylacetamid* keine Porphyrie hervorrief. (Proc. Roy. Soc. [London], Ser. B **143.** 257—80. 27/1. 1955. London, Univ. Coll. Hosp., Med. School; Nuff. Unit for Invest. of Pyrr. Pigm.-Metab.; Dep. of Chem. Pathol.)
G. WELTZIEN. 4607

Gaetano Sanfilippo, *Experimentelle Untersuchungen über p-Oxypropiophenon. 1. Mitt. Wirkung des p-Oxypropiophenons auf Fruchtbarkeit, Ablauf der Gravidität, Frucht und Milchbildung.* Vf. verabreichte Ratten *p-Oxypropiophenon* (I); die so behandelten Tiere wurden unfruchtbar. War bereits eine Schwangerschaft im Gang, so kam es zu einer n. Geburt. I führte zu keinen Fruchtschädigungen, auch die Milchbldg. wurde durch I nicht beeinflußt. (Boll. Soc. ital. Biol. sperim. **29.** 1868—69. Sept./Nov. 1953. Catania, Univ., Ist. di Clin. Ostetr.) P. G. SCHEURLEN. 4607

Raoul Lecoq, Paul Chauchard und **Henriette Mazoue,** *Chronaximetrische Untersuchungen über einen möglichen Antagonismus zwischen Hypophyse und PAS oder PAB.* An der Rattenzehe wurden chronaximetr. Unterss. nach Injektion von *p-Aminosalicylsäure* (Ca-Salz; I), *p-Aminobenzoesäureäthylester* (II) oder *Biotin* (III), der sich eine Injektion von Hypophysenvorderlappenextrakt (IV) anschloß, vorgenommen. Dabei wurde der von DESBORDES (Presse méd. **59.** [1951.] 303) vermutete Antagonismus von I, II u. III gegenüber IV bestätigt. Er scheint strukturbedingt zu sein u. durch die acidos. Wrkg. von I, II u. III verstärkt zu werden (IV hat alkalos. Wrkg.). Auch der Vitamincharakter von II u. III dürfte dabei eine Rolle spielen. (Thérapie **9.** 630—34. 1954. Paris, Hôp. de Saint-Germain-en-Laye, u. École des Hautes Etudes, Labor. de Neurophysiol.)
H. DOSSMANN. 4607

G. Cali und **A. Sciacca,** *Über eine besondere Form einer toxischen experimentellen Nephropathie durch 2.4-Diaminotriazin.* Das als Diureticum verwandte *2.4-Diaminotriazin* bewirkt bei Anwendung tox. Dosen (0,5 g/kg) am Kaninchen eine schwere Nephropathie, die durch eine starke Einengung der Diurese bis zur Anurie mit Rest-N-Erhöhung u. durch schwere degenerative u. nekrot. Veränderungen vorwiegend an den proximalen Tubulusabschnitten ausgezeichnet ist. Das histolog. Bild zeigt große Ähnlichkeit mit der Sublimatniere. (Boll. Soc. ital. Biol. sperim. **29.** 1728—30. Sept./Nov. 1953. Roma, Univ., Ist. di Patol. Med.) P. G. SCHEURLEN. 4607

Laïa Buchel, Jeanne Lévy und **Estera Michel,** *Festlegung einer pharmakodynamischen Technik für die biologische Bestimmung der Phosphorsäurederivate des Adenosins.* Die charakterist. Wrkg. von *Adenosin-5-triphosphat* (**I**) u. *Adenosin-5-diphosphat* (**II**) auf das isolierte Krötenherz, die sich in 3 aufeinanderfolgenden Phasen abspielt, ist vollständig reversibel u. zur Best. beider Verbb. geeignet. Die Herzwrkg. von **I** u. **II** scheint an die Ggw. von labilem *P* im Mol. gebunden zu sein u. beruht vielleicht auf einer Verb., die bei der Umwandlung von **I** u. **II** während des Kontaktes mit dem Herzen entstehen. Die komplexe Wrkg. von **I** u. **II** auf das isolierte Krötenherz scheint nicht auf einem Abbauprod. zu beruhen. Nur die 3. Phase der **I**- u. **II**-Wrkg. greift teilweise in den Bereich des autonomen Nervensyst. ein u. wird durch die meisten synthet. adrenolyt. Mittel abgeschwächt oder unterdrückt. Es wird eine relativ einfache pharmakodynam. Meth. zur Best. von **I** u. **II** im biol. Milieu angegeben, die auf der genannten Wrkg. auf das isolierte Krötenherz beruht (Fehlerbreite 10—20%) u. für das Blut aller untersuchten Species (Mensch, Hund, Kaninchen, Ratte, Meerschweinchen, Huhn) u. die meisten Gewebe anwendbar ist. (J. de Physiol. **44.** 173—98. 1952. Fac. de Méd. et Inst. Fournier.) K. MAIER. 4607

R. F. Gordon und **J. Tucker,** *Behandlung von chronischen Trägern von Salmonella pullorum mit Furazolidin.* (Vorl. Mitt.) Bei Behandlung mit *Furazolidin* für 10 Tage waren 11 von 13 Vögeln bakterienfrei. (Veterin. Rec. **67.** 116—18. 5/2. 1955. Houghton, Anim. Health Trust, Poultry Res. Stat.) G. WELTZIEN. 4610

Richard M. Warren, *Urolucosil-Behandlung von B. coli-Infektionen des Urogenitaltraktes.* Vf. behandelte 14 Patienten mit B. coli-Infektionen des Urogenitaltraktes mit *Urolucosil* [*2-Sulfanilamido-5-methylthiodiazol-(1.3.4)*; *Sulfamethiazol*; **I**]. 10 wurden geheilt, bei 3 blieb die Colipyurie bestehen, bei einem verschwand B. coli, obwohl Pyurie bestehenblieb. **I** ist auch bei längerer Verabreichung nicht toxisch. 3mal täglich eine Tablette wurde als minimale Erhaltungsdosis angesehen. (Brit. J. Urol. **26.** 147—52. Juni 1954. Veneral Disease Serv., Western Area, South-west Metropolitan Reg. Hosp. Board.) K. BÖHM. 4610

Peter P. T. Sah, *Bemerkung über die Giftigkeit und die chemotherapeutische Wirksamkeit des Vitamin-C-Derivates des Bis-[4-aminophenyl]-sulfons an mit Tuberkulose infizierten Meerschweinchen.* Auf Grund seiner großen Giftigkeit ist das *Bis-[4-aminophenyl]-sulfon* (**I**) klin. nicht verwendbar. Es zeigte sich, daß das *Vitamin-C-Deriv.* des **I** (**II**) bei abgeschwächter Toxizität sich bei oraler Verabfolgung gut in den Geweben verteilt, wobei die größte Konz. 1—7 Std. nach der Eingabe beobachtet wurde, während sich nach 25 Std. noch kleinere Anteile vorfanden. Die entsprechenden Untersuchungsergebnisse sind tabellar. zusammengefaßt. Die chemotherapeut. Wirkungen einiger Verbb. sind verglichen worden. Die Aktivität des Streptomycins ist 25—50mal größer als die des **II**. Vf. schlägt die klin. Verwendung des **II** gegen Tbc u. Lepra vor. (Recueil Trav. chim. Pays-Bas **69.** 277—80. Febr. 1950. San Francisco, Calif., Univ., Med. School, Coll. Pharm.) F. SCHIPKE. 4610

Quintino Mingoja, *Thiosemicarbazone und Chemotherapie der Tuberkulose.* Literaturbericht (97 Literaturangaben) mit besonderem Hinweis auf DOMAGK (Chemotherapie der Tuberkulose mit den Thiosemicarbazonen, Stuttgart 1950). (Rev. brasil. Farmácia **31.** Nr. 11/12. 523—35. Nov./Dez. 1950. São Paulo, Univ., Fac. de Farmácia e Odontolog., Dép. de Quim. Orgán.) W. KIMPEL. 4610

T. Canbäck, N. Diding, P. Lundgren, P. Ekeblad, O. Alm, K. Erne und **S. Linde,** *Studien über Tuberkulosemittel.* 1. Mitt. *N-Isonicotinoyl-N'-(salicyliden)-hydrazin. N-Isonicotinoyl-N'-[salicyliden]-hydrazin* (**I**, Acozid, Salizid, Nupasal-213), $C_{13}H_{11}O_2N_3$, wird durch Umsetzung einer heißen Lsg. von 550 g Isonicotinsäurehydrazid (**II**) in 1500 g W. mit einer Lsg. von 488 g Salicylaldehyd in 1500 g Isopropanol (1 Std. Kochen am Rückflußkühler) dargestellt; nach Stehen über Nacht wird scharf abgesaugt, mit Isopropanol u. reichlich W. gewaschen; schwachgelbe Kristalle, F. 248—251°, Ausbeute $\sim$ 950 g. **I** kann als einwertige Base mit $HClO_4$ in Essigsäure potentiometr. oder gegen Kristallviolett-I (Umschlag nach Grün) titriert werden. Spektrophotometr. gelingt die Reinheitsbest. durch Messung der Extinktion bei 288 mμ bei p_H 5,0—6,5. Das Ultrarotspektr. wird mitgeteilt. Die tuberkulostat. Wrkg. des I ist 5—15mal geringer als die von II (Verss. in vitro); völlige Wachstumshemmung bei 2γ/cm³ (II 0,125); die subcutane Toxizität beträgt nur $^1/_{12}$ derjenigen von II. (Svensk farmac. Tidskr. **59.** 1—14. 10/1. 1955. Stockholm, Apotekens kontrollabor.) R. K. MÜLLER. 4610

L. Buffoni und **S. Brida Di Priò,** *Erste Erfahrungen über die Resorption des Isonicotinsäurehydrazids durch die Rectumschleimhaut.* Vff. beobachteten bei Kindern, daß in Suppositorien verarbeitetes wasserlösl. *Isonicotinsäurehydrazid* durch die Rectumschleimhaut resorbiert wird u. im Blut bzw. Liquor nachgewiesen werden kann. Diese Meth. hat nur begrenzte Bedeutung für die Therapie, da, bedingt durch Schleimhautveränderungen, die Resorption nach wenigen Tagen stark abnimmt. (Minerva med. [Torino] **46 I.** 344—48. 7/2. 1955. Genova, Univ., Clin. Pediatr.) P. G. SCHEURLEN. 4610

P. Periti und **G. Fowst,** *Isoniazid und Glutaminsäure in der Behandlung der experimentellen Meerschweinchentuberkulose. Glutaminsäure* in einer Dosierung von 25 bzw. 50 mg/kg hat keinen Einfl. auf die *Isoniazid*-Behandlung der experimentellen Meerschweinchentuberkulose. (Boll. Soc. ital. Biol. sperim. **29.** 1856—58. Sept./Nov. 1953. Firenze, Univ., Ist. di Farmacol.) P. G. SCHEURLEN. 4610

P. Periti, *Akute Toxizität intravenöser Gaben von Isoniazid beim Hund bei gleichzeitiger Anwendung von Glutaminsäure.* (Vgl. auch vorst. Ref.) Die akute Toxizität intravenöser *Isoniazid*-Gaben wird durch die gleichzeitige Anwendung von *Glutaminsäure* beim Hunde nicht beeinflußt. (Boll. Soc. ital. Biol. sperim. **29.** 1858—59. Sept./Nov. 1953. Firenze, Univ., Ist. die Farmacol.) P. G. SCHEURLEN. 4610

P. Periti und **G. Fowst,** *Neuer Beitrag zur Frage des Synergismus zwischen Isoniazid und anderen antituberkulösen Chemotherapeuticis. Die Kombination Isoniazid—Dihydrostreptomycin in der Behandlung der experimentellen Meerschweinchentuberkulose.* Vff. prüften die Wrkg. von *Isoniazid* (I) bzw. *Dihydrostreptomycin* (II) bei der experimentellen Meerschweinchentuberkulose. Gemessen an der Zahl der nach Behandlung Tbc-freien Tiere, hatten 2 mg/kg I täglich eine günstigere Wrkg. als 10 mg/kg II. Bei Kombination von I u. II in dieser Dosierung wurden wesentlich bessere Resultate erzielt. In diesem Falle war auch das Milzgewicht am geringsten, was auf eine Hemmung des Infektes hinweist (Boll. Soc. ital. Biol. sperim. **29.** 1853—56. Sept./Nov. 1953. Firenze, Univ., Ist. di Farmacol.) P. G. SCHEURLEN. 4610

P. Periti, *Akute Toxizität intravenöser Gaben von Isoniazid beim Hund, in Verbindung mit einer konstanten Menge Dihydrostreptomycin.* Aus seinen Unterss. zieht Vf. den Schluß, daß beim Hunde konstante Mengen *Dihydrostreptomycin* zwar die Krampfneigung nach intravenöser Anwendung von *Isoniazid* I hemmen, daß aber die Letalität bei Anwendung höherer Dosen (I) größer ist. (Boll. Soc. ital. Biol. sperim. **29.** 1859—62. Sept./Nov. 1953. Firenze, Univ., Ist. di Farmacol.) P. G. SCHEURLEN. 4610

R. Haizmann und **F. Heiss,** *Klinische Erfahrungen mit einer Streptomycin-Penicillin-Rutin-Kombination.* Bericht über Erfahrungen bei schweren Tuberkulosefällen mit *Rutimycin* (I; RHEIN-CHEMIE), 1 Ampulle I enthält 0,4 g *Streptomycinsulfat* (II), $2 \cdot 10^5$ E. *Penicillin-G-Na* (III), 0,02 g *Pyramidon* u. 20 mg *Rutin.* Günstige Beeinflussung aller klin. Daten mit I, nur in 2 Fällen Verschlechterung der Leberteste, keine allerg. Rkk., ausreichende II- u. III-Blutspiegelwerte innerhalb 24 Std. mit 1 bzw. 2 I-Injektionen. Keine Beeinträchtigung der I-Wrkg. durch Kombination mit *Isoniazid.* Unterss. an 289 Tbc-Kulturen ergaben in 184 Fällen gleiche I- u. II-Empfindlichkeit, in 51 Fällen gleiche I- u. II-Resistenz u. in 54 Fällen unterschiedliche Werte. Nach Empfindlichkeitstesten an 1383 Bakterienstämmen gegenüber III, II u. I war die Wrkg. von I prozentual im allg. besser als von II u. III allein. (Die Medizinische **1954.** 1612—15. 27/11. Gießen, Med. Akad. der Justus-Liebig-Hochschule, Med. u. Nervenklinik u. Hygiene-Inst.) H. DOSSMANN. 4611

H. F. Zipf und **E. Kreppel,** *Der zweifache pharmakologische Charakter der Therapie mit Benzylpenicillindiäthylaminoäthanolester.* Vff. berichten über einen Vgl. der pharmakol. Eigg. des *Benzylpenicillindiäthylaminoäthanolesters* (I) mit denen des *Procains* (II). Es wird angeführt, daß I intracutan am Meerschweinchen als Lokalanästheticum (Wirkungsverhältnis zu II ca. 1 : 2) wirksam ist u. außerdem chinidinartige Herz- sowie anticholinerg. u. gangliopleg. Wirkungen u. hemmende Einflüsse auf das Reizleitungssyst. (Dosis: 1,25—20 mg/kg, Kaninchen, Katze) ausübt, die fast von der gleichen Größenordnung wie die von II sind. I muß daher als ein Lokalanästheticum betrachtet werden, das erst durch den Stoffwechsel in vivo infolge Spaltung ungünstige (zum Teil auf allerg. Genese zurückzuführende) Nebenwirkungen entfaltet. Ferner wird gezeigt, daß I, intravenös verabreicht, auch endoanästhet. Qualitäten aufweist. Die endoanästhet. Grenzdosis gegenüber n. tätigen Lungendehnungsreceptoren von Kaninchen u. Meerschweinchen beträgt für I (u. II) 2 mg/kg intravenös. Aus der DL_{50} (I: Ratten: 30 mg/kg; Kaninchen: 27 mg/kg; II: 42—50 bzw. 55) ergibt sich, daß I etwas stärker tox. wirksam als II ist. Im Gegensatz zu *Penicillin G* überwindet I infolge seiner Affinität zum Nervengewebe die Blutliquor- u. -hirnschranke u. tritt in die Hirnsubstanz ein. Es wird darauf hingewiesen, daß eine Überdosierung von I in der Therapie wegen seiner sek. antibiot. Wirkungen, die erst durch Hydrolyse im Organismus in Erscheinung treten, vermieden werden muß. Daher ist eine Dosierung nach Milligrammen der nach I.E. vorzuziehen. (Klin. Wschr. **32.** 1049—54. 15/11. 1954. Bonn, Univ., Pharmakol. Inst.) P. FAHRNLAENDER. 4611

G. C. Angela und **G. Angela-Artino,** *Experimentelle und klinische Untersuchungen über ein Penicillinkombinationspräparat: N.N'-Dibenzyläthylendiamindipenicillin G + Procainpenicillin + Natriumpenicillin.* Vff. behandelten Scharlachkranke mit einem neuen Kombinationspräp. (*N.N'-Dibenzyläthylendiamindipenicillin G + Procainpenicillin + Na-Penicillin* im Verhältnis von 2 : 1 : 1). Das Präp. wirkt langsamer u. länger als das übliche Depotpenicillin. (Minerva med. [Torino] **46 I.** 348—52. 7/2. 1955. Torino, Ospedale Amedeo di Savoia.) P. G. SCHEURLEN. 4511

Olga Uvarov, *Neue Richtlinien bei der Anwendung von Antibioticis. Übersicht.* Besprechung der für die Veterinärmedizin wichtigen Antibiotica u. ihrer Indikationen. Es werden *p-Aminohippursäure, Diodone, Carinamide* u. *Probenecid,* sowie bes. Depotpenicilline besprochen. (Veterin. Rec. **67.** 67—74. 22/1. 1955. Greenford, Middlesex.) H. DOSSMANN. 4611

M. Piller und **A. Bernstein,** *Konzentrationsbestimmungen von Erythromycin in Körperflüssigkeiten nach intravenöser Applikation.* Zur Festlegung geeigneter Dosierung von *Erythromycin-Ilotycin* (I; E. LILLY, Indianapolis) wurden an 50 Patienten I-Konzentrationsbest. in Serum, Urin u. Galle durchgeführt u. das Absinken des I-Spiegels nach intravenöser Injektion bzw. Infusion gemessen; mit 0,25 g I in 0,9%ig. NaCl-Lsg. wird der therapeut. wirksame Grenzwert von $0,6\,\gamma/cm^3$ bereits nach 4 bzw. 6 Std. unterschritten. Dauertropfinfusion von 1 g I/24 Std. bedingt im allg. wirksame I-Blutspiegel. Nebenwirkungen Nausea, Erbrechen, lokale Phlebitis. I-Ausscheidung im Urin nach 6½ Std. = 7% der während 30 Min. infundierten I-Menge; intravenöse I-Zufuhr von 0,25—0,5 g bedingt in der Galle Konzz. von mehr als $1\,mg/cm^3$. Vff. empfehlen für die intravenöse I-Therapie Infusionen über 4—6 Std. mit 0,5—1 g I in geeigneten Mengen NaCl-Lsg. 2mal pro Tag. (Schweiz. med. Wschr. **85.** 104—08. 29/1. 1955. Basel, Univ., Med. Klinik.) H. DOSSMANN. 4611

G. Giunchi, A. Fidanza, L. A. Scuro, F. Sorice und **A. Bonomolo,** *Toxizität des Terramycins beim Meerschweinchen.* Unter einer täglichen Verfütterung von 20 mg *Terramycin* (I) zeigten Meerschweinchen einen durchschnittlichen Gewichtsverlust von ca. 10% täglich. Der Tod trat zwischen 6—10 Tagen ein. Negativ verlaufene bakteriolog. Unterss. an Milz, Blut u. Leber bewiesen, daß der Tod nicht Folge einer Infektion durch I-unempfindliche Stämme sein konnte. Auch ist unwahrscheinlich, daß er infolge der deutlich herabgesetzten Nahrungsaufnahme eintrat. (Boll. Soc. ital. Biol. sperim. **29.** 1730—32. Sept./Nov. 1953. Roma, Univ., Ist. di Fisiol. Gen.) P. G. SCHEURLEN. 4611

Frederick W. Proewig, *Cholinesterase in der Therapie.* 2. Mitt. (1. vgl. C. **1951.** II. 540.) Bei je einem Fall von Coronarthrombose, Endocarditis lenta u. akutem Gelenkrheumatismus wurden durch Injektionen von *Cholinesterase* Besserung des objektiven u. subjektiven Zustandes erreicht. (Münchener med. Wschr. **97.** 51—52. 14/1. 1955. Wantagh, Long Island, N. Y.) F. KRUSEN. 4614

Guido Bertelli, *Aerosoltherapie der chronischen Bronchialerkrankungen mit Desoxyribonuclease.* Vf. berichtet über die Behandlung von 5 Fällen von chron. Bronchitis bzw. Bronchektasen mit Aerosolen, die *Desoxyribonuclease* enthielten. Es wurde eine gute Verflüssigung des Sekrets sowohl klin. als auch mkr. an Abstrichen beobachtet. (Minerva med. [Torino] **46 I.** 415—18. 14/2. 1955. Siena, Univ., Ist. di Patol. Spec. Med.) P. G. SCHEURLEN. 4614

G. Lange, *Erfahrungen mit Ekalan als Einleitungs- und Basisnarkoticum.* Bericht über 363 Fälle, bei denen zur Einleitungs- u. Basisnarkose das Kombinationspräp. *Ekalan* (jetziger Name *Basinarcon,* VEB CHEM. FABRIK VON HEYDEN, Dresden-Radebeul) mit gutem Erfolg angewendet wurde. Es besteht aus 1 g eines trockenen Gemisches von *Go 1054-Na* (kalypnonartiges Barbiturat) u. *N-Methyl-5-cyclohexenyl-5-methylbarbitursäure* (Na-Salz) im Verhältnis 10 : 3 u. dem getrennten „Lösungsm.", bestehend aus 10 g einer wss. Lsg. von 0,5 mg Atropinsulfat u. 2,5 g Alkohol. (Dtsch. Gesundheitswes. **10.** 333—34. 3/3. 1955. Quedlinburg, Kreiskrankenhaus.) K. PFEIFER. 4627

F. Schwarz, *Der Einfluß von Prominal auf die ^{131}J-Aufnahme der Rattenschilddrüse.* Der Einfl. einer täglichen Dosis von 5—20 mg *Prominal* (I) auf die ^{131}J-Aufnahme der Rattenschilddrüse wurde an 3 verschied. Stämmen männlicher Ratten u. 1 Stamm weiblicher Ratten untersucht. In allen Fällen wurde die ^{131}J-Aufnahme durch I stark erhöht, während *Chloralhydrat* nicht dieselbe Wrkg. hatte. Das aufgenommene ^{131}J wird dabei in eine organ., an Protein gebundene Verb. übergeführt. Mechanismus u. Bedeutung der beobachteten Wrkg. sind noch nicht geklärt. (Acta endocrinol. [Copenhagen] **18.** 33—40. Jan. 1955. Utrecht, Univ., Hosp., Med. Dep.) K. F. MÜLLER. 4627

M. Gaglio, O. Mazzone und **O. Leonardi,** *Beitrag zur Untersuchung der Wirkungen von Salicylsäure, Pyramidon und Phenylbutazon auf die Arthropathie nach Formalin und auf die Teste nach Sayers und Thorn.* Weder durch *Salicylsäure* (I), *Pyramidon* (II) noch *Phenylbutazon* (III) konnte bei Ratten die nach Formalin auftretende Arthritis behoben werden. Am günstigsten wirkten hierbei II bzw. eine Kombination von II u. III. Sichere Gewichtsunterschiede an den Nebennieren ließen sich nicht feststellen, dagegen fand sich eine sichere Abnahme des Geh. an *Ascorbinsäure* (nach I 13%, nach II 50%, nach III 74%). Hinsichtlich der Eosinopenie hat I die schwächste u. III die stärkste Wirkung. Veränderungen des Glykogengeh. in der Leber wurden histolog. nicht beobachtet. (Boll. Soc. ital. Biol. sperim. **29.** 1865—67. Sept./Nov. 1953. Catania, Univ., Ist. di Clin. Med. Gen.) P. G. SCHEURLEN. 4627

H. Jansch und **N. Wölkart,** *Zur tödlichen Pyramidonvergiftung beim Kleinkind. Chemischer Nachweis an der faulen Leiche.* Ein 9 Monate altes Kind kam nach Applikation von 2mal je 600 mg *Pyramidon* (I) enthaltenden Suppositorien unter starken Krämpfen ad exitum. In Organteilen der nach 3 Monaten exhumierten Leiche wurden 0,38 bis 5,6 mg% I nachgewiesen. Es wird darauf hingewiesen, daß die tägliche I-Dosis für Kleinkinder 100 mg nicht überschreiten darf. (Arch. Toxikol. **15.** 1—10. 1954. Wien, Univ., Inst. für gerichtliche Med.) F. KRUSEN. 4627

Fred Hoffmann, *Schmerzbekämpfung mit nicotinsäurehaltigen Analgeticis.* Übersicht über die Wirksamkeit der *Nicotinsäure* bei der Behandlung von Schmerzzuständen auf spast. Grundlage. Bericht über eigene Erfahrungen mit dem Präp. *Coffenicon.* Zus.: Nicotinsäure 0,025, Coffein 0,025, Acetylsalicylsäure 0,45. (Med. Klin. **49.** 265—66. 12/2. 1954. Berlin-Charlottenburg, DRK-Krankenhaus Jungfernheide.) LOTHAR BARTH. 4627

N. J. Giarman und **G. A. Condouris,** *Die antidiuretische Wirkung von Morphin und einigen analog gebauten Verbindungen.* (Vgl. C. **1954.** 2870.) *Morphin* (I) u. *Apomorphin* setzen nach subcutaner Gabe eine antidiuret. wirksame Substanz in Freiheit, die mit dem Urin ausgeschieden wird. *Thebain, Dilaudid* u. *N-Allylnormorphin* (II) zeigen diese Wrkg. nicht. II hebt den antidiuret. Effekt von I auf. (Arch. int. Pharmacodynam. Thérap. **97.** 28—33. 1/2. 1954. New Haven, Conn., Yale Univ., School of Med., Dep. of Pharmacol.) E. CARSTENS. 4627

Giuseppe Sanfilippo, *Experimenteller Beitrag zur Hypothese der Entmethylierung des Codeins im Organismus.* 3. Mitt. *Morphingewöhnung nach lang dauernder Verabreichung von Codein.* (2. vgl. Boll. Soc. ital. Biol. sperim. **24.** [1948.] 723. 725.) Während beim n. Hund eine einmalige Injektion von 0,5 mg/kg *Morphin* (I) eine vorübergehende Glykämie hervorruft, bleibt dieser Effekt aus, wenn die Hunde vorher an *Codein* (II) gewöhnt worden waren. Vf. sieht darin eine Bestätigung seiner Hypothese, daß bei Injektion kleiner Dosen II entmethyliert u. in I umgewandelt wird. Entsprechend bleibt nach vorheriger Behandlung mit I auch die Glykämie nach einmaliger Injektion von II aus. (Boll. Soc. ital. Biol. sperim. **29.** 1761—63. Sept./Nov. 1953. Catania, Univ., Ist. di Farmacol.) P. G. SCHEURLEN. 4627

G. La Grutta, *Über den pathophysiologischen Mechanismus der experimentellen Epilepsie unter der Wirkung von 3-Methyl-5-phenyl-5-äthylhydantoin.* Durch Anwendung subcutaner oder peroraler Dosen von 2—3 cg/kg *Mesantoin* (I; 3-Methyl-5-phenyl-5-äthylhydantoin) während 2—8 Tagen gelang es Vf. das Auftreten epilept. Krämpfe beim Hund nach Strychnin bzw. Morphin zu vermeiden. Durch direkte zentrale Reizung erzeugte Krämpfe wurde in 50% der Fälle durch I aufgehoben bzw. stark vermindert. Diskussion des möglichen Wirkungsmechanismus. (Boll. Soc. ital. Biol. sperim. **29.** 1766—68. Sept./Nov. 1953. Palermo, Univ., Ist. di Fisiol. Umana.) P. G. SCHEURLEN. 4628

Denis F. Docherty, *Die Behandlung von Tetanus mit Mephenesin.* Bei einem schweren Tetanusfall konnte durch intravenöse Infusion einer 0,4—0,6%ig. Lsg. von *Mephenesin* (I) in Glucose–Kochsalz-Lsg. (Dauer: 14 Tage, I-Verbrauch 198 g) Heilung erzielt werden. (Lancet **268.** 437. 26/2. 1955. Nelson, Lancsh., Reedyford Mem. Hosp., Registrar.) E. CARSTENS. 4628

Alan D. H. Browne und **Patrick L. Mannion,** *Die Anwendung von Chlorpromazin in der Geburtshilfe und eine Untersuchung über seine Wirkung bei den Wehen.* (Irish J. med. Sci. [6] **1955.** 117—23. März. Dublin, Irland, Rotunda Hosp.) G. WELTZIEN. 4628

W. P. O'Keeffe, J. Shanahan und **M. B. Quane,** *Chlorpromazin bei Eklampsie.* (Irish J. med. Sci. [6] **1955.** 124—28. März.) G. WELTZIEN. 4628

Sven Rune Johnson, *Klinische Erfahrungen mit „Transergan", einem neuen Antispasmodicum.* Bei spast. Erscheinungen bei Gallensteinen, Magen- u. Darmgeschwüren zeigte *Transergan* (I) eine gute Wrkg., wobei geringe Nebenwirkungen von Atropincharakter vernachlässigt werden können. I ist das Hydrochlorid des *Phenothiazin-10-carbonsäure-β-diäthylaminoäthylesters* mit Atropin- u. Papaverineffekt. Die DL_{50} für Mäuse beträgt subcutan 680 mg/kg u. intravenös 26 mg/kg. (Nordisk Med. **53.** 265—67. 17/2. 1955. Stockholm, Karolinska kirurg. klin.) G. WELTZIEN. 4628

A. Prete und **L. Marogna,** *Die Wirkung einer ganglioplegischen Substanz auf die Hämodynamik des Schocks. Pendiomid* (CIBA) verstärkt u. verlängert (durch Ganglienblock des neurovegetativen Syst.) die periphere vasoconstriktor. Adrenalinwirkung. (Minerva Anestesiol **19.** 33—39. Febr. 1953. Univ. degli Studi di Sassari, Ist. di Patol. Speciale Chirurgica.) E. LUDOLPHY. 4628

Theodore H. Belling jr. und **Nicholas H. Booth,** *Pharmakodynamische Untersuchungen mit Succinylcholinchlorid beim Pferd. Succinylcholinchlorid* hat in Dosen von 0,03—0,09 mg/lb. beim Pferd einen ausgeprägten paralyt. Effekt auf das Skelettmuskelsyst., ohne den Kreislauf wesentlich zu beeinflussen. Die Atmung muß allerdings künstlich gestützt werden. (J. Amer. veterin. med. Assoc. **126.** 37—42. Jan. 1955. Fort Collins, Col., A. & M. Coll., School of Veterin. Med., Dep. of Physiol.) F. KRUSEN. 4628

L. Benda und **O. Kraupp,** *Pharmakologische Eigenschaften und klinische Wirkung des Benzilsäuretropinesterhydrochlorids.* Am isolierten Meerschweinchendarm wirkt *Benzilsäuretropinesterhydrochlorid* (I; *Bete;* DR. KUTIAK u. CO., Wien) gegenüber *Acetylcholin-*, *Nicotin-*, $BaCl_2$- u. *Strychnin*-Kontraktionen stärker lösend als *Atropin* (II). Am Katzenauge wirkt I ebenso intensiv wie II u. anhaltender mydriatisch. Die durch *Histamin* bzw. *Insulin* erzeugte Magensaft- u. HCl-Produktion bei Hunden wird von I u. II gleich gut beeinflußt. I ist 4—5mal toxischer als II. I zeigte klin. allein u. in Kombination mit *Dimethylamidopyrin, Phenyläthylbarbitursäure* u. *Coffein* (*Spasmo-Inalgin;* DR. KUTIAK u. CO., Wien) ausgezeichnete spasmolyt. Wirkungen mit Nebenwirkungen in 10% der Fälle (u. a. Akkomodationsstörungen). (Wiener klin. Wschr. **66.** [N. F.] **9.** 445—48. 25/6. 1954. Wien, Univ., Pharmakol. Inst.) H. WUNDERLICH. 4628

J. I. Barraquer Moner, *Die gegenwärtige Technik und die Ergebnisse der Curareanwendung bei Augenoperationen.* (Vgl. auch C. **1952.** 1046.) Zusammenfassung der Anwendung von *Curare* zur Ausschaltung von Augenbewegungen. Modifizierte Technik. (Amer. J. Ophthalmol. [3] **36.** 789—94. Juni 1953. Barcelona.) D. ZEMKE. 4628

S. N. Pradhan und **N. N. De,** *Hayatinmethojodid: ein neuer curarewirksamer Stoff.* Das *Methojodid* des *Hayatins* (I), eines Alkaloids aus Cissampelos pareira L., verhält sich im Tiervers. ähnlich wie d-Tubocurarin (II). I besitzt eine etwas stärkere Curare-Aktivität als II bei etwas erhöhter Toxizität. Am isolierten Froschmuskelpräp. hemmt I Acetylcholinwirkungen, ohne Kontraktionen zu erzeugen. I hemmt *Neostigmin* in gleicher Weise wie II. Die Wirkungsdauer von I ist etwa die gleiche wie die von II. Die Sicherheitsgrenze ist für I u. II gleich niedrig. (Brit. J. Pharmacol. Chemotherapy **8.** 399—405. Dez. 1953. Lucknow, Central Drug Res. Inst.) H. WUNDERLICH. 4628

Travis Winsor und **Charles C. Scott,** *Weitere Beobachtungen von cardiovasculären Wirkungen von Pentaerythrittetranitrat bei Tieren und Menschen.* An den Wirkungen auf die Coronardurchblutung, Blutdruck u. Puls bei Hunden u. Menschen wurde die sublinguale Resorption von *Pentaerythrittetranitrat* untersucht. In größeren Dosen (69 mg/Tag) war es oral wirksamer als in kleinen Dosen (34,6 mg/Tag). In kleinen Dosen war es aber oral prophylakt. bei Angina pectoris wirksamer als 10 mg/Tag Trisäthanolamintrinitrat. (Amer. Heart J. **49.** 414—27. März 1955. Los Angeles, Calif., Heart Res. Found. and Hosp. of Good Sam.) G. WELTZIEN. 4630

K. Bangert, *Chirurgische Erfahrungen mit Novadral und Depot-Novadral. Novadral* u. *Depot-Novadral* haben sich bes. wegen der fehlenden Einw. auf die Blutdepots u. der Nichtbeeinträchtigung der Darmmotilität als schnell u. sicher wirkendes Kreislaufmittel in der Chirurgie bewährt. Novadral (DIWAG, Hangelar) ist ein Deriv. des Noradrenalins, bei dem die p-Oxygruppe fehlt. Bei der Depotform handelt es sich um ein Gemisch mit Polyvinylpyrrolidin zum Zwecke der Resorptionsverzögerung. (Med. Klin. **50.** 106—07. 14/1. 1955. Göttingen-Weende, Evang. Krankenhaus.) G. WELTZIEN. 4630

A. E. Doyle und **J. A. Kilpatrick,** *Methoniumverbindungen bei Angina pectoris von Hypertonikern. Hexamethoniumbromid* u. verwandte Verbb. können bei pectanginösen Beschwerden von Hypertonikern vorsichtig u. unter strenger ärztlicher Aufsicht angewandt werden, da mit der erreichten Senkung des Blutdrucks ein Teil der Kranken schmerzfrei wird. Allerdings wird auch eine Schmerzzunahme bei der Drucksenkung beobachtet, woraus sich hämodynam. Schlüsse ziehen lassen. Dabei wurde das Hexamethonium subcutan verabreicht, oral wurde Hexamethoniumbitartrat oder M & B 2050 A, letzteres auch subctuan in Polyvinylpyrrolidin gegeben. (Lancet **266**. 905—08. 1/5. 1954. Dunedin, New Zealand, Univ. Otago, Med. School.) H. JORDAN. 4630

David M. Little jr., L. Jennings Hampton und **Doris C. Grosskreutz,** *Die Verwendung von Arfonad bei einer modifizierten Technik des kontrollierten Unterdrucks.* Es wird eine modifizierte Form des kontrollierten Unterdrucks (zwecks Erzielung eines blutlosen Operationsfeldes) angegeben, wobei höhere Blutdruckwerte beibehalten u. damit eine Verminderung der Sterblichkeitsquote bei Operationen erzielt werden. Durch intravenöse Dauerinfusion von *Arfonad, d-3.4-[1'.3'-Dibenzyl-2'-ketoimidazolidino]-1.2-trimethylenthiophanium-d-camphersulfonat,* einem wirksamen Ganglionblocker, ist während der Narkose ein gut steuerbarer, jederzeit rasch rückgängig zu machender Unterdruck erzielbar. (Surgery **35**. 857—66. Juni 1954. New Haven, Conn., Yale Univ., School of Med., and Grace-New Haven Community Hosp., Dep. of Anesthesiol.) K. MAIER. 4630

P. Chiaverini, *Über die Wirkung des Ergotamins auf das isolierte Froschherz.* Obwohl *Ergotamintartrat* den Sympathicus lähmt, konnte Vf. bei minimalen Dosen (0,25 zu 100000) am isolierten Froschherzen eine Zunahme der Amplitude um $^1/_6$ u. eine Frequenzerhöhung um 25% beobachten. Erst bei höheren Dosen (0,25 : 10000) tritt die gewohnte Wrkg. ein: Abnahme der Amplitude u. Frequenz. (Boll. Soc. ital. Biol. sperim. **29**. 1689. Sept./Nov. 1953. Pisa, Univ., Ist. di Farmacol.) P. G. SCHEURLEN. 4630

Wilhelm Starflinger, *Zur Therapie der Insuffizienz des Altersherzens mit Digimerck-Tropfen. Digimerck* (15 Tropfen = 0,05 mg Folia digitalis) erwies sich in mittleren Dosen (3 mal 20 bis 1 mal 10 Tropfen täglich) geeignet zur Behebung von Herzinsuffizienz, bes. des Altersherzens (57 Fälle). (Med. Klin. **49**. 821—22. 14/5. 1954. Celle.) H. JORDAN. 4630

Georg Heuchel, *Therapeutische Erfahrungen mit Digitoxin bei infarktbedingten Sinus- und Kammertachycardien.* (Therap. d. Gegenwart **92**. 55—58. Febr. 1953. Jena, Univ., Med. Klinik.) P. LOCH. 4630

R. Ullsperger, *Über die Bedeutung des Milchsäurespiegels im Blut unter Einfluß von Crataegus, Digitalis und Strophanthin.* Der n. Milchsäureblutspiegel beträgt 10—15 mg% u. ist im höheren Lebensalter vermindert. Bei Herzinsuffizienz steigen die Werte auf 20—31 mg% an. Herzglykoside u. die Triterpensäuren des *Crataegus* können eine signifikante Änderung des Blutmilchsäurespiegels bewirken u. ihn mit der Besserung der Herzinsuffizienz senken. (Pharmazie **9**. 330—35. April 1954. Konstanz, Byk-Gulden, Forschungslabor.) H. JORDAN. 4630

J. Tripod, H. J. Bein und **R. Meier,** *Charakteristik der zentralen Wirkungen von Serpasil (Reserpin, einem neuen Alkaloid der Rauwolfia serpentina B) und seine antagonistischen Reaktionen.* (Vgl. C. **1955**. 2481.) *Serpasil* (I) besitzt einen depressiven Einfl. auf das zentrale Nervensyst. mit Schlafwrkg., Miosis u. antipyret. Effekten. Damit ist I ein bedeutender Antagonist zu psychomotor. Stimulantien, wie Coffein, Morphin, Scopolamin u. Cocain. Andererseits kann es die Wrkg. zentraler Krampfgifte, wie Strychnin, Nicotin, Picrotoxin u. Metrazol, nicht unterdrücken. Seine Wrkg. ist deutlich von der des Phenobarbitals u. des Na-Bromids zu unterscheiden, was auch am Verh. gegenüber sympathicolyt. u. parasympathicolyt. Substanzen zutage tritt. Andere Rauwolfiaalkaloide wurden nicht vergleichend untersucht. (Arch. int. Pharmacodynam. Thérap. **96**. 406—25. 1/1. 1954. Basel, Ciba Ltd., Dep. Biol.) H. JORDAN. 4630

K. Fellinger, *Übersicht. Neuere Mittel der medikamentösen Behandlung des Hochdrucks.* Übersichtsref. über die Indikationen, Dosierung, Toleranz u. Nebenerscheinungen folgender moderner Antihypertonica: *Rauwolfia, Hydrazinophthalazine, Veratrum,* Ganglienblocker u. Besprechung der Kombinationstherapie. (Med. Klin. **49**. 801—04. 14/5. 1954. Wien, Univ., II. Med. Klinik.) H. JORDAN. 4630

K. Maehder, *Über den Nachweis der perlingualen Strophanthinresorption mittels Isotopen.* Nach lingualer Applikation von markiertem *Strophanthidinacetat* konnte mittels GEIGER-Zähler nach 30 Min. eine Aufnahme von 55% der angewandten Glykosidmenge im Kreislauf festgestellt werden. Radioautographien ergaben die Ggw. des Glykosides im Myocard. Benutzt wurde ein unter Verwendung von ^{14}C markiertem Acetanhydrid hergestelltes $^{14}C_{(3)}$-Strophanthidinacetat. (Med. Klin. **50**. 104—05. 14/1. 1955. Düsseldorf-Rath.) G. WELTZIEN. 4630

G. F. Klostermann, *Über den Einfluß von Rutin auf das Verhalten der Arsenwerte im Blutplasma nach Arsenzufuhr. Tierexperimentelle Untersuchungen mit radioaktivem ^{76}As.* Vf. gibt Kaninchen eine intramuskuläre Injektion von *Na-Arseniat* (I) (3,61 mg As pro Tier mit 0,38 mC ^{76}As) u. 8 Std. später eine ebensolche von 50 mg *Rutin* (II) pro Tier. Es wird nach Zufuhr von ^{76}As eine Erhöhung des As-Spiegels im Blutplasma beobachtet, der zwar allmählich absinkt, aber nach **II**-Gaben erneut ansteigt. Aus den

Versuchsergebnissen geht hervor, daß die vermehrte renale As-Ausscheidung unter II-Einw. auf einem vermehrten As-Angebot an die Nieren u. nicht auf einer infolge grenzflächenabdichtender Wrkg. von II eintretenden verminderten Rückresorption in den abführenden Harnkanälchen beruht. (Klin. Wschr. **32.** 1054—56. 15/11. 1954. Erlangen, Univ.-Klinik u. Poliklinik für Haut- u. Geschlechtskrankh.) P. FAHRNLAENDER. 4633

Sim P. Dimitroff, Rand C. Lewis, M. C. Thorner und **John B. Field,** *Orale Quecksilberdiuretica: Mercumatilin in der Behandlung von congestiven Herzfehlern.* Bei 22 von 25 Patienten mit congestiven Herzfehlern beseitigte *Cumertilin* (vgl. SIGLER u. Mitarbeiter, C. **1951.** II. 2076) die Ödeme ohne irgendwelche Zeichen von Unverträglichkeit. (Amer. Heart J. **49.** 407—13. März 1955. South California Univ., School of Med., Dep. of Cardiol. and Los Angeles, County Hosp.) G. WELTZIEN. 4634

Mark T. Hoekenga nnd **Dorothy L. Batterton,** *Prüfung von Diallyldiäthylaminoäthylphenoldihydrochlorid (Camoform) bei menschlicher Amoebiasis.* Vff. untersuchten die Wirkungen eines neuen synthet. Mittels, des *Diallyldiäthylaminoäthylphenoldihydrochlorid (Camoform*; PARKE, DAVIS & CO.) gegen Amoeben. Dosis für Erwachsene: 3 mal 0,5 g täglich für 7 Tage. Von 20 Patienten sprachen 17 (85%) erfolgreich auf die Behandlung an. (Amer. J. trop. Med. Hyg. **3.** Nr. 5. 849—51. Sept. 1954.) K. BÖHM. 4649

Rodney C. Jung, *Gebrauch von Hexylresorcintabletten zur Einlaufbehandlung bei der Peitschenwurminfektion.* Vf. berichtet über 16 Patienten mit Trichocephalus trichiurus-Befall, die er mit aus Tabletten hergestellten *Hexylresorcin* (I)-Einläufen behandelte. Bei 10 Patienten wurde die Eizahl stark vermindert, Diarrhoe oder Dysenterie günstig beeinflußt u. der Enddarm von Würmern befreit. (Amer. J. trop. Med. Hyg. **3.** Nr. 5. 918—21. Sept. 1954. New Orleans, La., Univ., Dep. of Trop. Med. and Publ. Health, School of Med.) K. BÖHM. 4649

Justin E. Jordan, *Behandlung der Hundepeitschenwürmer (Trichuris vulpis) mit Whipcide.* Vf. berichtet über seine Behandlungserfolge an 38 Hunden mit *Whipcide* (I; *Na-Salz des 3-Methyl-1-pentin-(3')-ylphthalats*) bei Hundepeitschenwurmbefall. 200 mg I/kg Körpergewicht am Morgen u. Abend gegeben sind bei den befallenen Tieren sicher wirksam. Tox. Nebenwirkungen wurden nicht beobachtet. Erbrechen nach der Eingabe kam vor. (J. Amer. veterin. med. Assoc. **126.** 220—22. März 1955. Indianapolis, Ind.) K. BÖHM. 4649

Paul S. Crane, Ovid B. Bush jr. und **Pak Chung Won,** *Behandlung der Clonorchiasis mit Chloroquine und Methiscol.* Bericht über Behandlung von 34 Clonorchis sinensis-Infektionen nach 4 Behandlungsschemata mit *Chloroquine–Aralen, Vitaminen* u. *Methiscol;* in 12 Fällen war der Stuhlbefund negativ, bei 17 Kranken Abnahme der Zahl der ausgeschiedenen Eier. (Trans. Roy. Soc. trop. Med. Hyg. **49.** 68—70. Jan. 1955. Cholla Pukdo, Korea, Presbyterian Med. Center.) H. DOSSMANN. 4649

Josef Klosa, *Über einen neuen unerwarteten therapeutischen Effekt eines Spasmolyticums.* Vf. sieht im *α.α-Diphenyl-α-oxyessigsäure-β-dimethylaminoäthylester (Diphemin R)*, der in Form seines benzilsauren oder chlorwasserstoffsauren Salzes akuten Schnupfen im Anfangsstadium in 95% der Fälle kupieren konnte, eine Modellsubstanz für die Synth. von schnupfenheilenden Verbindungen. (Arch. Pharmaz. Ber. dtsch. pharmaz. Ges. **287**/**59.** 96—98. 1954. Berlin.) H. WUNDERLICH. 4650

Maurice Lallemant und **André Meng,** *Neue Mitteilung über Schwefeltherapie der oberen Luftwege.* Vff. berichten über gute Erfolge u. ausgezeichnete Verträglichkeit auch für längere Zeit bei der Behandlung der Schleimhäute der oberen Luftwege mit *Cysteinmethylesterhydrochlorid* als Aerosol. (Semaine Hôpitaux Paris **31.** 625—31. 20/2. 1955. L'Hôp. Bichat.) G. WELTZIEN. 4650

K. Helbig, *Universalmedikamente in der Zahnheilkunde.* Außer auf die *Chlorphenol–Campher–Menthol-Lsg.* nach WALKHOFF wird auf *Orthos-Tricaphen* hingewiesen, das sich durch eine große Indikationsbreite auszeichnet u. zur Behandlung infizierter u. gangränöser Wurzelkanäle, infizierter Extraktionswunden u. dgl. mit gutem Erfolg verwendet wurde. Das Präp. wird auch nach As-Einlagen empfohlen, um As-Schäden zu verhindern oder zu kupieren. (Dtsch. Zahnärztebl. **8.** 525—26. 8/7. 1954. Eisleben.) G. KLESSE. 4655

William E. Clapper, Robert A. Downs und **Mary E. Heatherman,** *Die Beziehung zwischen Cariesaktivität und Anzahl und Art der Lactobacillen und dem Fluorgehalt des Trinkwassers.* 2. Mitt. *Untersuchungsergebnisse nach einer Beobachtungszeit von einem Jahr.* (1. vgl. C. **1953.** 6531.) Die l. c. ausgesprochene Vermutung, daß bei Personen (195 Schulkindern) mit einer hohen Anzahl von Rhamnose-vergärenden Lactobacillen im Speichel trotz *F*-haltigen Trinkwassers (1 p.p.m.) eine erhöhte Cariesaktivität zu befürchten ist, wurde bei der nach 1 Jahr erfolgten Nachunters. bestätigt. Bei Kindern aus dem Vergleichsgebiet mit F-freiem Trinkwasser wurde allg. ein stärkerer Cariesbefall ohne Rücksicht auf Zahl u. Art der Lactobacillen festgestellt. Auffällig war die bei beiden

Gruppen beobachtete, im Verlauf der Beobachtungszeit erfolgte Änderung der Bakterienflora (sowohl quantitativ als auch qualitativ). (J. Dental. Res. **32.** 440—44. Juni 1953. Denver, Colo., Univ. of Colorado, School of Med., Dep. of Microbiol. u. Colorado Dep. of Public Health.) G. KLESSE. 4655

Maria Bassi, *Wirkung der β-Aminoglutarsäure und der l-Glutaminsäure (α-Aminoglutarsäure) auf die Narbenheilung bei Ratten.* Während *α-Aminoglutarsäure* die Narbenbldg. nach experimentellen Wunden an der Ratte nicht beeinflußt, hemmt *β-Aminoglutarsäure* diese Prozesse (Anwendung jeweils als Pulver). (Tumori **40.** 563—66. Sept./Okt. 1954. Milano, Centro di Oncol. Sperim. del C. N. R.) P. G. SCHEURLEN. 4660

L. P. Joyner und **S. B. Kendall,** *Der Gebrauch von 2-Amino-5-nitrothiazol bei Histomoniasis.* Bei der Erkrankung von Truthühnern an Histomonas meleagridis hat sich eine laufende Behandlung mit 0,1%ig. *Enheptin (2-Amino-5-nitrothiazol)* für mindestens 14 Tage zur Heilung u. auch Vorbeugung gut bewährt. (Veterin. Rec. **67.** 180—82. 5/3. 1955.) G. WELTZIEN. 4665

M. Delaville, O. Gaudin und **J. Bataille,** *Beitrag zum Studium von auf das Hypophysen–Nebennieren-System wirksamen Salicylsäurederivaten.* Bericht über Erfahrungen an 8 Fällen mit nicht rheumat. Beschwerden bei percutaner Verabreichung von *Diäthylaminsalicylat* (I) = *Algésal.* Best. der Eosinophilen vor u. nach I-Behandlung ergab positiven THORN-Test in allen Fällen. Ferner wurde Steigerung der Ausscheidung von *17-Ketosteroiden* in 7 u. von *11-Oxycorticosteroiden* in 6 Fällen festgestellt. (Thérapie **9.** 626—29. 1954. Paris, Labor. central de Biol., Centre Sainte-Anne et École des Hautes-Études.) H. DOSSMANN. 4670

P. Armengau, *Drei Fälle von Cyanose bei Neugeborenen, die durch Methämoglobinämie infolge von verabreichtem nitrathaltigem Brunnenwasser bedingt war.* Vf. beschreibt das Auftreten einer Methämoglobinämie bei künstlich ernährten Säuglingen, die mit NO_3^--haltigem Brunnenwasser (70 mg NO_3^-/Liter) zubereitete Milchkonserven erhielten. (Bull. Fédérat. Soc. Gynécol. Obstétr. **6.** 125. 1954. Suppl. zu: Gynécol. et Obstétr.) H. HELGE. 4675

John W. Kendrick, John Tucker und **S. Anderson Peoples,** *Nitratvergiftung von Rindvieh durch Aufnahme von Streifendistel, Silybum marianum.* Von einer Rinderherde starben 9 Tiere nach Aufnahme von *Silybum marianum.* In einzelnen Pflanzen wurden 2,61% Nitrat in den Stielen u. 10,3% in den Blättern nachgewiesen. Im Blut der Tiere konnte Methämoglobin nachgewiesen werden. In Fütterungsverss. mit den fraglichen Pflanzen wurden die gleichen Vergiftungserscheinungen hervorgerufen. (J. Amer. veterin. med. Assoc. **126.** 53—56. Jan. 1955. Davis, Univ. of California, School of Vet. Med. and Dep. of Bot.) F. KRUSEN. 4675

Richard C. Wahlstrom, Leslie D. Kamstra und **Oscar E. Olson,** *Die Wirkung von Arsanilsäure und 3-Nitro-4-oxyphenylarsonsäure auf die Selenvergiftung beim Ferkel.* 0,02%ig. *Arsanilsäure* (I) bzw. 0,005%ig. *3-Nitro-4-oxyphenylarsonsäure* (**II**) zeigten eine ausgezeichnete Schutzwrkg. bei 10 p.p.m. Se, niedrigere Dosen zeigten nur eine partielle Schutzwirkung. Tox. Wirkungen von I u. **II** wurden während der Verss. (mit 70 Ferkeln) nicht beobachtet. Ein leichter Anstieg der Blutgerinnungszeit wurde bei der Verfütterung der hohen As-Dosen beobachtet. (J. Animal Sci. **14.** 105—10. Febr. 1955. South Dakota State Coll.) H. PATZSCH. 4675

S. Gajatto und **G. Marras,** *Über die Aufhebung der Giftwirkung peroraler oder subcutaner Arseniksäureanhydridgaben beim Kaninchen durch subcutane Injektionen von 2.3-Dimercaptopropanol (BAL).* Bei subcutaner Injektion eines Gemisches von 0,02522 mol. As_2O_3 (I) u. 0,05054 mol. *2.3-Dimercaptopropanol* (**II**; *BAL*) überleben Kaninchen eine um 1,2—1,3fach höhere Dosis **I**, als die DL_{50} ohne **II** beträgt. Gleiche Ergebnisse werden erzielt, wenn nach Injektionen von **I II** direkt an der gleiche Stellen subcutan nachgespritzt wird. Die 1fache Letaldosis wird ertragen, wenn **II** sofort an anderem Ort injiziert wird. Die 1,3fache Letaldosis wird ertragen, wenn die doppelte Menge **II** sofort u. 3mal innerhalb 3 Std. an verschied. Orten injiziert wird. Gleiches gilt, wenn **I** peroral verabfolgt wurde. (Boll. Soc. ital. Biol. sperim. **29.** 1711—13. Sept./Nov. 1953. Ferrara, Univ., Ist. di Farmacol.) P. G. SCHEURLEN. 4675

G. Marras und **G. Dall'Olio,** *Colorimetrische Bestimmung des 2.3-Dimercaptopropanols in Gemischen mit Arseniksäureanhydrid oder anderen arsenhaltigen Verbindungen unter verschiedenen Bedingungen der Temperatur und des p_H. Mögliche Erklärung der antidoten Wirkung.* (Vgl. auch C. **1955.** 8185.) In frisch bereiteten Gemischen äquimol. Mengen von *2.3-Dimercaptopropanol* (I) u. As_2O_3 läßt sich I colorimetr. nicht nachweisen. Es erscheint erst, mit der Zeit zunehmend, nach 5 Min.; Erhöhung der Temp. bis maximal 45° u. alkal. p_H begünstigen diesen Prozeß, der auf eine große Labilität der Verb. hinweist. Mit der gleichen Meth. läßt sich zeigen, daß zwischen I u. *Atoxyl, Arsacetin, Natrium-*

kakodylat oder *Stovarsol* keine echten Verbb. zustande kommen. (Boll. Soc. ital. Biol. sperim. **29.** 1719—21. Sept./Nov. 1953. Ferrara, Univ., Ist. di Farmacol.)
P. G. SCHEURLEN. 4675

S. Gajatto und **G. Marras,** *Untersuchungen über die pharmakologische Wirkung des 2.3-Dimercaptopropanols* (*BAL*) *auf den isolierten Meerschweinchenuterus in verschiedenen physiologischen Zuständen.* Auf Grund der Beobachtung eines Abortus bei einem Kaninchen nach einer einmaligen Injektion von *BAL* in einer Dosis von 37,66 mg/kg untersuchten Vff. die Wrkg. von BAL auf den isolierten Meerschweinchenuterus. Sie fanden bei einer Konz. von 1 : 16000 in der Perfusions-Fl. eine Tonuszunahme der Muskulatur mit einer geringen Frequenz- u. Amplitudenzunahme der Kontraktionen. Beim graviden Uterus hält die Tonuserhöhung länger an. Durch Zugabe von *Atropin* (1 : 1000) wird diese Wrkg. des BAL aufgehoben, durch *Ergotamin* wird der BAL-Effekt auf den graviden Uterus beschränkt (Dosis des BAL 1 : 5000). Eine vorherige Behandlung mit *Papaverin* (1 : 33000) hebt die Wrkg. des BAL ebenfalls auf. Es wird angenommen, daß die Wrkg. des BAL über den Parasympathicus, bzw. direkt an der Muskelfaser ansetzt. (Boll. Soc. ital. Biol. sperim. **29.** 1715—17. Sept./Nov. 1953. Ferrara, Univ., Ist. di Farmacol.)
P. G. SCHEURLEN. 4675

W. Presser und **W. Florange,** *Tödliche Vergiftung nach Injektion von Thermometer-Quecksilber.* In der Annahme, eine antiluet. Wrkg. zu erzielen, injizierte sich ein 21jähriger etwa 0,6 ml mit Pb verunreinigtes *Hg* aus einem Thermometer in den Arm. Es kam zu Gewichtsverlust u. 4 Monate nach der Injektion zu Gelbsucht; schwerer Leber- u. Nierenschaden wurde nachgewiesen. Trotz operativer Entfernung des röntgenolog. in den Lymphbahnen des Armes nachgewiesenen *Hg* trat infolge akuter gelber Leberdystrophie der Tod ein. (Samml. Vergiftungsfällen, Arch. Toxikol. **14.** 454—61. 1954. Homburg/Saar, Univ., Med. Klinik u. Pathol. Inst.) F. KRUSEN. 4675

Duncan Leys, *Quecksilber und Akrodynie.* Vf. kritisiert die Mitt. von HOLZEL u. JAMES (C. **1952.** 6571) u. hält deren Ausführungen in bezug auf *Hg* als Ursache der Akrodynie für nicht stichhaltig. Diese Autoren machten den Hg-Geh. von Pulvern, die Kleinkindern während des Zahnens gegeben werden, für das Auftreten der Akrodynie verantwortlich. Vf. weist darauf hin, daß Säuglinge mit congenitaler Syphilis früher immer mit Hg behandelt wurden, ohne daß diese Medikation eine Akrodynie ausgelöst hätte. (Lancet **262.** 560—61. 15/3. 1952. Kent, Farnborough Hosp.) H. DOSSMANN. 4675

Gustav Adebahr, *Über Spättodesfälle nach Kohlenoxydvergiftung.* Bericht über 2 Spättodesfälle nach CO-Vergiftung. Nach erheblicher Besserung des Zustandes traten nach 3 Wochen Verwirrung, Anurie, Lähmungserscheinungen, Benommenheit ein; 4 Wochen nach der Vergiftung Exitus. Anatom. kleine Ödemnekrosen, Degeneration von Ganglienzellen, Reste von kleinen Blutungen u. frische Sickerblutungen im Gehirn. (Dtsch. Z. ges. gerichtl. Med. **43.** 408—14. 1954. Köln, Univ., Inst. für gerichtl. Med.)
H. ZELLER. 4675

R. A. Hohlfeld, *Todes- und Vergiftungsfälle in praxi bei Lokalanästhesie mit Novocain.* Übersichtsbericht über 106, davon 31 tödliche Vergiftungsfälle nach Lokalanästhesie mit *Novocain.* Abschließend Zusammenstellung von Ursachen, Therapie u. Vermeidung derartiger Zwischenfälle. — 60 Literaturangaben. (Samml. Vergiftungsfällen, Arch. Toxikol. **14.** 462—79. 1954. Lausanne, Schweiz.) F. KRUSEN. 4675

W. G. Eden, *Toxizität von Dieldrin für Küken.* 3 bzw. 6 Wochen alte Küken (New Hampshire) erhielten in Gelatinekapseln 5—35 bzw. 10—40 mg/kg *Dieldrin* (**I**) oral. DL_{50} lag bei beiden Gruppen zwischen 20 u. 30 mg/kg. Zur Best. der chron. Toxizität erhielten Tiere 90 Tage lang Futter mit 25—100 p.p.m. I. Das Durchschnittsgewicht der mit 25 p.p.m. I im Futter behandelten Tiere war am Ende der Versuchsperiode geringer als das der n. gefütterten; die mit mehr I behandelten Tiere starben vorher. Nach 6 Monaten waren alle Tiere gestorben. Vergiftungssymptome mit I waren Appetitsverlust, gesteigerte Nervosität, unregelmäßige Pupillenerweiterung u. -verengung, Spasmen. (J. econ. Entomol. **44.** 1013. Dez. 1951. Auburn, Alabama Polytechn. Inst.)
F. LÜPNITZ. 4675

H. Greiner, *Wurmfarnvergiftung.* (Vgl. C. **1952.** 7055.) Bericht über den anatom. Befund eines Vergiftungsfalles als Folge wiederholter Bandwurmbehandlungen mit *Wurmfarnextrakt, Extractum filicus* u. *Filmaronöl.* Der Fall zeigte keine der bekannten Vergiftungssymptome, die Vergiftung wird als völlig regelwidrig beurteilt u. mit einer bereits länger vorhandenen Herzerkrankung zu erklären versucht. (Samml. Vergiftungsfällen, Arch. Toxikol. **14.** 124—25. 1952. Düsseldorf, Med. Akad., Inst. für gerichtl. Med.)
H. DOSSMANN. 4675

Wilhelm Kämpf, *Über eine akute tödliche Aconitinvergiftung.* Nach Aufnahme von 18 mg *Aconitin* (**I**) infolge Dosierungsirrtums kam ein 43jähriger innerhalb von 15 Std.

ad exitum. In den Leichenteilen wurde I mit qualitativen Alkaloid-Rkk. nachgewiesen. Injektionen von Organextrakten bei Meerschweinchen ergab typ. Symptome der I-Vergiftung. 1 Monat später vorgenommene gleiche Unterss. verliefen negativ, woraus auf allmählichen postmortalen Abbau von I geschlossen wird. (Samml. Vergiftungsfällen, Arch. Toxikol. **14.** 445—50. 1954. Würzburg, Univ., Inst. für gerichtl. u. soziale Med.) F. KRUSEN. 4675

N. Wölkart, E. Soos und **W. Rankl,** *Zur Klinik der Pathologie der Knollenblätterpilzvergiftung.* Bericht über 4 Fälle von Pilzvergiftung mit Knollenblätterpilz (Amanita), von denen 3 nach 2, 3 u. 5 Tagen infolge Kreislaufversagens ad exitum kamen, trotz intensiver Therapie mit Leberextrakten, Vitaminen, Herz- u. Kreislaufmitteln. Autopsie ergab in allen Fällen schwerste Leberparenchymschäden, Nieren-, Herz- u. Hirnschäden. (Wiener klin. Wschr. **66** ([N. F.] **9**). 273—76. 23/4. 1954. Wien, Univ., Inst. für Gerichtl. Med. u. Pharmakognost. Inst.; Eggenburg, Allg. öffentl. Krankenh.) F. KRUSEN. 4675

R. J. Ralls und **Bruce W. Halstead,** *Vergiftung mit Muräne und Bericht über die Wirkung des Giftes.* Es werden die klin. Erscheinungen (neurolog. Symptome, Ataxie) bei 6 Personen mit Vergiftung nach Genuß von *Gymnothorax flavimarginatus* beschrieben. Ein Fall endete letal. Aus den Mahlzeitresten wurde mittels W. bzw. saurem Methanol ein Extrakt erhalten, der bei Versuchsmäusen gleiche Symptome auslöste. Das Gift ist lösl. in W. u. saurem Methanol, beständig gegen p_H-Änderungen u. Erhitzen u. ist dialysierbar. (Amer. J. trop. Med. Hyg. **4.** 136—40. Jan. 1955. Loma Linda, Calif., Coll. of Med., Evangel. School of Trop. and Prevent. Med., Dep. of Biotoxicol.) G. WELTZIEN. 4675

R. Barthe, J. Paris, M. Duchemin und **F. Thomas,** *Wert und Deutung der durch die Nicloux-Eudiometriemethode erhaltenen Kohlenoxydämiewerte.* 3. Mitt. *Kohlenoydämie und exogene Intoxikationen; die Kohlenoxydämie im Verlaufe beruflicher Kohlenoxydvergiftungen.* (2. vgl. C. **1955.** 5595.) Mit der NICLOUX-Eudiometriemeth. stellten Vff. an Arbeitern fest, daß bei akuten u. subakuten *CO*-Vergiftungen die *CO*-Blutwerte plötzlich ansteigen u. mit der Eliminierung des Giftes ebenso schnell wieder sinken. Bei chron. Vergiftungen liegen die Werte zwar über dem n. Durchschnitt, gehen aber nicht über Spitzenwerte Gesunder hinaus. Bei Arbeitsunterbrechung verzeichnet die Meth. Absinken der Werte, woraus auf die berufliche Ätiologie der Vergiftung geschlossen werden kann. (Arch. Maladies profess. Méd. Travail Sécurité soc. **14.** 386—88. 1953.) F. KRUSEN. 4681

J. Wister Meigs, Jack Jonathan Albom und **Bernard L. Kartin,** *Chlorakne durch ungewöhnliche Einwirkung von Arochlor.* In einer Anlage, in der *Arochlor* (I; *chlorierte Diphenyle*) als Wärmeaustauschmittel verwendet wurde, traten durch infolge Undichtigkeiten austretende I-Dämpfe (0,1 mg/m^3 Luft) bei 7 von 14 Arbeitern schwache bis mäßige Chloraknen auf. Weitere tox. Schäden wurden nicht festgestellt. (J. Amer. med. Assoc. **154.** 1417—18. 24/4. 1954. New Haven, Conn., Yale Univ., School of Med., Dep. of Publ. Health and Internal Med.) F. KRUSEN. 4681

John Henry Gaddum, Pharmakologie. Übers. u. Bearb. nach d. 3. engl. Aufl. v. **Wilhelm Schroeder,** Darmstadt: Dr. D. Steinkopff. 1952. (XII + 408 S. m. 75 Abb.) DM 23,—.

Bernard Lown and **Samuel A. Levine,** Current concepts in digitalis therapy. Boston: Little, Brown. 1954. (164 S. m. Abb.) $ 3,50.

Gustav O. Martin, Ion exchange and adsorption agents in medicine. Boston: Little, Brown. 1955. (333 S. m. Abb.) $ 7,50.

Pietro Niccolini, Corso di farmacologia. 3ª edizione. Parte prima: Farmacologia generale. Farmacologia etiotropa. Firenze: Ed. tip. Editrice universitaria. 1953. (346 S. m. Abb.) L. 1700,—.

F. Pharmazie. Desinfektion.

W. Kern und **O. Salzmann,** *Vorschlag zur Gestaltung des allgemeinen Abschnittes Unguenta — Salben im Deutschen Arzneibuch.* Vff. stellen eine Neufassung des Abschnitts „Unguenta" zur Diskussion. Diese Neufassung fußt auf zahlreichen Beiträgen, die durch die Veröffentlichung von KERN u. NEUWALD (Ergänzungsvorschläge zum DAB, Wissenschaftl. Arbeitsgemeinschaft der Apothekerkammer 1952) ausgelöst wurden. (Dtsch. Apotheker-Ztg. **95.** 417—18. 5/5. Pharmaz. Ztg. verein. Apotheker-Ztg. **91/100.** 502—03. 12/5. 1955. Bochum, Privatlabor.; Hamburg, P. Beiersdorf & Co. A.-G.) W. BARZ. 4750

W. Kern, O. Salzmann und **H. Scheller,** *Über die Prüfung einiger Salbengrundlagen, die für einen Nachtrag zum DAB 6 bzw. für das DAB 7 in Frage kommen.* 1. Teil. *Über Glycerinmonostearat und Polyäthylenglykol-Sorbitan-Monooleat.* (Vgl. DIETZEL u. LOTH, C. **1955.** 1792 u. vorst. Ref.) Die Vorschläge der Vff. betreffen u. a. physikal. Konstanten, chem. Kennzahlen (SZ., JZ., VZ.), Identitäts- u. Reinheitsprüfung. (Pharmaz. Ind. **17.** 177—78. Mai 1955. Essen, Th. Goldschmidt A.-G.) W. BARZ. 4750

W. Kern, Th. Cordes, H. Hilbck und **H. J. Lennartz,** *Ergänzungsvorschläge zum Deutschen Arzneibuch.* 5. Mitt. *Über die Brauchbarkeit der Thermomikromethoden zur Identifizierung und Prüfung organischer Stoffe als Arzneibuchbestimmungen.* (4. vgl. C. **1955.** 636.) Aus den umfangreichen Verss. der Vff. (zahlreiche Tabellen) ist zu folgern: Die Forderung der Aufnahme der Thermomikromethoden in ein Arzneibuch ist durchaus berechtigt. Ein Arzneibuch kann aber nicht generell die handelsüblichen Instrumente zur Ermittlung physikal. Daten zulassen, solche Instrumente müssen vielmehr bestimmte Voraussetzungen erfüllen. Es ist erforderlich, daß mit den vom Arzneibuch gewissermaßen „genormten Apparaten" bei den einzelnen Substanzen die notwendigen Angaben ermittelt werden. Bei der Normung eines App. ist keine Konstruktion zu wählen, durch die man sich bei einer bestimmten Herstellerfirma festlegt. — Ein Anhang über Temperaturmessungen u. Schmelzpunktbestimmungen beschließt die Arbeit. Hinweis auf den von HILBCK modifizierten (vgl. C. **1952.** 108) Mikroschmelzpunktapp. von KOFLER. (Pharmaz. Ztg. verein. Apotheker-Ztg. **91/100.** 232—37. 3/3. 259—66. 10/3. 1955. Bochum, Privatlabor.; Köln, Hohenzollernapotheke u. Apotheke zum Goldenen Kopf.) W. BARZ. 4750

Walther Kern und **Gerhard Schenk,** *Ergänzungsvorschläge zum Deutschen Arzneibuch.* 6. Mitt. *Über die Bewertung von Fructus Capsici und Tinctura Capsici.* 2. Teil. (5. vgl. vorst. Ref.; 1. Teil vgl. C. **1955. 4643.**) Aus analyt. Verss. (Rk. mit NH_4-Monovanadat, Vanillin als Vergleichslsg.) mit reinem *Capsaicin* (I) ließ sich feststellen, daß die von SCHENK (vgl. l. c.) ausgearbeitete Standardisierungsmeth. für Fruct. Capsici einen Mindestgeh. von 0,2% I, für Tinct. Capsici einen solchen von 0,02% I vorsieht. Es werden Ergänzungsvorschläge für die Artikel Fructus Capsici u. Tinctura Capsici des Arzneibuches gemacht. (Dtsch. Apotheker-Ztg. **95.** 123—24. 10/2. 1955. Sprockhövel/Westf. u. Wickede/Ruhr.) W. BARZ. 4750

—, *Nachtrag zum Deutschen Arzneibuch. 6. Ausgabe. Gültig für die DDR.* Kurze Erläuterungen zu dem im Titel genannten Nachtrag. (Pharmaz. Ztg. verein. Apotheker-Ztg. **100.** 51—52. 20/1. 1955.) W. BARZ. 4750

Knud O. Møller und **Elith Prœtorius,** *Gewichtseinheiten und Dezimalbrüche in der Pharmakopöe.* Im dän. Arzneibuch werden Gewichtsangaben nur in g, mg u. γ gegeben, wobei festgelegt ist, daß keine Zahlen mit 0 unmittelbar hinter dem Komma verwendet werden, also 50 mg, nicht 0,05 g. Dadurch sollen Dosierungsfehler durch Versehen in der Zahl der Nullen nach dem Komma oder durch Verwechslung von cg u. mg vermieden werden. (Arch. Pharmac. og Chem. **61 (111).** 911—12. 13/11. 1954.) R. K. MÜLLER. 4750

K. Münzel, *Pharmazeutische Groß- und Kleinapparaturen, Hilfsmittel und Utensilien.* 33. Mitt. *Die Stada-Allzweckgeräte nach Apotheker Köhler.* (32. vgl. C. **1954.** 7923; vgl. auch C. **1955.** 636.) Beschreibung der „Stada-Allzweckgeräte" für das Apothekenlabor. zur Ausführung vieler galen. Arbeiten, für die kein Dampf nötig ist (Dispergieren u. Homogenisieren von Pulvern, Salben u. Emulsionen, trockene u. feuchte Granulierung, Tablettieren, Dragieren, Sieben, Rühren, Mischen, Schütteln, Abfüllen, Gießen von Suppositorien). (Schweiz. Apotheker-Ztg. **92.** 329—43. 1/5. 1954. Zürich, ETH, Pharmaz. Inst., Galen. Abt.) W. BARZ. 4758

E. Steinegger, *Über Amphidiploide in der Gattung Datura.* 4. Teil. 19. Mitt. *Heteroploidieversuche an Arzneipflanzen.* (18. vgl. C. **1954.** 2874.) Die Fruchtbarkeit Daturaamphidiploider wurde untersucht im Vgl. zu den Ausgangsrassen. Der Einfl. der Eltern war gut zu erkennen bei Kapsel- u. Samenzahl je Pflanze u. beim Samengewicht, aber nicht bei der Samenzahl je Kapsel. (Pharmac. Acta Helvetiae **28.** 90—95. 30/4. 1953. Beilage zu: Schweiz. Apotheker-Ztg. Bern, Univ., Pharmaz. Inst., Pharmakognost. Abt.) W. BARZ. 4782

E. Steinegger, *Über Amphidiploide in der Gattung Datura.* 5. Teil. 20. Mitt. *Heteroploidieversuche an Arzneipflanzen.* (19. vgl. vorst. Ref.) Unters. des Alkaloid (I)-Geh. Daturaamphidiploider im Vgl. zu den Ausgangsrassen. Der Einfl. der Eltern bzgl. des %-Geh. konnte dank der I-Rasse T II nachgewiesen werden. Alle Kreuzungen mit dieser Rasse zeigten ebenfalls niedrigen %-Gehalt. Die I-Ausbeute je Pflanze u. Bodenfläche hängt von mehreren Faktoren ab. — Die 2. Filialgeneration zeigte gegenüber der 1. eine teilweise sehr starke Erhöhung der I-Ausbeute je Pflanze u. Bodenfläche, die ziemlich genau parallel mit den entsprechenden Verschiebungen der Blattausbeute verlief. Der %-Geh. zeigte dagegen nur unwesentliche, uneinheitliche u. statist. nicht gesicherte Veränderungen. Diese Ergebnisse sind eine weitere Stütze für den Erklärungsversuch des Vf. der Gehaltserhöhung durch Polyploidisierung. (Pharmac. Acta Helvetiae **28.** 143—48. 30/5. 1953. Beilage zu: Schweiz. Apotheker-Ztg. W. BARZ. 4782

E. Steinegger, *Über Amphidiploide in der Gattung Datura.* 6. Teil. 21. Mitt. *Heteroploidieversuche an Arzneipflanzen.* (20. vgl. vorst. Ref.) Die bisherigen Ergebnisse an Amphidiploiden in der Gattung Datura bzgl. Pflanzenausmaße, Blattansatz, Blattausbeute, Fruchtbarkeit u. Alkaloidgeh. wurden untereinander u. mit den diploiden u. tetraploiden Ausgangsrassen verglichen. (Pharmac. Acta Helvetiae **28.** 178—82. 30/6. 1953. Beilage zu: Schweiz. Apotheker-Ztg.) W. BARZ. 4782

E. Steinegger, *Der Einfluß von Sproß und Wurzel auf die Alkaloidbiogenese bei Di- und Tetraploiden.* 22. Mitt. *Heteroploidieversuche an Arzneipflanzen.* (21. vgl. vorst. Ref.) Reziproke Pfropfverss. mit 2n- u. 4n-Datura zur Unters. des Einfl. von Sproß u. Wurzel auf die Alkaloidbiogenese bei Di- u. Tetraploiden. Bzgl. des %-Alkaloidgeh. waren keine eindeutigen Schlüsse zu ziehen. Bei der Unters. des Gesamtalkaloidgeh. in Blatt, Stengel u. Wurzel zeigte sich, daß die 4n-Wurzel gegenüber der 2n-Wurzel die Alkaloidproduktion etwas erniedrigt. Entscheidend ist der Einfl. des Sprosses, das 4n-Pfropfreis bewirkt bei gleicher Wurzel im Vgl. zum diploiden Sproß eine Steigerung bis zum Mehrfachen. Die höchste Alkaloidproduktion je Pflanze wird bei 4n-Sproß u. 2n-Wurzel erhalten. — Die Zus. der Alkaloide bei den 2n- u. 4n-Rassen (papierchromatograph. Nachw.) war die gleiche u. wurde durch Pfropfen nicht beeinflußt. (Pharmac. Acta Helvetiae **29.** 141—49. Mai 1954. Beilage zu: Schweiz. Apotheker-Ztg.) W. BARZ. 4782

E. Steinegger, *Chromosomenzahlreduktion bei Amphidiploiden. Heteroploidieversuche an Arzneipflanzen.* 23. Mitt. (22. vgl. vorst. Ref.) Verss. an 2n- u. 4n-Pflanzen der gleichen Nachkommenschaft (Daturapflanzen) zeigten, daß mit der Chromosomenzahl-Red. auch eine Abnahme des Alkaloidgeh. parallel geht. (Schweiz. Apotheker-Ztg. **92.** 711—12. 25/9. 1954.) W. BARZ. 4782

E. Steinegger, *Kreuzungsabnormitäten bei Datura. Heteroploidieversuche an Arzneipflanzen.* 24. Mitt. (23. vgl. vorst. Ref.) Eine Kreuzung von 4n-Datura stramonium, D. tatula u. D. tatula var. inernis mit D. innoxia gelang nicht (trotz gleicher Chromosomenzahl der letzteren). U. a. wurden bei den Verss. folgende Kreuzungsabnormitäten an 4n-Mutterpflanzen beobachtet: vollständig muttergleiche tetraploide Nachkommen. Der Alkaloidgeh. (I) der muttergleichen 4n-Nachkommen war nicht verändert, der I bei den 2n-Nachkommen aus 4n-Mutterpflanzen war dagegen wesentlich vermindert, was ein indirekter Beweis für die I-Vermehrung durch Polyploidisierung ist. (Pharmac. Acta Helvetiae **29.** 378—85. Dez. 1954. Beilage zu: Schweiz. Apotheker-Ztg.) W. BARZ. 4782

W. Heubner und **G. Otto,** *Neue Spezialitäten. Dextromucid* (DEUTSCHE MAIZENA GMBH., Hamburg): Schleim mit 42% Dextrose zur Behandlung tiefer Wunden. — *MP 14* (DR. C. BRUNNENGRÄBER, Lübeck): Panpeptal mit 0,05 g Banthin. — *Novamin* (DEUTSCHE NOVOCOLLIN GMBH., München-Pasing): Tabletten zu 50, Zäpfchen zu 100 mg β-Dimethylaminoäthylbenzhydryläther-8-chlorotheophyllat. Gegen Erbrechen, Reisekrankheit. — *Strophoperm* (PERMICUTAN GMBH., München): 1 cm^3 enthält 4 mg g-Strophanthin. Zur perlingualen Therapie. — *Salistoperm* (Hersteller wie vorst.): Einreibung mit Salicylamid u. Anästhesin. — *Permicillin* (Hersteller wie vorst.): 100000 I.E. Penicillin. — *Ultravid* (HEYL & CO., Berlin): Kapseln mit 25000 I. E. Vitamin A u. 0,025 g Luteindipalmitinsäureester. Gegen Nachtblindheit. (Klin. Wschr. **30.** 230. 1/3. 1952.) A. HOTZEL. 4800

Georg Otto, *Neue Arzneimittel und Spezialitäten. Asthma-Keton 11* (TROPONWERKE, Köln): 1-[3'.4'-Dioxyphenyl]-2-[1''-methyl-3''-phenylpropylamino]-propanon-(1). — *Azuren* (CILAG GMBH., Alsbach): Tabletten mit 0,05 g Isonicotinsäurehydrazid. — *Bellaserpin* (ATMOS, FRITSCHIN & CO. GMBH., Viernheim u. Mannheim): Dragées mit Phenyläthylbarbitursäure 5 (mg), Ectractum Belladonnae 2,5, Extractum Secalis cornuti 5, Gallensäuren 60, Rutin 20, Extractum Rauwolfiae 8. Gegen Hypertonie. — *Curacholan* (HEINRICH MACK, Illertissen): Succinyldicholinjodid, synthet. Muskelrelaxans. — *Depycol* (NITRITFABRIK AG., München): Gewonnen aus Eitererregern. Unspezif. Reiztherapie. — *Dondren* (KNOLL AG., Ludwigshafen): Injizierbares Granugenolpräparat. — *Femandren* (CIBA AG., Wehr): Linguetten mit 0,005 (mg) Äthinylöstradiol u. 2,5 Methyltestosteron. Gegen klimakter. Ausfallserscheinungen. — *Jocapraletten* (FARBWERKE BAYER, Leverkusen): Prominal 0,02 (g), Theobromin 017, Jodcalciumtriäthanolamin 0,02. Gegen Angina pectoris. — *Primogenyl* (SCHERING AG., Berlin): Neuer Name für *Pregnyl.* — *Pulmo 500* (CHEMIE GRÜNENTHAL GMBH., Stolberg): Penicillin-G-diäthylaminoäthylesterhydrojodid. — *Rubrimentöl* (NORDMARKWERKE, Hamburg): Nicotinsäurebenzylester 0,5 (%), Capsicin 0,1, Salicylamid 2, Campher 3, Koniferenöl 3. Einreibemittel. (Dtsch. Apotheker-Ztg. **93.** 469—70. 25/6. 1953. Berlin.) A. HOTZEL. 4800

—, *Neue Arzneimittel. Fitoban* (EVANS MEDICAL SUPPLIES LTD., Liverpool): Salbe mit Zinkundecylenat 15 (%), Menthol 1, Phenylmercurinitrat 0,1, Phenol 0,1. Fungicid. — *Pasinah* (A. WANDER LTD., London): Kapseln mit 1,5 g PAS-Na u. 17 mg

Isoniacid. Gegen Tuberkulose. — *Neophryn* (BAYER PRODUCTS LTD., London): Nasentropfen mit 1/4 u. 1/2% Neosynephrinhydrochlorid. — *Trilix* (JAMES L. HATRICK & Co. LTD., London): Vitaminelixier mit Salzen. — *Acetest* (MILES LABORATORIES LTD., London): Reagenstabletten zum Nachw. von Aceton im Harn. — *Arthripax Tablets* (CLINICAL PRODUCTS LTD., Richmond): Tabletten mit *Mephenesin* 1 (grain), Salicylamid 5, Dioxyaluminiumglycinat 1,5. Gegen Rheumatismus, Myalgien. — *Arthripax Cream* (Hersteller wie vorst.): Benzylsalicylat 7,5 (%), Menthol 1, Ephedrinhydrochlorid 0,5, Glykolsalicylat 7,5, Terpentin 7,5, Capsicin 0,08. — *Entacyl* (BRITISH DRUG HOUSES LTD., London): Tabletten mit 0,3 g Piperazinadipinat. Wurmmittel. — *Atempol* (NORGINE PHARMACEUTICAL PRODUCTS LTD., London): 3-Methylpentinol-(3). Beruhigungs- u. Schlafmittel. (Chemist and Drugist **161.** 352—53. 3/4. 1954.) A. HOTZEL. 4800

G. Kuschinsky, *Wichtige neue Arzneimittel. Rheumasan Dragées* (DR. R. REISS, Berlin): Gentisinsaures Na 0,1 g, Salicylamid 0,4 g. — Vitamin-B_{12}-Präparate: *Dociton* (DEUTSCHE NOVOCILLIN GMBH., München), *Tenelon forte* (ORGAPHARM GMBH., München). (Dtsch. med. Wschr. **79.** 1226. 13/8. 1954. Mainz, Univ., Pharmakol. Inst.) A. HOTZEL. 4800

José de la Rubia Pacheco, *Über die Anwendung von Natriumwismutat in der pharmazeutischen Industrie.* Natriumwismutat findet nicht nur als Oxydationsmittel, sondern auch als Ausgangsmaterial für organ. Bi-Verbb. Verwendung. Die Ausbeuten hängen dabei vom Geh. an BiO_3' ab. Vf. beschreibt ein Verf. zur $NaBiO_3$-Darst., bei dem Bi-Metall in HNO_3 gelöst, mit Na_2CO_3 neutralisiert u. das erhaltene BiOOH mit Brom oxydiert wird. Das Prod. ist sehr einheitlich. (Farmac. chilena **28.** 104—08. März 1954.) M. REIHER. 4804

Tullio Cohen, *Die synthetischen Antihistaminica.* Übersicht über Eigg., Wrkgg. u. in Italien übliche Dosierung (in Klammern) von Antihistaminicis. Genannt sind u. a.: *Benadryl* (*Allergina*, O-Diphenylmethyl-N-dimethyläthanolamin; 0,025 g); *Antadril* (2-[Diphenylmethoxymethyl]-imidazolin; 0,2 g); *Histaphen*; *Linadryl*; *Antergan* (*Dimetina*, Dimethylaminoäthylbenzylanilin; 0,1 g); *Neoantergan* (N-Methoxybenzyl-N-[pyridyl-(2)]-N'-dimethyläthylendiamin; 0,08 g); *Pyribenzamin* (*Pyribenzoxal, Pyribenzyl*, N-Benzyl-N-[pyridyl-(2)]-N'-dimethyläthylendiamin; 0,05 g); *Antistin* (2-[N-Benzyl-N-phenylaminomethyl]-imidazolin; 0,1 g); *Phenergan* (*Fargan, 3277 R. P.*, N-[2-Dimethylamino-n-propyl]-phenothiazin; 0,025 g). (Boll. chim. farmac. **89.** 107—09. März 1950.) W. KIMPEL. 4806

Reinaldo Vegersteen, *Neuere Ergebnisse in der Chemie der Mutterkornalkaloide.* Zusammenfassende Darst. mit 21 Literaturangaben. (Rev. farmacéutica **95** (**96**). 53—68. März/April 1953.) M. REIHER. 4806

Caupolican Bernabe Pereyra, *Zur Bestimmung des Jod-Tannin-Sirups der „Farmacopea Nacional Argentina“.* Bei der Herst. des *Jod-Tannin-Sirups* nach der argentin. Pharmakopöe gehen ca. 13% Jod verloren. Es wird eine Meth. beschrieben, um den Jodgeh. mit Thiosulfat genau zu bestimmen. (Rev. farmacéutica **96** (**97**). 50—55. Jan./Febr. 1954. Buenos Aires, Labor. Farm. Argentino „Focus“.) M. REIHER. 4880

W. Awe, *Die Jod-Azid-Reaktion, ihre Anwendung in der Arzneimittelprüfung und die Deutung des Reaktionsverlaufs im Sinne der Elektronentheorie der Valenz.* (Vgl. C. **1953.** 5159 u. C. **1955.** 4883.) Die Rk. läßt sich verwenden, um 2-wertigen S nachzuweisen. Positiv reagieren z. B.: *Aneurin, Sulfathiazol, Penicillin, Phenothiazin* (**I**) u. **I** mit bas. Seitenketten. (Arch. Pharmaz. Ber. dtsch. pharmaz. Ges. **285**/**57.** Nr. 8. Mitt. dtsch. pharmaz. Ges. **22.** 88—89. Okt. 1952. Braunschweig.) K. F. MÜLLER. 4880

Farbenfabriken Bayer Akt.-Ges. (Erfinder: **Ernst Gottsacker,** Wuppertal, **Richard Wegler** und **Friedrich Lober**), Leverkusen, *Sulfonamide* (**I**). Man setzt Sulfonsäurehalogenide mit unsymm., am Stickstoff di- oder trisubstituierten Diaminen, in denen die Aminostickstoffatome durch wenigstens 2 C-Atome getrennt sind u. deren eine oder beide NH_2-Gruppen Bestandteile eines heterocycl. Ringes sein können, um, quaternisiert die tert. NH_2-Gruppe u. ersetzt gegebenenfalls ein freies H-Atom am **I**-Stickstoffatom durch einen organ. Rest; das Endprod. soll wenigstens einen höhermol. Alkyl-, Aralkyl- oder heterocycl. Rest enthalten. — Beispiel: Sulfonamid aus unsymm. Dimethylpropylendiamin u. 3.4-Dichlorbenzolsulfochlorid in Bzl., F. 103—105°, + 3.4-Dichlorbenzylchorid → quaternäre Verb. vom F. 192—193°, welches nach Behandeln mit p-Chlorbenzylchlorid in Verb. **II**, F. 172—173°, übergeht. — 32 weitere Beispiele. *Bakterzide.* (**D. B. P. 890 958** Kl. 12q vom 11/6. 1940, ausg. 24/9. 1953.) U. SIEVERS. 4807

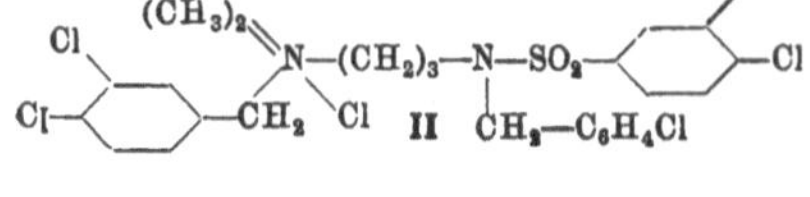

J. R. Geigy Akt.-Ges., Basel, Schweiz, *Ditert. Diamine* (**I**), deren Salze mit anorgan. u. organ. Säuren u. ihre *diquartären Diammoniumverbindungen* (**II**). [N(Am) = niedrigmol. Dialkylaminorest oder Alkyleniminorest mit 5—6 Ringgliedern, deren Alkylen durch O oder S unterbrochen sein kann, Alk = niedrigmol. Alkyl, X = einwertige Anionen, bes. von Halogenwasserstoffsäuren u. Alkylschwefelsäuren, m. u. n = ganze Zahlen von mindestens 2, n + m = mindestens 8; je 2 benachbarte gleiche oder verschied. Heteratome sollen nicht an dasselbe C-Atom gebunden sein]. **I** erhält man durch Kondensation eines Alkandithiols mit 2 (Mol) eines tert.-Aminoalkylhalogenids oder eines Alkandihalogenids mit 2 eines tert.-Aminoalkandiols. Die **I** werden dann mit 2 eines Alkylierungsmittels quaternisiert. — Aus 1.10-Dibromdecan u. Dimethylaminoäthylmercaptan in Toluol in Ggw. von $NaNH_2$ unter N_2 bei 40—50° → *1.10-Bis-(β-dimethylaminoäthylmercapto)-decan*, $Kp._{0,1}$ 191—193°; *Hydrobromid*, F. 201—203°; daraus mit Butylbromid in trockenem Aceton bei 50—60° *1.10-Bis-[β-(dimethylbutylammonium)-äthylmercapto]-decandibromid*, aus Aceton hygroskop. Kristalle. — *1.10-Bis-(2'-triäthylammoniumäthyltmercapto)-decan*. — *1.10-Bis-(2'-diäthylaminoäthylmercapto)-decan*. — *1.10-Bis-(3'-diäthylaminopropylmercapto)-decan*. — Die Verbb. zeigen *curareähnliche* Wrkg. an der Ratte u. am isolierten Kaninchendarm *spasmolyt.* Wirkung. — *Therapeutica*. (**Schwz. P. 293 565** vom 12/12. 1950, ausg. 16/12. 1953.)

$$(Am)N{-}(C_mH_{2m}){-}S{-}(C_nH_{2n}){-}S{-}(C_mH_{2m}){-}N(Am) \quad \mathrm{I}$$

$$(Am)\overset{X}{\underset{Alk}{N}}{-}(C_mH_{2m}){-}S{-}(C_nH_{2n}){-}S{-}(C_mH_{2m}){-}\overset{X}{\underset{Alk}{N}}(Am) \quad \mathrm{II}$$

G. KRAUSS. 4807

Th. Goldschmidt Akt.-Ges. (Erfinder: **Hans Schrader** und **Adolf Schmitz**), Essen, *Therapeutische Mittel aus höhermolekularen Aminosäuren*, die in Form von Pasten oder Gelees zur Behandlung von *Staphylokokkenerkrankungen* der menschlichen Haut, bes. der *Furunkulose* dienen, entstehen, wenn man Aminocarbonsäuren, die mindestens 2 bas. N-Atome, 1 oder mehrere Carboxylgruppen u. einen aliphat. Rest mit mindestens 6 C-Atomen enthalten, in Salze beliebiger anorgan. oder organ. Säuren überführt. — Man setzt Pentadecyldiäthylentriamin mit Chloressigsäure (**I**) um u. führt in das Hydrochlorid über. Durchsichtiges Gel von p_H 6,5. — Analoge Prodd. aus: Oxyäthyldiäthylentriamin, Stearinsäure (**II**) u. **I**, Diäthylentriamin, **II** u. **I** u. Überführung dieser Prodd. in Lactat, Acetat, Maleinat. (**D. B. P. 893 951** Kl. 12q vom 25/10. 1944, ausg. 22/10. 1953. **Zusatz zu D. B. P. 875 525; C. 1955. 2487.**) G. LANGER. 4807

Haco Gesellschaft Akt.-Ges., Gümligen, Schweiz, *Herstellung von Diäthylenglykolmethyläther-p-formylphenyläther* (**I**), $CH_3 \cdot (O \cdot CH_2 \cdot CH_2)_2 \cdot O \cdot C_6H_4 \cdot CHO$, dad. gek., daß man p-Oxybenzaldehyd (**II**) in Ggw. säurebindender Mittel (Alkalialkoholat oder Hydroxyd) mit einer den Methoxyäthoxyäthylrest abspaltenden Verb., bes. Halogeniden oder Estern aliphat. oder aromat. Sulfonsäuren des Diäthylenglykolmonomethyläthers (**III**), umsetzt. — 18,3 Gewichtsteile **II** werden in 50 Volumenteilen absol. Methanol (**IV**) gelöst, 35 Volumteile einer 22,5%ig. Lsg. von CH_3ONa in **IV** u. 23,6 Gewichtsteile des Benzolsulfonsäureesters von **III** zugesetzt u. 24 Std. auf 80° erhitzt. Die blaue, vom Na-Benzolsulfonat abgesaugte Lsg. wird bei red. Druck zur Trockne gebracht, mit 200 Volumteilen Chlf. ausgekocht, der Extrakt mit 10%ig. NaOH gewaschen, getrocknet u. eingedampft, wobei 18,6 Gewichtsteile Rohprod. als filzige Nadeln auskristallisieren. Reinigung: Krist. aus Cyclohexan, über Deriv. des p-phenylhydrazinsulfonsauren Ammoniums, Waschen mit Bzl. u. Krist. aus Bzl. nach Zugabe von 38%ig. CH_2O. **I** hat F. 40° u. $Kp._{0,005}$ 100 bis 110°. — Die Verb. dient zur Synth. von *Heilmitteln*. (**Schwz. P. 293 429** vom 5/4. 1951, ausg. 16/12. 1953.) W. HEROLD. 4807

Strong Cobb & Co., Inc., Cleveland (Erfinder: **George Melvin Klein**, Lyndhurst), Ohio, V. St. A., *Herstellung von Monoestern des 4-Hexylresorcins* durch Rk. mit äquimol. Mengen von Halogeniden gesätt. aliphat. Monocarbonsäuren, z. B. Acetylchlorid. Beispiel für die Herst. von *4-Hexyl-1-acetoxy-3-oxybenzol*, F. 62—63°. — *Wurmmittel*. (**D. B. P. 925 471** Kl. 12q vom 13/5. 1952, ausg. 21/3. 1955. Anmeldung bekanntgemacht 19/8. 1954. A. Prior. 7/6. 1951.) K. FABEL. 4807

Hoffmann-La Roche, Inc., Nutley, übert. von: **Wilhelm Wenner**, Montclair, N. J., V. St. A., *Aminoderivate von 2-substituierten 4-tert.-Butylphenoläthern* der Formel **I**, worin R Methyl, Phenyl oder Halogen u. X die Dimethylamino-, Diäthylamino-, Cyclohexylamino-, Piperidino- oder Benzylaminogruppe bedeuten, wirken *fungicid* u. *trichomonacid*. — *2-Chlor-4-tert.-butylphenol-β-diäthylaminoäthyläther*. Man erhitzt 4-tert.-Butyl-2.β-dichlorphenetol mit Diäthylamin im Rohr auf 100—110°. $Kp._{10}$ 175—180°. — Analog: *2-Chlor-4-tert.-butylphenol-β-cyclohexylaminoäthylätherhydrochlorid*, F. 153—155°. — *2-Chlor-4-tert.-butyl-*

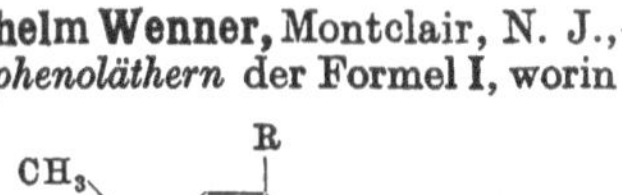

I

phenol-β-benzylaminoäthylätherhydrochlorid, F. 141—142°. — *2-Phenyl-4-tert.-butylphenol-β-(1-piperidyl)-äthyläther*. Beim Kochen von 4-tert.-Butyl-2-phenylphenol mit N-β-Chloräthylpiperidin u. Na-Methylatlösung. *Citrat*, F. 139—141°. — Analog: *2-Methyl-4-tert.-butylphenol-β-dimethylaminoäthylätherhydrobromid*, F. 166,5—168,5°. (**A. P. 2 679 501** vom 23/6. 1950, ausg. 25/5. 1954.) G. LANGER. 4807

Hoffmann-La Roche, Inc., Nutley, N. J., übert. von: **Moses Wolf Goldberg**, Upper Montclair, und **Lester Mischa Jampolsky**, Clifton, N. J., V. St. A., *Bis-quaternäre Ammoniumverbindungen der* Formel I, worin R u. R_1 niederes Alkyl, X = Cl, Br u. J u. r = 2 oder 3 bedeuten, wirken *curareartig*.

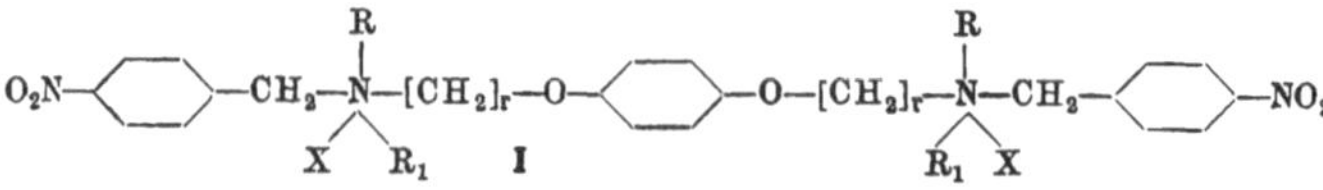

— *1.4-Bis-(γ-diäthylaminopropyloxy)-benzol* (**II**). Aus Hydrochinon, Na-Äthylat u. γ-Diäthylaminopropylchlorid, Kp.$_{0,08}$ 169°; *Dipikrat*, F. 159°. — *γ.γ-(p-Phenylendioxy)-bis-[diäthyl-(p-nitrobenzyl)-propylammoniumbromid]*. Aus **II** u. p-Nitrobenzylbromid, F. 174—175°. — *β.β'-(p-Phenylendioxy)-bis-[triäthyl-(p-nitrobenzyl)-ammoniumbromid]*, F. 195—197°. (**A. P. 2 624 763** vom 19/6. 1951, ausg. 6/1. 1953.) G. LANGER. 4807

Hoffmann-La Roche, Inc., Nutley, übert. von: **Moses Wolf Goldberg**, Upper Montclair, und **Lester Mischa Jampolsky**, Clifton, N. J. V. St. A., *Alkylen-bis-(oxyalkylenammonium)-verbindungen* der Formel I, worin R u. R_1 niedere Alkylreste, X Halogen, Y = NO_2 oder Cl, a = 2 oder 3 u. b = 2 bis 4 bedeuten, wirken *curareartig* u. wirken außerdem *blockierend*

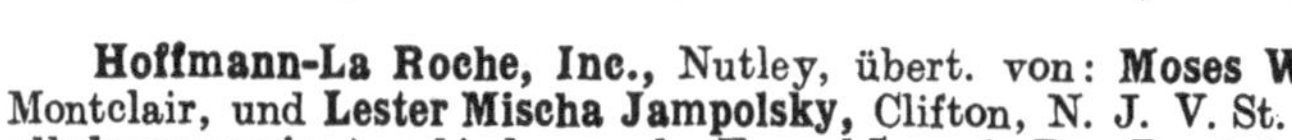

auf das *sympath.* u. *parasympath. Nervensystem.* — *2.2'-Äthylendioxy-bis-(triäthylamin)* (**I**). Man kocht Äthylenglykol mit Na in Dioxan, versetzt mit 2-Chloräthyldiäthylamin u. kocht weiter. Hellgelbes Öl. — Analog: *2.2'-Tetramethylendioxy-bis-(triäthylamin)*, gelbliches Öl. — *(3.3'-Äthylendioxyditrimethylen)-bis-diäthylamin*. — *(Äthylendioxydiäthylen)-bis-(diäthyl-p-nitrobenzylammoniumbromid)*. Beim Kochen von **I** mit p-Nitrobenzylbromid in Benzol. F. 180—182°. — Analog: *(Tetramethylendioxydiäthylen)-bis-(diäthyl-p-nitrobenzylammoniumbromid)*, F. 177—178°. — *(Äthylendioxyditrimethylen)-bis-(diäthyl-p-nitrobenzylammoniumbromid)*, F. 100—106°, *Hemihydrat*, F. 66—70°. — *(Äthylendioxydiäthylen)-bis-(diäthyl-p-chlorbenzylammoniumchlorid)*, sehr hygroskop.; *Dihydrat*, F. 122—130°. (**A. P. 2 668 855** vom 20/12. 1952, ausg. 9/2. 1954.) G. LANGER. 4807

Hoffmann-La Roche, Inc., übert. von: **Norbert Steiger**, Nutley, und **Oscar Keller**, Clifton, N. J., V. St. A., *Alkylmercaptostibincarbonsäuren*. Zu Schwed. P. 127 680; C. **1951. I.** 1914 ist nachzutragen: 2-Aminobenzol-Zn-mercaptid + Monochloressigsäure + Sb_2O_3 → *2-Carboxymethylmercaptobenzolstibinsäure. Diäthanolamin-, Triäthanolamin-, Ca-, Mg-, Ba-, Na-Salz.* — *1-Carboxymethylmercapto-2-naphthalinstibinsäure.* — *2.4-Bis-(carboxymethylmercapto)-1.5-benzoldistibinsäure.* — *2-(Carboxymethylmercapto)-pyridino-5-stibinsäure.* — *2-Carboxymethylmercapto-4-acetamido-, 2-Carboxymethylmercapto-4-methoxy-, 2-Carboxymethylmercapto-4-methyl-, 4-Carboxymethylmercapto-, 4-Carboxy-2-carboxymethylmercapto-, 2.3-Dimethyl-6-carboxymethylmercapto-benzolstibinsäure.* — *2.2'-Dicarboxymethylmercaptodiphenyldistibinsäure.* — *Heilmittel* gegen *Trypanosomen-* u. *Leishmania donovani-Infektionen.* (**A. P. 2 584 639** vom 13/7. 1948, ausg. 5/2. 1952.) G. KRAUSS. 4807

J. R. Geigy Akt.-Ges., übert. von: **Franz Häfliger** und **Walter Schindler**, Basel, Schweiz, *N-Acylderivate von Iminodibenzyl* der allg. Formel I (X = niedermol. zweiwertiger, gesätt., aliphat. Rest; Am = Rest eines sek. Amins mit zwei niedermol. aliphat. KW-stoffresten, Rest eines Trialkyläthylendiamins [Alkyl = niedermol. gesätt. aliphat. KW-stoffrest] oder Rest eines cycl. Alkylenimins mit 4 oder 5 C-Atomen) werden durch Rk. eines N-(Halogenalkanoyl)-iminodibenzyls mit einem sek. Amin AmH in einem inerten organ. Lösungsm. (Bzl. u. Homologe) u. gegebenenfalls in Ggw. eines alkal. Kondensationsmittels

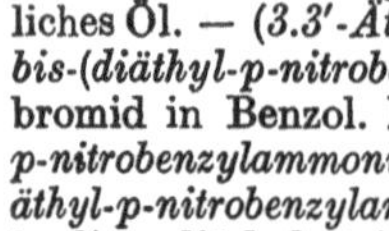

(Na_2CO_3, K_2CO_3, Pyridin, Dimethylanilin) hergestellt. Als N-(Halogenalkanoyl)-iminodibenzylverbb. können verwendet werden: Chloracetyl-, Bromacetyl-, α-Chlorpropionyl-, α-Brompropionyl-, α-Brombutyryl-, α-Bromisobutyryl-, α-Bromvaleryl-, α-Bromisovaleryl-, α-Bromcaproyl-, β-Chlorpropionyl-, β-Brompropionyl-, β-Chlorbutyryl-, β-Brombutyryl-, β-Chlorisobutyryl-, β-Bromisobutyryl-, β-Bromvaleryl-, β-Bromisovaleryl-, γ-Chlorvaleryl- u. γ-Chlorvaleryliminodibenzyl, als Amin AmH: Dimethylamin, Methyläthylamin, Diäthylamin, Dipropylamin, Diisopropylamin, Dibutylamin, Diamylamine, Methylallylamin, Diallylamin, Trimethyläthylendiamin, Triäthyläthylendiamin, Pyrryolidin, Piperidin u. C-alkylierte Pyrrolidine u. Piperidine. Mit HCl, H_2SO_4, H_3PO_4, Weinsäure, Citronensäure u. Salicylsäure sind die entsprechenden Salze der N-Acyliminodibenzylverbb. herstellbar. — Aus N-(α-Brompropionyl)-iminodibenzyl, F. 118 bis 119°, in absol. Bzl. u. Diäthylamin → *N-(α-Diäthylaminopropionyl)-iminodibenzyl*, F. 90°. — *N-(α-Piperidinopropionyl)-iminodibenzyl*, F. 109—110°. — Aus N-(Chloracetyl)-iminodibenzyl, F. 92—93°, u. Dimethylamin in Bzl. → *N-(Dimethylaminoacetyl)-iminodibenzyl*, $Kp._{0,4}$ 176—177°; *Hydrochlorid*, F. 236—238°. — *N-(Diäthylaminoacetyl)-iminodibenzyl*, $Kp._{0,1}$ 182—183°; *Hydrochlorid*, F. 226—228°. — *N-(N'-Diäthylaminoäthyl-N'-äthylaminoacetyl)-iminodibenzyl*, $Kp._{0,2}$ 206—207°. — *N-(Diallylaminoacetyl)-iminodibenzyl*, $Kp._{0,05}$ 189°. — *N-(α-Dimethylaminopropionyl)-iminodibenzyl*, F. 109 bis 110°. — Aus N-(β-Brompropionyl)-iminodibenzyl, F. 110°, absol. Bzl. u. einer 10%ig. benzol. Lsg. von Dimethylamin → *N-(β-Dimethylaminopropionyl)-iminodibenzyl*, $Kp._{0,2}$ 195—197°; *Hydrochlorid*, F. aus Isopropanol 168—170°. — *N-(β-Diäthylaminopropionyl)-iminodibenzyl*, *Hydrochlorid*, F. aus Isopropanol 179—180°. — *Anästhetica, Spasmolytica.* (**A. P. 2 666 051** vom 9/7. 1952, ausg. 12/1. 1954. Schwz. Prior. 11/7. 1951.) R. LINK. 4807

Hoffmann-La Roche, Inc., Nutley, N. J., übert. von: **Moses Wolf Goldberg**, Upper Montclair, und **Sidney Teitel**, East Paterson, N. J., V. St. A., *Diarylessigsäureester* der Formel $A \cdot CO \cdot O \cdot CH(R^1) \cdot CH(R^2) \cdot [CH_2]_n \cdot N(R^3)(R^4)$, worin A Diphenylmethyl, Diphenyloxymethyl u. Fluorenyl, R^1 Phenyl u. substituiertes Phenyl, R^2 H oder niederes Alkyl, R^3 Alkyl, R^4 niederes Alkyl oder eine niedere Dialkylaminoalkylgruppe u. $n = 0$ oder 1 bedeuten, wirken *spasmolytisch*. — *ω-Dimethylamino-p-methoxyacetophenonhydrochlorid* (**I**), aus dem entsprechenden Hydrojodid u. AgCl in W., F. 189—192°. —*1-(4-Methoxyphenyl)-2-dimethylaminoäthanol*, aus **I**, H_2 u. Pd in W.; *Hydrochlorid*, F. 144—145°. — *p-Methoxy-α-dimethylaminopropiophenonhydrobromid* (**II**), aus Dimethylamin u. p-Methoxy-α-brompropiophenon in Bzl., F. 191—193°. — *1-(p-Methoxyphenyl)-2-dimethylamino-1-propanolhydrobromid*, aus **II**, H_2 u. Pd, F. 173—174°. — *p-Acetoxy-α-dimethylaminoacetophenonhydrochlorid* (**III**), F. 189—191°. — *1-(p-Acetoxyphenyl)-2-dimethylaminoäthanolhydrochlorid*, aus **III**, H_2 u. Pd., F. 157—159°. — *α-Isopropylmethylamino-3.4-dimethoxyacetophenonhydrobromid*, F. 212—214°. — *1-(3.4-Dimethoxyphenyl)-2-isopropylmethylaminoäthanolhydrobromid*, F. 152—154°. — *1-Phenyl-2-(β-diäthylaminoäthylamino)-äthanol* (**IV**), aus Styroloxyd u. β-Diäthylaminoäthylamin, F. 51—53°; $Kp._{1,5}$ 153 bis 158°. — *1-Phenyl-2-(β-diäthylaminoäthylmethylamino)-äthanol*, aus **IV**, HCHO u. HCO_2H, $Kp._{0,2}$ 132°. — (*Diphenylessigsäure* = **V**.) — **V**-(*1-Phenyl-2-dimethylaminoäthylester*)-*hydrochlorid*, aus 1-Phenyl-2-dimethylaminoäthanol u. Diphenylacetylchlorid, F. 183—185°. — **V**-(*1-Phenyl-3-dimethylamino-1-propylester*)-*hydrochlorid*, F. 135—137°. — **V**-*l-N-Methylephedrinester*, F. 71—72°; $[\alpha]_D^{28}$ —9,5° (in Hexan, c = 1,2); *Hydrochlorid*, F. 178—180°; *Hydrobromid*, F. 211—213°. — *Dimethyl-(β-diphenylacetoxy-α-methylphenyläthyl)-äthylammoniumbromid*, F. 160—162°. — **V**-*l-N-Äthylephedrinester*, F. 53—55°. — **V**-*l-N-Isopropylephedrinester*, F. 67—69°; $[\alpha]_D^{28}$ —10,2° (in Hexan, c = 1,3). — **V**-*l-N-Diäthylaminoäthylephedrinesterdiphosphat*, F. 160—162°. — *Benzilsäure-l-N-methylephedrinesterhydrochlorid*, F. 164—166°. — *Fluoren-9-carbonsäure-l-N-methylephedrinesterhydrochlorid*, F. 173—174°. — **V**-*1-(4-Methoxyphenyl)-2-dimethylaminoäthylester*, F. 85 bis 87°; *Hydrochlorid*, F. 164—166°. — **V**-*1-(4-Methoxyphenyl)-2-dimethylamino-1-propylesterhydrochlorid*, F. 157—159°. — **V**-*1-(p-Acetoxyphenyl)-2-dimethylaminoäthylesterhydrochlorid*, F. 160—162°. — **V**-*1-(3.4-Dimethoxyphenyl)-2-isopropylmethylaminoäthylesterhydrochlorid*, F. 160—161°. — **V**-*1-(3.4-Dipropionyloxyphenyl)-2-dimethylaminoäthylesterhydrochlorid*, F. 156—158°. — *Dimethyl-(β-diphenylacetoxy-3.4-dipropionyloxyphenyläthyl)-äthylammoniumbromid*, F. 158—160°. — *Trimethyl-(β-diphenylacetoxy-3.4-dipropionyloxyphenäthyl)-ammoniumbromid*, F. 155—157°. — **V**-*1-Phenyl-2-diäthylaminoäthylesterhydrochlorid*, F. 106—108°. — **V**-*1-Phenyl-2-(β-diäthylaminoäthylmethylamino)-äthylesterdihydrochlorid*, F. 195—197°. (**A. P. 2 628 247** vom 2/4. 1951, ausg. 10/2. 1953.) G. LANGER. 4807

Schering Akt.Ges. (Erfinder: **Helmer Richter** und **Martin Schenck**), Berlin, *p'-Halogensubstituierte 1-Benzylbenzimidazole* sind *gegen Hautpilze* (z. B. *Trichophyton lacticolor* oder *Epidermophyton flocosum*) wirksam. Sie werden in bekannter Weise hergestellt, z. B. *1-(p-Chlorbenzyl)-benzimidazol*, F. 78—79°, durch Rk. von N-p'-Chlorbenzyl-o-phenylendiamin (**I**) (vgl. D. B. P. 901 649) mit HCOOH oder durch Rk. von **I** mit CH_2O u. anschließende Oxydation der gebildeten SCHIFFschen Base. (**D. B. P. 927 993** Kl. 12 p vom 23/1. 1953, ausg. 23/5. 1955. Anmeldung bekanntgemacht 4/11. 1954.) A. BRÖSAMLE. 4807

Farbenfabriken Bayer Akt.-Ges., Leverkusen (Erfinder: **Hans Schmidt** und **Friedrich Meyer**, Wuppertal), *Salze der Äthylendiamintetraessigsäure mit Alkylimidazolinen* entstehen aus den Komponenten in einem Lösungsm., wie W. oder Alkohol. Sie sollen zum Lösen von *Nieren-* u. *Blasensteinen* dienen. — *Tetra-(2-methylimidazolinium)-äthylendiamintetraacetat*, sehr hygroskopisch. — *Bis-(2-methylimidazolinium)-äthylendiamintetraacetat*, farblose Kristalle. (**D. B. P. 925 829** Kl. 12q vom 11/4. 1952, ausg. 31/3. 1955. Anmeldung bekanntgemacht 9/9. 1954.) G. LANGER. 4807

J. R. Geigy Akt.-Ges., Basel, Schweiz (Erfinder: **Walter Schindler** und **Franz Häfliger**), *Derivate des 3-(4'-Oxyphenyl)-3-(4''-oxy-3''-aminomethylphenyl)-oxindols* der allg. Formel I (R_1 = H oder CH_3CO, R_2 = Alkylrest mit 2—6 C-Atomen oder Cyclohexylrest u. R_3 = H oder Alkylrest mit höchstens 2 C-Atomen) durch Rk. von II oder dessen o.o-Diacetylderivv. mit einem N-Oxymethylamid (III) in Ggw. von $ZnCl_2$ u. Säure (Eisessig, konz. H_2SO_4, alkoh. HCl). Freie Oxygruppen OR_1 können anschließend gewünschtenfalls acetyliert werden. —

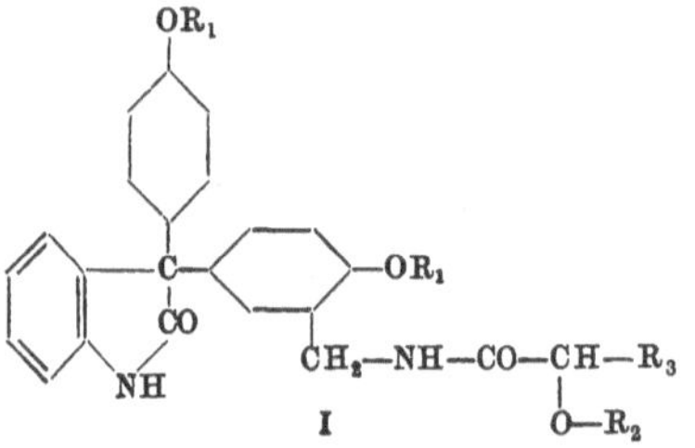

I

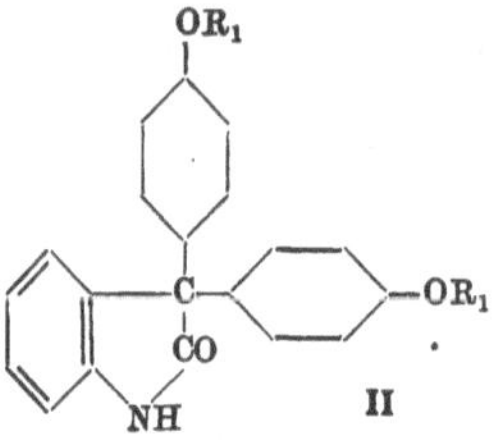

II

$HO—CH_2—NH—CO—CH(O—R_2)—R_3$ III

26 Teile n-Butoxyacetamid werden in einer Lsg. von 2 (Teilen) K_2CO_3 in 20 Vol. W. suspendiert u. mit 18 einer 30%ig. CH_2O-Lsg. $^1/_2$ Std. auf dem Dampfbad erhitzt. Nach Extraktion mit Ae. u. Abdest. desselben hinterbleibt *N-Oxymethyl-n-butoxyacetamid* (**IV**), gelbes Öl, F. 46°. — 16 (Teile) 3.3-Bis-(4'-oxyphenyl)-oxindol werden in einer Lsg. von 20 wasserfreiem $ZnCl_2$ in 70 Vol. Eisessig heiß gelöst, auf 10° abgekühlt u. mit 18 **IV** versetzt, 48 Std. bei n. Temp. stehengelassen u. dann auf Eis gegossen. Nach Lösen in kalter 5%ig. NaOH, Filtration durch Aktivkohle fällt nach vorsichtigem Ansäuern das *3-(4'-Oxyphenyl)-3-(3''-n-butoxyacetylaminomethyl-4''-oxyphenyl)-oxindol* aus. Durch Kochen mit Essigsäureanhydrid *4'-Acetoxyderivat.* — Analog werden erhalten: *3-(4'-Oxyphenyl)-3-(3''-cyclohexyloxyacetylaminomethyl-4''-oxyphenyl)-oxindol.* — *3-(4'-Oxyphenyl)-3-[3''-(α-n-butoxypropionylaminomethyl)-4''-oxyphenyl]-oxindol.* — *3-(4'-Oxyphenyl)-3-[3''-(α-äthoxybutyrylaminomethyl)-4''-oxyphenyl]-oxindol.* — *3-(4'-Oxyphenyl)-3-(3''-n-propoxyacetylaminomethyl-4''-oxyphenyl)-oxindol*, F. 76—77° (n-Propoxyacetamid). — *3-(4'-Oxyphenyl)-3-(3''-isobutoxyacetylaminomethyl-4''-oxyphenyl)-oxindol*, F. 80° (Isobutoxyacetamid). — *3-(4'-Oxyphenyl)-3-(3''-isoamyloxyacetylaminomethyl-4''-oxyphenyl)-oxindol*, F. 68° (Isoamyloxyacetamid). — *3-(4'-Oxyphenyl)-3-(3''-n-hexyloxyacetylaminomethyl-4''-oxyphenyl)-oxindol*, F. 86—88° (Hexyloxyacetamid). — *3-(4'-Oxyphenyl)-3-[3''-(α-äthoxypropionylaminomethyl)-4''-oxyphenyl]-oxindol*, aus α-Äthoxypropionamid, $Kp._{11}$ 107—109°. — *3-(4'-Oxyphenyl)-3-[3''-(α-n-propoxypropionylaminomethyl)-4''-oxyphenyl]-oxindol*, aus α-n-Propoxypropionamid, $Kp._{11}$ 116—119°. — *3-(4'-Oxyphenyl)-3-[3''-(α-isoamyloxypropionylaminomethyl)-4''-oxyphenyl]-oxindol*, aus α-Isoamyloxypropionamid, $Kp._{11}$ 132—134°. — *3-(4'-Oxyphenyl)-3-[3''-(α-n-propoxybutyrylaminomethyl)-4''-oxyphenyl]-oxindol*, aus α-n-Propoxybutyramid, $Kp._{11}$ 123—127°. — *3-(4'-Oxyphenyl)-3-[3''-(α-n-butoxybutyrylaminomethyl)-4''-oxyphenyl]-oxindol.* — *3-(4'-Oxyphenyl)-3-[3''-(α-n-isoamyloxybutyrylaminomethyl)-4''-oxyphenyl]-oxindol*, aus α-Isoamyloxybutyramid, $Kp._{11}$ 135—138°. — *Laxativa.* (**D. B. P. 920 546** Kl. 12p vom 21/9. 1952, ausg. 25/11. 1954. Schwz. Prior. 21/9. 1951.) R. LINK. 4807

Hoffmann-La Roche, Inc., übert. von: **Norbert Steiger**, Nutley, N. J., V. St. A., *Bibenzothiazole* der allg. Formel I (R = durch 2 niedrige Alkylgruppen substituierter Aminoalkylrest) erhält man durch Hydrolyse von 2.2'-Bis-(mercapto)-4.4'-bis-(methoxy)-6.6'-bibenzothiazol u. Rk. der erhaltenen Oxyverb. in Form ihres Alkalisalzes mit einem niedrigen Dialkylaminoalkylhalogenid. — 2.2'-Bis-(mercapto)-4.4'-bis-(oxy)-6.6'-bibenzothiazol + Na-Methylat + 1-Diäthylamino-2-chloräthan bei 130—133° → *2.2'-Bis-(β-diäthylaminoäthylmercapto)-4.4'-bis-(β-diäthylaminoäthoxy)-6.6'-bibenzothiazol, Tetrahydrochlorid*, F. 230°. — Die entsprechende *Methoxyverb.* schm. als *Tetrahydrochlorid* bei 223°, die *Isopropoxyverb.* als *Tetrahydrochlorid* bei 238°. — *Trichomonacide.* (**A. P. 2 655 505** vom 16/4. 1952, ausg. 13/10. 1953.) U. SIEVERS. 4807

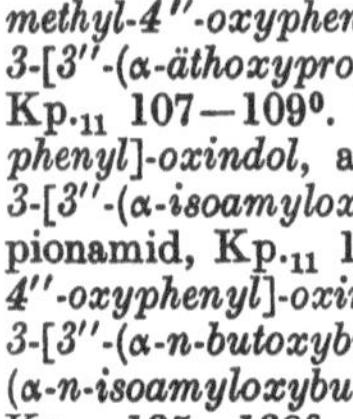

I

Warner-Hudnut, Inc., New York, übert. von: **Emile H. Sakal**, Massapequa, N. Y., V. St. A., *Herstellung von quaternären Pyridinverbindungen*, dad. gek., daß ein Pyridylester mit einer quaternierenden Halogenverb. umgesetzt wird. — o-Xylylenbromid (I) + 3-(Dimethylcarbamyloxy)-pyridin (II) → *α.α'-(1.2-Xylol)-bis-[1-(3-dimethylcarbamyloxy)-pyridiniumbromid]*, F. 206°; m-Xylylenbromid + II → *α.α'-(1.3-Xylol)-bis-[1-(3-dimethylcarbamyloxy)-pyridiniumbromid]*; I + 3-(N-Methyl-N-4-chlorphenylcarbamyloxy)-pyridin → *α.α'-(1.2-Xylol)-bis-[3-(N-methyl-N-4-chlorphenylcarbamyloxy)-pyridiniumbromid]*; I + 3-(3-Oxapentamethylencarbamyloxy)-pyridin [= 3-(N-4-morpholincarbamyloxy)-pyridin] → *α.α'-(1.2-Xylol)-bis-[3-(3-Oxapentamethylencarbamyloxy)-pyridiniumbromid]*; I + 3-(N-Methyl-N-benzylcarbamyloxy)-pyridin → *α.α'-(1.2-Xylol)-bis-[3-(N-benzyl-N-methylcarbamyloxy)-pyridiniumbromid]*; I + 3-(Dimethylcarbamyloxy)-6-methylpyridin → *α.α'-(1.2-Xylol)-bis-[3-(dimethylcarbamyloxy)-6-methylpyridiniumbromid]*, F. 148—153°; Mesitylentribromid + II → *α.α'.α''-Mesitylen-tris-[3-(dimethylcarbamyloxy)-pyridiniumbromid]*. — *Pharmazeutica.* (**A. P. 2 662 890** vom 16/11. 1951, ausg. 15/12. 1953.) A. MOHR. 4807

Charles F. Geschickter, Kensington, und **Leonard M. Rice**, Baltimore, Md., V. St. A., *Neues Theophyllinsalz.* Man setzt Theophyllin mit 1.3-Diaminopropanol-(2) in A. um. Das gebildete Salz hat die Zus. $C_{17}H_{26}O_5N_{10}$. — *Therapeuticum.* (**A. P. 2 696 487** vom 11/9. 1952, ausg. 7/12. 1954.) A. BRÖSAMLE. 4807

Kurt Nikolai von Kaulla, Basel, Schweiz, und **Dr. A. Wander G. m. b. H.**, Niederlassung Säckingen, Säckingen, *Schwefelsäureester von teilweise abgebautem Xylan* (**I**). Frisch umgefälltes, durch Extraktion von Laubholzmehl mit 8% ig. NaOH gewonnenes I wird mit $ClSO_3H$ u. Pyridin 8 Std. auf 100° erhitzt. Nach dem Eingießen in Methanol erhält man ein Prod. mit einem Polymerisationsgrad von ca. 50. Die Depolymerisation bis zu einem Polymerisationsgrad von 10—100 kann z. B. auch mit 0,5n$KHSO_4$ oder HCl durchgeführt werden. — *Blutgerinnungshemmende Mittel.* (**Schwz. P. 290 145** vom 23/7. 1951, ausg. 16/7. 1953. D. Prior. 13/6. 1944.) G. KRAUSS. 4807

Biochemie G. m. b. H., Innsbruck (Erfinder: **Ernst Brandl**, Kundl, und **Hans Margreiter**, Radfeld bei Rattenberg/Tirol), *Herstellung von stabilen, besonders für die Oraltherapie geeigneten Penicillinen.* Die Penicilline werden gemäß Hauptpatent durch submerse Gärung aus den Rohlsgg., jedoch in Ggw. von Säuren statt Alkoholen als freie Säuren gewonnen. Diese Säuren haben die allg. Formel $HOOC-(R_1X)_n-R_2$, worin R_1 eine Methylen- oder Äthylengruppe; X = O oder eine NH-Gruppe; n eine ganze Zahl von 1—5 u. R_2 ein aliphat., araliphat., aromat. oder heterocycl. Rest ist, der, mit Ausschluß der Halogene, auch substituiert sein kann. Bes. geeignet sind Phenoxyessigsäure u. p- bzw. m-Oxyphenoxyessigsäure, die sowohl die Penicillinausbeute erhöhen als auch das Wachstum von penicillinantigenen Bakterien, z. B. der die Penicillinase bildenden Fremdkeime, verhindern. Gärzeit z. B. 7 Tage bei 24°; Penicillingeh. 2150 O.E./cm³. (**Oe. P. 181 689** vom 29/4. 1952, ausg. 12/4. 1955. **Zusatz zu Oe. P. 178 692; C. 1954. 9584.**) G. WELTZIEN. 4811

Farbenfabriken Bayer Akt.-Ges., Leverkusen (Erfinder: **Klaus Bauer** und **Arnold Bohne**, Wuppertal). *In Wasser schwerlösliches Penicillinsalz* mit therapeut. *protrahierter Wrkg.* erhält man durch Rk. von Penicillin oder dessen Salzen mit Pikromycin (vgl. D. B. P. 850 653; C. **1953.** 8669 u. Naturwissenschaften **1950.** 138) oder dessen anorgan. oder organ. Salzen in W. oder in einem organ. Lösungsm.; F. 154°, Wirksamkeit 732 I.E./mg. (**D. B. P. 923 189** Kl. 12p vom 24/6. 1952, ausg. 7/2. 1955. Anmeldung bekanntgemacht 24/6. 1954.) G. KRAUSS. 4811

Farbwerke Hoechst Akt.-Ges., vormals Meister Lucius & Brüning (Erfinder: **Ludwig Schörnig**, Frankfurt/M., **Heinz Oeppinger**, Hofheim (Taunus) und **Ernst Fischer**, Massenheim b. Vilbel), *Penicillinderivate* erhält man durch Kondensation von Penicillin oder dessen Salzen mit einem Ketimin, bes. einem cycl., oder dessen Salzen in W. oder einem organ. Lösungsmittel. — Aus Penicillin G in Butylacetat u. d-Campherimin in Ae. → *d-Campheriminpenicillin*, F. ca. 90°, Sintern bei 80°; Ausbeute 83,4%; lösl. in A., Methanol, Aceton, weniger gut in Chlf., Methylenchlorid, schwer lösl. in Butylacetat, Ae., Ligroin u. Bzl.; in 100 cm³ W. bei 24° lösen sich 0,14 g. — *Fenchiminpenicillin*, Sintern bei ca. 85°, Zers. bei 120°. — *Zwischenprodd.* für *Depotpenicilline.* (**D. B. P. 924 865** Kl. 12p vom 25/3. 1951, ausg. 10/3. 1955. Anmeldung bekanntgemacht 12/8. 1954.) G. KRAUSS. 4811

Chas. Pfizer & Co., Inc., New York, V. St. A., *Gewinnung von neuen antibiotischen Stoffen.* Aus Kulturen von Streptomyces rimosus werden in fl. Nährböden unter aeroben Bedingungen u. Isolierung der Wirksubstanz, bes. durch Extraktion der Kultur-Fl. oder eines Kohleadsorbates derselben mit organ. Lösungsmitteln, antibiot. Stoffe (Terramycin) gewonnen. Die Extraktion mit dem organ., mit W. nicht wesentlich mischbaren Lösungsm.,

z. B. Butanol, Amylalkohol u. a., erfolgt unter schwach alkal. oder stark sauren Bedingungen. Das Antibioticum wird in krist. Form aus wss. Lsgg. der amorphen Substanz, bes. als Salz, abgeschieden. (**Oe. P. 181 365** vom 25/4. 1950, ausg. 10/3. 1955. A. Priorr. 13/10. u. 28/11. 1949.) G. Weltzien. 4811

L. Bravi, Disinfezione dei libri e igiene bibliotecaria. Roma: Scarano. 1954. (180 S. m. 20 Taf.) L. 700,—.

E. Crivelli, Moderni metodi di produzione degli antiparassitari. Firenze: Cya. 1954. (IV + 524 S.) L. 2000,—.

Hans Dieckmann, Geschichte und Probleme der Apothekerausbildung in erster Linie in Frankreich und Deutschland. Frankfurt a.M.: Govi-Verl. 1954. (263 S. m. Abb.) DM 14,50.

G. Analyse. Laboratorium.

Maxey Brooke, *Laboratoriumsklebemittel.* Vf. gibt 18 Vorschriften zur Herst. einfacher im Labor. häufig gebrauchter Kitte u. Klebemittel. (J. chem. Educat. **31.** 541—42. Okt. 1954. Sweeny, Tex., Phillips Petroleum Comp.) H. Pluskal. 5006

Louis D. Quin und **Robert B. Greenlee**, *Dichtung für Glasverbindungen gegen ätzende Chemikalien.* Zur Dichtung von Glasverbb. bei Verwendung ätzender Chemikalien empfehlen Vff. *Saran* (I; polymeres Vinylchlorid der Dow Chemical Comp.). I wurde auf einem Spatel geschmolzen, auf dem mit einer Flamme erhitzten Schliff verteilt u. schnell die Glasverb. geschlossen u. angedrückt. Zum Öffnen des Schliffes muß wieder geschmolzen werden. (J. chem. Educat. **31.** 518. Okt. 1954. South Charleston, W. Va., Food Machinery u. Chem. Corp., Westvaco Chem. Div.) H. Pluskal. 5006

S. S. Penner, *Eine Zwei-Wege-Methode zur Messung von Flammentemperaturen und Konzentrationen in Niederdruckverbrennungskammern.* Die von Hottel u. Broughton (Ind. Engng. Chem., analyt. Edit. **4.** [1932.] 166) vorgeschlagene Zweiwegemeth. zur Best. von Flammentempp. wird auf diskrete Strahler ausgedehnt, die mit Instrumenten von beliebigem Auflösungsvermögen beobachtet werden. Vf. stellt allg. Berechnungen der Strahlungsintensität für Niederdruckverbrennungsflammen auf, um die Ausführbarkeit experimenteller Unterss. mit üblichen spektroskop. Instrumenten zu ermitteln. Vf. zeigt, wie experimentell bestimmte Tempp. u. Emissionsverhältnisse verwendet werden können, um die Konz. von Strahlungserzeugern zu berechnen, vorausgesetzt, daß die Strahlungsart bekannt ist u. die ausgesandte Strahlung dem thermodynam. Gleichgewicht für die örtlichen Temperatur- u. Druckbedingungen entspricht. (J. chem. Physics **19.** 272—80. März; Errata: 1434. Nov. 1951. Pasadena, Calif., California Inst. of Technol., Jet Propuls. Labor.) H. Freiwald. 5016

Frederick Highhouse, Calvin Mencken und **John B. Moloney**, *Eine automatische Vollglas-Wasserdestillationsapparatur.* Angabe einer vollautomat. arbeitenden Laboratoriumsapp. aus Glas für die kontinuierliche Herst. von 3fach destilliertem W. mit einer Leistung von 0,6 Liter/Stunde. (Rev. sci. Instruments **25.** 1038—39. Okt. 1954. Bethesda, Md., Nat. Inst. of Health, Nat. Cancer Inst.) H.-J. Eichhoff. 5038

Ernst P. Hall und **William L. Nelson**, *Ein Kryostat.* Beschreibung des ganz aus Glas hergestellten Kryostaten u. seiner Vorbereitung zum Messen. (Analytic. Chem. **26.** 1393. Aug. 1954. Pittsburgh, Pa., Mellon Inst. of Ind. Res.) C. Gottfried. 5046

Edward Wawrzyniak, *Fortschritte in der chemischen Analyse.* Es werden Mikroanalyse u. Ultramikroanalyse u. die chem.-physikal. (mkr., röntgenograph., polarimetr., refraktometr., adsorptiometr., absorptiometr., spektrochem., elektrochem. u. radiometr.) Methoden besprochen. (Farmacja polska **10.** 149—53. Juni; 173—78. Juli 1954. Gdańsk [Danzig], Zakł. Technol. Chem. Środków Leczniczych Akad. Med.) H. Freytag. 5050

R. Fischer und **F. Kolmayr**, *Die Analyse von Flüssigkeitsgemischen mit Hilfe der kritischen Mischungstemperatur (Mikrobestimmung).* (Vgl. C. **1954.** 9586.) Die Best. der krit. Mischungstemp. (MTK) dient zur Analyse von Fll., wobei bin. u. tern. Gemische untersucht werden. Als Test-Fl. dient Glykol (I) für Benzaldehyd (II) + Benzoesäure/Zimtaldehyd + Zimtsäure/Chlf. + CCl_4/II + Nitrobenzol, Diäthylenglykol (III) für Bzl. + CS_2 (IV), IV für III + Dipropylenglykol, Bzl. für I + Propylenglykol. Für ein tern. Gemisch aus Glycerin + I + W. dient Acetophenon als Test. Zur Analyse wird der Brechungsindex der Mischung als Ordinate u. die MTK als Abzisse in ein Koordinatensyst. eingetragen. Die Zus. der Fl. läßt sich dann aus einem Diagramm entnehmen. Als MTK erhält man immer das Maximum des Mischungslückendiagramms. (Pharmaz. Zentralhalle Deutschland **94.** 8—10. Jan. 1955. Graz, Univ., Pharmakognost. Inst.) Ph. Fresenius. 5052

S. Tolansky, *Schattenbildmikroskopie für Höhenmessungen.* Die Beschreibung eines mkr. Schattenbildverf. wird angegeben, das die Höhenmessung kleiner Teilchen, Sporen, Stufen auf Oberflächen usw. erlaubt. Das Verf. ist analog der elektronenmkr.

Meth. u. verwendet einen streifend einfallenden Lichtstrahl. Auf diese Weise wird eine Sichtbarmachung u. starke Vergrößerung kleiner Höhenunterschiede erzielt. Zur Eichung dient z. B. Bärlappsamen, da sich die kugelförmigen Partikel leicht vermessen lassen. Einzelheiten zur Oberflächenbeschaffenheit des Trägers u. einige Anwendungen werden mitgeteilt. (Nature [London] **171.** 564—66. 28/3. 1953. Englefeld Green, Surrey, Univ. of London, Royal Holloway Coll.) W. KRÖNERT. 5056

Friedrich Coulon, *Ultrarot in der Mikroskopie.* Kurze Einführung in die Grundlagen u. die Technik der Ultrarotmikroskopie sowie ihrer Verwendungsmöglichkeiten. (Mikrokosmos **43.** 284—86. Sept. 1954. Wetzlar.) C. GOTTFRIED. 5056

K. P. Norris, *Ein Reflexionsmikroskop für Absorptionsmessungen im Infrarot.* Diskussion der Faktoren, welche die Konstruktion von Reflexionsobjektiven beeinflussen, der zweckmäßigen Vergrößerung solcher Objektive, der Objektgröße, der zentralen Ausblendung u. der Objektivdimensionen. Angabe von drei Reflexionsobjektiven mit einer zentralen Ausblendung von 40—45%, Brennweiten von 9,2; 13,5 u. 10,8 mm u. Arbeitsabständen von 25,2; 31,2 u. 24,9 mm. (J. sci. Instruments **31.** 284—87. Aug. 1954. London, King's Coll., Wheatstone Phys. Labor.) H.-J. EICHHOFF. 5056

Edward C. Wingfield, *„Infratrac" — Eine Hilfe bei der Messung von Infrarotintensitäten.* Angabe eines einfachen Winkelmeßinstrumentes, welches die direkte Ablesung des Logarithmus von Intensitätsverhältnissen aus den beiden Spektralkurven für eine evakuierte u. eine gasgefüllte Zelle, wie sie ein Einstrahl-Spektrometer liefert, gestattet. (Rev. sci. Instruments **25.** 1036—37. Okt. 1954. Chapel Hill, North Carolina, Univ. of North Carolina, Dep. of Phys.) H.-J. EICHHOFF. 5063

R. Belcher, *Chinolingelb als reversibler Indicator bei Hypochlorit-Arsenit-Titrationen.* Bei einer Überprüfung der widersprechenden Angaben über Chinolingelb als Indicator bei Hypochlorit–Arsenit-Titrationen titrierte Vf. 0,05nNa_3AsO_3-Lsgg. mit 0,05n$NaOCl$-Lsgg. nach Zugabe von 0,5 g KBr als Zersetzungsschutz u. 10 Tropfen 0,2%ig. wss. Lsg. von Chinolingelb. Beim Äquivalenzpunkt zeigte der Indicator einen scharfen Umschlag von Gelb nach farblos (entsprechend SINN, Analyst **73.** [1948.] 236). Er erwies sich als reversibel; eine Zers. begann erst nach mehreren Titrationen. (Analytica chim. Acta [Amsterdam] **5.** 27—29. Febr. 1951. Birmingham, Univ., Dep. of Chem.) H. PLUSKAL. 5066

R. Belcher, *Chinolingelb als reversibler Indicator bei bromometrischen Titrationen.* (Vgl. vorst. Ref.) Vf. zeigt, daß Chinolingelb als reversibler Indicator bei bromometr. Titrationen in n salzsaurer Lsg. von As(III) u. Sb(III) verwendet werden kann. Da der Farbstoff allmählich zerstört wird, fügte Vf. diesen (8 Tropfen 0,5%ig. wss. Lsg.) erst kurz vor Erreichung des Endpunktes zu. Bei unbekannten Lsgg. wurde die Hälfte sofort, die Hälfte später zugesetzt. (Analytica chim. Acta [Amsterdam] **5.** 30—32. Febr. 1951.) H. PLUSKAL. 5066

W. Simon und **E. Heilbronner,** *Zur Mikrotitration organischer Verbindungen.* 2. Mitt. *Messung scheinbarer Dissoziationskonstanten in den Systemen Methylcellosolve/Wasser und Dimethylformamid/Wasser.* (1. vgl. C. **1955.** 3695.) Die scheinbaren pK-Werte pK^*_{LH} von *Benzoesäure* (**I**), *trans-Zimtsäure, Pikrinsäure* (**II**), *o-Chlorbenzoesäure, p-Nitrophenol, Chinin* (**III**), *Brucin* (**IV**), *sym. Diphenylguanidin, 1.2.3-Triphenylguanidin* u. (—)-*Ephedrin* wurden in den Lösungsmittelsystemen Methylcellosolve/W. u. Dimethylformamid (DMF)/W. als Funktion der relativen Zus. dieser Systeme mit Hilfe der halbautomat. App. der Vff. (l. c.) bestimmt. Die tabellar. wiedergegebenen Ergebnisse lassen erkennen: Mit zunehmendem Geh. an organ. Lösungsm. im Lösungsmittelsyst. steigen die pK^*_{LH}-Werte der untersuchten *Säuren* deutlich an; eine Ausnahme macht **II.** Mit Ausnahme der pK^*_{DMF}-Werte von **III** u. **IV**, die im Gebiet von 80 Vol.-% DMF ein Minimum durchlaufen, fallen die pK^*_{LH}-Werte der untersuchten *Basen* mit steigendem Geh. an organ. Lösungsmittel. — Die Unters. der pK^*_{DMF}-Werte von I im Syst. DMF/W. zeigte: Die Wahl der Glaselektrode, die Titrationsgeschwindigkeit u. die Einwaage üben einen Einfl. auf die bestimmten pK^*_{DMF}-Werte aus. Der Zusammenhang zwischen Titrationsgeschwindigkeit u. pK^*_{DMF}-Wert ist linear. Mit zunehmender Einwaage sinkt der pK^*_{DMF}-Wert. Als Meßfehler mit 95%ig. Sicherheit für die Einzelmessung ergaben sich, wenn Titrationsgeschwindigkeit u. Einwaage in einem bestimmten, angegebenenen Bereich gehalten werden: pK^*_{DMF}: $\pm$0,14 pK^*_{DMF}-Einheiten; Äquivalentgew.: $\pm$5,3. (Helv. chim. Acta **38.** 508—19. 15/3. 1955. Zürich, ETH, Organ.-chem. Labor.) K. F. MÜLLER. 5066

L. Rosenthaler, *Kupferoxyd als Urtitersubstanz der Jodometrie.* Mitt. von Verss., die sich mit der Verwendung von CuO als Urtitersubstanz der Jodometrie beschäftigen. Das zur Herst. von $CuSO_4$ verwendete CuO wurde durch Erhitzen von $Cu(NO_3)_2$ hergestellt u. in verd. H_2SO_4 durch Erwärmen auf dem Wasserbad gelöst. Der erkalteten

Lsg. wird KJ hinzugefügt u. das frei gemachte Jod, zuletzt unter Zusatz von Stärkelsg., mit der Thiosulfatlsg. titriert. Ein Nachbläuen findet nicht statt. (Pharmac. Acta Helvetiae **28.** 308—09. 31/10. 1953. Beilage zu: Schweiz. Apotheker-Ztg. Bern.) W. SPITALER. 5066

Debabrata Bandyopadhayay, *Dinatriumversenatdihydrat als acidimetrische Urtitersubstanz.* (Vgl. C. **1954.** 7514.) Dinatriumversenat (I) kann sehr rein als Dihydrat hergestellt werden. Es reagiert mit 2-wertigen Metallen nach der Gleichung: $Na_2(H_2Ver) + M^{2+} \rightarrow Na_2(MVer) + 2\,H^+$. Vf. verwendete eine genau abgewogene Menge (0,4—0,5 g) von I in 50 ml W. mit einem Zusatz von 0,3—0,4 g 3 $CdSO_4 \cdot 8\,H_2O$ zur Einstellung von NaOH, indem er I bei Ggw. eines Indicators mit 0,1 n NaOH titrierte. (Sci. and Cult. **20.** 146—47. Sept. 1954. Calcutta, Indian Associat. for Cultiv. of Sci., Dep. of Inorg. Chem.) H. PLUSKAL. 5070

O. Růžička, *Wasserbestimmung in schwerflüchtigen und ungesättigten Stoffen.* Durch Modifizierung der Wasserbest. nach FISCHER ist es möglich, W. in schwerflüchtigen u. ungesätt. Stoffen durch Titration zu bestimmen. Die Ergebnisse beweisen, daß die Meth. den Erfordernissen der techn. Praxis voll entspricht, daß sie rasch, einfach u. auch in Fällen, wo andere Methoden versagen, durchführbar ist. Bei Wasserkonzz. von 0,05—1% beträgt der mittlere Fehler weniger als ±1,5%, bezogen auf Wasser. — Herst. u. Beständigkeit der Reagentien, Beschreibung der App. u. Arbeitsweise. (Chem. Průmysl **4** (**29**). 292—95. Aug. 1954. Výzkumný ústav synthet. kaučuku.) E. ROTTER. 5074

H. A. C. van Straten, *Die Bestimmung von niedrigen Sauerstoffkonzentrationen in Gasen nach der Manganhydroxydmethode.* Bei der bekannten O_2-Best. nach WINKLER werden die Einfll. der Entlüftung der Reagentien, der $Mn(OH)_2$-Konzz. u. der Reaktionszeit untersucht u. eine ausführliche Arbeitsvorschrift gegeben, bei deren Anwendung die Best. bei O_2-Konz. von 0,1—4 Vol.-% innerhalb 3—6%, unter 0,1 Vol.-% innerhalb 0,004 Vol.-% des O_2-Geh. reproduzierbar ist. Es stören nicht ungesätt. KW-stoffe, C_2H_2 u. CO. (Analytica chim. Acta [Amsterdam] **10.** 243—55. März 1954. Amsterdam, Koninklijke/Shell-Labor.) W. LUCHSINGER. 5086

Ratischandra Roy, *Über die Bestimmung von Acetylen in Gasen.* Unter den bekannten Methoden zur gasanalyt. Best. des C_2H_2 hat sich, bes. für hohe Konzz., die Absorption mit Lsgg. von K_2HgJ_4 (LEBEAU-Reagens) in einem abgeändertem AMBLER-App. mit Hg als Sperr-Fl. als am geeignetsten erwiesen. (Sci. and Cult. **17.** 302—03. Jan. 1952. Kharagpur, Indian Inst. of Technol.) K. BLUMRICH. 5086

a) Elemente und anorganische Verbindungen.

F. G. Sharowski und **A. P. Kosstyschina,** *Colorimetrische Bestimmung des Phosphors in Stahl unter Anwendung der Extraktion.* Anwendung des Verf. von ALEXEJEW (Заводская Лаборатория [Betriebs-Lab.] **11.** [1945.] 122) zur Best. des P in Ggw. von Fe; Vergleichlsgg. nach FILIPPOWA u. KUSNETZOWA (C. **1951.** II. 2503). 0,2 g Stahl wurden in 20 ml HNO_3 (3 : 2) gelöst, die Carbide durch Zusatz von 1—2 ml konz. HNO_3 zerstört. Nach Entfernung der N-Oxyde (Eindampfen oder Luftstrom) wurde mit NH_3 bis zur Trübung versetzt u. diese [$Fe(OH)_3$] in einigen Tropfen HNO_3 (5n, sodann noch 1 ml Zusatz) gelöst. Dann wurden (im Scheidetrichter) 10 ml 10%ig. NH_4-Molybdatlsg. zugegeben, gemischt, nach 10 Min. Stehen 5 ml Butylalkohol u. 10 ml HNO_3 (1 : 1) zugefügt, energ. gemischt, 10 ml eines Gemisches (1 : 3) von Butylalkohol u. Chlf. zugegeben u. durch 25—30 maliges Umschwenken die Phosphormolybdänsäure extrahiert. In Ggw. von Fe muß diese Extraktion noch 4—5 mal mit je 5 ml der nichtwss. Mischung wiederholt werden. Vor dem Colorimetrieren wird durch ein trocknes Papierfilter die Trübung abfiltriert u. mit 1—2 ml Gemisch nachgewaschen; Blindverss. ohne Fe. In Ggw. von Cr (Cr-Stähle) wird in 20 ml HNO_3–HCl (3 : 1) gelöst u. bei nicht eingedampfter HCl 1,5 statt 1 g NH_4-Molybdat zugesetzt. Ergebnisse befriedigend, Dauer 30—40 Min. (Украинский Химический Журнал [Ukrain. chem. J.] **19.** Nr. 2. 201—04. 1953. Kiew, Schewtschenko-Univ.) A. v. WILPERT. G 264

F. Scheffer und **H. Pajenkamp,** *Über die colorimetrische Bestimmung der Phosphorsäure mit Vanadat–Molybdat. Bemerkungen zu einer gleichlautenden Veröffentlichung von S. Gericke und B. Kurmies.* (Vgl. GERICKE u. KURMIES, C. **1955.** 4172.) Vff. diskutieren die Anwendungsbereiche der P-Bestimmungsmethoden u. bestreiten, daß die colorimetr. Best. die gravimetr. Best. ersetzen kann. — Stellungnahme von GERICKE u. KURMIES. (Z. analyt. Chem. **138.** 266—69. 1953. Göttingen.) H.-G. MOSLÉ. G 264

Richard Neu, *Die gemeinsame Bestimmung von Kalium und Triäthanolamin mit Natriumtetraphenyloborat. Triäthanolamin* (I) wird in der 1%ig. Lsg. seines Chlorhydrats bei 20° u. einem mit 2 n Essigsäure eingestellten p_H 5—6 mit 3%ig. Na-Tetraphenyloboratlsg. gefällt. Der Nd. wird nach 24 std. Stehen im Eisschrank abgesaugt, mit essigsaurem W. von p_H 5—6 gewaschen u. gewogen. Aus dem 1. Waschwasser scheiden sich nach einiger Zeit kleine in Lsg. gegangene Mengen des Nd. wieder aus. I-Tetraphenyloborat bildet kleine Kriställchen vom F. 139—140°. Die Ausbeuten liegen zwischen 96 u. 103,4%. Bei gemeinsamer Fällung unter gleichen Bedingungen zusammen mit K erhält man bei Einwaagen von 50 mg KCl u. 30—50 mg I·HCl einen durchschnittlichen Gesamtfehler von —4,75%. Der Nd. wird im Tiegel mit $HClO_4$ + A. behandelt, u. das $KClO_4$ nach Absaugen gewogen, wobei der Fehler auf K berechnet durchschnittlich —1,67% beträgt. (Z. analyt. Chem. **143.** 254—57. 1954. Karlsruhe, Dr. Willmar Schwabe G. m. b. H.) PH. FRESENIUS. G 275

Alessandro Giavino, *Spektrographische Analyse des Aluminiums in 75%igem Ferrosilicium.* Für die spektrograph. Al-Best. wird die Al-Linie 3961,52 Å im Vgl. mit der Pb-Linie 4057,82 Å verwendet. Die quantometr. Analyse an gepreßten Pulvern liefert gut reproduzierbare u. mit der chem. Analyse übereinstimmende Werte, wobei in $1^1/_2$ Std. ca. 48 Aufnahmen möglich sind. (Metallurgia ital. **46.** Nr. 3. Atti Notizie 9. 79—82. März 1954. Dalmine S. p. A., Labor. centr.) R. K. MÜLLER. G 294

Seizo Misumi, *Studien über die analytische Chemie der Seltenen Erden.* 4. Mitt. *Möglichkeit der Trennung von Cer und Lanthan mit 8-Oxychinolin (Oxin).* (3. vgl. C. **1953.** 7882.) *Ce^{3+}* u. *La* wurden mit *Oxin* (I) quantitativ zusammen aus ammoniakal. Weinsäurelsg. u. aus ammoniakal. Bernsteinsäurelsg. gefällt. Für quantitative Fällung von Ce^{3+}, bes. aus Succinatlsg., war das p_H-Minimum 9,4, für La 7,1. Ce^{4+} bildet mit I keinen Komplex. Danach ist die Trennung La-Ce möglich. (J. chem. Soc. Japan, pure Chem. Sect. [Nippon Kagaku Zassi] **73.** 931—33. Dez. 1952. Yamagata Univ. [Orig.: japan.]) L. SCHULER. G 303

J. Xavier, A. K. Chakraburtty und **P. Ray,** *Salicylhydroxamsäure als colorimetrisches Reagens für Titan. Salicylhydroxamsäure* (I) gibt mit Ti bei p_H 2,5—6 eine quantitative Fällung, die bei höherem p_H-Wert koll. Form annimmt. Der Nd. löst sich in starker H_2SO_4 mit tiefgelber Farbe, die als Grundlage für eine colorimetr. Ti-Best. dienen kann. Für 10 γ Ti wurde die Färbung mittels 8 ml 2%ig. alkoh. I-Lsg. in 6—11 n H_2SO_4 erzeugt u. bei 390 mμ in einem UNICAM SP 600-Spektrophotometer ausgewertet. Das BEERsche Gesetz ist für Ti-Mengen zwischen 0,1 u. 10 γ erfüllt, die Empfindlichkeit beträgt 0,01 γ Ti/cm². Die Färbung ist mindestens 24 Std. haltbar u. konstant für Tempp. zwischen 18 u. 35°. Fe, V, Phosphat, Chromat u. Wolframat stören. (Sci. and Cult. **20.** 146. Sept. 1954. Calcutta, Indian Assoc. for Cultiv. of Sci., Dep. of Inorg. Chem.) H. PLUSKAL. G 321

Kalevi Saarni und **Seija Suikkanen,** *Die colorimetrische Bestimmung von Titan mit Sulfosalicylsäure im Roheisen und Stahl.* Vff. haben die Eignung des colorimetr. Ti-Bestimmungsverf. nach ZIEGLER u. GLEMSER (C. **1954.** 6295) für die Analysen von Roheisen u. Stahl untersucht u. sind zu befriedigenden Ergebnissen gekommen. Die Hauptmenge Fe (bzw. Cr u. Ni in legierten Stählen) wird durch Elektrolyse an der Hg-Kathode vor der Ti-Best. abgetrennt, in unlegierten Stählen kann auch die Äthertrennung durchgeführt werden. Größere Mengen gelöstes Fe bewirken eine Verschlechterung der Erkennung des Neutralisationspunktes mit NH_4OH. Eine Analyse dauert ca. 2 Std., der mittlere Fehler beträgt ±0,03 mg Ti. (Z. analyt. Chem. **143.** 112. 1954. Imatra, Finnland, Osakeyhtiö Vuoksenniska Aktiebolag, chem. Labor.) S. LANZ. G 321

G. S. Deshmukh, *Oxydimetrische Bestimmung von Vanadin(IV) mit alkalischer Jodlösung.* Beim neuen titrimetr. Verf. zur oxydimetr. Best. von V(IV) wird V(V) in H_2SO_4-saurer Lsg. mit SO_2 zu V(IV) red., unter N_2 ein gemessener Überschuß an KJ_3-Lsg. zugegeben, mit Borax-Borsäure auf p_H 9—10 gepuffert u. nach 10—15 Min. überschüssiges J_2 mit $NaAsO_2$-Lsg. zurücktitriert. Eine Leertitration der KJ_3-Lsg. in Ggw. des Puffers ist erforderlich. Die Ergebnisse stimmen mit den nach klass. Methoden erhaltenen gut überein. (Chem. Ber. **88.** 615—17. 9/5. 1955. Benares, Indien, Benares Hindu Univ., Chem. Dep.) H. HOFMANN. G 330

Helmut Fritzsche, *Maßanalytische Bestimmung des Kobalts als Totpunkttitration.* Die potentiometr. Best. von Co in Ggw. von Fe, Th, Mg, Ca, F, Ni u. kleinen Mengen Mn (ca. 0,06%) gelingt durch Titration mit $K_3Fe(CN)_6$ in ammoniakal. Lsg. nach der Totpunktmeth. (dead stop end-point), zweckmäßig bei 20°. Die Durchführung der Analyse wird bei den vorliegenden geringen Mn-Mengen nur durch Fe gestört, das jedoch vor der eigentlichen Best. mit NH_3 u. NH_4Cl ausgefällt werden kann. Als Meßinstrument wurden ein Millivoltmeter Radiometer Typ 22 der Firma RADIOMETER-GES., Kopenhagen, u. als Elektroden zwei Pt-Bleche verwendet. Die Titration kann indirekt durchgeführt werden, indem zur Analysenlsg. ein Überschuß genau eingestellter (mit Co-Standardlsg.) 0,1 mol. $K_3Fe(CN)_6$-Lsg. gegeben u. der nicht verbrauchte Anteil mit 0,1 mol. Co-Standardlsg. (elektrolyt. eingestellt) zurücktitriert wird, oder kann auch direkt erfolgen, indem eine bestimmte Menge $K_3Fe(CN)_6$-Lsg. vorgelegt u. mit der mit NH_3 u. NH_4Cl

versetzten Analysenlsg. titriert wird. Einschließlich der Vorbereitung der Lsg. dauert eine Best. ca. 10 Min.; ihre Genauigkeit kommt der einer elektrolyt. Best. mindestens gleich. Die Meth. ist bes. geeignet für Reihenbestimmungen von Co in FISCHER-TROPSCH-Anlagen. (Brennstoff-Chem. **35.** 49—51. 17/2. 1954. Oberhausen-Holten, Betriebslabor. der Ruhrchemie Akt.-Ges.) R. LINK. G 355

J. Hoste, A. Heiremans und **J. Gillis,** *Die colorimetrische Bestimmung von Kupfer mit Cuproin.* Vff. untersuchen den mit *Cuproin* (*2.2'-Dichinolyl*) (I) sich bildenden purpurgefärbten, mit *Isoamylalkohol* (II) extrahierbaren Cu^+-Komplex auf seine Eignung zur colorimetr. Best. von Cu-Spuren. Bei 546 mμ erreicht die Extinktion der Komplexsalzlsg. in II ein Maximum, bei welchem bis 10 γ Cu/ml das LAMBERT-BEERsche Gesetz erfüllt ist. Der mol. Extinktionskoeff. beträgt 6430. Im p_H-Bereich 2—9 ist die Komplexverb. stabil. Zu der Probelsg. gibt man ca. 100 mg Hydroxylaminchlorhydrat u. 5—10 ml 0,02%ig. Lsg. von I in II. Nach ca. 5 Min. Schütteln trennt man die Phasen u. mißt die Extinktion. Während CN^-, CNS^- u. J^- stören, haben *As, Ba, Ca, Cd, Co, Cr, Li, Mg, Mn*, NH_4^+, *Ni, Sr, V, W*, PO_4^{3-}, Cl^-, Br^-, SO_4^{2-}, ClO_4^-, BO_3^{3-}, *Tartrat, Acetat* u. NO_3^- in 1000fachem Überschuß keinen Einfl. auf die Best., ebenso *Al, Fe, Mo, Sb, Sn, Ti* u. *Zn* in Ggw. einer genügenden Menge Weinsäure. Das Verf. wird an der Cu-Best. in W. bis 0,02 γ/ml, in 18/8-NiCr-Stahl u. Co-Stahl mit 0,01—0,1% Cu u. in pflanzlichen Aschen von Wurzeln u. Stengeln von Zuckerrüben verschied. Herkunft bis zu $2 \cdot 10^{-4}$% Cu erprobt. Die Genauigkeit beträgt ca. 1%. (Mikrochem. verein. Mikrochim. Acta **36/37.** 349—61. 1951. Gand, Univ., Labor. de Chim. analyt.) G. WEITBRECHT. G 358

L. Erdey, Gy. Rády und **V. Fleps,** *Colorimetrische Bestimmung von Silber mit Dithizon.* Zur colorimetr. Best. kleiner Ag-Mengen (bis 10^{-3}%) erzeugten Vff. Ag-Dithizonat mit Hilfe einer Lsg. von Dithizon in CCl_4 u. bestimmten seine Extinktion im PULFRICH-Photometer mit Filter S 50 u. seine Konz. mittels Vergleichskurven. Um die störende Wrkg. von Cu, Bi, Zn, Cd u. Pb bis auf 100000fachen Überschuß zu beseitigen, fügten Vff. genügend Komplexon III (Äthylendiamintetraessigsaures Na) (I) hinzu, wodurch diese Metalle komplex gebunden wurden. Hg u. Cl^- stören. Da I metall. Verunreinigungen der Reagentien u. Lösungsmittel komplex bindet, ist der Blindwert, der nur noch auf das Oxydationsprod. von I zurückzuführen ist, kleiner als ohne I-Zusatz. Auch bei der maßanalyt. Titration bis zur gleichen Farbe, bei der solange Dithizonlsg. zugefügt wird, bis die grüne Farbe des letzten Zusatzes unverändert bleibt, konnte die störende Wrkg. der obengenannten Metalle durch Zusatz von I beseitigt werden. (Acta chim. Acad. Sci. hung. **5.** 133—41. 1954. Budapest.) H. PLUSKAL. G 359

Alexander Köhler und **Paul Wieden,** *Bemerkungen zu chemischen Gesteinsanalysen.* Vff. stellen einige Gesichtspunkte zur krit. Verwendung von Gesteinsanalysen auf. Bei älteren Analysen ist darauf zu achten, daß Bestimmungen von TiO_2 u. P_2O_5 gemacht sind, weil sonst der Wert von Al_2O_3 zu groß wird. Der freie Quarz läßt sich heute mit Hilfe der Differentialthermoanalyse bestimmen. Auf die Methoden zur graph. Darst. beim Vgl. von Gesteinsanalysen wird eingegangen. (Tschermaks mineralog. petrogr. Mitt. [3] **4.** 430—39. 1954. Wien, TH, Inst. für angew. Mineralog. u. Petrogr.) J.-E. HILLER. 5290

b) Organische Verbindungen.

P. F. Holt und **B. P. Hughes,** *Die Herstellung von Stickstoffproben für massenspektrographische Analysen.* Der aus organ. Präpp. nach DUMAS entwickelte gasförmige N_2 zeigt bei der massenspektrograph. Analyse noch die Ggw. von Verunreinigungen, die aus unvollständiger Verbrennung herrühren u. die genaue Best. des Isotopenverhältnisses bei N stören. Vff. vermeiden diese Fehlerquellen durch Verbrennung bei 1050° u. Füllung der Verbrennungsröhrchen mit NiO an Stelle von CuO. Die Korrektur für noch vorhandene Luftreste wird am sichersten auf der Grundlage der ^{40}Ar-Linie vorgenommen. Als Beispiel sind die folgenden mit dieser Meth. ermittelten Werte für den Anteil an ^{15}N im N_2 angeführt: in *Azobenzol* 0,369, in *Tyrosin* 0,367 u. im *Serumeiweiß* 0,369%. (J. chem. Soc. [London] **1955.** 95—97. Jan. Reading, Univ.) R. CONRAD. 5352

G. Bähr, Herbert Bieling und **Karl-Heinz Thiele,** *Zur jodometrischen Arsenbestimmung in arsenorganischen Verbindungen mit Zentigramm-Einwaagen.* (*Mit einer Notiz zur Kenntnis der Phenylarsonsäure.*) Zum Aufschluß arsenorgan. Verbb. wird freie Übermangansäure in schwefelsaurer Lsg. bzw. deren erstes Zerfallsprod., Mangan(VII)-oxyd, vorgeschlagen. Der Vorteil dieses Verf. liegt darin, daß erst nach restloser Auflsg. der Substanz in der konz. H_2SO_4 Zusatz des Oxydationsmittels erfolgt, so daß es seinen Sauerstoff in homogener Phase auf die Einwaage übertragen kann. Anschließend wird die Arsensäure jodometr. mit 0,01 n $Na_2S_2O_3$-Lsg. titriert. Eine genaue Blindwertbest. vor jeder Analysenserie ist erforderlich. Bei Einwaagen zwischen 5 u. 30 mg (As-Geh. 25—75%) beträgt der relative Fehler ±0,1% des theoret. As-Gehaltes. Ein genauer

Analysengang des zuverlässigen As-Bestimmungsverf., geeignet für Serienbest., wird angegeben. — Es wird festgestellt, daß Phenylarsonsäure schon weit unterhalb ihres F. völlig reversibel H_2O abspaltet (~ 1 Mol H_2O je Mol Säure). Zum Mineralisierungsverf. nach WINTERSTEINER (Mikrochemie **2.** [1924.] 78; **4.** [1926.] 155) wird nachgewiesen, daß der Aufschluß bei resistenteren arsenorgan. Verbb. vielfach nicht quantitativ verläuft, die angegebenen Kriterien für beendeten Aufschluß nicht hinreichend u. in der Lsg. noch offenbar recht widerstandsfähige Nitroverbb. vorhanden ind. (Z. analyt. Chem. **143.** 103—11. 1954. Greifswald, Univ., Inst. für anorg. Chem.) S. LANZ. 5352

Robert Miquel und **Alexandre Condylis,** *Direkte polarographische Bestimmung aliphatischer Nitroderivate in Gegenwart von Lanthan- oder Cer-Salzen.* Die direkte polarograph. Best. aliphat. Nitroderivv., wie *Nitromethan, -äthan* u. *-propan,* in saurem Milieu führt wegen der schnellen Abnahme der Wellenhöhe mit der Alterung der Lsgg. zu fehlerhaften Ergebnissen, die sich durch Verwendung von Pufferlsgg. nur wenig verbessern lassen. Vff. zeigen, daß der Zusatz von 9 g La-Acetat u. 11 g $BaCl_2$ zu einem Liter Lsg. oder noch besser ein solcher von 5 g $Ce_2(SO_4)_3$ pro Liter u. 5 Tropfen konz. H_2SO_4 einwandfreie Bestimmungen der genannten Verbb. gestattet. Auch die wichtige Rolle des in den Lsgg. gelösten O_2 für die Reproduzierbarkeit der polarograph. Kurven wird aufgezeigt u. ein Mechanismus für die polarograph. Red. vorgeschlagen, sowie ein genaues Analysenschema angegeben. (Bull. Soc. chim. France, Mém. [5] **1955.** 236—39. Febr. Toulouse.) W. NIEMITZ. G 500

A. Sykes, *Analysen für die Industrie.* Vf. bringt eine ausführliche Zusammenstellung von acidimetr., jodometr., aerometr., potentiometr. u. colorimetr. Makro- u. Mikrometh. zur Best. von *Essigsäure* in Mischungen von 2 oder mehreren organ. Säuren sowie in biol. Untersuchungsmaterial u. gibt ihre Genauigkeit an. Ferner werden qualitative u. quantitative Prüfmethoden zur Best. der Reinheit u. krit. Stellungnahmen anderer Bearbeiter dazu mitgeteilt. — 27 Literaturangaben. (Ind. Chemist **30.** 340—42. Juli 1954.) GOTTFRIED LANGE. G 810

W. Koot, *Qualitative und quantitative Methode zum Nachweis und zur Bestimmung anion- oder kationaktiver Stoffe.* Der qualitative Nachw. anionaktiver Stoffe, z. B. laurylsaures Na, erfolgt durch Schütteln einer Mischung von 20 cm^3 einer 0,4‰ig. Lsg. des Stoffes, 50 cm^3 W., 50 cm^3 Chlf. u. 5 Tropfen einer 1‰ig. wss. Lsg. von Methylenblau (I). Ist der Stoff anionakt., dann färbt sich das Chlf. dunkelblau, die wss. Phase leicht bläulich. Zum Nachw. kationakt. Stoffe, z. B. Laurylammoniumchlorid, wird die I-Lsg. ersetzt durch eine 0,4‰ig. alkoh.-wss. Bromphenolblaulösung. Die Chloroformphase färbt sich dann lebhaft blaugrün, die wss. Phase leicht blau bis malvenfarbig. Zeigt der Stoff keines der beiden Merkmale, so ist er entweder nicht ionogen oder nicht capillaraktiv. Die quantitative Best. erfolgt nach der Meth. von BARR, OLIVIER u. STUBBINGS (C. **1949.** I. 519), die im einzelnen erläutert wird. (Ing. Chimiste [Bruxelles] **36.** 12—17. März 1954. Union Chim. Belge, Labor. d'Applicat.) PH. FRESENIUS. G 810

Ja. M. Perelman, *Eine potentiometrische Methode zur quantitativen Bestimmung von Urotropin.* Es wird ein potentiometr. Verf. beschrieben, welches erlaubt, Urotropinlsgg. von Konzz. 0,025—0,065 Mol/Liter ohne Anwendung von farbigen Indicatoren mit einer Genauigkeit von 1—1,6% des p_H-Wertes zu titrieren. Bei noch schwächeren Lsgg. ist mit 3,5% zu rechnen. Angewandt wurden Chinhydron-, Kalomel- u. Glaselektroden. (Аптечное Дело [Apotheken] **2.** Nr. 6. 17—22. Nov./Dez. 1953. Leningrad, Chem.-pharmazeut. Inst. des Gesundheitsschutzministeriums der UdSSR.) J. KAMSKI. G 910

G. Beck, *Nachweis von Aminosäuren, Ascorbinsäure und Zuckern mit Alkalikobalticarbonat und Chromisalzen.* Durch Rk. von grünem *Kaliumkobalticarbonat* (I), Aquochromichlorid oder Chromihexaharnstoffchlorid mit Aminosäuren in wss. Lsg. erhält man die violettgefärbten inneren Komplexe der Aminosäuren mit Co^{III} bzw. Cr^{III}; nach Sättigung der wss. Phase mit Na_2SO_4 lassen sich die Komplexe mit Isobutanol oder Äthyllactat zum Teil extrahieren. In konz. H_2SO_4 lösen sich die meisten Co^{III}-Komplexe unzers. mit violetter Farbe, während die Cr^{III}-Komplexe grün werden. In 2 Tabellen sind die Rkk. von Aminosäuren, Aminen, Zuckern u. einigen anderen Verbb. mit I angeführt. Die Nachweisgrenze für Glykokoll liegt bei 100 γ/ml, für Tryptophan bei 200 γ/ml. (Analytica chim. Acta [Amsterdam] **8.** 88—93. Jan. 1953. Bern, Univ., Med.-chem. Inst.) K. F. MÜLLER. G 950

Pierre Baudet und **Emile Cherbuliez,** *Mikrobestimmung von α-Aminosäuren und einfachen Peptiden mittels ihrer Cu-Komplexsalze.* α-Aminosäuren u. Oligopeptide werden nach einem gut reproduzierbaren Verf. bis zu einem N-Geh. von 0,10 bzw. 0,20 γ/ml herab durch Bldg. ihrer *Cu(II)-Komplexe* am Cu(II)-Phosphat-haltigen kation. Austauscherharz Dowex 50 (p_H 7,8; 45 Min. bei 45° schütteln) bestimmt. Das vom gelösten Cu^{2+} aus KJ in Freiheit gesetzte J_2 wird mit Amylose in Ggw. von 0,1‰ Pyrogallol bei p_H 4,5

colorimetriert. — Es werden genaue Vorschriften für die Herst. u. Regenerierung des Austauschers u. die Mikrobest., tabellar. Ergebnisse für verschied. Derivv. u. die Abhängigkeit der Extinktionen von der Temp. angegeben. (Helv. chim. Acta **38.** 841—47. 2/5. 1955. Genève, Univ., Labors. de chim. organ. et pharmaceut.)
R. PASEDAG. G 950

H. Brunner und **H. R. Thomas**, *Die Bestimmung von phenolischen Hydroxylgruppen (Halbmikromethode).* 35—200 mg der zu untersuchenden Probe werden genau eingewogen, mit 1—2 ml (3—5 Mol Überschuß) einer Mischung von 9 Teilen Pyridin (Wassergeh. 0,3—0,5%) u. 1 Teil Acetanhydrid (Reagens nicht länger als 4—5 Tage aufbewahren) versetzt u. 2 Std. am Rückfluß erhitzt, nach Abkühlen 5 ml W. zugegeben. Höhere Fettsäuren bilden unter den Reaktionsbedingungen Anhydride, die durch 3 Min. Erhitzen mit 1 ml W., Abkühlen u. Zugabe von 5 ml n-Butanol zerstört werden. Die Lsg. wird mit Phenolphthalein gegen 0,5nKOH titriert. Berechnung des Hydroxylwertes nach: $(T - T_1) \cdot N \cdot 56{,}1/W + A.V.$ (T Titrationswert der Blindprobe in ml, T_1 Wert der Prüflsg. in ml, W Einwaage, N Normalität der KOH u. A.V. Säurewert des Phenols, bestimmt durch Titration des Phenols mit Methylrot als Indicator gegen KOH. Fehlergrenze der Meth. bei reinen Phenolen $\pm 1\%$; bei Phenolharzzwischenprodd. liegen die gefundenen Werte 2% niedriger als nach Theorie. Phenolacetate erleiden bei Ggw. von W. merkliche Hydrolyse, müssen also unmittelbar nach Zerstörung des Anhydrids titriert werden. (J. appl. Chem. **3.** 49—54. Febr. 1953. Slongh, Bucks., Imp. Chem. Ind. Ltd., Paints Div.)
H.-M. BARCHET. G 1060

C. H. Rayburn, W. R. Harlan und **H. R. Hanmer**, *Bestimmung der flüchtigen Phenole im Zigarettenrauch.* Definierte Mengen von Zigarettenrauch werden mit A. ausgeschüttelt u. die flüchtigen Phenole durch Wasserdampfdest. abgetrennt. Nach Kupplung mit diazotiertem p-Nitroanilin wurden die Phenole mit einer Mischung von Ae.-PAe.-50%ig. wss. Methanol (1 : 1 : 0,4) auf sodaimprägniertem Papier absteigend chromatographiert. Es zeigen sich Flecken von *Phenol* (I), *Guajacol* (II), *m-* (III) u. *o-Kresol* (IV), die mit Isopropylalkohol eluiert u. spektrometr. (bei 510 mμ, I bei 490 mμ) gemessen wurden. Je nach Tabaksorte liegt der Geh. an flüchtigen Phenolen im Liter Zigarettenrauch bei I zwischen ca. 0,34—0,51, II 0,04—0,07, III 0,05—0,07 u. IV 0,07—0,09 mg/Liter. Fehlerbreite bei II—IV $\pm 5\%$, bei I $\pm 2\%$. (Analytic. Chem. **25.** 1419. Sept. 1953. Richmond, Va., American Tobacco Co., Res. Dep.)
W. LAMPRECHT. G 1060

Patrick H. Caulfied und **Rex J. Robinson**, *Spektralphotometrische Bestimmung von o-Phenylphenol mit Titansulfat.* Vf. untersucht die Absorptionsspektren der Komplexe verschied. Phenole, bes. von *o-Phenylphenol* (I) mit $Ti(SO_4)_2$ (0,450 g TiO_2, durch mehrstd. Erhitzen auf 300° in 1 Liter konz. H_2SO_4 gelöst). Für 0,5—4,0 mg I sind 25 ml der Reagenslsg. ausreichend. Die Durchlässigkeit wird für I bei 450 mμ gemessen u. die Konz. aus einer Eichkurve abgelesen. Die größte Farbtiefe ist nach 5 Min. erreicht u. hält sich wenigstens 2 Std. unverändert. Übereinstimmung mit dem BEERschen Gesetz herrscht für Konzz. von 4—160 γ I/ml Ti-Reagens. Außer für I wurden noch die Absorptionsmaxima (mμ) u. die spezif. Extinktionskoeffizienten für folgende Phenole bestimmt: *m-* (417), *p-Aminophenol* (418), *p-Bromphenol* (473), *Brenzcatechin* (460), *p-Chlorphenol* (465), *o-Kresol* (455), *2.4-Dichlor-* (490), *p-Äthylphenol* (473), *Hydrochinon* (503), *p-Oxybenzaldehyd* (420), *p-Oxybenzoesäure* (390), *5-Oxy-1.3-dimethylphenol* (453), *1-* (440, 655), *2-Naphthol* (435), *p-Nitrophenol* (451), *Phenol* (455), *o-* (450), *p-Phenylphenol* (482), *Phenylsalicylat* (435), *Phloroglucin* (415), *Pyrogallol* (460), *Resorcin* (405), *p-tert.-Butylphenol* (469) u. *Thymol* (438). Keine sichtbaren Absorptionsspektren besitzen die Komplexe mit *o-Aminophenol* u. *o-Nitrophenol*. *Tribromphenol* löst sich im Ti-Reagens nicht auf. (Analytic. Chem. **25.** 982—83. Juni 1953. Seattle, Wash., Univ., Chem. Labor.) H. M. SCHLEGEL. G 1060

Maria Nivoli, *Chromatographische Trennung des Vanillins vom Cumarin.* Vf. erreicht gute Trennungen des *Vanillins* (I) von *Cumarin* (II) durch Adsorption an anionotrope Tonerde. Sie behandelt 100 g Al_2O_3 (MERCK) mit 200 cm^3 6nHCl, wäscht so lange mit W., bis die Wasch-Fl. einen p_H-Wert von 3—3,5 zeigt, trocknet 2 Std. bei 400 bis 500° u. läßt anschließend 3 Std. an der Luft stehen. Scharfe Zonen von I wurden auch erhalten, wenn das Waschwasser mit W. verdrängt wurde, bis der p_H-Wert 5 erreicht war. Entwickelt u. eluiert wurde mit reinem Toluol. I wird im oberen Teil stark adsorbiert, II nur schwach. Mit einer Säule, 7—8 cm lang u. 1,8 cm Durchmesser, ließen sich noch 5 mg des Gemisches trennen. Zur vollständigen Elution von II wurden 100 ml Toluol benötigt. I zeigt im WOODschen Licht violette Fluorescenz, II wird erst nach Zusatz von NaOH durch grüne Fluorescenz sichtbar. I läßt sich auch durch Bepinseln der ausgestoßenenen Säule mit *2.4-Dinitrophenylhydrazin* an der tiefroten Niederschlagsbldg. erkennen. (Ann. Chimica **43.** 38—39. Jan. 1953. Torino, Univ., Ist. Merceolog.)
H. ENDRASS. G 1140

F. Feigl und **H. E. Feigl,** *Selektive Nachweise von Ephedrin und Adrenalin durch Tropfenreaktionen.* Beim Erwärmen von *Ephedrin* (I) u. *Adrenalin* (II) mit Alkalihydroxyd wird durch Hydraminspaltung CH_3NH_2 gebildet, das sich mit 2.4-Dinitrochlorbenzol zu einer gelben, in organ. Lösungsmitteln lösl. Verb. kondensiert. Darauf läßt sich ein indirekter Nachw. für I u. II gründen. Bei Verwertung der Löslichkeitsunterschiede des in Ae. gut lösl. I u. des in Ae. unlösl. II gelangt man zu einem spezif. Nachw. für I. Für den Nachw. von II wird dessen Redox-Rk. mit o-Dinitrobenzol empfohlen, die ein violettes Prod. ergibt. Die Nachweise lassen sich in Form von Tropfen-Rkk. führen u. erfassen 5—8 γ. (Helv. chim. Acta **38.** 459—62. 15/3. 1955. Rio de Janeiro, Labor. da Produção Mineral, u. Zürich, Univ., Phys.-chem. Inst.) K. F. MÜLLER. G 1320

Maurice Pesez, *Über die Bestimmung von β-Jonon in Gegenwart der α-Isomeren.* α- u. β-Jonon geben mit Salzsäure bei 40° eine Rotfärbung. Wird die HCl mit Essigsäure verd., so liefert nur β-Jonon eine Rotfärbung, so daß dieses neben α-Jonon colorimetr. bestimmbar ist. — Etwa 0,1 g Jonon (α + β) wird mit Eisessig zu 10 ml ergänzt. 1 ml dieser Lsg. wird mit 5 ml eines Gemisches aus 10 ml Salzsäure u. 90 ml Eisessig 1 Std. auf 40° erwärmt. Nach dem Abkühlen (innerhalb ca. 10 Min.) wird unter Verwendung der Schichtdicke 1 cm die Extinktion bei 5500 Å bestimmt. Zwischen 1 u. 5 mg ist die Extinktion der β-Jononmenge proportional; α-Jonon stört nicht. (Bull. Soc. chim. France, Mém. [5] **1955.** 190. Febr. Serv. de Rech. Roussel-Uclaf.) K. F. MÜLLER. G 1960

Elena Gagliardo, *Die Bestimmung des Benzils auf polarographischem Wege.* Verschied. Autoren haben die polarograph. Best. des *Benzils* (I) unter der stillschweigenden Annahme unternommen, daß die Stufenhöhe linear von der Konz. abhänge. Unter keiner Bedingung konnte diese Proportionalität bestätigt werden. Dennoch läßt sich I in HCl-saurer ebenso wie in neutraler 0,1 n LiCl-Lsg., beide in 85%ig. A., polarograph. nach Verdrängung der Luft mit CO_2 im ersten, mit H_2 im zweiten Falle bestimmen, indem man empir. Eichkurven benutzt, da die relativen Stufenhöhen (Diffusionsstrom/Konz.) in sauren Lsgg. ein wenig mit der Konz. ansteigen, in neutraler Lsg. abnehmen. Die Abhängigkeit des Halbwellenpotentials von der Konz. zeigt, daß die Red. 2e entspricht, das Prod. also wahrscheinlich *Benzoin* ist, zumal in neutraler Lsg. noch eine zweite Reduktionsstufe hinzukommt. (Ric. sci. **20.** 1282—84. Aug./Sept. 1950. Centro studio Polarografia.) W. METZENER. G 2370

Wolfgang Diehlmann, *Zur Papierchromatographie von Pyrazolonderivaten.* Anwendung der aufsteigenden Meth. unter Verwendung von Butanol–Eisessig–W.-Gemisch als Lösungsm., von Filterpapier WF 1 u. des EHRLICHschen Reagenses (I; p-Dimethylaminobenzaldehyd in HCl) als Sprühlösung. Papierchromatogramme von folgenden Pyrazolonderivv. wurden mit I entwickelt: *1-Phenyl-2.3-dimethyl-4-acetoxyacetylaminopyrazolon-(5)*, [R_f] 0,88, chromgelb, später fleischfarben abblassend; *1-Phenyl-2.3-dimethyl-4-[diäthylaminoacetylamino]-pyrazolon-(5)*, 0,64, ganz schwach chromgelb, besser mit $FeCl_3$; *1-Phenyl-2.3-dimethyl-4-[diäthylaminoacetyl]-pyrazolon-(5)*, 0,67, karmoisin, später violett; *1-Phenyl-2.3-dimethylpyrazolon-(5)* [*Antipyrin*], 0,93, karmoisin, später violett; *1-Phenyl-2.3-dimethyl-4-aminopyrazolon-(5)* [*Aminoantipyrin*], 0,58, chromgelb, später fleischfarben; *1-Phenyl-2.3-dimethyl-4-dimethylaminopyrazolon-(5)* [*Pyramidon*], 0,65, gelb, lange Entwicklungsdauer; *1.2-Diphenyl-3.5-dioxo-4-n-butylpyrazolidin-Na* [*Butazolidin*], 0,95, orange, längere Entwicklungsdauer. Schwankungsbreite der Werte über 10%. (Naturwissenschaften **40.** 510—11. 1953. Jena, Univ., Physiol.-Chem. Inst.) H. TOEPSCH. G 3122

F. Leuschner, *Über den Nachweis einiger Isonicotinsäure- und Nicotinsäureabkömmlinge auf Filtrierpapier.* Vf. schildert Verff., R_f-Werte der Isonicotinsäure- u. Nicotinsäurederivv. unter 6 μg zu ermitteln. Wert wird auf Erkennung von *Isonicotinsäurehydrazid* (I) gelegt: 1. mittels BrCN, a) mit 10%ig. NaOH besprühen u. auf 100° erwärmen, bis sich fluorescierende Flecken zeigen; b) neutrale oder schwachalkal. Streifen mit 2%ig. wss. Lsg. von o-Phenylendiamin besprühen, dann Einw. von BrCN. 2. Mit 6 g p-Dimethylaminobenzaldehyd .3. Nachw. von I durch Aufsprühen einer 20%ig. wss. Lsg. von SeO_2. 4. Besprühen mit 0,2%ig. Ninhydrinlösung u. Erwärmen. 5. Besprühen mit Benzoylchlorid u. anschließend mit 10%ig. NaOH, Trocknen bei 80°, bis blaue Fluorescenz im UV-Licht sichtbar wird. Untersucht wurden: *Isonicotinsäure*: 1a) blau (Fluorescenz), 3 μg, 1 b) violett, 0,2 μg; *Isonicotinsäureamid*: 1 a) blau, 1 μg, 1 b) blauviolett, 0,2 μg; I: 1 a grünblau, 0,2 μg, 2) gelb 1 μg; *p-Oxybenzalisonicotinsäurehydrazon*: 1 a) fluoresciert schon ohne BrCN, 2) gelb, 6 μg; *Isonicotinursäure*: 1 b) violett, 1 μg; *Nicotinsäure*: 1 a) dunkler Fleck, 2 μg, 1 b) karminrot, 0,2 μg, 2) gelb, 3 μg; *Nicotinsäureamid*: 1 a) blau, 0,5 μg, 1 b) gelb bis karminrot, 0,2 μg, 2) gelb, 3 μg; *Nicotinursäure*: 1 b) karminrot, 1 μg. (Naturwissenschaften **40.** 554. Nov. 1953. Frankfurt/M., II. Med. Univ.-Klinik.) H. TOEPSCH. G 3231

K. V. Giri und **V. N. Nigam,** *Trennung der einfachen Saccharide und Oligosaccharide durch Rundfilterpapierchromatographie.* Die aus Stärke durch Hydrolyse mit Amylase gewonnenen *Oligosaccharide* konnten im Rundfilterpapierchromatogramm mit n-Butanol/Aceton/W. (20: 70: 10) getrennt werden. Auf einem 38,5 cm-Rundfilter werden in der Mitte 50—100 µl Zuckerlsg. aufgetragen u. nach Entw. die einzelnen kreisförmigen Bänder durch Besprühen mit Anilin/Diphenylaminphosphat sichtbar gemacht. Die Saccharide erscheinen als blaue, blaugrüne oder braune Kreise auf weißem Grunde, der sich nach 24 Std. blau verfärbt. Identifizierung der einzelnen Zucker im Mischchromatogramm; Beispiel: Trennung von *Raffinose, Melibiose, Maltose, Sucrose, Galaktose, Glucose, Sorbose, Arabinose, Xylose, Ribose* u. *Rhamnose.* (Naturwissenschaften **40.** 343—44. 2. Juni-H. 1953. Bangalore, Indian Inst. of Sci., Dep. of Biochem.)
E. BRINKMANN. G 3400

Herbert F. Launer und **Yoshio Tomimatsu,** *Schnellbestimmung der Kohlenhydrate und anderer Substanzen mit Dichromat nach der Verdünnungswärme-Methode.* Vff. beschreiben die titrimetr. Best. von organ. Substanzen neben W. u. nichtoxydierbaren Stoffen durch Bichromatoxydation innerhalb von 5 Min., wobei an Stelle der Erhitzung von außen durch Zugabe von W. zur Bichromat–H_2SO_4 (D. 1,84)-Mischung die Verdünnungswärme ausgenützt wird. Die Meth. wurde mit Erfolg an *Kohlenhydraten, Alkoholen, aliphat.* u. *aromat. Carbonsäuren* sowie an *Anthranilsäure* u. *p-Nitrophenol* geprüft. Verschied. Verbb., bes. solche mit CH_3-Gruppen (wie A., Essigsäure, Milchsäure, Stearinsäure), Aminosäuren u. ander N-haltige Verbb., wurden nur unvollständig oxydiert. Soweit die Abweichungen reproduzierbar sind, läßt sich diese Schwierigkeit durch Vergleichsbest. mit einer Standardprobe umgehen. Diskussion der möglichen Fehlerquellen (z. B. durch Bldg. von CO an Stelle von CO_2, oder der relativ stabilen Essigsäure). (Analytic. Chem. **25.** 1767—69. Nov. 1953. Albany, Calif., Western Reg. Res. Labor.)
W. LAMPRECHT. G 3400

Yôhei Hashimoto, *Mikrochemischer Nachweis von Triterpenoiden mittels der papierelektrophoretischen Methode.* Folgende Triterpenoide werden mikrochem. in Triterpenylbisulfate umgewandelt u. diese papierelektrophoret. mit a) der oberen Schicht der Mischung von Butanol–W.–Eisessig (5 : 4 : 1) oder b) Phenol–0,5%ig. Boraxlsg. (9 : 1) als Elektrolyt getrennt: *β-Amyrin, Betulin, Hederagenin, Lupeol, Betulin-, Morol-, Oleanol-* u. *Ursolsäure* u. zum Vgl. *Cholesterin.* Nachgewiesen werden diese Verbb. durch die Purpur- oder Blaufärbung beim Besprühen mit $SbCl_3$-gesätt. Chloroformlsg. u. 5—10 Min. Erhitzen auf 110°. (Experientia [Basel] **9.** 194—95. 15/5. 1953. Kobe, Japan, Pharmaz. Hochsch., Phytochem. Labor.)
K. PRCHAL. G 3600

R. C. Hirt, R. G. Schmitt und **R. W. Stafford,** *Ultraviolettspektrometrische Bestimmung von Styrol und Phthalsäure- und Fumarsäureestern in Polyesterharzen.* Vff. geben eine spektrophotometr. Bestimmungsmeth. für ungesätt. Polyesterharze an, die aus polymeren Estern von zweiwertigen Alkoholen u. zweibasigen Säuren, gelöst in einem Vinylmonomeren, wie Styrol, bestehen. Hauptsächlich absorbierende Stoffe sind hier das *Phthalat* (I, bei 282 mµ, [Absorptivität =] 6,85 u. bei 291 mµ, 1,39) u. das monomere *Styrol* (**II**, 282 mµ, 8,18 u. 291 mµ, 5,58), die Konzz. an **I** u. **II** können also aus den beobachteten Extinktionen bei 282 u. 291 mµ bestimmt werden. Die Konz. an Fumarsäure- bzw. Maleinsäureester, die ebenfalls einen, wenn auch nur geringen Beitrag zur Absorption der Probe liefert, wurde aus den stöchiometr. Beziehungen der Komponenten berechnet u. zur Korrektur der Konzz. **I** u. **II** benutzt. Die Meth. eignet sich zur Schnellbest. von Polyesterharzen. (Analytic. Chem. **27.** 354—56. März 1955. Stamford, Conn., Amer. Cyanamid Co., Stamford Res. Labor.)
M.-L. KLAAR. G 4010

W. A. Schroeder, *Säulenchromatographie bei Strukturuntersuchungen von Peptiden und Proteinen.* Ausführliche Übersicht über die Möglichkeiten u. die bisherige Verwendung der Säulenchromatographie 1. zur Trennung von Aminosäuregemischen u. zur Best. der Aminosäurenzus. von Peptiden u. Eiweißen, 2. bei der Best. der Aminosäurenfolge in Proteinen (Endgruppenbest.) u. bei der Fraktionierung u. Identifizierung von Peptiden u. 3. zur Trennung u. Reinigung von Eiweißen. — 218 Literaturangaben. (Fortschr. Chem. org. Naturstoffe [Wien] **11.** 240—98. 1954. Pasadena, Calif.)
D. MOHRING. G 4070

J. Nyilasi und **Z. Kováts,** *Über die Biuretreaktion der Proteine.* 2. Mitt. *Untersuchung des Kupferkomplexes des Edestins.* (1. vgl. C. **1954.** 619.) Wie l. c. beschrieben, wurde die alkal. Hydrolyse in 1n sowie 0,1nNaOH (25°, bis 360 Std.) von *Edestin* (**I**) sowie dem *Cu-Komplex* von **I** untersucht (Abspaltung von NH_3 sowie Aminosäuren). Der Komplex war widerstandsfähiger als **I**, zum gleichen Ergebnis führte auch der papierchromatograph. Nachw. der frei gewordenen Aminosäuren (Asparaginsäure, Glykokoll, Leucin, Alanin, Serin, Threonin, Prolin u. Valin). Die Überführung von **I** in den Cu-Komplex verhindert Enolisierung bzw. Racemisierung nach DAKIN [1919]. (Acta chim. Acad. Sci. hung. 3. 273—80. 1953. Budapest, L. Eötvös-Univ., Inst. Allg. Chem.) H. ZAHN. G 4070

C. H. Lea und **D. N. Rhodes,** *Chromatographie von Glycerophospholipoiden auf silicagelimprägniertem Papier.* Aus silicagelimprägniertem Papier können mit Methanol (20—30 Vol.-%)-Chlf. *Phosphatidyläthanolamin* (I, R_F 0,85) von *Phosphatidylcholinen* u. Lysoverbb. von den entsprechenden Diacylverbb. getrennt werden (*Lysolecithin*, R_F 0,3). *Plasmalogen* u. *Lecithin* (II) überlappen häufig (R_F 0,65), können aber mit Ninhydrin unterschieden werden. *Sphingomyelin* u. *Lysophosphatidyläthanolamin* wandern gemeinsam (R_F 0,5), sind aber von I u. II gut trennbar. Deutliche Trennung von Verbb., die sich durch Hydrierungsgrad oder Länge der Fettsäureketten unterscheiden, tritt nicht ein. (Biochem. J. 59. V. Jan. 1955. Cambridge, Univ., Low Temp. Res. Stat., u. Dep. of Sci. and Ind. Res.) K. PRCHAL. G 4070

d) Medizinische und toxikologische Analyse.

A. L. Delaunois, *Ein abgeänderter manometrischer Van Slyke-Apparat.* Verbesserung des Originalapp. zur Best. von Gasen in *Blut*: Dichte Spezialhähne, Verbindungsrohre aus nichtrostendem Stahl. — Meßgenauigkeit 2—3‰. (Arch. int. Pharmacodynam. Thérap. 94. 426—29. 1/8. 1953. Gent, Belgien, Univ., J. F. Heymans Inst. of Pharmacol.) K. BLUMRICH. 5727

A. Comfort, *Bestimmung von Plasmacholesterinfraktionen mittels Elution aus dem Papier.* Bei Plasmapapierelektropherogrammen (rasch getrocknet bei 100°) wird die Zone von der γ-Globulinfront bis ca. 1 cm vor die Albuminfront in z. B. 10—12 Streifen zerschnitten, diese Streifen im Reagensglas a) mit 7 ml Aceton 2 Min. auf dem Wasserbad bei 80° oder b) mit 5 ml Aceton 5 Min. bei Zimmertemp. unter Schütteln eluiert, die Eluate auf dem Wasserbad zur Trockene gebracht u. das *Cholesterin* direkt nach ABELL u. Mitarbeitern (C. **1953.** 108) bestimmt. Der minimal erforderliche Serumcholesterinspiegel ist 50 mg/100 ml. (Biochem. J. 59. X. Febr. 1955. London, Univ. Coll., Dep. of Zool.) K. PRCHAL. 5728

J. Bock, *Methode zur quantitativen Bestimmung von Pepsin in Magenflüssigkeit.* Es wird die von HARRESTRUP-ANDERSEN u. BOCK (Proc. XXI Scandinav. Congr. f. Int. Med. **1948.** Nr. 45) u. HUNT (C. **1949.** I. 102) entwickelte Meth. zur Best. von *Pepsin* in Mageninhalt weiter untersucht u. standardisiert. Als Urtitersubstanz für das FOLIN-CIOCALTEU-Reagens verwendet Vf. *Salicylsäure*, u. als Urtitersubstanz für das Substrat (menschliches *Serumprotein*) verwendet er *Pepsin* 1 : 10000. Optimale Bedingungen für die Best. werden angegeben. (Scand. J. clin. Lab. Invest. 6. 237—44. 1954. Kopenhagen, Univ., Dep. of Pharmacol.) H. R. SCHÜTTE. 5731

Wilhelm Künzer, *Quantitative Bestimmung von Bilirubin im Säuglingsstuhl.* Zur Ausschaltung störender Faktoren bei der *Bilirubin* (I)-Best. (vgl. C. **1951.** II. 1037) im Säuglingsstuhl wurde eine Differenzphotometrie der aus Stuhlextrakten gewonnenen Azobilirubinlsgg. vorgenommen. Es wurden 2 Lsgg. gegeneinander gemessen, die gleiche Farbstoffkonz. aufweisen, sich aber in der $H^{\bullet}$-Konz. unterscheiden, von der die Farbe des Azobilirubins abhängig ist. 2 g Stuhl verreiben, Essigsäure bis p_H 3, dann einige g wasserfreies Na_2SO_4 u. schließlich $CHCl_3$ (braune Flasche!) zugeben (Gesamtvol. 40,0 cm^3), 6 Std. schütteln, filtrieren, 2mal je 5 cm^3 Filtrat auf 1 cm^3 (Wasserbad) einengen, nach Erkalten 5 cm^3 CH_3OH, dann je 1 cm^3 frisches Diazoreagens (10 cm^3 Sulfanilsäure + 0,2 cm^3 $NaNO_2$) zugeben, Rotfärbung bei Ggw. von I; zur Probe 1 1 cm^3 HCl-gesätt. CH_3OH zugeben (Umschlag nach Blau), filtrieren, mit derselben Lsg. nachwaschen, auf 25,0 cm^3 Endvol. auffüllen; Probe 2 genau auf p_H 2,5 einstellen, auf 25 cm^3 mit CH_3OH vom p_H 2,5 auffüllen; beide Lsgg. mit Filter S_{57} (PULFRICH-Photometer) gegeneinander messen; $c = (Ed - x) \cdot A \cdot V = (Ed - 0{,}04)$. 103 mg%, wobei Ed spezif. Extinktionskoeff. für 570 mμ, x Korrekturglied, A Absorptionsverhältnis für 570 mμ ($1{,}03 \cdot 10^{-5}$), V Verdünnungsfaktor (100fach); Fehlerbreite ± 3%, wenn I-Stuhlkonz. nicht < 1 mg%. (Z. Kinderheilkunde **70.** 133—35. 1951. Würzburg, Univ.-Kinderklinik.) K. MAIER. 5734

Paolo Carboni, Analisi quantitativa inorganica. Procedimenti ponderali, metodi volumetrici, applicazioni pratiche. Milano: Ed. Görlich. 1955. (VIII + 254 S. m. 16 Abb. u. 25 Tab.) 8°. £ 2000,—.

H. T. Openshaw, A laboratory manual of qualitative organic analysis. 3rd edn. London: Cambridge U. Pr. 1955. (XII + 92 S.) 10 s. 6 d.

A. C. Stickland, Ed., Handbook of scientific instruments and apparatus. London: Physical Society. 1955. (382 S. u. Abb.) 6 s.

Hans Umstätter, Einführung in die Viskosimetrie und Rheometrie. Berlin, Göttingen, Heidelberg: Springer-Verl. 1952. (XII + 152 m. 106 Abb.) DM 16,50.

H. Angewandte Chemie.

I. Allgemeine chemische Technologie.

—, *Schmelzbasalt, ein neues Material.* Eignung von *Schmelzbasalt* in Elektrizitäts- u. Gaswerken in einer Reihe angeführter Einrichtungen, seine chem. u. technolog. Eigg., die Montage in Metallmänteln u. die Verwendung ohne diese, Ausrüstung von Kugelmühlen u. anderen mechan. u. therm. beanspruchten Apparaten. (Paliva **32.** 122—24. Mai 1952.) E. ROTTER. 5804

E. G. Molnar, *Fortschritte der Verminderung der Korrosion in der Industrie.* Überblick über die Korrosionstypen, die mechan. Beeinflussung, Verhinderung u. Verminderung der Korrosion, anorgan. u. organ. Inhibitoren u. kathod. Korrosionsschutz. (Rev. Soc. venezolana Quím. **5.** 7—19. Dez. 1952.) R. K. MÜLLER. 5808

G. T. Dunkley, *Ein Überblick über die Anwendung und Aufbringung von zeitlich wirksamen Rostschutzmitteln.* Behandelt werden Wachs,- Fett- u. Ölüberzüge sowie Inhibitoren, deren Dämpfe eine Rostbldg. verhindern. (Sheet Metal Ind. **27.** 599—604. 606. Juli 1950.) F. MARKHOFF. 5808

D. Reichenberg, *Anwendung von Ionenaustauscherharzen.* Klassifikation der Anwendungsgebiete u. -möglichkeiten der Ionenaustauscherharze in drei Hauptklassen: 1. Ionenaustausch, 2. Anreicherung von Ionen u. 3. Trennung von Gemischen durch Austauschchromatographie. Weitere Unterteilungen ergeben sich durch Art u. Technik der Anwendung. Zu jeder Kategorie werden mehrere spezif. Beispiele gebracht. — 50 Literaturzitate. (Research **6.** 302—08. Aug. 1953. Teddington, Middlesex, Chem. Res. Labor.) F. UMLAND. 5826

Fumitake Yoshida und **Tatsuo Tanaka,** *Luft-Wasser-Kontaktoperationen in einer Kolonne mit Füllkörpern.* Beschreibung einer App. zur Best. von Menge, Temp. u. Feuchtigkeit, bei der im Gegenstrom Luft u. W. durch mit RASCHIG-Ringen gefüllte Kolonnen vorbei an Meßdüsen u. trocknen u. feuchten Thermometern geleitet werden. Aus Messungen bei konstanter Wassertemp., bei Wasserkühlung u. Entfeuchtung wurde für den Gasfilmkoeff. der Wärmeübertragung der Wert $h_G\,a = 0{,}117\,G\,L^{0.2}$ u. für den Gasfilmkoeff. der Wasserdampfübertragung $k_G\,a = 0{,}45\,G\,L^{0.2}$ gefunden, wobei G die Massengeschwindigkeit von Luft + Wasserdampf, bezogen auf den Kolonnenquerschnitt, u. L die Massengeschwindigkeit des fl. Wasserfilms bedeuten. Für den Wärmeübergangskoeff. für den fl. Film ergab sich dagegen $h_L\,a = 8{,}0\,L^{0.8}$. (Ind. Engng. Chem. **43.** 1467—73. Juni 1951. Kyoto, Univ., Dep. of Chem. Engng.) H. MIETHING. 5854

Carl Berger, *Die Bewertung von chemischen Enteisungslösungen.* Vf. definiert die Enteisungswirksamkeit C von chem. Enteisungslsgg. durch die Gleichung $C = cm^3$ gebildetes $W.\cdot cm^{-2}\,min^{-1}\cdot 100$. Es werden Ergebnisse von Enteisungstesten mit 13 organ. Fll. mitgeteilt. Die Teste wurden unter genormten Bedingungen der Größe der Eisoberfläche, der Tempp. des Eises u. der Enteisungslsg. u. der Einwirkungsdauer ausgeführt. Die besten Werte ergaben *2-Amino-2-methylpropanol-(1)*, *Methylcellosolve* u. *Aceton*, völlig wirkungslos waren *Essigsäureanhydrid*, *Amylalkohol* u. *Butanol.* (ASTM Bull. **1954.** Nr. 197. 67—68. April. Philadelphia, Pa., ASTM Headquarters.) GERHARD GÜNTHER. 5858

A. Woodwark, *Extraktion von Flüssigkeiten mit Flüssigkeiten.* Vf. bespricht die theoret. Grundlagen der fl.-fl.-Extraktion. In grundsätzlichen Ausführungen werden die stufenweise u. die Gegenstromextraktion behandelt. Die Konstruktionsmerkmale verschied. Typen von Apparaten für fl.-fl.-Extraktion werden besprochen u. hierzu eine Anzahl spezieller Anwendungsbeispiele diskutiert. (Trans. Instn. chem. Engr. **31.** 175—84. 1953.) GERHARD GÜNTHER. 5862

Allen M. Eshaya, *Wirkung des Druckabfalls auf die Berechnung der Destillationsböden.* Es werden Gleichungen zur Berechnung der Gleichgewichtskurve unter Berücksichtigung des Druckes zusammengestellt. Bei Destillationen bei niedrigem Druck spielen örtliche Druckunterschiede eine Rolle. Deshalb muß ein Korrekturglied folgender Form angebracht werden: $-\,K\,B\,dx/2{\cdot}303\,p\,[1 + (\alpha - 1)\,x_l](\alpha - 1)$, wobei K u. B Konstanten, α die relative Flüchtigkeit u. x die Flüssigkeitszus. an der Stelle der Säule, wo der Druck p herrscht, bedeuten. 2 Beispiele aus der Literatur von 2 verschied. Vff. werden nach der neuentwickelten Theorie berechnet. Das Resultat war in einem Fall 9,6, im anderen 9,3 theoret. Böden. Die Übereinstimmung wird als gut bezeichnet. (Ind. Engng. Chem. **43.** 2153—55. Sept. 1951. New York, N. Y., Coca-Cola Exp. Corp.) H. MIETHING. 5864

F. Rose, *Ultraschall zum Emulgieren, Homogenisieren und Einstellen von Mischungen.* Kurze Beschreibung vnn Ultraschallapparaturen zur intensiven Vermischung von

Stoffen sowie Behandlung spezieller verfahrenstechn. Anwendungen. (Canad. chem. Processing **38** Nr. 6. 36—38. 1/6. 1954. Toronto.) GERHARD GÜNTHER. 5878

W. G. Schlinger, V. J. Berry, J. L. Mason und **B. H. Sage,** *Temperaturgefälle in turbulenten Gasströmungen bei nichtgleichförmiger Strömung.* Es wird ausgeführt, welche strömungsmechan. Größen bekannt sein müssen, um die Temperaturverteilungen vorauszuberechnen, wozu partielle Differentialgleichungen u. Hyperbelfunktionen benutzt werden. Es wird auch ein elektr. Analogon beschrieben. Die Meßergebnisse sind in die berechneten Kurven eingetragen. (Ind. Engng. Chem. **45.** 662—66. März 1953. Pasadena, Calif., California Inst. of Technol.) H. PAULI. 5882

H. Umstätter, *Zur Frage der „Master"-Viscosimeter.* Es wird eine genaue Beschreibung des Freiflußviscosimeters gegeben, das ähnliche Güteeigg. besitzt wie das sogenannte MASTER-Viscosimeter mit langer Capillare. Wird das Freiflußviscosimeter mit hängendem Niveau geeicht, so vereinigt die Multicapillare 12 Meßbereiche in sich. In einer Tabelle sind die Streuwerte von 101 Messungen zusammengestellt. Die Standardabweichung ergibt sich zu $0{,}11_6$% (0,14% für engl. Geräte). Ebenfalls gut reproduzierbar sind die Messungen bei Verwendung des Gerätes als Mikroviscosimeter. (Erdöl u. Kohle **7.** 436—38. Juli 1954. Berlin-Dahlem, Materialprüfungsamt.) S. LANZ. 5886

Wilkins, Campbell Co. Ltd. (Erfinder: **John Geoffrey Lowles** und **John Herbert Wright Booth**), West Drayton, England, *Ölbeständige Dichtungen für Maschinen* (Kraftfahrzeuge, Panzerwagen, Traktoren, Pumpen) aus natürlichem oder künstlichem Leder, das mit einem Äther eines Phenols u. eines mehrwertigen Alkohols (Mono- oder Dikresylglycerinäther, Äthylenglykol- oder Pentaerythritäther mit Phenolhomologen) imprägniert ist. (**E. P. 721 482** vom 9/4. 1952, ausg. 5/1. 1955.) W. GRÄGER. 5811

Koppers Co., Inc., Pittsburgh, übert. von: **Thomas Harold Insinger,** Sewickley, Pa., V. St. A., *Wärmeübertragungsmittel,* bestehend aus ca. 16 (%) $LiNO_3$, 42 KNO_3 u. 42 $NaNO_2$. Geeignet für Tempp. zwischen 450 u. 500°. — Tabellen, Diagramm. (**A. P. 2 692 234** vom 5/11. 1949, ausg. 19/10. 1954.) H. SCHINDLER. 5815

Nedalo N. V., Hengelo, Holland, *Elektrische Gasreinigung von Staub* mittels wenigstens einer in einem Durchströmungsgefäß angeordneten inneren u. mindestens einer äußeren Elektrode, dad. gek., daß die innere Elektrode nur an ihren Enden abgestützt ist, so daß sie durch die Entladungen mechan. Schwingungen ausführt, wodurch ein Haften von Staubteilchen an der inneren Elektrode verhindert wird. — Vorrichtung. (**Schwz. P. 301 427** vom 9/4. 1952, ausg. 16/11. 1954. Holl. Prior. 18/4. 1951.) K. DEMMLER. 5851

Johan Ernst Nyrop, Hellerup bei Kopenhagen, Dänemark, *Elektrische Hochfrequenzbehandlung bei chemischen Reaktionen* (bei Ozon-, C_2H_2-Herst. u. Polymerisationen). Zur Vermeidung der bei der Behandlung auftretenden Wärme werden Hochfrequenzimpulse derart angewendet, daß die während eines Impulses erzeugte Wärme ohne weiteres in der Zeit zwischen 2 Impulsen abgeleitet wird. (**E. P. 661 651** vom 9/8. **1946,** ausg. 28/11. 1951. Dän. Prior. 30/5. 1941.) O. STEIL. 5897

Metallgesellschaft Akt.-Ges. (Erfinder: **Oskar Dorscher,** Bad Homburg, und **Wilhelm Wenzel**), Frankfurt/M., *Durchführung exothermer Gasreaktionen in Kontaktöfen* gemäß D. B. P. 872 938, dad. gek., daß das Kühlmittel (KW-stofffraktionen bzw. KW-stoffverbb.; Paraffine, Diphenyle, Glycerine ausgenommen) aus einem Gemisch zweier oder mehrerer Substitutionsprodd. aliphat. oder cycl. gesätt. oder ungesätt. KW-stoffe besteht, wobei in der Konstitutionsformel der KW-stoffe ein oder mehrere beliebige H-Atome durch die OH- oder Carboxylgruppe in freier oder gebundener Form, z. B. als Ester, Amide, Salze oder dgl., oder durch die NO_2- oder NH_2-Gruppe oder durch Halogene, bes. F u./oder Cl, oder durch halogenähnliche Gruppen, wie Rhodan, oder durch organ. Radikale, z. B. das der Aminoalkohole, ersetzt sein können, oder daß als Kühlmittel Gemische von Metallverbb. angewendet werden, z. B. $AlCl_3$, $AlBr_3$, $BiCl_3$, SbF_3, $SbCl_3$, AsF_3, $AsCl_3$, SnF_4, $SnCl_4$, TiF_4, $TiCl_4$ oder dgl., wobei das als Kühlmittel verwendete Gemisch so ausgewählt wird, daß es während der Kühlung keine schädliche Veränderung erfährt. Als Bestandteil des Kühlmittels kann W. verwendet werden. — Beispiele der Kühlmittel: Gemische von Methanol u. A. mit W., Glykole, höhere Alkohole außer Glycerin, halogenierte KW-stoffe oder KW-stoffverbb., Perfluor-n-heptan, aber auch Gemische von geschmolzenen Metallen, wie K, Na, Hg. — Anwendung bei der Isobutylöl- u. Synolsynth., Ammoniaksynth., katalyt. Oxydation von SO_2, Methanolgewinnung durch katalyt. Hydrierung von CO, Substitutions-Rkk., wie Chlorierungen, Austausch von anorgan. u. organ. Gruppen in organ. Verbindungen. (**D. B. P. 916 886** Kl. 12g vom 17/4. 1949, ausg. 19/8. 1954. Anmeldung bekanntgemacht 7/1. 1954. **Zusatz zu D. B. P. 872 938; C. 1954. 10 390.**) W. MATTHAES. 5903

United States of America, übert. von: **Jacob Elston Ahlberg,** Chicago, V. St. A., *Stufenweise Stabilisierung pyrophorer Metallkatalysatoren.* Durch das feinverteilte Bett der pyrophoren, durch Red. erhaltenen Metalle, z. B. Ni, Co oder Cu, wird bei Tempp. $<55^0$ F der Strom eines inerten Gases, wie N_2, zur Stabilisierung der aktivsten Teile geleitet; danach wird die Temp. auf 90—120^0 F erhöht, wobei auch die anderen Anteile stabilisiert werden. — Katalysieren von Isotopenaustausch-Rkk., Anreicherung von D_2O u. für andere chem. Reaktionen. (**A. P. 2 677 669** vom 11/1. 1945, ausg. 4/5. 1954.) W. MATTHAES. 5905

II. Betriebsschutz. Feuerschutz.

Louis C. McCabe, *Luftverunreinigung durch industrielle Dämpfe, Gase und Stäube.* In 2 Zahlentafeln werden Standardwerte für den Schwebstoffauswurf bei einigen Herstellungsverff. (Rotguß, Gelbguß, Schmelzen von Messing u. Blei, Grauguß, Stahl) angegeben, die von den Fabriken nicht überschritten werden sollen. Die Werte, die für das Gebiet von Los Angeles ermittelt wurden, können aus mehreren Gründen (Wetter, Klima) nicht für andere Bezirke verwendet werden, lassen sich aber nach der gleichen Meth. ermitteln. Um üble Gerüche zu beseitigen, wird empfohlen, die Gase zu verbrennen, auszuwaschen oder chem. zu binden. (Mining Engng. **189.** 971—73. Sept. 1950. Washington, D. C., U. S. Bur. of Min., Office of Air and Stream Pollution Res.) H. EISENBARTH. 5930

E. Holmes, *Sicherheitsmaßnahmen bei Verwendung gefährlicher Chemikalien für die Ertragssteigerung.* Es kommen allg. Gesichtspunkte über die Verwendung von Insekticiden u. Unkrautbekämpfungsmitteln zur Sprache, die sich bei der Handhabung oder Anwendung ergeben. Auf die der Sicherheit von Mensch u. Pflanze dienenden Arbeiten wie Rückstandsbestimmungen wird hingewiesen. (Agric. Progr. **28.** 37—43. 1953. Fernhurst, Haslemere, Surrey, Plant Protect. Ltd.) W. LORENZ. 5930

K. G. Schmidt, *Welche Stäube in der keramischen und Glasindustrie sind gesundheitsschädlich?* Übersicht über die Schädlichkeit der in der keram. u. Glasindustrie auftretenden Stäube für die Gesundheit der Arbeiter. Es werden behandelt die Entwicklungsdauer der Silicose, Staubmeßverff., Bedeutung der Korngröße, Quarz (rechts- u. linksdrehend), Christobalit, Tridymit, amorphe SiO_2, Silicatglas, Silicate u. Mischstäube, bas. Silicate, Flußspat u. Talkum. Dank der Schutzeinrichtungen der keram. Betriebe ist das Lebensalter der Arbeiter von 28—32 Jahren vor 150 Jahren auf 51 bis 61 Jahre gestiegen. (Ber. dtsch. keram. Ges. e. V. **31.** 355—63. Nov. 1954. Bonn, Hauptverband der gewerblichen Berufsgenossenschaften, Staubforschungsinst.) H. EISENBARTH. 5932

H. Jung, *Staub- und Silicoseforschung vom Standpunkt des Mineralogen.* Nach ausführlicher Beschreibung der Staubunterss. bespricht Vf. die Faktoren, welche die Zers. der in die Lunge eingedrungenen Staubteilchen bewirken, u. erwähnt die Bedeutung der Schutzstaube zur Verhütung der Silicoseerkrankungen. (Silikattechnik **3.** 242—52. Juni 1952. Lauscha, Silikatforschungsstelle Thüringen.) O. BÄR. 5932

R. C. Max, *Feuerschutz in den Zellstoff- und Papierfabriken.* Allg. Ausführungen. (Tappi **37.** 65—72. Febr. 1954. Milwaukee, Wis., Factory Insurance Assoc.) H. EISENBARTH. 5944

R. C. Max und **D. S. Davis,** *Feuerschutz in der Papierindustrie.* Kurze Übersicht über Feuerschutzmaßnahmen in der Papierindustrie (vgl. vorst. Ref.). (Paper Ind. **36.** 802. 815. Nov. 1954. Milwaukee, Wis., Factory Insurance Assoc., u. Virginia Polytechn. Inst., Dep. of Chem. Engng.) H. EISENBARTH. 5944

D. D. Diterichs, Belüftung von Werken der chemischen Grundindustrie. Leipzig: Fachbuchverl. 1954. (VIII + 148 S. m. 53 Abb.) DM 12,—.

III. Elektrotechnik.

Soc. le Carbone-Lorraine, Seine, Frankreich, *Schleifbürste.* Eine bei unterschiedlicher Zus. des umgebenden Gases beständige Bürste von gesteigerter Verschleißfestigkeit wird durch Zusatz von bis 10, bes. 2—6% O in Form von leicht reduzierbaren Verbb. zur Bürstenmasse erhalten. Für Bürsten auf Metallbasis, deren Bestandteile Cu oder Fe u. Graphit sind, kommen die Oxyde von Pb, Sn, Cu, Cd, Sb, Bi, Mo, W, Te, Mn, Fe, Co, Ni u. a. in Frage, für Bürsten auf der Basis von natürlichem Graphit, dem organ. Binder beigemengt sind, die Hydroxyde von Cd, Ni oder Co. — 2 Beispiele. (**F. P. 977 817** vom 18/11. 1942, ausg. 5/4. 1951.) B. SCHMIDT. 5953

Radio Corp. of America, übert. von: **William A. Miller,** Port Jefferson, N. Y., V. St. A., *Widerstand* mit negativem Temperaturkoeffizienten. Zur Herst. wird reines

TiO_2 gepreßt, bei 1300—1640° zunächst im Vakuum u. dann in einer Edelgasatmosphäre bis zur Erreichung des gewünschten Widerstandswertes gebrannt. (**A. P. 2 511 216** vom 1/8. 1946, ausg. 13/6. 1950.) H. KESSEL. 5955

Rheinische Draht- & Kabelwerke G. m. b. H. (Erfinder: **Heinrich Glaser** und **Herbert Mayer**), Köln, *Vulkanisierte Kabelisolierung* besteht aus 20—80 (%) Kautschuk u. 5—40 Acrylsäureestern sowie Vulkanisiermitteln, Weichmachern u. Füllstoffen. (**D. B. P. 924 459** Kl. 21c vom 27/4. 1937, ausg. 3/3. 1955. Anmeldung bekanntgemacht 29/7. 1954.) H. KESSEL. 5957

Siemens-Schuckertwerke Akt.-Ges., Berlin und Erlangen (Erfinder: **Rudolf Meister**, Hamburg), *Isolierkörper* besteht aus einem acetylierte faserige Füllstoffe enthaltenden, schnellhärtenden Kunstharz mit hohem m-Kresolgehalt. (**D. B. P. 927 219** Kl. 21c vom 1/10. 1944, ausg. 2/5. 1955. Anmeldung bekanntgemacht 17/12. 1953.) H. KESSEL. 5957

Badische Anilin- & Soda-Fabrik Akt.-Ges., Ludwigshafen/Rh., *Herstellung eines Ferroferrioxyds*, das bes. für *Magnetkerne* geeignet ist, durch Verbrennen von Eisencarbonyl im Luftstrom zu nichtmagnet. Fe_2O_3 u. anschließende Red. dieses Fe_2O_3, z. B. im feuchten H_2-Strom bei 300°, zu Fe_3O_4. (**E. P. 719 192** vom 29/1. 1953, ausg. 24/11. 1954. D. Prior. 30/1. 1952.) H. NEBELSIEK. 5959

Henri Berthet, Isère, Frankreich, *Sammlerelektroden*. Metall. Ni, z. B. durch Zers. von Ni-Carbonyl erhaltenes Ni-Pulver, läßt sich durch anod. Oxydation unmittelbar in Ni-Oxyde umwandeln, wenn der Elektrolyt eine schwach alkal. oder neutrale wss. Lsg. von Alkalicarbonat oder -bicarbonat ist, z. B. eine Lsg. von 0—100 g/Liter NaOH u. 20—200 g/Liter $Na_2CO_3 + NaHCO_3$, wobei das Carbonat im Überschuß gegenüber dem Hydroxyd vorhanden u. die D. der Lsg. $<1{,}2$ sein soll. Enthält der Elektrolyt zusätzlich Zinkat, so läßt sich in einem Arbeitsgang eine Ni-Oxyd- u. eine Zn-Elektrode herstellen. Da in Sammlern mit negativer Zn-Elektrode diese, falls sie vollständig aus Zn besteht, bei der Entladung langsam aufgelöst wird u., falls sie einen Träger aus edlerem Metall, z. B. Ni, besitzt, bei offenem Stromkreis zur Bldg. von Lokalelementen neigt, wird als Träger für die akt. Zn-M. eine Zn–Ni- oder Zn–Ni–Cu-Legierung vorgeschlagen, die frei von den genannten Nachteilen ist. (**F. P. 961 574** vom 27/1. 1948, ausg. 15/5. 1950.) B. SCHMIDT. 5971

Pierre Léon Georges Sosson, Loiret, Frankreich, *Aktive Massen für Bleiakkumulatoren*. Durch elektrolyt. Zers. einer Pb-Elektrode in schwach saurem Pb-Acetatbad entsteht an der Badoberfläche fein verteiltes Pb, das unmittelbar zur Herst. der negativen akt. M. eines Stromsammlers dienen kann. Ein Bad aus tribas. Pb-Acetat zers. die Pb-Elektrode bis zu koll. Feinheit, so daß das Pb sich in Ggw. des Elektrolyten in 48 bis 72 Std. in ein Oxydgemisch (mit hohem Geh. an PbO_2) umwandelt, das unmittelbar als positive akt. M. verwendbar ist. Ein mit diesen akt. Massen ausgerüsteter Sammler zeigt hohe Kapazität u. braucht nicht formiert zu werden. (**F. P. 964 702** vom 16/4. 1948, ausg. 23/8. 1950.) B. SCHMIDT. 5971

Egyesült Izzólámpa és Villamossági Részvénytarsasag, Ujpest, Ungarn, *Niederdruckquecksilberdampflampe*. Die zwischen 4000 u. 4500 Å liegende Strahlung wird in einer Umwandlungszone, die aus (Zn, Cd)-S oder mit Cr aktiviertem Al_2O_3 besteht u. auf der Innen- oder Außenfläche der Gefäßwandung angebracht sein kann, in langwelligere Strahlung verwandelt. (**Schwz. P. 294 163** vom 5/1. 1951, ausg. 16/1. 1954. Ung. Prior. 11/1. 1950.) H. KESSEL. 5973

Electric & Musical Industries Ltd., Hayes Middlesex, England (Erfinder: **Harry Cassman**), *Entladungsröhren mit lichtempfindlichen Schichten*, bes. *Fernsehröhren*. Zur Schwärzung von Elektroden- oder Wandflächen wird eine ca. 1000 Å starke Pb-Schicht aufgedampft, die Al- oder bes. Cs-Dämpfen ausgesetzt wird u. noch Sn, Ge oder Si enthalten kann. (**E. P. 724 202** vom 28/1. 1952, ausg. 16/2. 1955.) H. KESSEL. 5975

Siemens-Reiniger-Werke Akt.-Ges. (Erfinder: **Kurt Bischoff**), Erlangen, *Schirmbilderzeugung*. An Stelle der üblichen Bildschirme mit fluorescierenden Kristallen wird ein solcher verwendet, der Kristalle von Alkali- oder Erdalkalihalogeniden enthält, die unter Einw. von Röntgen- u. Elektronenstrahlen dunkle Farbzentren bilden. Zur Kontrasterhöhung der so erzeugten Bilder wird der Schirm von der Seite der Röntgenstrahlenquelle mit einer konstanten Lichtquelle beleuchtet. Zur weiteren Kontrasterhöhung kann das Durchleuchtungsbild auch mit Hilfe eines Röntgenbildwandlers elektronenopt. so weit verstärkt werden, daß es in einem nicht verdunkelten Raume deutlich erkennbar ist. Die Bilder können in bekannter Weise durch Einw. von Wärme oder elektr. Feldern wieder gelöscht werden. (**D. B. P. 925 033** Kl. 57b vom 31/3. 1942, ausg. 10/3. 1955. Anmeldung bekanntgemacht 12/8. 1954.) A. KALIX. 5975

Comp. Française Thomson-Houston, Frankreich, und **S. E. M. Soc. d'Électricité et de Mécanique, Procédés Thomson-Houston, Van den Kerchove & Carels, Soc. An.,** Brüssel, Belgien (und **John Edward Jacobs**), *Halbleiterzelle* zur Messung von Röntgenstrahlen besteht aus CdS, das durch Erwärmung in O_2-freier Atmosphäre vergütet u. während der Messung zur Erhöhung der Empfindlichkeit einer Hilfsbestrahlung von ca. 5200 Å u. konstanter Intensität ausgesetzt wird. (**F. P. 1 051 349** vom 16/10. 1951, ausg. 14/1. 1954. **Belg. P. 506 505** vom 18/10. 1951, ausg. 13/3. 1953. Beide A. Prior. 18/10. 1950.) H. Kessel. 5977

Civilforsvarsstyrelsen, Stockholm, Dänemark, *Ionisationskammer mit Zusatzkondensator.* Das z. B. aus Polystyrol, Polyäthylen oder Polytetrafluoräthylen bestehende Dielektrikum des Zusatzkondensators ist zur Erhöhung der Zeitkonstante mehrschichtig ausgebildet. (**E. P. 716 221** vom 26/6. 1952, ausg. 29/9. 1954. Dän. Prior. 30/6. 1951.) H. Kessel. 5979

Allgemeine Elektricitäts-Gesellschaft (Erfinder: **Paul Nowak** und **Vitaly Grosse**), Berlin, *Schaltrohr für elektrische Gasschalter mit Lichtbogenlöschung.* Das gasabgebende Material besteht aus organ. ringförmigen, nicht vernetzten N-Verbb., die in dem Heteroring mindestens ebenso viele N- wie C-Atome enthalten, z. B. aus Cyanurverbb., Triazolen, Triazinen, Tetrazolen oder Tetrazinen, bes. in Form höhergliedriger, durch Kondensation erhaltener Verbb., deren Seitenketten Amid-, Imid-, Azo-, Hydrazo- oder Nitrilgruppen enthalten. (**D. R. P. 767 663** Kl. 21c vom 10/1. 1939, ausg. 16/3. 1953.) H. Kessel. 5983

Félicien Mailly, Seine-et-Oise, und **Physap,** Seine, Frankreich, *Plastische Masse,* in die man nur geringe Mengen elektr. leitendes Material einmischt (5—20%). Verwendung der Mischungen für Kerne von Selbstinduktionsspulen u. für *Kondensatoren.* (**F. P. 58 492** vom 23/7. 1948, ausg. 30/11. 1953. **Zusatz zu F. P. 953 433; C. 1950. II. 209.**) M. Pankow. 5989

IV. Wasser. Abwasser.

Harald Tötterman, *Die chemische Reinigung des Kesselspeisewassers für die neue Dampfkraftzentrale der Fabrik A. B. Kaukas.* Aus einem Sulfitablauge enthaltenden W. konnte durch Ausflockung der organ. Substanz mittels $FeSO_4Cl \cdot 7\,H_2O$ u. Enthärtung mit Ionenaustauschern ein einwandfreies Kesselspeisewasser erhalten werden. Die durch Fe erzeugte Flockung hat unabhängig von der Jahreszeit gute Sedimentationseigg. u. stellt sich billiger als die mittels Al-Sulfat. (Finska Kemistsamfundets Medd. **62.** 65—91. 1953. Helsingfors, Oy. Keskuslabor.-Centrallabor. A/B.) S. Beckmann. 6030

Gerhard Cludius, *Reinigung von Stadt- und Molkereiabwässern in einer Fischteichanlage.* In Freren (Kr. Lingen) wird häusliches, Molkerei- u. gewerbliches Abwasser (maximal 3 Liter/Sek.) nach Vorklärung in Zweikammergrube, aus der der Schlamm abgesaugt u. mit Torf gemischt wird, nach Verdünnung 1 : 5 mit reinem Flußwasser durch 2 Fischteiche von zusammen 1 ha u. mittlerer Tiefe von 85 cm geführt. Die Reinigungswrkg. ist gut u. billig, die Teichsohle verschlammte nicht nennenswert. (Wasser u. Boden **1955.** 8—9. Jan. Osnabrück.) H. Mühlmeister. 6036

A. N. Anissimow, *Hygienische Bewertung einiger Verfahren zur Unschädlichmachung von Phenolabwässern der Schieferindustrie.* Phenolabwässer der Schieferindustrie mit 1,03—1,77 g Phenol (I)/Liter (davon 32—56% flüchtige I) wurden zum Ablöschen der Asche in Gasgeneratoren verwendet. Die Verunreinigung der Zechenluft mit Phenolen war unbedeutend u. blieb erheblich unterhalb der zulässigen Grenze. Die anfallenden I-Abwässer decken 62% des erforderlichen Löschwasserbedarfs. Die angegebene Verwendung von I-haltigen Abwässern mit einem I-Geh. nicht über 2 g/Liter ist daher hygien. unbedenklich. (Гигиена и Санитария [Hyg. u. Sanitätswes.] **1953.** Nr. 8. 12—16. Aug. Inst. für exp. u. klin. Med. der Akad. der Wiss. der EstSSR.) A. v. Wilpert. 6042

K. Stundl, *Der Einfluß verschiedener Abwässer auf den bakteriellen Abbau von Stickstoffverbindungen.* Die in häuslichen Abwässern ablaufenden Umsetzungsvorgänge lassen sich durch den Nachw. u. die Best. der jeweils vorhandenen N-Verbb., wie NH_4, Nitrit, Nitrat u. Eiweiß-N, verfolgen. Gegen Ende des Eiweißabbaues erscheint NH_4, dann Nitrit u. schließlich Nitrat, daneben verlaufen Denitrifikationsvorgänge. In Ggw. größerer Mengen gewerblicher oder industrieller Abwässer verändern sich die Abbauprozesse. Molkerei- u. Gerbereiabwässer verlangsamen den Abbau erheblich. Noch stärkere Hemmung der Abbauvorgänge kann durch baktericid wirksame Abwässer hervorgerufen werden (Beizwässer, Abwässer aus Zellwollefabriken). Häusliches Abwasser, mit Spülwasser einer Galvanisierungsanlage (100 : 1, Endkonz. 1 mg Cu bzw. 2 mg Ni/Liter) gemischt, zeigte bei 3wöchiger Beobachtung keine Beeinflussung der Abbauvorgänge.

Die Abwässer beeinflussen in ähnlicher Weise auch die bei der „Selbstreinigung" der Gewässer sich abspielenden Vorgänge. Die Auswrkg. der Beimischung eines Abwassers auf einen Vorfluter kann gut in Modellverss. festgestellt werden, wobei neben der Best. der N-Verbb. zweckmäßigerweise auch der biochem. O_2-Bedarf ermittelt wird, aus dessen Höhe sich Rückschlüsse auf die Auswrkg. der Abwasserverunreinigung auf die Tierwelt des Gewässers ergeben. Zur Prüfung der Leistungsfähigkeit verschied. physiol. wirksamer Bakteriengruppen ist es günstig, den Wasserproben leicht abbaufähige N-Verbb., wie Pepton, Harnstoff, Ammonsalze, zuzusetzen u. die Abbauleistungen zu prüfen. Sie verlaufen in verschied. Wässern verschiedenartig. (Z. Hyg. Infektionskrankh. **133.** 169—75. 1951. Graz, TH, Inst. für biochem. Technol. u. Lebensmittelchem.) K. Maier. 6044

Hanns Roediger, *Die anaerobe alkalische Schlammfaulung.* Zusammenfassender Überblick über die anaerobe alkal. Schlammfaulung, aus dem sich — unterstützt durch eigene Unterss. — ergibt, daß bei Berücksichtigung aller Möglichkeiten zur Intensivierung der Schlammfaulung u. zur Verbesserung des prakt. Betriebes eine weit schärfere Dimensionierung der Schlammfaulräume als bisher ermöglicht wird. Dazu gehören: möglichst häufige Zugabe von kleinen Frischschlammengen, Erwärmung des Frischschlammes vor der Zuführung in den Faulraum, gute Initialimpfung u. Einmischung des Frischschlammes, gute Umwälzung u. Schwimmdeckenverhinderung, gleichmäßige Erwärmung des Faulrauminhaltes, Ausfaulung in mindestens 2 Stufen mit Zwischenimpfung u. frühzeitige Entfernung des Schlammwassers aus den Faulräumen. (Gas- u. Wasserfach, Ausg. Wasser **96.** 51—52. 15/1. 1955. Stuttgart.) W. Niemitz. 6048

O. Thomann, *Das Membranfilter in der Wasserbakteriologie.* Aus vergleichenden Unterss. schließt Vf., daß das Membranfilter ein begrüßenswerter Ersatz für die Anreicherungskulturen bei *Escherichia coli* wegen des direkten u. schnelleren Befundes ist. Bei Wassermengen >5 cm³ leistet es wertvolle Dienste, während sich bei <5 cm³ Gußkulturen besser eignen. (Mitt. Gebiete Lebensmittelunters. Hyg. [Bern] **45.** 62—65. 1954. Zürich.) H. Mühlmeister. 6064

Barnett F. Dodge und **Walter Zabban,** *Analytische Verfahren zur Bestimmung von Cyanaten in Plattierungsabläufen und in Betriebsabwässern.* Eine vergleichende Prüfung der zur Best. von Cyanaten (I) in wss. Lsg. dienenden Verff. zeigt, daß das einfachste u. raschest ausführbare Verf. die Zers. der I mit Säure nach Kjeldahl u. die colorimetr. Best. des dabei entstehenden NH_3 mit Nesslers Reagens ist. (Plating **39.** 381—84. April 1952. New Haven, Conn., Yale Univ.) W. Wesly. 6068

Walter Fuchs, Untersuchungen zur Verbesserung der Wasseraufbereitung und Wasseranalyse: Über die Schnellbewertung von Ionenaustauschern. Köln u. Opladen: Westdt. Verl. 1954. (47 S. m. 32 Abb.) = Forschungsberichte d. Wirtschafts- u. Verkehrsministeriums Nordrhein-Westfalen. Nr. 122. DM 12,30.

V. Anorganische Industrie.

D. W. Ssokolski und **B. W. Ssuworow,** *Neues über die Methodik der Gewinnung von Wasserstoff in Generatoren vom Ballontypus.* Ermittlung der besten Bedingungen zur H_2-Darst. nach dem Alkali–Silicol-Verf. in Ballongeneratoren. Es zeigte sich, daß die Rk. zwar durch Lösen von Si (oder 70% ig. FeSi) in NaOH u. Bldg. von Na_2SiO_3 oder $NaHSiO_3$ eingeleitet wird, wobei NaOH katalyt. zu wirken scheint, der Hauptverlauf jedoch nach der Gleichung $Si + 2\,H_2O = SiO_2 + 2\,H_2$ erfolgen dürfte; nebenbei werde auch durch Fe etwas H_2 entwickelt. Bestes Mengenverhältnis der Ausgangsstoffe: FeSi : NaOH : H_2O = 4 : 3 : 16. Ausbeute 1250 Liter H_2/kg FeSi. (Вестник Академии Наук Казахской ССР [Nachr. Akad. Wiss. KasachSSR] **10.** Nr. 7. 68—75. Juli 1953.) A. v. Wilpert. H 238

—, *Schwefel und die Abscheidung von Schwefeldioxyd aus Gasen.* Nach einer Übersicht über die Lage zur Befriedigung des industriellen u. landwirtschaftlichen Schwefelbedarfs u. die Auswirkungen von S-Verbb. in der Atmosphäre werden die Verff. zur Gewinnung des Abgasschwefels geschildert: direkte Verflüssigung von SO_2, Absorption mit bas. Aluminiumsulfat, Auswaschung mit NH_3-W., Umwandlung in elementaren S nach dem Verf. der Imperial Chemical Industries, dem Boliden-Verf., dem Verf. von Fleming u. Fitt (Rk. von SO_2 mit Naturgas), ferner die Gewinnung von SO_2 aus Verbrennungsgasen nach dem Howden I. C. I.-Verf., nach dem Katasulf-Verf. (Auswaschen mit NH_3- u. $(NH_4)_2CO_3$-Lsg.), nach dem ZnO-Verf. u. dem Na_2CO_3-Verfahren. (Rev. Produits chim. **56.** 389—92. 30/11. 1953; **57.** 52—54. 28/2. 1954.) F. Schuster. H 253

M. M. Kopanzew, *Wasser als eines der Mittel zur Regulierung der Abröstung von Schwefelkies.* Beim Abrösten von Kiesen (FeS_2) in Drehrohröfen wird zur Erhöhung der Produktion empfohlen, W. in dünnem Strahl in überhitzte Zonen einzuleiten, in denen bereits Zusammenbacken erfolgt. Der Wasserstrahl soll auf das Kiesmaterial gerichtet sein, der Druck ausreichen, um den verdampfenden Strahl bis zur axialen Mitte des Ofens zu führen. — Die Bldg. von SO_3 wird fast völlig vermieden. Das Ofenfutter wird bei dünnem Strahl geschont. Die Gasreinigung wird erleichtert. (Бумажная Промышленность [Papier-Ind.] **29.** Nr. 9. 18—22. Sept. 1954. Kaliningrad, 2. Cellulose-Papier-Kombinat.) A. V. WILPERT. H 253

I. S. Tillotson, R. B. Burt und **James A. Barr,** *Phosphattransport durch Rohrleitung.* Halbtechn. Verss., Berechnungen u. Erprobung einer Pipeline zum Transport von bis zu 90 t/Std. Phosphatbrei auf ca. 5 km, Energiebedarf, Plan u. Profil der Leitung, Theorie. (Mining Engng. **4.** 273—82. März 1952. Mulberry, Fla., Intern. Min. & Chem. Corp.; Wilson Dam, Ala., Tennessee Vall. Auth.; Mt. Pleasant, Tenn., Defense Minerals Adm.) H. ECKHARD. H 264

Shinzo Okada und **Shiro Yoshizawa,** *Die Wirkungen von Verunreinigungen bei der Natriumchloridelektrolyse nach dem Quecksilberverfahren.* Vff. untersuchen mit näher beschriebener App. die Wrkg. von Fe-, Ca-, Al-, Ti-, SiO_3- u. bes. Mg-Ionen auf das Stromspannungsverhältnis, auf die Wirbelströmung an der Hg-Oberfläche, auf deren Oberflächenspannung u. die Potentialverteilung. Die H_2-Überspannung wird durch Fe u. Ca herabgesetzt, Mg-Ionen hemmen die Wirbelströmung, so daß die Na-Ionen nur durch Diffusion zur Entladung kommen u. durch beide Effekte die H_2-Abscheidung in unerwünschter Weise begünstigt wird. (Mem. Fac. Engng., Kyoto Univ. **14.** 243—54. Okt. 1952. Kyoto, Univ., Dep. of Ind. Chem. [Orig.: engl.]) H. ECKHARD. H 274

G. Batta, L. Scheepers und **L. Bousmanne,** *Die Wiedergewinnung und Verwertung von Eisen(II)-sulfat aus Beizrückständen.* Unterss. über die beim Beizen von Stahl mit H_2SO_4 anfallenden Rückstandsbäder zeigen, daß die verschied. Verff., deren Ziel die Wiedergewinnung von $FeSO_4$, H_2SO_4 + $FeSO_4$, elektrolyt. Fe + H_2SO_4, $(NH_4)_2SO_4$ + verschied. Fe-Salzen, $CaSO_4$ + $Fe(OH)_3$, H_2SO_4 + Fe_2O_3 ist, unwirtschaftlich sind. Vorschläge angesichts der Notwendigkeit eines Schutzes der Wasserläufe gegen ihre Verunreinigung durch die Abfallbeizlaugen. (Ind. chim. belge **17.** 383—88. 1952. Liège, Univ., Labor. de Chim. Ind. Minérale.) W. WESLY. H 354

J. Remond, *Die Alkaliferrocyanide. Herstellung — Eigenschaften — Verwendung.* Kurze Angaben über die Herstellungsverff.; einige physikal. u. chem. Eigg. der festen Salze u. der Lsgg., therm. Beständigkeit, Zers. bei Ggw. von Dampf oder O_2, Rkk. mit HCl, HF, H_2SO_4, Na, $HgCl_2$, F_2; Verh. bei Bestrahlung u. Oxydation, Rkk. mit Anionen u. Kationen, H_2, Stickoxyden, organ. Basen, Aldehyden, Ketonen, Proteinen. Herst. u. Eigg. der freien Säure. Zahlreiche Verwendungsmöglichkeiten in der organ. Chemie, bei der Flotation, Oberflächenbehandlung von Metallen, bei der Galvanisation, in der Farben-, Gummi- u. Phototechnik u. analyt. Chemie. — 48 Literaturstellen. (Rev. Produits chim. **57.** 321—26. 30/9. 361—66. 31/10. 1954.) H. ECKHARD. H 354

L. Mackles, R. A. Heindl und **L. E. Mong,** *Über Naturgraphite: Chemische Analysen, Oberflächengröße und Reaktionen beim Erhitzen; Feuerfestigkeit der Aschen.* 11 Naturgraphite, die zur Herst. von Graphitschmelztiegeln geeignet sind, hinterließen 1,6—34% Asche mit 2—11 Mol SiO_2 pro Mol Al_2O_3, stark wechselndem Alkali- u. Erdalkaligeh. u. SEEGER-Kegel Nr. 5—27, ohne deutliche Beziehungen zur Zusammensetzung. Die spektrochem. ermittelten Spurenelemente sind nicht für die Fundorte kennzeichnend. Die Best. der Oberfläche erfolgte durch Adsorption von N_2 bei -195^0 mit Hilfe des Berechnungsfaktors 16,2 Å^2 pro Mol. N_2. Ergebnisse zwischen 0,3 u. 3,5, in einem Falle 26,5 m^2/g. Nach Erhitzen auf 400^0 zur Vertreibung etwaiger Reste von Flotationsmitteln ergaben sich um -8 bis $+80$% geänderte Werte. Die therm. Differentialanalyse gab nur in einem Falle einen Effekt, der Entwässerung von beigemengtem Kaolin entsprechend. (J. Amer. ceram. Soc. **36.** 266—72. 1/8. 1953. Washington, D. C., Nat. Bur. of Stand.) G. LOCHMANN. 6148

Ferruccio Palazzi, *Untersuchungen an latinischen Bleicherden.* Vf. untersucht eingehend die Bleicherdenvorkk. der Provinz Latium (Mittelitalien). Die Vorkk. bestehen aus Schichten unterschiedlicher petrograph. Zus.; die Adsorptionsfähigkeit, durch Behandeln mit 0,1%ig. Fuchsin- bzw. Methylenblaulsg. ermittelt, wird allg. als überdurchschnittlich gut angesprochen. Die Fähigkeit des Ionenaustausches, durch die verschied. Gitterstruktur der Mineralkomponenten bedingt, ist in den einzelnen Lagen unterschiedlich. Durch Aufstellen von Sedimentationskurven der einzelnen Schichten (zum Teil mit Elektrolytzusatz) wird ein „Plastizitätsindex" (indice di sofficità) ermittelt, der nach Ansicht des Vf. auch Rückschlüsse auf das Adsorptionsvermögen zuläßt. Die systemat. durchgeführten Unterss. zeigen, daß die bleichende Wrkg. durch Silicathydrate hervorgerufen wird, während die sandigen Komponenten als Filter wirken. (Chimica [Milano] [N. S.] **7 (28).** 7—9. 1952.) W. ANIKA. 6156

United States of America, übert. von: **Harold C. Urey,** Leonia, N. J., **Aristid V. Grosse,** Bronxville, N. Y., **Hugh S. Taylor,** Princetown, N. J., und **George G. Joris,**

Princetown, N. J., V. St. A., *Konzentrieren der Isotopen eines Elementes* in einer Fl. durch Isotopenaustausch zwischen dem Dampf dieser Fl. u. einem Gas, wobei sowohl Fl. als auch Gas das Element enthalten. Das Gas wird im Gegenstrom unter intensiver Mischung durch die Fl. geleitet u. mit dem Dampf dieser Fl. angereichert über einen Katalysator geführt, der aus Ni, Co, Fe, Ru, Rh, Pd, Os, Ir, Pt, Mo, W, Re oder einer Verb. dieser Elemente bestehen kann. Z. B. können so an D angereichertes W. oder Cyclohexan erhalten werden. — Zeichnungen. (**A. PP. 2 690 379** vom 21/11. 1942, **2 690 380** vom 4/5. 1944, **2 690 381** vom 15/5. 1945 u. **2 690 382** vom 28/5. 1945, alle ausg. 28/9. 1954.) K. DEMMLER. 6076

Riedel-deHaën Akt.-Ges. (Erfinder: **Askan Hertwig**), Seelze bei Hannover, *Herstellung aluminiumhaltiger Hydride*, bes. Halogenmagnesiumaluminiumhydrid, HalMg·(AlH_4), Aluminiumwasserstoff, AlH_3, Magnesiumaluminiumhydrid, $Mg(AlH_4)_2$. GRIGNARD-Verbb. (I) werden in Lösungs- bzw. Suspensionsmitteln unter Einw. von H_2 der hydrierenden Spaltung (bes. in der Wärme u. unter erhöhtem Druck) unterworfen. Das Reaktionsprod. wird mit der entsprechenden Menge eines Al-Halogenids (II) (bes. $AlCl_3$) zur Rk. gebracht u. gegebenenfalls das in Lsg. befindliche oder isolierte Halogenmagnesiumaluminiumhydrid durch Erhitzen in $Mg(AlH_4)_2$ übergeführt. Ein Arbeitsgang kann eingespart werden, wenn man bereits den I die jeweils entsprechende Menge des II zufügt u. erst danach unter Einw. von H_2 die hydrierende Spaltung durchführt. (**D. B. P. 921 986** Kl. 12i vom 21/11. 1952, ausg. 7/1. 1955. Anmeldung bekanntgemacht 26/5. 1954.) R. SCHREINER. H 238

Soc. Zampoli & Brogi, Florenz, Italien, *Verfestigen von Wasserstoffperoxydlösungen zu gelatinösen Massen.* Möglichst konz. H_2O_2-Lsgg. werden mit Natriummetasilicat (Na_2SiO_3) versetzt, vorzugsweise in Ggw. eines Beschleunigers (z. B. Na_2CO_3), eines Stabilisators (z. B. einer oberflächenakt. Substanz) u. eines dehydratisierenden Salzes (z. B. wasserfreiem Na_2CO_3). (**Schwz. P. 304 007** vom 24/6. 1952, ausg. 1/3. 1955. It. Prior. 30/1. 1952.) R. SCHREINER. H 241

Badische Anilin- & Soda-Fabrik Akt.-Ges. (Erfinder: **Werner Kunzer, Wilhelm Rasche** und **August Scharfenberger,** Ludwigshafen/Rh., und **Oskar Krieg,** Fußgönheim), *Herstellung von HCl aus Wasserstoff und Chlor unter Flammenbildung* in einem doppelwandigen, an der einen Kopfseite geschlossenen Zylinder, der von einem ebenfalls doppelwandigen, an der entgegengesetzten Seite geschlossenen Zylinder umgeben ist, wobei die Hohlräume in den Doppelwänden zur Aufnahme eines Kühlmittels dienen, während die Abführung der Reaktionsgase durch den Mantelraum zwischen den beiden Zylindern erfolgt. Der Brenner, in dem die HCl-Bldg. erfolgt, ist am Boden des inneren Zylinderraumes angeordnet. Durch Einbauten im Mantelraum wird der Weg der abziehenden Reaktionsgase verlängert. Der zylindr. Reaktionsraum kann konzentr. von mehreren doppelwandigen Kühlzylindern umgeben sein, wobei die Zwischenräume zwischen diesen Zylindern von den Reaktionsgasen entweder nacheinander oder parallel durchströmt werden. — Abbildung. (**D. B. P. 923 844** Kl. 12i vom 14/2. 1952, ausg. 21/2. 1955. Anmeldung bekanntgemacht 15/7. 1954. **E. P. 719 199** vom 30/1. 1953, ausg. 24/11. 1954. D. Prior. 13/2. 1952.) R. SCHREINER. H 247

Badische Anilin- & Soda-Fabrik Akt.-Ges. (Erfinder: **Ferdinand Markert** und **Helmut Krome**), Ludwigshafen/Rh., *Konvertierung von Kohlenoxyd und Wasserdampf* bei n. oder erhöhtem Druck in Kohlendioxyd u. Wasserstoff unter Verwendung von Wärmeaustauschern, die durch das abziehende konvertierte Gas das Frischgas aufheizen, u. Benutzung von W. als Wärmeträger zwischen konvertiertem Gas u. Frischgas in Reaktionsgefäßen mit mehreren Katalysatorschichten u. einer Dampf von hohem Druck u. hoher Temp. erzeugenden Vorr. zwischen den Schichten, dad. gek., daß dieser Dampf zum Betrieb einer einen Dampfkompressor antreibenden Turbine dient, welche Dampf von geringem Druck komprimiert, wobei der Druck, auf den der Dampf in der Dampfturbine entspannt, u. der Druck, auf den der zu komprimierende Dampf im Kompressor gebracht wird, so gewählt werden, daß der Dampf bzw. sein Wärmeinhalt zur Sättigung der zu konvertierenden Gase dient. Das Verf. bietet den Vorteil, daß ein Teil der Kompressionswärme des Niederdruckdampfes u. die nicht in mechan. Energie umgesetzte Wärme des Hochdruckdampfes nicht verloren gehen, sondern der Konvertierung als Wärme zugeführt werden. — Zeichnung. (**D. B. P. 926 127** Kl. 12i vom 19/10. 1952, ausg. 7/4. 1955. Anmeldung bekanntgemacht 16/9. 1954.) W. MATTHAES. H 260

Fansteel Metallurgical Corp., übert. von: **Carl T. Olson** und **Roger W. Hoffmann,** North Chicago, Ill., V. St. A., *Tantaloxydpulver mit geringem Eisengehalt.* Ta-Pulver wird in Mischung mit Fe-Pulver 20—26 Std. auf 600° in Ggw. geringer O_2-Mengen erhitzt u. das Prod. durch ein Maschensieb (200) getrieben. (**Can. P. 488 882** vom 5/1. 1948, ausg. 16/12. 1952.) W. WITTHOLZ. H 332

Research Institute of Temple University, Philadelphia, übert. von: **Aristid O. Grosse,** Haverford, Pa., V. St. A., *Gewinnung und Reinigung von Chromylfluorid* durch Rk. von 1 (Gewichtsteil) CrO_3 mit 12 wasserfreiem HF. Man erhält CrO_2F_2 u. W. mit einem Überschuß von HF. Dieses Gemisch kühlt man auf -78^0, wobei sich CrO_2F_2-Kristalle bilden. Diese trennt man ab u. erhitzt sie auf $+31,6^0$. Dabei schm. die Kristalle u. verdampfen. Um auch die letzten Reste von HF zu entfernen, setzt man gleichzeitig Alkalifluoride zu. Dabei werden die letzten Reste gebunden, u. man erhält reines CrO_2F_2. (**A. P. 2 684 284** vom 11/8. 1951, ausg. 20/7. 1954.) H. NEBELSIEK. H 335

National Research Council, Ottawa, Ontario, Can., *Extraktion von Uran* aus U-haltigem Erz. Man behandelt das klein gebrochene Erz mit einer wss. Alkalicarbonat-lsg., indem man unter Einleiten von O_2 bei ca. 180—250° F das Erz unter Druck auslaugt. Über 90% U_3O_8 gingen in Lösung. (**E. P. 716 597** vom 31/12. 1952, ausg. 6/10. 1954. Can. Prior. 11/1. 1952.) H. NEBELSIEK. H 339

Ernest Samuel Nossen, Paterson, N. J., V. St. A., *Gewinnung von Mangandioxyd,* das bes. als Depolarisator verwendet wird. Ein gebrochenes Mn(IV)-haltiges Erz wird reduzierend auf 400—650° erhitzt. Man erhält Mn_2O_3, das man durch Behandeln mit HNO_3 in $MnO_2 \cdot x\,H_2O$ u. $Mn(NO_3)_2$-Lsg. überführt. Ersteres trennt man ab, wäscht u. trocknet es. Die Nitratlsg. wird bei 200—300° in Luft versprüht. Die anfallenden nitrosen Gase kondensiert man zwecks Wiedergewinnung von HNO_3, u. das erhaltene MnO_2 behandelt man zwecks Beseitigung der letzten $Mn(NO_3)_2$-Reste mit KOH-Lsg., so daß zum Schluß reines MnO_2 anfällt. (**A. P. 2 681 268** vom 7/5. 1949, ausg. 15/6. 1954.) H. NEBELSIEK. H 350

Vereinigte Aluminium-Werke Akt.-Ges., Berlin und Bonn (Erfinder: **Günther Wendt,** Töging/Inn), *Gewinnung von Kryolith* aus Al- u. F-Verbb. enthaltenden Stoffen, bes. aus dem Ofenabraum von Al-Elektrolyseöfen. Diese Stoffe werden zunächst mit heißer, verd. NaOH u. dann mit 40—80% ig. HF ausgelaugt, worauf durch Zusammengeben der so gewonnenen Lsgg. Kryolith ausgefällt wird. Zum leichteren Aufschließen der Tonerde werden die die Al- u. F-Verbb. enthaltenden Stoffe vor dem Auslaugen längere Zeit in feuchter Luft gelagert. Die zum Auslaugen benutzten Mengen NaOH u. HF werden so aufeinander abgestimmt, daß die zur Kryolithbldg. erforderlichen Komponenten NaF u. AlF_3 im Molverhältnis 3 : 1 gebildet werden. Bei Al-armen Ausgangsstoffen wird der Al-Geh. künstlich erhöht, z. B. indem den zusammenzugebenden Lsgg. zusätzlich AlF_3 zugefügt wird. (**D. B. P. 925 407** Kl. 12i vom 26/10. 1952, ausg. 21/3. 1955. Anmeldung bekanntgemacht 19/8. 1954.) R. SCHREINER. 6151

Pennsylvania Salt Mfg. Co., Philadelphia, übert. von: **William A. La Lande jr.,** Plymouth Meeting, und **Isadore Mockrin,** Philadelphia, Pa., V. St. A., *Herstellung von Metallfluoriden.* Alkalifluorosilicate werden als trockenes Pulver oder unter Mahlen mit Sulfaten anderer Metalle (Al, Mg, Ca, Sr, Ba, Pb, Zn, Sb, Fe, Co, Ni) gemischt u. unter Wasserausschluß auf 200—700° erhitzt. Nach Auswaschen mit W. hinterbleibt als Rückstand das Metallfluorid. Je nach dem Molverhältnis der Reaktionspartner können auch komplexe Metallfluoride erhalten werden. — *Herst. von künstlichem Kryolith, Chiolith u. AlF_3.* (**A. P. 2 659 658** vom 30/8. 1952, ausg. 17/11. 1953.) W. MATTHAES. 6151

VI. Silicatchemie. Baustoffe.

Eduard Steinhoff, *Auflösungsvorgänge an Wannensteinen.* Die Schichtanalyse der Korrosionshaut gebrauchter Glaswannensteine zeigt: 1. bei reinen Ca–Na-Glasschmelzen wandern die Na-Ionen aus der Schmelze in den Stein, die K-Ionen des Steines dagegen in umgekehrter Richtung; 2. bei K_2O u. Na_2O-haltigen Schmelzen wandern die K-Ionen bevorzugt in die Korrosionshaut; 3. jeder Na_2O-Überschuß in der korrosionsnahen Wannensteinschicht senkt die Viscosität der Glasphase im Stein, beschleunigt den Mullitzerfall u. damit die Zerstörung des Steines. Auch oberhalb des Schmelzspiegels läßt sich ein Alkaliaustausch beobachten. (Glastechn. Ber. **27.** 309—19. Sept. 1954. Wiesbaden, Didier-Werke A. G., Forschungsinst.) W. SCHÜTZ. 6172

—, *Schmelzen von Gläsern hoher Lichtdurchlässigkeit in Wannenöfen in kontinuierlichem Verfahren (neuere russische Arbeiten).* Es wird von neueren Verss. in Glashütten der Sowjetunion berichtet, bei denen in Wannenöfen mit einer Leistung von 36 bis 40 t/Tag bei 80,5 m^2 Bodenfläche u. 1,2 m Tiefe Gläser geschmolzen wurden, die bei einem Geh. an SiO_2 von 75% durch eine strenge Kontrolle des Geh. an Fe_2O_3 in den verwendeten Sanden, Kalken, Soda u. im Ofenmauerwerk eine Lichtdurchlässigkeit von 90,4% aufwiesen. Der Ablauf der Verss., die theoret. Erwägungen dazu, die verwendeten Materialien, bes. die Oxydationsmittel, u. einzelne Angaben über die verwendeten Öfen werden teilweise eingehend behandelt. (Glass **31.** 546—47. Nov. 1954.) L. KÜHNERT. 6174

Klaus Kühne, *Über neue Sondergläser mit höchster thermischer Wechselbeständigkeit.* Es wird über eine Neuentw. des VEB JENAER GLASWERK SCHOTT U. GEN., Jena, das „*Silibor*", berichtet, dessen Eigg. so nahe bei denen von Quarzglas liegen, daß z. B. eine Platte aus diesem Glas, einseitig mit der Gasflamme auf 800—1000° erhitzt u. laufend auf der anderen Seite mit W. betropft, sich nicht verändert. Ausgezeichnete Homogenität, UV-Durchlässigkeit u. andere opt. Eigg. machen es für opt. Zwecke als Ersatz für Quarzglas geeignet. Da es auch in Farben u. Grautönungen geliefert werden kann, ergibt sich eine wesentliche Überlegenheit über Quarzgläser für bestimmte Zwecke. (Silikattechnik 5. 338—39. Aug. 1954.) L. KÜHNERT. 6200

J. E. Comeforo und **R. K. Hursh,** *Benetzung von Al_2O_3–SiO_2-Unterlagen durch geschmolzenes Glas.* 2. Mitt. *Die Benetzungswirkung bei Eindringen von Glas in die Unterlage.* (1. vgl. C. **1953.** 6553.) Die Arbeit behandelt die Bedeutung der Beziehung zwischen dem Benetzungsverh. von geschmolzenem Glas u. dem Eindringungsgrad in die gleichen Unterlagen wie in der 1. Mitt. (vgl. l. c.). Es werden die Grundlagen des Eindringens von Fl. in poröse feste Körper dargelegt. Der Eindringungsgrad von Glas in die Unterlagen wurde durch 2 Methoden berechnet. Weitere Aufklärung bzgl. des Eindringens von Glas in die Unterlagen wurde aus einer Unters. von Teilen der Glasunterlagen-Zwischenflächen erhalten. Der relative Widerstand jeder der Unterlagen gegenüber dem Eindringen von Glas wurde berechnet. Durch eine Modifikation der „Druckverschiebungsmeth." wurden die tatsächlichen Porengrößen der Unterlagen bestimmt. Der durchschnittliche Porenradius der geprüften Unterlagen wurde verglichen. Eine Lücke wurde in dem Verhältnis zwischen dem Eindringungsgrad u. der Porengröße von 99% Al-Körpern mit zwei Fll. deutlich verschied. Eigg. beobachtet. Eine Erklärung für diese plötzliche Änderung im Eindringverhältnis wird gegeben, die auf der Veränderung des Porenvol. mit dem Wechsel im Porenradius basiert. (J. Amer. ceram. Soc. **35.** 142—48. Juni 1952. Urbana, Ill., Univ. of Illinois, Ceram. Engng. Dep.)
R. WALCKER. 6200

A. Biddulph, *Email als Überzug für Stahl.* Allg. Angaben über die Herst. des Emails u. über das Aufbringen von Emailüberzügen. (Proc. Inst. Refrigerat. **47.** 41—48. 1950—51.) F. MARKHOFF. 6212

H. Salmang, *Die Makrostruktur keramischer Gußscherben.* Die Struktur der Gußscherben verändert sich von cm zu cm u. selbst von mm zu mm. Diese Strukturunterschiede können mit einer $KMnO_4$-Lsg. sichtbar gemacht werden. Ihre Feststellung kann auch durch Best. der Porosität erfolgen, jedoch ist diese Meth. schwieriger u. nicht so deutlich. Diese Strukturunterschiede rühren von der Mischung der Rohprodd., von der Bearbeitung u. am geringsten von dem Brennen her. Die Gußhaut bildet sich auf der Gipswandung durch Aspiration der feinsten Teilchen, wobei sich scheinbar diese Tonteilchen dann parallel niederschlagen. Die Oberflächendichte nimmt während des Brennens nur minimal zu u. des öfteren sogar überhaupt nicht. Der innere Scherbenteil, der der Luft oder der Töpfermasse ausgesetzt war, besitzt ungefähr die gleiche D. wie die Gußhaut: mitunter ist sie etwas poröser, mitunter etwas dichter. Gegen alle Erwartung ist festgestellt worden, daß der Brenneffekt auf die Zunahme der D. sehr gering ist. Mitunter konnte er kaum gemessen werden. Im allg. ist im Innern des Scherbens die Porosität am größten. Die Gesamtheit des Stückes besteht im nichtglasierten Zustand aus einer Mehrzahl kleiner Schichten verschied. Porositäten. Die überraschende D. des Gefüges der Scherbenseite, die der Luft oder der Töpfermasse ausgesetzt war, erklärt sich durch die Wrkg. der Oberflächenspannung, die auf der Oberfläche eine wss. Tonsuspension festhält. Die rheolog. Eigg. der Töpfermasse geben sich durch die starken Dissoziationen zu erkennen; diese können beim Steingutguß mit gefärbtem W. sichtbar gemacht werden. Im allg. wird die Wasserabsorption bestimmt, jedoch dürfte es angebrachter sein, die Porosität des Schmelzes zu messen, indem die Eindringungstiefe eines gefärbten W. bestimmt wird. (Bull. Soc. franç. Céram. **1952.** 2—8. Juli/Sept.)
K. PISTOR. 6216

L. Hachet, *Herstellung von Mulliterzeugnissen aus Cyanit.* Von den 3 in der Natur bekannten Monosilicaten *Andalusit, Cyanit* (I) u. *Sillimanit* wird in Europa nur der I zur Herst. von Mulliterzeugnissen benutzt. Da es nicht möglich ist, den I direkt zur Fabrikation zu benutzen, muß er erst höheren Tempp. ausgesetzt werden. Zu diesem Zweck wird er nach Zerkleinerung in einem vertikalen Ofen mit Ölfeuerung (Zeichnung) 60—70 Std. lang auf 1500—1550° erhitzt. Das Material wird dann zerkleinert u. gemischt u. bei SEEGER-Kegel 18 X 20, d. h. bei 1530°, erhitzt. Die Analyse der erhaltenen Erzeugnisse ergab im Mittel 38% SiO_2, 60,4% Al_2O_3 u. 1,2% Fe_2O_3; F. 1790—1820°; Senktemp. bei einer Belastung von 2 kg: 1690°. Es wird dann noch die Dehnungskurve des I-Stückes angegeben. — Die so erhaltenen Materialien eignen sich vorzüglich zur Herst. von Öfen, in denen hohe Tempp. bei gleichzeitiger Anwesenheit saurer oder bas.

Agentien vorherrschen, wie z. B. Glasschmelzöfen, Schutzrohre für Pyrometer, Erhitzungsröhren für elektr. Öfen oder Führungsröhren für Elektroden. (Ind. céram. **1954**. Nr. 457. 257—62. Okt.) R. WALCKER. 6218

A. A. Pirogow, *Über die Bindeeigenschaften von rekristallisiertem gesintertem Magnesit.* Hochgebrannter u. feingemahlener Magnesit zeigt Bindeeigg. mit W., $MgCl_2$ u. $MgSO_4$. Je stärker hierbei die Oberfläche der einzelnen Körner beschädigt ist (Deformierung des Kristallgitters erhöht Löslichkeit), desto besser sind Abbindung u. Erhärtung des Zements. Neben dem Ausmahlungsgrad muß auf den Phasenzustand geachtet werden, denn Forsterit u. Magnesioferrit bewirken keine akt. Hydratisierung. Sie erschweren den Wassereintritt in die Periklaskörner. Größte Hydratationshemmung wird durch 3% Fe_2O_3 erreicht. Bei 5% wird die Hydratisierung der bei 1500—1600° gebrannten Gemische etwas gesteigert. Quarzsand u. bes. Tonerde verringern die Hydratisierung weniger. Alle 3 Komponenten zusammen sind noch wirksamer. Die Unterdrückung der Hydratisation ist vom Rekristallisationsgrad des Periklas abhängig. Fe-Magnesit mit 6% Fe_2O_3 ergibt Zement, der mehr als 6 Monate hohe Aktivität behält, bei 7,4% Quarzsand sogar 2,5 Jahre. Längere Luftlagerung verlängert die Abbindezeiten. Ein Zement aus hochrekrist. Periklas zeigte nach 1,5 Jahren eine Festigkeit von 775 kg/cm². Erhöhung der $MgCl_2$-Konz. ergibt in allen Fällen eine Festigkeitssteigerung. Nach längerer Wasserlagerung zeigten die Periklaszemente Festigkeitserhöhung, Verringerung der Porosität, größere Glühverluste. Unter dem Mikroskop ergibt sich, daß die Hydratation bei Wasserlagerung von der Körneroberfläche ausgeht u. von beträchtlicher Gelbldg. begleitet ist. Falls freier Kalk nicht vorhanden ist, besitzt der Zement ein konstantes Volumen. (Цемент [Zement] **20**. Nr. 4. 23—27. Juli/Aug. 1954.) O. POLLAK V. EMHOFEN. 6222

M. Duriez, *Hydraulische Betone und kohlenwasserstoffgebundene Betone.* 1. Mitt. *Betrachtung hydraulischer Betone mit Bezug auf die Art der geplanten Bauwerke und das Wesen der zu beachtenden Umwelteinflüsse.* Die Faktoren, die die Beständigkeit von Betonen u. Betonbauwerken beeinflussen, die Gesichtspunkte, die beachtet werden müssen, um hochwertige, gegen die verschiedensten Einflüsse widerstandsfähige u. für die jeweiligen Zwecke bes. geeignete Betone zu erhalten, sowie die mit diesen Fragen in Zusammenhang stehenden physikal. u. chem. Eigg. der Betone werden ausführlich erörtert. Für die für Meeres- u. Hafenbauten zu verwendenden Betone u. Zemente werden zahlenmäßige Vorschriften gegeben, bes. werden für hierfür zu verwendende Portlandzement folgende Bedingungen erhoben: 1. $Al_2O_3 \cdot 3\,CaO = 2{,}65\,Al_2O_3 - 1{,}69\,Fe_2O_3 \leq 10 \cdots 12\%$, 2. $i = (Al_2O_3 + SiO_2)/(CaO + MgO) \geq 0{,}31 = 0{,}02\,Al_2O_3$. (Travaux **38**. 596—602. Juli 1954. Paris, École Nat. des Ponts et Chaussées, Labor. Central.) W. GELMROTH. 6224

M. Duriez, *Hydraulische Betone und kohlenwasserstoffgebundene Betone.* 2. Mitt. *Betrachtung der kohlenwasserstoffgebundenen Betone. Die verschiedenen Typen: Zusammensetzung, Herstellung, Verarbeitung und Qualitätskontrolle.* (1. vgl. vorst. Ref.) Betone auf Bitumen- u. Teerbasis. (Travaux **38**. 706—12. Sept. 1954.) W. GELMROTH. 6224

Universal Atlas Cement Co., Indiana, übert. von: **Norman C. Ludwig,** Chicago, Ill., V. St. A., *Langsam abbindender Zement.* Zur Herst. eines Zementes, der nach dem Anmachen mit W., auch bei erhöhten Tempp. langsam abbindet, wird Portlandzement mit 0,05—0,75 (Gew.-%) Carboxymethylcellulose oder deren Salze sowie mit 0,25—1,30 eines in W. lösl. Alkalisalzes, wie Na_2SO_4 oder K_2SO_4, vermischt. (**A. P. 2 673 810** vom 7/2. 1952, ausg. 30/3. 1954.) HANS HOFFMANN. 6223

Armstrong Cork Co., übert. von: **Donald W. Moore** und **Alonzo H. Searl,** Lancaster, Pa., V. St. A., *Feuchtigkeitsbeständige elastische Fliesen für Böden und Wände.* Aus einem heiß vermahlenen Gemisch aus 105 (Teilen) Cumaron-Inden-Harz (I), 51 Weichmacher u. 444 Füllmittel u. Pigmente hergestellte Tafeln werden mit einem Überzug aus 70 I, 30 Mineralöl u. 67 Lösungsm. ein- oder beidseitig versehen. (**A. P. 2 670 307** vom 24/2. 1950, ausg. 23/2. 1954.) H. MÖLLERING. 6229

Carl August Carlen und **Nils Wigfors,** Hallabrottet, Schweden, *Herstellung poröser künstlicher Bausteine* aus Mörtelmassen, in denen die Porosität durch Gasentw. in der M. erreicht wird. Die M. wird in große Blockformen gebracht. Nach der Gasentw., aber bevor die M. völlig fest geworden ist, werden entsprechend kleinere Körper abgeschnitten. (**Can. P. 484 000** vom 20/1. 1947, ausg. 17/6. 1952.) H. BEWERSDORF. 6229

British Thomson-Houston Co. Ltd., London, England, *Herstellung hitzebeständiger Zementgegenstände.* Hitzebeständige Zementgegenstände, wie sie z. B. für *Stromunterbrecher* gebraucht werden, lassen sich aus Portlandzement (I) u. einem nichtsauren Füllstoff, z. B. Asbest (II), herstellen, indem eine entsprechende Mischung durch Pressen verformt wird. Die Formlinge werden unter Druck in einer Atmosphäre gehärtet, die aus 80—20 (Mol-%) CO_2 u. 20—80 trocknem Wasserdampf besteht. — Z. B. wird ein Gemisch aus 35—65 (Teilen) **I** u. 65—35 **II**, das gegebenenfalls noch ein Plastifizierungsmittel enthält, bei Tempp. von 100—150° in einer Atmosphäre mit 60—40 (Mol-%) CO_2 u. 40—60 Wasserdampf gehärtet. (**E. P. 644 615** vom 3/11. 1947, ausg. 11/10. 1950. A. Prior. 8/11. 1946.) Hans Hoffmann. 6229

Gaston Thabouillot, Seine, Frankreich, *Fliesen oder Platten aus Mg-Oxychlorid.* Z. B. vermischt man 6 (Volumenteile) gefälltes MgO, 2 $MgCl_2$-Lauge (38° Bé), 6 Talk, 0,25 Kieselsäure, 2 Quarzsand, 1 Korund, 1 Mg-Stearat, 0,50 färbende Metalloxyde gut. Die M. wird unter einem Druck von 300—325 kg/cm² verformt. Als Füllstoff kann noch bes. Sägemehl Mitverwendung finden. (**F. P. 1 008 690** vom 12/5. 1948, ausg. 20/5. 1952.) H. Bewersdorf. 6229

Swissboring Schweizerische Tiefbohr- und Bodenforschungs-Akt.-Ges., Zürich, Schweiz, *Herstellung einer Abdichtungsmasse für Abdichtungen im Grundbau,* dad. gek., daß einer Tonsuspension ein pulverförmiges Na-Metasilicat mit einem Molverhältnis $SiO_2 : Na_2O < 1{,}6$ in Mengen von höchstens 10% des Gewichtes zwecks Gel-Bldg. zugesetzt wird. Der Tonsuspension können Koagulatoren, Alkalisalze, die Viscosität ändernde Stoffe oder die Erhärtungszeit der Dichtungsmasse ändernde Mittel zugesetzt werden. 50% des zur Herst. der Suspension verwendeten Tonmaterials soll eine Teilchengröße $< 10\ \mu$ aufweisen. (**Schwz. P. 301 372** vom 3/12. 1951, ausg. 16/11. 1954.) H. Karst. 6229

VII. Agrikulturchemie. Schädlingsbekämpfung.

O. J. Kelley, *Bodenwasserbedarf und -nutzbarkeit.* Die Anforderung der Pflanzen an das Bodenwasser u. seine Nutzbarkeit werden in ihrer Abhängigkeit von Pflanze, Boden u. Witterung erörtert. (Advances Agronomy **6.** 67—94. 1954. Beltsville, Md., U. S. Dep. of Agricult.) A. Jacob. 6304

H. Baumann und **M. H. Olbertz,** *Zur Wirkung städtischer Abwässer auf die Bodenfruchtbarkeit bei Anwendung übergroßer Abwassermengen.* Bodenprofile aus den Berliner Rieselfeldern zeigen, daß 50 Jahre berieselte Böden eine podsolähnliche Struktur aufwiesen, die auf Auswaschung durch überreichliche Abwassergaben (2000 mm/Jahr) zurückzuführen ist u. 3 scharf gegliederte Horizonte aufweist. Die obere dunkle degradierte Krumenschicht ist nach unten zu deutlich abgegrenzt gegen eine extrem ausgebildete aschfarbene Bleichzone, die wieder von einem meist stark entwickelten, häufig durchgehenden Eisensandstreifen unterfangen wird. Die Krume des Naturlandes ist zu 78% mit Basen gesätt., beim Rieselboden nur zu 38%, der Rest mit H-Ionen; die Fruchtbarkeit ist also erheblich verringert, trotz nur unwesentlich geringeren Sorptionsvermögens. In der Bleichzone hat auch dieses stark abgenommen. In 0,8—1,2 m Tiefe reichern sich dagegen die durchgeschlämmten Sorptionsträger an u. bewirken ein Ansteigen des T-Wertes auf fast das Dreifache u. eine hohe Basensättigung. Die oberen beiden, für die Pflanzenerzeugung in Betracht kommenden Schichten sind also an Basen verarmt u. an H-Ionen angereichert, eine für Podsolböden typ. Versauerung. In einer Lysimeteranlage während einer Vegetationsperiode durchgeführte Unterss. mit Abwassergaben von 575, 1025 u. 1750 mm/Jahr zeigten, daß der Boden ein ziemlich konstantes Anlagerungsvermögen für Nährstoffe u. eine konstante Wasserkapazität besitzt, die unter den Berliner Bodenverhältnissen mit 500—600 mm Abwasser/Jahr voll abgesätt. werden können. Höhere Gaben bewirken lediglich eine übermäßig gesteigerte Sickerintensität mit den bodenumformenden Wirkungen. Die Erträge bestätigten, daß bei 600 mm Abwasser/Jahr die günstigsten Verhältnisse geschaffen werden. Vom bodenkundlich-landwirtschaftlichen Standpunkt aus muß die Aufbringung von >600 mm Abwasser/Jahr abgelehnt werden. Da jedoch der hygien. Reinigungseffekt bei höheren Gaben nicht abnimmt, sind diese bei Landmangel u. bei der wasserwirtschaftlichen Notwendigkeit der Auffüllung des Grundwasserspiegels vertretbar. Kalk- u. Gründüngung, Stallmistpflege u. andere Kulturmaßnahmen können die Veränderung des Bodens aufhalten. Einen wertvollen Humusdünger stellt das Abwasser nicht dar. (Wasser u. Boden **5.** 35—41. Febr. 1953. Berlin, Humboldt-Univ., Inst. für Kulturchem.) H. Mühlmeister. 6304

G. Michael, H. Döring und **B. Blume,** *Über den Bindungszustand der Phosphorsäure in Thüringer Muschelkalk- und Buntsandsteinverwitterungsböden.* Die organ. gebundene P_2O_5 wurde durch Extraktion mit NH_3 nach einer Salzsäurebehandlung ermittelt. Durch Ausschüttelungen mit Mineralsäure bei bestimmtem p_H-Wert u. durch Verwendung anderer Extraktionsmittel, wie Ammonacetat, Ammonoxalat, Calciumlactat u. Natronlauge, ließ sich ein Einblick in den Bindungszustand des anorgan. gebundenen P_2O_5 gewinnen. Schließlich wurde durch Fluorbestimmungen dem Vork. u. den Bildungsmöglichkeiten von Fluorapatit nachgegangen. Der Anteil an organ. gebundener P_2O_5 erwies sich in allen Bodenproben als recht erheblich. 20—25% des gesamten P_2O_5 liegen in den leichten, bis 50% u. mehr in den schweren Böden in diesem Bindungszustand vor u. weisen darauf hin, daß am P_2O_5-Umsatz im Boden gerade organ. gebundene P_2O_5 maßgeblich beteiligt ist, u. daß biol. Gesichtspunkte künftig bei der Erörterung der P_2O_5-Dynamik im Boden, der Festlegung von P_2O_5 oder einer etwaigen Mobilisierung eine viel größere Rolle spielen müssen als man ihnen bisher einzuräumen geneigt war. Eine Aufgliederung der anorgan. gebundenen Phosphorsäure erbrachte in den Muschelkalkböden keinen Hinweis für das Vorhandensein von Fe- u. Al-gebundener Phosphorsäure, während diese Bindungsform in den Buntsandsteinböden mit 50% u. mehr vorherrscht u. Kalkphosphate zurücktreten. Fluorbestimmungen zwecks Ermittlung des Geh. an Fluorapatit u. seiner Bildungsmöglichkeiten ergaben, daß in allen Böden, bes. den Muschelkalkböden, erheblich größere F-Mengen (bis über 100 mg, F/100 g Boden) vorliegen, als dem jeweiligen P_2O_5-Geh. entsprechend an Fluorapatit vorhanden sein können. (Z. Pflanzenernähr., Düng., Bodenkunde **61** (**106**). 118—29. 1953. Jena, Univ., Agrikulturchem. Inst.) A. JACOB. 6304

W. B. Samjatina, *Anwendung des Isotopenaustausches bei der Untersuchung des Bodenphosphors.* Die im Isotopenaustausch beim Schütteln mit $KH_2{}^{32}PO_4$ vom Boden adsorbierte Menge von ^{32}P erreicht nach 1 Std. 80% u. nimmt dann sehr langsam zu. Als Ergebnis des Austausches werden 25% des im untersuchten schweren lehmigen Podsolboden vorhandenen P radioaktiv. Beim intensiven Verlauf der mikrobiol. Prozesse im Boden (erreicht durch Gaben von Saccharose) ging ein Teil des radioakt. P in andere Verbb. über (Verwertung durch Mikroorganismen). (Почвоведение [Bodenkunde] **1954**. Nr. 10. 23—31. Okt. 1954. Moskau, Allunions Wiss. Forschungsinst. für Düngung, Agrotechnik u. Agrobodenkunde.) M. GORDIENKO. 6304

N. G. Ssaruchanjan, *Der Einfluß von Mineraldünger auf den Ernteertrag und die chemische Zusammensetzung von Wiesengräsern.* N-Düngung vergrößert den Geh. an Eiweiß u. an Fetten, vermindert dagegen den Geh. an N-freien Extraktstoffen im Heu. KP-Dünger vergrößern die Menge an Mineralstoffen, bes. P u. Ca, u. verbessern dadurch die Qualität des Heues. (Известия Академии Наук Армянской ССР, Биологические и Сельскохозяйственные Науки [Nachr. Akad. Wiss. ArmenSSR, biol. landwirtsch. Wiss.] **8**. Nr. 1. 15—24. 1955.) A. JACOB. 6304

I. W. Mossolow und **A. W. Panowa,** *Einige Besonderheiten der Ernährung von Sommerweizen.* Für höhere Erträge des kalkliebenden Triticum turgidum ist eine *Kalkung* entsprechend mindestens der Hälfte *der hydrolyt. Acidität* erforderlich. N-Dünger soll man als Nachdüngung bei beginnender Bestockung verabfolgen. Der verzweigte Weizen verbraucht beträchtlich mehr N, P u. Ca als der übliche Weizen. Man muß die Nährstoffzufuhr daher bes. beachten. Die Halme der verkrümmten Pflanzen enthalten weniger K als die der geraden Pflanzen, während es bei P umgekehrt ist. (Селекция и Семеноводство [Selekt. u. Samenzucht] **19**. Nr. 10. 46—54. Okt. 1952. Allunions Wiss. Forschungsinst. für Dünger, Agrotechnik u. Agrobodenkunde, Labor. für Pflanzenernähr.) A. JACOB. 6304

K. Scharrer, R. Schreiber und **H. Kühn,** *Gefäßversuche mit Futter- und Zuckerrüben über die Wirkung des Bors im Bor-Super- und im Bor-Rhenaniaphosphat.* Die Wrkg. der beiden borhaltigen P_2O_5-Düngemittel zeigte sich neben dem günstigen Einfl. auf den Gesundheitszustand der Pflanzen in einer außerordentlichen Erhöhung der Erträge an Blättern, bes. aber an Rüben u. Zucker bei Futter- u. Zuckerrüben. (Z. Pflanzenernähr., Düng., Bodenkunde **63** (**108**). 203—12. 1953. Gießen, Justus-Liebig-Hochschule, Agrikulturchem. Inst.) A. JACOB. 6304

N. P. Datta und **H. Gurubasava Raj,** *Wirkung von Bor- und Molybdändüngemitteln auf Bersin (Trifolium alexandrinum).* Zu verschied. Phosphatdüngemitteln u. Ammoniumsulfat als Grunddüngung wurde in 2 aufeinanderfolgenden Jahren Bor (5 lbs./acre Borax), Molybdän (1 lb./acre Molydbänoxyd als Natriummolybdat) bzw. B + Mo kombiniert gegeben. Die Spurenelemente bewirkten gesteigerte Knöllchenbildung. Den besten Ertrag lieferten die mit Mo gedüngten Parzellen. Im ersten Jahr war die unterschiedliche Grunddüngung von ausschlaggebender Bedeutung bis zum 3. Schnitt, später wurde die Wrkg. der Spurenlemente bestimmender für die Höhe des Ertrages. Im zweiten Jahre war der Einfl. der Grunddüngung signifikant bis zum 2. Schnitt, der der Spurenelemente bei allen 5 Schnitten. (Nature [London] **171**. 134—135. 17/1. 1953. New Delhi, Indian Agric. Res. Inst., Div. of Agronomy.) W. SCHUPHAN. 6304

Th. Marx und **U. Sahm,** *Gefäß-, Betonkasten- und Feldversuche zu Knollensellerie mit steigenden Gaben Müllerde oder Borsäure.* Verss. mit Müllerde u. Borsäure zu

Knollensellerie zeigten auf bemüllten oder zusätzlich mit Borsäure gedüngten Böden gegenüber der Kontrolle (Untergrundsand) beachtliche Ertragssteigerungen an Knollen, in einigen Fällen auch gegenüber Volldüngung. Eine Zugabe von der Hälfte oder auch der ganzen zulässigen Mineraldüngung zu bemüllten oder mit Borsäure versehenen Böden erhöhte die Erträge. Die geernteten Sellerieknollen waren auf allen Parzellen, bemüllt oder unbemüllt, gesund u. von guter Beschaffenheit, zeigten keine rissigen Stellen oder Verfärbungen. (Z. Pflanzenernähr., Düng., Bodenkunde **61 (106)**. 171—78. 1953. Berlin-Dahlem, Biol. Zentralanstalt für Land- u. Forstwirtschaft., Abt. für Landwirtschaftl. Chemie.) A. JACOB. 6304

D. Mulder, *Der Zinkmangel im europäischen Obstbau. Zinkmangelerscheinungen* (*Rosettenkrankheit*) wurden in Ungarn, Dänemark, Holland, Frankreich u. in der Schweiz beobachtet, vor allem an Apfelbäumen, in Holland auch an Birn- u. Kirschbäumen. Verantwortlich dafür werden vor allem die Bodenverhältnisse gemacht, u. zwar hoher Phosphorsäuregeh. in Verbindung mit geringem Ton- bzw. Humuskolloidgeh. oder in Verbindung mit großem Kalkreichtum. Die Wrkg. der Phosphorsäure auf die Festlegung des Zinks im Boden ist noch nicht geklärt. Behandlung mit 5% Zinksulfatlsg. im Februar bzw. 1½% Zinksulfatlsg. mit 0,75% Kalk nach der Blüte behebt die Krankheit. (Phytopathol. Z. **16**. 510—11. Mai 1950. Wilhelminadorp, Holland.) B. KASPAR. 6304

C. F. Mills, *Kupferkomplexe in der Weidevegetation.* Swayback, eine Cu-Mangelkrankheit bei Schafen, tritt auch bei relativ hohem Cu-Geh. der Weidepflanzen in bestimmten Gebieten Englands u. Australiens auf. Daher bestand die Möglichkeit, daß in den betroffenen Gebieten das pflanzliche Cu in Form stabiler organ. Komplexe vorliegt, die vom Tier nicht resorbiert werden können. Es wurden Unterss. über die Löslichkeit des Cu der Weidepflanzen in verschied. organ. Lösungsmitteln mit verschied. DK., in W. u. in verd. Lsgg. von Weinsäure (I) u. Glykokoll (II) durchgeführt. Ferner konnten in einigen Fällen in W. lösl. Fraktionen der Weidepflanzen isoliert u. das ionogene Cu konnte vom komplex gebundenen Cu chromatograph. getrennt werden. Es zeigte sich, daß ca. 13% des Gesamt-Cu durch Lösungsmittel mit einer DK. $<$10 u. 21% gesätt. Cu durch Butanol extrahierbar sind, woraus ersichtlich ist, daß mehr lösl. Cu in komplexer als in ionisierter Form vorliegt. Mittels eines Dialyseverf. konnte nachgewiesen werden, daß in Pflanzen von Swayback-Weiden weniger in W. lösl. Cu vorhanden ist als in Pflanzen aus n. Gebieten. Extraktion mit komplexbildenden Substanzen (0,02 mol. I oder II) u. nachfolgende Dialyse ergab, daß bes. in Pflanzen von n. Böden jahreszeitliche Schwankungen im Geh. an lösl. Cu auftreten. In Pflanzen beider Böden ist das Cu in einer Komplexform gebunden, die stabiler ist als der II–Cu-Komplex. Durch Papierchromatographie konnte in der in W. lösl. Fraktion der Pflanzen des n. Bodens die Existenz von mindestens 8, bei Swayback-Böden von 5 wasserlösl. Cu-Komplexen wahrscheinlich gemacht werden. Es wird die Frage diskutiert, ob der niedrige Geh. an lösl. Cu in Pflanzen von Swayback-Böden einen Cu-Mangel bei Schafen hervorrufen kann. (Biochem. J. **57**. 603—10. Aug. 1954. Ashford, Kent, Wye Coll. [Univ. of London], Dep. of Physic. Sci.) H. KOBLITZ. 6304

Hans Burström, *Orientierende Versuche über die Düngewirkung von Sulfitzellstoffablauge.* Die Analyse einer Sulfitzellstoffablauge (I) ergab: Trockensubstanz 9,5%, Asche 1,38%, N 4,7, P 0,02, K 1,64, Mn 0,39, Ca 93, Fe 0,33 mMol/Liter- p_H 1,8. In Gefäßverss. mit Weizen auf alkal., kalk- u. humusarmem Sandboden ergaben größere I-Gaben Ertragssteigerungen von 50—100%. Die ertragssteigernde Wrkg. von I wird auf die Verbesserung des Wasserhaushalts u. der *Mn*-Aufnahme zurückgeführt; auch die K-Aufnahme wird günstig beeinflußt, dagegen wird der Na-Geh. der Pflanzen herabgesetzt. I bewirkt auch eine Herabsetzung der N-Aufnahme, bes. bei geringen I-Gaben. I hat unmittelbar nach dem Ausbringen eine starke Giftwrkg. auf die Vegetation. (Kungl. Lantbruksakad. Tidskr. **90**. 336—54. 1951. Lund, Botan. Labor.) S. BECKMANN. 6304

M. Ss. Duniamadjan, *Aschebestandteile von Blättern und Fallaub der wichtigsten Waldpflanzen der Forstwirtschaft Dilishansk in der armenischen SSR.* Die Unters. der frischen Blätter verschied. Baumarten aus den Wäldern von Dilishansk u. der dazugehörigen Laubstreu auf ihre Aschenbestandteile hat ergeben, daß trotz gleicher klimat. u. orograph. Bedingungen bei Blättern u. Laubstreu der verschied. Baumarten die Aschenbestandteile qualitativ u. quantitativ verschieden sind. Der Aschegeh. der Streu nimmt in der Reihe Buche — Eiche — Ahorn — Weißbuche ab. (Известия Академии Наук Армянской ССР, Биологические и Сельскохозяйственные Науки [Nachr. Akad. Wiss. ArmenSSR, biol. landwirtsch. Wiss.] **7**. 15—22. April 1954. Erewan, Landw. Inst.) B. KRAFT. 6304

F. Grossmann, *Über die Einwirkung von Gründüngung und Vorfrucht auf Ophiobolus graminis.* Gründüngung mit Gerste (a), Senf (b) u. Gelbklee (c) hemmt in Gefäßverss.

das Wachstum von Ophiobolus graminis erheblich. Die reine Vorfruchtwrkg. ist weniger ausgeprägt. In künstlichem Medium (Malzagar) hemmt Frischmaterial von a u. b kaum, solches von c vollständig das Pilzwachstum. Ebenso wirkt wss. Pflanzenextrakt auf den Pilz in Nährlösung. In Sandkultur u. bei etwa „n." Mengen der Zusätze wss. Extrakte zeigt sich nach a u. b geringfügige, nach c starke Wachstumsförderung. Die Ergebnisse deuten darauf hin, daß weder p_H-Verschiebung noch Nährstoffentzug noch Ausscheidung bestimmter Stoffe durch die Vorfruchtpflanzen das Wachstum von Ophiobolus direkt hemmend beeinflussen. Es ist zu vermuten, daß die Entwicklungshemmung indirekt über starke Veränderungen der Bodenmikroflora durch Gründüngung zustande kommt. (Mitt. biol. Zentralanst. Land- u. Forstwirtsch. Berlin-Dahlem **1953**. Nr. 75. 168—72. März. Stuttgart-Hohenheim, Landw. Hochschule, Inst. für Pflanzenschutz.)
W. SCHUPHAN. 6304

Ss. M. Gurewitsch, *Über die Wirkung chlorhaltiger Düngemittel auf Schwarzerde.* Bei regelmäßiger Düngung der Schwarzerde mit NH_4Cl oder KCl häuft sich im Boden Cl in Mengen von 25—50% von der mit der Düngung verabreichten Cl-Menge an. Diese Anhäufung von Cl im Boden unterdrückt den Nitrifikationsprozeß, jedoch kann dies dadurch vermieden werden, daß man Cl-haltige Dünger nur einmal in 4—6 Jahren gibt. Cl-haltige Dünger bewirken bei Zuckerrüben eine Erhöhung des Zuckergeh. um 0,3%, bei der Braugerste eine Verbesserung ihrer Qualität (Abnahme des Nichteiweiß-N). (Почвоведение [Bodenkunde] **1954**. Nr. 10. 12—22. Okt. Grakowo, Versuchsfeld des Wiss. Inst. für Düngung u. Pflanzenschutzmittel.) M. GORDIENKO. 6304

A. P. Oganessjan, *Salzverträglichkeit einiger Feldkulturen.* Böden mit einem Salzgeh. unter 0,3% können als nichtversalzt bezeichnet werden u. eignen sich für alle Kulturpflanzen. Bei einem Geh. dieser Salze von 0,3—0,6% („schwache Versalzung") gedeihen noch die meisten Gräser (mit Ausnahme von Timothee u. Trespe) sowie Sommerweizen u. Hirse. Auf den mittelstark versalzten Böden mit einem Salzgeh. von 0,6 bis 1,0% können noch die beiden genannten Getreidearten u. von den Gräsern nur Knäuelgras, Agropyrum cristatum, Trifolium resupitanum, Raygras u. Landsorten der Luzerne angebaut werden. Bei einem Salzgeh. von 1,0—1,5% sind Böden stark versalzen; auf ihnen können nur einige wenige Arten von Gräsern angebaut werden. Einen Salzgeh. bis zu 2% vertragen nur manche *Agropyrum*-Arten. (Почвоведение [Bodenkunde] **1954**. Nr. 10. 32—41. Okt.) M. GORDIENKO. 6304

A. A. Awetissjan und **W. M. Gulanjan,** *Der Einfluß der α-Naphthylessigsäure auf das Wachstum und den Ernteertrag von Vicia broilia L. bei Behandlung der Samen vor der Aussaat.* Durch Behandlung des Saatgutes von *Vicia broilia L.* mit *α-Naphthylessigsäure* im Laufe von 48 Std. erhöhte sich die Keimfähigkeit um 17—20%. Man erzielte die optimale Wrkg. bei schwacher Konz. der Säure (0,00001%), die nicht nur die Keimfähigkeit der Samen günstig beeinflußte, sondern auch eine Intensivierung des Wachstums bewirkte. Bei einer Konz. von 0,001% starben alle Pflanzen ab. (Известия Академии Наук Армянской ССР, Биологические и Сельскохозяйственные Науки [Nachr. Akad. Wiss. ArmenSSR, biol. landwirtsch. Wiss.] **7**. Nr. 11. 69—74. Nov. 1954. Erewan, Zooveterinärinst., Lehrstuhl für Botanik.) M. GORDIENKO. 6304

David W. Staniforth, *Wirkung von 2.4-Dichlorphenoxyessigsäure auf meristematische Maisgewebe.* Anwendung von *2.4-D* als Herbicid zu unrechter Zeit kann schwere Schäden auch an den Kulturen anrichten. Verss. an jungen Maiskulturen ergaben, daß die Periode der Empfindlichkeit gegen 2.4-D relativ kurz ist u. daß die später auftretenden Schäden an Blüten- bzw. Fruchtständen dann bes. schwer sind, wenn die Behandlung zum Zeitpunkt ihrer meristemat. Differenzierung stattfindet, das heißt ca. 30 Tage nach Aussaat, wenn die Blütenanlage eben sichtbar wird. (Plant Physiol. **27**. 803—11. Okt. 1952. Ames, Io., Iowa State Coll., Dep. of Bot.) H. SCHLOTTMANN. 6304

Ju. M. Wosnjakowskaja, *Düngung und Bodenmikroflora.* (Vgl. C. **1955**. 6599.) Die Thesen von DOROSSINSKI-LASAREW (vgl. C. **1949**. E. 1270), wonach die Mikroorganismen die Mineralstoffe des Bodens u. der Düngemittel an sich reißen u. in eine für die Pflanze zugängliche Form umwandeln, werden als wenig wahrscheinlich u. durch das Experiment nicht bestätigt abgelehnt. Mineralstoffe werden zwar biol. festgelegt, werden jedoch für die Pflanze nach dem Absterben der Mikrobenzellen u. deren Mineralisation zugänglich. Der Einfl. der Düngung auf die verschied. Vertreter der Mikroflora in der Rizosphäre wird diskutiert. (Микробиология [Mikrobiologie] **24**. 99—102. Jan./Febr. 1955.) O. LEBTAG. 6306

M. W. Fedorow und **I. W. Koslow,** *Der Einfluß von Stickstoffverbindungen auf die stickstoffbindende Aktivität von Knöllchenbakterien in den Knöllchen von Sojabohnen und gewöhnlichen Bohnen und die Beziehungen zwischen ihnen und den Leguminosen.*

(Vgl. C. **1955.** 3172.) Verss. mit Sand- u. Wasserkulturen von Sojabohnen u. gewöhnlichen Bohnen (Phareolus vulgaris) ergaben, daß bei fast völligem Fehlen von *N* in der Nährlsg. die Pflanzen vor der Bldg. von Knöllchen eingehen. Die stärkste N-Fixierung aus der Luft beobachtet man, wenn der N-Geh. der Nährlsg. 0,5—0,6 der HELLRIEGEL-Norm erreicht. Hierbei ist das Wachstum am stärksten. Eine schwache N-Düngung der Leguminosen auf Böden mit wenig beweglichem N ist zweckmäßig, weil durch die Aufhebung der „N-Hungerzeit" Bldg. der Wurzelknöllchen u. Fixierung des Luft-N gefördert werden. Zu starke N-Düngung führte zum Absterben der bereits gebildeten Knöllchen. Die Bakterien verbleiben hierbei im akt. Zustand u. können die Knöllchenbldg. nach Erschöpfung des gebundenen Boden-N wieder aufnehmen. Eine reichliche N-Versorgung eines Teiles der Wurzeln ist ohne Einfl. auf die Knöllchenbldg. u. Fixierung des Luft-N durch den übrigen Teil der Wurzel. Große Gaben an lösl. N-Verbb. schließen eine Entw. der Knöllchenbakterien in der Reinkultur nicht aus. Bldg. u. Absterben der Knöllchen werden nicht durch die Knöllchenbakterien, sondern durch den physiol. Zustand der Leguminosenpflanze reguliert, der von der N-Versorgung abhängig ist. Beim Eintritt von mineralog. N in das Wurzelsyst. können die Knöllchenbakterien nicht ausreichend mit N-freien oran. Stoffen versorgt werden. (Микробиология [Mikrobiologie] **23.** 534—43. Sept./Okt. 1954. Moskau, Landw. Timirjasew-Akad.)
O. LEBTAG. 6306

D. Spencer, *Die Wirkung von Calcium und Boden-p_H auf die Knöllchenbildung von Trifolium Subterraneum L. auf einem gelben Podsolboden.* Vf. fand, daß erhöhte Calciumgaben nur dann die Knöllchenbldg. begünstigten, wenn damit auch eine Erhöhung des p_H-Wertes des Bodens verbunden ist. (Austral. J. agric. Res. **1.** 374—81. Okt. 1950. Canberra, Div. of Plant Ind. C.S.I.R.O.) W. GRÜTZ. 6306

M. W. Fedorow und **W. I. Smirnowa,** *Mikrobiologische Aktivität des illuvialen Horizontes.* Im Illuvialhorizont wiesenpodsoliger Böden ist die gesamte mikrobiol. Tätigkeit (mbT) sehr gering, u. viele landwirtschaftlich wichtige Gruppen von Mikroorganismen (nitrifizierende, N-bindende- u. cellulosezers. Bakterien) werden überhaupt nicht angetroffen. Als Grund für die geringe mbT dieses Horizontes wird sein geringer Geh. an für die Mikroorganismen zugänglicher organ. Substanz u. an N betrachtet, dagegen nicht das Auftreten von irgendwelchen giftigen Salzen, z. B. von Al u. Fe. Wenn man Boden aus diesem Horizont mit Pflanzenrückständen u. von den Mikroorganismen verwertbaren N-Verbb. versetzt, steigert sich die mbT (gemessen an der CO_2-Produktion) auf das 100—1000fache. Dies weist darauf hin, daß es durchaus möglich ist, diese Bodenhorizonte unter den Bedingungen der landwirtschaftlichen Praxis in Kultur zu bringen. (Известия Тимирязевской Сельскохозяйственной Академии [Nachr. Landwirtsch. Timirjasew-Akad.] **1953.** Nr. 3. 133—38.) A. JACOB. 6306

N. W. Meschkow und **R. N. Chodakowa,** *Der Einfluß von Wurzelausscheidungen von Erbsen und Mais auf die Entwicklung einiger Bodenmikroben bei ihrem Wachstum in der Rhizosphärenlösung der Pflanzen.* Für die Unters. des Einfl. der Wurzelausscheidungen von Erbsen u. Mais auf die Bodenbakterien *Pseudomonas aurantiaca* (**I**), *Bacterium megatherium* (**II**), *Bac. cereus* (**III**), *Bac. mycoides* (**IV**), *Rhizobium leguminosarum* (**V**), *Azotobacter chroococcum* (**VI**) wurde eine HELLRIEGEL-Nährlsg. angewandt, in welcher 1 Monat lang Erbsen- u. Maispflanzen steril gewachsen waren. Als Kontrolle diente die gleiche Nährlsg. ohne diese Pflanzen. Die Wurzelausscheidungen von Erbsen waren günstiger für das Wachstum von **I** als die von Mais. **VI** entwickelte sich in Ggw. der Wurzelausscheidungen von Mais besser als **V**. Die sporenbildenden Bakterien entwickelten sich in den Rhizosphärenlsgg. viel schlechter als die asporogenen Formen. Von den ersteren zeigten ein relativ gutes Wachstum **II** u. **III**, ein schlechteres **IV**, **II** u. **III** entwickelten sich in der ersten Hälfte der Versuchszeit besser in Ggw. der Wurzelausscheidungen von Erbsen, sonst besser nach Mais. **IV** zeigte in Ggw. der Wurzelausscheidungen von Mais ein etwas besseres Wachstum als in Ggw. von Erbsen. (Микробиология [Mikrobiologie] **23.** 544—50. Sept./Okt. 1954. Moskau, Bodeninst. der Akad. der Wiss. der UdSSR.) O. LEBTAG. 6306

George Metcalfe und **Sonja Chayen,** *Stickstoffbindung durch Bodenhefen.* Säulen von Heideboden (p_H 4,5) aus dem Podsol-A_1-Horizont unter Calluna vulgaris wurden mit einer Nährlsg. mit Mannit, Benzoat, verschied. Estern oder Alkoholen als C-Quelle, aber ohne N-Quelle perfundiert. Mit Mannit als C-Quelle wurden eine *Saccharomyces*- u. eine *Rhodotorula*-Art isoliert, die auf N-freiem Nährboden in Ggw. NH_3-freier Luft weitergezüchtet wurden. Es wurde die Bindung von 4 mg N je g ursprünglich vorhandenem Mannit nachgewiesen. Diese N-„hungernden" Hefen enthalten große Ölkugeln in den Zellen u. halten bei der Gramfärbung nur wenig Farbstoff zurück. (Nature [London] **174.** 841—42. 30/10. 1954. London, Univ., King's Coll., Dep. of Botany.)
F. LINGENS. 6306

E. R. Roberts und **T. G. G. Wilson**, *Stickstoffbindung durch Bodenhefen.* (Vgl. vorst. Ref.) Die beiden Hefen wurden in N-freiem Medium 4 Std. unter zirkulierender Luft mit 32,0 At.-% Überschuß ^{15}N gezüchtet. Nach KJELDAHL wurde NH_3 in Freiheit gesetzt, das mit NaOBr in N_2 umgewandelt wurde. Der mit dem Massenspektrometer ermittelte ^{15}N-Geh. stimmte mit den aus den Gesamt-N-Bestimmungen zu erwartenden Werten überein. (Nature [London] **174.** 842. 30/10. 1954. London, Imp. Coll. of Sci. and Technol., Dep. of Inorg. and Phys. Chem.) F. LINGENS. 6306

P. H. H. Gray, *Wirkungen von Benzolhexachlorid auf Bodenmikroorganismen.* 1. Mitt. *Versuche mit autotrophen Bakterien.* Im Erdboden selbst wird die Nitrifikation des Boden-N u. von $(NH_4)_2SO_4$ durch *Benzolhexachlorid* (I) u. γ-I in Konzz. bis zu 0,04% nicht beeinflußt. In mineral., mit Bodenproben inokulierten Nährlsgg. wird dagegen die Oxydation von NH_3 zu NO_2^- u. von NO_2^- zu NO_3^- durch I u. γ-I verzögert oder gehemmt. In gleicher Weise wird die Aktivität der $S_2O_3^{2-}$ oxydierenden Organismen beeinflußt. Die Toxizität der Insekticide wird durch die Ggw. von organ. Material, wie Agar, Gelatine oder Stärke, vermindert. Die früher beobachtete Stimulation der Nitrifikation (POCHON u. LAJUDIE, Ann. agronom. **18.** [1948.] 449) durch I konnte in diesen Verss. nicht bestätigt werden. (Canad. J. Bot. **32.** 1—9. Jan. 1954. Quebec, Can., Macdonald Coll., Dep. of Bacteriol.) F. KRUSEN. 6306

P. H. H. Gray, *Wirkungen von Benzolhexachlorid auf Bodenmikroorganismen.* 2. Mitt. *Versuche mit Harnstoff hydrolysierenden Bakterien.* Der Abbau von *Harnstoff* (I) zu NH_3 durch Kulturen von Bodenbakterien in Bodenextrakten wird durch die Ggw. von 0,01—0,02% *Benzolhexachlorid* (II) vermindert, bei 0,04—0,05% fast völlig verhindert. Auch auf Gelatinenährböden wird die Entw. von I-abbauenden Organismen gehemmt. Diese Wirkungen sind auf einen inhibitor. Effekt von II auf Urease zurückzuführen, der auch experimentell nachgewiesen werden konnte. Die NO_3^--Bldg. aus I im Boden wird durch II nicht beeinflußt. γ-II zeigte keine den I-Stoffwechsel beeinflussenden Eigenschaften. (Canad. J. Bot. **32.** 10—15. Jan. 1954. Montreal, Quebec, Can., McGill Univ., Dep. of Agric. Bacter.) F. KRUSEN. 6306

P. H. H. Gray, *Wirkungen von Benzolhexachlorid auf Bodenmikroorganismen.* 3. Mitt. *Versuche mit heterotrophischen Bakterien.* Von 48 Stämmen verschied. Species saprophyt. Bakterien wurden 13 durch die Ggw. von 0,05% *Benzolhexachlorid* (I) nicht beeinflußt, die restlichen 35 Stämme, die bei I kein Wachstum zeigten, wurden durch γ-I nicht gehemmt. Das Wachstum von 5 Phenol verwertenden Stämmen wurde durch 0,05% I inhibiert. Von Stärke hydrolysierenden Bakterienstämmen wurden bei 4 die diastat. Eigg. völlig, bei 3 teilweise durch 0,05% I gehemmt, während in Ggw. von γ-I die Stärkehydrolyse nur geringfügig beeinflußt wurde. Cellulolyt. Bakterien erfuhren durch I keine Hemmung. Von 4 nitratreduzierenden Species zeigten 2 bei Ggw. von 0,05% I keine Nitrat-Red. u. 1 kein Wachstum. Eine sulfatreduzierende Mischflora zeigte bei Zusatz von I bzw. γ-I keine H_2S-Entwicklung. (Appl. Microbiol. **2.** 37—40. Jan. 1954. Montreal, Quebec, Can., McGill Univ., Dep. of Agric. Bacter.) F. KRUSEN. 6306

J. Calvert, *Die Bekämpfung des Wachstums von Wurzelsprossen beim Tabak durch Wuchsstoffe und Mineralöle.* Das Wachstum wurde durch Indolylessigsäure in einer Konz. von 50—10000 p.p.m. deutlich red., ähnlich wirkten 10 verschied. Mineralöle von n. Handelsgüte. Während nach Verabfolgung von Indolylessigsäure an den Blättern Schwellungen auftreten, blieben diese bei Verwendung von Mineralöl aus. (Austral. J. agric. Res. **4.** 390—402. Okt. 1953.) W. SCHULTZE. 6312

L. I. Korolew und **Ja. Ju. Starosselski**, *Neue Präparate zur Unkrautbekämpfung.* Bei Unkrautbekämpfungsverss. mit 2.4-Dichlorphenoxyessigsäure (I)-Präpp. betrug die Vernichtung mit 0,25 kg/ha I-*Butylester* 71 bzw. 78% mit 0,37 kg/ha, mit I-*Isopropylester* in gleichen Mengen 71 bzw. 75%, mit 0,8 kg/ha I-*Triäthanolamin* 70%. Die Wrkg. dieser Herbicide übertraf die des Na-Salzes von I, bei welchem bei 0,8 kg/ha die Vernichtung 66% betrug. Etwa 50% der untersuchten Unkräuter wurden durch die I-Ester stärker, ca. 20% weniger angegriffen als durch das Na-Salz von I. (Агробиология [Agrobiologie] **1952.** Nr. 4. 170—72. Juli/Aug. Moskau, Wiss. Ssamoilow-Inst. für Düngemittel u. Insektofungizide.) E. LINTER. 6312

G. J. M. A. Gorter, *Der Kampf gegen Pflanzenkrankheiten.* Die wichtigsten Maßnahmen sind Verwendung gesunder Saat, Fruchtfolge, gute Bodenbearbeitung, richtige Düngung u. der Anbau widerstandsfähiger Sorten. (Farming South Africa **29.** 473. Sept. 1954. Potschefstrom, Coll. of Agric.) A. JACOB. 6312

Helmut Lyre, *Die Bekämpfung der Blattfleckenkrankheit und Vergilbung im Rübenbau.* Mit Blattfleckenkrankheit Cercospora infizierte Zuckerrübenpflanzen wurden mit 5 kg/ha eines hochprozentigen *Kupferoxychlorids* (I) in 800 Liter W. 2mal gespritzt

(21/7. u. 13/8. 1953). Infolge des erheblich verminderten Befalls mit Cercospora stiegen bei Zuckerrüben die Erträge an Rüben, Zucker bzw. Blatt durch die 1. Spritzung gegenüber den Kontrollen um 11, 14 bzw. 22% u. durch die 2. um weitere 3, 6 bzw. 18% an. Die gegen Cercospora resistente Sorte Polybeta sprach auf die I-Behandlung nur durch geringe Mehrerträge an. — In einem weiteren auch auf die Bekämpfung der Blattläuse u. damit auf die Verbreitungshemmung des Vergilbungsvirus ausgedehnten Vers. wurden Futterrübenpflanzen (Peragis rot) mit der I-Lsg. unter Zusatz von 300 g/ha *Lindan* (II) ebenfalls 2mal gespritzt. Die Blattfleckenkrankheit konnte durch die 1. Spritzung deutlich, durch die 2. fast völlig verhindert werden. Die Erträge an Rüben, Zucker bzw. Blatt stiegen durch die 1. Spritzung gegenüber den Kontrollen um 10, 13 bzw. 16%, durch die 2. um weitere 11, 18 bzw. 26%. II allein konnte infolge andauernden Cercosporabefalls nicht angewendet werden. (Mitt. dtsch. Landwirtschafts-Ges. **69.** 669—70. 15/7. 1954. Einbeck.) F. RANG. 6312

R. C. Colbran, *Probleme in der Baumpflanzung. Die wurzelschädigende Nematode Pratylenchus-Coffeae (Zimmerman) als ein Wachstumshinderer bei umgepflanzten Bäumen in Apfelplantagen.* Abb. u. Beschreibung der Nematode. Durch den Nematodenbefall tritt ein erheblicher Wachstumsrückgang ein, ein Absterben der jungen Triebe. Erfolgreiche Bekämpfung mit *D-D* u. Formalin. (Austral. J. agric. Res. **4.** 384—89. Okt. 1953.) W. SCHULTZE. 6312

E. Bordas, W. G. Downs und **L. Navarro,** *Inaktivierung von DDT-Niederschlägen auf Schlammoberflächen.* Die Absorption von *DDT*-Kristallen durch Trockenschlamm begünstigt die therm. DDT-Zers. unter Abspaltung von 1 Mol HCl/Mol DDT, wobei das Fe_2O_3 des Bodens als Katalysator wirkt. Hierbei besteht ein direktes Verhältnis zwischen Fe_2O_3-Geh. u. dem Grad der DDT-Zersetzung. Von Wichtigekit ist auch die relative Luftfeuchtigkeit. — 17 Literaturhinweise. (Bull. Organisat. mond. Santé **9.** 39—57. 1953. Mexico, D. F.) C. GRIMME. 6312

H. P. Burchfield und **Eleanor E. Storrs,** *Verteilung von Insekticiden auf N.N-Dimethylformamid und Hexan.* Die Ggw. von Lipiden (I) in Pflanzenextrakten hemmt die Wrkg. von Insekticiden (II) bei Bioversuchen. Nach JONES u. RIDDICK (Analytic. Chem. **24.** [1952.] 569) kann diese Wrkg. durch Extraktion der II mit *Acetonitril* (III) verringert werden. Vff. fanden bei Extraktionsverss. mit verschied. Lösungsmitteln, daß durch Verwendung eines Gemisches (1:1 Vol.) von *N,N-Dimethylformamid* (IV) u. *Hexan* (V) die günstigste Verteilung erreicht wird. — Z. B. werden bei der Extraktion von *Lindan* 99,7%, von *DDT* 91,3% in der polaren IV-Phase angesammelt, während der Anteil bei Extraktion mit III nur 86 bzw. 57% beträgt. Bei Kontrollverss. wurden von Maisöl nur 7,3% in der IV-Phase wiedergewonnen. Vermutlich bleibt also der Hauptanteil an I bei der Extraktion im V zurück. (Contr. Boyce Thompson Inst. **17.** 333—34. Okt./Dez. 1953.) F. RANG. 6312

G. K. Kalbergenow, *Neues zur Bekämpfung der Schädlinge in Gewächshäusern.* Aerosole (tox. Nebel) aus 10—15%ig. *Hexachloran* bzw. 2%ig. *Chlorten*-Lsg. oder aus 2%ig. Lsg. des *Präp. „47"* in Grünöl zeigten gute Wrkg. bei der Bekämpfung der Spinnmilbe u. anderer Schädlinge in Gewächshäusern. (Доклады Всесоюзной ордена Ленина Академии Сельскохозяйственных Наук имени В. И. Ленина. [Ber. Allunions landwirtsch. (Lenin-Orden) Lenin-Akad.] **20.** Nr. 1. 29—32. 1955. Moskau, Stat. für Pflanzenschutz.) M. GORDIENKO. 6312

R. Ss. Uschatinskaja und **A. A. Machotin,** *Die Wirkung von Mineralölemulsionen von DDT auf die Imago einer neuen Generation der Schildwanze.* Da die Bekämpfung der Schildwanze durch Bestäubung des Weizens mit *DDT*-Mitteln (40 kg/ha) nur 1,8% Abtötung brachte, wurden 20%ig. DDT-Mineralölemulsionen u. *Pyrophos* (I; ohne nähere Angaben) erprobt. I erwies sich sowohl gegen die Stadien IV u. V der Larven als auch gegen die Imago als hochwirksam. Auch die DDT-Emulsionen töteten die Larven der beiden letzten Stadien u. die Imago innerhalb der ersten 7—10 Tage zu 92,8—99,7% ab. Dieser Erfolg kommt vermutlich durch Auflösung der wachshaltigen Epiticula des Schädlings durch das Mineralöl zustande. (Доклады Академии Наук СССР [Ber. Akad. Wiss. UdSSR] [N. S.] **81.** 969—72. 11/12. 1951.) K. LÜBKE. 6312

G. Kirst und **F. Stauder,** *Auftreten und Bekämpfung des Ennomos quercinaria (Hfn.) in den Forstämtern Fischbach (Saar) und Saarbrücken (1952 bis 1954).* Vff. beschreiben die erfolgreiche Bekämpfung des Eichenzackenrandspinners Ennomos quercinaria (Hfn.) durch Verstäubung von *DDT* (10%ig., 8—10 Liter/ha) bei 25—30 μ Tropfengröße u. Anwendung bes. auf den Kronenraum der Bäume zum 2. Häutungsstadium der Larven. Wirtschaftlichkeit u. Wrkg. auf Nutzinsekten werden erwähnt. (Forstwiss. Cbl. **73.** 271—75. Sept./Okt. 1954.) W. JANICKE. 6312

O. G. H. Fiedler und **R. du Toit,** *Die Wirkung von Lindandampf auf Insekten in Lagerprodukten.* Die Wrkg. von *Lindan*-Dampf auf 6 verschied. Schädlinge, die z. B.

Getreide befallen können, wird in 0,377cu.ft. fassenden Glaskammern untersucht. Der auf getränktem Papier eingebrachte Dampf (5—200 mg/cu.ft.) bewirkte schon von der 5 mg-Dosis ab nach einigen Tagen eine Abtötung bzw. hohe Sterblichkeit der Insekten. (Onderstepoort J. veterin. Res. **26.** 431—46. Juni 1954. Onderstepoort, Labor.) K. GENEST. 6312

S. V. Pingale und **M. Muthu,** *Bekämpfung von Rattenschäden in gelagerten Lebensmitteln*. 1. Mitt. *Vergleichende Versuche mit zwei Cumarinderivaten.* Bei den Verss. wurden verglichen *Warfarin* [I; 3-(α-Acetonylbenzyl)-4-oxycumarin] u. *Tomorin* [II; 3-(α.*p*-Chlorphenyl-β-acetyläthyl)-4-oxycumarin]. Als Versuchstiere dienten Rattus rattus, R. norwegicus, Bandicota malbarica u. Mus musculus. Hierbei zeigte sich II gegenüber I etwas überlegen. (Bull. centr. Food technol. Res. Inst., Mysore **2.** 232—36. Juni 1953. Mysore, Central Food Techn. Res. Inst.) C. GRIMME. 6312

W. A. Morosow, *Ein Versuch zur Behandlung von Fischbrutteichen mit Thiodiphenylamin, DDT und Hexachloran. Thiodiphenylamin, Hexachloran* u. *DDT* verursachen selbst bei Gaben, welche die zur Bekämpfung der Malariamücke erforderlichen Mengen übertreffen, keine schädliche Wrkg. auf die Fischbrut. (Рыбное Хозяйство [Fischerei-Wirtsch.] **28.** Nr. 6. 38—40. Juni 1952.) A. JACOB. 6312

W. F. Jewlachowa, M. K. Gritzai, Je. M. Lawrenko und **B. I. Berkowitsch,** *Die Wirksamkeit der Anwendung von DDT und Hexachloran bei der Bekämpfung von Papatacifieber im Bezirk Ismail.* Das im Gebiet Ismail weitverbreitete Papatacifieber wird hauptsächlich durch Phlebotomus papatasii (Scop.) u. Ph. chinensis (Newst.) übertragen. Zur Bekämpfung wurde 10%ig. *DDT*-Staub bzw. 12%ig. *Hexachloran*-Staub verwendet. Es wurden die Wohnräume u. Ställe, vor allem die Umgebung der Fenster u. Türen, bestäubt, außerdem Abfallgruben, Aborte u. Hausruinen. Die Zahl der Erkrankungen sank um 59,2—86,5%. Gleichzeitig ging die Zahl der frischen Malariaerkrankungen um 65,5—87,3% zurück. Die trop. Malaria verschwand vollkommen. Zweimalige Entwesung wird empfohlen: Einmal im April vor dem Ausflug der 1. Generation der Anopheles, das 2. Mal zwischen dem 20. Juni u. 10. Juli vor dem Massenausflug der Phlebetomen. Die Behandlung muß 2—3 Jahre lang wiederholt werden. (Медицинская Паразитология и Паразитарные Болезни [Med. Parasitol. parasit. Krankh.] **1954.** 334—38. Okt./Dez. Ismail, Gebiets-Malariastat., u. Ukrain. Forschungsinst. für Malaria u. med. Parasitol.) F. DU MANS. 6312

A. A. Babajan und **K. A. Karapetjan,** *Das Absengen als Verfahren zur Befreiung der Baumwollsamen von den Linters und von Gommose.* (Vgl. C. **1955.** 6833.) Das Absengen besteht in einer 1—3 Sek. dauernden Behandlung der Samen mit Rauchgasen bei einer Temp. von 800—1000°. Man konnte dadurch die Samen von der Gommose befreien, aber ihre Keimfähigkeit ging dabei um 22% u. mehr zurück. Die Streubarkeit der Samen u. die Möglichkeit, sie zu sortieren, wird durch das Absengen verbessert. Im Hinblick auf die bisher noch nicht gelöste Frage der Verhütung der Keimfähigkeitsherabsetzung kann die Meth. aber noch nicht empfohlen werden. (Известия Академии Наук Армянской ССР, Биологические и Сельскохозяйственные Науки [Nachr. Akad. Wiss. ArmenSSR, biol. landwirtsch. Wiss.] **8.** Nr. 1. 39—43. 1955. Armen. Wiss. Forschungsinst. für techn. Kulturen des Landwirtschaftsminist. der UdSSR.) A. JACOB. 6312

Paul Fleury, *Über die Wahl eines Reagenses zur Klassifizierung der landwirtschaftlich genutzten Naturphosphate in Abhängigkeit ihrer Düngewirkung.* Nach einem krit. Überblick über die bisher zur Beurteilung des Düngewerts von Phosphaten benutzten Verff. schlägt Vf. eine neue Meth. vor, die auf der Best. der Citratlöslichkeit der Phosphate mittels einer Pufferlsg., enthaltend 210 g krist. Essigsäure u. 80 g NaOH in 1 Liter W., beruht, u. berichtet über die mit dieser Meth. gemachten Erfahrungen. (Ind. chimique **40.** 351—55. Dez. 1953. Chim. et Ind. **72.** 59—66. Juli 1954.) M. WINIKER. 6322

H. A. Lunt, C. L. W. Swanson und **H. G. M. Jacobson,** *Das Morgan-Bodentestsystem.* Ausführliche Wiedergabe der C. **1952.** 6594 referierten Arbeit. (Connecticut agric. Exp. Stat., New Haven, Bull. **1950.** 7—60. Mai.) W. SCHULTZE. 6324

E. I. Schkonde, *Zur Methodik der Bestimmung des Gesamtphosphors im Boden.* Vf. schlägt 4 neue Aufschlüsse von Bodenproben zur Gesamt-P-Best. vor: 1. Aufschluß mit Königswasser u. nachherige Lsg. des Trockenrückstandes mit konz. HNO_3; 2. mit 25%ig. H_2O_2 u. 3maliger Behandlung mit HNO_3; 3. mit mehrmaligen Gaben von H_2O_2 u. Lsg. in konz. H_2SO_4; 4. mit Königswasser u. Lsg. in konz. H_2SO_4. Die so erhaltenen P-Werte in verschied. Bodenproben werden mit den Zahlen nach den bekannten, aber umständlicheren Aufschlüssen mit $NaKCO_3$, HF, H_2ClO_4 u. einem Säuregemisch verglichen. Die vorgeschlagenen Methoden liefern zwar etwas niedrigere Zahlen, die aber für die Praxis u. für Massenanalysen genügen. (Почвоведение [Bodenkunde] **1954.** Nr. 3. 73—77. März.) J. v. SCHROEDER. 6324

Corrado Bighi und **Giordano Trabanelli,** *Experimenteller Beitrag zur Frage der Bestimmung des gesamten und des assimilierbaren Mangans und Kupfers in Böden.*

Der gesamte Cu-Geh., nicht der des Mn, konnte aus 100 g Bodenprobe durch 15maliges Auskochen mit je 100 ml HCl (D. 1,18) extrahiert werden. Nach 2maligem Eindampfen mit HNO_3 wurde Fe^{III} mit NH_3 gefällt, das Filtrat eingedampft, die NH_4-Salze wurden abgeraucht, der Rückstand wurde in 2nHCl gelöst u. auf 100 ml verdünnt. Andererseits wurde das austauschfähige Cu aus 100 g Bodenprobe durch Auskochen mit 300 ml 0,1 n KCN-Lsg., mit Essigsäure auf das p_H der Bodenprobe gepuffert, unter Rückfluß extrahiert; der Rückstand wurde abfiltriert u. gründlich ausgewaschen, Filtrat u. Waschwässer (ca. 500 ml) wurden stark eingeengt, mit 10 ml 30%ig. H_2O_2 u. 5 ml 2nH_2SO_4 oxydiert u. zur Zerstörung des H_2O_2-Überschusses gekocht, nach Abkühlung auf 50° innerhalb 30 Sek. 5 ml konz. NH_4OH zugegeben, nach Filtration der Rückstand nochmals in gleicher Weise oxydiert u. ammoniakal. gemacht; die vereinigten Filtrate wurden mit 2nH_2SO_4 durch potentiometr. Vgl. auf p_H 7 gebracht. In aliquoten Teilen der beiden so vorbereiten Lsgg. wurden die durch Zugabe von *Dithiooxamid* mit Cu entstandenen olivgrünen Färbungen durch Vgl. mit einer malonsauren Eichlsg. mittels des photoelektr. Lumitroncolorimeters (Lu) bei 580 mμ gemessen. — Ferner wurden aus Bodenproben mit *NH_4-Acetat* (I)-Lsg. das unmittelbar assimilierbare Mn, mit I-Lsg. +*Hydrochinon* dasselbe zusammen mit dem reduktionsfähigen Mn extrahiert. Dagegen mußte zur Best. des gesamten Mn 1 g Probe mit konz. HNO_3 wiederholt zur Trockne gedampft werden, der Rückstand wurde weiter mit H_2SO_4 bis zur Entfärbung abgedampft, dann wurde verd., filtriert, u. im Filtrat wurden das gesamte Mn ebenso wie in den vorigen beiden Extrakten die Teilformen des Mn nach Oxydation mit $(NH_4)_2S_2O_8$ in Ggw. von $AgNO_3$ zu MnO_4^- mit dem Lu bei 530 mμ colorimetr. bestimmt. — Die Ergebnisse von 12 typ. Bodenproben aus dem Basso Veneto sind in einer Tabelle nach steigendem Humusgeh. geordnet unter Angabe desselben u. des alkalilösl. Humus sowie des p_H. Für kleinere Cu-Gehh. (1,5—2,6%) ergibt sich, daß mit dem Anstieg des Gesamthumus auch das Verhältnis des austauschfähigen zum gesamten Cu ansteigt. (Ann. Chimica **44**. 371—79. Mai/Juni 1954. Ferrara, Univ., Ist. Chim., u. Labor. Chim. agrar.)

W. METZENER. 6324

Ss. I. Dolgow und **W. N. Markowski**, *Schnellverfahren zur Bestimmung des Salzgehaltes von Böden und Grundwässern.* Die Best. des Salzgeh. erfolgt nach dem von MARKOWSKI vorgeschlagenen Verf. durch Messung der elektr. Leitfähigkeit. 20 g lufttrockener Boden werden mit 100 ml dest. W. geschüttelt u. die Leitfähigkeit bei Gleichstrom gemessen. (Лесное Хозяйство [Forst-Wirtsch.] **5**. Nr. 9. 85—87. Sept. 1952.)

A. v. WILPERT. 6324

F. E. Chase und **P. H. H. Gray**, *Gebrauch des Warburg-Apparates zur Bestimmung der mikrobiellen Aktivität in Böden.* (Nature [London] **171**. 481. 14/3. 1953.)

W. SCHUPHAN. 6324

G. Ss. Chrenowa, *Zur Frage der Bestimmung der antagonistischen Kapazität von Böden.* Es wird eine Meth. vorgeschlagen, die eine Best. der antagonist. Kapazität eines Bodens ermöglichen soll. Sie besteht darin, daß einem sterilisierten Boden verschied. Mengen eines nichtsterilisierten Bodens zugeführt werden. 6—7 Tage nach erfolgter Infektion des Bodens mit phytopathogenen Bakterien oder Pilzen werden die dafür anfälligen Kulturen angesät. Das Saatgut wird zuvor mit Granosan gebeizt. Man zählt die Zahl der Pflanzen, die im Laufe von 30 Tagen an dem eingebrachten Krankheitserreger zugrunde gehen. Diese Meth. erlaubt, den Einfl. verschied. landwirtschaftlicher Maßnahmen auf die antagonist. Kapazität des Bodens zu untersuchen. (Микробиология [Mikrobiologie] **22**. 675—77. Nov./Dez. 1953. Uraler Zweigstelle der Akad. der Wiss. der UdSSR, Inst. für Biol.)

A. JACOB. 6324

Joseph Dāniels, Essen, *$CaCN_2$-Gewinnung.* Pulverisierter CaC_2 wird mit Hilfe eines Trägergases, z. B. eines KW-stoffgases, in Form eines Strahls in die Reaktionszone eingeblasen. Dabei führt man getrennt davon O_2, z. B. Luft, u. N_2 vorgewärmt in die Zone ein. Das Verhältnis von O_2:KW-stoff ist so zu wählen, daß der gesamte KW-stoff in CO u. H_2 übergeführt wird; ebenso ist die Temp. so zu wählen, daß die Rk. zwischen CaC_2 u. N_2 abläuft (ca. 1200°), aber nicht so hoch, daß CO_2 u. W. gebildet werden. Das gebildete $CaCN_2$ trennt man nach dem Abkühlen ab. (**A. P. 2 687 945** vom 18/9. 1950, ausg. 31/8. 1954. D. Prior. 22/9. 1949.)

H. NEBELSIEK. 6285

Ferdinandus Hubertus Franciscus Gerardus Spierings, Wageningen, Holland, *Herstellung von Topf-, Schnittlings- oder Mistbeeterde.* Getrockneter, gemahlener Ton wird mit 5—15(%) $Ca(OH)_2$ oder CaO innig vermischt u. die M. mit 10—35 W. bedüst, so lange gründlich durchgemischt, bis sich Granalien oder Krümel gebildet haben, u. durch Lagern an der Luft getrocknet, wobei durch den CO_2-Geh. der Luft $CaCO_3$ in der M. gebildet wird. An Stelle von W. können wss. Düngesalzlsgg., z. B. KNO_3- oder Superphosphatlsgg., verwendet werden. (**E. P. 718 887** vom 12/1. 1953, ausg. 24/11. 1954. Holl. Prior. 12/1. 1952.) H. KARST. 6289

Gewerkschaft Victor (Erfinder: **Kurt Karbe** und **Wilhelm Boos**), Castrop-Rauxel, *Verbesserung der Trocknungseigenschaften feuchter nitrathaltiger Salzmischungen unter gleichzeitiger Verminderung der Hygroskopizität,* wie sie z. B. bei der Herst. von Mehrnährstoffdüngemitteln durch Aufschluß von Rohphosphat mit HNO_3 u. anschließende Neutralisation anfallen, dad. gek., daß den zu trocknenden Massen vor der Trocknung oder bei beginnender Trocknung gleichzeitig ca. 8—20(%) $CaSO_4$ mit beliebigem Kristallwassergeh. u. ca. 2—5 K_2SO_4, bezogen auf die Gesamttrockenmasse, zugesetzt werden. Feuchten Salzgemischen, die selbst $CaSO_4$ enthalten, werden ca. 2—5 H_2SO_4 zugefügt. (**D. B. P. 927 385** Kl. 16 vom 9/8. 1953, ausg. 9/5. 1955. Anmeldung bekanntgemacht 7/10. 1954.) H. KARST. 6291

Theodor Schmidt, Hamburg, *Herstellung von Calciummagnesiumphosphaten.* Bei der Herst. von $CaMg_2(PO_4)_2$, $Ca_2Mg(PO_4)_2$ u. $CaMgH_2(PO_4)_2$ durch alkal. Fällung von mit HCl oder HNO_3 erhaltenen sauren Rohphosphataufschlußlsgg. in Ggw. von Mg-Verbb. nach vorheriger Abscheidung des erhaltenen überschüssigen Kalkes aus den Aufschlußlsgg. durch Ausfällung mit lösl. Sulfaten wird das überschüssige Ca durch Zusatz von $MgSO_4$ gefällt u. abgetrennt, worauf die Ca–Mg-Phosphate durch Zusatz entsprechender Mengen $Mg(OH)_2$ zur Ausfällung gebracht u. von der Lsg. abgetrennt werden. Als $MgSO_4$ ist bes. Kieserit geeignet. Schnelle Ausfällung der Doppelphosphate. (**D. B. P. 927 153** Kl. 16 vom 19/6. 1943, ausg. 2/5. 1955. Anmeldung bekanntgemacht 3/4. 1952.) H. KARST. 6291

Atlantic Refining Co., Philadelphia, Pa., übert. von: **Edgar W. Clarke,** Laurel Springs, N. J., V. St. A., *Mittel zur Behandlung des Bodens* zwecks Erhöhung des Eindringungsvermögens u. der Haltbarkeit des W. im Boden bzw. Anregung des Pflanzenwachstums, bestehend aus 0,01—0,15% eines Alkylbenzolsulfonats mit 9—15 C-Atomen in der Alkylgruppe, z. B. Dodecylbenzolsulfonat, in Wasser. (**A. P. 2 689 173** vom 24/1. 1952, ausg. 14/9. 1954.) H. NEBELSIEK. 6297

Mathieson Chemical Corp., übert. von: **Jonas Kamlet,** Easton, Conn., V. St. A., *Unkrautvernichtungsmittel,* bestehend aus 0,5—15 Gew.-% eines wasserlösl. Salzes der „Methylen-bis-(iminosulfon)-säure" der allg. Formel $CH_2(NHSO_2OM)_2$, in der M ein in W. lösl. Kation bedeutet, in Verbindung mit einem üblichen Trägerstoff, wie Talkum. Man erhält diese Salze durch Kondensation von CH_2O mit einem wasserlösl. Salz der Sulfaminsäure. (**A. P. 2 689 174** vom 17/10. 1952, ausg. 14/9. 1954.) H. NEBELSIEK. 6313

Monsanto Chemical Co., St. Louis, Mo., übert. von: **Arthur H. Schlesinger** und **David T. Mowry,** Dayton, O., V. St. A., *Unkrautbekämpfungsmittel,* bestehend aus einem üblichen Verdünnungsmittel, wie z. B. Talkum oder Bzl., u. Malonitril oder dessen Derivv. der allg. Formel (R')(R)C=C(CN)$_2$, in welcher R einen Cyclopropyl-, Furyl- oder Thienylrest, u. R' H oder einen Methylrest darstellt. — Beispiele: 1-Cyclopropyläthylidenmalonitril, Furalmalonitril, Thienylmalonitril, Malonitril. (**A. P. 2 683 659** vom 26/9. 1950, ausg. 13/7. 1954.) H. NEBELSIEK. 6313

Monsanto Chemical Co., St. Louis, Mo., übert. von: **William S. Emerson** und **Robert A. Heimsch,** Dayton, O., V. St. A., *Unkrautbekämpfung* durch Anwendung von Öllsgg. oder Öl-in-W.-Emulsionen mit 0,1—20 Teilen eines Chinolins, z. B. 6-Nitrochinolin, 4-Isobutylchinolin, 4-Methyl-3-nitrochinolin, 2-Äthyl-6-nitrochinolin, 3-Isopropyl-5-nitrochinolin, 4-n-Butyl-2-nitrochinolin, 2.4-Diäthylchinolin, 3.6-Dinitrochinolin. — Die Chinoline werden in bekannter Weise aus Anilinderivv. gewonnen, die Alkyl- oder Nitrochinoline durch Rk. eines kernalkylierten oder -nitrierten Anilins bzw. mit Gylcerin in Ggw. eines Dehydrierungsmittels, wie H_2SO_4. Die alkylsubstituierten Nitrochinoline erhält man durch Rk. eines Alkylaminophenylketons mit Methazonsäure u. Behandlung des intermediär gebildeten Nitroäthylidenaminoderiv. mit Alkali. (**A. P. 2 665 203** vom 25/1. 1951, ausg. 5/1. 1954.) H. NEBELSIEK. 6313

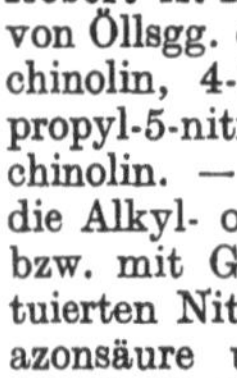

Phillips Petroleum Co., übert. von: **John E. Mahan,** Bartlesville, Okla., und **Alvin C. Rothlisberger,** Borger, Tex., V. St. A., *Halogenierung von „3a.7a-Dihydrothionaphthensulfon"* (I). Man löst es in $CHCl_3$, kühlt u. leitet Cl_2 ein. Bedeutung als *Fungicide* u. *Herbicide* haben bes. das *Tetrachlor-* u. das *Tetrabromderivat.* (**A. P. 2 682 545** vom 30/8. 1951, ausg. 29/6. 1954.) K. FABEL. 6313

Dow Chemical Co., Midland, Mich., V. St. A., *Halogenphenyldichlorpropene* der allg. Formel X—C_6H_4—CH_2—C(CH_3)=CCl_2, in der X Cl oder Br bedeutet, können z. B. hergestellt werden durch Rk. von Chlor- oder Brombenzol mit 2-Methyl-1.1.3-trichlor-1-propen bei 95—110° in Ggw. von $AlCl_3$. — *3-(4'-Chlorphenyl)-1.1-dichlor-2-methyl-1-propen,* Kp.$_{0,65}$ 91,3—94°, $D.^{20}_4$ 1,283; *3-(4'-Bromphenyl)-1.1-dichlor-2-methyl-1-propen,*

$Kp._{0,9}$ 110—111°, $D.^{20}{}_{4}$ 1,508. — Zu 25 (Teilen) mit 65 Xylol u. 10 eines nichtionogenen Emulgiermittels gemischt u. in W. dispergiert, anwendbar als *kontaktinsekticid* wirkende *Spritzemulsionen*. (**E. P. 720 845** vom 24/3. 1953, ausg. 29/12. 1954. A. Prior. 18/6. 1952.) W. GRÄGER. 6313

Farbenfabriken Bayer (Erfinder: **Kurt Hansen** und **Karl Hintzmann**), Leverkusen, *Schädlingsbekämpfungsmittel*, bestehend aus aromat. Estern von Dialkylthiophosphorsäuren u. Verteilungsmitteln der allg. Formeln $(R_1)(R_2)(R_3)C_6H_2-O-(CH_2\cdot CH_2\cdot O)_nH$ u. $(R_1)(R_2)(R_3)C_6H_2-O-(CH_2\cdot CH_2\cdot O)_mSO_2\cdot OX$, worin $R_1 = C_6H_5$, Aralkyl oder Cycloheyl- $R_2 = C_6H_5$, Aralkyl, Cyclohexyl oder H, $R_3 = C_6H_5$, Aralkyl oder H bedeuten, u. die aromat. Reste noch weitersubstituiert sein können, n für 5—25, m für 1—20 u. X für ein ein wasserlösl. Salz bildendes Atom oder eine solche Gruppe steht. Mit W. gemischt, ergibt sich feinste Wirkstoffverteilung. — Beispiele für derartige Verteilungsmittel sind: Benzyl-p-oxydiphenylpolyglykoläther, 3.4-Dichlorbenzylxylenolpolyglykoläther, Benzyl-o-oxydiphenylpolyglykoläther. (**D. B. P. 851 858** Kl. 45 l vom 5/5. 1949, ausg. 9/10. 1952.) H. DUTTENHÖFER. 6313

Hubert Hildebrandt, Kassel, *Abschrecken von Wild und Haustieren von schutzbedürftigen Kulturflächen*, unter Verwendung von spritz- u. streichfähigen Lsgg., die Riechstoffe aus der Gruppe der Chinoline, z. B. Isobutylchinolin, enthalten. Die Abwehrstoffe enthaltende Lsg. wird auf Trägern, z. B. als Spitzenbelag auf Stäbchen, angebracht u. diese am Terminaltrieb von Laub- u. Nadelhölzern befestigt. (**D. B. P. 920 399** Kl. 45 l vom 20/1. 1952, ausg. 22/11. 1954. Anmeldung bekanntgemacht 8/4. 1954.) H. NEBELSIEK. 6313

D. A. van Schreven, Ammoniakvervluchtiging op kalkrijke Zuiderzeegronden bij gebruik van ammoniumhoudende meststoffen. Zwolle: W. E. J. Tjeenk Willink. (41 S.) (Van zee tot land. Rapporten en mededelingen inzake de droogmaking, ontginning en social-economische opbouw der IJsselmeerpolders; no 11). fl. 2,45.

VIII. Metallurgie. Metallographie. Metallverarbeitung.

C. F. Ramseyer, *Elektrostahlofen und Siemens-Martin-Ofen*. Vgl. des Elektroofens mit dem SIEMENS-MARTIN-Ofenbetrieb. Es wird die Anwendungsmöglichkeit des Duplex-Verf. erörtert. (J. Metals **5**. 1617—21. Dez. 1953. New York, Ramseyer & Miller, Inc.) H. HOCHSTEIN. 6370

Fritz Hönig-Hönigsberg, *Die bisherige Entwicklung ölgefeuerter Siemens-Martin-Öfen in Österreich*. Überblick. (Stahl u. Eisen **74**. 1583—91. 18/11. 1954. Wien.) H. HOCHSTEIN. 6370

Kamillo Konopicky, *Das Verhalten von Silikasteinen im Siemens-Martin-Ofengewölbe*. Silikasteine von verschied. Herkunft u. jeweils mit guter u. mittelmäßiger Umwandlung wurden in mehreren Stahlwerken vergleichsweise eingebaut u. die Steine nach der Ofenreise systemat. untersucht. Hieraus ergab sich, daß Steine mit einem Umwandlungsgrad entsprechend einer D. 2,40—2,44 in keinem Falle schlechter waren als jene, welche stärker umgewandelt waren (D. 2,34—2,37). Es wird bestätigt, daß Tonerde u. Alkalien einen ungünstigen Einfl. auf die Haltbarkeit ausüben. TiO_2 hat bei gleichmäßiger Verteilung im Rohstoff keinen ungünstigen Einfl., jedoch scheint dadurch die Benetzung gegenüber Eisenoxyden herabgesetzt zu werden. Bei scharf beanspruchten Ofenteilen soll die Kalkmenge beschränkt werden. Eine Porigkeit von über 25% ist für die Haltbarkeit ungünstig. Permeabilitätswerte von über $100\cdot10^{-3}$ (cgs) ergeben bei gleicher Zus. u. Porigkeit geringere Haltbarkeiten; es werden Werte von $30-6\cdot10^{-3}$ empfohlen. (Stahl u. Eisen **74**. 1402—13. 21/10. 1954. Bonn, Forschungsinst. der feuerfesten Ind.) H. HOCHSTEIN. 6370

Rudolph Smith, *Bewährung von magnesiareichen Stampfmischungen*. Vf. vergleicht die Leistungen von SIEMENS-MARTIN-Öfen, die mit magnesiareichen, mit n. u. mit gesinterten Boden- u. Abstichausmauerungen zugerüstet waren. (J. Metals **188**. 754. Mai 1950. Pueblo, Colo., Col. Fuel and Iron Corp.) H. ECKHARD. 6370

H. V. Flagg, *Fluß und Geschwindigkeiten von Luft und Abgasen in Siemens-Martin-Öfen*. Diskussion der betriebstechn. Bedeutung von Konstruktionseinzelheiten an den Gaswegen im SIEMENS-MARTIN-Ofen für guten Zu- u. Abfluß der Gase auf Grund prakt. Erfahrung. (J. Metals **188**. 976—79. Aug. 1950. Middletown, O., Armco Steel Corp.) H. ECKHARD. 6370

Heinrich Kahlhöfer, Alfred Send und **Werner Himsel**, *Zerstörungserscheinungen an der feuerfesten Zustellung eines ausgeblasenen Hochofens*. Die Zerstörung des aus Schamottesteinen errichteten Schachtmauerwerks beruht auf der Reibung zwischen der niedergehenden Beschickung, dem aufsteigenden Ofengas u. dem Mauerwerk. Auch wirken eindiffundierte Alkalien u. abgelagerter Spaltungs-C durch daraus sich ergebende

Rkk. in festen Phasen mit dem Mauerwerk verschleißend u. leisten der mechan. Zerstörung Vorschub. In der Rast werden C-Steine durch die sich dort bildende leichtfl. Schlacke angegriffen. Diese saugt sich in den Porenraum der Steine ein, unterwandert das Makrogefüge zonenweise u. löst die unterwanderten Teile ab. Dieser Vorgang kommt dann zum Stillstand, wenn durch äußere Kühlung die Zähflüssigkeit der Schlackenschicht so weit erhöht wird, daß ihr weiteres Vordringen nicht mehr möglich ist. Die C-Steine des Gestelles waren bis auf die oberste unter dem Blasformring vermauerte Gestellsteinlage noch sehr gut erhalten. Die Zerstörung dieser obersten Lage wird auf eingedrungenes Formenwasser u. daraus sich ergebende Oxydationsvorgänge zurückgeführt. Durch eindiffundierte Schlackenbildner, vor allem Alkalien, war bei den meisten Steinen eine Verfestigung eingetreten, die bis zu 100% betragen hat. Eine merkliche Verminderung der Druckfestigkeit wurde an einem C-Stein festgestellt, bei dem analyt. 1,53% Fe_2O_3 gefunden worden sind. Ein anderer C-Stein ließ eine Anfertigung von Prüfkörpern für werkstoffkundliche Unterss. nicht zu. Hier zeigte das Gefüge sehr grobe Schlackeneinlagerungen. Weiterhin wurde über die analyt. Zus. der Ofensau u. von Fugenläufern berichtet. — Diskussion. (Stahl u. Eisen **74**. 1714—23. 16/12. 1954. Duisburg-Huckingen.) H. HOCHSTEIN. 6370

P. Thierry, J. Szczeniowski und **J. Laborne,** *Eine Untersuchung über Windpressungen im Hochofen.* (Iron Coal Trades Rev. **162**. 1199—1205. 25/5. 1951. Kneutingen, Lothringen.) K. STEIN. 6370

L. M. Fulton, *Hängenbleibende Hochöfen.* Bericht über Erfahrungen an einem zum Hängbleiben neigenden Hochofen; eingehende Diskussion über die Ursachen, vorläufige Abhilfe durch Dampfzusatz, endgültig durch Ändern der Ausmauerung. (J. Metals **188**. 476E—480E. März 1950. Sydney, Nov. Scot.) H. ECKHARD. 6370

James K. Preston, *Elliptischer Elektrostahlofen.* Vgl. der Kennwerte eines ellipt. Lichtbogenofens mit 6 Elektroden mit dem Rundofen mit 3 Elektroden. Bei gleichem Stromangebot ist die Leistung des ellipt. Ofens fast 20% höher, der Elektrodenverbrauch um 11,5% geringer. Die metallurg. Vorteile des ellipt. Ofens werden erörtert. (J. Metals **6**. Nr. 1. Sect. 1. 18—20. Jan. 1954. Canton, O., Timken Roller Bearing Co.) H. HOCHSTEIN. 6370

R. D. Burlingame, Gust Bitsianes und **T. L. Joseph,** *Herstellung von festem und reduzierbarem Eisenerzsinter durch Zusätze.* Die größte Durchlässigkeit eines Sinterbettes wurde durch Pelletisierung der feinen Teilchen unter den günstigsten Bedingungen (ca. 11,5% Feuchtigkeitsgeh. der Sintermasse) erzielt. Die Sinterfestigkeit wurde in starkem Maße durch den Koksgeh. der Beschickung beeinflußt. Die Festigkeit steigt nämlich sehr rasch an, wenn der Koksgeh. 5% übersteigt. Von Zusätzen besitzen CaO u. $CaCO_3$ die besten Bindeeigg. für den Sinter; alle anderen waren entweder unwirksam oder zu teuer. Bei Verwendung eines nur geringen CaO-Zusatzes kann eine feste Sintermasse mit bedeutend weniger Koks erhalten werden. Es wird ein Zusatz von 4% CaO empfohlen. Eine höhere Reduzierbarkeit wird von einer höheren Oxydierbarkeit u. einer größeren Mikroporosität begleitet. (J. Metals **6**. 449—51. April 1954. Minneapolis, Minn., School of Mines and Metallurgy.) H. HOCHSTEIN. 6378

Lajos Hajdú und **Elemér Kovács,** *Neue Variation der Form- und Kernbindungen mit Wasserglas.* Die Formen werden aus reinem Quarzsand mit 8—10% Wasserglas von mindestens 39^0 Bé in der Weise bereitet, daß der Sand mit ca. 3% Wasserglaslsg. im Kollergang 3—5 Min. gemischt wird, nach 8 Min. Ruhen werden unter ständigem Rühren noch 5—7% Wasserglaslsg. zugegeben u. zur Homogenisierung noch 3—5 Min. gemischt. Diese optimale Mischungszeit ist streng einzuhalten, sonst verschlechtern sich die physikal. Eigg. der Mischung. Sofern das Gußstück es erfordert, wird zur Verminderung der Dilatationsfehler zum Sand 0,5—1% feingemahlene Sägespäne gemischt. Die Form kann aus dem Kernkasten noch vor dem Abbinden gehoben werden u. wird durch die Luftkohlensäure fest. So ist z. B. die Scherfestigkeit einer mit 80 Sandbrinell gestampften Form 200 g/cm², nach einer Std. 750, nach 3 Std. 1150 u. nach 18 Std. 4800 g/cm². Die doppelte Vorbereitung des Sandes verhindert dessen Abrieseln u. Abbröckeln der Kanten. Um das Anbrennen bei Gußstücken hohen Kaloriengeh. zu verhindern, werden die Formen bepinselt: Bei Eisenguß mit einer Lsg. von 53(%) Spiritus, 31 Phenolharz, 15 Graphit u. 1 Ton, beim Stahlguß mit einer Lsg. von 60 Spiritus u. 40 Phenolharz. (Kohászati Lapok **8** (**86**). Nr. 11. Öntöde **4**. 243—44. Nov. 1953.) J. PLANK. 6382

János Barna und **Zoltán Juhász,** *Der Einfluß der Bentonitqualität und der spezifischen Sandoberfläche auf die Festigkeitswerte der Bentonit-Sand-Mischungen.* Die Anschauung, daß höherer Montmorillonitgeh. die Bindekraft des Bentonits vergrößert, ist nach Verss. der Vff. nicht zutreffend, da reine Ca-Bentonite, welche mit Soda kaum quellen, als Bindemittel zu Rohformen der Gießerei gut verwendbar sind. Nur einige ungar. Bentonite sind zum Bereiten von Rohformen geeignet, andere eignen sich für Trockenformen als Bindemittel. Vff. greifen zur Erklärung dieses Verhaltens zur Adhäsionstheorie von BUZÁGH. Diejenigen Bentonite, bei welchen die Adhäsion zwischen den Bentonitteilchen groß ist, binden beim Trocknen nicht genügend, da die Bentonitfilme dabei zerreißen. Die Filme der anderen Bentonite zerreißen beim Trocknen nicht, diese sind daher zum Herstellen von Trockenformen geeignet. Die Bindefestigkeit der Bentonite nach Verss. der Vff. ist auch von der spezif. Oberfläche des Sandes abhängig. Je weniger kantig die Sandkörner sind, je kleiner die spezif. Oberfläche des Formsandes ist, desto größer ist bei gleicher Menge zugemischten Bentonits die Druckfestigkeit der Gußformen. Zur Best. dieser wichtigen Eig. des Sandes verwenden Vff. eine abgeänderte Form des LEA-NURSE-Apparates. (Kohászati Lapok **8** (**86**). Nr. 11. Öntöde **4**. 226–33. Nov. 1953.) J. PLANK. 6382

Imre Abaffy, *Talk als Ersatzmaterial für Graphit in der Schwärze.* Graphit in der Schwärze durch Koks- oder Kohlenpulver zu ersetzen, gelang nicht. Schlammkohle wäre gut, wegen der Bldg. der schädlichen Gase ist aber deren Anwendung nicht angezeigt. Sehr gute Erfolge wurden mit einer Mischung aus 25% Schlammkohle neben Talk erzielt, die Oberflächen der Gußstücke sind ganz glatt. (Kohászati Lapok **9** (**87**). Nr. 4. Öntöde **5**. 94–96. April 1954.) J. PLANK. 6382

G. Derge und **C. E. Birchenall,** *Austausch von Eisen zwischen flüssigem Metall und Eisensilicatschlacken.* Das Gleichgewicht des Eisenaustausches von silicatgesätt. Eisensilicatschlacken u. fl. Eisen wird in Silicattiegeln unter Verwendung von radioakt. (^{55}Fe) als Indicator untersucht. Hierbei wird die Gleichgewichtskonstante k gleich 0,006 bei 1600° ermittelt. — Schrifttumsangaben. (J. Metals **5**. Nr. **12**. Trans. AIME **197**. 1648–50. Dez. 1953. Pittsburgh, Pa., Carnegie Inst. of Technol.; Princeton, N. J., Princeton Univ.) H. HOCHSTEIN. 6390

Gust Bitsianes und **T. L. Joseph,** *Untersuchung der festen Phase in teilweise reduziertem Eisenerz.* Es wird die Untersuchungstechnik zur Best. der festen Phasen in teilweise red. Eisenerz mittels makroskop. u. mkr. Aufnahmen sowie röntgenograph. Prüfung beschrieben. Die Red. von kompaktem Eisenerz findet unter Bldg. von deutlichen Zwischenschichten zwischen gut ausgeprägten Schichten der teilnehmenden festen Phasen statt. Die Zwischenschichten durchdringen normalerweise das Erzstück in topochem. Art u. bleiben der ursprünglichen Probenform parallel. Die vier Phasen Eisen, Wüstit, Magnetit u. Hämatit werden in kompaktem u. bei 580° in H_2 teilweise red. Eisenerz bestimmt. Diese Phasen wurden gleichzeitig als wohl ausgeprägte Schichten zwischen den drei reagierenden Zwischenschichten gebildet. Dieselben Phasen wurden auch bei einer Red. bei 650° gefunden; jedoch wurden nur die drei Phasen Eisen, Magnetit u. Hämatit bei der Red. bei 500° gefunden. Die Phasen waren in allen Fällen in der Reihenfolge des zunehmenden O_2-Geh. mit zunehmender Eindringtiefe orientiert. Während der H_2-Red. im Temperaturgebiet von 500–700° trat ein deutliches Reißen der bis dahin kompakten Erzstücke auf. Die Reduktionszwischenschichten besaßen eine bestimmte Breite, die in Abhängigkeit von der Temp., der physikal. Struktur u. der chem. Wirksamkeit der Phasen stand. Die während der Red. von kompaktem Eisenerz gebildete Wüstitschicht zeigte diffuse u. breite Röntgenstrahllinien, was die Verschiedenheit im O_2-Geh. quer durch die Schicht bewies. — 24 Schrifttumsangaben. (J. Metals **5**. Nr. 12. Trans. AIME **197**. 1641–47. Dez. 1953. Minneapolis, Minn., School of Mines and Metallurgy.) H. HOCHSTEIN. 6390

Gust Bitsianes und **T. L. Joseph,** *Die Wüstitphase in teilweise reduziertem Hämatit.* Ein ungewöhnlich breites Band von Wüstit wurde in einem teilweise red. Zylinder aus chem. reinem Hämatit gefunden, der zur Erzielung eines dichten, homogenen u. therm. stabilen Gefüges erhitzt wurde. Es wurden Proben gefunden, in denen die Wüstitschichten von unterschiedlicher Eindringtiefe waren. Eine Veränderung der Zus. durch das Wüstitfeld wird von einer Abnahme des Gitterparameters begleitet. Unterss. bei 850° zeigten, daß der O-Geh. durch das Wüstitfeld hindurch anstieg. Es werden vier gut definierte Phasenschichten in den teilweise durch H_2 bei Tempp. über 570° red. Proben ermittelt. Eine mkr. Prüfung der durch Red. von reinem Hämatit gebildeten Eisenschicht zeigte eine Neigung der Eisenkörner, unter Hinterlassung von Poren oder offenen Flächen zusammenzufließen. Die Sinterwrkg. bedingt ein Einschließen einiger Wüstitkörner durch Ferrit u. verzögert ihre Red. an der beweglichen Eisen–Wüstit-Zwischenfläche. — Schrifttumsangaben. (J. Metals **6**. Nr. 2. Sect. 1, Trans. AIME **200**. 150–53. Febr. 1954. Minneapolis, Minn., Univ. of Minnesota.) H. HOCHSTEIN. 6390

Donald F. Gibbons, *Bildsame Verformung von Eisen bei tiefen Temperaturen zwischen 300 und 77,2° K.* An 1 mm dickem Draht aus Reinsteisen mit 0,034 u. 0,021% O_2 werden Zugverss. bei Tempp. zwischen +20 u. −195° durchgeführt. Durch Messung der Brucheinschnürung in Abhängigkeit von der Temp. wird der Übergang vom Verformungs- zum Sprödbruch ermittelt. Das Auftreten von Gleitlinien u. von Zwillingsbldg. wird nach diesem Verf. verfolgt u. Dämpfungsmessungen zur Ermittlung der Ursachen für das unterschiedliche Verh. der beiden Eisensorten werden durchgeführt. — 19 Schrifttumsangaben. Diskussion. (J. Metals **5.** Nr. 9. Sect. 2, AIME Trans. **197.** 1245—50. Sept. 1953; **6.** Nr. 5. Sect. 2. Trans. AIME **200.** 661. Mai 1954. Kingston, Ontario, Can., Royal Military Coll.) H. HOCHSTEIN. 6392

John C. Fisher, *Ein Kriterium für den Bruch bei Gußeisen.* Erklärung der Bruchursache bei Gußeisen unter Hinweis auf die rechner. Behandlung von Spannungserhöhungen an inneren Hohlräumen u. die Versuchswerte von GRASSI u. CORNET (Mechan. Engng. **70.** [1948.] 918) zur Bruchursache bei Gußeisen. Der Bruch tritt ein, sobald das Fließen beginnt. Der scheibenförmige mürbe Graphit wirkt in der an sich nicht spröden Grundmasse spannungserhöhend bei Zugbeanspruchung. (ASTM Bull. **1952.** Nr. 181. 74—75. April.) W. DEUTSCH. 6402

Sunao Yoshioka, *Kupolofenbetrieb mit sauerstoffangereicherter Luft.* Bei Anreicherung der Gebläseluft mit O_2 von 20,4 auf 24,0% wird in einem Kupolofen mit 230 kg/Std. Schmelzleistung u. gleich gehaltenem Koksverhältnis die Abstichtemp. u. die Schmelzgeschwindigkeit erheblich erhöht, das Abgas aber nicht. Bei Herabsetzung des Koksgeh. wird das Metall oxydiert. Die Höhe des Koksbettes muß konstant gehalten werden, um Oxydation zu vermeiden u. bestes *Gußeisen* zu erschmelzen. — 14 Skizzen, Fotos u. Diagramme. (J. Fuel Soc. Japan **32.** 634—41. Nov. 1953. Ikgai Eisenwerke. [Orig.: japan., Auszug: engl.]) L. SCHULER. 6402

Károly Börzsönyi, *Beiträge zur Oberflächenporosität des Stahlgusses.* Es werden die Erfahrungen der Gießereipraxis zusammengefaßt, welche bisher als Ursache u. zur Vermeidung der Oberflächenporosität erkannt wurden. Es scheint, daß gelöstes H_2, das aus der Gußform stammt oder schon im fl. Eisen vorhanden ist, die Ursache ist. Als gute Vorprobe erwies sich ein kleiner Probeguß in eine rohe Sandform. Wenn die Probe mit konkaver Oberfläche erstarrt, ist das fl. Eisen gasfrei, im entgegengesetzten Fall muß der Einsatz noch weiter durchgearbeitet werden. (Kohászati Lapok **9** (**87**). Nr. 4. Öntöde **5.** 73—78. April 1954.) J. PLANK. 6408

Eduard Houdremont und **Hans-Joachim Wiester,** *Metallkundliche Betrachtungen zur Frage des Trennbruches.* Das Aufspalten der Eisenkristalle in der Würfelfläche ist eine im Gitteraufbau begründete Eig. vom *α-Eisen*, die auch bei sehr reinem Eisen auftritt. Maßgebend für den Spaltbruch ist das Verhältnis von krit. Schubspannung zu krit. Normalspannung u. dessen Veränderung durch die Beanspruchungsbedingungen u. dem Gefügezustand des Werkstoffs. Ein mehrachsiger Spannungszustand behindert die Ausbldg. einer für die Gleitverformung erforderlichen Schubspannung. Eine Prüfung der Trennbruchempfindlichkeit ist nur dadurch möglich, daß zumindest einer der Beanspruchungsbedingungen verändert wird. Durch Beschränkung des Geh. an schädlichen Beimengungen, z. B. P u. N_2, durch Verringerung der Alterungsanfälligkeit, durch Herabsetzung der Korngröße, kann die Trennbruchneigung in weiten Grenzen verändert werden. — Diskussion. (Arch. Eisenhüttenwes. **25.** 435—46. Sept./Okt. 1954. Düsseldorf, Max-Planck-Inst. für Eisenforsch.) H. HOCHSTEIN. 6408

Jack T. Brown und **William M. Baldwin jr.,** *Wasserstoffversprödung von Stählen.* Der Einfl. von H_2 auf die Bruchdehnung von unlegiertem Stahl mit 0,20% C wird bei verschied. Dehnungsgeschwindigkeiten u. Tempp. von +66 bis −196° untersucht. Hieraus konnte u. a. entnommen werden, daß H_2 die Dehnung des Stahles nur innerhalb bestimmter Gebiete von Temp. u. Belastungsgeschwindigkeit erniedrigte. — 12 Schrifttumsangaben. (J. Metals **6.** Nr. 2. Sect. 2. Trans. AIME **200.** 298—303. Febr. 1954. Pottsburgh, Westinghouse Res. Labor. bzw. Cleveland, Case Inst. of Technol.) H. HOCHSTEIN. 6408

D. A. Scott und **G. S. Farnham,** *Die Verteilung einiger Legierungselemente zwischen Carbid und Ferrit in Stählen.* An geglühten Stählen mit 0,29—0,85 (%) *C* 0,15—0,32 *Si*, 0.24—0,65 *Mn*, 0—1,4 *Cr*, 0—0,25 *Mo* u. 0—3,8 *Ni* werden Unterss. über die Verteilung der Legierungselemente, bes. von Ni, im Gefüge zwischen Carbid u. Ferrit durchgeführt. Hierbei wird u. a. festgestellt, daß ca. 18 (%) des Mn-, 35 des Cr-, 33 des Mo- u. 3 des Ni-Geh. in der Carbidphase vorlagen. Die Verteilung von einem Element wird nicht stark durch die Ggw. eines anderen beeinflußt. Auch ein Zusatz von Cr oder Mo beeinflußt den %-Geh. Ni im Carbid nicht. Jedoch der gemeinsame Zusatz dieser beiden Elemente erniedrigte den Ni-Geh. des Carbides. Eine zunehmende Haltezeit bei 1150° F (621° C) eines Stahles mit 3,4 Ni u. 0,65 Mn führt zu einem Austausch von Ni im Carbid durch Mn aus dem Ferrit. — Schrifttumsangaben. (J. Metals **5.** Nr. 11, Sect. 2. Trans. AIME **197.** 1541—43. Nov. 1953. Toronto, Ontario, Can., Internat. Nickel Co. of Canada Ltd.) H. HOCHSTEIN. 6410

Helmut Knüppel und **Karl Ernst Mayer,** *Die Fehleranfälligkeit unberuhigter Thomas-Automatenstähle.* Erörtert wird der Einfl. der chem. Zus. des unberuhigten Automatenstahles *9 S 20* u. der Walztemp. auf das Walzausbringen. Normale Betriebsbedingungen, eine ausreichende O_2-Konz. im Bad vor der Ferromanganzugabe, Mn-Konz. von 0,55—0,65% u. ein Mn-S-Verhältnis von über 2,4 sind Voraussetzungen für ein gutes Walzausbringen. Eine fehleranfällige Schmelze läßt sich unter Umständen gut auswalzen, wenn auf eine verhältnismäßig hohe Walztemp. geachtet wird, sofern sich die Walztempp. im Temperaturbereich zwischen 1050—1150° bewegen. (Stahl u. Eisen **74.** 1292—99. 23/9. 1954. Dortmund.) H. HOCHSTEIN. 6410

Sepp Ammareller und **Paul Opel,** *Beschleunigung der Austenit-Perlit-Umwandlung eines Einsatzstahles mit 2% Cr und 2% Ni durch Zusatz von Vanadin.* Infolge der Umwandlungsträgheit des Stahles *18 CrNi 8* mit 0,15—0,20 (%) C, 0,15—0,35 Si, 0,40 bis 0,60 Mn, bis 0,035 P, bis 0,035 S, 1,8—2,1 Cr u. 1,8—2,1 Ni in der Perlitstufe müssen bei seiner Einsatzbehandlung die Einsatzkästen während der Abkühlung aus der Einsatzhitze bei 675° mehrere Std. bis zur völligen Perlitumwandlung geglüht werden, wenn verhindert werden soll, daß durch eine Umwandlung des Kernwerkstoffs in der Zwischenstufe die in der Perlitstufe umgewandelte Einsatzzone unter Zugspannungen kommt u. dadurch Risse entstehen. Durch Zugabe von V in Höhe von ca. 0,1% werden die Umwandlungszeiten in der Perlitstufe bei 675° derart verkürzt, daß während der Abkühlung aus der Einsatzhitze eine isotherm. Zwischenglühung bei 675° überflüssig wird. Es wird nachgewiesen, daß alle Eigg. des V-haltigen Stahles denen des Stahles 18 CrNi 8 von üblicher Zus. entsprechen, falls zum Ausgleich des vom V abgebundenen C der C-Geh. von 0,15—0,20 auf 0,17—0,22 erhöht wird. — Diskussion. Berichtigung. (Stahl u. Eisen **75.** 65—69. 27/1. 183. 10/2. 1955. Bochum.) H. HOCHSTEIN. 6410

John J. Gilman, *Die Härtung der hochchromhaltigen Stähle durch Bildung der σ-Phase.* Die auf eine ROCKWELL-Härte von 38—43 durch Bldg. der σ-Phase gehärteten Stähle zeigen keinen Härteabfall bei 760°, selbst nicht nach 1000std. Erhitzen. Bemerkenswert ist der hohe Geh. an σ-Phase im Gebrauchszustand (ca. 35%). Die sonst mit dem Vorhandensein von σ-Phase verbundene Versprödung der Stähle wird im Falle der vorliegenden Stähle ausgeglichen durch ihre ausgezeichnete Warmhärte. Die untersuchten Stähle waren vom Cr-Ni-Mo-Typus mit ca. 25 (%) Cr, 5 Ni u. 3—4 Mo bei ca. 0,4 C, ferner vom Cr-Ni-Mn-Typus mit ca. 25 Cr, 3,5 Ni u. 4,7 Mn bei 0,26 C u. 0,14 Mo, sowie vom Cr-Ni-Mn-Si-Typus mit ca. 24 Cr, 3,3 Ni, 5 Mn u. 1,5 Si, neben 0,34 C u. 0,12 Mo. Bei der erstgenannten Gruppe beginnt die Zers. des Ferrits bei 915—845°. In diesem Bereich besteht das Gefüge aus Austenit, Ferrit, σ-Phase u. Carbiden. Unterhalb 845° liegt nur noch Austenit u. σ-Phase u. Carbid vor. Es besteht eine lineare Beziehung zwischen dem Geh. an Ferrit, σ-Phase: je mehr Ferrit, desto weniger σ-Phase. Der Härtungsvorgang dieser Stähle wird mit einer Blockierung des Austenits durch die σ-Phase in kleinen Vol. in Verbindung gebracht. Es besteht eine lineare Beziehung zwischen dem Logarithmus des mittleren Austenitweges u. der ROCKWELL-Härte, ähnlich wie in den reinen C-Stählen eine lineare Beziehung zwischen dem Logarithmus des Ferritweges (Abstand zwischen 2 Perlitteilchen längs einer Geraden) u. der Härte besteht. Es wird der Einfl. von Zus., Temp., anfänglichem Ferritgeh., Kaltverformung, Anlaßbehandlung, Walztemp., Gießverf., Rekristallisation untersucht sowie das Verh. von gegossenem Material mit gewalztem Material verglichen. Es wird für die handelsüblichen Stähle der Zusammenhang zwischen Zus. u. Betrag der Bldg. der σ-Phase bei einer bestimmten Temp. angegeben, ferner die obere Grenze des Bereiches der σ-Phasenbldg. sowie die Temp., unterhalb deren die Bldg. der σ-Phase zu vernachlässigen ist. (Trans. Amer. Soc. Metals **43.** 161—92. 1951. Harrison, N. Y., Crucible Steel Comp. of America, Res. Labor.) O. WERNER. 6410

J. V. Russel, *Zusätze an Seltenen Erden verbessern die Oberflächengüte von niedriggekohltem Stahl.* Zusätze von Seltenen Erden zu fl. Stahl entweder in die Pfanne oder in die Form verringern den S-Geh. des Stahles. Die Wirksamkeit dieser Entschwefelung nimmt mit steigendem S-Geh. zu. Die Oxyde der Seltenen Erden zeigen dagegen nur einen sehr geringen Einfl. auf die Entschwefelung. Die durch die Zusätze bewirkte Verbesserung der Oberflächenbeschaffenheit wird auf ein niedriges Verhältnis Mn : S zurückgeführt. Ist dieses Verhältnis hoch, so tritt keine Verbesserung ein. Ein Zusatz von Seltenen Erdmetallen zu einem mit Al beruhigten Stahl in Mengen von über 2 Pfund je Tonne äußert sich in beim Warmwalzen auftretenden Warmrissen. (J. Metals **6.** 438—42. April 1954. Chicago, Republik Steel Corp.) H. HOCHSTEIN. 6410

Choh Hsien Li, J. Washburn und **Earl R. Parker,** *Veränderung der bildsamen Eigenschaften beim Glühen in Zinkeinkristallen.* Es wird nachgewiesen, daß die Streckgrenze in Zn-Einkristallen von der voraufgegangenen Glühtemp. u. der Geschwindigkeit der

Abkühlung nach dem Glühen abhängt. Der Verlauf der Kaltverfestigung über die Streckgrenze hinaus spricht auf eine besondere Wärmebehandlung nicht an. (J. Metals **5.** Nr. 9. Sect. 2. AIME Trans. **197.** 1223—25. Sept. 1953. **6.** Nr. 5. Sect. 2. Trans. AIME **200.** 666—67. Mai 1954. Berkeley, Calif., Univ. of California.) H. HOCHSTEIN. 6426

G. W. Greenwood und **A. G. Quarrell,** *Der Spaltbruch von reinem vielkristallinem Zink beim Zug.* Untersucht werden die Spalteigg. von Zn; die Einflüsse der Korngröße, Temp., Belastungsgeschwindigkeit u. plast. Verformung auf die Art des Bruches werden festgelegt u. die wahre Bruchspannung wird bestimmt. Die wahre Bruchspannung ist der Quadratwurzel des mittleren Korndurchmessers in den Proben bei -196^0 umgekehrt proportional. Diese Beziehung ist auch bei höheren Tempp. gültig, wenn eine Korrektur für den Einfl. der Verformung vor dem Bruch gemacht wird. Die Proportionalitätskonstante nimmt mit steigender Temp. zu. Eine Aktivierungsenergie für die Dehnung bis zum Bruch wurde aus den zugehörigen Einflüssen von Temp. u. Belastungsgeschwindigkeit bestimmt. (J. Inst. Metals **82.** 551—60. Aug. 1954. Sheffield, Univ.)
H. HOCHSTEIN. 6426

T. L. Rama Char und **N. B. Shivaraman,** *Elektrolytisches Abscheiden von Metallen und Legierungen aus cyanidfreien Lösungen.* 2. Mitt. *Kupfer aus Äthanolaminlösungen.* (1. vgl. Current Sci. **19.** [1950.] 284.) Unterss. an Cu-Salz-Äthanolamin-Komplexe enthaltenden Bädern über die Abscheidung von Cu auf Stahl. Geeignet sind Mono-, Di- u. Triäthanolaminzusätze zu Cu-Oxalat, -Nitrat, -Citrat, -Tartrat u. -Carbonat. Die Stromausbeuten sind (mit Ausnahme des Nitratbades) fast 100%. Zusätze von *Rochelle-Salz* zu Oxalatbädern haben große Vorteile: Glanzbereich zwischen 2,4 u. 4,8 A/dm, keine Auswüchse an der Kathode, hohe Stromausbeuten, Arbeiten bei Raumtemp., glänzende Abscheidungen, während im allg. die Streufähigkeit der Cyanidbäder besser ist. (Current Sci. **19.** 311—12. Okt. 1950. Bangalore, Ind. Inst. of Sci.) J. FISCHER. 6432

B. Lustman, *Die intermittierende Oxydation einiger Legierungen auf Nickel-Chrom-Basis.* Die Haltbarkeit von elektr. Widerständen aus Cr–Ni-Legierungen wird wesentlich durch Zusatz einiger $^0/_{00}$ an *Al, Ca, Zr* u. *Si* verbessert; dieser Effekt wird mit einer mikrophotograph. belegten Barrierentheorie erklärt. (J. Metals **188.** Nr. 8. Trans. AIME 995 bis 996. Aug. 1950. Pittsburgh, Pa., Westinghouse Electric. Corp.) H. ECKHARD. 6434

Donald L. Colwell und **Oldrich Tichy,** *Genaue Kontrolle in der Aluminiumerzeugung durch direkte spektrographische Bestimmungen.* Bedeutung der Al-Schrottüberwachung durch analyt. spektrograph. Verff. mit sofortiger Ablesemöglichkeit für die Reinheit u. Güte der aus diesem Schrott zu erschmelzenden Al-Blöcke. (J. Metals **6.** **343**—**45.** März 1954. Cleveland, O., Apex Smelting Co.) H. HOCHSTEIN. 6446

H. C. Chang und **N. J. Grant,** *Ungleichmäßigkeit bei der Kriechverformung von grobkörnigem sehr reinem Aluminium.* Das Kriechen von sehr grobkörnigem u. sehr reinem Al wurde bei 400, 700 u. 1100^0 F. (205, 370 u. 595^0 C) bei Anfangsspannungen von 0,035—0,85 kg/mm^2 untersucht. Örtliche Spannungsmessungen wurden quer durch die Korngrenzen u. in verschied. Gebieten unterschiedlicher Körner während des Kriechens ausgeführt. Die relativen Beträge für die Dehnung, wie sie quer durch eine Korngrenze sowie in den den Korngrenzen anliegenden Körnern gemessen wurden, hängen von der Prüftemp. ab. Die Bedeutung der Kriechkurvengleichungen u. der Aktivierungsenergien wird erörtert. — Schrifttumsangaben. Diskussion. (J. Metals **5.** Nr. 9. Sect. 2. Trans. AIME **197.** 1175—80. Sept. 1953. **6.** Nr. 5. Sect. 2. Trans. AIME **200.** 688. Mai 1954. Cambridge, Mass., Massachusetts Inst. of Technol.) H. HOCHSTEIN. 6446

A. H. Lutts und **P. A. Beck,** *Das Glühen eines kaltgewalzten Aluminiumeinkristalls.* Es ist möglich, ein vollständiges Weichwerden in einem stark durch Walzen verformten Al-Kristall ohne eine Rekristallisation infolge einer Gitterrückorientierung zu erreichen. Der Verlauf dieses Vorganges, der dem der verschied. bekannten Erholungsvorgängen ähnlich ist, wird erläutert. Im Hinblick auf die großen Unterschiede im Glühverh. scheint es, daß die Kristallunvollkommenheiten, welche für die Linienverbreiterung im Al bei der röntgenograph. Unters. verantwortlich sind, sich deutlich von denen unterscheiden, die für den Hauptteil der Kaltverfestigung verantwortlich sind. (J. Metals. **6.** Nr. 2. Sect. 2, Trans. AIME **200.** 257—60. Febr. 1954. Urbana, Ill., Univ. of Illinois.)
H. HOCHSTEIN. 6446

János Solymosi, *Die Verwendbarkeit des elektrisch beheizten Wannenofens für das Salzbad der Wärmebehandlung des Aluminiums und die Vermeidung der Explosionsgefahr.* Vf. vergleicht die zur Wärmebehandlung von Aluminium verwendeten Luftzirkulationsöfen mit den Salzbädern, hebt die Vorteile der letzteren hervor, u. beschreibt einen Salzbadwannenofen mit innerer elektr. Heizung, eine Vorr. zum Schutz gegen Überhitzung u. Explosion u. eine zum Entfernen des Schlammes. (Kohászati Lapok **9** (**87**). 92—94. 10/2. 1954.) J. PLANK. 6446

L. W. Eastwood, *Das Schmelzen von Aluminium- und Magnesiumlegierungen.* Übersicht über die Technik des Schmelzens von Al- u. Mg-Legierungen, die dazu verwendeten Öfen u. Meßverfahren. — Diskussion. (Trans. Amer. Foundrymen's Assoc. **59.** 139—50. 1951. Columbus, O., Battelle Mem. Inst.) W. WESLY. 6446

F. A. Crossley und **H. D. Kessler,** *Eignung von Titanlegierungen als Werkstoff für hohe Betriebstemperaturen.* Ti-Legierungen können bis zu 1000 Std. bei 1000° F mit Erfolg verwendet werden. Bes. die Legierung *Ti-6 Al-0,5 Si* hat im Vgl. zu einem nichtrostenden *Stahl* Marke *410* bei 800° F eine erhöhte Kriech- u. Bruchfestigkeit. Die Legierung *Ti-8 Al-4 Mo* ist im Kriechverh. bei Tempp. von 1000° F dem Stahl *410* überlegen. Wenn die Ti-Legierungen eine hohe Kaltbildsamkeit nach einer Beanspruchung in der Wärme aufweisen sollen, dann müssen sie ein reines α-Phasengefüge haben; bes. müssen die α-Komplexlegierungen aushärtungsfähig sein. Die sogenannten stabilen β-Legierungen eignen sich nicht bes. für Hochtemperaturverwendung, weil außerordentlich große Zusätze von β-stabilisierenden Elementen erforderlich sind, um warmfeste Legierungen zu erhalten. Al-Zusätze zu α-Legierungen oder zu α-β-Legierungen bedingen die besten Warmfestigkeitseigenschaften. Legierungen für Betriebstempp. über 800° enthalten daher 6—8% Al. Indessen muß der Al-Geh. so gering wie möglich gehalten werden, um eine ausreichende Kaltbildsamkeit zu erhalten. Die α-Ti-Legierungen besitzen eine hohe Kaltbildsamkeit auch im geschweißten Zustande, die keine Wärmenachbehandlung erfordern. Al-Zusätze zu Ti-Legierungen verringern die Korrosionsgeschwindigkeit an Luft bei mittelhohen Temperaturen. Die Diffusion oder Legierung der lösl. Einlagerungselemente O_2 u. N u. die sich hieraus ergebende Versprödung ist von größerer Bedeutung als die Zunderbldg. bei 900—1300° F. — Schrifttumsangaben. (J. Metals **6.** Nr. 2. Sect. 1. 119—21. Febr. 1954. Chicago, Armour Res. Found.) H. HOCHSTEIN. 6448

Earle E. Schumacher, *Herstellung äußerst reiner Metalle durch die Zonenschmelztechnik.* Beschreibung der Zonenschmelzvorr. zur Herst. von für Transistoren verwendbares äußerst reines *Ge*-Metall. — Schrifttumsangaben. (J. Metals **5.** Nr. **11.** Sect. 1. 1428 bis 1429. Nov. 1953. Murray Hill, N. J., Bell Telephone Labor.) H. HOCHSTEIN. 6448

W. G. Pfann, *Veränderung der Blockform während des Zonenschmelzens.* Rechner. Ermittlung der Veränderung der Blöckchenform durch das Zonenschmelzen von *Ge* während der Reinigung dieses Metalles. — Schrifttumsangaben. (J. Metals **5.** Nr. 11. Sect. 1. Trans. AIME **197.** 1441—42. Nov. 1953. Murray Hill, N. J., Belle Telephone Labor.) H. HOCHSTEIN. 6448

William Wilson jr., *Härtungsversuch für tiefhärtende Stähle.* Für Fälle, in denen tiefhärtende Stähle durch größere Querschnitte durchhärten, als beim Standard-JOMINY-Test vorhanden sind, wird ein neues Kriterium äquivalenter Abkühlungsbedingungen vorgeschlagen, welches die Härtbarkeit mit den bei der Abschreckbehandlung gemessenen Abkühlungskurven verbindet. Äquivalente Abkühlungsbedingungen sind nur vorhanden, wenn die erhaltenen Abkühlungskurven zwischen der Lösungsglühtemp. u. der Ms-Temp. dieselben sind. Es wird ein Verf. zur Ausführung von Härtungsverss. mit Ölhärtung beschrieben. (Trans. Amer. Soc. Metals **43.** 454—79. 1951.) O. WERNER. 6480

R. P. Kent, *Dauerstand- und Bruchversuche an Schweißmetallpolstern und Schweißen, die an Chrom-Molybdän-Stahlrohren mit Molybdän enthaltenden Elektroden ausgeführt worden sind.* Die Ergebnisse einer Reihe von Dauerstand- u. Bruchverss. an Schweißen, die mit Mo enthaltenden Elektroden an Heißdampfleitungen aus Cr-Mo-Stahl ausgeführt worden sind, werden in zahlreichen Zahlentafeln u. Diagrammen wiedergegeben. Je nachdem die Wahl der Elektrode sich auf die Dauerstandfestigkeit, die Bruchdehnung oder die Bruchfestigkeit gründet, ist ein anderes Elektrodenmaterial geeignet. Die 3 Elektroden unterscheiden sich durch ihre Gehh. an C, Si, Mn, P, S, Ni, Cr u. Mo. (Iron Coal Trades Rev. **169.** 787—93. 1/10. 1954. C. A. Parsons & Co., Ltd.) W. WESLY. 6480

Norman Brown, *Quantitatives Maß der Anlaßsprödigkeit.* Der reziproke Wert der Übergangstemp. vom zähen zum spröden Bruch eignet sich als quantitatives Maß für die Anlaßsprödigkeit. An *Stahl* mit 0,13 (%) C, 0,25 Si, 0,5 Mn, 1,3 Cr u. 4,2 Ni wurde mit verschied. Kerbschlagproben die Eignung dieses Maßes nachgeprüft u. bestätigt. — 18 Schrifttumsangaben. (J. Metals **6.** Nr. 3. Trans. AIME **200.** 361—65. März 1954. Philadelphia Univ.) H. HOCHSTEIN. 6480

Gerhard Reinacher, *Entwicklung und Ergebnisse der Hochtemperaturmetallmikroskopie.* Überblick über die Entw. der Hochtemperaturmetallmikroskopie u. Beschreibung eines neuentwickelten Vakuumheiztisches für aufrechte Mikroskopie. Während sich die bisher veröffentlichten Unterss. mit wenigen Ausnahmen auf Gefügeänderungen im festen Zustand beschränken, sind mit der neuen Vorr. auch Schmelzvorgänge von meist eutekt. Natur in den Korngrenzen beobachtet u. photographiert worden. — 33 Schrifttumsangaben. (Z. Metallkunde **45**. 453—58. Juli 1954. Hanau, Degussa.) H. HOCHSTEIN. 6482

G. E. Ressler, *Ermittlung der McQuaid-Ehn-Korngröße durch Spektralanalyse.* Die Spektralanalyse wird zur Best. des *Al*-Geh. von legierten Einsatzstählen, denen zur Beeinflussung der Korngröße Al zugesetzt wurde, angewendet. Die Unterss. lassen den Zusammenhang zwischen dem ermittelten Al-Geh. u. der MCQUAID-EHN-Korngröße erkennen. (J. Metals **5**. 1622. Dez. 1953. Canton, O., Timken Roller Bearing Co.) H. HOCHSTEIN. 6482

Robert L. Fullman, *Das Messen von angenähert zylindrischen Teilchen in undurchsichtigen Proben.* Ableitung von Gleichungen zur Ermittlung der Raumabmessungen von verteilten zylindr. Teilchen in Proben aus Messungen an polierten Querschnitten. (J. Metals **5**. Nr. 9. Sect. 2. Trans. AIME **197**. 1267—68. Sept. 1953. Schenectady, Gen. Electric Co.) H. HOCHSTEIN. 6482

Elmars Ence und **Harold Margolin,** *Durch Kumulativätzung in Titanlegierungen identifizierte Phasen.* Die zu untersuchende polierte Probe wird auf eine Anode aus nichtrostendem *Stahl* gelegt u. mit einer als Kathode geschalteten, nichtrostenden Stahlstange punktförmig berührt, die mit von einer 10% ig. NaCN-Lsg. getränkter Baumwollwatte umhüllt ist. Hierdurch werden die einzelnen Phasen der Ti-Legierungen verschieden gefärbt, u. zwar ist die restliche β-Phase violett bis hellblau, die α-Phase gelb bis goldfarben, u. die Carbide sind glänzend hellblau oder gelblich. An Stelle von NaCN-Lsg. als Ätzmittel können auch zwei andere Ätzmittel verwendet werden, die deutlichere Farbkontraste hervorrufen, u. zwar H-Ätzmittel, bestehend aus 5 (g) Oxalsäure, 5 Citronensäure, 5 (ml) Orthophosphorsäure (85% ig), 10 Milchsäure (85% ig), 35 W. u. 60 A. sowie HG-Ätzmittel, das aus H-Ätzmittel u. zu gleichen Teilen aus Glycerin als Verdünnungsmittel besteht. Es werden Anwendungsbeispiele an Schliffbildern besprochen. — Schrifttumsangaben. (J. Metals **6**. 346—48. März 1954. New York, N. Y., Univ.) H. HOCHSTEIN. 6482

E. M. Holub, *Metallbearbeitung durch Brennputzen.* (Steel Processing **38**. 388 bis 390. 399. Aug. 1952. — C. **1954**. 178.) H. HOCHSTEIN. 6502

N. A. DeCecco und **H. M. Meyer,** *Füllmaterial zum Löten von Titan.* Als geeignet erwies sich *Feinsilber* als Füllmaterial beim Löten von Ti unter Verwendung eines Flußmittels aus 10 (%) *AgCl*, 36 *KCl*, 9 *LiF* u. 45 *NaCl*. Metallograph. Unterss. der Ti–Ag-Lötpunkte zeigen das Vorliegen einer zwischenmetall. Verb., welche eine beträchtliche Kaltbildsamkeit besitzt. — 14 Schrifttumsangaben. (J. Metals **5**. Nr. 9. Sect. 2. Trans. AIME **197**. 1197—98. Sept. 1953. Chicago, Illinois Inst. of Technol., Armour Res. Found.) H. HOCHSTEIN. 6504

Werner Hummittzsch, *Die Wirkung des Stickstoffes in Lichtbogenschweißen.* In der Bogensäule des Schweißlichtbogens waren bis zu 10% des vorhandenen Luftstickstoffes dissoziiert. Von der Arbeitsweise der Elektrode hing es ab, wieviel N_2 von der fl. Schweiße aufgenommen wurde. Die N_2-Gehh. in den fl. Schweißen waren viel höher, als aus ihrem Teildruck ermittelt werden konnte. Bei der hohen Temp. des Lichtbogens ist das Angebot für N_2 viel größer, als dem Gleichgewichtszustand bei Temp. des fl. Metalls entsprach. Während der Erstarrung der Schweiße entweichen durch die schnelle Löslichkeitsabnahme große Mengen N_2; dennoch blieb eine bedeutende N_2-Menge im festen Schweißgut. N_2 ist in Schweißen, die Ti- u. Zr-haltig sind, als Mischkristall von Nitriden u. Carbiden an die genannten Elemente gebunden. Die Vorgänge der Alterung, Reckalterung u. Kerbempfindlichkeit werden von N_2 in ungünstigem Sinne beeinflußt. Die Warmfestigkeit u. bes. das Langzeitverh. bei erhöhter Temp. wird durch die schwerlösl. Nitride von Ti oder Zr günstig beeinflußt. Eine Steigerung der Standzeiten von Schweißen aus Schnell- oder Warmarbeitsstählen durch geringe Gehh. von Sondernitriden konnte nicht festgestellt werden. Cr–Mo-haltige Schweißen, selbst bei geringen Gehh. an Ti aus dem red. TiO_2 der Kerndrahtumhüllung oder Ta–Nb-haltige ferrit. Schweißen, waren gegen Spannungsrißkorrosion widerstandsfähig, da in den Schweißen N_2 als schwerlösl. Sondernitrid gebunden war. Ein Glühen bei ca. 750° erwies sich als vorteilhaft. (Stahl u. Eisen **74**. 1723—30. 16/12. 1954. Hamm/Westf.) H. HOCHSTEIN. 6506

W.-L. Pinner, *Ungelöste Probleme bei der Oberflächenbearbeitung der Metalle.* Es fehlen ein Verf. zur Korrosionsprüfung von Überzügen, ohne diese zu zerstören, ein Polierverf., ohne das Metall abzutragen u. ein Verf. zur Herst. von glänzenden Ni-Überzügen, die wirklich duktil sind. Ferner fehlen systemat. Arbeiten über cyankal. Cu-Bäder. (Galvano [Paris] **23**. Nr. 214. 15—16. Nov. 1954.) F. MARKHOFF. 6508

Lester F. Spencer, *Entzundern von rostfreiem Stahl.* Überblick über mechan. u. chem. Verfahren. (Metal Finishing **52**. 54—59. Febr. 1954.) F. MARKHOFF. 6508

A. K. Mohamed und **A. G. H. Coombs**, *Experimentelle Untersuchung über bleibende Verformungen durch Kugelstrahlen.* Die Ausbreitung der Wellenfront bildsamer Verformung beim Auftreffen einer Stahlkugel auf eine ebene Probe aus weichem unlegiertem Stahl oder Cu wird durch Messung des Härteverlaufs über die durch den Tiefstpunkt des Kugeleindrucks gelegte Querschnittsfläche ermittelt. Hierbei wird ein Einfl. der Auftreffgeschwindigkeit, der Stoßenergie u. des Eindruckhalbmessers auf die Ergebnisse des als ein Vorvers. für das Kugelstrahlen zur Erhöhung der Dauerschwingfestigkeit geplanten Unters. festgestellt. — 9 Schrifttumsangaben. (J. Iron Steel Inst. **175**. 5—9. Sept. 1953. Nottingham, Univ.) H. HOCHSTEIN. 6510

N. R. Srinivasan, *Elektrochemische Forschung in Indien — 1954.* Übersicht mit besonderer Berücksichtigung der elektrolyt. *Mn*-Gewinnung. — 31 Literaturzitate. (Chem. Age **72**. 1093—95. 14/5. 1955.) M. GEHLEN-KELLER. 6514

George Comstock, *Elektrolytisches Schleifen. Vergleichsweise Vorteile. Gegenwärtiger Stand. Zukünftige Anwendung.* Behandelt wird das Verf., bei dem der mechan. Schleifvorgang von einem elektrolyt. Ätzvorgang überlagert wird. Bei der elektrolyt. Behandlung bildet das Werkstück die Anode, die Schleifscheibe die Kathode, während der Elektrolyt durch ein Rohr auf die Berührungsstelle zwischen beiden geleitet wird u. gleichzeitig als Kühlmittel dient. (Aircraft Product. **16**. 488—90. Dez. 1954. Worcester, Mass., Norton Co.) F. MARKHOFF. 6514

William H. Colner, Morris Feinleib und **John N. Reding**, *Galvanische Überzüge auf Titan.* Gut haftende *Cu*-Überzüge auf Ti werden erhalten durch anod. Ätzen in einer Lsg. von HF u. Äthylenglykol. Die Bindung zwischen Auflage u. Grundmetall ist rein mechanisch. Bei geänderten Strombedingungen wird eine Polierwrkg. erzielt; auf solchen Flächen haften galvan. Ndd. schlecht. — 22 Schrifttumsangaben. (Metal Finishing **52**. 72—75. Febr. 1954. Chicago, Ill., Illinois Inst. of Technol., Armour Res. Found. u. Spokane, Wash., Kaiser Aluminum and Chemical Corp.) F. MARKHOFF. 6514

Sam Tour, *Neuzeitliche Entwicklungen der Metallisierung.* Übersicht über die modernen Verff. zur Metallisierung durch Aufbringen korrosionsschützender Überzüge u. deren Eigenschaften. (Weld. J. **31**. 199—207. März 1952. New York, N. Y., Sam Tour and Co., Inc.) W. WESLY. 6516

Karl Krekeler, *Über die Metallurgie des Metallspritzens.* (Berg- u. hüttenmänn. Mh. montan. Hochschule Leoben **95**. 340—42. Dez. 1950. — C. **1951**. I. 1797.) F. MARKHOFF. 6516

W. E. Hoare, *Die Theorie und Praxis der Tauchverzinnung. Anwendung in der Drahtherstellung.* Übersichtsbericht über die Arbeitsweisen u. Angaben über die Tauchverzinnung (Entfetten, Beizen, Flußmittel, Sn-Bäder, Abstreifen) für Stahldrähte u. über die elektrolyt. Verzinnung für Cu-Drähte. (Wire Ind. **18**. 867—75. Okt. 1951. Tin Res. Inst.) W. KATZ. 6524

—, *Elektrolytisches Überziehen mit Zinn–Zink-Schichten. Einzelheiten des Verfahrens, das vom Tin Research Institute entwickelt wurde.* Ein bevorzugter Elektrolyt besteht aus 5 (oz/Imp. gal.) *Sn* als $Na_2[Sn(OH)_6]$, 0,4 *Zn* als $Zn(CN)_2$, 4,4 Gesamtcyanidgeh. als NaCN u. 0,7—1 freies NaOH. Temp. 65°. Anoden aus 75 (%) Sn u. 25 Zn. Stromdichte 15 A/sq.ft. (1,6 A/dm²). Die Ndd. sind porenarm. Die Überzüge können durch kurzes Eintauchen in 2%ig. CrO_3-Lsg. passiviert werden. (Aircraft Product. **16**. 497—98. Dez. 1954.) F. MARKHOFF. 6524

Hans Arup, *Über den Angriff von Zink und Verzinkung.* Behandelt wird atmosphär. Angriff auf Zn, auf Zn-Überzug von Fe oder Stahl; Einfl. des physikal. u. chem. Verh. der Verzinkung; Haltbarkeit einer Verzinkung unter verschied. klimat. Verhältnissen, Angriff u. Schutz von Verzinkung bei anderen Anwendungen; Oberflächenbehandlung u. Anstrich von Zn u. Zn-Überzügen. Zn schützt Fe an reiner Luft u. in Meerwasser, nicht aber in Ggw. von SO_2 (Schutz durch Anstrich vor Bldg. von Rostflecken oder nach Vorphosphatierung u. dgl.; Grundanstrich mit $ZnCrO_4$-Farbe auf Alkydbasis, darauf Deckanstrich). — 16 Literaturzitate. (Ingeniøren **63**. 383—85. 24/4. 1954.) R. K. MÜLLER. 6538

Edward H. Huss, *Korrosion von Pumpenteilen.* Es wurde der Gewichtsverlust einer Reihe von Legierungen, wie *Monelmetall K*, u. verschied. *Stähle* in 48 Std. in bewegten Fll., wie konz. HNO_3, 10%ig. HNO_3, 10%ig. CrO_3, Fettsäuren, Schneidöl, Stärkelsgg., 10% Essigsäure, Melasse, 20%ig. NH_4NO_3-, 30%ig. $CuCl_2$-Lsgg., Grubenwässern sowie in Kürbisbrei untersucht. Beschreibung der verwendeten Apparatur. (Metal Progr. **66**. Nr. 2. 100—02. 1/8. 1954. Cedar Falls, Io., Viking Pump Co.) F. MARKHOFF. 6538

Rudolf Kürth, Potsdam, *Schaumschwimmaufbereitung von Erzen und anderen Mineralien.* Zur Erzeugung feinstzelliger Schäume mit oder ohne Druckluftzuführung versetzt man die Masseteilchen der Trübe in fließende Bewegung u. schäumt diese während dieser Bewegung durch mechan., pneumat. oder hydraul. Querbewegungen auf. Die fließende Bewegung kann man auf einem in einer oder in mehreren Ebenen gewellten oder durch wehrartige Einbauten unterbrochenen Boden hervorrufen, der quer zur Strömung der Trübe in Schwingungen versetzt wird. — Zeichnung. (**D. B. P. 923 001** Kl. 1c vom 17/4. 1938, ausg. 31/1. 1955. Anmeldung bekanntgemacht 29/4. 1954.) W. HAUSWALD. 6363

Union of South Africa, übert. von: **Roger F. Powell,** Gwelo, Southern Rhodesia, und **Eric F. Martin,** Germiston, Transvaal, *Schaumschwimmverfahren für Edelmetalle und Unedelmetallharze.* Man setzt der Trübe als Schäumer eine kleine Menge eines alkoxysubstituierten acycl. KW-stoffes zu. Der nichtsubstituierte KW-stoff mit 4—16 C-Atomen wird mit 4—6 Alkoxygruppen derart substituiert, daß am endständigen C-Atom des KW-stoffes nicht mehr als eine disubstituierte Alkoxygruppe sitzt. Die Alkoxygruppen sind mit dem KW-stoffkern mit C—O—C-Ätherbindung verbunden. Methoxy-, Äthoxy-, Propoxy-, Isopropoxyverbb. solcher Art sind z. B. *Trimethoxypropan, Triäthoxypropan, Trimethoxybutan, Tributoxybutan, Tripentoxybutan, Tetraäthoxyäthan, Tetrapropoxyäthan, Tetrabutoxyäthan.* (**A. P. 2 687 214** vom 13/6. 1950, ausg. 24/8. 1954. E. Prior. 14/6. 1949.) W. HAUSWALD. 6363

Comp. des Métaux d'Overpelt Lommel et de Corphalle, Soc. An., Overpelt-lez-Neerpelt, Belgien, *Granulieren von Sulfiderzen oder ähnlichem sulfidischem Material.* Um feinverteilte Sulfiderze oder dgl., wie sie bei der Schwimmaufbereitung anfallen, zu granulieren, werden diese mit *Zinksulfat* oder *Zinkoxydsulfat* bei 0—85° vermischt u. nach Zugabe einer kleinen Menge heißen W. zu einer Paste verrührt u. dann in Granalien übergeführt, die bei der nachfolgenden Abkühlung infolge der Kristallisation des Sulfats schnell erhärten. Man kann auch an Stelle von Zinksulfat Zinksulfatstaub verwenden, wie er beim COTTRELL-Abscheider einer Röstanlage anfällt. Eine geeignete Mischung erhält man auch dadurch, daß man eine kleine Menge des Röstgutes dem Sulfiderz zugibt u. das Gemisch mit H_2SO_4 zwecks Sulfatbildung wäscht. (**E. P. 715 832** vom 14/11. 1951, ausg. 22/8. 1954.) W. HAUSWALD. 6377

VEB Elektrochemisches Kombinat Bitterfeld, Bitterfeld (Erfinder: **Friedrich von Kahler,** Radentheim/Kärnten), *Elektrochemische Gewinnung von Metallen aus ihren oxydischen Verbindungen.* Das von unten in den trichterförmigen mit Druckstempel eingepreßte Kohle-Oxyd-Gemisch dient als Elektrode; die aus Graphit bestehende Gegenelektrode (oder Elektroden) ragen von oben in den Ofen hinein. Das Querschnittsverhältnis der Gegenelektrode zu der wirksamen Beschickungsoberfläche beträgt 1 : 2 bis ca. 1 : 4. Der Überschuß an C beträgt bis zu 5% der zur Red. erforderlichen Menge. (**D. P. [DDR] 5 210** Kl. 40c vom 13/11. 1941, ausg. 3/10. 1953 [Wirtschaftspatent].) H. HOLM. 6381

VEB Elektrochemisches Kombinat Bitterfeld (Erfinder: **Helmut von Zeppelin**), Bitterfeld, *Herstellung von Legierungen durch Reduktion flüchtiger Metallhalogenide.* Die Halogenide werden im gasförmigen Zustand mit einer schmelzfl. Legierung eines Erdalkalimetalls (einschließlich Mg) mit dem das Grundmetall der Legierung bildenden Metall zur Umsetzung gebracht. Gasförmiges $BeCl_2$ wird z. B. in eine *Mg–Al*-Schmelze eingeleitet. Aus der anfallenden Be–Al-Legierung kann das *Al* z. B. durch Alkali abgetrennt werden. (**D. P. [DDR] 5 212** Kl. 40b vom 4/3. 1943, ausg. 20/11. 1953 [Wirtschaftspatent].) H. HOLM. 6381

Quebec Metallurgical Industries Ltd., Toronto, Ontario, Can., übert. von: **Thayer Lindsley,** New York, N. Y., V. St. A., und **Lyall J. Lichty,** Ottawa, Ontario, Can., *Reduktion von Metalloxyden,* bes. des *Fe, Ni* oder *Co,* durch Schmelzen von reichen oxyd. Erzen in Ggw. eines Fluß- u. eines Reduktionsmittels, dad. gek., daß die Schmelztemp. nicht wesentlich über dem F. des zu gewinnenden Metalls liegt, das Reduktionsmittel aus einem Gemisch von feinverteiltem C u. feinverteiltem Si in Form von Ferrosilicium oder Si u. Al als Fe-Al-Legierung besteht u. das Gemisch so bemessen wird, daß im gewonnenen Metall der Geh. an Si u. C je 0,1% u. die Summe beider 0,15% nicht übersteigt. (**A. P. 2 653 867** vom 27/7. 1951, ausg. 29/9. 1953.) G. APEL. 6381

Péchiney Comp. de Produits Chimiques et Électrométallurgiques und **Soc. Métaux et Composés Légers,** Seine, Frankreich, *Trennen von Metallen durch Destillation,* dad. gek., daß die Tempp., die Konzz. u. die Drucke für sich oder alle gleichzeitig an mehreren Punkten oder Zonen des Destillationsgefäßes in der Weise eingestellt werden, daß die Temp. um so höher ist, je geringer die Konz. des leichtflüchtigsten Metalls ist, daß weiterhin der Druck um so geringer ist je geringer die Konz. des leichtflüchtigsten Metalls ist, u. daß der Gesamtdruck an jedem Punkt so eingestellt wird, daß er der Dampfspannung des leichtflüchtigsten Metalls an dem betreffenden Punkt entspricht. Der

Strom des fl. Metalls kann mit dem des Metalldampfes gleichgerichtet sein oder im Gegenstromprinzip arbeiten. Durch das ganze Destillationsgefäß oder einen Teil desselben kann zusätzlich ein Hilfsgas oder -dampf geleitet werden. Das Verf. kann z. B. angewendet werden zum Abscheiden von *Zn* aus Zn–Al-Legierungen. — Zeichnungen. (**F. P. 1 046 292** vom 11/12. 1951, ausg. 4/12. 1953.) G. APEL. 6381

Régie Nationale des Usines Renault, Frankreich, *Herstellung von Formen für den Metallguß nach dem Wachsausschmelzverfahren.* Das Wachsmodell wird mit einer M. umkleidet, welche im wesentlichen neben einer Alkalisilicatlsg. aus körnigen feuerfesten Stoffen besteht, denen 1—10 (Gew.-%), zweckmäßig 4, Graphit, Gaskohle oder calcinierter Anthracit von gleicher Korngröße beigemengt sind. Die Form wird dann auf ca. 850° erhitzt. (**F. P. 1 042 032** vom 7/9. 1951, ausg. 28/10. 1953. **E. P. 705 240** vom 29/7. 1952, ausg. 10/3. 1954. F. Prior. 7/9. 1951.) HANS HOFFMANN. 6383

Régie Nationale des Usines Renault, Frankreich, *Herstellung von Formen für den Metallguß nach dem Wachsausschmelzverfahren.* Das Wachsmodell wird zunächst mit einem Überzug aus feinkörnigen feuerfesten Stoffen u. einem wss. Bindemittel, wie einer verd. Alkalisilicatlsg., überzogen. Nach dem Trocknen wird dieser Überzug mit einer Lacklsg. getränkt, welche unter Verwendung eines Lösungsm. hergestellt ist, welches das zuvor benutzte Bindemittel nicht löst. Nach dem Trocknen des Lackes wird das so vorbehandelte Wachsmodell mit dem gleichen Lösungsm., welches zur Herst. der Lacklsg. benutzt worden ist, behandelt. Nach abermaligem Trocknen wird das Modell in eine Mischung aus grobkörnigem Sand u. einer Alkalisilicatlsg. eingebettet. Als Lacklsg. kommt z. B. eine alkohol. Bakelitlsg. in Frage. (**F.P. 1041406** vom 28/8. 1951, ausg. 23/10. 1953. **Schwz. P. 298 970** vom 30/5. 1952, ausg. 2/8. 1954. **E. P. 713 593** vom 27/6. 1952, ausg. 11/8. 1954. Beide F. Prior. 28/8. 1951.) HANS HOFFMANN. 6383

Régie Nationale des Usines Renault, Frankreich, *Herstellung von Formen für den Metallguß nach dem Wachsausschmelzverfahren.* Zur Herst. von Formen mit glatter Oberfläche für den Präzisionsguß wird das Wachsmodell in einen Brei getaucht, der im wesentlichen aus sehr fein verteiltem Quarzsand, einer geringen Menge gröberem Quarzsand u. einem wss. Bindemittel besteht. Der Brei besteht z. B. aus 2200 g Quarzsand mit einem durchschnittlichen Durchmesser von 20 μ, 750 g Quarzsand von 0,5—1 mm Korngröße u. 910 cm^3 eines wss. Bindemittels. Als Bindemittel wird eine Alkalisilicatlsg. ($SiO_2:Na_2O = 3,3$) verwendet, der geringe Mengen eines sulfonierten Netzmittels sowie Bornylacetat zugesetzt sind. (**F. P. 1 041 977** vom 6/9. 1951, ausg. 28/10. 1953. **E. P. 712 016** vom 29/7. 1952, ausg. 14/7. 1954. F. Prior. 6/9. 1951.) HANS HOFFMANN. 6383

Régie Nationale des Usines Renault, Billancourt, Frankreich, *Gießformen* für Metallpräzisionsguß. Das Wachsmodell wird erst mit einer ganz dünnen, den Stahl oder die Oxydschicht nicht angreifenden Schicht von Kaolin, Sillimanit, Mullit, Al_2O_3, Korund oder Cr_2O_3, dispergiert in einer Lsg. von $AlCl_3$ bzw. $CrCl_3$, W. + A. oder A. u. eine kleine Menge lösl. Stärke, Gummi arabicum, Gelatine, Schellack oder Resol enthaltend, überzogen, dann mit einer Schicht von SiO_2 u. Na_2SiO_3 (Gewichtsverhältnis $SiO_2:Na_2O = 4—6$), unmittelbar danach mit grobem Sand bestäubt, kurz in eine 5%ig. alkohol. $AlCl_3$-Lsg. getaucht u. getrocknet. (**E.P. 711199** vom 29/7. 1952, ausg. 23/6. 1954. F. Prior. 14/9. 1951.) G. SALZMANN. 6383

Robert Thren, Radebeul (Erfinder: **Alfred Kraft,** Dresden, und **Heinz Falta,** Klotzsche bei Dresden), *Bindemittel für keramische Produkte.* Kohlenhydrathaltige Abfallprodd. z. B. der Saponinherst. u. das bei der Penicillinherst. abfallende Pilzmycel geben in Verbindung mit bekannten Bindemitteln u. Quarzsand einen Trockenbinder für Gießereikerne. (**D. P. [DDR] 4288** Kl. 31 c vom 27/7. 1952, ausg. 26/7. 1954 [Wirtschaftspatent].) H. HOLM. 6383

Assur G. Oppegaard, Frederikstad, Norwegen, *Trennung von Fe und Ti aus Titan-Eisen-Erzen.* Das zerkleinerte Erz wird mit C-haltigem Material, z. B. Koks, vermischt u. längere Zeit auf ca. 975°, unterhalb des Schmelz- u. Sinterpunktes erhitzt, wobei 50—80% Fe zu Metall red. werden. Magnet. werden Fe u. Ti von Gangart u. Verunreinigungen getrennt. Darauf wird das magnet. Konzentrat mit Kohle u. gegebenenfalls einem Flußmittel erhitzt, wobei fast S- u. P-freies metall. Fe u. Ti-reiche Schlacke erhalten wird. (**Can. P. 489 007** vom 13/11. 1947, ausg. 23/12. 1952. N. Prior. 18/11. 1946.) W. WITTHOLZ. 6391

Vogogas Soc. An., Luzern, Schweiz, übert. von: **Szigmond de Galocsy,** Berg en Terblijt, Niederlande, *Eisenschwamm aus Eisenerzen.* In einem Schachtgenerator wird Brennstoff mit an O_2 angereicherter Luft verbrannt; aus der 1000—1400° heißen Zone wird ein Teil des reduzierenden Gases unmittelbar mit dem Eisenerz in Berührung gebracht, der Rest des Gases wird allein oder mit dem Rest des Gases der Erzred. z. B. zum Vorwärmen des Verbrennungsgases verwendet. (**Can. P. 486 614** vom 14/1. 1949, ausg. 16/9. 1952.) H. HOLM. 6395

Titan Co. A/S, Norwegen, *Herstellung von Eisenschwamm mit niedrigem Kohlenstoffgehalt in Drehrohröfen* aus Eisenoxyden mit einem Überschuß an festem C ohne Schmelzen, dad. gek., daß die gereinigten oder konz. Eisenoxyde in den Drehrohrofen in Form von kompakten Kügelchen, deren kleinste lineare Abmessungen nicht über 25 mm liegen, unter Zusatz von feinverteiltem C, der während der Red. der Eisenoxyde teilweise verbrennt, eingeführt u. der Walzensinter sowie überschüssiger C sofort entfernt wird. Der Drehrohrofenbeschickung kann zweckmäßig auch noch Kalk, Kalkstein oder Dolomit zugesetzt werden. (**F. P. 1 068 449** vom 19/12. 1952, ausg. 24/6. 1954. N. Prior. 19/12. 1951.) H. HOCHSTEIN. 6395

Pierre Lafon, Frankreich, *Behandlung von Eisenerzen, insbesondere zur Herstellung von Gußeisen.* Eisenerze werden in pulverförmigem Zustande kontinuierlich in einen geschlossenen Behälter eingeführt, u. gleichzeitig werden auch im pulverförmigen Zustande feste Brennstoffe oder zur chem. Umwandlung der Erze bestimmte Stoffe zugesetzt. Ebenso werden Flußmittel oder andere für die Behandlung erforderlichen Materialien in Pulverform, gegebenenfalls zusammen mit dem Erz oder dem Brennstoff aufgegeben. (**F. P. 1 043 522** vom 6/10. 1951, ausg. 10/11. 1953.) H. HOCHSTEIN. 6403

International Nickel Co., Inc., New York, N. Y., V. St. A., übert. von: **Arthur Donald Busby,** Harrow, England, *Zusatzlegierung zum Einbringen von Magnesium in geschmolzenes Gußeisen* besteht aus $CaCN_2$ u. einem solchen Anteil eines wenigstens 10% *Mg* u. bis zu 90% Ni, Cu oder Si enthaltenden reaktiven Bestandteils, daß das Gewichtsverhältnis von $CaCN_2$ zu dem reaktiven Bestandteil in der Zusatzlegierung zwischen ca. 0,5 : 1 u. ca. 2 : 1 liegt. Bei Zusatz des Mittels zu fl. Gußeisen nimmt seine Reaktionsfähigkeit ab. (**A. P. 2 663 635** vom 21/11. 1951, ausg. 22/12. 1953. E. Prior. 27/11. 1950.) H. HOCHSTEIN. 6405

Vereinigte Oesterreichische Eisen- und Stahlwerke Akt.-Ges., Österreich, *Erzeugung von Walzstahl mit großer Unempfindlichkeit gegen Kaltverformung und gegen die Schweißbeeinflussung.* Roheisen mit einem Mn-Geh. von über 1% wird im Schmelzfluß durch Aufblasen von O_2 auf die Badoberfläche bei einer in an sich bekannten Weise bewirkten Badbewegung so lange gefrischt, bis ein C-Geh. von unter 0,35%, vorzugsweise unter 0,20%, eingestellt ist. Darauf wird der Stahl ohne Beruhigung abgegossen. Das aus diesem Stahl hergestellte Walzerzeugnis wird von einer Temp. über 700°, vorzugsweise von der n. Glühtemp., mit einer Geschwindigkeit von unter 150°/Min. abgekühlt. (**F. P. 1 066 732** vom 20/11. 1952, ausg. 9/6. 1954. Oe. Prior. 23/11. 1951.) H. HOCHSTEIN. 6409

Gesellschaft für Hüttenwerksanlagen m. b. H. und **Hans Malzacher,** Deutschland, *Herstellung von Stahl.* In einem Kupolofen wird unter Verwendung von gegebenenfalls an O_2 angereichertem Heißwind ein auf 1500—1600° überhitztes Vormetall hergestellt u. dieses Vormetall von der Oberfläche aus mittels hochgespannten O_2 gefrischt. Zweckmäßig wird in einem heißwindbetriebenen Kupolofen ein überhitztes Vormetall mit 1,5—2,5% C u. höchstens 0,05% S hergestellt u. dieses Vormetall, dessen Si- u. P-Geh. unter den Gehh. von BESSEMER- u. THOMAS-Roheisen liegt, durch den hochgespannten O_2 gefrischt. (**F. P. 1 067 297** vom 29/11. 1952, ausg. 14/6. 1954. D. Prior. 1/12. 1951.) H. HOCHSTEIN. 6409

Sandvikens Jernverks Aktiebolag, Sandviken, Schweden (Erfinder: **N. E. Helmer**), *Rasierklingen.* Die Klingen bestehen aus rostfreiem Stahl mit einer harten Mittelschicht mit hohem C-Geh., während die weicheren Außenschichten einen niederen C-Geh. aufweisen. Die Außenschichten werden durch Entkohlung von mindestens 0,001 mm, z. B. 0,05 mm Tiefe erhalten. Hierdurch wird die Sprödigkeit der Außenschicht stark vermindert. (**Schwed. P. 139 035** vom 24/5. 1946, ausg. 3/2. 1953.) JÜRGEN SCHMIDT. 6411

Demag-Elektrometallurgie G. m. b. H., Karlsruhe, und **Janes Chandra Mitter,** Kalkutta, Indien, *Gewinnung reiner Metalle* aus Münzlegierungen, die neben *Ag* u. *Cu* noch *Ni* u. *Zn* enthalten. Man fügt dem Elektrolyten aus schwefelsaurer $CuSO_4$-Lsg. zuerst Cu zu u. elektrolysiert. Dabei scheidet sich das Cu an der Kathode ab, während das Ag hauptsächlich an der Anode oder teils auch als Anodenschlamm anfällt. Die Nichteisenmetalle sind im Elektrolyten gelöst u. können entweder als Salze durch Kristallisation oder als Metalle durch Elektrolyse gewonnen werden. (**Ind. P. 46 738** vom 18/2. 1952, ausg. 16/3. 1954.) H. NEBELSIEK. 6421

New Jersey Zinc Co., V. St. A. (Erfinder: **Erwin Casper Handwerk** und **George Thomas Mahler**), *Schmelzen von Zinkerzen* mit festen C-haltigen Reduktionsmitteln im elektr. Ofen unter Bldg. einer fl. Zn-freien Schlacke u. Gewinnung von Zn durch Kondensation von Zn-Dampf, dad. gek., daß für einen solchen Geh. an Fe_2O_3 in der Charge gesorgt wird, daß nach teilweiser Red. mindestens 1,5%, aber nicht mehr als 3% Fe_2O_3 (gerechnet als Fe) in der Schlacke verbleibt u. noch ein Sumpf aus geschmolzenem Fe unter der Schlacke gebildet wird, daß ferner die Menge des Reduktionsmittels so eingestellt wird, daß das Fe in der genannten Weise u. alle anderen Oxyde vollständig red. werden. Die Charge wird in getrocknetem Zustand auf die geschmolzene Schlacke so aufgegeben, daß sie mit dem Lichtbogen nicht in unmittelbare Berührung kommt; sie wird hier red. u. bei nicht über 1450° geschmolzen. Die dabei entstehenden Zn-Dämpfe werden abgezogen u. durch Berührung mit geschmolzenem Zn kondensiert. (**F. P. 1037337** vom 21/5. 1951, ausg. 16/9. 1953. A. Prior. 28/6. 1950.) G. APEL. 6427

Tor Fjalar Holmberg, Imatra, und **Berndt Grönblom,** Helsingfors, Finnland, *Entfernung von Eisen aus Zink enthaltenden Substanzen.* Die Zn-haltige Substanz wird in ein geschmolzenes Pb-Bad eingeführt u. die Temp. so hoch gehalten, daß das Zn in dem Bade gelöst bleibt, während das Fe nicht in Lsg. geht. Das ungelöste Fe wird von der Oberfläche des Zn-Bades entfernt. Die Temp. wird dann gesenkt, bis das Zn in feste Form übergeht, das dann von der Pb-Schmelze abgetrennt wird. (**E. P. 696 466** vom 29/1. 1952, ausg. 2/9. 1953. Finn. Prior. 26/9. 1951.) C. GÖTZE. 6427

National Smelting Co. Ltd. England, *Zinklegierungen* bestehen aus 1—2 (%) *Mg*, Rest *Zn*. Sie können außerdem noch 4 *Al* u. 3 *Cu* enthalten, sie besitzen gute Gießfähigkeit u. eignen sich für Preßwerkzeuge. (**F. P. 1 038 356** vom 12/6. 1951, ausg. 28/9. 1953.) C. GÖTZE. 6427

VEB Elektrochemisches Kombinat Bitterfeld, Bitterfeld (Erfinder: **Franz Sauerwald,** Halle/Saale), *Zink-Aluminium-Legierungen* mit 1—63 Al u. 99—37 Zn werden bei $>$ 270° auf $<$ 270°, vorzugsweise auf Raumtemp., abgeschreckt u. bei 175° künstlich gealtert; sie eignen sich für Gegenstände mit hohem Formänderungsvermögen. (**D. P. [DDR] 4 822** Kl. 40d vom 24/10. 1943, ausg. 9/12. 1953 [Wirtschaftspatent].) H. HOLM. 6427

General Motors Corp., V. St. A., *Zinklegierungen* bestehen aus 0,16—3 (%) *Ni*, 0,04—0,8 *Ti*, 2—5 *Al*, 0,3—5 *Cu*, Rest *Zn*. Sie können noch 0,03—0,4 *Mg* enthalten u. werden hergestellt durch Hinzufügen von Al u. 0,7—8,8 einer Legierung aus 45—90 Cu, 8—40 Ni u. 2—15 Ti zu handelsüblichem Zn. Die Legierungen eignen sich für Ziehsteine in der Drahtzieherei. (**F. P. 1 047 959** vom 7/8. 1951, ausg. 18/12. 1953. A. Prior. 8/8. 1950.) C. GÖTZE. 6427

Allgemeine Elektricitäts-Gesellschaft, Berlin-Grunewald (Erfinder: **Otto Dahl** und **Richard Schulze,** Berlin), *Zinklegierung für Kabelmäntel* besteht aus 0,1—1 (%) *Al*, Rest *Zn*. Um die Feinkörnigkeit zu erhöhen, sowie die Dauerstandsfestigkeit u. die Wetterbeständigkeit heraufzusetzen, können der Legierung bis insgesamt 0,5 von einem oder mehreren der Elemente *Cu*, *Ag*, *Mn* oder *Si* zugesetzt werden. (**D. R. P. 765 162** Kl. 40b vom 21/2. 1940, ausg. 26/7. 1954.) C. GÖTZE. 6427

Robert Martin Burns and **W. W. Bradley,** Protective coatings for metals. 2nd ed. New York: Reinhold. 1955. (657 S. m. Abb. u. Diagrs.) $ 12,—.

IX. Organische Industrie.

W. Ch. Katunin und **A. Ja. Goldstein,** *Wege zur Einsparung von Hilfschemikalien bei der Gewinnung von Essigsäureestern und Methanol.* Es wird ein Schema der Arbeitsweise für eine kontinuierliche Entfärbung u. Neutralisation eines Rohgemisches von *Essigsäureestern* mit Hilfe von *Na-Bisulfit* u. *Soda* gebracht. Um reines *Methanol* zu gewinnen, muß das Rohalkoholgemisch mit W. auf 20—25% verd. werden, wobei vorher gelöste Öle ausfallen. Die kontinuierliche Durchführung dieses Prozesses wird an Hand eines Schemas beschrieben. (Деревоперерабатывающая и Лесохимическая Промышленность [Holzverarb. holzchem. Ind.] 2. Nr. 4. 24—25. April 1953.) M. ULMANN. H 810

B. D. Matrossow und **W. N. Koslow,** *Wärmekapazität, Dichte und Viscosität von Lösungen von Calciumacetat und Holzessigpulver.* Die Wärmekapazität c_p der Lsgg. von *Ca-Acetat* u. *Holzessigpulver* (rohes Ca-Acetat) läßt sich durch $c_p = 1 - 0{,}0057\,C$ wiedergeben, wobei C die Konz. in % ist, im Temperaturintervall von 15—100°. In weiteren graph. Darstellungen bringen Vff. die D. u. Viscosität der Lsgg. in Abhängigkeit von Temp. u. Konzentration. (Деревоперерабатывающая и Лесохимическая Промышленность [Holzverarb. holzchem. Ind.] 2. Nr. 5. 11—13. Mai 1953. Holztechn. Inst. des Ural.) M. ULMANN. H 810

H. Rittmeyer, *Die Herstellung und Verwendung von Casein.* (Schweiz. Milchztg. **80.** 507—09. 1/10. 1954.) M. WINIKER. H 4070

Westdeutsche Mannesmannröhren Akt.-Ges., Düsseldorf (Erfinder: **Wilhelm Jamm,** Meererbusch, und **Wilhelm Niederheitmann,** Witten/Ruhr), *Katalytische Kohlenoxydhydrierung* durch Aufwärtsleiten des Synthesegases durch die Suspension des

Katalysators in fl. Medium, z. B. Öl. Zur Erzielung eines guten Gasumlaufes bei feiner Verteilung u. gutem Wärmeaustausch zwischen Katalysator u. Kühlmittel zwecks guter Temperaturkonstanz ist der Ofen mit mehreren übereinander angeordneten senkrechten Kühlrohrbündeln mit selbständigen Kühlmittelzu- u. -abführungen ausgestattet, die zu Gruppen zusammengefaßt sein können, die in je zwei übereinanderstehenden Schichten versetzt angeordnet sind. Das Synthesegas wird unter jedes Kühlrohrbündel durch eine Gasbrause eingeleitet. Die Abwärtsbewegung des im Syntheseofen innerhalb der einzelnen Schichten umlaufenden Katalysatorsuspension erfolgt in Fallröhren, die als Zylindersegmente zwischen den Rohrbündeln u. dem Ofenmantel ausgebildet sein können. — Vorr., Zeichnungen. (**D. B. P. 910 053** Kl. 12o vom 12/7. 1951, ausg. 29/4. 1954. Anmeldung bekanntgemacht 23/7. 1953.) W. Herold. H 500

Badische Anilin- & Soda-Fabrik Akt.-Ges., Ludwigshafen/Rh. (Erfinder: **Wilhelm Michael,** Ludwigshafen/Rh., und **Ernst Plauth,** Freinsheim), *Umsetzung von CO mit H_2 zu Kohlenwasserstoffen* mit > 1 C-Atom, gegebenenfalls neben fl. oder festen O-haltigen KW-stoffderivv., unter Gasrückführung u. vorzugsweise unter erhöhtem Druck. Die Reaktionswärme wird lediglich durch die Reaktionsgase derart abgeführt, daß diese nach Austritt aus dem Reaktionsraum nur um so viel abgekühlt werden, wie sie sich beim Durchgang durch den Katalysatorraum erwärmt hatten, u. im Kreislauf nach Abzweigung eines Teilstromes (unter Ersatz durch Frischgas), der nach Abtrennung der Reaktionsprodd. ebenfalls zurückgeführt wird, mit solcher Geschwindigkeit umgewälzt werden, daß nur eine beschränkte Rk. u. daher keine unzulässige Temperaturerhöhung stattfindet. Bei Mehrstufenverff. kann zwischen den einzelnen Katalysatorschichten ein gegebenenfalls stärker gekühlter Zweig des Kreislaufgases zur Temperaturregelung eingeführt werden. Man kann so (z. B. bei 150—450, bes. 200—400°, Arbeitstemp. u. 100 bis 200 at mit Metallen der 8. Gruppe als Katalysator) die Temperaturdifferenz der Umwälzgase zwischen Ofenein- u. -austritt < 10°, z. B. auf ca. 5°, halten, so daß durch Temperaturregelung Rußabscheidung u. starke CH_4-Bldg. vermieden werden können. — Zeichnungen. (**D. B. P. 911 609** Kl. 12o vom 8/6. 1938, ausg. 17/5. 1954. Anmeldung bekanntgemacht 13/3. 1952.) W. Herold. H 500

Standard Oil Development Co., Elizabeth, Del., V. St. A., *Hydrieren von festen kohlenstoffhaltigen Stoffen,* wie Kohle, erfolgt im Wirbelschichtverf. in Ggw. eines vornehmlich spaltend wirkenden Katalysators (Al_2O_3–SiO_2) bei hohen Tempp. u. hohen Drucken, wobei man den feinverteilten Stoffen das Agglutinieren verhindernde Stoffe, wie Ton, Sand, Ziegelstaub, bes. Rückstände der Hydrierungs-Rk., zusetzt. — Skizze. (**E. P. 693 582** vom 6/10. 1950, ausg. 1/7. 1953. A. Prior. 1/2. 1950.) G. König. H 500

Shell Development Co., San Francisco, Calif., übert. von: **Lloyd C. Fetterly,** Seattle, Wash., V. St. A., *Abtrennen geradkettiger Kohlenwasserstoffe* (I) aus Mischungen mit verzweigten (II), dad. gek., daß bei < 75° mittels einer Lsg. von Harnstoff **I** als Komplex gefällt, abgetrennt, mit verd. Harnstofflsg. bei 45—90° zers. u. isoliert wird. Als verd. Lsg. wird die nach der Fällung der I-Komplexe verbleibende, von den restlichen KW-stoffen (**II** u. Naphthene) abgetrennte Lsg. benutzt, die nach der Zers. der **I**-Komplexe konz. u. erneut eingesetzt wird. Verwendet man Thioharnstoff, so fallen **II**-Komplexe aus, die analog aufgearbeitet werden. (**A. P. 2 670 343** vom 12/3. 1948, ausg. 23/2. 1954.) W. Herold. H 500

Shell Development Co., San Francisco, übert. von: **Kenneth D. Detling, Horace S. Knight** und **George T. Williamson,** Berkeley, Calif., V. St. A., *Herstellung primärer Halogenide* aus 0,5—2 (Mol) tert. ungesätt. Olefinen, 0,5—1,5 C_2H_4 u. 1 HX (bes. HCl) bei < 30° in Ggw. eines Friedel-Crafts-Katalysators, bes. $AlCl_3$, das gegebenenfalls zusammen mit Komplexen aus $AlCl_3$ u. Alkylhalogeniden u. KW-stoffen verwendet wird, wobei Alkylhalogenide mit 2 C-Atomen mehr als im Ausgangsolefin erhalten werden. Es können auch tert. Cycloolefine [1-Alkylcyclohexen-(1)] u. Alkenylaromaten (α-Methylstyrol) benutzt werden. (**A. P. 2 666 084** vom 16/10. 1950, ausg. 12/1. 1954.) W. Herold. H 510

M. W. Kellogg Co., Jersey City, N. J., übert. von: **Walton H. Marshall jr.,** New York, N. Y., V. St. A., *Nitrierung organischer Verbindungen.* Kühle, nicht korrodierende fl. HNO_3 wird in ein dichtes Bett feinverteilter, gegen die heiße Säure inerter Feststoffe versprüht, die so heiß sind, daß die Säure augenblicklich verdampft. Die Säuredämpfe werden unmittelbar in der gleichen Zone mit den Dämpfen der zu nitrierenden organ. Verbb. in Berührung gebracht. Arbeitsbedingungen bei der *Nitrierung von Paraffinen:* 500 lbs./sq.in., 300—900° F Feststoffe: Sand, Glas, Kohle oder Nitrate wie $Ba(NO_3)_2$. — Zeichnung. (**A. P. 2 654 658** vom 2/4. 1948, ausg. 6/10. 1953.) P. Unger. H 510

Universal Oil Products Co., Chicago, übert. von: **George L. Hervert,** Berwyn, Ill., V. St. A., *Olefine* mit ca. 12—15 C-Atomen, Kp. ca. 170 bis ca. 225°. C_5-Olefine (vorwiegend Amylene, Hexene u. Heptene) werden in Ggw. eines H_3PO_4 oder pyrophosphorsäurehaltigen Katalysators, der auf einen Träger aufgebracht ist (vgl. A. P. 1 993 513; C. **1935.** II. 3338) bei 200—300° unter Druck (bis ca. 1000 lbs./sq.in.) polymerisiert u. die gebildeten öligen Reaktionsprodd. anschließend unter den gleichen Bedingungen mit dem gleichen Katalysator in einer 2. Reaktionszone mit einer C_3-KW-stofffraktion (vorwiegend Propylen) umgesetzt. — *Zwischenprodd.* zur Herst. von *Alkylaromaten* u. *Alkarylsulfonaten.* — Vorr., Zeichnung. (**A. P. 2 622 113** vom 31/3. 1948, ausg. 16/12. 1952.) G. KRAUSS. H 520

Soc. An. des Manufactures des Glaces et Produits Chimiques de Saint-Gobain, Chauny & Cirey, Seine, Frankreich, *Herstellung von Vinylidenchlorid.* Man gewinnt es durch Spalten von Trichloräthylen in statu nascendi bei 300—500°, vorzugsweise 350 bis 400°, ohne Katalysator. — Z. B. leitet man durch ein Rohr von 1200 mm Länge u. 35 mm Durchmesser, welches auf 450 mm Länge von UV-Licht bestrahlt wird, je Std. ein Gemisch von 2 (Mol) Vinylchlorid u. 2 Cl_2. Der bestrahlte Rohrteil wird auf 160°, der zweite Teil des Rohres (Spaltzone) von seinem Beginn bis zum Ende hin ansteigend auf 380—400° erhitzt. Nach 2 std. Umsetzung hat das auf übliche Weise in seine Bestandteile zerlegte Kondensat, bezogen auf 100 Mol Cl_2, folgende Zus.: 32,5 (Mol) Vinylidenchlorid, 30 *symm. Dichloräthylen,* 7,1 *Trichloräthylen,* 8,5 *Trichloräthan,* 5,2 *schwere Prodd.* (wahrscheinlich Tetrachloräthan) u. 15,2 nicht umgesetztes Vinylchlorid. (**F. P. 1 007 791** vom 1/4. 1948, ausg. 9/5. 1952.) T. OPPERMANN. H 520

Metallgesellschaft Akt.-Ges., Frankfurt/M., *Abtrennen von Alkoholen oder Phenolen* aus Mischungen mit KW-stoffen erfolgt durch fraktionierte Dest. unter Zugabe eines mehrwertigen Alkohols oder Mischungen solcher Alkohole, bes. von Glykolen. (**E. P. 678 191** vom 6/9. 1950, ausg. 27/8. 1952. D. Prior. 23/9. 1949.) G. KÖNIG. H 550

Standard Oil Development Co., Elizabeth, N. J., V. St. A., *Reinigen von in Wasser löslichen Alkoholen,* bes. solchen, die durch Hydratation von Olefinen mit H_2SO_4 erhalten werden, erfolgt durch Behandeln mit Sand. (**E. P. 680 196** vom 30/4. 1951, ausg. 1/10. 1952. A. Prior. 13/6. 1950.) G. KÖNIG. H 550

Standard Oil Development Co., Del., übert. von: **E. Wendell Carrier,** Cranford, N. J., V. St. A., *Einwertige Alkohole* erhält man durch Anlagerung von W. an Olefine in Ggw. eines sauren Katalysators (H_2SO_4, H_3PO_4) bei 150—375° u. 500—3000 lbs./sq.in., wobei die aus dem Reaktionsgefäß entweichenden Dämpfe unter den gleichen Tempp. u. Drucken einer extrahierenden Dest. unterworfen werden. Man hält in der Destillationskolonne einen Wasserrücklauf von 65—99,9 Mol-%. Als Kopfdestillat entweichen Nebenprodd., wie Äther, niedrigsd. KW-stoffe, ferner nicht umgesetzte Olefine, während die Alkohole, z. B. *A., Isopropylalkohol,* als wss. Lsgg. am Boden anfallen u. nach Entspannen in einer Kolonne als Kopfdestillat gewonnen werden. — Zeichnung. (**A. P. 2 648 711** vom 19/7. 1949, ausg. 11/8. 1953.) G. KÖNIG. H 560

Celanese Corp. of America, Del., übert. von: **Nat C. Robertson,** Corpus Christi, Tex., V. St. A., *n-Propylalkohol und Allylalkohol* (I, II) erhält man aus einer Mischung dieser Stoffe durch extraktive fraktionierte Dest. mittels erwärmtem W., welches nahe dem Kopf der Kolonne eingeleitet wird. Man hält eine Konz. der fl. Phase von 60 bis 90 Gew.-% bei einem Rücklaufverhältnis von 5 : 1 bis 30 : 1. Als Kopfdestillat fällt I u. W. an, während II als wss. Bodenprod. zurückbleibt. Man trennt I vom W. mittels Pentan, u. durch Dest. erhält man aus dem Gemisch I. Die Bodenfraktion wird fraktioniert dest. u. man erhält II. (**A. P. 2 663 680** vom 8/1. 1949, ausg. 22/12. 1953.) G. KÖNIG. H 560

Henkel & Cie. G. m. b. H. (Erfinder: **Helmut Pietsch** und **Horstmar Nagel,** Düsseldorf), *Pentaerythritdibromhydrinmonoschwefligsäureester* (I), F. 45°, aus A., erhält man durch Rk. von z. B. ca. $^1/_{20}$ (Mol.) Pentaerythritdibromhydrin mit ca. $^1/_{20}$ $SOCl_2$ unter Erwärmen. Durch Behandeln mit alkal. Mitteln entsteht daraus z. B. *2.6-Dioxaspiro-3.3-heptan* sowie andere Verbb., die den Oxacyclobutanring ein- oder zweimal enthalten u. z. B. zur Herst. von Kunstharzen dienen. — Zwischenprod. für organ. Synthesen. (**D. B. P. 921 990** Kl. 12o vom 5/4. 1952, ausg. 7/1. 1955. Anmeldung bekanntgemacht 26/5. 1954. **Zusatz zu D. B. P. 871 449; C. 1954. 665.**) G. KRAUSS. H 590

Imperial Chemical Industries Ltd., London, und **Fred Dean,** Norton-on-Tees, England, *Dehydrieren von Alkoholen* (I) zur kontinuierlichen Herst. von *Aldehyden* oder *Ketonen* durch kontinuierliche Zugabe von I zu einer unter solchen Fraktionierbedingungen unter Rückfluß sd. Mischung aus I u. dem Katalysator, daß im wesentlichen nur die gebildeten Aldehyde u. Ketone abdest. werden. Hochsd. Polymerisate werden von Zeit zu Zeit aus dem Reaktionsraum entfernt. Als neue Verbb. werden so aus den entsprechenden I in einer Mischung mit 30% Kupferbariumchromitkatalysator (Cu : Ba : Cr =. 10 : 90 : 100) hergestellt: *4.5.5-Trimethylhexanal-(1)* bei 202,0° in 7 Std. (74% Ausbeute), Kp. 179,5°; n_D^{20} 1,4323; $D.^{20}_4$ 0,8385; *2.4-Dinitrophenylhydrazon,* F. 134° (gelb aus 75%ig. A.). — *3.4.5-Trimethylhexanal-(1)* bei 205,5° in 3 Std. (64% Ausbeute),

$Kp._{760}$ 184,4°; n_D^{20} 1,4326; $D.^{20}{}_4$ 0,8433 — *3.4.4-Trimethylhexanal-(1)* bei 207,5° in 3½ Std. (79% Ausbeute); $Kp._{760}$ 182,1°; n_D^{20} 1,4382; $D.^{20}{}_4$ 0,8495, *Hydrazon*, F. 94° (gelb aus absol. A.). (**E. P. 704 943** vom 15/12. 1950, ausg. 3/3. 1954.) W. HEROLD. H 650

Franz Wille, München, *Herstellung von Propargylaldehyd oder ähnlichen ungesättigten Aldehyden oder Ketonen* durch Oxydation der entsprechenden Alkohole in wss. Lsg. bei n. oder Unterdruck, gegebenenfalls in Ggw. üblicher Katalysatoren, dad. gek., daß die Oxydation mittels üblicher Oxydationsmittel (die feinverteilt, z. B. durch Versprühen, in den Alkohol gegeben werden) bei tiefen Tempp., zweckmäßig unter Rühren, erfolgt u. die Reaktionsprodd. mittels eines durch die Reaktionsmischung geleiteten inerten Gases ständig abgeführt werden. — Unter Eis–NaCl-Kühlung wird zu einer Mischung aus 360 (cm^3) Propargylalkohol, 135 H_2SO_4 u. 200 W. innerhalb einiger Std. eine Lsg. von 210 g CrO_3 in 325 W. u. 135 H_2SO_4 unter Rühren eingespült. Ein durchgeleiteter Luftstrom zieht den gebildeten *Propargylaldehyd* (I) ab, der in 3 Fällen bei —80° kondensiert wird. Durch eine Pumpe, welche die Luft durchsaugt, wird die ganze App. auf 35—40 mm evakuiert. Nach Ende der Rk. wird restlicher I überdest. u. in den Fallen gesammelt, in denen sich nach dem Auftauen 2 Schichten bilden, von denen die obere reinen I enthält; Ausbeute: $>$ 60%. (**D. B. P. 895 897** Kl. 12o vom 8/12. 1949, ausg. 9/11. 1953. Anmeldung bekanntgemacht 14/6. 1951.) W. HEROLD. H 650

Farbwerke Hoechst Akt.-Ges., vormals Meister Lucius & Brüning (Erfinder: **Otto Horn,** Frankfurt/M.), *Herstellung von Butyraldehyd* durch (bes. kontinuierliche) Hydrierung von Crotonaldehyd (I) in der Gasphase (z. B. mit 1 Mol H_2 bei 180—220° u. 0—5 atü), dad. gek., daß mit Ni aktivierte Fe-Katalysatoren, die geringe Mengen Cu enthalten können, benutzt werden. — Z. B. werden Fe–Ni–Kieselgur- (8 : 2 : 100 bzw. 8 : 4 : 100) oder Fe–Cu–Ni–Kieselgur (8 : 1 : 4 : 100)-Katalysatoren durch Fällen der Nitratlsg. mit Na_2CO_3 u. Red. mit H_2 bei 300° erhalten. Mit ihnen wird aus 90%ig. I (10% W.) 75—85% *Butyraldehyd* (II) neben 5—15% unverändertem I ohne Butanolbldg. erhalten, so daß II in reiner Form (ohne Acetalbldg.) gewonnen werden kann. (**D. B. P. 898 589** Kl. 12o vom 14/12. 1951, ausg. 3/12. 1953. Anmeldung bekanntgemacht 16/4. 1953.) W. HEROLD. H 670

Farbwerke Hoechst Akt.-Ges., vormals Meister Lucius & Brüning (Erfinder: **Hermann Petri** und **Emil Mahler,** Frankfurt/M.), *Herstellung von Chloral*, dad. gek., daß man in einem Reaktionsmedium von geschmolzenem Chloralhydrat (I) kontinuierlich Acetaldehyd (II), Paraldehyd oder andere geeignete Verbb. unter Zusatz von W. zu I chloriert u. daraus in bekannter Weise *Chloral* gewinnt. — 1800 g I werden in mit Rückflußkühler u. Überlauf versehenem Gefäß auf 85° erhitzt; stündlich werden kontinuierlich 44 (g) II, 18 W. u. 213 Cl_2 eingeleitet. Man erhält pro Std. 149 I (90% Ausbeute). — Durch 1650 I werden stündlich 48 A. (96%ig), 15 W. u. 260 Cl_2 geleitet, wodurch 125 I erhalten werden. (**D. B. P. 874 303** Kl. 12o vom 2/10. 1948, ausg. 29/4. 1954. Anmeldung bekanntgemacht 5/4. 1951.) W. HEROLD. H 670

Rheinpreussen Akt.-Ges. für Bergbau und Chemie, Homberg (Erfinder: **Walter Grimme,** Utfort, und **Johannes Wöllner,** Moers), *Herstellung von Dimethylolaceton* (I) *und seinen Homologen*, dad. gek., daß man Aceton (II) oder seine Homologen mit CH_2O (III) oder diesen liefernden Verbb. im Mol-Verhältnis von ca. 1 : 2 bei maximal 15° u. in Ggw. von mindestens 250 cm^3 eines zusätzlichen Verdünnungsmittels je Mol Keton in Ggw. eines bas. Katalysators kondensiert u. die gelösten Salze aus dem Endprod. vor dessen Isolierung, bes. mittels Ionenaustauschern (IV) entfernt. Man schlämmt z. B. 47 (g) 94,4%ig. $Ca(OH)_2$ in 5,4 Litern W. auf, rührt innerhalb von 10 Min. bei 15° eine Mischung aus 900 g 97%ig. II u. 3000 III (30%ig) ein, rührt 12 Std. bei gleicher Temp. weiter, neutralisiert mit 575 cm^3 2n H_2SO_4, trennt vom $CaSO_4$, befreit die Lsg. vom Restsalzgeh. in IV-Türmen u. erhält durch Einengen im Vakuum sirupartiges I. — Methyläthylketon + III → *3.3-Dimethylolbutanon-(2)*, F. 56—57°. Ausgangsstoffe zur Herst. von 3wertigen Alkoholen durch Reduktion. — Kurvenzeichnung. (**D. B. P. 924 803** Kl. 12o vom 7/8. 1952, ausg. 2/3. 1955. Anmeldung bekanntgemacht 5/8. 1954.) O. MÜLLER-MEININGEN. H 740

B. F. Goodrich Co., New York, übert. von: **Daniel S. Sears,** Cuyahoga Falls, O., und **Jerome C. Westfahl,** Trumansburg, N. Y., V. St. A., *Dimere von 2.Carbalkoxy-1.3-butadienen* der allg. Formel I erhält man durch Pyrolyse von substituierten Butanen

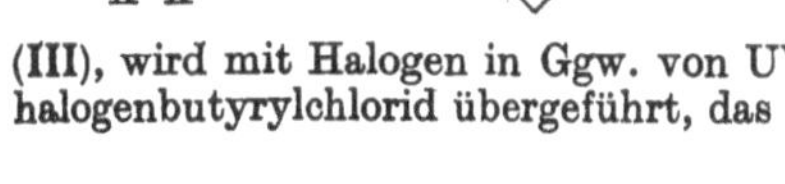

der allg. Formel II (R = Carbalkoxyrest, X = Cl, Br, J, F) bei ca. 400—700°. Die II erhält man z. B. durch Behandeln von Angelica- u. Tiglinsäure mit $SOCl_2$; das entstandene 2-Methyl-2-butenoylchlorid, $CH_3—C(COCl) = CH—CH_3$ (III), wird mit Halogen in Ggw. von UV-Licht in einem Lösungsm. in α-Methyl-α.β-dihalogenbutyrylchlorid übergeführt, das in bekannter Weise mit einem Alkohol verestert wird. Man kann auch Tiglin- oder Angelicasäure mit HCOOH u. H_2O_2 u. Erhitzen mit wss. Alkali in die 2-Methyl-2.3-dioxybuttersäure überführen, die mit einem Säureanhydrid in Ggw. von Pyridin zum 2-Carboxy-2.3-diacyloxybutan verestert wird. Die freie Carboxylgruppe kann dann mit einem Diazoalkan verestert werden. — **III** wird mit Br_2 in CCl_4 in α-Methyl-α.β-dibrombutyrylchlorid, $Kp._{10}$ 85,5—86°, in Ggw. von UV-Licht übergeführt, das mit Methanol Methyl-2-methyl-2.3-dibrombutyrat, $Kp._{10}$ 89,5—90°, liefert, aus dem man durch Erhitzen im CO_2-Strom auf 575° das *Dimere* von *2-Carbomethoxy-1.3-butadien* (**Ia**; R = $COOCH_3$) erhält. — Methyl-2-methyl-2.3-diacetoxybutyrat, $Kp._5$ 107—108°, → **Ia**, $Kp._1$ 106—108°. — *Zwischenprod.* zur Herst. der *Monomeren*. (**A. P. 2 548 185** vom 25/6. 1948, ausg. 10/4. 1951.)

G. KRAUSS. H 810

Monsanto Chemical Co., St. Louis, übert. von: **Joseph R. Darby**, Richmond Heights, Mo., V. St. A., *Maleinsäureanhydrid* (I) erhält man durch katalyt. Oxydation von Bzl. mit O_2 in Ggw. von SiO_2 als Träger für Vanadinoxyd u. dessen Teilchen durch ein schwachbas. Glas miteinander verbunden sind, bei ca. 300—600°. Nach dem andern Verf. wird die Zers. des entstandenen Gasgemisches aus I u. O_2 dadurch verhindert, daß man die Stahlrohre, die mit diesem Gemisch in Berührung kommen, vor der Oxydation mit NH_3 mehrere Std. auf ca. 300—800°, z. B. 500—515°, erhitzt. (**A. PP. 2 624 744** vom 10/11. 1949, ausg. 6/1. 1953, u. **2 625 554** vom 1/7. 1949, ausg. 13/1. 1953.)

G. KRAUSS. H 820

Badische Anilin- & Soda-Fabrik Akt.-Ges. Erfinder: **Georg Niemann**), Ludwigshafen/Rh.), *Reinigen von Adipinsäuredinitril* von beigemengtem 1-Cyan-2-iminocyclopentan, dad. gek., daß man das Dinitril mit HCl, HBr, HCOOH, CH_3COOH, chlorierte Carbonsäuren, $CH_2OH—COOH$, Wein-, Oxal-, Bernstein-, Benzoe-, Salicyl-, Phthal- oder Terephthalsäure behandelt. (**D. B. P. 926 070** Kl. 12o vom 11/10. 1952, ausg. 4/4. 1955. Anmeldung bekanntgemacht 9/9. 1954. **Zusatz zu D. B. P. 901 887; C. 1954. 4036.**)

O. MÜLLER-MEININGEN. H 820

B. F. Goodrich Co., New York, N. Y., übert. von: **Jacob Eden Jansen**, Akron, O., V. St. A., *β-Thiocarbamylcarbonsäuren* (I) erhält man durch Kondensation von β-Lactonen (II) mit einer Monothiocarbaminsäure DSM (D = Carbamylrest, M = salzbildende Gruppe, R = H oder Alkyl) nach dem nebenst. Reaktionsschema. Aus β-Propiolacton (III) u. Ammoniumthiocarbamat bei 10° nach Zusatz von konz. HCl → *β-Thiocarbamylpropionsäure*, $C_4H_7O_3NS$, $H_2NCOSCH_2CH_2COOH$, F. 148—149°. — **III** + N-Butylammoniumthiocarbamat → *β-(n-Butylthiocarbamyl)-propionsäure*, $C_8H_{15}O_3NS$, F. 103,5—105°. — Zwischenprodukte. (**A. P. 2 602 813** vom 2/7. 1949, ausg. 8/7. 1952.)

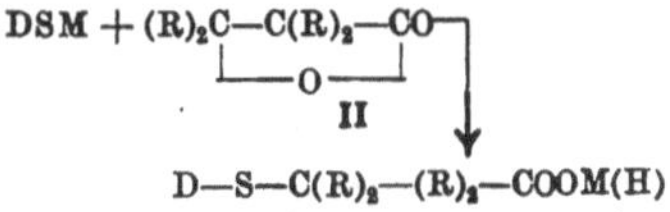

I

G. KRAUSS. H 880

N. V. Zuid-Nederlandsche Spiritusfabriek, Bergen op Zoom, Holland, *Gewinnung von Cyanverbindungen aus Sulfitablaugeschlempen.* Die konz. Schlempe wird unter begrenzter Luftzufuhr so gebrannt, daß das gesamte oder der größere Teil des enthaltenen K_2SO_4 zu K_2S red. wird, wobei gleichzeitig die N-Verbb. in Cyanverbb. übergehen, die dann aus der Asche gewonnen werden. (**E. P. 710 830** vom 6/8. 1952, ausg. 16/6. 1954. Holl. Prior. 17/8. 1951.)

J. KETTNER. H 890

Socony-Vacuum Oil Co., Inc., New York, übert. von: **Everett Gorin**, Castle Shannon, Pa., V. St. A., *Trennung von Aminen mittels Harnstoffkomplexen.* Gemische aus tert. Aminen u. sek. Aminen, in denen die aliphat. Gruppen gerade Ketten darstellen u. bei denen die Gesamtzahl an C-Atomen wenigstens 8 beträgt, werden mittels *Harnstoff* getrennt, wobei der Harnstoff mit dem sek. Amin einen Komplex bildet, der sich ausscheidet, u. das tert. Amin aus der Mutterlauge gewonnen werden kann. — Trennung von *Tri-n-butylamin* u. *Di-n-butylamin.* — Zeichnungen. (**A. P. 2 681 332** vom 13/9. 1949, ausg. 15/6. 1954.)

G. LANGER. H 910

Hercules Powder Co., übert. von: **Lee A. Subluskey**, Wilmington, Del., V. St. A., *Herstellung von β.β'.β''-Nitrilotripropionsäureamid.* Man läßt auf eine Lsg. von Acrylsäureamid in einem inerten Lösungsm. NH_3 in einem Mol-Verhältnis von 3 : 1 bis 3 : 19 bei Tempp. zwischen 0 u. 100° einwirken. — Man läßt ein Gemisch aus 535 (Teilen) einer 45%ig. wss. Acrylsäurelsg. u. 500 wss. NH_4OH (28%ig) bei n. Temp. 12 Std. reagieren. Beim Eindampfen der Lsg. scheidet sich β.β'.β''-Nitrilotripropionsäureamid aus, F. (aus W. umkrist.) 185—186°. (**A. P. 2 663 733** vom 6/3. 1951, ausg. 22/12. 1953.)

R. SCHWECHTEN. H 950

E. I. du Pont de Nemours & Co., Wilmington, übert. von: **Ralph K. Iler**, Brandywine Hundred, Del., V. St. A., *Stoffe mit veresterter Kieselsäureoberfläche.* Anorgan. Stoffe (I) mit hochkoll. Struktur, einer spezif. Oberflächengröße von 1—900 m^2/g u. mit reaktionsfähigen Silanolresten werden durch Rk. mit gesätt. oder ungesätt. prim.

bzw. sek. Alkoholen, die 2—18 C-Atome enthalten, durch Erhitzen auf mindestens 100° verestert. Dabei wird der Wassergeh. < 5% der verwendeten Alkoholmenge gehalten, bis das Prod. organophil ist. Als I dienen: koll. SiO_2, krist. natürliche Metallsilicate, wie Asbest, Ton, Bentonit, Glimmer. Die Prodd. dienen bes. als Füllstoffe in organ. Kompositionen. (**A. P. 2 657 149** vom 21/10. 1952, ausg. 27/10. 1953.) J. Mühleisen. H 980

Shell Development Co., Emeryville, übert. von: **Rupert C. Morris**, Berkeley, Calif., V. St. A., *Organische Aminsalze der Säuren des 5-wertigen Phosphors* (I) erhält man durch Umsetzung eines Monoaminhydrohalogenids (II) mit einem neutralen Ester einer Säure von 5-wertigem P, wobei mindestens ein Rest der Estergruppe durch die Ammoniumgruppe von II ersetzt u. gleichzeitig ein KW-stoffhalogenid frei wird. Die Umsetzung erfolgt bei Tempp. von 50—250, bes. bei ca. 100°. Als I dienen Phosphor- u. Phosphonsäuren. In letzteren können die an P gebundenen Reste aliphat., cycloaliphat. u. aromat., gegebenenfalls auch substituiert sein. Als II dienen aliphat., cycloaliphat., aromat. bzw. heterocycl. Aminhydrochloride. — Äquimol. Mengen von Dibutyltrichlormethanphosphonat (III) u. Diisopropylaminhydrochlorid werden auf 185—205° erhitzt, so daß Butylchlorid (IV) abdestilliert. Wenn 0,89 Mol IV entfernt sind, wird die Erhitzung beendet, das Reaktionsprod. in Bzl. gelöst u. filtriert. Nach Abtreiben des Lösungsm. erhält man einen dicken, viscosen Rückstand von *Diisopropylammoniumbutyltrichlormethanphosphonat*, der beim Stehen kristallisiert. Ausbeute 83%, berechnet auf III. In entsprechender Weise erhält man *Diisopropylammoniumbutylbutanphosphonat*, viscoses Öl; *Di-2-äthylhexylammoniumbutyltrichlormethanphosphonat*; *Benzylammoniumoctylcyclohexanphosphonat*; *Triamylammoniumdibenzolphosphonat*; *Octylammoniumoctylbenzolphosphonat*; *Bis-(di-2-äthylhexylammonium)-trichlormethanphosphonat*; *Di-2-äthylhexylammoniumbutyl-2.3-dichlorpropan-1-phosphonat*; *Diisopropylammoniumdibutylphosphat*; *Piperidiniumdioctylphosphat*. — Zusätze zu Schmierölen, oberflächenakt. Mittel, Insekticide u. Verwendung zum Flammfestmachen. (**A. P. 2 674 616** vom 18/8. 1951, ausg. 6/4. 1954.) J. Mühleisen. H 980

Karl Ziegler (Erfinder: **Karl Ziegler** und **Roland Köster**, Mülheim/Ruhr), *Herstellung von Al-Kohlenwasserstoffen*, bes. Trialkylen, neben *Kryolith*. Man setzt Alkyl- oder Arylaluminiumhalogenide, bes. Alkylaluminiumsesquihalogenide, mit Alkalifluoriden bei erhöhter Temp., vorzugsweise in genau stöchiometr. Mengen u. unter N_2, um. — Äthylaluminiumsesquichlorid → $Al(C_2H_5)_3$. — Phenylaluminiumsesquijodid (J. org. Chemistry 5. [1940.] 114) → $Al(C_6H_5)_3$. — Butylaluminiumsesquijodid → $Al(C_4H_9)_3$. — Man kann auch in 2 Stufen arbeiten, z. B. gemäß: a) $Al(C_2H_5)Cl_2 + 2 NaF \rightarrow Al(C_2H_5)F_2 + 2 NaCl$; b) $3 Al(C_2H_5)F_2 + 6 NaF \rightarrow Al(C_2H_5)_3 + 2 Na_3AlF_6$. — Man arbeitet zweckmäßig in Ggw. von Lösungsmitteln, wie Hexan, Bzl., Toluol, Phenanthren. — *Katalysatoren* für *Olefinpolymerisation*. (**D. B. P. 921 450** Kl. 12o vom 29/7. 1952, ausg. 20/12. 1954. Anmeldung bekanntgemacht 22/4. 1954.) A. Brösamle. H 980

Ruhrchemie Akt.-Ges., Oberhausen/Rhld. (Erfinder: **Helmut Kolling**, Duisburg, und **Friedrich Rappen**, Oberhausen), *Herstellung von alkylierten aromatischen Kohlenwasserstoffen* aus Äthylhalogeniden u. aromat. KW-stoffen in Ggw. eines aus $AlCl_3$ u. KW-stoffen bestehenden Kontaktöles, welches nach D.B.P. 871 746 dadurch hergestellt wird, daß man die bei Zers. von ausgebrauchtem Kontaktöl mit W. gebildete ölige Schicht durch Dest. von Harzbestandteilen befreit u. bei Zimmertemp. mit $AlCl_3$, gegebenenfalls unter HCl-Einleitung, verrührt. Erfindungsgemäß wird statt dessen die ölige Schicht in Ggw. von fertigem Kontaktöl unter HCl-Einleiten mit metall. Al umgesetzt. Diese Aufarbeitung kann kontinuierlich durchgeführt werden, wobei zweckmäßig zwischen dem durch das Reaktionsgefäß im Kreislauf geführten Kontaktöl u. der aus der Regenerierung gewonnenen öligen Schicht ein Volumenverhältnis von ca. 1 : 1 besteht. (**D. B. P. 907 168** Kl. 12o vom 16/12. 1951, ausg. 22/3. 1954. Anmeldung bekanntgemacht 23/7. 1953. **Zusatz zu D. B. P. 871 746; C. 1953. 7661.**) W. Herold. H 1010

Soc. An. Chimiotechnic Union Chimique du Nord et du Rhône, Rhône, Frankreich, *Reinigen von Arylalkanen*. Man behandelt sie mit konz. H_2SO_4. — Z. B. versetzt man in 45 Min. 100 (Teile) Arylalkane mit 25 96%ig. H_2SO_4, wobei die Temp. 30° nicht überschreiten darf. Dann erwärmt man das Gemisch 1 Std. auf 45° u. läßt es 12—24 Std. sich klären. Man gewinnt 96 Teile gereinigte Arylalkane, welche auf übliche Weise sulfoniert werden können. Die aus den gereinigten Arylakanen hergestellten Sulfonierungsprodd. sind weniger gefärbt u. fast geruchlos. (**F. P. 1 043 640** vom 9/10. 1951, ausg. 10/11. 1953.) T. Oppermann. H 1010

Monsanto Chemical Co., St. Louis, Mo., V. St. A., *Disulfonieren von Benzol und Herstellung von Resorcin* (I). Neben-Rkk. werden bei der Darst. von *m-Benzoldisulfosäure* (II) weitgehend vermieden, wenn 1 Mol Benzolmonosulfosäure (III) in Ggw. von 0,01—3, bes. 0,01—0,2 Mol Alkali- oder Erdalkalisulfat oder Benzolsulfonat bei 145 bis

200° mit 60—100% SO_3 enthaltendem Oleum behandelt wird. Aus dem Na-Salz von II wird durch Alkalischmelze I gewonnen. (**E. P. 679 827** vom 19/1. 1949, ausg. 24/9. 1952. A. Prior. 30/1. 1948.) W. HEROLD. H 1060

California Research Corp., San Francisco, übert. von: **Louis L. Ferstandig**, El Cerrito, Calif., V. St. A., *Herstellung von Isophthalonitril bzw. m-Cyanbenzoesäure* erfolgt durch Rk. von Isophthalsäure mit NH_3 bei 180—310 bzw. 340—360°. (**A. PP. 2 678 941** u. **2 678 942** vom 2/1. 1953, ausg. 18/5. 1954.) O. MÜLLER-MEININGEN. H 1220

E. I. du Pont de Nemours & Co., übert. von: **Adrian L. Linch**, Wilmington, Del., V. St. A., *Stabilisierung aromatischer Amine* durch Zusatz von geringen Mengen von *dithiocarbaminsaurem Na, K* u. *Zn*, wobei die Dithiocarbaminsäure substituiert ist durch KW-stoffreste mit 18 C-Atomen, monooxysubstituierte acycl. KW-stoffreste mit 1—8 C-Atomen, die $-CH_2 \cdot CH_2 \cdot O \cdot CH_2 \cdot CH_2 \cdot$-Gruppe u. 2-wertige KW-stoffreste mit 13—18 C-Atomen, die 2 6-gliedrige carbocycl. Ringe enthalten, die durch eine gesätt. acycl. Gruppe verbunden sind. — Stabilisierung von *o-* u. *p-Toluidin, Xylidinen, 2-Chlor-4-aminotoluol, 4-Chlor-2-aminotoluol, 4-Aminodiphenylamin, 2.4-Diaminotoluol, 4-Isobutylaminophenol, Naphthylamin-(1), N-Phenylnaphthylamin-(1), 3.3'-Dimethyl-4.4'-diaminodiphenyl, o-* u. *p-Anisidin, Kresidin, o-* u. *p-Phenitidin* mit genannten Dithiocarbamaten. (**A. P. 2 686 809** vom 23/1. 1952, ausg. 17/8. 1954.) G. LANGER. H 1310

Wyeth, Inc., Philadelphia, übert. von: **William F. Bruce**, Havertown, **Joseph Lester Szabo**, Drexel Hill, und **Samuel Tubis**, Upper Darby, Pa., V. St. A., *Herstellung von 1-Halogen-2-(N-alkylamino)-2-methyl-1-phenylpropan* durch Rk. von 2-Amino-2-methyl-1-phenyl-1-propanol mit Benzaldehyd u. durch Alkylierung des Reaktionsprod. mit einem niedermol. Alkylhalogenid mit anschließender Hydrolyse des Alkylierungsprod. unter sauren Bedingungen mit einer wss. Lsg. einer niedermol. Fettsäure u. eines lösl. Salzes einer schwachen organ. Säure. Das Hydrolyseprod. wird danach halogeniert. (**Can. P. 487 687** vom 17/1. 1952, ausg. 28/10. 1952.) M. F. MÜLLER. H 1310

Løvens Kemiske Fabrik ved A. Kongsted, Dänemark, *Herstellung des p-Aminosalicylsäurephenylesters* aus der 4-Acetamido-2-acetoxybenzoesäure durch Veresterung mit Phenol in Ggw. des Chlorids einer Mineralsäure, z. B. $POCl_3$ oder $SOCl_2$. (**F. P. 1 074 919** vom 17/2. 1953, ausg. 11/10. 1954. Dän. Prior. 18/2. 1952.) M. F. MÜLLER. H 1350

Dow Chemical Co., Midland, Mich., V. St. A., *2-(4-Chlor-o-tolyloxy)-äthanol* wird durch Rk. eines Alkali-4-chlor-o-kresolats mit einem Äthylenhalogenhydrin in etwa äquimol. Mengen bei 70—100° erhalten, F. 51—53°. Modifizierungsmittel für plast. M. u. Mittel zur Kontrolle des Pflanzenwachstums. (**E. P. 714 559** vom 31/10. 1952, ausg. 1/9. 1954. A. Prior. 20/12. 1951. **A. P. 2 678 336** vom 20/12. 1951, ausg. 11/5. 1954.) R. SCHWECHTEN. H 1470

Gulf Research & Development Co., Pittsburgh, übert. von: **Arthur C. Whitaker**, Oakmont, Pa., und **William W. Weinrich**, Bartlesville, Okla., V. St. A., *4.6-Di-tert.-butyl-2-methylcyclohexanol*, $Kp._{20}$ 142,4°, u. *4.6-Di-tert.-butyl-2-methylcyclohexanon*, $Kp._{20}$ 139—140,5°; $D.^{60}_{60}$ 0,8961; n_D^{20} 1,4640, erhält man durch katalyt. Hydrierung von 4.6-Di-tert.-butyl-2-methylphenol mit H_2 in Ggw. von Ni, RANEY-Ni, Pt, Pd bei 1500 bis 2500, z. B. 2150 lbs./sq.in., u. 150—250, z. B. 160°. Zur Bldg. des Hexanols ist eine höhere Temp. u. ein höherer Druck, z. B. 185° u. 2250 lbs./sq.in., erforderlich. — Zwischenprodd. zur Herst. von *Weichmachern, Pharmaceutica, Reinigungsmitteln* u. *Antioxydantien*. (**A. P. 2 505 816** vom 28/5. 1945, ausg. 2/5. 1950.) G. KRAUSS. H 1870

E. I. du Pont de Nemours & Co., übert. von: **James E. Kirby**, Wilmington, Del., V. St. A., *Alicyclische Diamine* mit 6—7 Ring-C-Atomen, einer prim. u. einer sek. bzw. tert. NH_2-Gruppe, erhält man durch katalyt. Hydrierung von benzoiden Verbb. der Formel $X-B-N<$ (B = Arylenrest, X = NO_2, NH_2, wenigstens eine der verbleibenden N-Valenzen ist mit einem Alkyl abgesätt. oder beide durch Alkyl abgesätt. Valenzen können mit dem N auch einen heterocycl. Ring bilden) mit H_2 bei 60—200° u. 30—200 at in Ggw. von 0,1—5% eines Rh-Katalysators (Rh-Oxyde, -Halogenide, -Sulfate, -Sulfide, Ruthenate, Perruthenite, Perruthenate) auch auf Trägern (Kohle, Kieselgut, Silicagel, Al_2O_3). Bei 60—125° erhält man vorzugsweise die *cis*-Form, bei 150—250° dagegen die *trans-* oder *dl-trans*-Form. — Aus p-Aminodiäthylanilin in Dioxan in Ggw. von RhO_2 bei 100° u. 100—167 at mit H_2 → *N.N-Diäthyl-1.4-cyclohexandiamin* (I), $Kp._1$ 66°. — p-Aminodi-n-butylanilin → *N.N-Di-n-butyl-1.4-cyclohexandiamin*, $C_{14}H_{30}N_2$, $Kp._{0,5}$ 92—95°; n_D^{25} 1,4712. — m-Aminodiäthylanilin → *N.N-Diäthyl-1.3-cyclohexandiamin*, $Kp._1$ 68—69°. — p-Nitrosodiäthylanilin → I. — p-Nitromonoäthylanilin → *N-Äthyl-1.4-cyclohexandiamin*, $C_8H_{18}N_2$; $Kp._8$ 85°; n_D^{25} 1,4767. — p-Nitromonoisopropylanilin → *N-Isopropyl-1.4-cyclohexandiamin*, $C_9H_{20}N_2$, $Kp._{10}$ 90—92°; n_D^{25} 1,4726. — N-(p-Nitrophenyl)-piperidin → *4-(1-Piperidyl)-cyclohexylamin*, $Kp._4$ 108,5—109°;

n_D^{25} 1,5003. — N-(p-Nitrophenyl)-morpholin → *4-(4-Morpholinyl)-cyclohexylamin* $C_{10}H_{20}ON_2$, Kp.$_3$ 116—117,5°; n_D^{25} 1,5038. — Weitere Ausgangsstoffe sind: N-Isobutyl-, N-Isoamyl-, N-Benzyl-, N-Cyclohexyl-p-phenylendiamin; N.N-Di-n-propyl-, N-(n-Butyl)-N-benzyl-, N.N-Dibenzyl-p-phenylendiamin; N.N-Dimethyl-o-nitroanilin; N.N-Diäthyl-5-nitro-o-toluidin; N-(n-Butyl)-o-nitro-p-toluidin; N-Methyl-N-n-propyl-p-nitrosoanilin; N.N-Di-n-propyl-p-nitrosoanilin; — *Insekticide, Bakterieide* u. *Zwischenprodd.* zur Herst. von *Antimalariamitteln, Pharmaceuticis, Stabilisierungsmitteln, oberflächenakt. Mitteln, Korrosionsschutzmitteln, Kautschukhilfsmitteln, Polyamiden.* (**A. P. 2 606 926** vom 31/12. 1949, ausg. 12/8. 1952.) G. KRAUSS. H 2110

Durand & Huguenin Akt.-Ges. (Erfinder: **Hans Schenkel** und **Max Aeberli**), Basel, Schweiz, *Herstellung von N-Acetoacetylderivaten von Aminoverbindungen* durch Rk. von prim. oder sek. aromat. oder heterocycl. Aminen, die ein sek. N-Atom im heterocycl. Ring enthalten, mit Diketen (I), dad. gek., daß man in 90—100%ig. CH_3COOH bei 40—80, bes. 60—70° arbeitet. Man suspendiert z. B. 22,3 (Teile) 1-Aminoanthrachinon (1-II) in 200 Eisessig (III), läßt innerhalb 3 Std. bei 65—70° 17 I zutropfen, rührt 3 Std. bei dieser Temp. weiter u. erhält beim Abkühlen 90% *1-Acetoacetyl*-**II**, F. 163—165°; unlösl. im W., lösl. in Pyridin u. **III**. *2-Acetoacetyl*-**II**, F. 156—158°. *3-Chlor-2-acetoacetyl*-**II**, F. 195—198°. *1-Chlorverb.*, F. 181—183°. *Di-(acetoacetyl)-1.5-aminoanthrachinon*, F. 181°. *1-Acetoacetylamino-5-benzoylaminoanthrachinon*, F. 198°. *1-Acetoacetylaminobenzol-4-sulfonsäuremorpholid*, F. 142—144°, lösl. in **III**, A., Benzol. *Acetoacetyldiphenylamin*, F. 81,5—82,5°. *Acetoacetyl-4-benzoylaminodiphenylamin*, F. 136—140°, lösl. in **III**, A., Toluol. *Acetoacetylcarbazol*, F. 118—120°. *1-Acetoacetylaminobenzol-4-sulfonsäurethiazolyl-(2')-amid*, F. 184—185°. *Acetoacetylnaphthsultam*, F. 118—119°. (**D. B. P. 926 130** Kl. 12o vom 20/8. 1952, ausg. 7/4. 1955. Anmeldung bekanntgemacht 16/9. 1954. Schwz. Prior. 21/8. 1951.) O. MÜLLER-MEININGEN. H 2800

Laporte Chemicals Ltd., London (Erfinder: **John Arnold Williams** und **Charles William Lefeuvre**), *Anthrachinhydrone und Anthrachinole* entstehen aus *Anthrachinonen* durch Red. mit H_2 u. einem Hydrierungskatalysator, wobei der Katalysator im Hydrierungsgefäß im fl. Medium durch einen von unten eintretenden H_2-Strom in feinverteilter Form in Suspension gehalten wird. — 3 Zeichnungen. (**E. P. 712 307** vom 28/4. 1952, ausg. 10/11. 1954.) G. LANGER. H 2800

Jefferson Chemical Co., Inc., New York, übert. von: **Donald K. Sacken**, Austin, N. Y., V. St. A., *Poröse hochaktive Silberkatalysatoren.* Zur Herst. der Katalysatoren, die zur *Oxydation von Olefinen zu Olefinoxyden* dienen, wird Silberoxyd zugleich mit einem lösl. Ag-Salz ausgefällt u. danach das lösl. Ag-Salz aus dem Katalysator ausgewaschen. — Z. B. wird eine wss. $AgNO_3$-Lsg. mit wss. NaOH u. Na_2SO_4, ausgefällt, ausgewaschen u. mit einem Trägerstoff wie SiC oder krist. Tonerde verrührt, auf der sich das Ag_2O niederschlägt, u. getrocknet. Das ausgefällte Ag_2O soll auf ein Teil Ag_2SO_4 0,75—10 Teile Ag_2O enthalten. (**A. P. 2 671 766** vom 1/10. 1951, ausg. 9/3. 1954.) W. MATTHAES. H 3030

Hooker Electrochemical Co., Niagara Falls, übert. von: **John T. Rucker**, Lewiston, N. Y., V. St. A., *Herstellung von 3-Chlorcumarin* (**II**). Man leitet z. B. in eine Lsg. von 219 (g) Cumarin in 450 CCl_4 (**I**) unter Rückfluß bei 75° unter Bestrahlung mit Hg-Licht (λ = 2800—5400 ÅE) 106 Cl_2 ein, dest. I ab, erhitzt den Rückstand 1½ Std. auf 200° u. erhält durch Umkristallisieren aus 800 cm³ Isopropanol 95,2% **II**, F. 122°. (**A. P. 2 687 417** vom 29/11. 1950, ausg. 24/8. 1954.) O. MÜLLER-MEININGEN. H 3061

Beecham Research Laboratories Ltd., Betchworth, England (Erfinder: **David Oliver Holland**), *Herstellung von β-Indolyl-α-oximinopropionsäure.* α-Aceto-β-[indolyl-(3)]-propionsäureäthylester wird in einer Lsg. von Na in A. gelöst u. bei —5 bis 0° mit Butylnitrit versetzt. — Zwischenprod. für die Herst. von *Tryptophan.* (**E. P. 720 298** vom 21/12. 1951, ausg. 15/12. 1954.) K. FABEL. H 3081

E. I. du Pont de Nemours & Co., Wilmington, Del., übert. von: **Orville H. Bullitt jr.**, Newton Square, Pa., V. St. A., *Pyridinalkohole* erhält man durch Rk. eines Carbonsäureanhydrids $(RCO)_2O$, wobei R = Alkyl oder Phenyl bedeutet, mit einem Pyridin-N-oxyd, das an den Pyridin-C-atomen nur H oder Alkylgruppen trägt. — Acetanhydrid + 5-Äthyl-2-methylpyridin-N-oxyd bei 60—65° → *2-(5-Äthylpyridin)-methylacetat*, Kp.$_5$ 119—124°; n_D^{25} 1,4998; daraus durch Rk. mit 10%ig. wss. NaOH *2-(5-Äthylpyridin)-methanol*, Kp.$_5$ 116—117,5°; n_D^{25} 1,5299; *Pikrat*, F. 100—102,5°. — *2-Pyridinmethanol*, Kp.$_{15}$ 111—112°; *Pikrat*, F. 159—161°. — *4-Pyridinmethylacetat*, Kp.$_4$ 85—95°, → *4-Pyridinmethanol.* — *1-(2-Pyridin)-äthylacetat*, Kp.$_3$ 89—93°; n_D^{25} 1,4913, → *2-Pyridinmethylcarbinol*, Kp.$_5$ 85—89°; n_D^{25} 1,5253. — Zwischenprodd. z. B. für die Herst. von Aminosäuren, Farbstoffen u. biol. wirksamen Stoffen. (**A. P. 2 663 711** vom 8/12. 1951, ausg. 22/12. 1953.) U. SIEVERS. H 3231

Reilly Tar & Chemical Corp., Indianopolis, Ind., übert. von: **Leslie Hunt Sutherland,** Springdale, Conn., und **Francis E. Cislak,** Indianapolis, Ind., V. St. A., *Pyridyläthyläther* der allg. Formel I (R = Alkyl, substituiertes Alkyl, Cycloalkyl, Alkaryl; X = H, Alkyl, sunstituiertes Alkyl, Cycloalkyl, Alkaryl, Aryl; Y = H, Alkyl, substituiertes Alkyl, Cycloalky, Alkyrayl, Aryl) durch Erhitzen von 2- oder 4-Vinylpyridinen mit Alkoholen unter Rückfluß in Ggw. eines bas. Katalysators (Na-Alkoholat, KOH, NaOH, quaternäre Ammoniumbase u. Mineralsäure) u. gegebenenfalls eines organ. Lösungsm. (Toluol). — *Butyl-4-pyridyläthyläther*, Kp.$_3$ 120°, aus 4-Vinylpyridin, n-Butanol u. Na-Methylat. In entsprechender Weise: *Butyl-2-pyridyläthyläther.* — *n-Hexyl-3'-oxy-2'-(2-pyridyl)-propyläther*, Kp.$_{18}$ 180°. — *Oxyäthyl-2-pyridyläthyläther*, Kp.$_5$ 120°. — *Tetrahydrofurfuryl-3'-oxy-2'-(2-pyridyl)-propyläther*, Kp.$_4$ 155°. — *2-Methoxyäthyl-5-äthylpyridin*, Kp.$_{10}$ 100°. — *Äthyl-2-pyridyläthyläther*, Kp.$_{20}$ 100°. — *n-Decyl-2-pyridyläthyläther*, Kp.$_{12}$ 182—192°, n_D^{20} 1,4772. — *n-Decyl-4-pyridyläthyläther*, Kp.$_9$ 200°, n_D^{20} 1,4804—1,4805. — *Insektide* u. *Korrosionsschutzmittel.* (**A. P. 2 667 491** vom 2/6. 1950, ausg. 26/1. 1954.) R. LINK. H 3231

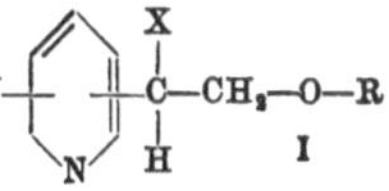
I

Eli Lilly & Co., übert. von: **Reuben G. Jones,** Indianapolis, Ind., V. St. A., *3-Oxymethylpyrazol* (I), Kp.$_{0,5}$ 137—140°, n_D^{25} 1,5340, D.$^{25}_{25}$ 1,225, erhält man durch Red. von 3-Pyrazolcarbonsäureäthylester mit $LiAlH_4$; I-*Hydrochlorid*, F. 117—118°, aus I-*Pikrat*, F. 183,5—184,5°. — *Mildes Analgeticum, Emulgator.* (**A. P. 2 655 507** vom 10/11. 1950, ausg. 13/10. 1953.) U. SIEVERS. H 3272

Eli Lilly & Co., übert. von: **Reuben G. Jones,** Indianapolis, Ind., V. St. A., *3-Cyanmethylpyrazol*, Kp.$_{0,4}$ 117—120°, n_D^{25} 1,5238, erhält man aus 3-Oxymethylpyrazolpikrat, F. 183,5—184,5°, durch Überführung in *3-Oxymethylpyrazolhydrochlorid*, F. 117—118°, anschließende Chlorierung mit $SOCl_2$ zu *3-Chlormethylpyrazolhydrochlorid*, F. 155—156° (Zers.), u. Rk. mit KCN. (**A. P. 2 655 508** vom 16/11. 1950, ausg. 13/10. 1953.) U. SIEVERS. H 3272

Merck & Co., Inc., Rahway, übert. von: **Frederick W. Holly,** Cranford, **Clifford H. Shunk,** Scotch Plains, und **Karl Folkers,** Plainfield, N. J., V. St. A., *Herstellung von 6-Chlor-9-polyoxyalkylisoalloxazinen* der allg. Formel **A** (Z = H oder Cl; n = 3 oder 4) durch Kondensation von 1-Polyoxyalkylamino-2-amino-4-(5-di)-chlorbenzolen mit Alloxan. — („-anilin" = -I; „-isoalloxazin" = -II.) — Z. B. wird aus d-Glucose durch katalyt. Red. mittels RANEY-Ni in Ggw. von NH_3 d-Glucamin, F. 122—126°, hergestellt u. mit 1-Jod-2-nitro-4-chlorbenzol in Pyridin zu 2-Nitro-4-chlor-N-(1'-d-sorbityl)-**I**, $C_{12}H_{17}O_7N_2Cl$, F. 166—167°, umgesetzt. Letzteres wird in 80%ig. Essigsäure mittels Pd-Tierkohle red. u. nach Abfiltrieren des Katalysators u. nach Zusatz von Borsäure mit Alloxanhydrat zu *6-Chlor-9-(1'-d-sorbityl)*-**II**, $C_{16}H_{17}O_7N_4Cl$, F. 240—248°, kondensiert. — Analog: d-Galactamin, F. 140—142°; 2-Nitro-4-chlor-N-(1'-d-dulcityl)-**I**, $C_{12}H_{17}O_7N_2Cl$, F. 244—246°; *6-Chlor-9-(1'-d-dulcityl)*-**II**, $C_{16}H_{17}O_7N_4Cl$, F. 276—297°. — d-Mannamin, F. 127—129°; 2-Nitro-4-chlor-N-(1'-d-mannityl)-**I**, F. 168—169°; *6-Chlor-9-(1'-d-mannityl)*-**II**, $C_{16}H_{17}O_7N_4Cl$, F. 289—290°. — 2-Nitro-4.5-dichlor-N-(1'-d-arabityl)-I, $C_{11}H_{14}O_6N_2Cl_2$, F. 236—238°; *6-7-Dichlor-9-(1'-d-arabityl)*-**II**, $C_{15}H_{14}O_6N_4Cl_2$, F. 267—269°. — *l*-Arabinamin, F. 96—98°; 2-Nitro-4-chlor-N-(1'-*l*-arabityl)-**I**, $C_{11}H_{15}O_6N_2Cl$, F. 217—218°; *6-Chlor-9-(1'-l-arabityl)*-**II**, $C_{15}H_{15}O_6N_4Cl$, F. 276—279°. — 2-Nitro-4.5-dichlor-N-(1'-d-xylityl)-**I**, $C_{11}H_{14}O_6N_2Cl_2$, F. 155—156°; *6.7-Dichlor-9-(1'-d-xylityl)*-**II**, $C_{15}H_{14}O_6N_4Cl_2$, F. 268—274°. — 2-Nitro-4.5-dichlor-N-(1'-l-arabityl)-**I**, $C_{11}H_{14}O_6N_2Cl_2$, F. 235—237°; *6.7-Dichlor-9-(1'-l-arabityl)*-**II** $C_{15}H_{14}O_6N_4Cl_2$, F. 279—293° (Zers.). — 2-Nitro-4.5-dichlor-N-(1'-d-sorbityl)-**I**, $C_{12}H_{16}O_7N_2Cl_2$, F. 193—196°; *6.7-Dichlor-9-(1'-d-sorbityl)*-**II**, $C_{16}H_{16}O_7N_4Cl_2$, F. 237—243°. — 2-Nitro-4.5-dichlor-N-(1'-d-dulcityl)-I, $C_{12}H_{16}O_7N_2Cl_2$, F. 236—239°; *6.7-Dichlor-9-(1'-d-dulcityl)*-**II**-*Monohydrat*, $C_{16}H_{16}O_7N_4Cl_2 \cdot H_2O$, F. 267—272°. — 2-Nitro-4.5-dichlor-N-(1'-d-mannityl)-I, $C_{12}H_{16}O_7N_2Cl_2$, F. 177—178°; *6.7-Dichlor-9-(1'-d-mannityl)*-**II**, $C_{16}H_{16}O_7N_4Cl_2$, F. 255—265°. — Lichtschutzmittel u. Antioxydantia. (**A. P. 2 621 175** vom 2/2. 1950, ausg. 9/12. 1952.) O. SCHÖN. H 3272

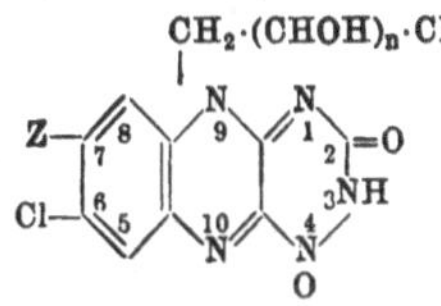
A

(Z = H oder Cl; n = 3 oder 4)

Tjoa Sie Lian, Surabaja, Java, *Gewinnung von Agar-Agar.* Seegras (Tang) wird so lange feucht gemahlen, bis es in einzelne Fasern zerfällt, worauf die M. mit kaltem W. gewaschen u. Agar aus den zurückbleibenden Fasern mit W. von 80—100° extrahiert wird. (**D. B. P. 925 969** Kl. 30h vom 1/1. 1950, ausg. 4/4. 1955. Anmeldung bekanntgemacht 9/7. 1953.) W. KRANZ. H 3950

Tjoa Sie Lian, Surabaja, Java, *Reinigen von Agar-Agar.* Die rohe, aus Seegras (Tang) gewonnene erstarrte Agar-Gallerte wird fein verteilt u. anschließend mit W. bei einer niedrigeren Temp. als derjenigen, bei der die Gallerte fl. wird, extrahiert. Das extrahierte Agar-Agar wird gefroren, aufgetaut u. zentrifugiert. (**D. B. P. 925 970** Kl. 30h vom 1/1. 1950, ausg. 4/4. 1955. Anmeldung bekanntgemacht 2/7. 1953.) W. KRANZ. H 3950

X. Färberei. Organische Farbstoffe.

—, *Neue Farbstoffe und Textilhilfsmittel.* Prodd. der J. R. GEIGY, Basel: *Irgalanrubin RL, Irgalanviolett 4BL* (Zirk. Nr. 1229), *Irgalanviolett 5RL* (Zirk. Nr. 1234) u. *Irgalan GL* (Zirk. Nr. 1233) erweitern das Sortiment der Irgalan-Wollechtfarbstoffe. — Prodd. der BEROL-PRODUKTER AB, Göteborg, Schweden: *Berol SPIN-62* ist ein Polyamin-Polyglykoläther-Kondensationsprodukt. Für die Viscoseindustrie wird es als Klär- u. Dispergiermittel verwendet. Dem Spinnbad zugesetzt, verhindert es die Verstopfung der Düsen. Folgende Prodd. können in den verschied. Phasen des Herstellungsverf. der Viscosefaser eingesetzt werden: *Berol VISCO-56* u. *Berol VISCO-55* sind quaternäre Alkylammoniumpolyoxyäthylenglykol-Verbb., *Berol VISCO-30* ist ein Alkylaminopolyoxyäthylenglykol. *Berol VISCO-06* ist ein Fettsäurealkoholpolyäthylenglykol. — Prod. der RÖHM & HAAS GMBH., Darmstadt: *Plextol* wird zur Herst. gebrauchsfester u. waschbeständiger Appreturen verwandt. — Die BADISCHE ANILIN & SODA-FABRIK AG., Ludwigshafen, gibt eine neue *Musterkarte „Basische Farbstoffe auf tanniertem Baumwollgarn“* heraus, die Angaben über Färbungen auf gebeiztem Baumwollgarn u. die Echtheitseigg. dieser Prodd. macht. — Prodd. der IMPERIAL CHEMICAL INDUSTRIES LTD., London: *Brentogenorange G* ergibt brillante Orangetöne von guten Allgemeinechtheiten im Textildruck auf Baumwolle, Leinen, Viscose, Viscosezellwolle u. Kuperreyon- u. -zellwolle. Das Prod. ist ein stabilisierter Azofarbstoff in Pulverform (SC 658). — *Soledon Brown R* eignet sich zum Färben von Baumwolle, Leinen u. Viscosereyon mit sehr guten Licht-, Wasch- u. Hypochloritechtheiten (SC 717). — *Solochromate Fast Brown G*, ein Chromfarbstoff, bes. für Wolle, kann auch zum Nachchromieren u. Beizen verwandt werden. — Die gleiche Verwendung findet *Solochromate Fast Red 6G*, es ist des guten Egalisiervermögens wegen bes. für die Stückfärbung geeignet. Ardil (Caseinfasern) läßt sich nach demselben Verf. wie Wolle färben. Gute Lichtechtheit. (Reyon, Zellwolle andere Chemiefasern **32.** 804—05. Dez. 1954.) P. ECKERT. 7018

D. P. Veldsman, *Neue Entwicklungen in der Färbereipraxis.* Es werden neue Verff. u. Textilhilfsmittel zum Färben von Textilien beschrieben. (South African ind. Chemist **8.** 264—65. Dez. 1954. Grahamstown, S. A. Wool Textile Res. Inst.) MAX SCHMIDT. 7020

Jack E. Sands, Louis A. Fiori und **John J. Brown,** *Einwirkung von Küpenfärben auf Baumwolle.* Unterss. über den Einfl. des Küpenfärbens auf Baumwollgarn u. -gewebe ergaben eine Festigkeitszunahme im Vgl. zum ungefärbten Material. (Textile Ind. **119.** Nr. 4. 116—20. April 1955. Southern Regional Res. Labor.) I. SCHOENMANN. 7020

R. C. Cheetham und **F. W. Lindley,** *Das Färben von künstlichen Proteinfasern.* Nach einer einleitenden Betrachtung über die Herst. u. den Aufbau von künstlichen Eiweißfasern weisen die Vff. darauf hin, daß die günstigsten Färbebedingungen allein u. in Verb. mit Wolle oder Baumwolle bei Tempp. zwischen 80—95° u. einem p_H-Wert von 4—6 liegen. Daher eignen sich als Farbstoffe bes. die schwachsauren, die Chromkomplexfarbstoffe u. die Direktfarbstoffe. Die zur Verwendung gelangenden Färbeapparaturen sollen eine gute Zirkulation aufweisen. Geeignete Färbeapparaturen werden angeführt. (Brit. Rayon Silk J. **31.** Nr. 368. 52—56. Jan. 1955. Droysden, Courtaulds Ltd., Res. Labor.) H. G. FRÖHLICH. 7020

Jean G. Kern, *Die Färbbarkeit der modernen synthetischen Fasern.* (Amer. Dyestuff Reporter **44.** P 22—P 28. 3/1. 1955. — C. **1955.** 3009.) H. G. FRÖHLICH. 7020

W. Flügel, A. Peter und **H. Egli de Sandoz,** *Das Sandocrylverfahren zum Färben von Polyacrylnitrilfasern nach der Cuproionen-Methode.* Beschreibung des der SANDOZ A.G. geschützten Färbeverf. für Polyacrylnitrilfasern in Ggw. von Cuproionen aus im Färbebad red. Cu-Salzen mittels Sandocrylfarbstoffen. 1 Musterkarte mit Sandocrylfärbungen auf Orlon 42. (Teintex **20.** 81—91. 15/2. 1955. Basel, Sandoz A.G.) A. SANDER. 7020

J. Hausermann, *Untersuchung über das Drucken mit unlöslichen Azofarbstoffen und die geeignetsten Verdickungsmittel für diese Farbstoffklasse.* Überblick über Entw. u. Technik des Textildrucks mit unlösl. Azofarbstoffen der Rapidogenklasse unter besonderer Berücksichtigung der brauchbarsten Verdickungsmittel an Hand prakt. Beispiele. (Teintex **20.** 13—16. 15/1. 1955.) A. SANDER. 7022

Raymond W. Jacoby, *Echter Farbdruck.* Ausführliche Darst. über die Verwendung von Küpen-, Küpenester- u. unlösl. Azofarbstoffen einschließlich der harzgebun-

denen Pigmentfarbstoffe zur Herst. echter Drucke. In diesem Zusammenhang werden bei jeder Farbstoffklasse deren Vor- u. Nachteile, die Herst. der Druckansätze, die Anwendungsmeth., die Behandlungen zur Entw. u. Fixierung der Farbe, sowie die Beeinflussung der Echtheiten durch spezielle Ausrüstungsverf. besprochen. (Amer. Dyestuff Reporter **44.** P 54—P 58. 17/1. 1955. New York, N. Y., Ciba Co., Inc.)
H. G. FRÖHLICH. 7022

—, *Untersuchungen über das Aufnahmevermögen von Licht und Lichtempfindlichkeit bei der Verfärbung durch Belichtung.* In der vorliegenden Arbeit wird der Vers. unternommen, die verschied. Faktoren, welche die Best. der Lichtechtheit beeinflussen können, u. ihre Auswrkg. zu untersuchen. Die hierbei erhaltenen Ergebnisse sind in 7 Tabellen zusammengefaßt u. werden ausführlich besprochen. (Amer. Dyestuff Reporter **43.** P 885—P 890. 20/12. 1954.) H. G. FRÖHLICH. 7028

I. G. Farbenindustrie Akt.-Ges., Frankfurt/M., *Überzugsmassen zum Aufbringen von Pigmenten auf faserigen Stoffen* enthalten als Bindemittel kondensierbare Verbb. des Polyvinylalkohols oder dessen in W. lösl. Derivv. mit Aldehyden, bes. CH_2O, oder Vorkondensationsprodd. dieser Verbb. in wss. Disperion oder Lösung. Nach dem Aufbringen der Pigmente enthaltenden M. wird getrocknet u. auf höhere Temp., z. B. 100°, erhitzt. Zur Beschleunigung der Kondensation kann man anorgan., organ. Säuren oder solche abspaltende Verbb. zusetzen. Die Pigmente können aus weißen oder farbigen anorgan. oder organ. Stoffen bestehen. — Vgl. auch D. R. P. 751 399; C. **1953.** 3978. (**Ung. P. 136 243** vom 31/12. 1942, ausg. 15/8. 1954. D. Prior. 9/1. 1942.) G. KÖNIG. 7021

American Cyanamid Co., New York, N. Y., übert. von: **Frederick Brody**, New York, und **Robert S. Long**, Bound Brook, N. J., V. St. A., *Farbstoffzwischenprodukte.* Durch Rk. von 2.5-Dimethoxy-4-aminoacetanilid mit 2-Chlorbenzoxazol in Ggw. von 1 nHCl (in einem Gemisch aus Dioxan u. W.) erhält man ein Benzoxazolderiv. der Formel I. Analog läßt sich die entsprechende Diäthoxyverb. aus 2.5-Diäthoxy-4-aminoacetanilid darstellen. Man kann in I in üblicher Weise den Acetylrest abspalten u. die erhaltene Aminoverb. diazotieren u. zu *Azofarbstoffen* verkuppeln. Mit 2-Oxy-3-naphthoesäureanilid als Kupplungskomponente erhält man z. B. einen grünstichigen, blauen Farbstoff von guter Waschechtheit. (**A. P. 2 695 298** vom 1/3. 1952, ausg. 23/11. 1954.) A. BRÖSAMLE. 7053

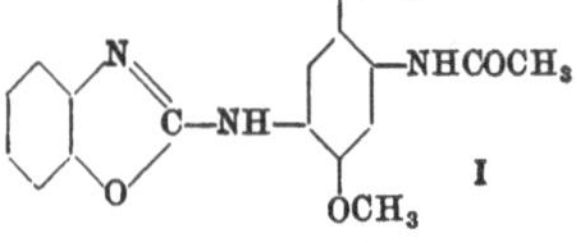

I

Ciba Akt.-Ges., Basel, Schweiz, *Chromhaltige Azofarbstoffe.* Auf ein äquimol. Gemisch der Monoazofarbstoffe I u. II, von denen entweder I oder II bei * durch Cl oder $-NH-COCH_3$ (III) substituiert ist, läßt man nach bekannten Verff. Cr-abgebende Mittel so einwirken, daß je ein Mol I u. II komplex an Cr gebunden werden. Wasserlösl. Pulver, die Wolle aus neutralen, schwach sauren oder schwach alkal. Bädern braun bis orangebraun mit guter Wasch- u. Lichtechtheit färben. — I kann außer dem Cl-Atom bei * außerdem an Stelle von CH_3 eine III-Gruppe besitzen. (**Schwz. PP. 292 656, 292 657** u. **292 658** vom 21/4. 1950, ausg. 16/11. 1953. **Zusätze zu Schwz. P. 288 729; C. 1954. 3340.**) A. KALIX. 7053

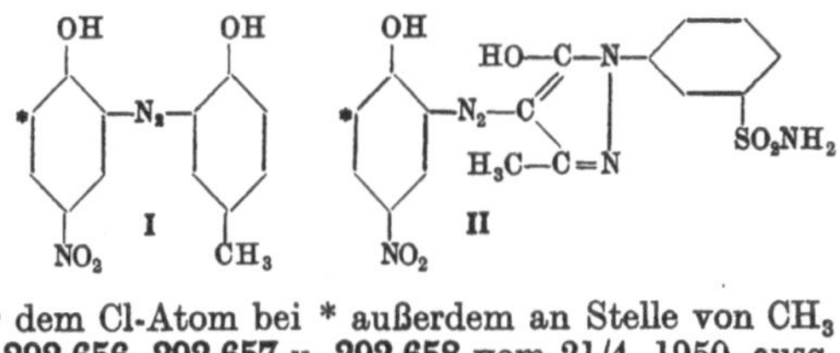

Badische Anilin- & Soda-Fabrik Akt.-Ges. (Erfinder: **Helmut Pfitzner** und **Hans Baumann**), Ludwigshafen/Rh., *Kupferhaltige Dis- oder Polyazofarbstoffe.* Man unterwirft die Bis-(monooxy)-azofarbstoffe aus tetrazotierten Diaminen der allg. Formel $H_2N-R_1-X-R_2-NH_2$ (R_1 u. R_2 = gleiche oder verschied. aromat. Gruppen, die mindestens in einer o-Stellung zu den NH_2-Gruppen unsubstituiert sind; X = ein- oder mehratomiges Brückenglied) u. 2 Mol einer oder je 1 Mol zweier verschied., in o-Stellung zu einer OH-Gruppe kuppelnder aromat. Oxyverbb. bzw. Verbb. mit enolisierbarer Ketogruppe, der oxydierenden Kupferung nach den Verff. der D. B. PP. 807 289; C. **1951.** II. 2806, 889 196; C. **1955.** 3974, oder 893 699; C. **1955.** 4220. — Tetrazotierte 4.4'-Diaminostilben-2.2'-disulfonsäure wird beiderseitig mit 2-Oxynaphthalin-3.5-disulfonsäure gekuppelt; Baumwolle (**A**) u. Leder (**L**), gekupfert, reinblau. — Tetrazotiertes 4.4'-Diaminodiphenylmethan (**II**) wird beiderseitig mit (2'-Methyl-4'-sulfo)-phenyl-3-methylpyrazolon-(5) gekuppelt; **L**, gekupfert, rotstichigbraun. — Tetrazotiertes **II** wird beiderseitig mit I gekuppelt; **L**, gekupfert, violettstichigbordo. — Tetrazotierte 4.4'-Diaminodiphenylamin-2-sulfonsäure wird beiderseitig mit 2.8-Dioxynaphthalin-6-sulfonsäure gekuppelt, **L**, gekupfert, blaustichiggrau. — Tetrazotiertes Diaminodiphenylcyclohexan wird beiderseitig mit 2-Oxynaphthalin-6.8-disulfonsäure gekuppelt; **L**, gekupfert, echt bordorot. — Tetrazotiertes 4.4'-Diamino-1.1'-azobenzol wird beiderseitig mit 1-Oxy-naphthalin-4.8-disulfonsäure gekuppelt; **A** u. **L**, gekupfert, rein blau. — Alle Färbungen besitzen gute Wasch- u. Lichtechtheit. (**D. B. P. 900 600** Kl. 22a vom 31/8. 1951, ausg. 28/12. 1953. Anmeldung bekanntgemacht 13/11. 1952.) U. SIEVERS. 7055

Badische Anilin- & Soda-Fabrik Akt.-Ges. (Erfinder: **Gerhard Treuge,** Ludwigshafen/Rh., und **Willy Braun,** Heidelberg), *Farbstoffe* der allg. Zus. **I** (R_1 u. R_2 = organ. Reste, X_1 u. X_2 = Halogenatome u. X_3 = H oder Halogen) erhält man durch Umsetzen von 1.5-Diamino-2.6-dihalogenanthrachinonen bei erhöhter Temp. mit Carbonsäurehalogeniden. Die in den üblichen Lösungsmitteln meist sehr schwer lösl. leuchtend hell- bis dunkelrot gefärbten Verbb. mit hohem F. dienen als Pigmente für Lacke u. Kunststoffe u. eignen sich auch zum Spinnfärben. — Ein Gemisch aus 600 (Gewichtsteilen) Nitrobenzol, 100 1.5-Diamino-2.6-dibromanthrachinon (**II**) u. 156 Benzoylchlorid (**III**) erhitzt man 1 Std. unter Rühren auf 120—125°, 3—3½ Std. auf 140—145° u. 1 Std. auf 160—165°. Der rotbraune Farbstoff, 1.9;5.10-Diphenyldimetoxazino-2.6-dibromchloranthracen, F. 399—400°, ergibt nach der Fraktionierung aus H_2SO_4 ein leuchtend gelbstichigrotes Pigment. — Analog können weitere Farbstoffe erhalten werden aus: **II** u. p-Chlorbenzoylchlorid (**IV**), blaustichigrot, F. 402—403°; **II** u. p-Methylbenzoylchlorid, dunkelrot, F. über 450°; 1.5-Diamino-2.6-dichloranthrachinon u. **III**, rot; **II** u. Naphthalin-1-carbonsäurechlorid, rote Nadeln, F. 370°; **II** u. m-Methoxybenzoylchlorid, leuchtend gelbstichigrot, Kristalle aus Trichlorbenzol, F. 296—297°. (**D. B. P. 925 245** Kl. 22b vom 15/1. 1953, ausg. 17/3. 1955. Anmeldung bekanntgemacht 26/8. 1954.) O. ROICK. 7059

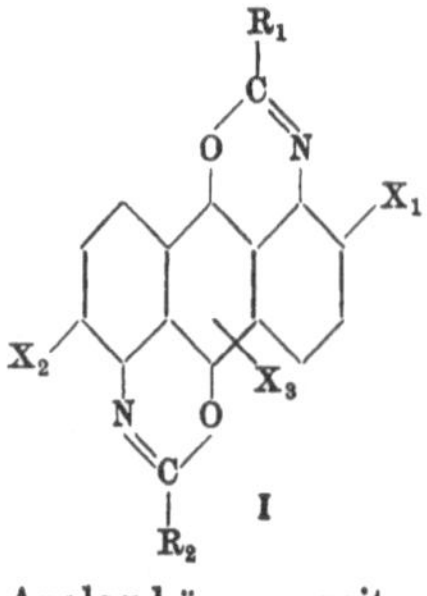

I

Johann Max Danner und **Werner Zerweck,** Deutschland, *Herstellen von schwefelhaltigen Kondensationsprodukten.* Man läßt SO_2 oder Alkalibisulfit oder SO_2 u. Alkalibisulfit in Ggw. von $AlCl_3$ oder $AlCl_3$ u. Fe-Chlorid, KCl oder NaCl mit N-freien organ. Verbb. reagieren, welche mindestens vier kondensierte Benzolringe u. mindestens eine Ketogruppe enthalten, u. alkyliert gegebenenfalls die entstandenen Reaktionsprodukte. — Z. B. leitet man in ein geschmolzenes Gemisch von 100 (Teilen) $AlCl_3$ u. 33 NaCl bei 130—140° SO_2 ein u. versetzt die M. sofort mit 10 Benzanthron. Nach ca. 1½ Std. gießt man die geschmolzene M. auf Eis. Man erhält ein orangegefärbtes Reaktionsprod. mit ca. 10% S, welches sich in H_2SO_4 mit olivgrüner Farbe auflöst u. das mit alkoh. KOH in einen in bläulichgrauen Farbtönen färbenden *Küpenfarbstoff* umgewandelt werden kann. An Stelle von Benzanthron kann man auch Bz-1-Brombenzanthron verwenden. Das Halogen des Mol. bleibt bei der Rk. unverändert. Auf analoge Weise kann man S-haltige Farbstoffe aus Anthanthron, Dibromanthanthron, Dibenzpyrenchinon, Isodibenzpyrenchinon, Dianthronäthan, Acedianthron, Dibenzanthron, Isodibenzanthron, Pyranthron u. Violanthron herstellen. (**F. P. 1 021 745** vom 10/7. 1950, ausg. 23/2. 1953, D. Priorr. 13/7. 1949 u. 2/6. 1950.) T. OPPERMANN. 7059

Celanese Corp. of America, New York, N. Y., übert. von: **Victor S. Salvin,** Irvington, und **John R. Adams jr.,** Summit, N. J., V. St. A., *Farbstoffe,* die Celluloseacetat u. andere organ. Cellulosederivv. in blauen, sehr säurefesten, rauchgasechten Tönen färben, die auch bei starken Säureangriffen nur im Ton selber, aber nicht nach Rosa umschlagen, erhält man durch Kondensation des „Naphthazarinzwischenprod." (5-Amino-8-oxy-1.4-naphthochinon-1-imin) (**I**) mit einem Oxyalkylaminobenzol, wie m-Amino-, 2-Methyl-5-amino-, 4-Methyl-3-amino-, 2-Methoxy-5-amino- oder 4-Methyl-5-aminobenzylalkohol, m-Aminophenylmethylcarbinol oder p-Aminophenyläthylalkohol. — Eine Lsg. von 0,5 (Gewichtsteilen) **I**, 1 Na-Acetat, 1 m-Aminobenzylalkohol erhitzt man 2 Std. bei 90° in 25 80%ig. Essigsäure. Man erhält den Farbstoff in 54%ig. Ausbeute. — Färbebeispiele. (**A. P. 2 687 941** vom 26/3. 1952, ausg. 31/8. 1954.) O. ROICK. 7061

Ciba Akt.-Ges., Basel (Erfinder: **Walter Wettstein,** Aigle-les-Tormes), Schweiz, *β-Kupferphthalocyanin* in gut dispergierbarer Form erhält man durch Vermahlen des Rohprod. zusammen mit 4—7% einer nichtionogenen organ. Fl., die unter 200°, vorzugsweise unter 150° sd., bei Tempp. von 90—100°, worauf die genannten Fll. durch Lösungsmittel wieder entfernt werden. Außerdem können noch feste Mahlsubstrate, wie NaCl, wasserfreies Na_2SO_4 u. Na-Ferrocyanid, zugesetzt werden. Als organ. Fl. verwendet man z. B. Alkohole, Aldehyde, bes. Furfurol u. KW-stoffe, bes. Hexan. — Vgl. auch Schwz. P. 279 293; C. **1953.** 6363. (**D. B. P. 846 757** Kl. 22e vom 27/8. 1950, ausg. 18/8. 1952. Anmeldung bekanntgemacht 4/10. 1951. Schwz. Priorr. 14/9. 1949, 1/3. u. 14/7. 1950.) A. KALIX. 7073

XIa. Farben. Anstriche. Lacke. Naturharze.

Dan Reebel, *Der elektronische Anstrich — ein dauerhaftes, wirtschaftliches Zurichtungsverfahren.* Beschreibung eines Gerätes zum elektron. Anstrich von Werkstücken, z. B. Gasmessern. — Abbildungen. (Steel **129.** Nr. 10. 94—96. 3/9. 1951.) W. WESLY. 7090

L. M. Chandross, *Eisenhaltige Wässer als Quellen der technischen Gewinnung von Eisenhydroxyd.* Das für die Herst. von Mineralfarben angewandte $Fe(OH)_3$ (I) von der Lagerstätte Kontschesersk ergibt beim Glühen bei 800° ein Polierrot der besten Deckkraft. Wird NaCl-Lsg. als Katalysator zugesetzt, so kann das Glühen von I bei 600—700° erfolgen, ohne daß die Qualität des Polierrotes herabgesetzt wird. (Природа [Natur] **39.** 41—42. April 1950.) O. LEBTAG. 7092

B. F. H. Scheifele, *Chromfarben. Darstellungsmethoden.* Engl. Übersetzung der C. **1954.** 5632 referierten Arbeit. (Paint, Oil Colour J. **126.** 637—38. 17/9. 1954.) M. WINIKER. 7092

E. Sellier und **C. Robeyns,** *Das Dekapieren metallischer Konstruktionen mit Hilfe des Acetylen-Schweißbrenners.* Reinigung verrosteter metall. Bauteile, Behälter usw. mittels „neutraler" Acetylenschweißflamme als Oberflächenvorbehandlung für Schutzanstriche. Vorteile des Verf. sind bes. Arbeits- u. Zeitersparnis, absol. trockne Oberfläche, Wirtschaftlichkeit u. erhöhte Lebensdauer der Anstriche. (Ossature métallique **19.** 599—602. Dez. 1954.) A. SANDER. 7106

Rodolfo Pozzo, *Polyvinylacetatemulsionen als Grundlage für wässerige Anstrichfarben.* 2. Mitt. (1. vgl. C. **1955.** 930.) Aufbau der Anstrichfarben aus Polyvinylacetat, Weichmacher u. Pigmenten, Herst. der Emulsion, Präparierung der Pigmente, Filmeigenschaften. — 18 Literaturzitate. (Pitture e Vernici **10.** 437—42. Juli 1954.) B. SCHEIFELE. 7106

E. G. Bobalek, *Haftvermögen von Anstrichen.* Überblick über die Faktoren, die die Adhäsion von Lackfilmen beeinflussen, wie Auswahl eines geeigneten Verdünners, Benetzungsvermögen der zu überziehenden Oberfläche sowie die in dem Lack befindlichen Pigmente. (Metal Progr. **66.** Nr. 2. 113—19. 1/8. 1954. Cleveland, O., Case Inst. of Technol.) F. MARKHOFF. 7106

S. Todisco, *Das Abkreiden von Titandioxyd. Prüfung durch Anreiben mit Mandelsäure.* (Ind. Vernice-Lack- u. Farben-Chem. **8.** 17—20. 1954.) B. SCHEIFELE. 7152

United States of America, übert. von: **John M. Leonard,** Chevy Chase, Md., und **Constance E. Patouillet,** Washington, D. C., V. St. A., *Starkreflektierende, schnelltrocknende Markierungsfarben* für das Beschriften von Glas- oder klaren Kunststoffoberflächen, bestehend aus einer Dispersion von 18—22 (%) (20) TiO_2 in einer wss. Lsg. von 7—10 (8) Dextrin (I), wobei das Verhältnis TiO_2 : I zwischen $2^1/_4$ u. $2^3/_4$ ($2^1/_2$) : 1 betragen soll, die mit 0,2—0,4 (0,3) Traganth u. 0,9—1,1 (1) Bentonit verdickt ist, mit einem Zusatz von 1,5—2,5 (2) Diäthylenglykolmonomethyläther u. geringen Mengen eines Mikrobicids (2.2'-Dioxy-4.4'-dichlordiphenylmethan u. 2.2'-Dioxy-3.3'.5.5'.6.6'-hexachlordiphenylmethan) u. eines Netzmittels. (**A. P. 2 684 303** vom 25/6. 1953, ausg. 20/7. 1954.) W. GRÄGER. 7093

Kemisk Vaerk Koge A/S, Kopenhagen, Dänemark, *Phthalocyanin-Pigmente für Anstrichfarben, Lacke, Drucktinten* erhalten, um Kristallisation u. Ausflocken zu verhindern, einen Zusatz (bis 10%) eines oder mehrerer organ. Amine, deren Dissoziationskoeff. $4 \cdot 10^{-7}$ ist, bes. solcher, deren Aminogruppe Teil eines heterocycl. Rings ist, z. B. Mono- oder Triäthanolamin, Morpholin, Butyl-, Dodecyl-, Dicyclohexyl-, 2-Äthylhexyl- oder α- oder β-Naphthylamin, Diphenylguanidin, Piperidin, Pyridin oder Chinolin. (**E. P. 716 325** vom 24/8. 1951, ausg. 6/10. 1954. Holl. Prior. 29/8. 1950.) W. GRÄGER. 7093

Laszlo Auer, South Orange, N. J., V. St. A., *Pigment-Dispersionen.* Sie bestehen aus organ. hydrophoben Pigmenten (I), wie Phthalocyaninen, unlösl. Azo- oder Küpenfarbstoffen u. einem Dispergiermittel (II). Letzteres ist ein wasserlösl. Fettalkoholsulfat, z. B. des Lauryl-, Cetyl- oder Oleylalkohols, u. zwar als Na-, NH_3- oder Triäthanolaminsalz. Sie enthalten 14—35% **I,** 65—86% W. u. 9—20% **II.** Sie können auch als Öl-in-W.-Emulsionen vorliegen. (**A. P. 2 637 711** vom 22/6. 1950, ausg. 5/5. 1953.) H. v. SCHILLER. 7093

Farbwerke Hoechst Akt.-Ges., vormals Meister Lucius & Brüning, Frankfurt/M., *Weichkörnige Azofarbstoffpigmente* erhält man durch Zusatz einer wss. Mineral- oder Fettölemulsion zur Lsg. einer Kupplungskomponente u./oder zur Azolsg., wobei als Ölemulgator z. B. ein hochmol. Alkylsulfonamidacetat verwendet wird. (**Ind. P. 48 363** vom 3/11. 1952, ausg. 1/3. 1954. Can. Prior. 20/12. 1951.) O. MÜLLER-MEININGEN. 7093

Kurt Vogelsang Akt.-Ges., Zürich, Schweiz, *Herstellung einer plastischen Kunstmasse für dauerhafte Straßenmarkierungen*, dad. gek., daß eine trockene Mischung von Quarzsand (I) u. mindestens einem Pigment, wie Kreide (II), TiO_2 u. Chromgelb, in eine mindestens ein Harz enthaltende wasserfreie Schmelze, z. B. aus Kolophonium (**III**) u. Vaselinöl (**IV**), eingetragen u. das Ganze heiß vergossen wird. — Beispiel: 600 (Gewichtsteile) **I**, 130 **II**, 80 TiO_2, 155 **III** u. 35 **IV**. (**Schwz. P. 301 822** vom 5/1. 1951, ausg. 1/12. 1954.) W. GRÄGER. 7097

Kelco Co., übert. von: **William H. McNeely**, San Diego, Calif., V. St. A., *Mittel zur Erhöhung der Viscosität von Alkoholen* (Methanol, A., Isopropanol, Glycerin, Äthylen-, Diäthylen- u. Propylenglykol), bestehend aus einem Salz einer hydrophilen koll. Säure (Algin-, Celluloseglykol- oder Traganthsäure) u. einer organ. Base, wie Di-n-butylamin, Tributylamin, Phenyl- oder Benzyltrimethylammoniumhydroxyd, das in Mengen von 0,1—20, bes. 0,25—3%, zugesetzt wird. Die Alkoholgemische sind zur Herst. von *Lacken, Drucktinten, Frostschutzmitteln*, als *Schmiermittel* u. *hydraul. Druck-Fll.* geeignet. (**A. P. 2 688 598** vom 6/11. 1950, ausg. 7/9. 1954.) W. GRÄGER. 7097

XIb. Plaste (Kunstharze. Plastische Massen).

Ju. I. Jagn und **N. T. Smotrin**, *Hypothese der Festigkeit von „Viniplast"*. „Viniplast" ist sehr dehnbar, dabei aber ohne jede Fähigkeit zur plast. Deformation. Vf. stellt die Hypothese auf, daß es ein Syst. mit den Eigg. von 2 Aggregatzuständen ist, das die elast. Bindungen einerseits u. viscose Eigg. einer Fl. andererseits hat u. macht den Vers., diese Hypothese mathemat. zu begründen. (Журнал Технической Физики [J. techn. Physik] **21**. 1535—41. Dez. 1951.) J. V. SCHROEDER. 7172

A. I. Jurshenko und **W. P. Gussjakow**, *Der Einfluß der Elektrolyte der wässerigen Phase einer Styrolemulsion auf die Dispersität der sich bildenden Latices*. (Vgl. C. **1953**. 228. 4540.) Es kommt bei der Polymerisation von Styrol bei niedrigem p_H zur Verringerung der Reaktionsgeschwindigkeit u. zur Bldg. niedrigmol. Produkte. Die Teilchengröße in der Emulsion ist bei Anwendung von $K_2S_2O_8$ als Initiator in saurer Lsg. größer als in alkalischer. Bei Verwendung eines oleophilen Initiators (*Benzoylperoxyd*) sind die Verhältnisse umgekehrt. Während bei dem in W. lösl. Initiator die Bldg. der Radikale in der wss. Phase erfolgt, kann sie beim oleophilen Initiator nur in den Micellen des Emulgators stattfinden. Da die Micellen im alkal. Gebiet größer sind, können sich größere Teilchen der Emulsion bilden; im sauren Gebiet werden sie kleiner. Es entsteht ein Latex von hoher Dispersität. Salze in geringer Konz. erhöhen die Dispersität der Emulsion, in größeren Konzz. verringern sie dieselbe sowie die des Emulgators. Da die Salzkonz. auf fertig gebildete Emulsionen ohne Einfl. ist, ist es wahrscheinlich, daß ihre Beeinflussung der Micellengröße des Emulgators die Veränderung der Dispersität hervorruft. Das Mol.-Gew. der Polymerisationsprodd. hängt vom Initiator ab. (Коллоидный Журнал [Kolloid-J.] **16**. 72—78. Jan./Febr. 1954. Lemberg, Med. Inst., Labor. für physikal. u. Kolloidchem.) J. V. SCHROEDER. 7172

B. M. Kowarskaja und **Ss. I. Klas**, *Über die Zähigkeitseigenschaften der Phenolformaldehydharze*. Vff. untersuchen das Verh. der Phenolformaldehydharze hinsichtlich ihrer Deformierung während des Härtungsprozesses. Es wurde die Formänderung durch Druck bei verschied. Temp. in Abhängigkeit von der Spannung registriert. Die Kinetik des Härtungsprozesses thermoreaktiver Harze kann durch die Änderung von γ_1/γ_1' (γ_1 u. γ_1' bedeuten den Elastizitätsmodul bei Belastung bzw. nach dieser) charakterisiert werden. Dieses Verhältnis fällt vom Maximum (0,8—1) beim nicht gehärteten Harz (Resol) während des Härtungsprozesses bis zu einem Minimum (0,01) u. nähert sich wieder 1 bei Beendigung der Härtung. Das gehärtete Harz (Resit) ist charakterisiert durch den zehnfachen Wert des Elastizitätsmoduls u. der Relaxationsviscosität im Vgl. zum Resol. (Коллоидный Журнал [Kolloid-J.] **14**. 428—33. Nov./Dez. 1952. Moskau, Frunse-Inst. für Wissenschaftl. Kunststoff-Forsch.) A. AMBERGER. 7176

P. Luetić und **I. Brihta**, *Die Herstellung von Kolophonium-Fumar-Harzen*. Bei der Herst. künstlicher Harze durch Diensynth. mit Kolophonium (I) läßt sich Maleinsäureanhydrid durch Fumarsäure (II) ersetzen. 10 Teile **II**-Glycerinester, erhalten durch azeotrope Entwässerung von **II** u. Glycerin mit Xylol in Ggw. katalyt. Mengen H_2SO_4, u. 90 Teile **I** werden 90 Min. auf 200—220° erhitzt u. das Addukt bei 220—230° mit Glycerin verestert; das erhaltene Harz hat F. 110—115°, SZ. 20 u. ist völlig lösl. in Benzin. — Aus **270 g I** u. 70 g **II** erhält man durch 1½ std. Erhitzen auf 150—160° ein Addukt, F. 125—127°, das nach der Veresterung bei 140—146° schm. u. in Bzn. unlösl. ist. — Mit steigendem **II**-Geh. nimmt die Löslichkeit der Prodd. ab.

(Arhiv Kemiju [Arch. Chim.] **23.** 278—81. Okt. 1951. Zagreb, Inst. za industr. istraživanja.) S. BECKMANN. 7198

Stebler-Saner, Metallwarenfabrik, Nunningen, Schweiz, *Verzieren von selbsthärtenden Kunstharzen.* Man bringt die Verzierung in oder auf Glasvlies oder Glasgewebe, legt dieses in die Form, füllt das Kunstharz, das auch fluorescierende oder phosphorescierende Stoffe in Perlenform enthalten kann, ein u. härtet es. (**Oe. P. 181 582** vom 12/9. 1953, ausg. 12/4. 1955. D. Prior. 16/9. 1952.) M. PANKOW. 7171

Standard Oil Co., Chicago, übert. von: **Alex Zletz,** Park Forest, **Edwin F. Peters,** Chicago, Ill., und **Alan K. Roebuck,** Dyer, Ind., V. St. A., *Polymerisation von Olefinen mit aktivierten molybdänhaltigen Katalysatoren.* Unter Verwendung von Katalysatorgemischen aus Al_2O_3 u. MoO_3 oder aus MoO_3 u. TiO_2 oder ZrO_2 im Verhältnis 20 : 1 bis 1 : 1, die zur Aktivierung vor dem Einsatz mit H_2, CO oder SO_2 bei erhöhter Temp. behandelt wurden, wurden z. B. Äthylen u./oder Propylen bei 75—325° u. 15—100 atü polymerisiert. Das Verf. kann in der Gasphase in Ggw. inerter Lösungsmittel, z. B. Bzl., Toluol, Xylol, n-Hexan, Cyclohexan u. Alkylnaphthaline, durchgeführt werden. — Tabellen. Verbesserung der physikal. Eigg. der Endprodukte. (**A. PP. 2 692 257, 2 692 258** u. **2 692 259** vom 28/4. 1951, ausg. 19/10. 1954.) H. SCHINDLER. 7173

Standard Oil Co., übert. von: **Edwin F. Peters** und **Bernard L. Evering,** Chicago, Ill., V. St. A., *Äthylenpolymerisation* mit Ni oder Co auf aktivierter Kohle, die z. B. aus Cocosschalen erhalten u. mit HNO_3 behandelt wurde. Das Verf. gleicht dem nach vorst. Referat. Beschreibung u. Zeichnung einer Anlage zur kontinuierlichen Durchführung des Verfahrens. (**A. P. 2 692 261** vom 25/4. 1951, ausg. 19/10. 1954.) H. SCHINDLER. 7173

Wolfgang Spindler und **Wilhelm Scheermesser,** Deutschland, *Herstellung von Dispersionen hochmolekularer Verbindungen.* Man löst sie in einer bei hohen Tempp. lösenden organ. Verb., läßt zu einem Gel erkalten u. dispergiert das Gel in einer organ., mit der ersten Verb. mischbaren Verb., die größtenteils auf mechan. Wege (Filtrieren, Zentrifugieren) abgetrennt werden kann; man kann sie dann größtenteils abtrennen u. durch eine andere organ., mit dem Dispersionsmittel mischbare Fl. ersetzen. — Man löst 18 (Teile) Polyäthylen (Mol.-Gew. 14000) in Bzn. vom Kp. 120—140°, läßt zu einem Gel erstarren u. mischt mit gleichen Gewichtsteilen Isopropylalkohol, filtriert die erhaltene Dispersion, bis der auf dem Filter befindliche Rest 60 Gewichtsteile Polyäthylen enthält, u. verrührt dieses Konzentrat pro 100 Filtrat mit 50 Methanol zu einer Paste. Verwendung der Pasten zum Streichen oder Spritzen. (**F. P. 1 059 221** vom 26/6. 1952, ausg. 23/3. 1954. D. Prior. 16/1. 1952.) M. PANKOW. 7173

William T. Miller, Ithaca, N. Y., V. St. A., *Perfluorallylverbindungen* erhält man durch Kondensation von Perfluorallylhalogeniden mit wenigstens 3 C-Atomen u. einem allyl. gebundenen Halogen (Cl, Br, J) mit Metallalkoholaten, -jodiden, -cyaniden u. -nitraten in W. oder Alkoholen. — Aus Perfluorallylchlorid, $CF_2{=}CFCF_2Cl$ u. Na-Methylat → *3-Methoxyperfluorpropen,* $CF_2{=}CFCF_2OCH_3$; Kp. 38,5°; $D.^{20}_4$ 1,358; n_D^{20} 1,296. *Dibromid.* — *Perfluorallyljodid,* $CF_2{=}CFCF_2J$, Kp. 53,4°; $D.^{20}_4$ 2,109; n_D^{20} 1,389. — *Perfluorallylcyanid,* $CF_2{=}CFCF_2CN$, Kp. 43—48°. — Zwischenprodd. zur Herst. von *Überzugsmassen, Isoliermaterial, Dielectrika, Schmiermitteln* u. *Kühlflüssigkeiten.* (**A. P. 2 671 799** vom 30/8. 1950, ausg. 9/3. 1954.) G. KRAUSS. 7173

Hercules Powder Co., übert. von: **Edwin J. Vandenberg,** Wilmington, Del., V. St. A., *Homogenpolymerisation von Vinylverbindungen* erfolgt in Ggw. von 0,001—5% Dimethylbenzylhydroperoxyd (**I**), Dimethyl-p-isopropylbenzyl-, Dimethyl-p-methylbenzyl- oder Äthylmethylbenzylhydroperoxyd, von einer in Lösungsmitteln lösl., ionisierbaren Fe-Verb., z. B. Ferriacetylacetonat (**II**) u. NH_3 oder einem Monoamin. — Z. B. werden 100 (Teile) Hydroabietylfumarat u. 25 Isobutylen in Ggw. von 2 (%) **I**, 0,2 **II** u. 2 Monoallylamin sowie 1 Acetylaceton in 6 Std. bei 40° mit 80% Ausbeute polymerisiert. (**A. P. 2 610 965** vom 24/12. 1948, ausg. 16/9. 1952.) H. MÖLLERING. 7173

United States Rubber Co., New York, N. Y., übert. von: **Sidney E. Berger,** Cranston, und **Kermit M. Webb,** Swansea, Mass., V. St. A., *Plastische Masse. Polyvinylchlorid* oder ein überwiegend daraus bestehendes Mischpolymerisat wird mit mindestens 5% eines Novolaks, z. B. eines mit Cashewnußschalenöl modifizierten oder mit Hexamethylentetramin gehärteten Phenolharzes, vermischt u. mit Butadien-Acrylnitril oder einem fl. Weichmacher plastifiziert. Außer Füllstoffen u. Stabilisierungsmitteln kann ein Antioxydationsmittel, z. B. eine Mischung von Mono- u. Diheptyldiphenylamin (bzw. 2.5-di-tert.-Butyl-p-kresol) der M. einverleibt werden. Formkörper erhält man lediglich durch Erwärmen u. Abkühlen; es können auch mit Polyäthylen überzogene Leitungen damit überzogen werden, die alsdann noch einen Mantel aus Polyamid erhalten. (**A. P. 2 659 708** vom 10/1. 1951, ausg. 17/11. 1953.) G. SALZMANN. 7173

General Tire & Rubber Co., V. St. A., übert. von: **Gerson S. Schaffel** und **Gilbert H. Swart,** *Herstellung plastifizierter polarer Harze* wie Polyvinylhalogenide, Mischpolymere von Styrol mit halogeniertem α-Methylstyrol oder mit Acryl- oder Methacrylnitril. Man verwendet zum Plastifizieren Mischpolymerisate aus konjugierten Diolefinen (Butadien, Chloropren, Cyanopren) u. einer polymerisierbaren, eine CO-Gruppe enthaltenden Olefinverb. (Methylisopropenylketon [I], m- oder p-Acetyl-α-methylstyrol), wobei das Mischpolymere 40—65% Diolefin enthalten soll u. auch einen weiteren relativ polaren Bestandteil, wie Acrylnitril, enthalten kann. — Man hält die Mischung aus 100 (Gewichtsteilen) Butadien, 100 I, 360 5%ig. Lsg. einer Seife eines dehydrierten Harzes, 1 Dodecylmercaptan u. 0,3 $K_2S_2O_8$ unter Bewegung bei 50° bis zur ca. 70%ig. Umwandlung, entfernt Monomeres u. mischt 180 des Latex mit 200 eines 25%ig. Polyvinylchloridlatex, 2 heptyliertem Diphenolamin als Alterungsschutz u. 2 Pb-Stearat, koaguliert, walzt bei 115—177° u. zieht zu Folien hoher Zugfestigkeit mit rauher Oberfläche für Dekorationen. (**F. P. 1 042 983** vom 16/5. 1951, ausg. 5/11. 1953. A. Prior. 17/5. 1950.) M. PANKOW. 7173

Distillers Co. Ltd. (Erfinder: **Max Henry Dilke, Donald Faulkner** und **Sidney Lustigman**), Edinburgh, England, *Plastische Masse aus Polyvinylidenchlorid* oder seinen Mischpolymerisaten. Als Weichmacher werden Dimethyl-, Diäthylmaleat bzw. -fumarat oder Dimethyltetrachlorphthalat verwendet. 5-Chlor-2-oxybenzophenon dient als Stabilisator. Die ungesätt. Monomeren können auch als dritte Polymerisationskomponente dem wss., mit Gelatine u. Dimethylphthalat angesetzten Polymerisationsansatz zugefügt werden. Herst. von Fäden u. dergleichen. (**E. P. 713 010** vom 23/8. 1951, ausg. 4/8. 1954.) G. SALZMANN. 7173

Sherwin Williams Co., übert. von: **Oliver J. Grummitt** und **Robert E. Blank,** Cleveland, O., **Herbert F. Schwarz,** Flossmoor, Ill., V. St. A., *Stabilisierungsmittel für Polyvinylchlorid* u. seine Mischpolymerisate, bestehend aus den Monoestern höherer Fettsäuren (Ricinusöl, Hydrostearinsäureöl oder synthet. Fettsäureester), deren freie OH-Gruppen (aus den Glycerinestern) zu 25—75% acetyliert worden sind. (**A. P. 2 666 752** vom 17/1. 1950, ausg. 19/1. 1954.) G. SALZMANN. 7173

Badische Anilin- & Soda-Fabrik Akt.-Ges. (Erfinder: **Friedrich Lieseberg** und **Hugo Widmann**), Ludwigshafen/Rh., *Fäden, Haare oder Borsten aus Polyvinylchlorid,* dad. gek., daß man als Lösungsm. Tetrahydrofuran verwendet, das nicht mehr als 5 (%), zweckmäßig weniger als 1 W. enthält. (**D. B. P. 920 812** Kl. 29b vom 31/1. 1950, ausg. 2/12. 1954. Anmeldung bekanntgemacht 14/6. 1951. **Zusatz zu D. B. P. 802 263; C. 1951. II. 623.**) G. SALZMANN. 7173

Western Electric Co., Inc., New York, N. Y., übert. von: **Herbert E. Malone,** Riverside, Ill., und **Franklin B. Rinck,** Indianapolis, Ind., V. St. A., *Imprägnierung für elektrische Wicklungen.* Die Wicklung wird mit einem gegenüber dem Wicklungsmaterial chem. inerten, isolierenden, gelösten, polymerisierbaren plast. Material imprägniert (z. B. einem Gemisch aus Acajounußöl, CH_2O u. Petroleumnaphtha als Lösungsm.), das dann völlig durchpolymerisiert wird. Der gesamte Wicklungskörper wird mit einem Schutzüberzug aus einem lösungsmittelfreien polymerisierbaren Material versehen, das gegenüber dem Wicklungsmaterial chem. nicht inert ist u. völlig durchpolymerisiert wird (z. B. *Styrol* u. ein Ester einer mehrbas. Säure mit Benzoylperoxyd als Beschleuniger). (**A. P. 2 688 569** vom 21/8. 1951, ausg. 7/9. 1954.) H. KESSEL. 7173

Wacker-Chemie G. m. b. H. (Erfinder: **Wolfram Haehnel** und **Willy O. Herrmann**), München, *Gefärbte Modifikationen des Polyvinylalkohols* u. seiner Derivv., bes. in Gestalt von Filmen, Schläuchen, Fäden, Bändern, Kapseln u. zur Herst. von Linsen, Lichtfiltern, Verbundgläsern, Blendschutzvorr. u. dgl., erhält man durch eine Behandlung mit Halogenwasserstoff unter Einfl. von Wärme oder Licht in An- oder Abwesenheit von Feuchtigkeit. Eine nachträgliche therm. Behandlung oder mit W. verändert die Färbung. (**D. B. P. 917 149** Kl. 39b vom 10/6. 1944, ausg. 26/8. 1954. Anmeldung bekanntgemacht 9/4. 1953.) G. SALZMANN. 7177

Chemische Werke Albert (Erfinder: **Felix Schlenker**), Wiesbaden, *Herstellung künstlicher Harze,* dad. gek., daß man $NiSO_4$ in der Wärme, bes. bei Erhitzen unter Rückfluß u. anschließendem Anlegen eines Vakuums, auf tautomer reagierende Verbb., die in Enol- oder Ketoform vorliegen können, bes. Ketosäureester oder β-Diketone, unter Verwendung von mindestens 1 Mol der letzteren auf 1 Mol Metall, einwirken läßt. — Z. B. werden 281 (Teile) $NiSO_4 \cdot 7\ H_2O$ in 900 W., 70 NH_4Cl in 600 W., 260 Acetessigester u. 135 NH_3 (25%ig) vermischt; der gebildete Nd. wird abgesaugt u. getrocknet u. die Mutterlauge nochmals mit 130 Acetessigester u. 30 NH_3 behandelt. Mit 400 g so erhaltener Ni-Acetessigesterverb. werden durch Erhitzen mit 1500 Acetessigester 500 eines dunkelgrün gefärbten hochviscosen Harzes erhalten, das erstarrt u. klare harte Filme gibt. (**D. B. P. 918 836** Kl. 39c vom 30/12. 1951, ausg. 7/10. 1954. Anmeldung bekanntgemacht 4/3. 1954.) R. HERBST. 7177

Rohm & Haas Co., Philadelphia, Pa., V. St. A., *Mischpolymerisate* in Perlform erhält man in üblicher Weise aus Vinylanisol u. Butadien, Isopren, Divinylbenzol (I) oder I u. Äthylstyrol. Die Prodd. können chlormethyliert u. dann zu quaternären Ammoniumverbb. umgewandelt werden, die als *Anionenaustauschharze* verwendet werden. — Mengenbeispiele. (**E. P. 718 309** vom 2/5. 1952, ausg. 10/11. 1954. A. Prior. 12/5. 1951.) H. SCHINDLER. 7177

Pittsburgh Plate Glass Co., V. St. A., *Herstellung von Mischpolymerisaten aus Cyclopentadien, ungesättigten trocknenden oder halbtrocknenden Ölen und einer polymerisierbaren ungesättigten Verbindung* (Di-, Trivinylbenzol, Diallylmaleat, -fumarat, -phthalat, -succinat, -adipat, -sebacat, -itaconat, -carbonat, -pimelat, die entsprechenden Methallylester, Diäthylenglykol-bis-[allylcarbonat], Allylacrylat, Vinylacrylat, Äthylenglykoldimethacrylat, Dimethallyläther, Divinyläther). Statt Cyclopentadien kann man dessen niedere Polymere, wie Dicyclopentadien oder Tricyclopentadien, verwenden. Man kann auch Cyclopentadien mit der polymerisierbaren ungesätt. Verb. bis zur Gewinnung eines Mischpolymeren erhitzen u. dann mit dem Öl weitererhitzen. — 492 (Gewichtsteile) Leinöl, 40 einer Divinylbenzollsg. (40% Divinylbenzol in Äthylstyrol) u. 268 Dicyclopentadien werden 2½ Std. bei 277° gehalten. Man verd., gibt Trockner zu u. verwendet für Farben u. Lacke. (**F. P. 1 060 875** vom 13/5. 1952, ausg. 7/4. 1954.) M. PANKOW. 7177

Monsanto Chemical Co., St. Louis, Mo., übert. von: **Gerald R. Barrett**, Winchester, Mass., V. St. A., *Kontinuierliche Polymerisation* unter Verwendung von Lösungsmitteln, welche die Monomeren, aber nicht deren Polymerisate lösen. Nach einem Beispiel wird Styrol mit Maleinsäureanhydrid, gegebenenfalls mit Alkylestern der Maleinsäure, Acrylsäure oder Methacrylsäure zusammen, mischpolymerisiert, wobei als Lösungsm. Bzl., Xylol oder Dichloräthylen dient u. die üblichen Katalysatoren angewendet werden. Tempp. sollen nicht zu hoch sein, um ein Zusammenbacken zu verhindern. Leicht fließendes Pulver zur Verarbeitung auf *Überzüge* für Holz, Metall oder Gewebe. (**A. P. 2 675 370** vom 28/6. 1950, ausg. 13/4. 1954.) H. SCHINDLER. 7177

Allgemeine Elektricitäts-Gesellschaft, Berlin (Erfinder: **Gaetano F. D'Alelio**, Mt. Lebanon, Pa., V. St. A.), *Herstellung hydrolysierter und acetalisierter Polymerisationsprodukte* durch Polymerisation eines Allylesters oder durch gemeinsame Polymerisation eines Vinylesters mit mindestens einer 2fachen Bindefähigkeit u. eines organ. Nitrils, das ebenfalls eine Bindefähigkeit von mindestens 2 besitzt, u. anschließende Hydrolysierung u. Acetalisierung des Polymeren bzw. Mischpolymeren. Die Nachbehandlung erfolgt mit einer eine CO-Gruppe enthaltenden Verb., z. B. einem Keton u./oder Aldehyd, gegebenenfalls unter Zusatz von Stoffen, die mit den Verbb. Zwischenprodd. oder selbst Harze bilden. — Nach den Beispielen werden polymerisiertes Diallylmalonat, -oxalat oder -adipat mit CH_2O, Butyraldehyd oder Methylisopropenylketon bzw. Mischpolymerisate von Vinylacetat u. Acrylsäurenitril mit den genannten Aldehyden oder Aceton oder Chloraceton hydrolysiert u. acetalisiert. — Kunstmassen, Fäden, Isolier- u. Imprägniermittel, Sicherheitsglas, Klebemittel, Lacke. (**D. B. PP. 912 149** Kl. 39c vom 28/6. 1941, ausg. 24/5. 1954. Anmeldung bekanntgemacht 6/8. 1953. A. Prior. 23/7. 1940 u. **912 399** Kl. 39c vom 28/6. 1941, ausg. 28/5. 1954. Anmeldung bekanntgemacht 3/9. 1953. A. Prior. 10/7. 1940.) H. SCHINDLER. 7177

Westinghouse Electric Corp. (Erfinder: **Frank A. Sattler**, Pittsburgh, **Jack Swiss**, Murrysville, und **James G. Ford**, Sharon, Pa., V. St. A.), *Herstellung harzartiger Kondensationsprodukte*, bes. zur *Isolierung von Drähten*, dad. gek., daß man a) 3 bis 4,5 (Mol) wenigstens einer ungesätt. Dicarbonsäure, bes. Maleinsäure, Fumarsäure, Citraconsäure, bzw. deren Anhydrid, b) 0,5—2 wenigstens einer gesätt. aliphat. Dicarbonsäure bzw. deren Anhydrid, mit 2—8 C-Atomen in der Kette zwischen den COOH-Gruppen, die keine weiteren reaktionsfähigen Gruppen besitzen, c) 1,5—4,7 eines prim. Aminoalkohols oder eines Gemisches solcher, das zu mindestens 75 Mol-% einen prim. Aminoalkohol, bes. Monoäthanolamin oder Monoisopropanolamin, u. bis zu 25 Mol-% einen sek. Aminoalkohol, bes. Diäthanolamin, enthält, d) 0—0,6 einer prim. Diaminoverb., bes. Äthylendiamin, Propylendiamin u. Harnstoff, wobei die Summe der Mole des prim. Aminoalkohols (c) u. der prim. Diaminoverb. (d) mindestens 2,2 u. nicht mehr als 4,7 ist, e) 1—2,4 mindestens eines mehrwertigen Alkohols mit 2 bis 8 C-Atomen in der Kette, bes. Glykol, Glycerin u. Pentaerythrit, wobei nicht über 75 Mol-% des mehrwertigen Alkohols mehr als 3 reakt. OH-Gruppen besitzen, miteinander vermischt u. so lange auf ca. 140—210° erhitzt, bis das Reaktionsprod. in 70%ig. Kresollsg. einen Erweichungspunkt von ca. 35—90° besitzt, u. daß man 60 bis 95 (Gewichtsteile) dieses Reaktionsprod. (**A**) mit 5—40 eines Epoxyharzes (**B**) aus einer aromat. Dioxyverb. u. einem Halogenhydrin umsetzt, das ein Polyätherderiv. einer aromat. Dioxyverb. darstellt u. im Durchschnitt mehr als eine Epoxygruppe je Mol. enthält, von Epoxy- u. OH-Gruppen abgesehen, frei von eine Rk. bedingenden Gruppen ist u. in 70%ig. Kresollsg. einen Erweichungspunkt von 40—140° aufweist. Hierbei treibt man die Rk. oberhalb 100° so weit, bis ein Kondensationsprod. entsteht, das in 70%ig. Kresollsg. einen Erweichungspunkt von 27—55° besitzt. **A** entsteht z. B. aus Maleinsäureanhydrid, Adipinsäure, Glycerin u. Äthylendiamin u. **B** z. B. aus 4.4'-Dioxydiphenyl-2.2-propan u. Epichlorhydrin. — Mengenbeispiele. — *Schutzüberzüge.* (**D. B. P. 924 287** Kl. 39c vom 17/5. 1951, ausg. 28/2. 1955. Anmeldung bekanntgemacht 22/7. 1954. **Holl. P. 73 951** vom 12/6. 1951, ausg. 15/1. 1954. Beide A. Prior. 20/6. 1950.) H. SCHINDLER. 7177

Röhm & Haas G. m. b. H. (Erfinder: **Klaus Tessmar**), Darmstadt, *Verbesserung der Eigenschaften von Acrylnitrilmischpolymerisaten*, dad. gek., daß Maleinsäure u./oder ihr Anhydrid in Mengen bis zu 5% vor, während oder nach der Polymerisation zugesetzt wird bzw. werden. Als Ausgangsmaterial kann auch Acrylnitril mit Methacrylsäureestern niederer Alkohole dienen. Herst. von Platten, Formkörpern u. organ. Glas. (**D. B. P. 919 140** Kl. 39b vom 6/12. 1951, ausg. 14/10. 1954. Anmeldung bekanntgemacht 25/6. 1953.) G. SALZMANN. 7181

Celanese Corp. of America, New York, N. Y., übert. von: **Jack Swerdloff**, Bloomfield, und **Samuel B. McFarlane**, Summit, N. J., V. St. A., *Kontinuierliche Herstellung von Polyurethanen* aus Polyaminen [Hexamethylendiamin, 1.4-Di-(3-aminopropoxy)-butan u. a.] u. Bis-chlorameisensäureestern (Umsetzungsprodd. von Diolen mit $COCl_2$). — Beispiel: 35,2 (Teile) Tetramethylendiamin, gelöst in 1000 einer 6,36%ig. wss. Na_2CO_3-Lsg., u. 6 Na-Laurylsulfonat werden mit 86 1.4-Butandiol-bis-chlorameisensäureester, gelöst in 900 Toluol, zusammengerührt u. das Fällungsprod. laufend abgeführt. Ausbeute des mit Aceton u. W. ausgewaschenen Polyurethans 80%. Durch Zugabe einer wss. Netzmittel enthaltenden Pigmentsuspension erhält man Prodd., die nach dem *Schmelzspinnverf.* oder zu *Filmen* u. *Formkörpern* verarbeitet werden können. (**A. P. 2 658 886** vom 6/10. 1951, ausg. 10/11. 1953.) G. SALZMANN. 7181

Röhm & Haas G. m. b. H. (Erfinder: **Walter Bauer** und **Franz Götz**), Darmstadt, *Herstellung höhermolekularer Produkte* aus OH- u. CN-Gruppen von verschied. C-Atomen enthaltenden Verbb., dad. gek., daß solche Verbb., bes. Alkylencyanhydrine, wie Äthylencyanhydrin, gegebenenfalls in Ggw. von Katalysatoren u./oder erhöhtem Druck, auf Tempp. bis 300°, bes. 100—200°, erhitzt werden. Als Katalysatoren können bas. Stoffe, wie Alkalimetalle oder deren Hydroxyde, Alkoholate, Cyanide, organ. Basen, wie Pyridin, Piperidin, bes. in feiner Verteilung, verwendet werden. Die Rk. soll in Ggw. von Verdünnungsmitteln, wie W., oder organ. Lösungsmitteln, wie Ae., Bzl., Ester oder Alkoholen durchgeführt werden. — Mengenbeispiele. — *Zwischenprodd., Textilhilfsmittel, Glycerinersatz, Klebstoffe.* (**D. B. P. 916 980** Kl. 39c vom 10/5. 1944, ausg. 23/8. 1954. Anmeldung bekanntgemacht 21/1. 1954.) H. SCLINDLER. 7181

Badische Anilin- & Soda-Fabrik Akt.-Ges., Ludwigshafen/Rh. (Erfinder: **Paul Schlack**, Bobingen), *Herstellung von stickstoffhaltigen linearen Kondensationsprodukten*, dad. gek., daß man Diisocyanate oder diesen analog reagierende Diurethane, bes. solche, die aromat. oder enol. Hydroxyverbb. esterartig gebunden enthalten, umsetzt mit bifunktionellen Hydroxyl- oder Sulfhydrylverbb., bei denen mindestens keine der funktionellen Gruppen alkoh. Charakter trägt, während die andere in Form einer COOH- oder NH_2- bzw. einer monosubstituierten NH_2-Gruppe vorhanden sein kann. Ferner enthält mindestens eine der in Rk. tretenden Komponenten vorgebildete Amidgruppen (Carbonamid-, Harnstoff-, Sulfonamidgruppen), in denen die Carbonylgruppe mit N oder einem KW-stoffrest verbunden ist. Die OH- oder SH-Verb. kann ein Glykol oder ein Dimercaptan, eine Oxycarbonsäure oder Mercaptocarbonsäure sein, oder sie können den Rest einer zweibas. Carbonsäure, z. B. Oxalsäure, in amidartiger Bindung enthalten. Als Amidgruppen enthaltende Komponenten werden solche verwendet, die sich von Aminoalkoholen, z. B. mit mindestens 3 C-Atomen, ableiten, oder solche, deren vorgebildete Amidgruppen, wenigstens anteilig, Bestandteile heterocycl. Ringe sind. Nach den Beispielen werden folgende Komponenten miteinander kondensiert: symm.-N.N'-Di-(3-oxypropyl)-oxamid u. Hexamethylendiisocyanat (**I**); $\omega.\omega'$-Di-(γ-oxypropyl)-hexamethylen-bis-oxamid u. Hexamethylen-bis-carbamidsäurediphenylester (**II**); N.N'-Bis-(3-oxypropyl)-dioxopiperazin u. Oktamethylendiisocyanat; N.N'-Di-5-oxypentylharnstoff u. Tetramethylendiisocyanat (**III**); ω-Oxycapronylcapronsäure u. **III**; N.N'-Di-γ-oxypropyltrimethylendisulfamid u. Tetramethylen-bis-carbamidsäurediphenylester; $\gamma.\gamma$-Dioxypropyloxamid u. Di-N-propylmethylamin-3.3'-carbamidsäurediphenylester; N.N'-Di-γ-oxypropyläthylendiamin u. **I**; Terephthaloyl-bis-aminopropanol (F. 187°) u. Hexamethylen-bis-carbamidsäurexylenylester; N.N'-ω-Oxypentylnaphthalintetracarbonsäurediimid u. Oktamethylen-bis-carbamid-p-chlorphenylester in Ggw. von Isooctylphenollithium; ε-Amincaproyl-3-aminopropanol u. Tetramethylen-bis-carbamidsäurediphenylester (IV); 3-Mercaptopropyloxamidsäure u. Hexamethylen-bis-carbamidsäure-di-p-kresylester; Sebacinyl-bis-5-aminophthalsäure-γ-oxypropylimid u. Hexamethylen-bis-carbamidsäure-p-chlorphenylester; Dimercaptan (aus 3-Mercaptopropylamin-Na u. Oxalsäurediäthylester) u. II; Diurethan (aus Lysinanhydrid u. Chlorkohlensäurephenylester) u. Dekamethylenglykol; Oxysäure der Formel: $HO \cdot CH_2 \cdot CH_2 \cdot CH_2-N(CH_3)-SO_2-NH-(CH_2)_5 \cdot COOH$ u. IV. — *Fäden, Folien, Filme, Gieß-* u. *Preßmassen, Lacke, Überzüge, Imprägnier-* u. Hilfsmittel für Textil-, Papier- u. Lederindustrie. (**D. B. P. 925 495** Kl. 39c vom 18/5. 1939, ausg. 24/3. 1955. Anmeldung bekanntgemacht 12/8. 1954.) H. SCHINDLER. 7181

Badische Anilin- & Soda-Fabrik Akt.-Ges. (Erfinder: **Wilhem Münster**), Ludwigshafen/Rh., *Alkoxylierung von thermoplastischen Kunststoffen*, die Säureamidgruppen enthalten, dad. gek., daß man Polyamide, Polyurethane oder Mischkondensationsprodd. aus Diaminen, Diolen u. Dicarbonsäuren in gegebenenfalls Aceton, Dioxan oder Tetrahydrofuran enthaltenden Alkylenoxyden bei niedriger Temp. quellen läßt u. dann, gegebenenfalls nach Zufügen weiteren Äthylenoxyds, auf höhere Tempp. erwärmt. (**D. B. P. 913 957** Kl. 39c vom 30/12. 1951, ausg. 24/6. 1954. Anmeldung bekanntgemacht 19/11. 1953.) G. SALZMANN. 7181

AGFA Camera-Werk Akt.-Ges., München, *Balgen für Photoapparate*, bestehend aus einer mit Polyamiden oder Siliconen (1—20 μ) überzogenen Polyurethanschicht. (**E. P. 708 772** vom 19/3. 1952, ausg. 12/5. 1954. D. Prior. 9/6. 1951.) G. SALZMANN. 7181

VEB Filmfabrik Agfa Wolfen, Wolfen, Krs. Bitterfeld (Erfinder: **Wilhelm Brandt,** Dessau, und **Max Hagedorn,** Dessau), *Herstellung von Filmen oder Folien aus Lösungen von synthetischen linearen Hochpolymeren, insbesondere Polyamiden*, dad. gek., daß die Lsgg. bei Tempp. oberhalb des Kp. ihres Lösungsm. zu Folien vergossen werden. Verbesserung der Kältebeständigkeit der Folien. — Man vergießt das Kondensationsprod. aus Hexamethylendiaminadipat u. Caprolactam, das Isododecylphenol als Weichmacher enthält, in Methanol-W. (9 : 1)-Mischung bei 150° u. erhält bei —20° geschmeidige Filme. (**D. P. [DDR] 4 584** Kl. 39b vom 6/11. 1941, ausg. 13/10. 1954 [Wirtschaftspatent].) M. PANKOW. 7181

Dow Corning Corp., übert. von: **John T. Goodwin,** Midland, Mich., V. St. A., *Isoliermaterial* von hoher Temperaturbeständigkeit. Zur Herst. wird Glycerin oder Pentaerythrit mit einer Terephthal- oder Isophthalsäure oder einem Dialkylester dieser Säuren verestert. Das Reaktionsprod. wird mit einem Silan der Formel R_nSiX_{4-n} verarbeitet. Hierin bedeutet R Alkyl-, Aryl- oder Aryloxy-, X Alkoxy- oder Aryloxy- oder Halogen; n liegt zwischen 0 u. 3. (**A. P. 2 686 740** vom 31/5. 1951, ausg. 17/8. 1954.) H. KESSEL. 7189

Celanese Corp. of America, New York, N. Y., übert. von: **Irving Skeist,** Summit, N. J., V. St. A., *Mischpolymerisation von Celluloseestern*, bes. von *Celluloseacetocrotonat*, zusammen mit Diäthylenglykolmaleinat unter Verringerung der Löslichkeit u. Erhöhung des Schmelzpunktes. Die beiden Komponenten werden in gemeinsamer Lsg. oder auch in trockener Mischung verformt, z. B. zu *Filmen* oder *Fäden*, u. auf 60—200° erhitzt, bes. in Ggw. von tert.-Butylperbenzoat. (**A. P. 2 682 513** vom 6/6. 1951, ausg. 29/6. 1954.) K. FABEL. 7199

Celanese Corp. of America, New York, N. Y., V. St. A., *Mischpolymerisate* unter Verwendung von Celluloseestern erhält man durch Rk. von ungesätt. Säureestern (2—5 C-Atome) mit Celluloseestern, die Crotonsäurereste u. andere aliphat. Carbonsäurereste enthalten. Nach den Beispielen werden Celluloseacetatcrotonat mit Diäthylenglykolmaleat in Ggw. von tert.-Butylperbenzoat bei ca. 150° mischpolymerisiert. — Klare *Filme.* (**E. P. 711 669** vom 6/6. 1952, ausg. 7/7. 1954. A. Prior. 6/6. 1951.) H. SCHINDLER. 7199

Lonza Elektrizitätswerke und Chemische Fabriken Akt.-Ges., Basel, Schweiz, *Herstellung von Zellkörpern mit geschlossenen Zellen* aus warmverformbaren Kunststoffen. Ein mit Lösungs- u./oder Weichmachungsmittel hergestelltes Kunststoffpulver wird unter mechan. Druck bzw. in verdichteter Form mit komprimiertem Gas beschickt, die Form unter Aufrechterhaltung des Druckes erwärmt, die M. gelatiniert u. nach Abkühlung expandiert. Statt des Pulvers können andere großoberflächige Gebilde, wie Folien oder Schwammkörper, verwendet werden. Als Kunststoffe können Polyvinylchlorid (I) oder Vinylchloridmischpolymerisate, Acrylharze u. Celluloseester angewandt werden. — 1500 (g) I werden mit 900 Methyläthylketon zu einem lockeren Pulver gemischt, in das 1500 Dioctylphthalat eingerührt werden. 3500 des Pulvers werden mit 375 kg/cm² zusammengepreßt, ein N_2–H_2-Gemisch mit gleichem Druck eingepreßt u.

die M. 100—120 Min. auf 170° erhitzt. Man kühlt ab u. läßt den Körper durch Wiedererwärmen frei expandieren. (**Oe. P. 181 429** vom 19/2. 1952, ausg. 25/3. 1955. Schwz. Prior. 12/12. 1951.) M. PANKOW. 7205

Phillips Petroleum Co., V. St. A., *Preßmassen aus Polysulfonharzen*, wie man sie aus ungesätt. Verbb. (Buten, Isobuten, Penten, Hexen, Butadien, Styrol, Vinylacetylen, Vinylhalogenid) mit SO_2 in Emulsion erhält. Man mischt die Emulsion mit 1—40% (auf Trockensubstanz berechnet) des Emulsionspolymerisats eines Arylolefins u. oder konjugierten Diolefins u. koaguliert gemeinsam mit Methanol u./oder Salzlösung. — Man rührt 46,7 (Gewichtsteile) 1-Buten, 83,3 SO_2, 4,9 Na-Di-sek.-butylnaphthalinsulfonat, 0,5 $LiNO_3$ u. 180 W. 1½ Std. u. verjagt das nicht umgesetzte Ausgangsmaterial. Man polymerisiert 30 Styrol, 70 Butadien, 5 Seife, 0,5 Dodecylmercaptan, 0,3 $K_2S_2O_8$ u. 180 W. 24 Std. bei 50°. Die erste Emulsion wird mit 25%ig. NaOH auf p_H 9 gestellt u. mit der zweiten im Verhältnis 9 : 1 versetzt, mit Methanol bis kurz vor der Koagulation vermischt u. mit 25%ig. NaCl koaguliert. Man wäscht u. trocknet das Koagulat u. verpreßt bei 110° u. 70 kg/cm². (**F. P. 1 059 051** vom 11/4. 1952, ausg. 22/3. 1954.) M. PANKOW. 7205

Allgemeine Elektricitäts-Gesellschaft, Berlin (Erfinder: **Henry A. Letteron**, Schenectady, N. Y., V. St. A.), *Lackseide, Lackgewebe, Lackpapier und dergleichen*, dad. gek., daß der wesentliche Anteil der Lackschicht aus einem mit 50—85 Gewichtsteilen Öl modifizierten Alkydharz besteht u. der zur Modifizierung dienende ölige Bestandteil eine JZ <90 hat. — Z. B. werden 59,5 (Teile) Cocosnußöl, 16,6 Glycerin u. 0,3 CaO 1 Std. auf 250° erhitzt, wonach auf 190° abgekühlt wird u. sodann 23,6 Maleinsäureanhydrid hinzugegeben werden u. die Erwärmung fortgesetzt wird, bis die SZ. ca. 8 beträgt. Das erhaltene Harz wird mit Lackbenzin zum Bestreichen von Geweben, auch Glasgeweben, Papier u. Metallfolien, verd.; nach Härten in der Wärme bildet der Aufstrich trockne, feste, zähe u. klebkräftige Filme. (**D. B. P. 880 441** Kl. 8 l vom 29/11. 1940, ausg. 11/10. 1954. Anmeldung bekanntgemacht 7/8. 1952.) R. HERBST. 7205

XIII. Ätherische Öle. Parfümerie. Kosmetik.

M. I. Gorjajew, I. M. Schabanow und **L. A. Ignatowa**, *Untersuchung des ätherischen Öles von Artemisia Macrosciadia P. Pol.* (Vgl. C. **1955.** 4471.) Das erstmalig untersuchte äther. Öl aus Artemisia macrosciadia enthält 46% *Cineol* u. 35% *Campher*. Es enthält geringe Mengen verschied. organ. Säuren, von denen mit Bestimmtheit nur *Essigsäure* nachgewiesen werden kann. Die Natur der die Grundfärbung des Öls verursachenden Stoffe konnte nicht festgestellt werden. Die höheren Fraktionen enthalten geringe Mengen an azulenbildenden *Sesquiterpenen*, welche eine positive SABETAY-Rk. mit Br_2 in Chlf. zeigen. Bei ihrer Dehydrierung mit Se entstehen blaugefärbte *Azulene*. Die Pikrate der Azulene haben den F. ~125°. (Журнал Прикладной Химии [J. angew. Chem.] **27.** 115—17. Jan. 1954.) O. POLLAK V. EMHOFEN. 7262

Ignacio Ribas-Marqués, *Der Kork und die Parfümindustrie*. Überblick über die Bedeutung des Korks als Rohstoff für die Parfümindustrie. — 14 Literaturhinweise. (Ind. Parfumerie **7.** 265—68. Sept. 1952. Santiago de Compostella, Fac. des Sci.) M. WINIKER. 7276

Fritz Ohl, *Duft- und aromafeste Verpackungsmittel*. Allg. Ausführungen. (Seifen-Öle-Fette-Wachse **79.** 333—36. 24/6. 1953.) M. WINIKER. 7284

J. J. Zeehuisen, *Einige Bemerkungen zur Vanillin–Chlorwasserstoffsäure-Reaktion nach Rosenthaler und ihre Anwendung bei der Untersuchung ätherischer Öle*. Die Farb-Rkk. auf Ketone mit Vanillin–HCl-Lsg. (I) nach ROSENTHALER (Z. analyt. Chem. **44.** [1905.] 292) wurde systemat. mit Aldehyden, Ketonen, Alkoholen u. Oxyterpenen durchgeführt, um die Möglichkeit ihrer Anwendung bei der Charakterisierung frischer oder alter Citronellöle zu prüfen. Die Prüfung mit I als auch mit Anisaldehyd- u. Salicylaldehyd–HCl-Lsg. ergab, daß ihr Wert begrenzt ist, da eine große Zahl Farb-Rkk. auch mit Alkoholen auftritt, u. daß nur vorherige sorgfältige Trennung in Aldehyd-, Keton- u. Alkoholfraktionen brauchbare Resultate ergibt. (J. sci. Res. Indonesia **2.** Nr. 1. 24—26. Sept. 1953. Bogor, Java, Labor. for chem. Res.) H. MÜHLMEISTER. 7286

XIV. Zucker. Kohlenhydrate. Stärke.

A. P. Ponomarenko, *Aus einem Versuch zur Vergrößerung der Siebfläche in Diffuseuren großer Kapazität*. Vf. empfiehlt die Anbringung zentraler Kreuzsiebe. (Сахарная Промышленность [Zucker-Ind.] **27.** Nr. 3. 35—37. März 1953. Stalin-Zuckerfabrik.) H. SCHMEISS. 7412

G. W. Jereschtschenko, *Verbesserung der Sulfitierung*. Vf. schlägt eine Vorr. zur Erhöhung der Kapazität des Sulfitofens auf das Doppelte vor. Dadurch wird eine

Sulfitierung des Sirups bis zur Alkalität 0,005% CaO möglich. (Сахарная Промышленность [Zucker-Ind.] **26.** Nr. 7. 33—34. Juli 1952. Taldy-Kurgan, Zucker-Fabrik.) M. GORDIENKO. 7412

P. M. Ssilin und **N. P. Ssilina,** *Die wahre Übersättigung bei der Kristallisation der Füllmasse des zweiten Produktes.* Bei der Kristallisation der letzten Füllmasse soll nach allg. Ansicht die Kristallabscheidung hinter der Abkühlung zurückbleiben, wodurch die Gefahr der Bldg. von Kristallmehl auftritt. Vff. stellten Tabellen für den Sättigungskoeff. der Melasse verschied. Werke auf u. untersuchten auch die Übersättigung. Es zeigte sich, daß nur bei Abkühlung der Füllmasse auf 25—30° u. deren geringer Reinheit eine Übersättigung auftritt. Die Laboratoriumsunterss. wurden in einigen Werken überprüft, wobei die Ergebnisse vollauf bestätigt wurden. Die Kristallisationsgeschwindigkeit hält demnach mit derjenigen der Abkühlung Schritt. (Сахарная Промышленность [Zucker-Ind.] **27.** Nr. 6. 4—9. Juni 1953. Moskau, Technol. Inst. der Nahrungsmittel-Ind.) A. ECKE. 7416

S. M. Weisberg, *Neuere Fortschritte in der Herstellung und Verwendung von Lactose: Eine Übersicht.* Übersicht über die Bedeutung der *Lactose* (**I**) als Futtermittelzusatz in Form von Trockenmolken, über ihre Aufgabe bei der Penicillingewinnung, über die Entw. von I-Derivv. u. Hinweise auf Verbesserungsmöglichkeiten der I-Produktion durch Ionenaustausch- u. Extraktionsmethoden. — 43 Literaturangaben. (J. Dairy Sci. **37.** 1106—15. Sept. 1954. Oakdale, Long Island, N. Y., Nat. Dairy Res. Labor.) F. KRUSEN. 7444

R. I. Goldfarb, P. L. Danilenko und **W. G. Naumenko,** *Zur Bestimmung des Saccharosegehaltes in Rübenmelasse.* Zur polarimetr. Best. des Saccharose (**I**)-Geh. in Rübenmelasse werden Versuchsergebnisse gebracht, aus denen sich ergibt, daß ein Einfl. der Volumenverminderung des fl. Anteils auf das Ergebnis durch Ausscheidung eines Nd. bei Zusatz von Klärmitteln nicht befürchtet zu werden braucht, da eine etwa gleich große Adsorption von I diesen Einfl. annähernd kompensiert, so daß die I-Best. nach der Immersionsmeth. bei Benutzung der Konstante von HERLES Volumenkorrekturen nicht erfordert, vorausgesetzt, daß die Filtration nach Zusatz von Klärmitteln nicht sofort, sondern nach ca. ½ Std. erfolgt. (Спиртовая Промышленность [Spirituosen-Ind.] **20.** Nr. 4. 11—12. 1954.) A. v. WILPERT. 7476

XV. Gärungsindustrie.

W. A. Berg, *Das Redoxpotential während der Weintraubenreifung.* Mit fortschreitender Reifung der Weintraube fällt das Redoxpotential des Mostes bis zum Zeitpunkt der technolog. Reife, intensiver bei rasch reifenden Weinsorten als bei langsam reifenden. Bes. rasch fällt das Redoxpotential im Laufe der **3.** u. **4.** Woche vom Beginn der Reifung. (Виноделие и Виноградарство СССР [Weinbereit. Weinbau UdSSR] **18.** Nr. 8. 13—15. Aug. 1953. Mittelasiat. Filiale des Inst. „Magaratsch".) M. GORDIENKO. 7552

O. Ss. Schmollowa, *Stickstoffhaltige Stoffe in der Traubenmaische.* Vf. berichtet über die Ergebnisse der Best. von *Gesamt-N* (**I**), *Amino-N* (**II**) u. *Eiweiß-N* (**III**) in zahlreichen Traubensorten während verschied. Stadien der Reifung in den Jahren 1951 u. 1952. Während der technolog. Reife betrug der Geh. an I in der Traube 0,430—0,910, an **II** 0,280—0,426, an **III** 0,022—0,060 g/Liter. Der N-Geh. des Mostes war stark abhängig von der Bodendüngung: 0,750 g/Liter I ungedüngt gegenüber 1,08 g/Liter I bei 120 kg/ha N-Düngung. (Виноделие и Виноградарство СССР [Weinbereit. Weinbau UdSSR] **13.** Nr. 7. 13—15. Juli 1953. Mittelasiat. Filiale des Magaratsch-Inst.) H. SCHMEISS. 7552

Suzanne Lafourcade, *Technik zur Untersuchung der Hefetätigkeit bei der alkoholischen Gärung von Traubenmost.* Angaben über die Technik der Zählung der gesamten u. lebenden Hefezellen während der Gärung mit u. ohne Luftzutritt. Wiedergabe der dabei erhaltenen Kurven. Einfl. von Aktivatoren: $(NH_4)_2SO_4$, Vitamin B_1 u. bes. Extrakt aus Aspergillus-Mycel, sowie von SO_2 u. der Erwärmung bis auf 45°. Durch letztere wird sofort die Vermehrungsfähigkeit der Hefe aufgehoben. 100—350 mg/Liter SO_2 wirken langsamer, vermutlich als Narcoticum durch Blockierung der Enzyme, u. verursachen erhöhte Aldehydbildung. Im Hinblick auf ihren Lebenszustand werden 4 Gruppen von Hefen unterschieden: 1. n. lebende Hefe, die innerhalb 48 Std. auf festem Nährboden (Petrischalen) Kolonien bildet, 2. lebende Hefe mit verlangsamten Lebensfunktionen, die erst nach 8 Tagen Kolonien bildet, 3. lebende Hefe, die erst nach Lüftung wieder zu sprossen vermag, 4. tote u. autolysierende Hefe. (Ind. agric. aliment. **71.** 15—21. Jan. 1954. Bordeaux, Stat. Agron. et Oenolog.) E. KIELHÖFER. 7554

M. Anquez, *Die Kälte, ein Faktor zur Stabilisierung von Flüssigkeiten. Ein Beispiel: Die Stabilisierung des Weines durch Kälte.* Die Stabilisierung des Weines durch

Kälte betrifft hauptsächlich die nachträgliche Verhinderung der Weinsteinausscheidung. Angaben über die Löslichkeit von Weinstein in W. u. in 10,5%ig. A. bei verschied. Temperaturen. Bei den zur Unterkühlung des Weines benutzten Apparaturen (Abb.) kommt es, um eine Übersättigung zu vermeiden, auf schnelle Abkühlung an (auf ca. -4^0 bei einem Wein von 10 Vol.-% A.). Die Temp. soll 6—10 Tage beibehalten werden, bei geringwertigen Weinen bis zu 3 Wochen, wodurch hierbei auch eine deutliche Qualitätsverbesserung erzielt wird. Alsdann wird bei -2 bis -3^0 filtriert. (Ind. agric. aliment. **71.** 41—46. Jan. 1954. Ministère de l'Agricult., Serv. du Froid.)
E. KIELHÖFER. 7554

G. I. Shurawski, *Submerse Gärung zur Gewinnung der Citronensäure mit Hilfe von Pilzen der Art Aspergillus.* Für *Aspergillus niger* u. *A. Wentii* wird ein Spezialnährboden B–B_2 gefunden, der Wachstum u. Vermehrung des gegen Säurebldg. aktivsten getauchten Mycels u. Lenkung des Prozesses auf die Citronensäure (I)-Synth. sichert. Der Nährboden enthält 1,00 (g) Harnstoff (II), 0,80 NH_4Cl, 0,16 KH_2PO_4 (III), 0,075 KCl, 0,50 $MgSO_4 \cdot 7\,H_2O$, 0,02 $MnSO_4 \cdot 7\,H_2O$, 0,01 $ZnSO_4 \cdot 7\,H_2O$, 150,0 Zucker je Liter. Mit HCl wird auf p_H 4,5—5,5 eingestellt. Entscheidend ist der Geh. an N u. P, die das Synthesevermögen des Mycels u. die Art der gebildeten Säuren bestimmen. Die **III**-Abnahme führt zur Synth. von Gluconsäure (**IV**), die **III**-Zunahme oberhalb des Optimums zur geringeren Bldg. von **I** u. titrierbarer Gesamtsäure. Durch 0,28 g **III**-Überschuß nimmt die **I**-Ausbeute um 70% ab. Mit B–B_2-Nährboden ist die **I**-Ausbeute 1,5—2mal größer als mit dem von WAKSMAN u. KAROW. Im letzteren werden entgegen der Behauptung der genannten Vff. wegen der P-Armut neben **I** auch 40—50% **IV** synthetisiert. Durch **III**-Erhöhung auf 0,12—0,16 g/Liter kann der **I**-Geh. zwar auf 90% erhöht, der Prozeß jedoch nicht genügend intensiviert werden. Die verschied. in der Literatur beschriebenen Nährböden erweisen sich für die **I**-Synth. durch eingetauchtes Mycel als unbrauchbar. Die gleichzeitige Ggw. von **II** u. anorgan. N sichert sofort eine intensive Mycelernährung. Durch starke Verminderung von **III** u. Ausschluß von mineral. N kann eine n. Konidienbldg. bei dem in den Nährboden getauchten aeroben Organismus erzielt werden. Dadurch wird die gelenkte Anpassung der Aspergillusarten an die Tiefenbldg. von **I** aussichtsreich. In der 10 Liter-Gärlsg. wurde eine **I**-Ausbeute von 50 bis 55 g/Liter Ausgangslsg. erzielt, auf einem 110 Liter-B–B_2-Nährboden wurden in 9 Tagen 4,4 kg **I** (40 kg/m^3) gewonnen. (Доклады Академии Наук СССР [Ber. Akad. Wiss. UdSSR] [N. S.] **80.** 797—800. 11/10. 1951. Leningrad, Allunions Wiss. Forschungsinst. für Konditorind. u. Leningrader Citronensäurefabrik.) O. LEBTAG. 7578

A. W. Korotkewitsch, *Eine Analysenmethode für Eichenholz.* Zur Best. der durch alkoholhaltige Lsgg. aus Eichenholzbehältern bei Lagerung extrahierten Stoffe, die sich nachher im Weinbrand vorfinden, empfiehlt Vf., 2,5 g Eichenholzspäne wiederholt mit je 50 ml dest. W. je 3 Min. zu sd. u. durch eine Nutsche abzugießen, bis die Menge 500 ml beträgt. Dann wird filtriert u. getrennt bestimmt: Färbung, Tannide (indigometr.), fester Rückstand, Asche, Vanillin u. Gesamt-N. (Виноделие и Виноградарство СССР [Weinbereit. Weinbau UdSSR] **12.** Nr. 3. 47—48. März 1952. Mittelasiat. Zweigstelle des Inst. „Magaratsch".) A. v. WILPERT. 7596

Je. M. Pridorogina, *Verbesserung der Methode zur Bestimmung der Stärke von Weinbrand und Weinbrandspriten.* Es wurden Vergleichsbestimmungen des Alkoholgeh. mit einem metall., einem Glasalkoholmeter u. einem Pyknometer durchgeführt. Alle 3 Bestimmungen zeigten eine genügende Übereinstimmung. Jedoch wird der metall. Alkoholmeter bald korrodiert u. verliert seine Zuverlässigkeit. Die Werte gehen hier bis zu 0,4 Vol.-% auseinander. Die Best. erfolgte wie üblich nach dem Abdest. des A., wobei die Prüf-Fl. nicht mit W. im Verhältnis 1 : 1 verd. werden darf, da hierbei die bekannte Kontraktion erfolgt. (Виноделие и Виноградарство СССР [Weinbereit. Weinbau UdSSR] **12.** Nr. 4. 30—31. April 1952.) A. v. WILPERT. 7596

XVI. Nahrungs-, Genuß- und Futtermittel.

A. A. Minch, *Fluor in Nahrungsmitteln.* Aus den Unterss. über den *F*-Geh. (in mg je 100 g Frischsubstanz) von Getreidearten (0,14—0,36), verschied. Gemüse (0,02—0,05), Kartoffeln (0,03—0,04) u. Knoblauch (0,15) wird geschlossen, daß unter Berücksichtigung des F-Geh. der tier. Nahrungsmittel die vom Menschen täglich mit der Nahrung aufgenommene F-Menge ca. 1 mg beträgt. Der F-Geh. der Nahrungsmittel ist von Bedeutung für die Entstehung der Fluorose u. die Cariesverhütung, wenn das W. wenig F enthält. (Стоматология [Stomatologie] **1953.** Nr. 2. 5—8. März/April. Moskau, Med. Stomatol. Inst., Lehrstuhl für Hyg.) A. v. WILPERT. 7630

A. I. Juditzkaja und **W. W. Koltschew,** *Zur Frage des Chemismus der Gewinnung eines Eiweißpräparates vom Stör.* Bei der Behandlung von zerkleinertem Störfleisch mit 0,5%ig. Essigsäure bei 60—65° erfolgt in der Hauptsache Auflsg. des Kollagens, während bei der anschließenden Behandlung der durch A. entfetteten M. mit 1,8%ig. NaOH bei 65° hauptsächlich Albuminate gebildet werden u. geringfügige Eiweißhydrolyse eintritt. (Рыбное Хозяйство [Fischerei-Wirtsch.] **29.** Nr. 6. 57—59. Juni 1953.) H. SCHMEISS. 7646

Helen T. Ness, Echo L. Price und **Helen T. Parsons,** *Die Resorbierbarkeit von Thiamin in Trockenhefen.* Die beiden B-Vitamine Thiamin u. Riboflavin sind nicht in der frischen Hefe, sondern erst in der Trockenhefe nach Abtötung der Hefezellen vom menschlichen Organismus resorbierbar, was durch die handelsübliche Aufbereitung der Hefe geschieht. (Trans. Wisconsin Acad. Sci., Arts Letters **40.** 267. 1950. Wisconsin Agric. Exp. Stat.) W. GRÜTZ. 7646

Ricardo Bressani, Andrés A. Campos, Robert L. Squibb und **Nevin S. Scrimshaw,** *Nährwert von zentralamerikanischem Mais.* 4. Mitt. *Der Carotingehalt von 32 Proben von Guatemala-Mais.* (3. vgl. AGUIRRE u. Mitarbeiter, C. **1954.** 3048.) In 17 Gelbmaisproben aus 2 Gegenden Guatemalas fanden Vff. 0,115 bzw. 0,157 mg%, in 15 Weißmaisproben 0,033 bzw. 0,014 mg% *β-Carotin* (I). Eine Varietät, Tiquisate Goldgelb, hatte im Flachland 0,33, im Hochland 0,18 mg% **I**. Die nach colorimetr. Best. 0,33 mg% enthaltende Probe zeigte im Kükenwachstumstest *Vitamin-A* (**II**)-Aktivitäten von 0,50 u. 0,62 mg%. Die I-Best. erfaßt also nur einen Teil der **II**-Aktivität, die zum anderen Teil hauptsächlich durch *Kryptoxanthol* geliefert werden dürfte. (Food Res. **18.** 618—24. Nov./Dez. 1953. Panama, Inst. de Nutr. de Centro América; Guatamala, Inst. Agropecuario Nacional, u. Panamerican Sanitary Bur.) F. KRUSEN. 7664

B. D. Hites, R. M. Sandstedt und **Lorene Schaumburg,** *Untersuchung über die proteolytische Aktivität in Weizenmehlteigen und Suspensionen.* 3. Mitt. *Die falsche Definition der Mehlproteasen als Papainasen.* (2. vgl. C. **1951.** II. 2960.) Die proteolyt. Enzyme der Weizenmehle werden durch reduzierende Agentien nicht aktiviert oder durch oxydierende Agentien auch nicht inaktiviert. Sie gehören demnach nicht zu den Papainasen. Physikal. Änderungen der Teigeigg., die auf chem. Veränderungen der Mehlproteine schließen lassen, können nicht durch mehleigene Enzyme, sondern nur durch fremdes Material verursacht werden. (Cereal Chem. **30.** 404—12. Sept. 1953. Lincoln, Nebr., Nebraska State Capitol, Dep. of Agricult. and Inspect.) H. HAEVECKER. 7670

C. J. Wensveen und **W. H. G. Wiebols,** *Das Backen von aufgegangenem Roggenbrot (Brabanter Roggenbrot) mit Milchsäure.* Die Sauerteigwrkg., d. h. das umständliche Sauerteigverf., kann dadurch ersetzt werden, daß man dem Teig Milchsäure zusetzt. Diese Arbeitsweise ist einfacher, wirksamer, sicherer u. sauberer als das Sauerteigverfahren. (Bakkerswereld **14.** 872. 1953/54. Sep. Wageningen, Centr. Inst. voor Voedingsonderzoek, T. N. O. Afedling Graan-, Meel- en Broodonderzoek.) W. WESLY. 7674

K. A. Akopjan, *Über die chemische Zusammensetzung von Fruchtkernen, die als Rohstoff für Konditoreiwaren dienen.* Auf Grund der Analyse von Walnuß- (10 Sorten), Erdnuß- (16 Sorten), Mandel- (9 Sorten) u. 10 Sorten von Aprikosenkernen (die zum Ersatz von Mandeln dienen können) werden die an Fett u. Eiweißstoffen reichsten Sorten empfohlen. (Известия Академии Наук Армянской ССР, Биологические и Сельскохозяйственные Науки [Nachr. Akad. Wiss. ArmenSSR, biol. landwirtsch. Wiss.] **7.** Nr. 11. 75—81. Nov. 1954.) M. GORDIENKO. 7674

S. I. Ljubtschanskaja, *Fett für das Konditorgewerbe.* Einige Kompositionen aus gehärtetem Sonnenblumenöl oder Waltran, Puderzucker u. Kakaopulver. (Маслобойно-Жировая Промышленность [Öl- u. Fett-Ind.] **18.** Nr. 8. 28. Aug. 1953. Hauptverwalt. für Pflanzenfette.) H. SCHMEISS. 7674

Georg Borgström, *Die Gaslagerung von Obst und Beeren.* Übersicht über die Vor- u. Nachteile der Lagerung von Obst in einer Atmosphäre mit erhöhtem CO_2-Gehalt. — 126 Literaturangaben. (Kungl. Lantbruksakad. Tidskr. **90.** 49—69. 1951. Göteborg, Svenska inst. för konserveringsforskning.) S. BECKMANN. 7688

Carlos A. Grau, und **Ovidio A. Valenciano,** *Der Ascorbinsäuregehalt als Kontrolle der Herstellung von Konserven.* (Vorl. Mitt.) An verschied. Konserven (Erbsen, Mais, Artischocken, Bohnen, Spargel, Pfirsich, Ananas) wird festgestellt, daß bei der Fl. die Werte der jodometr. Titration höher sind als die mit 2.6-Dichlorphenolindophenol erhaltenen, beim abgetropften festen Inhalt umgekehrt; trotzdem besteht zwischen beiden Ergebnissen eine ziemlich konstante Beziehung. Beide Methoden erscheinen geeignet für die Prüfung der Konserven. (Ind. y Quim. **16.** 149—51. Mai 1954.) R. K. MÜLLER. 7690

Peter Amend, *Das physikalische Verhalten der Körperfette bei Schafen verschiedenen Alters, zugleich ein Beitrag zur objektiven Qualitätsbeurteilung von Schaffleisch.* Vf. konnte nachweisen, daß der F. u. Erstarrungspunkt des Fettes von Schafen mit zunehmendem Alter der Tiere ansteigt. Bei einzelnen Tieren steigen die Werte vom Fleischüber Netz- zum Nierenfett hin an. (Züchtungskunde **25.** 258—66. Mai 1954. Göttingen, Univ., Inst. für Tierzucht u. Milchwirtschaft.) F. KRUSEN. 7750

W. W. Motschalin, *Erfahrungen in der Verwendung von Polyvinylchlorid-Faßeinlagen.* Allg. über Fischverpackung. (Рыбное Хозяйство [Fischerei-Wirtsch.] **28.** Nr. 7. 52. Juli 1952. Sachalin-Fisch-Hauptverwalt.) H. SCHMEISS. 7752

O. J. Cotterill und **A. W. Nordskog,** *Der Einfluß von Ammoniak auf die Qualität von Eiklar.* Zusätze von 0,00—2,00 cm^3 *NH_4OH* (2,8% NH_3) zur Lagerluft von Eiern bewirkte im gleichen Sinne abnehmende Qualität des Eiklars, gemessen in HAUGH-Einheiten, verbunden mit Erhöhung der Lichtdurchlässigkeit u. des p_H-Wertes. Weitere Verss. sollen zeigen, welche prakt. Bedeutung dem niedrigeren, aber konstanten Ammoniakgeh. der Luft von Legehäusern in dieser Hinsicht zukommt. (Poultry Sci. **33.** 432—34. März 1954. Ames, Io., State Coll., Dep. of Poultry Husbandry.) F. KRUSEN. 7754

Arthur H. Smith, Wilbor O. Wilson und **J. Gayley Brown,** *Zusammensetzung der Eier von Hennen, die unter kontrollierten Umweltsbedingungen gehalten wurden.* (Poultry Sci. **33.** 898—908. Sept. 1954. Davis, Calif., Univ. of California, Coll. of Agric.) H. PATZSCH. 7754

A. F. Laguta, *Der Einfluß von Zuckerrüben auf den Fettgehalt der Milch.* Der Respirationskoeff. im arteriellen u. venösen Blut lactierender Tiere ist wesentlich höher als 1, ein Zeichen für den Übergang der Kohlenhydrate in Fett. Es wurde der Einfl. eines erhöhten Geh. an leicht lösl. Kohlenhydraten auf die Milchfettmenge bei gleichem Geh. an Trockenmasse, Protein u. Mineralstoff untersucht. Es wurden Futterrüben (I) durch eine bzgl. Trockenmasse gleiche Menge Zuckerrüben (II) ersetzt u. umgekehrt. Dabei ergab sich, daß bei frisch lactierenden Kühen die tägliche Milchmenge von 17,8 kg bei I auf 20,1 kg bei II anstieg bzw. bei umgekehrtem Vorgehen von 21,6 auf 21,0 kg abfiel. Der Fettgeh. stieg von 3,81 auf 4,05% bzw. fiel von 4,29 auf 4,04%. Die Gesamtfettmenge pro Tag stieg um 12,1 bzw. fiel um 18,5%. Bei altmelken Tieren war ebenfalls ein Steigen bzw. Fallen des Fettgeh. beim Übergang von I auf II u. umgekehrt zu beobachten, die Unterschiede in der Gesamtfettmenge wurden aber teilweise durch das allmähliche Nachlassen der Milchleistung überlagert. Die Fütterung von II statt I wirkte sich auch dahin aus, daß die Zahl der Fettkügelchen um 18% anstieg, ihr Durchmesser um 9—19% kleiner wurde. Es wird eine Gabe von 30—45 kg II pro Kuh u. Tag empfohlen. (Животноводство [Tierzucht] **1953.** Nr. 6. 36—43. Nov.) W. SCHMELZ. 7756

J. W. Thomas, D. V. Copland, E. A. Keyes, A. G. van Horn und **L. A. Moore,** *Die Wirkung kurzfristiger Thyroproteinfütterung an Milchkühe auf Wirtschaftlichkeit und Leistung der Milchproduktion.* Milchkühe, die 60 Tage lang täglich 15 g *Thyroprotein* (*jodiertes Casein*) zum n. Futter erhielten, zeigten eine um durchschnittlich 20% erhöhte Milchproduktion u. einen erhöhten Fettgeh. der Milch, bei sehr starken individuellen Schwankungen. Die zusätzliche Leistung erforderte Beifütterung von Getreide, trotzdem kam es zu wesentlichen Gewichtsabnahmen der Versuchstiere. Nach Ende der Verss. kam es bei Übergang zu n. Fütterung außer bei Weidegang zu Milchleistungen, die unter dem Durchschnitt vor Versuchsbeginn lagen, so daß der Wert der Verss. fraglich erscheint. (J. Dairy Sci. **37.** 877—88. Juli 1954. Washington, D. C., USDA, Dairy Husbandry Res. Branch.) F. KRUSEN. 7756

A. Kern, *Schafmilch in Israel.* (Vgl. C. **1955.** 4956.) Mitteilung folgender Analysendaten von Schafmilch: Fett, Fettkennzahlen, Casein, Lactose, Mineralstoffe u. speziell Cl, fettfreie Trockensubstanz (I), Säuregrad, Gefrierpunktserniedrigung, D.; Angaben über Zus. von Serum u. Colostrum; Vgl. der Kennzahlen mit denen von Kuh- u. Ziegenmilch. Zur Berechnung von I ist bei Schafmilch folgende abgeänderte FLEISCHMANNsche Formel anzuwenden: $I = {}^1/_4\ D + {}^1/_5$ (% Fettgeh.) — 0,15. (Lait **34.** 257—76. Mai/Juni 1954.) R. WOLLER. 7756

W. Glasatschew, *Über die Technologie des Acidophilins.* Das nach dem üblichen Verf. durch Säuerung bei 18—25° hergestellte *Acidophilin* entspricht nicht den Anforderungen, weil es neben viel Milchsäurestreptokokken u. ca. 1% Hefe nur 2—5% acidophile Stäbchen enthält. Zur Beseitigung dieser Nachteile wird vorgeschlagen, die Säuerung bei 35—36° durchzuführen. Bei Verwendung von größeren Mengen an Acidophilwecker ist die Temp. auf 40—42° zu erhöhen. (Молочная Промышленность [Milch-Ind.] **16.** Nr. 1. 16. 1955. Wologda, Milch-Inst.) R. RICHTER. 7756

Victor Nelson, *Wirkungen von Formaldehyd und Kupfersalzen auf die Hitzestabilität von evaporierter Milch.* Die Hitzestabilität von auf 27% Trockensubstanz eingeengter Milch wird durch *Formaldehyd* (I) in sehr kleinen Mengen verringert, in größeren jedoch deutlich erhöht, wobei ein maximaler Effekt mit der I-Menge erzielt wird, die bei der Formoltitration zur Bindung der freien Aminosäuren benötigt wird. Die destabilisierende Wrkg. bei kleinen I-Mengen wird durch Zusatz von 1—8 p.p.m. Cu als $CuSO_4$ vermindert, die stabilisierende Wrkg. größerer Mengen dagegen kaum beeinflußt, was bes. deutlich wird, wenn es nach der Vorerhitzung der Milch zugesetzt wird. Da I schon in geringen Mengen die Freisetzung von flüchtigem S aus der Milch stark vermindert, diskutiert Vf. die Möglichkeit der Beeinflussung der Hitzestabilität von evaporierter Milch durch SH- u. S-Gruppen. (J. Dairy Sci. **37.** 825—29. Juli **1954.** San José, Calif., Food Machinery and Chem. Corp.) F. KRUSEN. 7756

W. C. van der Zant und **F. E. Nelson,** *Aminosäuren und Peptide in der proteinfreien Milchfraktion vor und nach Incubation mit Streptococcus lactis.* Die Hydrolyse von Milchproteinen durch *Streptococcus lactis* wurde bestätigt. Während in n. proteinfreien Milchfraktionen *Alanin, Glutaminsäure, Glycin, Leucine* u. *Valin* sowie 3 Peptide nachweisbar waren, fanden sich nach 96std. Incubation mit Str. lactis diese Aminosäuren in erhöhter Menge; darüber hinaus waren *Lysin, Phenylalanin, Prolin, Serin, Threonin, Thyrosin* u. wenig *Asparaginsäure* u. 6 Peptide vorhanden. (J. Dairy Sci. **37.** 790—94. Juli 1954. Ames, Io., Agric. Exp. Stat., Dairy Ind. Sect.) F. KRUSEN. 7756

I. I. Tschernow, *Hygienische Bewertung von in Betrieben in Charkow hergestelltem Speiseeis.* Bei den untersuchten Proben von Speiseeis wird die Acidität, der Geh. an Fett, Zucker u. Trockensubstanz geprüft, ferner der bakteriolog. u. organolept. Befund erhoben. Alle Befunde entsprechen der Norm. Für diese wird eine Revision der GOST-(Allunions-Standard-) Vorschriften im Sinne einer Herabsetzung des zulässigen Mikrobenbefalls auf 150000—200000 Bakterien je cm^3 vorgeschlagen. (Гигиена и Санитария [Hyg. u. Sanitätswes.] **1953.** Nr. 11. 31—35. Nov. Charkow, Sanit.-Epidemiol. Stat.) R. K. MÜLLER. 7756

R. Dawidow und **W. Arisstowa,** *Einfluß der Futterrationen von Kühen auf die Eigenschaften des Milchfettes und die Qualität der Butter.* Durch Zugabe von 2,5 kg Ölkuchen (a) pro Kuh u. Tag kann eine Steigerung der durchschnittlichen n. Milchmenge auf 105,6 u. der Tagesfettmenge auf 107,6% erreicht werden; bei 5 kg Ölkuchen (b) sind die entsprechenden Zahlen 111,1 u. 112,4%. Zugleich macht sich aber eine Verlängerung des Butterungsprozesses, weicheres Korn, gelbere Farbe u. stark verringerte Viscosität der Butter bemerkbar [nach (b) ausgeprägter als nach (a)]. Chem. Veränderungen im Fett äußern sich in einer Erhöhung des Säuregrades, des Anteils an flüchtigen Fettsäuren u. der JZ. sowie in einer Erniedrigung der VZ., physikal. in einem erhöhten Refraktometerwert u. erniedrigtem F. u. Erstarrungspunkt. Die organolept. Bewertung der Butter nach Geruch, Geschmack u. Konsistenz zeigt bei (a) keinen, bei (b) einen deutlichen Abfall. Die Peroxydzahl nach 8std. Erhitzen auf 102° ist nach (a) 1,65mal, nach (b) 2,35mal höher als bei Fütterung ohne Ölkuchen. Dementsprechend ist die Haltbarkeit nach (b) wesentlich verringert. Man soll deshalb über 2,5 kg Ölkuchen pro Tag nicht hinausgehen. (Молочная Промышленность [Milch-Ind.] **14.** Nr. 10. 31—34. 1953. Moskau, Landw. Timirjasew-Akad.) W. SCHMELZ. 7758

W. Scherschnewa, *Über die Abhängigkeit der Qualität von Sauresahnebutter vom p_H des Plasmas.* Vf. untersuchte den Einfl. des p_H-Wertes des Plasmas auf Geschmack, Diacetylgeh. u. Haltbarkeit von Sauresahnebutter bei —5 bis —10° u. +5 bis —8°. Beim p_H 5—5,7 erhält man durch Säuerung mit Str. diactilactis eine Sauresahnebutter mit gutem Diacetylaroma u. guter Haltbarkeit. Bei Erniedrigung des p_H tritt zu starkes Diacetylaroma u. zu saurer Geschmack hervor. (Молочная Промышленность [Milch-Ind.] **16.** Nr. 1. 24—25. 1955. Allunions Wiss. Forschungsinst. für die Milchind.) R. RICHTER. 7758

W. Bogdanow, *Die Herstellung flüssiger Säurewecker für Butter.* Zahl der Bakterien u. Hefezellen, Gerinnungszeit, titrierbare Acidität u. p_H von Säureweckern wurden 10, 20, 30, 45, 60, 75 u. 90 Tage nach einer Aufbewahrung bei 8, 16 u. 30° gemessen. Die Haltbarkeit des aus entrahmter Milch hergestellten Säureweckers betrug bei 16° 21 Tage, bei 30° 10—15 Tage, bei 8° 30 Tage. Bei Verwendung von entrahmter Milch mit 16% Trockensubstanz erhöhte sich die Haltbarkeit des Säureweckers bei 8° auf 45 Tage, bei 16° auf 30 Tage. Dies erklärt sich aus der verstärkten Pufferung, wodurch die schädigende Wrkg. der Milchsäure auf die Bakterienzellen herabgesetzt wird. Bei Zusatz von 3,6% Na_2HPO_4 (I) als sterile 50%ig. Lsg. verlor der Säurewecker bei 30° seine Aktivität bereits nach 10 Tagen, bei 16° nach 20 Tagen, bei 8° nach 30—45 Tagen. Die Wrkg. des I-Zusatzes war bei Verwendung gewöhnlicher Milch u. solcher mit 16% Trockensubstanz annähernd die gleiche. Wurden den Milchsäurebakterien die bei der Butterherst. angewandten Hefen zugesetzt, so blieb die Aktivität des Säureweckers bei jeder Temp. 3 Monate erhalten. Selbst bei 30° blieb die Aktivität 45—60 Tage unverändert. Vf. gibt genaue Anweisungen für die Herst. u. Qualitätskontrolle von fl. Säureweckern. (Молочная Промышленность [Milch-Ind.] **14.** Nr. 2. 37—40. Febr. 1953. Allunions Wiss. Forschungsinst. für Milchind.) O. LEBTAG. 7758

W. Bilewitschjuss und **K. Danta,** *Die Bedeutung der Spurenelemente für Tiere, die Torffeldheu erhalten.* Trotz der täglichen Verabreichung von 5—6 kg Vollmilch u.

2,5 kg Brei aus 7 (Teilen) Dämpfkartoffeln u. 3 Hafer-Erbsenmehl zeigten Kälber bei Fütterung mit Heu vom Torffeld Mangelerscheinungen, die bei Verabreichung von $^1/_4$ Tablette (keine näheren Angaben) *$CoCl_2$* (I) täglich verschwanden. 30 mg I täglich bewirkten bei Kühen eine Erhöhung der Milchleistung. Empfohlen wird die I-Verabreichung auch bei trächtigen Kühen. (Социалистическое Животноводство [Sozialist. Tierzucht] **14.** Nr. 10. 95—96. Okt. 1952. Radwilisch, Moor-Versuchsstat. der Akad. der Wiss. der LitSSR.) O. LEBTAG. 7786

W. Wöhlbier und **H. Palmedo,** *Der Futterwert der Schlempe.* (Branntweinwirtschaft **75.** 66—68. 25/2. 1953. — C. **1953.** 8231.) M. WINIKER. 7786

S. J. Bishov und **J. H. Mitchell jr.,** *Bestimmung des Löslichkeitsindex von Sprühtrockenei.* Schnellmeth. zur Best. der Löslichkeit von sprühgetrocknetem Volleipulver nach folgendem Prinzip: 1. 1,5 g Eipulver in 0,9%ig. NaCl-Lsg. in echte bzw. koll. Lsg. bringen, 2. unlösl. Teile abzentrifugieren, 3. Lsg. in einem graduierten Zentrifugierglas mit ESBACH-Lsg. versetzen, 4. Vol. des entstehenden Nd. nach Zentrifugieren ablesen. Abgelesenes Vol. 1,5 würde z. B. bedeuten: Löslichkeitsindex 1,5, Löslichkeit 100%. (Food Res. **19.** 367—72. Juli/Aug. 1954. Chicago, Ill., QM Food and Container Inst. for the Armed Forces.) R. WOLLER. 7854

U. S. Ashworth und **Hans Gunthardt,** *Eine Methode zur Feststellung der Benetzbarkeit von Milchpulver.* Der Boden eines trockenen 250—400 ml-Becherglases wird mit Filterpapier bedeckt u. darauf 2,5 g Milchpulver mit einem Sieb gleichmäßig verteilt. Man läßt am Rand des Glases aus einer BABCOCK-Pipette 17,6 ml W. von 30° unter das Filterpapier fließen u. 5 Min. bei Raumtemp. unbewegt stehen. Dann wird der Glasinhalt vorsichtig in einen GOOCH-Tiegel gegeben, wobei man das Becherglas 10 Sek. u. den Tiegel weitere 30 Sek. auslaufen läßt. Der Trockensubstanzgeh. des Filtrates ist ein Maß für die Benetzbarkeit des Milchpulvers. (J. Dairy Sci. **37.** 863—68. Juli 1954. Pullmann, Wash., State Coll. of Washington, Dep. of Dairy Sci.) F. KRUSEN. 7856

Kind & Knox Gelatin Co., übert. von: **Louis Johnson Conrad,** Collingswood, und **Henry Strahley Stiles,** Merchantville, N. J., V. St. A., *Verbesserung der Schlagfähigkeit von Gelatine,* z. B. für die Herst. von „Marshmallows". Der Gelatine werden, gegebenenfalls bei ihrer Herst., 0,5—3,0% eines Esters einer aliphat. Carbonsäure zugesetzt. — Beispiele: Triäthylcitrat, Äthylmaleat, Monoisopropylcitrat, Äthylfumarat, Kombination von Triäthylcitrat u. Triäthylphosphat. (**A. P. 2 692 201** vom 5/9. 1952, ausg. 19/10. 1954.) W. KRANZ. 7709

Guy Harold Ralph Watson, London, England, *Verhinderung der Koagulation von tierischem Blut.* Man fügt dem Blut *Kurrol*sches Na-Metaphosphat zu. (**E. P. 716 947** vom 4/11. 1952, ausg. 20/10. 1954.) H. MAASS. 7751

Marc Vermeulen, Brüssel, Belgien, *Vollständige Abtrennung von Bakterien und mikroskopischen Teilchen aus viscosen Emulsionen,* dad. gek., daß die Fl. auf eine Viscosität von ca. 1, bes. 0,5 Centistoke, gebracht u. gleichzeitig in einer Zentrifuge mit ca. 30000 g Separierkraft zentrifugiert wird. *Milch* wird z. B. in <1 Min. auf 70° durch eine in die Zentrifuge eingebaute Infrarotlampe erwärmt u. zentrifugiert. Hierbei sollen 99,99% aller Baktieren entfernt werden. (**N. P. 82 214** vom 2/5. 1951, ausg. 3/8. 1953. D. Prior. 4/5. 1950.) K. H. KÄHLER. 7757

Raoul Eugène Léon Dubois-Prévost und **Ch. Gervais Soc. An.,** Paris, Frankreich, *Herstellung eines in Wasser löslichen Milchpräparates* durch proteolyt. Verdauung von Magermilch. Man besät nichtdialysierte Magermilch mit einer Milchsäurekultur unterhalb von 37°, läßt bei einem p_H-Wert von 4,3—4,5 gerinnen, fügt eine proteolyt. Diastase zu, erhöht die Temp. auf 37° bis zur Verflüssigung des Koagulates, erhitzt bis zur Inaktivierung der proteolyt. Diastase u. trocknet das Erzeugnis. (**Schwz. P. 302 516** vom 11/3. 1952, ausg. 3/1. 1955. F. Prior. 16/4. 1951.) H. MAASS. 7757

H. Schoppe & Schultz, Hamburg (Erfinder: **Friedrich Tiedt,** Landshut, und **Roderich Dewald,** Wiesbaden), *Gewinnung, Konzentrierung und Haltbarmachung der in der Mohrrübe enthaltenen fettlöslichen Wertstoffe,* bes. des Provitamins A (Carotin) u. Vitamins E, unter Erhaltung ihrer in der Mohrrübe ursprünglich enthaltenen wechselseitigen synergist. Beziehungen zur Färbung u. Erhöhung der Haltbarkeit von *Butter* sowie zur Erhöhung der Haltbarkeit u. des physiol. Wertes von Fetten, Ölen, Emulsionen usw. unter Anwendung von Ölen u. Fetten als Extraktionsmittel. — Man zerkleinert frische Mohrrüben feinst, emulgiert hierauf direkt unter Bewegung mit Ölen oder Fetten u. trennt die erhaltenen Phasen, worauf die anfallende Öl- bzw. Fettphase den zu behandelnden Prodd., wie Butter, Fetten, Ölen usw., direkt beigemischt oder je nach Wunsch getrennt weiter aufgearbeitet wird. (**D. B. P. 919 922** Kl. 53e vom 1/11. 1949, ausg. 8/11. 1954. Anmeldung bekanntgemacht 8/4. 1954.) H. MAASS. 7759

Ecotecnic (Soc. An.), Liechtenstein, *Autolyse von Fischen und Fischabfällen.* Man vermischt die gegebenenfalls grob zerkleinerten Fische oder Fischabfälle mit dem drei- bis vierfachen Vol. W., stellt das p_H des Gemisches mittels NaOH oder Puffersubstanzen auf 7,5—8,5 ein u. erhitzt es unter mechan. Rühren oder Einleiten eines Gases (z. B. Luft, N_2, CO_2) auf 45—52°. Die Autolyse wird durch Zusatz geringer Mengen Enzym (z. B. Trypsin, Pepsin, Papain, Pankreatin) begünstigt. Dann dekantiert man das abgeschiedene Öl ab, neutralisiert die Bouillon mit einem sauren Mittel, kocht sie kurze Zeit u. filtriert sie gegebenenfalls. Die eingedampfte Bouillon ergibt ein pastenartiges Proteinprod. mit 10—20% Salz. Es kann für die menschliche Ernährung u. als Futtermittel verwendet werden. Der von dem Proteinprod. abgetrennte Bodensatz ist ein gutes Viehfutter. (**F. P. 1 065 975** vom 6/11. 1952, ausg. 1/6. 1954. Schwz. Prior. 18/7. 1952.) T. OPPERMANN. 7787

XVII. Fette. Seifen. Wasch- u. Reinigungsmittel. Wachse. Bohnermassen usw.

R. Rigamonti und **V. Riccio,** *Über die Anwendung von Harnstoff-Additionsprodukten auf dem Gebiet der Öle und Fette.* (Vgl. C. **1955.** 5206.) Bericht über neuere Unterss. auf dem Gebiet der Harnstoffadditionsverbindungen. — 23 Literaturzitate. (Fette Seifen einschl. Anstrichmittel **55.** 162—65. März 1953. Turin.) J. BÖSS. 7874

W. Wachs, *Kennzeichnung anti- und pyrooxygener Fettbegleitstoffe durch redoxelektrometrische Messungen.* Elektr. Redoxmessungen an Tocopherolpräpp. zeigen, daß die antioxygene Wrkg. von einer Potentialspanne abhängig ist u. daß diese symbat dem oxydativen Abbau des Mol verläuft. Bei β-Carotin, das pro- u. antioxygen wirken kann, wird festgestellt, daß bei Lichtabschluß eine Stufenoxydation stattfindet u. bei Belichtung verschied. Oxydationsstufen ablaufen. (Fette Seifen einschl. Anstrichmittel **52.** 466—70. Aug. 1950. Berlin-Dahlem, Inst. für Ernährung u. Verpflegungswiss.) H. P. FIEDLER. 7878

Simone Argoud, *Das Unverseifbare des Palmöles. A. Preßöl. B. Öle aus den faserigen Bestandteilen der Ölpalme.* Unter Hinweis auf die Zus. der Pülpe der Frucht der Ölpalme (ca. 44% Öl, 34% W., 22% faserige Bestandteile) sowie der Zus. des abgepreßten Öles hinsichtlich Fettsäuren u. Glyceriden wird eine eingehende Unters. des Unverseifbaren (0,1—0,6% des Öles) durchgeführt. An Hand des Schrifttums werden behandelt die darin enthaltenen Pigmente (Chlorophyll, α-, β- u. γ-Carotin, Lycopin u. Isomere, Kryptoxanthin), die Abtrennung der Carotinoide nach Verseifung nach den Verff. der Chromatographie unter Hinweis auf die optimalen Adsorbentien, die besten Elutionsmittel, die Möglichkeiten der Isomerisierung bei der präparativen Verarbeitung. Von den ungefärbten Konstituenten des Unverseifbaren werden kompilator. besprochen das Ergosterin, das Sitosterin, der KW-stoff Hentriacontan ($C_{31}H_{64}$), das Tocopherol sowie weitere antioxydativ wirkende Verbindungen. — Der nach dem Abpressen des Öles hinterbleibende cellulosereiche Preßkuchen enthält ca. 11% Öl; es wird einmal mit Ae., zum andern mit PAe. (30—50°) abgetrennt u. daraus das Unverseifbare dargestellt, das zu 2,4—3,5% im Öl enthalten ist. Im Unverseifbaren finden sich 16—17% Sterine, 13—18% Carotinoide. Die chromatograph. sowie UV-spektrograph. Unterss. zeigen, daß neben α-, β- u. γ-Carotin unterschiedliche Mengen von Lycopin anwesend sind; letzteres ist Ursache für das Absorptionsmaximum bei 479 mμ (Chloroformlsg.); weiterhin werden als anwesend hingestellt folgende 4, im Palmöl aus den Preßrückständen noch nicht erwähnte Verbb., nämlich Phytoin, Phytofluin, ζ-Carotin u. Tetrahydrolycopin. Diese Verbb. werden im Sinne der Hypothese von PORTER u. LINCOLN (C. **1951.** I. 1892) als Vorläufer des Lycopins betrachtet. (Oléagineux **9.** 717—23. Okt. 789—95. Nov. 1954.) K. TÄUFEL. 7894

H. Gude, *Die Eigenschaften der Samenöle zweier Ödlandpflanzen (Sisymbrium sinapistrum Crantz und Verbascum thapsus L.).* Die Samenöle von *Sisymbrium sinapistrum Crantz* (I) u. *Verbascum thapsus L.* (II) gewinnt man in über 30%ig. Ausbeute. Ihre Kennzahlen sind (die Werte für II in Klammern): Buttersäurezahl [nach GROSSFELD] 0,7 (2,2); $D.^{20}$ 0,9300 (0,9104); E. —18° (—24°); JZ. [nach HANUS] 142 (135); Säuregrad [nach KOETTSTORFER] 35 (61); VZ. 182 (191). Die Öle sind techn. verwendbar. (Pharmaz. Zentralhalle Deutschland **94.** 46—47. Febr. 1955. Hamburg-Altona.) W. BARZ. 7894

Johs. Wurziger und **E. Lindemann,** *Erfahrungen mit Importschmalz.* 1. Mitt. *Beiträge zur Untersuchung und Beurteilung.* Je nach Art des Gewinnungsverf. [Ausschmelzen im offenen Kessel, trockenes Ausschmelzverf. (I), Dampf-I, Abtropf-I] fällt die Importschmalz (II)-Qualität verschieden aus u. muß in Deutschland zum Teil nachgearbeitet werden. Die durch künstliche Oxydation herbeigeführte Lea-Zahlerhöhung kann — gegebenenfalls in Verbindung mit der Neutralrotprobe u. der Red. von $AgNO_3$ — bei der Beurteilung von II entscheidend mitwirken. (Fette u. Seifen, Anstrichmittel **55.** 190—96. März 1953. Bremen, Staatl. Chem. Untersuchungsanstalt.) J. BÖSS. 7896

P. Creac'h, *Die Öle von Fischen und Walen. Herkunft, allgemeine Charakteristik, Trennung der Glyceride, Veränderungen und Antioxydantien.* Kompilator. Ausführungen; der Herkunft nach Unterscheidung nach Ölen aus dem Fleisch, dem Unterhautgewebe, der Bauchpartie, der Leber, den Kopfhöhlen unter Hinweis auf die den Fettgeh. beeinflussenden Faktoren (z. B. jahreszeitliche Schwankungen); Angaben über die Höhe der JZ. u. ihre Schwankungen mit der Jahreszeit, über Art, Menge u. Verteilung der gesätt. sowie der ungesätt. Fettsäuren an Hand des Schrifttums; Ausführungen über die Glyceridtrennung durch fraktionierte Kristallisation bei erniedrigter Temp., durch Extraktion mit Furfurol; eingehende Behandlung der Veränderungen, denen die Öle unterliegen, wie enzymat. Glyceridspaltung, enzymat. Oxydation sowie Autoxydation; Betrachtungen über die die Autoxydation beeinflussenden Faktoren, positive Einflüsse, wie Schwermetalle, negative Einflüsse: Natürliche Antioxydantien, künstlich zugesetzte Inhibitoren (Tocopherole, Phosphatide, Säuren, Verbb.); Erörterungen über die Toxizität der Antioxydantien. (Oléagineux **9.** 675—83. Okt. 1954. Inst. Sci. et techn. des Peches Maritimes.) K. TÄUFEL. 7898

Stephan de Nagourski, *Halbkontinuierliche Verseifung.* Überblick über einige neuere apparative Fortschritte auf dem Gebiet der Mechanisierung der Seifenfabrikation. (Rev. Quím. ind. **23.** Nr. 268. 14—17. Aug. 1954. Rio de Janeiro.) R. K. MÜLLER. 7910

M. Rösch, *Die Waschwirkung in Abhängigkeit von der Zeit.* Bereits in früheren Jahren haben andere Autoren den optimalen Wascheffekt mit 6—10 Min. festgelegt. In der sauren Wollwäsche ergeben sich interessante Perspektiven bei anionakt. u. nichtionogenen Waschmitteln sowie beim Salzzusatz. Gleichartige Resultate, aber in der Wrkg. unterschiedliche Ergebnisse, zeigen Pigment- u. Ölanschmutzung. (Melliand Textilber. **36.** 58—63. Jan. 1955.) P. ECKERT. 7912

Universal Oil Products Co., Chicago, übert. von: **Joseph A. Chenicek,** Bensenville, Ill., V. St. A., *Stabilisieren von Fetten und Ölen.* Man setzt 0,001—0,3(%) eines disubstituierten Aminomethyldioxybenzols, bes. *2.5-Bis-dimethylaminomethylhydrochinon,* u. 0,001—0,5 Antioxydantien zu, z. B. 1-Oxy-4-äthoxy-7-methyl-5.8-dihydronaphthalin, 1.5-Diphenyl-1.5-diäthylthiopentanon-(3), 1.7-Dioxynaphthalin, 2-tert.-Butyl-4-methoxyphenol (I), 2.2-Dimethyl-6-tert.-butyl-5-oxycumaran u. Propylgallat. Spuren von katalyt. wirkenden Metallen (Cu, Fe, Ni, Mn, Va) enthaltende Fette erhalten einen Zusatz von 2-tert.-Alkyl-4-alkoxyphenolen u. Verbb. der Formel HO—A—C(R)=N—X (A = aromat. Rest, R = H oder Alkyl, X = OH oder KW-stoffrest) z. B. 0,001—0,5 I u. 0,0001—0,05 *2-(Salicylalamino)-phenol.* (**A. PP. 2 686 723** vom 26/3. 1949 u. **2 686 724** vom 12/8. 1949, beide ausg. 17/8. 1954.) C. LÜTTGEN. 7873

E. F. Drew & Co., Inc., New York, N. Y., V. St. A., *Speisefett,* bestehend bes. aus neutralen, gemischten Glycerinestern. Diese erhält man durch Veresterung einer Mischung von Fettsäuren, wie Laurin- u. Myristinsäuren (60—80 Gew.-% der Mischung), Caprin- u. Caprylsäuren (nicht $>$2,5% der Mischung) u. Palmitin-, Stearin- u. gegebenenfalls Olein- u. Linolensäure als Rest. (**E. P. 711 569** vom 10/12. 1951, ausg. 7/7. 1954. A. Prior. 10/2. 1951.) H. MAASS. 7901

Helen Schumacher de Keysser und **Enrique Otaegui,** Buenos Aires, Argentinien, *Waschblätter,* bestehend aus einer Kunststoff-Folie, z. B. Cellophan, die ein- oder beiderseits mit Seifenpulver bestreut ist. (**E. P. 656 865** vom 12/11. 1948, ausg. 5/9. 1951.) C. LÜTTGEN. 7911

Universal Oil Products Co., Chicago, Ill., V. St. A., und **Harold Newby,** London, England, *Sulfonierung von Alkylaromaten* mit 5—18 C-Atomen im Alkyl erfolgt mit einer gasförmigen Mischung aus wenigstens 3 u. höchstens 30% SO_3-Dampf u. eines inerten Gases in fl. Phase bei 10—40° in Ggw. einer geringen Menge H_2SO_4. — Aus Dodecyltoluol u. SO_3-Dampf (1:1,1—1,4, z. B. 1:1,3) in Ggw. von Luft bei 30—40° → *Dodecyltoluolsulfonat* (Reaktionsbedingungen in Tabelle). — *Reinigungsmittel.* (**E. P. 664 577** vom 26/10. 1949, ausg. 9/1. 1952.) G. KRAUSS. 7913

Monsanto Chemical Co., St. Louis, Mo., übert. von: **Robert L. Wolf,** Richmond, Va., V. St. A., *Oberflächenaktive Mittel.* Verzweigkettige, tert.-Alkylmercaptane, die sich von polymerisierten Olefinen mit 6—18 C-Atomen ableiten (vgl. A. PP. 2 378 030; C. **1945.** II. 738, u. 2 392 555), werden mit 1—40 (Mol) Äthylenoxyd (I) umgesetzt, z. B. tert.-Dodecylmercaptan bzw. tert.-Tetradecylmercaptan mit 1,91 I. Die Kondensationsprodd. werden dann mit alkal. Salzbildnern, wie K-Phosphat, oder Polyphosphaten, wie $Na_5P_3O_{10}$, $Na_6P_4O_{13}$ oder $Na_4P_2O_7$, gemischt. — *Waschmittel.* — Gibt man zu 90(%) bzw. 75 des Kondensationsprod. mit 10,5 Mol I 10 bzw. 25 W., so beträgt der Fließpunkt —15 bzw. —40° F. (**E. P. 675 993** vom 16/12. 1947, ausg. 23/7. 1952. A. Prior. 23/12. 1946. **A. P. 2 619 466** vom 31/5. 1949, ausg. 25/11. 1952.) G. KRAUSS. 7913

Monsanto Chemical Co., St. Louis, Mo., übert. von: **Earl L. Brown**, Dayton, O., V. St. A., *Reinigungsmittel*, bestehend aus 10—90(%) eines Taurinderiv., z. B. dem Na-Salz des N-Dodecyltaurins, u. 90—10 eines sulfatierten Polyglykoläthers, z. B. dem Na-Salz des Schwefelsäureesters des Triäthylenglykol-2-butyloctan-1-ol-äthers. (**A. P. 2 673 842** vom 24/5. 1951, ausg. 30/3. 1954.) C. LÜTTGEN. 7917

Patrick Alfred Pleven, Seine, Frankreich, *Reinigungsmittel* aus einem Thermoplast für Metall, Glas, Gewebe. Es soll kein Beizmittel u. keine Säure enthalten. Genannt sind folgende Mischungen: 4 (Teile) Polyvinylchlorid, 1 schwache Sodalsg., 2 Weinsäure, ½ Alaun, 1 neutrale Seife, 0,25 sulfoniertes Alkoholat u. 16 W. für Metalle u. Glas, Für Au, Pt, Diamanten eine Paste aus 90—50% Seife u. 10—50% Polyvinylchlorid, wobei die Mischungen mit hohem Seifengeh. auch für Toiletteseifen verwendet werden können. Zum Reinigen von Haushaltgegenständen 500 (g) Bimsstein, 10 weiche Seife, 10 Soda, 15 Celluloseacetat, 15 sulfoniertes Alkoholat. (**F. P. 1 064 214** vom 8/10. 1952, ausg. 12/5. 1954.) M. PANKOW. 7917

S. C. Johnson & Son, Inc., übert. von: **Edward A. Wilder** und **Edward Spurgat**, Racine, Wis., V. St. A., *Modifizieren von Zuckerrohrwachs.* Man leitet O_2 durch das 80—150° heiße Wachs, bis die SZ. 22—38 beträgt, gibt 2—20(%) p-Phenylphenol-CH_2O-Harz zu, leitet noch weitere 2 Std. O_2 ein, beläßt einige Zeit bei 120—150° u. verestert mit 5—11,5 Malein-, Bernstein- oder Glutarsäureanhydrid. Das modifizierte Wachs hat ein erhöhtes Ölbindevermögen. (**A. P. 2 682 516** vom 4/5. 1953, ausg. 29/6. 1954.) C. LÜTTGEN. 7925

Helmut Stüpel, Synthetische Wasch- und Reinigungsmittel. Chemie, Klassifikation, Technologie, Komposition, Anwendung, Untersuchungsmethoden u. wirtschaftliche Bedeutung. Stuttgart: Konradin-Verl. 1954. (568 S. m. 225 Abb.) DM 68,—.

XVIIIa. Holz. Cellulose. Zellstoff. Papier. Papierdruck. Celluloid. Linoleum.

Bruno Schulze, *Zur Haltbarkeit (Lagerbeständigkeit) anorganischer im Holzschutz verwendeter Fluorverbindungen.* Verschied., als Holzschutzmittel verwendete Fluorverbb. — Na-Monofluorid, Mg-Fluosilicat, K-Hydrogenfluorid, Ammoniumhydrogenfluorid u. ein Hydrogenfluoridgemisch des Handels (WB_4) — wurden in fester Form zur Prüfung der Lagerbeständigkeit bis zu 6 Monaten in Polyvinylchloriddosen bei Zimmertemp. u. 45, 65, 75, 87% relativer Luftfeuchtigkeit u. auf dem Dachboden, außerdem bei 40° u. 18% relativer Luftfeuchtigkeit, offen gelagert. Die eingetretenen Gewichtsveränderungen, die auf Wasseraufnahme u. Abgabe flüchtiger F-Verbb. zurückzuführen sind, wurden nach verschied. Zeiten festgestellt. Zur genauen Best. der F-Verluste wurden die von den untersuchten Salzen abgegebenen F-Verbb. in geschlossenen Kunststoffdosen durch $CaCl_2$-Lsg. adsorbiert u. das F als CaF_2 gravimetr. bestimmt. Die Verss. zeigten, daß Alkalihydrogenfluoride, bes. Ammoniumhydrogenfluorid, stärker hygroskop. sind u. leichter flüchtige Bestandteile abgeben als Fluosilicate. Bei den in der Praxis üblichen Lagerbedingungen sind auch Hydrogenfluoride beständig, wie durch F-Best. von 12 WB_4-Proben, die bis zu 5 Jahren in handelsüblichen Verpackungen gelagert hatten, festgestellt werden konnte. (Holzforschung **9**. 18—20. 1955. Berlin, Labor. für Holzschutzforschung.) S. HÜTTIG. 7952

R. K. Strapp, *Das Roß-Diagramm. Ein analytischer Anhalt für die chemische Zellstoffherstellung und andere Extraktionsverfahren.* Beschreibung der Konstruktion u. Berechnung von ROSS-Diagrammen für verschied. Verff. der Herst. von chem. Zellstoff. (Pulp Paper Mag. Canada **56**. Nr. 3. 179—85. 1955. Pulp and Paper Res. Inst. of Canada.) H. BECKER. 7956

N. I. Paranyi und **W. Rabinovitch**, *Bestimmung des Eindringens von Flüssigkeiten in Holz mit einer Quarzspiralenwaage.* 1. Mitt. *Wasser und ein lufttrockener Fichtenhackschnitzel.* Die Hauptmenge W. dringt schnell in das Holz ein; bis zur vollkommenen Sättigung ist aber noch eine 2., wesentlich langsamere Eindringstufe erforderlich. Die Durchfeuchtung wird durch Erhöhen der Temp. u. des hydrostat. Druckes des Syst. beschleunigt. Wird das Holz vorher mit Gasen gesätt., so ergibt sich eine lineare Abhängigkeit zwischen % Anfangssättigung u. dem absol. Differentialdruck. Der Einfl. der Gase scheint mehr von ihrer Mol.-Geschwindigkeit als von ihrer Löslichkeit in W. abzuhängen. (Pulp Paper Mag. Canada **56**. Nr. 3. 163—70. 1955. Pulp and Paper Res. Inst. of Canada.) H. BECKER. 7956

R. G. Shirriff und **J. R. Rowley**, *Festsetzung des Natriumgleichgewichtes in einer Kraftzellstoff-Fabrik.* Übersicht über die verschied. Na-Verlustquellen, die analyt. Na-Best. im Waschwasser u. Stoff u. die Berechnung der Verluste Na/t Zellstoff. (Pulp Paper Mag. Canada **56**. Nr. 3. 190—95. 203. 1955. LongLac Pulp and Paper Co. Ltd.) H. BECKER. 7958

Erich Tobias, *Beeinflussung der Festigkeitseigenschaften von Sulfatzellstoff durch Behandlung im Kollergang.* Bei dem üblichen 2 std. Kollern von Sulfatzellstoff treten keine oder nur geringe Festigkeitsänderungen auf; werden aber 0,25% NaOH atro Stoff beim Kollern zugesetzt, kann die absol. Festigkeit um 630 m zunehmen. (Papier u. Druck **3.** Zellstoff u. Papier 264—73. Nov. 1954.) H. BECKER. 7960

A. B. Gorham, *Die Berechnung und Überprüfung der Ausbeute an ungebleichtem Sulfitzellstoff.* Es wird eine Meth. zur Erfassung von Ausbeute u. Verlusten in einer Sulfitzellstoff-Fabrik beschrieben. (Pulp Paper Mag. Canada **56.** Nr. 3. 159—62. 1955. Ontario Paper Co. Ltd.) H. BECKER. 7962

H. J. Callow, *Die Acetylierung von Cellulose und Lignin in Jutefasern.* Jutefasern werden mit Essigsäureanhydrid in Ggw. von Eisessig u. Na-Acetat acetyliert. Nach 2, 17 bzw. 48 Std. werden die acetylierte Cellulose (**I**) u. das acetylierte Lignin (**II**) aus der Faser isoliert. Das **II** ist bereits nach 2 Std. vollständig acetyliert, während die **I** nach 48 Std. unter den gleichen Bedingungen noch nicht vollständig umgewandelt ist. Das **II** zeigt nach 48 Std. einen höheren Acetylgeh. u. einen geringeren Methoxylgeh. als bei n. **II** zu erwarten wäre, u. es wird angenommen, daß OCH_3-Gruppen durch CH_3CO-Gruppen ersetzt worden sind. (J. Indian chem. Soc. **28.** 605—10. Nov. 1951. Leeds, Univ., Dep. of Textile Inst.) H. ROSSOW. 7970

W. M. Gearhart und **F. M. Ball,** *Zweieinhalb-Celluloseacetatbutyrat.* Übersicht mit Tabellen über die physikal. Eigg., die anwendbaren Lösungsmittelkombinationen, die Zus. von Papier-, Metall-, Holz- oder Plastiklacken u. von Schmelzüberzügen für Papier, Textilien u. Wellpappe auf Grundlage von zweieinhalb Celluloseacetatbutyrat. (Off. Digest. Federat. Paint Varnish Product. Clubs. **1953.** 468—76. Aug. Eastman Chem. Prid. Inc.) H. ROSSOW. 7970

Kenneth J. Busse, *Glaspapier als elektrisches Isoliermittel.* Ein Vgl. der physikal., bes. elektr. Eigg. von Glaspapier mit Teflon, zeigt dessen Eignung als elektr. Isoliermittel (Zahlentafeln). Die Herst. u. Anwendung der Isoliermittel wird beschrieben. (Wire and Wire Products **27.** 1188—91. Nov. 1952. Toledo, O., Glass Fibers, Inc., Micro-Fiber Div.) W. WESLY. 7986

W. P. K. Findlay, und **J. W. Vernon,** *Eine einfache Methode zur Testung der Toxizität flüchtiger Antiseptica für holzzerstörende Pilze.* Die gewöhnlich in Bzn. gelöste flüchtige Verb. wird auf gefaltetes Filterpapier getropft, dieses in dem die Pilzkultur enthaltenden Kolben untergebracht u. durch einen gut schließenden Korken festgehalten. Nach Incubation für 24—96 Std. bei 22° wird die Ausdehnung der Kolonie gemessen. Sobald kein Wachstum mehr festzustellen ist, werden Teilchen vom Rande der Kolonie auf frisches Medium übertragen, um zu untersuchen, ob der Pilz getötet oder nur gehemmt worden ist. — Nach diesem Verf. wurden *[Dichlorphenoxy]-methylchlorid, [Dichlorphenoxy]-methylthiocyanat* (**I**), *[Dichlorphenylmercaptol]-methylchlorid, Xylol, Toluol, p-Formaldehyd* (**II**), *o-Chlortoluol, γ-Picolin, 1-Methylnaphthalin, o-Dichlorbenzol, Thymol* (**III**), *p-Nitrobenzylchlorid, Essigsäure* u. *Furfurol* (Konz. 0,1—100 mg/500 ml) auf ihre tox. Eigg. gegen Lentinus lepideus, Fomes annosus, Polystictus versicolor u. Coniophora cerebella untersucht. Von den geprüften Verbb. war nur **I** wirksamer als die bekannten Antiseptica **II** u. **III**. (Ann. appl. Biol. **38.** 876—80. Dez. 1951. Princes Risborough, Bucks, Forest Products Res. Labor.) F. RANG. 8004

Badische Anilin- & Soda-Fabrik Akt.-Ges., Ludwigshafen/Rh., *Veredelung von Holz* mit härtbaren Kunstharzen, dad. gek., daß als *Imprägnierungsmittel* Kondensationsprodd. aus mehrwertigen Urethanen u. CH_2O, bes., in wss. Lsg., verwendet werden. Zur Herst. der Prodd. werden äquivalente Mengen eines diprim. Alkohols u. $CO(NH)_2)_2$ erhitzt, bis ca. 40—70% Diurethan gebildet sind, worauf die erhaltene Schmelze mit CH_2O zur Rk. gebracht wird. Den wss. Lsgg. werden sauer wirkende Stoffe zugesetzt u. das Gemisch durch Neutralisieren mit N-Basen auf p_H 7 eingestellt. Fungicide, baktericide oder die Brennbarkeit des Holzes hemmende Stoffe können den Imprägnierlsgg. zugefügt werden. Weichholzarten werden sehr dauerhaft u. als Parkettholz verwendbar. (**Schwz. P. 301 887** vom 18/1. 1952, ausg. 1/12. 1954.) H. KARST. 7953

DEHYDAG Deutsche Hydrierwerke G. m. b. H., Düsseldorf, *Lösungs- und Weichmachungsmittel,* bestehend aus Estern, bes. Diestern aus Glykogen, die in der C-Folge durch mindestens 2 miteinander verbundene S-Atome unterbrochen sind, u. einbas. Carbonsäuren, z. B. 6.6'-Dioxydihexyltrisulfid-di-fettsäureester (VZ. 417; S-Geh. 16,3%). Verwendung *für Nitrocellulose* u. *Polyvinylverbindungen.* (**D. B. P. 919 014** Kl. 39b vom 21/4. 1944, ausg. 11/10. 1954. Anmeldung bekanntgemacht 13/11. 1952.) G. SALZMANN. 7971

Morton Chemical Co., übert. von: **Henry H. Latham** und **Joseph R. Morton,** Greensboro, N. C., V. St. A., *Imprägnieren von Zellstoffasern mit harzartigen Stoffen* in wss. Dispersion, dad. gek., daß die negativ geladenen Fasern mit der wss. Lsg. eines Kondensationsprod. aus 1—3 Mol eines Alkylsulfats, -phosphats oder -halogenids mit 1—3 C-Atomen u. einem dehydratisierten Amidierungsprod. kation. gemacht werden, das durch Kondensation in der Hitze aus 1—5 Mol linearem Alkylenpolyamin der allg. Formel: $H_2N(C_2H_4NH)_xC_2H_4NH_2$ (x = 1—41) oder: $H_2N(C_3H_6NH)_xC_3H_6NH_2$ (x = 1 oder 2) oder aus 1.3-Butandiamin (wobei 4 C-Atome zwischen N-Atomen u. eine weitere NH_2-Gruppe an jedem C_4-Rest stehen, bei einem mittleren Mol.-Gew. von 185 u. 2.6 N-Atomen im Mol. u. 20% des Amins bei $<210^0$ u. 70% bei $<280^0$ sd) u. 1—4 Mol Säure (Tallölsäure, Fettsäuren mit 6—20 u. zweibas. Carbonsäuren mit 4—10 C-Atomen) nach Abdestillieren von 1—10 Mol W. erhalten wurde. Vom Kondensationsprod. wird dem Stoff nur so viel beigegeben, als restlos aufgenommen wird, desgleichen von Alaun, so daß diese Stoffe im Stoffwasser nicht vorliegen. Ein zuletzt zugesetztes, negativ geladenes Harz wird in u. auf den Fasern ausgefällt. Vor der Rk. mit Alkylsulfat usw. kann das Prod. aus Polyamin u. Säure noch bei 75—90° mit Harnstoff modifiziert werden. — Beispiel: 1 (Mol) gemischte Fettsäuren aus Kakaonuß wird mit 1 Diäthylentriamin bei 123° umgesetzt, bis mindestens 1 W. abdest. ist. Das Prod. wird mit 1 Dimethylsulfat bei 180° ca. 1 Std. umgesetzt u. dann mit W. auf 40% Feststoffe verdünnt. Ungebleichter *Kraftzellstoff* nahm maximal 6,5% des kation. Mittels auf. (**A. P. 2 686 121** vom 7/7. 1948, ausg. 10/8. 1954.) G. VOGEL. 7975

William Heinecke, New York, N. Y., V. St. A., *Reinigen von Matrizen.* Zur Reinigung von mit PbS u. Graphit verschmutzten Messingdruckmatrizen werden diese bei n. Temp. in ein fl. Amin, bes. Monoäthanolamin oder Äthylendiamin, getaucht. Nach dem Waschen mit dem Amin wird mit einem chlorierten KW-stoff, bes. Trichloräthylen, in dem ein darin unlösl. saures Mittel, wie ein Alkalidisulfat, suspendiert ist, nachgespült. (**A. P. 2 615 825** vom 24/10. 1946, ausg. 28/10. 1952.) W. GRÄGER. 7989

T. A. Turco, Coloritura, verniciatura e laccatura del legno. Milano: Hoepli. 1955. (XX + 596 S. m. 23 Abb.) L. 2000,—.

XVIIIb. Textilfasern.

Giuseppe Trinchieri, *Statische Elektrizität und antistatische Mittel.* Die Bldg. stat. Elektrizität auf der Faser, Methoden zur Verhinderung u. eine Liste der handelsüblichen Antistatikmittel. (Textile Age **18.** Nr. 9. 70—76. Sept. 1954.) I. SCHOENMANN. 8028

J. L. Häusermann und **E. Hablützel,** *Der Turbinator in der Textilausrüstung.* Es wird die Wirksamkeit des Turbinators bei verschied. Operationen der Textilausrüstung besprochen. Der Turbinator führt eine oscillierende Drehbewegung mit kleinem Winkelausschlag u. hoher Frequenz um seine Längsachse aus. Durch diese Bewegung werden die an ihm vorgeführten Textilwaren zu Transversalschwingungen angeregt. Bes. in der Färberei ist die Wirksamkeit auf die Ware größer. Es werden Schwingungen zwischen 20 u. 50 je Sek. verwendet. (Melliand Textilber. **36.** 65—68. Jan. 1955.) P. ECKERT. 8032

Günther Wittmann, *Wirkungsmechanismus von Einbad-Imprägniermittel zur wasserabweisenden Ausrüstung.* Es wird die Einw. von sauren u. alkal. ionisierten Verbb. auf die Adsorptionserscheinung bei der wasserabweisenden Ausrüstung von Textilien mit Einbadimprägniermitteln untersucht. Vf. bespricht die resultierenden Veränderungen u. zieht Rückschlüsse auf den eigentlichen Wirkungsmechanismus. (Melliand Textilber. **36.** 63—65. Jan. 1955.) P. ECKERT. 8036.

T. F. Cooke, *Krumpfechtausrüstung für Cellulosegewebe.* Vf. beschreibt die krumpfechte Ausrüstung von Baumwollgeweben mit Melamin–CH_2O-Kondensaten unter Zusatz eines neuartigen Beschleunigers (Aerotex-Accelerator MX). Dieser Beschleuniger, der die Stabilität der Behandlungsflotte erhöht, die Bldg. von unangenehmem Geruch u. das Ausbluten von mit substantiven Farbstoffen gefärbter Ware herabsetzt, verbessert die Chlorechtheit, die Krumpfechtheit, die Schrumpfechtheit, gibt weißere Gewebe u. erhöht die Haltbarkeit aufgeprägter Muster. Das durch die Behandlung mit Melamin–CH_2O-Kondensaten in der Faser gebildete Harz erhöht die Elastizität der Einzelfasern u. somit auch die des Gewebes. Auf diese Elastizitätserhöhung führt Vf. die Verbesserung der erreichten Krumpfechtheit zurück. Die erhaltenen Ergebnisse werden an Hand von 3 Figuren u. 7 Tabellen diskutiert. (Amer. Dyestuff Reporter **43.** P891—P896. 20/12. 1954. Bound Brook, N. J., American Cyanamid Co., Textile Resin Dep.) H. G. FRÖHLICH. 8044

Joseph W. Masselli und **M. Gilbert Burford,** *Einschränkung der Verunreinigung bei Abwässern der Baumwollbearbeitung durch Änderung der verwendeten Chemikalien.* Bei der Herst. von Baumwolltuch, das zu 72% bedruckt u. zu 28% gefärbt wurde, betrug der Aufwand an Stärke, Seife u. anderen Chemikalien 750 kg/t Tuch, die eine

BSB-Last im Abwasser von 155 kg/t Tuch bewirkten. Das Abwasser enthielt 1 bis 2,5 (g/Liter) Feststoffe, 0,3—0,9 Alkalinität u. 0,2—0,6 BSB. Von letzterem stammen 20—30(%) aus der Baumwolle; selbst auf Stärke entfallen 30—60, Seife bis 35, Essigsäure 10—15. Die hohe, durch diese Chemikalien bewirkte BSB-Last kann durch Verwendung solcher mit niedrigerem BSB vermindert werden. So durch Ersatz von Seife durch ein synthet. Waschmittel mit niedrigem BSB, von Stärke durch verschied. Celluloseäther, von Essigsäure durch H_2SO_4, die allerdings sorgfältiges Auswaschen verlangt. Da hierdurch eine Verminderung des BSB um 50—75% erreicht werden kann, sollte diese Möglichkeit vor Errichtung von Abwasseranlagen geprüft werden. (Sewage ind. Wastes **26.** 1109—16. Sept. 1954. Middletown, Conn., Wesleyan Univ., Connecticut State Water Comm. Labor.) H. MÜHLMEISTER. 8044

István Rusznák, *Eigenschaften und Verwendung der synthetischen Faserstoffe.* Überblick über die Eigg. der Kunstfasern u. ihre Verwendung. (Magyar Technika **9.** 371—75. Juli 1954.) J. PLANK. 8070

Kazimierz Hempel, *Über den Einfluß der Qualität des Zellstoffs auf die Herstellung der Reyonfaser.* Übersicht über die Bedeutung des Fehlens von Nichtcellulosebestandteilen, der Viscosität (15—25 cP), des Geh. an α-Cellulose, der Reifung der Alkalicellulose usw. für die Qualität der aus Cellulose gewonnenen Kunstfasern. (Przegląd Papierniczy **10.** 173—75. Juni 1954.) R. K. MÜLLER. 8074

J. A. Chapman, M. W. Pascoe und **D. Tabor,** *Reibung und Verschleiß von Fasern.* Allg. Darst. nebst ausführlicher Diskussion über den grundsätzlichen Mechanismus bzgl. der Reibung, der Haltbarkeit u. der Oberflächenwechselwrkg. bei langkettigen Polymeren, Kunststoffen u. Fasern (untersucht wurden: Polyamide, Polyester, Polyäthylene, Polyvinylchloride, Polytetrafluoräthylen u. Polymethylmethacrylat). In diesem Zusammenhang wird eine neuartige Versuchstechnik unter Anwendung eines Reflektionselektronenmikroskops zur Unters. der Reibung u. des Verschleißes angewandt. Die erhaltenen Ergebnisse werden an Hand von 9 Tabellen u. 9 Figuren diskutiert. (J. Textile Inst. **46.** P3—P22. Jan. 1955.) H. G. FRÖHLICH. 8080

Ichiro Sakurada, *Fasern aus Polyvinylalkohol.* Vf. beschreibt die Herst. von Fasern aus dem wasserlösl. Polyvinylalkohol (**I**) sowie ihre Nachbehandlung. Die *Vinylon*-Fasern werden beim Naßspinnverf. aus 12—18%ig. wss. **I**-Lsgg. gewonnen mit der bei Viscosereyon verwendeten Technik. Als Koagulationsmittel wirken Na_2- bzw. $(NH_4)_2SO_4$ am stärksten. Die Zus. des Fällbades wird angegeben. Zur Erhöhung der Schrumpf- u. Lösungstemp. der Fasern werden dieselben im Trockenofen 15 Sek. bis 5 Min. auf 210—230° erhitzt. Bei Naßstabilisierung werden die Fasern 1—2 Std. in eine fast gesätt. Ammonsulfatlsg. von 130—140° gegeben. Die Zus. des Formalisierungsbades, Temp. u. Zeitdauer der Behandlung werden angegeben. Die Schrumpfung der Faser in kochendem W. beträgt 2—3%, die Wasseraufnahme bei 50, 65 bzw. 80% relativer Feuchtigkeit 3,5, 5 bzw. 7%. In W. eingebracht, nimmt *Vinylon* 20—30% W. auf. Die Festigkeits- u. Dehnungseigg. der Faser werden angegeben u. mit denen von Nylon, Perlon, Dacron, Orlon, Dynel, Viscose u. Acetat verglichen. Die Färbemöglichkeiten sind noch nicht befriedigend. Die Beständigkeit gegen Alkalien, organ. Lösungsmittel u. Öl ist sehr gut, die gegen Säuren etwas größer als die von Nylon. Die Acetalisierung mit aromat. Aldehyden, mit Dialdehyden u. mit Nonylaldehyd wird besprochen. (Kolloid-Z. **139.** 155—63. Dez. 1954. Kyoto, Japan, Kyoto Univ.) S. v. SCHIESZL. 8080

T. A. Feild jr., C. A. Setterstrom und **C. W. Davisson,** *Dynel „Inner Structure“.* Unter „Dynel Inner Structure“ wird das aus Dynel (**I**) bestehende durchscheinende, aber feste Skelett verstanden, das man beim Herauslösen der Reyon (**II**)-Komponenten aus Mischgeweben aus **I** u. **II** erhält. Derartige „Innerstrukturen“ aus Mischgeweben eignen sich zur Prüfung der Gleichmäßigkeit der Mischungen, zum Nachw. der **I**-Färbung im Gewebe, zur Unters. der Lichtechtheit, der physikal. Eigg., der Zus., der Flächenbeständigkeit, der Bügeltemp., Scheuerfestigkeit, der chem. Eigg. u. Feuerfestigkeit der Komponenten in den Mischgespinsten. Innerstrukturen aus **I** kann man aus billigen **I**-**II**-Mischgespinsten leicht herstellen u. als feine Gewebe für den Filmdruck verwenden. Zur Herst. von **I**-Innerstrukturen aus Mischungen mit Cellulosefasern taucht man in 70%ig. H_2SO_4 60 Min. u. in ein 2. Bad nochmals 30 Min. ein. Wolle wird aus einem Gemisch mit **I** durch eine Chloroxydbleiche entfernt, Nylon mit einer 20%ig. HCl-Lsg. in der Wärme. **I** läßt sich andererseits von anderen Fasern außer Acetatfasern durch einstd. Einw. von Aceton bei 110—120 F entfernen. (Amer. Dyestuff Reporter **43.** P 296—303. 10/5. 1954. New York, N. Y., Union Carbide and Carbon Corp.) H. ZAHN. 8080

G. Satlow, *Über Festigkeit und Dehnung von Glasfasern und von Quarzwolle nach Laugen- oder Säurebehandlung.* (Z. ges. Textilind. **55.** 1297. 5/11. 1953. — C. **1954.** 5206.) L. KÜHNERT. 8082

F. Ch. Sadykova, *Über die Deformation von Textilfasern durch Zugkräfte.* Es wird das zugelast. Verh. von Baumwolle, Wolle, Viscosestapelfaser u. Capronfäden bei relativ geringen Belastungen u. bes. die Aufgliederung der Gesamtdehnung in elast. Dehnung, elast. Nachwrkg. u. Restdehnung mit Hilfe eines (ausführlich beschriebenen) Gewichtsdynamometers mit gleichmäßig ansteigender Belastung (Abwicklung einer Kette) u. opt. Ablesungssyst. (ca. 145fache Vergrößerung) untersucht. Die einzelnen Komponenten der Dehnung sowie die auftretenden Relaxationsvorgänge bei Belastungen von 5—75% der Bruchlast sind als Zahlenwerte u. in Diagrammform wiedergegeben. Ferner wurden die Relaxationsprozesse nach 24std. Belastung u. während weiterer 24 Std. erforscht u. die Elastizitätsmoduln für kleine Belastungen ermittelt. (Faserforsch. u. Textiltechn. **5.** 353—58. Aug. 1954.) N. STSCHERBINA. 8096

C. Z. Carroll-Porczynski, *Die Bestimmung von Cellulosebestandteilen in Asbest und Asbest-Glas-Textilien.* Zur Best. von Cellulose in asbesthaltigem Material glüht man dasselbe bei Temp. von ca. 800°. Hierbei verliert der Asbest zusätzlich sein Kristallwasser, das zudem je nach der Herkunft des Asbestes (Südafrika 14—22%, Kanada 12,8—15,5%) unterschiedlich ist. Weiterhin können sich schon $MgCO_3$ u. $CaCO_3$ zers. u. so zu Fehlergebnissen führen. Daher wurden Verss. bei einer Glühtemp. von 360 bis 400° ausgeführt, bei welcher prakt. kein Kristallwasser abgegeben u. ebenfalls keine Carbonate zers. werden. Es hat sich nun gezeigt, daß unter Verwendung eines 10 g-Musters eine Glühtemp. von ca. 370° während 1 Std. im elektr. Ofen völlig ausreichend ist u. wesentlich genauere Werte ergibt als Glühtempp. von ca. 800°. Der Korrektionsfaktor, der für die verschied. Asbeste kaum schwankt, beträgt 0,975. (J. Textile Inst., Trans. **46.** T65—T70. Febr. 1955.) H. G. FRÖHLICH. 8118

Farbenfabriken Bayer Akt.-Ges., Leverkusen (Erfinder: **Max-Otto Schürmann, Helmut Wagner,** Dormagen, und **Detlef Johann Holtz†,** Köln), *Herstellung von Polsterfüllungen aus quellbaren künstlichen Fäden* (Hydratcellulose, Cellulosederivate, Polymerisaten oder Kondensaten), die in Form von Bündeln gedreht u. nachher zurückgedreht werden, dad. gek., daß die endlosen Fäden in gequollenem Zustand gedreht u. im gedrehten Zustand einer Entquellungsbehandlung, bes. durch Trocknung, unterworfen werden, wobei in einem beliebigen Stadium der Behandlung auf Nutzlängen zerteilt wird, z. B. durch Schneiden oder Reißen. — Nach dem Zusatzpatent sollen die gequollenen Fadenbündel zunächst nur mit leichtem Drall versehen, dann mit einem lösl. vorpolymerisierten oder vorkondensierten Kunstharz (Phenol- oder Harnstoff–CH_2O-Kondensat) imprägniert u. danach mit dem endgültigen Drall versehen werden. Beim Trocknen erfolgt neben der Entquellung gleichzeitig eine Fixierung der Imprägnierung. Die Drallwrkg. soll so stark sein, daß sek. Spiralwindungen auftreten. Zweckmäßig geht man von spinnfeuchten Fäden aus. (**D. B. PP. 900 522** Kl. 56a vom 13/11. 1940, ausg. 28/12. 1953, u. **913 616** [Zusatz-Pat.] Kl. 56a vom 20/3. 1941, ausg. 18/6. 1954. Anmeldungen bekanntgemacht 30/10. 1952.) H. MÖLLERING. 8023

Atlas Powder Co., Wilmington, Del., übert. von: **George D. Jefferson,** Kennet Square, Pa., und **Allen V. Riley,** New Castle, Del., V. St. A., *Öllösliche, kationaktive antistatische Mittel für Textilien.* Als solche verwendet man Morpholinderivv. der Formel **I**, worin R ein geradkettiger aliphat. Rest mit 11—20 C-Atomen (Undecyl, Lauryl, Myristyl, Cetyl, Oleyl, Stearyl) ist, A ein Anion (Halogenid, Nitrat, Phosphat, Cyanid, Citrat, Benzoat, Tartrat) u. B einen niedrigen Alkylrest (CH_3, C_2H_5, C_5H_{11}) bedeuten. (**A. P. 2 695 270** vom 22/3. 1951, ausg. 23/11. 1954.) A. BRÖSAMLE. 8029

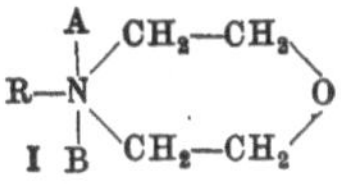

I

General Aniline & Film Corp., New York, N. Y., übert. von: **William Wilson Williams, William Harris Libby** und **Harlan Benjamin Freyermuth,** Easton, Pa., V. St. A., *Optische Bleichmittel.* Durch Rk. von 2 (Mol) Äthanolamin (**I**) mit 1 4.5-Diphenyl-Δ^4-imidazolon-(2)-disulfonsäuredichlorid in W. bei 90° erhält man die Verb. **II.** An Stelle von **I** kann Anthranilsäure, Morpholin, Diäthanolamin oder Thiomorpholin verwendet werden. — Die Prodd. eignen sich zur Behandlung von *Textilien* (Wolle, Nylon, Proteinfasern), auch als Zusätze zu Waschmitteln. (**A. P. 2 691 653** vom 24/10. 1950, ausg. 12/10. 1954.) A. BRÖSAMLE. 8033

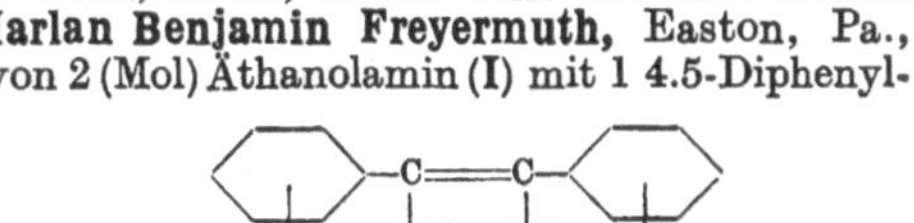

II

Stevensons (Dyers) Ltd., Ambergate (Erfinder: **Eric Tom Fell**), England, *Krumpffreie Wolle* erhält man durch deren Behandlung mit einer auf $p_H < 8$ eingestellten wss. Lsg. von *Permonoschwefelsäure*, bzw. deren lösl. Salzen, zweckmäßig bei Raumtemp. bis 70°, worauf mit der wss. Lsg. eines sauren, neutralen oder bas. Salzes der H_2SO_4 nachbehandelt wird. (**E. P. 716 806** vom 4/1. 1952, ausg. 13/10. 1954.) H. MÖLLERING. 8061

Rayonier, Inc., übert. von: **Reid Logan Mitchell**, Shelton, Wash., V. St. A., *Reifen von Alkalicellulose* für die Herst. von *Viscose*. Man verwendet Zellstoff mit einem α-Cellulosegeh. von 88—99% u. einem Geh. an Co, der sich aus einer graph. Darst. ergibt u. sehr niedrig liegt. (**A. P. 2 682 536** vom 22/5. 1952, ausg. 29/6. 1954.) K. FABEL. 8075

Rayonier, Inc., übert. von: **Ben Thoburn Briggs** und **Paul Henry Schlosser**, Shelton, Wash., V. St. A., *Herstellung von Alkalicellulose* durch Tauchen von Zellstoffbogen in NaOH. Die Bogen werden in verschied. Weise mit Schlitzen versehen, so daß Spannungen beseitigt sind. — Abbildungen. (**A. P. 2 683 710** vom 4/4. 1950, ausg. 13/7. 1954.) K. FABEL. 8075

N. V. Onderzoekingsinstituut Research, Arnheim, Holland, *Fäden, Filme und Folien aus Viscose*. Man verarbeitet eine Zn-haltige, Na_2CS_3-freie Viscose nach dem Ein- oder Zweistufenverfahren. Xanthogenierte Alkalicellulose wird dreimal hintereinander mit konz. NH_4Cl- (bzw. $(NH_4)_2SO_4$- oder Na_2SO_4-) Lsg. (I) behandelt, scharf abgesaugt u. mit 8%ig. I nachbehandelt. 1,05 kg dieses Prod. mit 384 g Cellulose wird in 3,75 kg Zn-Lauge (9,1% NaOH, 2% Zn) gelöst, filtriert u. entlüftet. Daraus hergestellte Fäden besitzen keine Haut u. lassen sich besser durchfärben. Im Spinnbad bildet sich weder CS_2, noch scheidet sich nennenswert S aus. (**E. P. 711 519** vom 5/3. 1952, ausg. 7/7. 1954. Holl. Prior. 12/5. 1951.) G. SALZMANN. 8075

American Patents Corp., Panama, Panama, *Imprägnieren von Proteinfasern* erfolgt anschließend an den Spinnprozeß u. vor der Härtung mit Aldehyden in einem sauren Salzbad (I) bei einer Temp. $>$18, bes. 35—90°. — Man spinnt z. B. Milch-Casein in ein Bad mit einem Geh. von 280 (g) Na_2SO_4 u. 30 100%ig. H_2SO_4 je Liter Bad-Fl. u. führt den Faden durch ein I, enthaltend 170—220 NaCl, 60—100 $Al_2(SO_4)_3$ u. 6—10 100%ig. H_2SO_4 je Liter. Eintrittstemp.: 55—65°, Austritt: 34—25°. (**Ind. P. 46 608** vom 25/1. 1952, ausg. 3/3. 1954.) O. MÜLLER-MEININGEN. 8079

Farbenfabriken Bayer Akt.-Ges. (Erfinder: **Heinrich Rinke**), Leverkusen, *Geformte Gebilde aus Acrylsäurenitrilpolymeren*, die keine polaren Gruppen oder andere reaktionsfähige, H-tragende Gruppen enthalten, erhält man aus den Lsgg. der Hochpolymeren, denen vor dem Verformen polyfunktionelle Methyloläther mit mindestens 3 Methyloläthergruppen zugesetzt werden, u. durch Erhitzen der Formlinge nach dem Strecken auf Tempp. $>$100°. — *Fäden* oder Filme. (**D. B. P. 920 146** Kl. 29b vom 4/1. 1952, ausg. 15/11. 1954. Anmeldung bekanntgemacht 15/4. 1954.) G. SALZMANN. 8081

Chemstrand Corp., Philadelphia, Pa., V. St. A., *Herstellung eines Polymergemisches*, dad. gek., daß man einerseits eine wss. Dispersion eines Polymers mit mindestens 90% *Acrylnitril*-Geh.durch Polymerisation in wss. Medium in Ggw. eines Alkalipersalzes, dessen Menge genügt, um die Dispersion sauer zu halten, u. andererseits eine ein $p_H > 7$ aufweisende wss. Dispersion eines Polymeren mit $>$15% eines eine $>C=C<$-Gruppe aufweisenden tert. Amins herstellt, die saure u. alkal. Dispersion miteinandermischt u. den Nd. des Polymerengemisches abtrennt. Als tert. Amine sind genannt: 2-, 4-, 5-Äthyl-2-, 5-Methyl-2-vinylpyridin. Eine Lsg. des Reaktionsprod. in N.N-Dimethylacetamid in W. versponnen, ergibt *Fasern*, die mit sauren Farbstoffen leicht gefärbt werden können. — Beispiel. (**Schwz. P. 302 490** vom 23/5. 1951, ausg. 3/1. 1955. A. Prior. 26/5. 1950.) H. SCHINDLER. 8081

Enrico Vigezzi, Lezioni di chimica tessile. Classificazione delle fibre tessili. Fibre e filamenti minerali. Degradazione e alterazione dei tessili. Firenze: Ed. tip. Editrice universitaria. 1954. (350 S. m. Abb.)

XIX. Brennstoffe. Erdöl. Mineralöle.

W. Fuchs, *Über die Aachener Kreidekohlen und verwandte Kohlenvorkommen*. Vf. weist nach, daß die Deckschicht den Inkohlungsgrad nicht bestimmt. Vielmehr könnte ein höherer Gebirgsdruck für eine höhere D. u. die Tätigkeit anaerober Organismen hierfür verantwortlich sein. (Chem. Techn. **6**. 378—80. Juli 1954. Aachen, TH, Chem.-Techn. Inst.) O. BÄR. 8126

Alexandar Kosicki, *Der Prozeß der Carbonisation und die Elementarzusammensetzung der Brennstoffe*. Es wird an einem Berechnungstafelpaar für fl. u. gasförmige Brennstoffe gezeigt, daß weder die h_u noch L_{min} noch Σh_u mit steigendem C-Geh. regelmäßig ansteigen, sondern nur $L_{min}/\Sigma h_u$, welcher Wert somit zur Kennzeichnung des Carbonisationsprozesses dienen kann. L_{min} bedeutet das Minimum an Luft für die vollständige Verbrennung des betreffenden Brennstoffs, Σh_u die Heizwertsumme für C + H + S. Die Berechnungstafeln enthalten 18 organ. Verbb., darunter 16 KW-stoffe. (Гласник Хемиског Друштва Београд [Ber. chem. Ges. Belgrad] **18**. Nr. **1**. 23—26. 1953.) A. v. WILPERT. 8128

F.-W. Mayer, *Über eine neue Theorie des Sedimentationsmechanismus mit den entsprechenden Folgerungen zur rationellen Gestaltung des Waschverlauf-Diagramms und die Einstellung der entsprechenden Regulierung eines Behälters ohne Kolben.* Es wird der mathemat. Beweis erbracht, daß die Sedimentationsarbeit ein Vorbereitungsverf. (durch Schichtung) ist u. viel Ähnlichkeit mit dem Verf. mit spezif. schwerer Fl. hat. (Rev. Ind. minérale **31**. 337—43. Jan. 1951. Bochum.) K. PISTOR. 8134

J. W. MacDonald, *Trennung verschieden dichter Medien nach dem Tromp-Verfahren.* Es wird der Hauptfließplan der Bädereinheiten für die Kohlentrennung beschrieben. Es folgen Daten der Unterss. u. der Produktionskontrolle sowie die Behandlung von Magnetit, seine Entfernung u. die Regelung der Dichte. (Proc. Illinois Mining Inst. **60**. 109—116. 1952. Christopher, Ill., Old Ben Coal Corp.) E. BOYE. 8134

J. H. Scholtz, *Die Herstellung von Koks für Hochöfen, historische Entwicklung der Koksgewinnung.* Überblick über die Entw. in Südafrika. (South African ind. Chemist **8**. 195—200. Sept. 1954.) K. O. MÜLLER. 8144

G. le B. Diamond, *Vergasung von Rückstandöl.* Beschreibung der katalytischen Vergasung von Schwerölen in der O.N.I.A.-G.E.G.I.-Anlage in Stafford, in der zum erstenmal die Carburierung von Wassergas statt mit Gasöl mit Heizöl erfolgreich durchgeführt wird. Arbeitsweise wird an Hand eines Fließdiagramms geschildert. Wirtschaftliche Betrachtungen. (Gas J. **280 (106)**. 671—72. 8/12. 1954. West Midlands Gas Board.) K. O. MÜLLER. 8148

Karl Bergwein, *Geruchsverbesserungsmittel in der Mineralölindustrie.* Vf. befaßt sich mit Stoffen, durch deren Zusatz eine Geruchsverbesserung von chem.-techn. Prodd. erzielt werden soll, die Petroleumfraktionen, KW-stofföle oder Derivv. derselben enthalten. Hierbei ist darauf zu achten, daß jeweils artverwandte Gerüche in richtiger Dosierung angewandt werden, um den Eindruck der Parfümierung zu vermeiden. Ferner sind gewerbehygien. Vorschriften zu beachten. Bes. ist das Tarnen narkot. wirkender Atemgifte verboten. Hierfür werden jeweils Beispiele angeführt. (Seifen-Öle-Fette-Wachse **79**. 655—56. 9/12. 1953. Holzminden, Dragoco, Fachlabor. für Parfümgrundstoffe.) GERHARD GÜNTHER. 8196

F. M. Archibald, *Südafrikanisches Benzin hergestellt aus Erdöl.* Beschreibung des „cat cracker"-Verf. in der Durban Raffinerie u. Aufarbeitung der anfallenden Produkte. (South African ind. Chemist **8**. 182—86. Sept. 1954. Standard-Vacuum Refining Co. of South Africa Ltd.) K. O. MÜLLER. 8200

G. E. Mapstone, *Einige Eigenschaften von Alkohol–Benzol–Benzin-Gemischen für die Verwendung als Motorkraftstoff.* Das Klopfverh., Heizwert, Nutzleistung, Verbrauch, Dampfdruck u. Wasseraufnahmefähigkeit von tern. Gemischen wird an Hand von Analysen u. Diagrammen besprochen. (South African ind. Chemist **8**. 187—94. Sept. 1954, Boksburg North, South African Torbanite Mining and Refining Co. Ltd. [S.A.Z.M.A.R.].) K. O. MÜLLER. 8204

Ss. M. Awetikjan und **D. O. Goldberg,** *Einfluß der Natur des Bitumens auf die Gewinnung von stabilen Bitumen–Wasser-Emulsionen.* (Vgl. C. **1954**. 8985.) Die Stabilität der Emulsionen von Binagadinsk-Goudron (**A**), Bibi-Eibat-Goudron (**B**) u. Extrakt der Furfurolölreinigung (**C**) ist abhängig von der Art des Bitumens u. des Emulgators *Na-Stearat* (**I**), *Na-Oleat* (**II**), *Na-Benzoat* (**III**), *Na-Naphthenat* (**IV**). Aus dem %-Geh. der Bitumina an Asphalten, Harzen () u. Ölen [] **A** 16,6 (31,1) [52,2], **B** 7,5 (35,3) [57,2], **C** 10,5 (25,6) [63,8] ist ersichtlich, daß das Öl von **C** fast ausschließlich aus aromat. KW-stoffen besteht, im **A**-Öl daneben polycycl. Naphthene enthalten sind u. im **B**-Öl die Naphthene gegenüber den aromat. KW-stoffen vorherrschen. **I** liefert nur unbeständige Emulsionen. Bei 0,0035 n **I** ist die C-Emulsion am stabilsten. Bei höherer Konz. nimmt die Stabilität der Emulsion von **B** nach **A** u. **C** ab. Die Stabilität der C-Emulsion nimmt auch mit steigender **II**-Konz. ab. Hier ist die Emulsion von **A** stabiler als die von **B**, bedingt durch die Doppelbindung im Fettradikal von **II**. **III** ist am wirksamsten mit **C**, dessen Emulsion stabiler ist als mit den anderen Emulgatoren. Die **C**-Emulsion wird auch hier mit steigender **III**-Konz. weniger stabil. In Ggw. von **III** besitzen die Emulsionen von **A** u. **B** gleiche Stabilität. Die **C**-Emulsion ist bei geringer **III**-Konz. stabiler, bei hoher **III**-Konz. weniger stabil als die Emulsionen von **A** u. **B**. Die entmischte C–W.-Emulsion wird schon beim schwachen Umschütteln rasch reemulgiert. Selbst bei der Entmischung bleibt die Solvathülle erhalten, wodurch die Emulsionsflocken im Unterschied zu **A** u. **B** locker u. matt sind. Zwischen der Neigung zur Bldg. von Bitumen–W.-Emulsionen u. dem Harzgeh. oder dem Verhältnis Asphaltene/Harze besteht keine gesetzmäßige Beziehung. Am wirksamsten für die stark aromatisierten Bitumen sind die Emulgatoren mit aromat. Ring. Für die Bitumen mit mehr aromat. KW-stoffen als Naphthenen ist dies **IV**.

Am stärksten emulgierend auf die Bitumen mit wenig aromat. u. viel Naphthen-KW-stoffen wirkt **II**. (Коллоидный Журнал [Kolloid J.] **13.** 159—63. Mai/Juni 1951.) O. LEBTAG. 8224

G. Niemann und **H. Rettig,** *Der FZG-Zahnradkurztest zur Prüfung von Getriebeölen, Beschreibung des Testes, Testbedingungen und Testergebnisse.* Mit einem bereits früher beschriebenen Prüfstand kann der Einfl. des Schmiermittels auf Tragfähigkeit, Verschleiß, Flankenglättung, Schaumneigung u. Korrosionswrkg. getestet werden. Es werden Beispiele für Normalteste u. Sonderteste sowie deren Auswertung gegeben. Der zunächst für Hypoidgetriebe entwickelte Test kann auch auf andere Gleitwälzpaarungen angewandt werden. (Erdöl u. Kohle **7.** 640—42. Okt. 1954. München, TH, Forschungsstelle für Zahnräder u. Getriebebau [FZG].) K. L. WOLF. 8252

E. B. Childs und **J. A. Kanehann,** *Die Anwendung des logarithmischen Sektors für quantitative spektrographische Analysen von Petroleum-Ascherückständen.* Vff. beschreiben die Anwendung eines logarithm. Sektors für spektrograph. quantitative Best. von 11 Elementen (*Al, Mg, Pb, Sn, Si, Fe, Cr, Ga, Ca, Cu, Ag*) in Ölascherückständen. Die Meth. ist anwendbar für Motor- u. Maschinenöle, Schmierfette, Cracköle u. Ablagerungsöle. Der Durchschnittsfehler beträgt 30%. Die Meth. ist zur Schnellanalyse (Arbeitszeit pro Probe 75 Min.) geeignet u. macht den Gebrauch kostspieliger Densitometer unnötig. Vff. geben die analyt. Behandlung, Daten u. Resultate für 13 verschied. Proben an. (Analytic. Chem. **27.** 222—25. Febr. 1955. Brooklyn, N. Y., Socony-Vacuum Oil Co., Techn. Serv. Dep.) M.-L. KLAAR. 8252

R. N. McCoy und **F. T. Weiss,** *Die Anwendung der katalytischen Desulfurierung auf die Gruppen-Schwefelanalyse von Petroleumfraktionen.* Bei der selektiven katalyt. Desulfurierung von organ. S-Verbb., wie sie im Rohöl vorkommen, wird beobachtet, daß an Al_2O_3 mit spezif. Fe_2O_3-Geh. bei Temp. um 450° zwischen A) *aliphat.* u. *alicycl.* gebundenem, B) in *aromat. Mercaptanabkömmlingen* gebundenem, C) in *Thiophenderivv.* gebundenem S unterschieden werden kann. — Vff. beschreiben eine App., die auf Grund dieser Ergebnisse die Gruppen-S-Analyse auch an solchen Ölfraktionen erlaubt, die früher mit den bekannten Methoden wegen des zu hohen Mol.-Gew. nicht erfaßt werden konnten. — Die Rohöl- bzw. Testproben werden in Mengen von 2—10 mg in den auf 450 ± 10° geheizten Ofen eingetropft; mit O_2-freiem N_2 werden in 30—300 Min. die entstandenen *Mercaptane* (**I**) u. *H_2S* (**II**) in entsprechende Vorlagen gespült u. der Geh. an **I** nach TAMELE u. RYLAND (Ind. Eng. Chem., Anal. ED., **8.** [1936.] 16) sowie an **II** nach LYKKEN u. TUEMMLER (C. **1944.** I. 1028.) potentiometr. titriert. — Die Auftrennung nach A), B) u. C) wird ermöglicht, da bei den gegebenen Versuchsbedingungen aus A) **II,** aus B) **I** u. **II** u. aus C) nur Spuren **II** gebildet werden. Zusammen mit den konventionellen Methoden zur Best. von elementarem S, **I, II** u. Disulfiden ist eine Gruppenbest. für erheblich höher sd. Fraktionen durchführbar, als dies bisher der Fall war. — Die Empfindlichkeitsgrenze der Meth. liegt bei 0,01% S-Geh.; an definierten Lsgg. von S-Verbb. in Weißöl wurde nachgewiesen, daß angenähert 90% **II** erfaßt werden können. — Folgende Verbb. wurden als Testsubstanzen in Weißöl — gegebenenfalls in Ggw. von Xylol — gelöst, benutzt: *Mercaptane* (*n-Amyl-, n-Dodecyl-, tert.-Hexadecyl-, Benzyl-, Phenylmercaptan*), *Sulfide* (*Diäthyl-, Diisoamyl-, Isobutyl-n-octyl-, Dibenzyl-, Phenyldecyl-, Diphenyl-, Thiophansulfid*), *Disulfide* (*Diamyl-, Di-tert.-octyl-, Dibenzyl-, Diphenyldisulfid*), *Thiophen* (*2-, 3-Methyl-, Benzo-, Dibenzothiophen*), *Thioglykolsäure, Diphenylsulfoxyd.* (Analytic. Chem. **26.** 1928—33. Dez. 1954. Emeryville, Calif., Shell Develop. Co.) G. SCHOENEWALD. 8252

Robert B. Jacobs und **Lloyd G. Lewis,** *Schnelle und genaue Wasserstoffbestimmung.* Der neue App. benutzt die Absorption von β-Strahlen, die durch den Zerfall von ^{90}Sr entstehen. Die β-Strahlen werden in den Elektronen der Substanzen absorbiert, mit denen sie zusammenstoßen. Da nun das H-Atom zweimal soviel Elektronen je Gewichtseinheit enthält als irgend ein anderes Element, werden die Strahlen von ihm am stärksten absorbiert. Das Arbeiten des App. wird an Hand einer Skizze genau beschrieben. Er kann bei allen Raffineriegasen zur Anwendung kommen, nur bei Anwesenheit von H_2S müssen gewisse Korrekturen vorgenommen werden. (Oil Gas J. **52.** Nr. 21. 128. 130. Sept. 1953.) F. ROSENDAHL. 8252

A. R. Javes und **C. Liddell,** *Eine Schnellmethode für die Bestimmung des Verkohlungswertes von Schwerbenzin.* Bericht über Verss., durch die die bisher 27 Std. dauernde Best. des Verkokungswertes von Schwerbenzin auf 8 Std. gesenkt werden konnte, wobei Werte erhalten werden, die mit den bisher nach der IP-Meth. ermittelten Werten übereinstimmen. Eine 2 Liter-Probe des zu testenden Schwerbenzins wird im N_2-Strom bis auf 7% Rückstand abdest. u. dieser in einer modifizierten IP-Lampe während 5 Std. verbrannt. Der am Docht u. Dochthalter gebildete C wird nach 3maligem Auswaschen mit Normalbenzin getrocknet u. gewogen. Versuchsdurchführung mit Abb. im

Original. (J. Inst. Petroleum **40**. 170—74. Juni 1954. Sunbury-on-Thames, Anglo-Iranian Oil Co. Ltd., Res. Stat.) K. O. MÜLLER. 8254

Maria Marconi, *Die Bestimmung von Blei in Bleinaphthenaten oder anderen Bleisalze enthaltenden Mineralölen.* Zur Best. von Pb (gegebenenfalls auch Cu, Zn) in Mineralölen, denen Pb als organ. Salz zugesetzt ist, eignet sich die polarograph. Meth. nach einer entsprechenden Vorbehandlung der Analysenprobe. Dazu werden 0,2—10 g Öl (je nach Pb-Geh.) nötigenfalls filtriert oder zentrifugiert u. nach Zusatz von 15 cm^3 Eisessig $^1/_4$ Std. am Rückflußkühler erhitzt; nach dem Abkühlen wird mit 10% ig. Na-Acetatlsg. aufgefüllt auf 100 cm^3 unter Verwerfung der öligen Schicht u. stehengelassen bis zur Entmischung der Emulsion. Aus dieser Lsg. wird Pb polarograph. bestimmt. Die Meth. ist rasch (Dauer ca. 1 Std.) u. genügend genau (Fehlergrenze ca. 1%); sie ist für alle vorkommenden Konzz. anwendbar u. um so genauer, je geringer der Pb-Geh. ist. (Chimica [Milano] [N. S.] **8** (**29**). 216. Aug. 1953.) M. SCHENK. 8254

D. G. Butlin, *Stabilität von Heizöl–Gasöl-Gemischen.* Als Ergänzung zur Veröffentlichung des gleichen Vf. (C. **1950**. II. 2137) wird gezeigt, daß die Fällungswrkg. der im Xyloläquivalenttest verwendeten Verdünnungsmittelgemische nicht nur vom Anilinpunkt, sondern auch von der Oberflächenspannung abhängen. Das früher beschriebene Verf. zur Best. des Xyloläquivalents wurde durch Austausch des Testbenzins gegen Isooctan oder n-Heptan u. durch Verkürzung der Untersuchungszeit verbessert. (J. Inst. Petroleum **39**. 294—303. Mai 1953.) H. SYDOW. 8256

Shigeto Yamaguchi, *Untersuchungen von Schmieröl der Ammoniumsulfatindustrie mittels Elektronenbeugung.* Bei 96 *Schmierölen* für Hochdruckkompressoren von 15 Werken der $(NH_4)_2SO_4$-Industrie wurde mittels der Elektronenbeugungsmeth. die mol. Ausrichtung beim Haften auf Metalloberflächen je nach der Ausbldg. eines Halos, Bogens oder eines Punktflecks beurteilt. Dabei zeigen sich auch Beziehungen zwischen Viscosität u. beobachteter Orientierung. Zur Beurteilung von Ölmischungen sollte man die Ergebnisse nach obiger Meth. heranziehen. *Ricinusöl* zeigt kaum krist. Ausrichtung u. dürfte auch nicht genug hitzebeständig für Kompressoren sein. (J. chem. Soc. Japan, ind. Chem. Sect. [Kōgyō Kagaku Zassi] **54**. 223—25. März 1951. Science Res. Inst. [Orig.: japan.]) L. SCHULER. 8258

Mij. voor Kolenbewerking Stamicarbon N. V., Heerlen, Holland, *Verfeuern von pulverförmigem Brennstoff.* Feinkörnige Koks- oder Kohlepulver mit einer Korngröße von 0—200 u. geringem Anteil an flüchtigen Bestandteilen werden kontinuierlich einer dem Verbrennungsofen (**I**) vorgeschalteten Kammer (**II**) bei 600—1000° zugeführt u. mittels eines in gleicher Richtung eingeblasenen Luftstroms im schwebenden u. glühenden Zustand gehalten. Von **II** werden dann die teils verbrannten Partikel in **I** kontinuierlich zusammen mit Verbrennungsluft eingeblasen, wo die weitere Verbrennung stattfindet. — Abbildung. (**N. P. 82 804** vom 5/2. 1953, ausg. 30/11. 1953. Holl. Prior. 19/2. 1952.) K. H. KÄHLER. 8133

Preussische Bergwerks- und Hütten-Akt.-Ges., Berghöpen (Erfinder: **Eugen Blum,** Geislingen/Steige), *Bestimmung der Viscosität eines Rohöles* unter Lagerstättenbedingungen, dad. gek., daß die Viscosität im Bohrloch selbst mit einem an sich bekannten Viscosimeter gemessen wird, welches die durch die Reibungskraft des Öls abnehmenden Ausschläge eines Dreh- oder Längsschwingungen ausführenden Syst. ermittelt u. zur Best. der Viscosität benutzt. (**D. B. P. 879 773** Kl. 421 vom 28/6. 1950, ausg. 15/6. 1953. Anmeldung bekanntgemacht 9/10. 1952.) W. v. HUHN. 8189

Standard Oil Development Co., Elizabeth, N. J., übert. von: **Richard A. Salathiel,** Houston, Tex., V. St. A., *Wasserlösliche druckstabile Salze sulfonierter Phenol–Formaldehyd-Kondensationsprodukte.* Man erhitzt ein monosulfoniertes Phenol, Phenol, W. u. H_2SO_4 mit CH_2O auf ca. 85°, oder man sulfoniert Phenol mit H_2SO_4 im Verhältnis 1,5 : 1,15 bei 90—100°, gibt nach dem Abkühlen auf 85° 0,75—0,85 Mol CH_2O zu, erhitzt auf 95°, bis die Viscosität 100—300 cP/95° beträgt, setzt dann unter weiterem Erhitzen Phenol zu u. neutralisiert mit Alkalihydroxyd. — *Zusatzmittel* zu *Bohrschlamm.* (**A. P. 2 639 274** vom 3/4. 1952, ausg. 19/5. 1953.) G. KRAUSS. 8191

Socony-Vacuum Oil Co., Inc., übert. von: **William E. Garwood,** Haddonfield, N. J., V. St. A., *Katalytische Entschwefelung von Kohlenwasserstoffen* durch Behandlung mit einem Cr_2O_3–Al_2O_3-Gelkatalysator, der bei höherer Temp. mit 0,02—8 g H_2 pro cm^3 Katalysator vorbehandelt u. dann einer Sulfidierung mit ca. 0,1—2 g H_2S pro cm^3 des Katalysators unterworfen wurde. Erst mit dem so vorbehandelten Katalysator wird dann die Entschwefelung der KW-stoffe vorgenommen. (**A. P. 2 687 983** vom 11/2. 1953, ausg. 31/8. 1954.) P. UNGER. 8195

Anglo Iranian Oil Co. Ltd., London, und **Leslie Senior Thornes,** Sunbury-on-Thames, England, *Harnstoff in feinverteilter Form für die Reinigung von Erdöl* durch Bldg.

von Addukten. Man bringt den Harnstoff (I) mit einem KW-stofföl in Berührung u. erzeugt eine Emulsion von fl. I in dem Öl. Durch Schockkühlung, indem man die Emulsion heftig mit dem KW-stofföl bei so niedriger Temp. mischt, daß sich eine I-Suspension in dem Öl bildet, erhält man feinverteilten I in fester Form. Die I-Suspension in Öl soll 50—100 Gew.-% I, bezogen auf die Ölmenge, enthalten. Bldg. der Emulsion bei 132 bis 140°, Schockkühlung durch Zufuhr kalten Öls. — Zeichnung. (**E. P. 714 327** vom I7/5. 1950, ausg. 25/8. 1954.) P. UNGER. 8195

M. W. Kellogg Co., Jersey City, N. J. (Erfinder: **Robert M. Owens,** New York, N. Y.), V. St. A., *Verfahren und Vorrichtung zum Abtrennen verbrauchter fluidisierter Katalysatoren* aus Reaktionsgefäßen der katalyt. KW-stoffumwandlung (Spaltverf.), wobei die aufwärts strömenden KW-stoffdämpfe nur durch die äußere Zone des dichten Phasenbettes eingeführt werden, während sich der Katalysator in der inneren Zone absetzt u. in vertikalem Strom nach unten mit solcher Geschwindigkeit abgezogen wird, daß kein Rückfluß der Gase möglich ist. — Zeichnung. (**D. B. P. 927 817** Kl. 23b vom 1/4. 1951, ausg. 16/5. 1955. Anmeldung bekanntgemacht 28/10. 1954. A. Prior. 29/1. 1948.) P. UNGER. 8197

M. W. Kellogg Co., Jersey City, N. J., V. St. A. (Erfinder: **William Joseph Degnen,** Westfield, und **William Benedict Johnson,** Far Hills), *Kontinuierliches Verfahren und Vorrichtung zur Umwandlung von Kohlenwasserstoffen in der Dampfphase* in Ggw. von Wirbelstromkatalysatoren u. Regenerierung der verbrauchten Katalysatoren in 2 getrennten Arbeitszonen. Dabei gelangt der verbrauchte Katalysator aus der Reaktionszone durch ein Fallrohr nach unten in die dichte Phase in der Regenerierzone, während der regenerierte Katalysator durch ein 2. Fallrohr mit Hilfe der eingeblasenen KW-stoffe nach oben in das dichte Bett der Reaktionszone gebracht wird. — Zeichnung. (**D. B. P. 927 818** Kl. 23b vom 1/4. 1951, ausg. 16/5. 1955. Anmeldung bekanntgemacht 28/10. 1954. A. Prior. 29/1. 1947.) P. UNGER. 8197

Davison Chemical Corp., Baltimore, übert. von: **Jacob Elston Ahlberg, Leon L. Baral** und **Thomas O. Tongue,** V. St. A., *Herstellung von SiO_2-MgO-Katalysatoren.* SiO_2-MgO-Hydrogel, hergestellt z. B. durch Vermischen einer Na-Silicatlsg. mit H_2SO_4 u. einer Aufschlämmung von MgO, wird gewaschen, getrocknet u. mit W. von 100 bis 212° F 6—18 Std. behandelt, nochmals getrocknet u. aktiviert. Der Katalysator ist bes. beständig gegen Hitze, Dampf u. Abrieb. — *Cracken von Erdöl.* (**A. P. 2 680 100** vom 6/3. 1951, ausg. 1/6. 1954.) W. MATTHAES. 8197

Standard Oil Development Co., übert. von: **Edwin J. Gohr,** New York, N.Y., **Homer Z. Martin,** Cranford, **Charles E. Jahnig,** Red Bank, **Charles W. Tyson,** Summit, und **John M. Graham,** Plainfield, N. J., V. St. A., *Unterbrechung von Kohlenwasserstoffumwandlungen.* Bei Hochtemperaturprozessen wird eine große Menge von Katalysatorteilchen zur Umwandlung des KW-stoffbehandlungsgutes in Ggw. zurückgeführten, fluidisierten Katalysators in der Reaktionszone gebraucht, u. der anfallende verbrauchte Katalysator wird in fluidisiertem Zustand in einer Regenerationszone reaktiviert. Soll der Prozeß stillgelegt u. aller Katalysator aus Reaktor u. Regenerator entfernt werden, so dreht man den KW-stoffzufluß ab, reinigt die Reaktionszone mit Dampf u. drosselt den Zufluß von Katalysator in die Reaktionszone. Man fördert soviel wie möglich an Katalysator vom Reaktor zum Regenerator, leitet Luft in den Reaktor u. führt nur eine geringe Katalysatormenge zwischen Reaktor u. Regenerator im Kreislauf. Dabei kühlt sich der Katalysator durch die Luft auf 300—500° F ab. Man leitet ihn aus dem Regenerator als dichte fluidisierte Säule nach unten ab, gibt Gas zu dem Katalysator, um eine leichtere Suspension zu erhalten, u. leitet letztere in eine Absitz- u. Vorratszone, die mit der Außenluft in Verbindung steht. Man saugt staubbeladenes Gas aus dem oberen Teil der Absetzzone ab, scheidet die festen Teilchen ab u. gibt diese in die Vorratszone zurück. — Zeichnung. (**A. P. 2 655 466** vom 6/10. 1949, ausg. 13/10. 1953.) P. UNGER. 8197

Phillips Petroleum Co., übert. von: **Myron O. Kilpatrick,** Bartlesville, Okla., V. St. A., *Verhinderung von Kohleablagerung bei der Kohlenwasserstoffumwandlung.* Durch Behandlung des oberen Teiles der inneren Oberfläche des Reaktors (der nicht der schabenden Wrkg. der abwärts bewegten, wärmeaustauschenden Feststoffteilchen ausgesetzt ist) mit Dampf werden die KW-stoffumwandlungsprodd. im Inneren des Reaktors daran gehindert, dessen innere Oberfläche an solchen Punkten zu berühren. Die Reaktionsprodd. werden also aus dem Reaktor entfernt, bevor sie diesen Teil des Reaktors berühren können, auf dem durch weitere KW-stoffumwandlung eine Kohleablagerung erfolgen könnte. — Zeichnung. (**A. P. 2 680 706** vom 18/9. 1950, ausg. 8/6. 1954.) P. UNGER. 8197

Ruhrchemie Akt.-Ges. (Erfinder: **Heinrich Tramm,** Mülheim, und **Karl Clar**), Oberhausen, *Untersuchung von aus Kohlenwasserstoffen bestehenden Schmierölen* auf ihre

Alterungsbeständigkeit durch Behandlung derselben mit O_2 bei erhöhter Temp. u. Feststellung des zeitlichen Verlaufes der O_2-Einw., dad. gek., daß der bei der O_2-Behandlung auftretende Temperaturanstieg messend verfolgt wird. (**D. B. P. 880 959** Kl. 42 l vom 2/11. 1938, ausg. 2/7. 1953. Anmeldung bekanntgemacht 2/10. 1952.) W. v. HUHN. 8221

Badische Anilin- & Soda-Fabrik Akt.-Ges. (Erfinder: **Ludwig Raichle** und **Willy Wolf**), Ludwigshafen/Rh., *Prüfung von Schmierölen* mit einem oder mehreren heizbaren Metallblöcken, die an einem Ständer so angebracht sind, daß die Neigung zur Horizontalen verändert werden kann, ferner mit Teststreifen aus Blech, die, zweckmäßig unter Verwendung von Metallunterlagen, auf den oder die Metallblöcke aufgelegt werden, u. mit Meß- u. Verteilervorrichtungen, durch die die zu untersuchenden Ölproben auf die Teststreifen geleitet werden. (**D. B. P. 888 622** Kl. 42 l vom 22/12. 1951, ausg. 3/9. 1953. Anmeldung bekanntgemacht 30/10. 1952.) W. v. HUHN. 8221

Socony-Vacuum Oil Co., Inc., New York, N. Y., übert. von: **John J. Giammaria**, Woodbury, N. J., V. St. A., *Mineralschmieröl*, enthaltend 1—10, bes. 2,75 (%) bas. Petroleumsulfonat u. 0,01—0,5, bes. 0,025, eines veresterten Copolymeren (σ), das mit einem prim. Amin stabilisiert ist. σ wird hergestellt durch Rk. einer Vinylverb. (**I**) mit Maleinsäureanhydrid u. Veresterung des erhaltenen Reaktionsprod. mit einem Gemisch aus prim. unverzweigten C_{12-14}- u. C_{10-18}-Alkoholen (**II**). Dieses veresterte Copolymere wird 1—5 Std. bei 125—200° mit 10 Gew.-% eines prim. Amins (**III**) behandelt. — Beispiele für **I**: 1-Olefine, Styrol, Vinylester u. -äther; für **II**: Alkoholgemisch „Lorol"; für **III**: Anilin, n-Octadecyl-, n-Butyl-, n-Hexadecyl- u. Cyclohexylamin. (**A. P. 2 615 843** vom 31/8. 1951, ausg. 28/10. 1952.) E. DREWS. 8221

Farbwerke Hoechst, vormals Meister Lucius & Brüning, Frankfurt/M. (Erfinder: **Siegfried Kiesskalt**, Hannover), *Schmierstoffprüfung*, dad. gek., daß ein symm. Prüfkörper, wie eine Kugel oder Rolle, zwischen 3 Prüfstäben, die mit Untermaß gelagert sind, in Ggw. des Schmierstoffes durchgepreßt wird u. daß die Reibungskraft sowie Verformung u. Verschluß gemessen u./oder aufgezeichnet werden. (**D. B. P. 868 675** Kl. 42 l vom 13/12. 1944, ausg. 26/2. 1953. Anmeldung bekanntgemacht 26/6. 1952.) W. v. HUHN. 8223

N. V. de Bataafsche Petroleum Mij., Den Haag, Holland, *Herstellung von Ca-Seifenschmierfetten.* Zu einer Mischung von Ca-Seife u. Mineralöl wird bei einer Temp. unterhalb des Tropfpunktes des fertigen Fettes ein fl. Paraffinwachs vom F. 50° in Mengen von Ca-Seife : Wachs = 3 : 1 bis 1 : 2 gegeben. Seifengeh. des Fettes: 4 bis 7 (Gew.-%), Wassergeh.: 0,3—3. Das Schmierfett kann 1—10 anorgan. koll. Gele enthalten. Tropfpunkt: 93—97°. (**E. P. 708 982** vom 20/3. 1952, ausg. 12/5. 1954. Holl. Prior. 22/3. 1951.) E. DREWS. 8223

Badische Anilin- & Soda-Fabrik Akt.-Ges., Ludwigshafen/Rh. (Erfinder: **Hermann Zorn**, Chur, Schweiz, und **Franz Pohl**, Knapsack), *Entparaffinieren von Ölen* durch Abkühlung in Ggw. von Lösungsmitteln, wie Tetrahydrofuran, zusammen mit Ketonen, aliphat. Alkoholen, Nitrilen, Estern oder Halogen-KW-stoffen. Diese gestatten eine gute Ausbldg. der Paraffinkristalle u. besitzen ein geringes Auswaschvermögen. (**D. B. P. 925 852** Kl. 23b vom 13/1. 1944, ausg. 31/3. 1955. Anmeldung bekanntgemacht 10/4. 1952.) P. UNGER. 8227

Reinhard Ernst Vogel und **Karl Hermann Georg Hockel** (Erfinder: **Reinhard Ernst Vogel**), Leutkirch/Allgäu, *Herstellung von Bitumenemulsionen*, dad. gek., daß zu der negativ geladenen Dispersion negativ geladene Metall- oder Metalloxyddispersionen zugegeben werden u. die vorzeitige Bldg. von gröberen Teilchen vermieden wird. Die Emulsionen können zusätzlich Wachse bis zu einem Gesamtfettgeh. von 90%, sowie zur Erhöhung der Naßfestigkeit der geleimten Faservliese Kunstharze auf Grundlage von Harnstoff oder polymeren Cyanamiden oder von Polyvinylverbb. enthalten. (**D. B. P. 919 496** Kl. 23c vom 1/1. 1952, ausg. 25/10. 1954. Anmeldung bekanntgemacht 19/11. 1953.) E. DREWS. 8231

Standard Oil Co., Cleveland, übert. von: **Everett C. Hughes**, Shaker Heights, und **Harrison M. Stine**, East Cleveland, O., V. St. A., *Asphaltmischung von erhöhter Klebkraft an Gestein.* Dem Asphalt wird das Reaktionsprod. von einem Phosphorsulfid u. W. in Mengen von 0,1—2% zugesetzt, worauf das Gemisch wenigstens 4 Std. unter nicht oxydierenden Bedingungen auf Tempp. zwischen 212 u. 500° F erhitzt wird. — Z. B. wird 1 Mol P_2S_5 mit 1 Mol H_2O 2 Std. lang bei 200° F zur Rk. gebracht. 0,25% des Reaktionsprod. werden mit Asphalt vermischt u. in einer CO_2-Atmosphäre 336 Std. lang auf 300° F erhitzt. (**A. P. 2 673 164** vom 1/8. 1950, ausg. 23/3. 1954.) HANS HOFFMANN. 8237

Standard Oil Co., Chicago, Ill., übert. von: **Frederick H. MacLaren**, Munster, Ind., V. St. A., *Herstellung eines Straßenbaustoffes.* Steinklein wird mit einem bituminösen Bindemittel vermischt, welchem 0,1—30 Gew.-% „ebony fat" zugesetzt sind. Dieses

„ebony fat" ist der Rückstand, welcher bei der Extraktion von rohen tier. oder pflanzlichen Fetten, fetten Ölen oder Fettsäuren mit fl. C_3H_8 zurückbleibt. (**A. P. 2 673 814** vom 30/6. 1950, ausg. 30/3. 1954.) HANS HOFFMANN. 8237

Wilhelm Gumz, Vergasung fester Brennstoffe. Stoffbilanz u. Gleichgewicht. Eine Darst. prakt. Berechnungsverfahren. Berlin, Göttingen, Heidelberg: Springer-Verl. 1952. (VI + 102 S. m. 4 Abb.) DM 9,60.

Karl Nabert und **Gerhard Schön,** Sicherheitstechnische Kennzahlen brennbarer Gase und Dämpfe. Zsgest. aus Schrifttum u. eigenen Messungen. Im Auftr. d. physikalisch-techn. Bundesanstalt. Berlin: Dt. Eichverl. 1953. (96 S.) DM 14,75.

R. N. Oscher, Herstellung und Anwendung von Schmier- und Kühlflüssigkeiten. Leipzig: Fachbuchverl. 1954. (183 S. m. 12 Abb.) DM 9,80.

XX. Schieß- und Sprengstoffe. Zündmittel.

W. I. Terentjew, *Über den Wirkungsradius von Sprengstoffladungen.* Entgegen der herschenden Ansicht, daß bei einer Sprengung der Radius der Zerstörungssphäre um die Ladung mit maximaler innerer Wrkg. sich beim Erreichen der freien Oberfläche nicht ändert u. dabei zur Ladung mit äußerer Wrkg. wird, weist Vf. folgendes nach: 1. Der Wirkungsradius einer Ladung mit maximaler innerer Wrkg. erreicht nicht die freie Oberfläche. 2. Der weit größere Wirkungsradius einer Ladung mit äußerer Wrkg. beruht darauf, daß bei dieser Art Sprengung das Gestein auf Scherung u. Zug beansprucht wird. Gegen diese Beanspruchung ist der Widerstand der Gesteine viel geringer als gegen Druck (innere Wrkg.). 3. Bei der Vergrößerung des Gewichtes einer Sprengladung mit innerer Wrkg. bis zum Gewicht einer Ladung mit äußerer Wrkg. wird der Wirkungsradius geringer, da im ersten Falle die Zeit der Gaseinw. u. somit auch die Tiefe der sich bildenden Risse größer wird als im zweiten Falle. (Горный Журнал [Berg.-J.] **1951.** Nr. 4. 28—29. April.) A. AMBURGER. 8290

József Kóta, *Die Rolle des Zeitfaktors in der Sprengtechnik.* Um Hustenreiz verursachende, schädliche Rauchbldg. nach dem Sprengen in Kohlengruben zu vermindern, wurde die Sandbüchsenmeth. angewendet, jedoch oft erfolglos. Aus diesem Grunde untersuchte Vf. die Rolle des Zeitfaktors. Die theoret. Erörterung des Verlaufes der Sprengung mit brisanten Sprengstoffen u. Unters. der Wrkg. der Gesteinwellen führten zu dem Schluß, daß bei der Momentzündung der Charakter der Stoßwelle, bei der Millsecundzündung aber der einer Rüttelwelle vorwaltet. Mit dieser Sprengart wird die Hackenarbeit bedeutend vermindert, die Decke geschont u. die Rauchbldg. geringer. (Bányászati Lapok **7** (**85**). 507—21. 15/10. 1952.) J. PLANK. 8290

Gérard Desseigne und **Jean Tranchant,** *Über den Einfluß gewisser Gruppen auf das Gelatinierungsvermögen von aromatisch substituierten Urethanen und Harnstoffen.* Vff. untersuchten mkr. den gelatinierenden Einfl. folgender Verbb. auf *Nitrocellulose* (10,5 bis 14% N-Geh.) in der Wärme u. in der Kälte: im aromat. Kern oder am N substituierte Derivv. des *Methyl-* bzw. *Äthyl-N-phenylcarbamats* (*Phenylurethans*), *N-Phenylcarbamate* (*Phenylurethane*) mit verschied. O-Substituenten [z. B. $C_6H_5NHCOO(CH_2)_2COCH_3$, $C_6H_5NHCOO(CH_2)_2OC_2H_5$] sowie *N-Methylphenyl-N'-äthylphenyl-*(Centralit III), *N.N'-Diäthyl-N.N'-diphenyl-*(Centralit I), *N.N'-Diphenyl-N-benzyl-* u. *N-Phenyl-N'-lauryl-harnstoff.* Am leichtesten zu gelatinieren sind Nitrocellulosen mit 11—12% N-Geh.; die Harnstoffe wirken stärker gelatinierend als die Urethane. Die N-Substituenten lassen sich hinsichtlich ihres Einfl. auf das Gelatinierungsvermögen in die Reihenfolge $CH_3 \rightarrow C_6H_5 \rightarrow C_2H_5 > H > C_6H_5CH_2$ ordnen, die O-Substituenten der Urethane in die Reihe $CH_3 > C_2H_5 > C_4H_9 > C_{12}H_{25}$. Eine Ketofunktion u. (schwächer) eine Amidfunktion erhöht das Gelatinierungsvermögen, eine Nitrofunktion erniedrigt es, eine Ätherfunktion hebt es fast ganz auf. (C. R. hebd. Séances Acad. Sci. **239.** 769—71. 27/9. 1954.) J. ROTHE. 8290

A. R. Ubbelohde, *Aktivierungsvorgänge bei der Sensibilität der Sprengstoffe.* Bei der Auslösung der Detonation wird prim. das Auftreten örtlich begrenzter Stellen, an welchen hohe Energiebeträge verfügbar werden, angenommen. Die Aktivierung a) dieses Primärprozesses, b) der anschließenden Schichten des Explosivstoffs, c) der Rk. in der voll entwickelten Detonationswelle kann einerseits therm.-statist. Natur sein. Zu a): Adiabat. Kompression kleiner Luftporen in fl. u. teilweise auch in festen Sprengstoffen. Es kommen andererseits auch nicht-therm. Aktivierungsarten in Frage. — Z. B. zu a): Unmittelbare Beeinflussung der chem. Bindungen durch mechan. Energie (tribochem. Vorgang), z. B. bei Schlagbeanspruchung, bes. untersucht an Sprengstoffen, die hartes körniges Material, wie Sand, enthalten; Phlegmatisierungsmittel setzen dabei durch ihren Wärmeverbrauch den zur weiteren (therm.) Ausbreitung der Detonation (im Sinn von b) notwendigen Mindestumsatz herauf. — Zu b) sind die Beobachtungen an PbN_6 herangezogen. Nach diesen wurden definierte, temperaturabhängige Induktionszeiten der

Detonation gefunden, welche durch Zwischenkühlen unterbrechbar, aber in ihrer Dauer nicht veränderbar sind. Sie sind mit der Ausscheidung von metall. Pb verknüpft. Aus dem Auftreten einer mit wachsender Temp. abnehmenden Grenze für die zur Erzielung der Detonation erforderlichen Mindestmenge an PbN_6 u. anderen Beobachtungen wird gefolgert, daß an der nicht-therm. Aktivierung mehrere benachbarte Kristalle beteiligt sind, indem sich die von ihnen ausgehenden Gasströmungen zu einer beginnenden Stoßwelle ergänzen. Zu c) wird auf das Zusammenwirken der ungerichteten therm. Molekularbewegung in den Schwaden u. der gerichteten Translationsenergie der Strömungsbewegung hingewiesen. — Die Reaktionsdauer bestimmter Komponenten in der Detonationswelle wurde aus der Abhängigkeit der Detonationsgeschwindigkeit von Durchmesser u. Einschluß bestimmt. Sie hängt von der Korngröße (relative Oberfläche) ab u. wird von Diffusions- u. Verdampfungsvorgängen wesentlich bestimmt (Beispiel: NH_4NO_3 in Trinitrotoluol). (Research **3**. 207—12. Mai 1950. Belfast, Queen's Univ., Dep. of Chem.) H. Ahrens. 8294

Paul Arribat, Georges Barguillet und **Julien Linarès,** *Industrielle Einführung des Pressens von Nitroglycerinpulvern unter Vakuum.* Zur Vermeidung von Lufteinschlüssen erfolgte das Pressen bzw. Formen von Nitroglycerinpulvern bes. für Raketen im Vakuum (10 Torr. oder weniger) Um Kondensation von Nitroglycerindämpfen zu verhindern, wird der Pulverbehälter mittels Warmwasserumlauf beheizt. In der Leitung zur Pumpe werden die Dämpfe in Taschen mit Äthylphthalat absorbiert. Entgegen der früheren Arbeitsweise ist ein Entleeren der Presse vor jedem neuen Preßgang nicht erforderlich. (Mém. Poudres **32**. 279—85. 1950. Poudrerie de Sevran.) H. Ahrens. 8300

Louis Médard, *Neue Fortschritte und gegenwärtige Bestrebungen bei den französischen Bergbausprengstoffen.* Geschichte, Zus., Anwendung der durch Service des Poudres entwickelten nitroglycerinfreien Gruppen von Bergbausprengstoffen: Chloratsprengstoffe; Ammonsalpetersprengstoffe; Erhöhung von Sensibilität u. Sprengwrkg. durch Penthrit oder Hexogen (wobei Pressen auf D. 1,50—1,55 möglich ist) sowie durch Al; wasserbeständige Mischungen mit Ca-Stearat; plast. Mischungen hoher Leistung mit Chlorat u. bes. Ammoniumperchlorat. Wettersprengstoffe. — Besondere Ziele der weiteren Entwicklung. (Mém. Poudres **32**. 209—24. 1950. Labor. Central des Poudres.) H. Ahrens. 8304

L. Vanreusel, J. Verwimp und **A. Van Tiggelen,** *Spektroskopische Untersuchung von Pulvern.* Das Vermengen der Pulver (Treibmittel)-Probe mit etwa der 10fachen Menge reinen pulverisierten Fe an Stelle von Graphit, Pressen zu einer Pastille wie bisher u. Einführen in den Krater einer Graphitelektrode (wobei als obere Gegenelektrode eine Spitze aus reinem Cu dient) vermeidet alle Schiwerigkeiten des bisherigen Verf. zur halbquantitativen Best. von Metallen (Mn, Mo, W, Cr, Co, V, Ti usw.) in Pulvern. Erweiterung auf ähnliche Probleme u. photograph. Registrierung möglich. (Bull. Soc. chim. belges **62**. 664—65. Okt./Dez. 1953. Leuven, Univ., Labor. voor Anorgan. en Analyt. Scheikunde.) H. Ahrens. 8322

XXI. Leder. Gerbstoffe.

K. G. A. Pankhurst, *Die Einwirkung von großen Ionen auf Kollagen und Gelatine.* Diskussion der Art der Bindung von höheren Alkylsulfaten an die Proteinketten. Hieraus folgt, daß der Dipolwrkg. sowie der Absättigung entgegengesetzt geladener Zentren im Protein durch die Alkylsulfationen eine besondere Bedeutung zukommt. Besprechung der Wirkungsweise von Netz-, Reinigungs-, u. ähnlichen in der Lederindustrie im Verlauf der Lederherst. (Weichen, Entfetten, Lickern, Färben usw.) verwendeten Prodd. gegenüber den Eiweißketten. (J. Soc. Leather Trades' Chemists **37**. 312—20. Okt. 1953. Egham, Surrey, Brit. Leather Manufacturer' Res. Assoc.) H. G. Fröhlich. 8340

G. I. Kutjanin, *Der Einfluß mit Wasser auswaschbarer Stoffe auf die physikalisch-mechanischen Eigenschaften des Leders.* Durch Stehenlassen mit der 10fachen Wassermenge oder langes Auswaschen mit W. wurde der Gerbstoffgeh. des Leders herabgesetzt u. die hydrotherm. Festigkeit vermindert. Durch die Entfernung der in W. lösl. Stoffe wurde die elast. Druckdeformation des nassen Leders erhöht, die plast. Deformation vermindert. Dies bestätigt, daß die im W. lösl. Stoffe als Füllmittel wirken. Scheinbares Vol. u. Dicke des Leders werden durch die Auswaschung erhöht. Die beobachteten Wirkungen gelten sowohl für rohgegerbtes Leder als auch für die Nachgerbung von chromierter Blöße mit Tanniden. (Легкая Промышленность [Leicht-Ind.] **11**. Nr. 5. 42—44. Mai 1951.) E. Förster. 8340

R. G. Mitton und **K. G. A. Pankhurst,** *Ein Vergleich von „White Spirit" und „Paraffin" beim Entfetten von Schaffellen für die Chromhandschuhlederfabrikation.* Von beiden Lösungsmitteln wurden 5 Sorten verwendet u. gefunden, daß hinsichtlich Entfettungswrkg. u. erhaltener Lederqualität kein Unterschied besteht, während bzgl. der Wiedergewinnung des Fettes sowie des Lösungsm. die White Spirit-Prodd. wesentlich günstiger sind. (J. Soc. Leather Trades' Chemists **37.** 331—39. Okt. 1953. Egham, Surrey, Brit. Leather Manufactures Res. Assoc.) H. G. FRÖHLICH. 8340

N. I. Jegorkin und **M. A. Mamedow,** *Die Gewinnung von weißem Leder aus Schweinehaut nach der Methode der Formaldehydgerbung.* Die gepickelten Felle werden mit 10% $Na_2S_2O_3$ (100% Flotte) versetzt, nach Zugabe von 0,5% $NaHCO_3$ mit 3% Formaldehyd gegerbt, zum Schluß noch 0,3% $NaHCO_3$ zugesetzt. Für Fettung u. Zurichtung wird eine genaue Rezeptur gegeben, bes. für die Deckfarben. (Легкая Промышленность [Leicht-Ind.] **15.** Nr. 1. 19. Jan. 1955.) J. v. SCHROEDER. 8340

B. M. Das, D. Ramaswamy und **Y. Nayudamma,** *Synthetische Lederöle und -fette.* Überblick über die außerhalb von Indien, bes. Deutschland u. USA, hergestellten Prodd. u. Rohmaterialien. — 50 Literaturangaben. (Indian Soap J. **20.** 71—77. Sept. 1954. Madras, Ind., Centr. Leather Res. Inst.) H. SPOHN. 8358

B. I. Poljanker, K. T. Kotljar und **M. F. Bronds,** *Apparat zur Bestimmung der Aktivität des Lösungsmittels für Granitol.* Unrichtige Auflsg. von *Granitol* (**I**) führt oft zu Lederschädigungen. Vff. geben eine Meth. an, um in kürzester Zeit die Aktivität des Lösungsm. zu bestimmen. Es wird die Zeit gemessen, die eine Kugel auf einem I-Film an der Oberfläche des Lösungsm. braucht, um nach Lsg. des Films herabzufallen u. einen Kontakt auszulösen. (Легкая Промышленность [Leicht-Ind.] **12.** Nr. 4. 33—34. April 1952.) J. v. SCHROEDER. 8366

Iris Möllering und **Heinrich Möllering,** *Verfahren der Gerbereichemie.* Eine Bearbeitung des Patentschrifttums der Gerberei, der Leder- und Rauchwarenzurichtung und der chemischen Hilfsmittel. Stuttgart: Wissenschaftliche Verlagsgesellschaft m. b. H. 1954. (X + 552 S.) DM 68,50.

Unter Bezugnahme auf Angew. Chemie **67.** 336 wird auf die Patentliteraturbearbeitung hingewiesen, die in ihrer Vollständigkeit dem Chemiker und Lederfachmann gute Dienste leisten wird. Die Patentliteratur ist bis 1953 berücksichtigt. M. Pflücke. 8336

XXII. Leim. Klebstoffe usw.

M. M. Bernstein, *Der Einfluß hydrothermischer Einwirkungen auf die Festigkeit von Verklebungen.* Beim Kleben von Ledersohlen mit Nitrocellulose ist eine längere als 2std. Einw. von W., beim Kleben von Gummisohlen mit Guttaperchaklebmitteln u. bei Heißvulkanisation eine Trockentemp. über 40° mit starker Abnahme der Festigkeit verbunden u. daher zu vermeiden. (Легкая Промышленность [Leicht-Ind.] **12.** Nr. 6. 19—21. Juni 1952.) J. v. SCHROEDER. 8380

M. P. Wolarowitsch und **L. Ja. Ginsburg,** *Vergleichende Charakteristik von Schuhklebemitteln.* Im Rotationsviscosimeter wird gezeigt, daß *Naturkautschuk-* u. *Polyisobutylen*-Lsgg. in Bzn. Strukturviscosität besitzen, während die anderen untersuchten Klebstoffe (*Buna, Guttapercha, Nitrocellulose, Casein, Perchlorvinylharz, Divinylstyrol-, Natriumbutadien–Kautschuk*) diese nicht aufweisen. Die Klebefestigkeit ist am stärksten bei Nitrocellulose; Perchlorvinylharz, nichtgewalztem Naturkautschuk u. Polyisobutylen. (Легкая Промышленность [Leicht-Ind.] **12.** Nr. 6. 22—24. Juni 1952.) J. v. SCHROEDER. 8380

S. Chochlowa und **W. Kowal,** *Schnelltrocknung von Leim in Würfelform.* Das Trocknen von Leim in 1 cm-Würfeln auf mit Bitumenlsg. in Bzn. imprägnierten Kapron oder Baumwollnetzen erfolgt in der Hälfte der für Leimtafeln erforderlichen Zeit. (Мясная Индустрия СССР [Fleisch-Ind. UdSSR] **23.** Nr. 4. 78—80. Juli/Aug. 1952.) J. v. SCHROEDER. 8382

O. Ja. Bassin und **M. N. Wilentschik,** *Ein Verfahren zur Verwendung der Abgänge von Magnesiumchlorid–Stärke-Walzen.* Die nicht mehr verwendungsfähigen Walzen können zu einem in der Buchbinderei brauchbaren Kleister verarbeitet werden. Die M. wird zerkleinert, mit 2 Gew.-% Chlorkalk u. genügend W. bei 10—40° unter Rühren 8—10 Std. behandelt. Dann wird mit 1%ig. HCl 10—20 Std. abgestumpft, gewaschen u. mit Alkali neutralisiert. Die M. wird mit W. versetzt u. bei 70—100° zu einem Kleister verkocht. (Полиграфичекое Производство [Polygraph. Betrieb] **1952.** Nr. 5. 20—21. Mai.) J. v. SCHROEDER. 8382

Herausgeber u. verantwortlich für den Inhalt: Prof. Dr. Maximilian Pflücke, Berlin NW 7, Schiffbauerdamm 19, Fernsprecher: 42 55 71. Redaktion: Chefredakteure Dr. Eugen Klever und Prof. Dr. Maximilian Pflücke. Verlag: Akademie-Verlag GmbH, Berlin W 8, Mohrenstraße 39 (Fernsprecher 20 03 86, Postscheckkonto Berlin 35021), u. Verlag Chemie, GmbH, Weinheim/Bergstraße (Postscheckkonto Frankfurt/M. 14 53 14 u. Berlin [West] 7430, Fernsprecher: Weinheim 2017). Bestell- u. Verlags-Nr. dieses Heftes: 1007/126/35. Das Chemische Zentralblatt erscheint wöchentlich.
Satz u. Druck: VEB Leipziger Druckhaus, Leipzig, III/18/203. VIII. 55.
Veröffentlicht unter der Lizenznummer 1212 des Amtes für Literatur und Verlagswesen der Deutschen Demokratischen Republik.
Printed in Germany DDR.

FSC
www.fsc.org
MIX
Papier | Fördert
gute Waldnutzung
FSC® C083411

Kolibri 360 GmbH
Ferdinand-Jühlke-Straße 7
99095 Erfurt, Deutschland
produktsicherheit@kolibri360.de